场地设计与细部构造

场地设计与细部构造

（原著第三版）

[美]西奥多·D·沃克　著

杨芸　杨翔麒　译

中国建筑工业出版社

著作权合同登记图字：01-2003-8167 号

图书在版编目（CIP）数据

场地设计与细部构造（原著第三版）/（美）沃克著；杨芸，杨翔麒译．—北京：中国建筑工业出版社，2011
ISBN 978-7-112-12857-0

Ⅰ.①场… Ⅱ.①沃… ②杨… ③杨… Ⅲ.①场地设计－图集②建筑构造－细部设计－图集 Ⅳ.①TU206

中国版本图书馆 CIP 数据核字（2011）第 007277 号

Site Design and Construction Detailing, 3e / Theodore D. Walker,–Z1/471–28906–X

责任编辑：董苏华
责任设计：陈 旭
责任校对：肖 剑 王雪竹

场地设计与细部构造
（原著第三版）
［美］西奥多·D·沃克 著
杨芸 杨翔麒 译

*

中国建筑工业出版社出版、发行（北京西郊百万庄）
各地新华书店、建筑书店经销
北京嘉泰利德公司制版
北京云浩印刷有限责任公司印刷

*

开本：850×1168 毫米 1/16 印张：35 3/4 字数：830 千字
2012 年 1 月第一版 2012 年 1 月第一次印刷
定价：99.00 元
ISBN 978-7-112-12857-0
（20132）

目 录

第一章 导 言

本书是针对场地设计以及细部构造学科相关知识的介绍，而不是一份综合的资料集。由于作者预先设定本书的读者熟悉设计的基本原理，因此对这部分内容就没有进行过多的讨论。书中通过施工图和实景照片对众多设计项目进行了举例说明，但是最终所要讲述的重点还是在于设计的实施，即旨在通过对材料、资料与概念的介绍，在对各种建筑材料的使用中获得更进一步的创新。

对于场地而言，除非设计能够被付诸实施，否则它是没有什么价值的。一个设计概念只有通过建造实施而变得富有机能性才能被称为有用。为了使设计理念转变成现实可行的成果，设计师们一定要熟悉建筑材料，了解它们如何使用，并掌握怎样为工程顺利进行绘制必要的施工图纸。

由建筑师、景观建筑师与其他专业人员通力合作，对设计特色、建筑材料以及场地的特征进行综合的考虑，就会创造出一些非常行之有效的场地设计，其结果将是和谐的，并能呈现出更强的视觉感染力。

第二章作为全书的基础，讨论了施工图纸的特性，并介绍了图纸在设计及施工过程中的地位与作用。第三章讲述了各种建筑材料的特点、特性以及来源。其余章节简要描述了设计的可能性以及构造细部，并辅以图例说明，其中包括铺面、路缘石、镶边、阶梯、坡道、墙体、围栏、构造物、娱乐休憩设施、场地设施及设备、水池与喷泉以及公用设施。在每一章的结尾还另外附加了阅读参考与资料来源，便于有兴趣的读者进一步研究，此外在全书结尾的附录中还提供了有各种特点的数据资料。

由于本书并非包罗万象，因此我们鼓励读者进一步探索，发掘新知识与构思。市场上不断出现的新材料总是与新的施工方法联系在一起。通过实地观察、参阅制造商提供的文献、向供应商以及富有学识与经验的承包商学习，都能使我们受益匪浅。

警 告

严禁对本书中提供的任何图纸与构思进行复制。本书中提供的一些设计、产品以及工艺都拥有专利或著作权，我们会对复制行为追溯法律责任。施工图例中介绍的技术与工艺在本国的某一地区能够适用或者部分适用，但是在其他地区则可能不能适用或达到耐久效果。

第二章 施工图纸的准备

为什么要绘制施工图

施工图提供了非常重要的一部分信息，而这些信息正是施工人员要建造一个工程项目所必需的。图纸以直观的方式展现了要组织到场地中各种元素的布局，以及它们的尺寸与造型。结合图纸中其他的一些信息，例如立面图、细部剖面图（对于竖向尺度一种直观的表示）以及模型，就可以具体地表现出建筑材料的特性以及相互之间的关系。要在图纸中包含所有关于材料属性与工艺的信息与注释是不实际的，一般来说，这部分内容通常以文字的形式，配合图纸共同进行说明。文字说明书中还包含诸如投标程序、保证书以及其他一些描述性的条款，而这些内容只能用文字的形式进行表述。本书中没有介绍编写说明书的方法与技巧，但是通过阅读本章结尾提供的参考资料可以对这部分内容大致了解。

所有施工图纸表达的完整性是非常重要的。就材料、尺寸以及相互关系来说，所有的细部详图都应该清楚地示范施工人员如何实施。说明书中未包含的注释与其他简要信息应该尽可能简明、清楚、易于理解，避免模糊与误解的可能性。设计师很容易犯的一个经验主义错误就是假设所有的建造者都很熟悉建筑材料，并且认为他们对于材料的运用同设计师的想法一致，但实际情况并非如此，尽管有一些施工人员确实拥有渊博的知识。为了保证投标工作的一致性，并确保项目所有者或业主付出的资金得到最大的收益，设计师们就应该尽可能关注每一条必要的信息，无论是图纸还是文字说明。

制图技巧

根据本书的写作意图，假设读者对于绘图工具与设备都有一定了解，因此对这些工具的不同类型与使用方法没有进行过多的讨论。本书还假定读者熟悉手写体文字。全书以图例的形式介绍了很多种绘图风格与技巧。对很多施工图纸来说，使用机械的印刷体或移印文字一般是不实际或不经济的，但是另外一些标准化的细部详图准备长期使用，因此油墨印刷的机械化字体则可能是比较适用的，同样，移印文字也同样适用于这种类型。有很多办公室在准备标准化标题印刷时常采用这种文字，它可以大规模地复制储存，或是用透明胶带贴在图纸的下方。

文字生成机（例如“Kroytype”）适用于一种带背胶的透明胶带，相比用其他人工的方法在很多图纸上书写标题与主要文字，这可以节省很多时间。将透明胶带粘贴在图纸上，在必要的时候进行移位，或是需要修改的时候进行替换或去除都很简单。这种方法减少了在需要变更的地方擦除油墨或铅笔印记、再进行改写所带来的混乱。

比“Kroytype”更加行之有效的是由计算机生成的文字。通过激光打印机，我们可以迅速简便地将多种不同种类与式样的文字印刷在带有背胶的聚酯胶片上。这种胶片可以进行剪切，其使用方法与上面介绍的透明胶带相同。

图纸开始一般都绘制在透明纸或聚酯胶片上，再由它进行打印，供施工人员、所有者以及其他参与项目的工作人员使用。由于打印的过程中要使用到感光相纸，所以原图纸上的线条必须明确、清晰，并有足够的深度，才能在感光相纸上生成优质的图像。假如线条过浅或是模糊，那么打印出来的图纸也会不好辨认，从而导致施工人员无法对项目提出有效的报价并完成后期实践工作。

规定线条特性的等级划分有助于提高图纸的易读性。那些最重要的内容应该使用颜色最深的线条，其他不太重要的内容则使用颜色比较浅的线条。图纸上可以有三个或三个以上等级的线条。例如，建筑轮廓线采用最深的线条，人行道采用中等深度的线条，而尺寸线则以最浅的线条来表示（参见图 2.4）。

在某些情况下，有必要区别现有材料与计划使用的材料。底纹技术的应用可以帮助绘图员对这两者进行区分。在底纹技术中，可以预先在带背胶的薄纸上打印点阵图案。根据需要，这些薄纸可以裁剪成任何形状，直接粘贴在图纸上（参见图 2.17）。与之类似，交叉阴影线以及结构的图案也可以预先打印在带背胶的薄纸上。需要注意的是，要尽量避免在图纸上使用过多的图案符号或太过于艺术化，因为这样做会有损图纸存在的意义——建造实施。

多数图纸开始是用铅笔或钢笔绘制的。铅笔线条绘制迅速、容易擦除，但也很容易变得模糊，除非在聚酯胶片上采用塑性的引线。钢笔使用相对困难，但是用它绘制的图纸线条更加清晰、明确、不易模糊，其缺点是不易擦除修改，除非是绘制在聚酯胶片上。通过练习，一名绘图员或设计师很快就能掌握使用铅笔或钢笔绘制施工图纸的技巧。

原图纸的色彩与复制打印图纸上的色彩是不同的。多数感光相纸偏向于复制红色与黑色，而对于浅蓝色缺乏敏感性，因此这种颜色可以用作辅助线以及临时特性的注释，而这部分内容在交给施工人员的打印图纸中是不会显现出来的。其他色彩的复制效果有好有坏，取决于色彩强度以及打印纸对于具体颜色的敏感度。

使用计算机绘图软件（CAD）能够提高速度并

英寸（十进制）与公制单位换算表

英寸	英尺（十进制）	厘米	英寸	英尺（十进制）	厘米
1	0.0833	2.54	7	0.5833	17.78
2	0.1667	5.08	8	0.6667	20.32
3	0.2500	7.62	9	0.7500	22.86
4	0.3333	10.16	10	0.8333	25.40
5	0.4167	12.17	11	0.9167	27.94
6	0.5000	15.24	12	1.0000	30.48

分数英寸、十进制英寸与公制单位换算表

英寸（分数）	英寸（十进制）	毫米	英寸（分数）	英寸（十进制）	毫米
1/16	0.0625	1.588	9/16	0.5625	14.288
1/8	0.1250	3.175	5/8	0.6250	15.875
3/16	0.1875	4.763	11/16	0.6875	17.463
1/4	0.2500	6.350	3/4	0.7500	19.050
5/16	0.3125	7.938	13/16	0.8125	20.638
3/8	0.3750	9.525	7/8	0.8750	22.225
7/16	0.4375	11.113	15/16	0.9375	23.813
1/2	0.5000	12.700	1.0	1.0000	25.400

减少枯燥乏味的重复工作，尤其是在场地的基础状况图纸被反复运用的情况下，例如规划布局、分级、排水、其他设施、灌溉与植栽设计。计算机在图纸修改方面也相当有用并可以节省时间。不需要擦除，就能便捷迅速生成新的图纸。

使用计算机还可以绘制细部构造详图。这些图形通过电子存储媒体可供迅速恢复、修改、插入CAD图形文件当中，或用激光打印机打印在带背胶的胶片上，再粘贴于图纸上使用。CAD文件还可以通过激光打印机连同说明一起打印在普通纸上（参见图2.10、图2.11）。

比例

无论是工程师还是建筑师在一个项目中所使用的比例都取决于周围的环境情况。通常，工程师在大尺度的平面规划图中所使用的比例可能用1英寸代表10英尺甚至更多，例如1英寸代表50英尺。

而在很多小尺度的平面图、立面图和剖面图当中，则可能使用 1/8 英寸代表 1 英尺或是更小的比例。在一张图纸上包含不同的构造详图、使用不同比例的情况也很常见，例如 $^{3}/_{4}$ 英寸代表 1 英尺以及 $1^{1}/_{2}$ 英寸代表 1 英尺。偶尔，细部详图也可能绘制为足尺或是真实的尺度。建筑师使用的比例包括分数、英寸和英尺，运用于大多数建筑材料，同样也运用于单元的丈量。

一些工作可能需要将建筑师使用的比例转化为工程师使用的比例，例如立面的变化就包含在其中。为了方便修建踏步的木工及其他工匠作业，在细部详图中踏步的尺寸可能用英寸与分数表示。但是，对于要建立场地标高等级的工程师来说，踏步的顶与底部标高需要以英尺和十进制来表示，以便同场地其他的标高标注相协调。

图纸的组织

很多施工图纸都相当复杂，因此制作封面是十分必要的。一般会在封面上绘制地图表示项目的位置，并且列出全套图纸的索引（参见图 2.1、图 2.2）。通常规划平面图放在整套图纸的第一张，其后面分别是平面图、立面图以及细部构造详图，但这还要取决于项目的特性。假如图纸当中包含不同场地元素的很多细部详图，那么最好将同一个元素的平面、立面、剖面与详图放置在一起，接着再安排下一个元素的平面、立面、剖面和详图。通常希望将相互关联的图纸和详图组织在一起。因为假如施工人员寻找每一处细部详图都要将图纸从头翻到尾的话，他就难免会发生错误或疏漏，而图纸有序的组织则可以尽可能减少失误的机会。

考虑到打印图纸的成本、加工与外观效果，所有的原始图纸都应该采用同样的规格。同时，还建议在所有图纸上都使用一致的图框与标题，尽管根据个人爱好，标题的位置和尺寸可能各有不同。标题块可以只是位于图纸右下角一个简单的长方块，也可以位于底部贯穿整张图纸的长度，或是设置在装订线相对的一侧并贯穿整张图纸的宽度。比较理想的状态是沿图纸的左侧装订，而页码标注在右下角，以方便所有项目参与者——场地设计师、所有者与施工人员的使用。为了便于装订，图纸左侧的边框要多留一部分距离，一般最少需要保留 $1^{1}/_{2}$ 英寸。

图纸的封面上除了要注明索引，最好还包括一些前后参照的技术资料。这些参照资料包含在图纸以及平面规划中出现的标注，还包含各种符号、代表细部详图及页码的数字系统等（参见图 2.8 与图 2.12）。在本书中列举的图倒例中，就可以看到上述提到的这些技术性资料。

尺寸与标注

尽管一张细部详图对于现场元素如何进行建造、如何用图形符号来识别材料等问题能够表达出很好的直观信息，但是除此之外，施工人员还是需要其他的一些帮助。尺寸线和数字对于距离和尺寸能提供直接的信息，施工人员不必再依赖于比例尺进行测量。由于空气中湿度的影响，打印纸上的尺寸会发生变形，如果用比例尺测量就会产生误差。在投标的最初阶段，精确的尺寸为所有施工人员的投标提供了确保一致性的基础。

尺寸线最好使用实线，与被标注对象相平行。在尺寸线的尽端，以相似粗细的线段对其终止，该线段垂直于被标注对象。这些垂直的短线段不应与被标注对象相连接，二者之间一般距离为 $^{1}/_{16}$ 英寸。尺寸线有三种不同的画法：在投影线处以箭头作为结束，或是以与投影线相交作为结束，以及在交点处插入一条斜线或圆点（参见图 2.14）。使用斜线

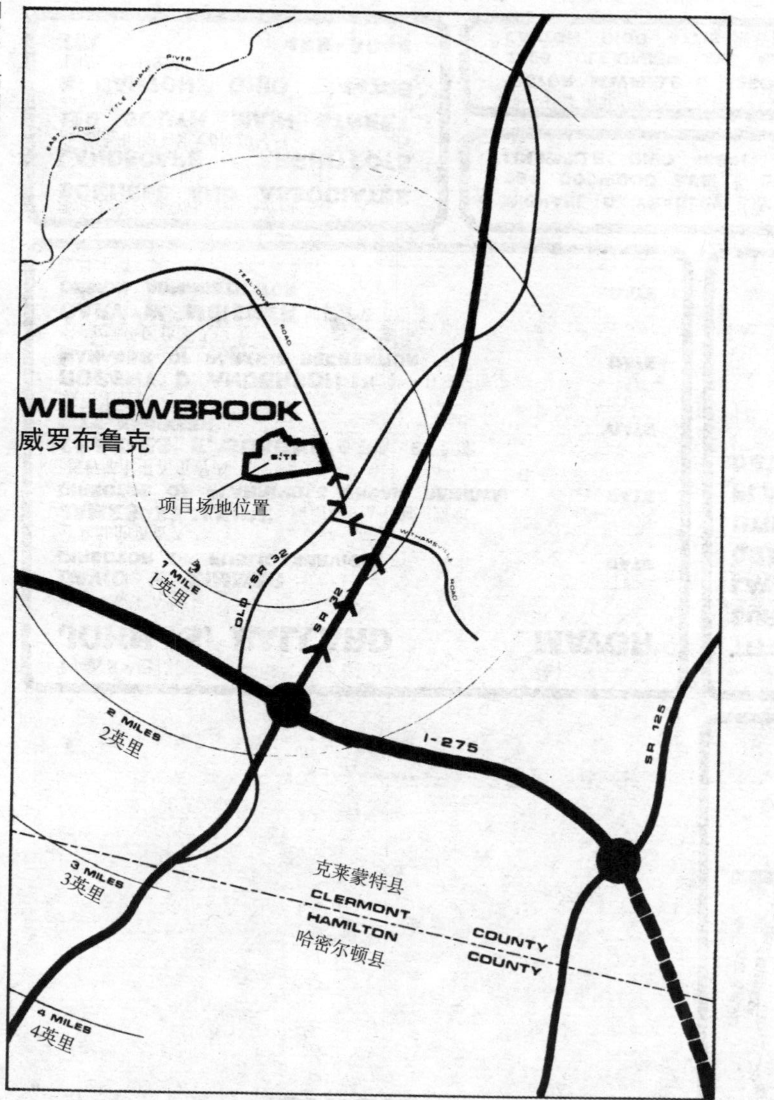

图2.1　标题页

SCHEDULE 序号 OF DRAWINGS 图纸名称

序号	DRAWINGS	图纸名称
1	SITE PLAN	1.场地平面图
2	GRADING PLAN	2.坡度断面图
3	TEALTOWN ENTRY FEATURE	3.蒂尔镇入口特写
4	BROOKVIEW ENTRY FEATURE	4.布鲁克入口特写
5	PLAYLOT PLAN	5.游戏场平面图
6	PLAYLOT DETAILS	6.游戏场细部详图
7	PLAYLOT DETAILS	7.游戏场细部详图
8	SIGNS	8.标识
9	LIGHTS & SIGNS	9.灯具及标识
10	RECREATION AREA PLAN	10.娱乐区平面图
11	RECREATION AREA DETAILS	11.娱乐区细部详图
12	TENNIS / MODELS PLAZA	12.网球/模型广场
13	PATIO / STAGE	13.露台/舞台
14	ENTRANCE PLAZA	14.入口广场
15	BOAT DOCK	15.泊船码头
16	PLANTING PLAN REFERENCE SHEET	16.植栽方案参考资料
17	PLANTING PLAN	17.植栽平面图
18	RECREATION AREA PLANTING PLAN	18.娱乐区植栽平面图
19	PLANTING PLAN	19.植栽平面图
20	ENTRY PLANTING PLAN	20.入口区植栽平面图
21	PLANTING PLAN	21.植栽平面图
22	PLANTING PLAN	22.植栽平面图

WILLOWBROOK PHASE I

RYAN HOMES INC · CINCINNATI

威罗布鲁克地区一期开始

辛辛那提，莱恩·霍姆斯有限公司

THE DESIGNERS FORUM INC.

1200 WEST HENDERSON ROAD

COLUMBUS · OHIO · 43220

设计师论坛有限公司

1200西亨德森路

哥伦布市、俄亥俄州、43220

俄亥俄州阿克伦市萨德斯公园

suddieth park

CITY OF AKRON OHIO

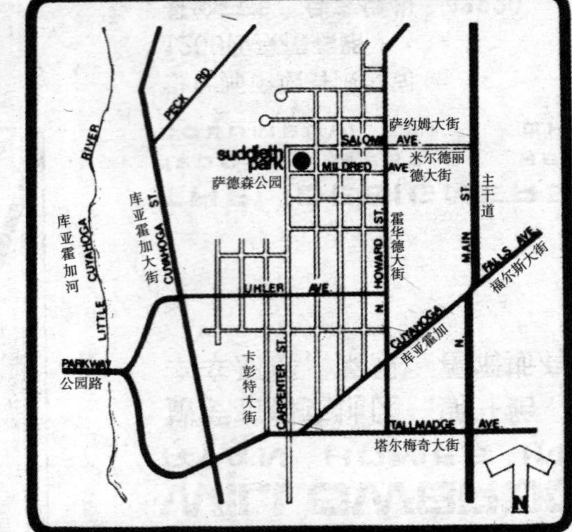

约翰·S·巴拉德 **JOHN S. BALLARD**	镇长 **MAYOR**	
戴维·W·齐默 **DAVID W. ZIMMER** **DIRECTOR OF PUBLIC SERVICE** 公共部的负责人		日期 **DATE**
JAMES A. ALKIRE 詹姆斯·A·阿尔凯尔 **DIRECTOR OF PLANNING & URBAN RENEWAL** 设计/都市更新负责人		**DATE**
CHARLES E. SUSONG 查尔斯·E·苏索 **CITY ENGINEER** 城市工程师		**DATE**
ROBERT D. ANDERSON 罗伯特·D·安德生 **MANAGER OF PARKS & RECREATION** 公园/娱乐区负责人		**DATE**
GARY W. MEISNER 加里·W·迈斯纳 **DESIGN ADMINISTRATOR** 设计主管		**DATE**

TITLE SHEET 标题页		□
SURVEY 勘测报告		□
LAYOUT 平面布局		1
GRADING 坡度断面		2
UTILITIES 公用设施		3
PLANTING 植栽		4
DETAILS: 细部详图		
STORAGE BUILDING	仓储建筑	5,6
TRELLIS	花棚	7
TIMBER WALLS	木墙	8
PLAY EQUIPMENT	游戏设施	9,10
MISCELLANEOUS	杂项设施	11,12
UTILITIES	公用设施	12

邦尼尔联合景观建筑师事务所
BONNELL AND ASSOCIATES
LANDSCAPE ARCHITECTS
俄亥俄州北区南大街129号
129 SOUTH MAIN STREET
44720
N. CANTON, OHIO 44720
电话：499–9944
TEL. 499-9944

MICHAEL D. YEAGLEY 迈克尔·D·耶格利 **ARCHITECT** 建筑师
234 DOGWOOD AVE. 茱萸大街
LOUISVILLE, OHIO 44641 路易斯维尔，俄亥俄州 电话 **TEL 875-8222**

维克托·梅菲尔德联合公司 顾问工程师
VICTOR MAYFIELD & ASSOCS. INC. **CONSULTING ENGINEERS**
2556 CLEARVIEW AVE. N.W. 克里尔维大街
CANTON, OHIO 47718 俄亥俄州 47718 电话 **TEL. 452-4061**

图2.2 标题页

SWINGS
秋千
PLAY PLATFORM
SANDBOX
沙坑
BENCH PLATFORM
长椅
SLIDE
滑道
PLAN VIEW
比例尺
PLAYLOT PLAN
游戏场平面图
WILLOWBROOK
威罗布鲁克
RYAN HOMES INC · CINCINNATI
来恩·霍姆斯有限公司，辛辛那提
THE DESIGNERS FORUM
设计师论坛
1200 WEST HENDERSON ROAD
COLUMBUS · OHIO · 43220
西亨德森路 1200号
哥伦布市，俄亥俄州，43220
5

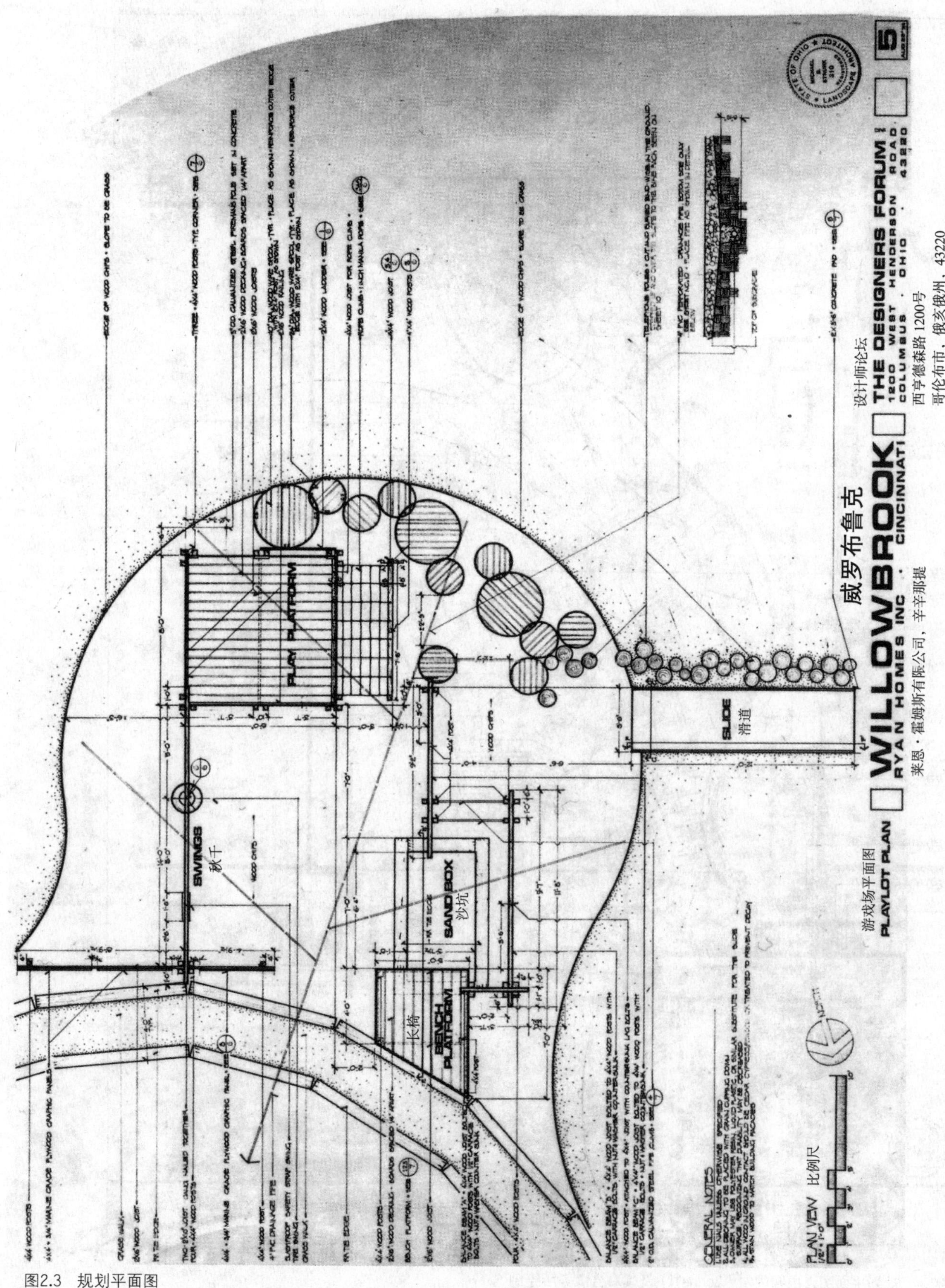

图2.3 规划平面图

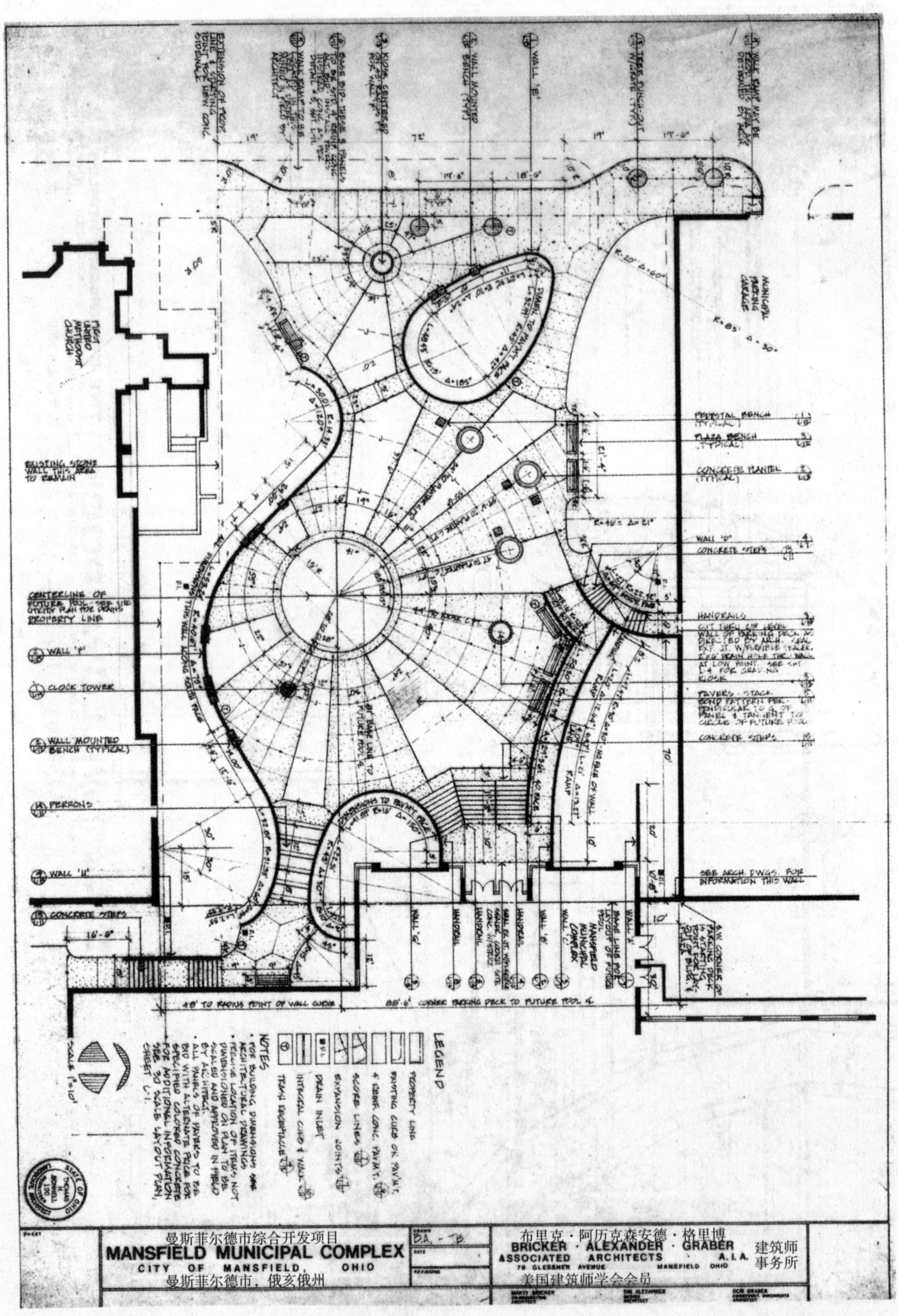

图2.4 规划平面图，由邦内尔（Bonnell）及其联合事务所绘制

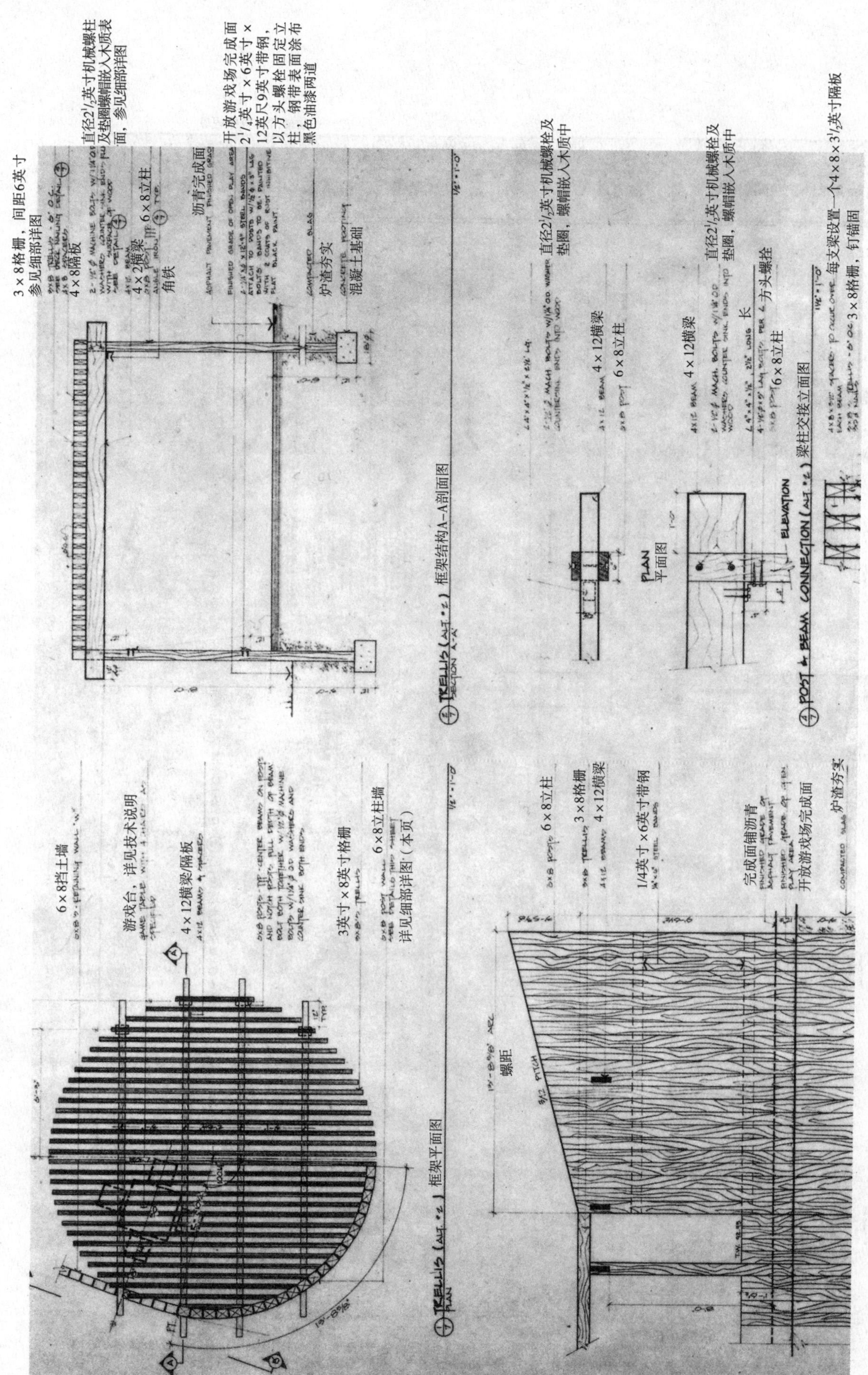

图2.5　在同一张图纸上包含平面、立面、剖面以及细部详图，由邦内尔及其联合事务所绘制

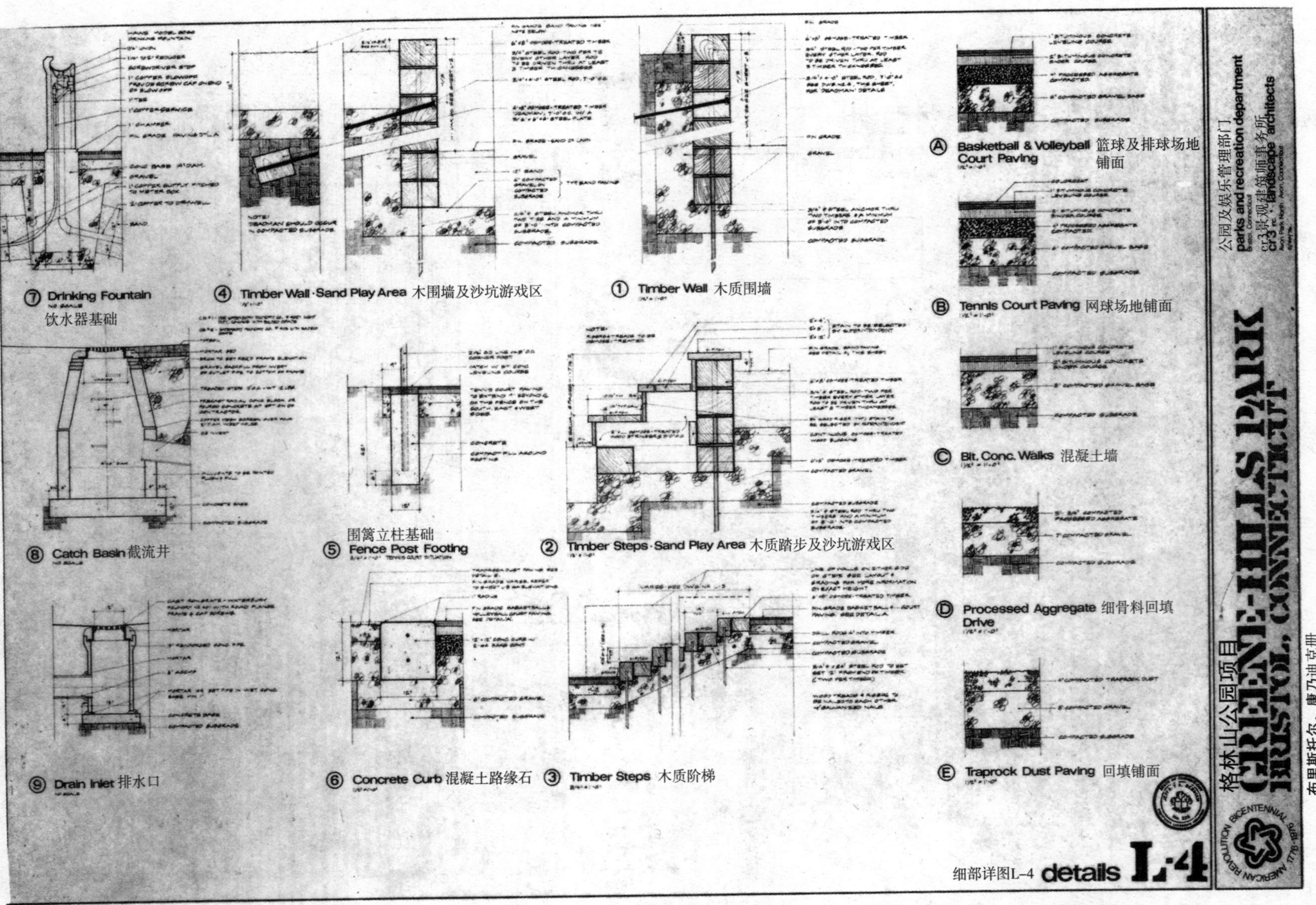

图2.6　细部详图，由CR3建筑设计公司绘制

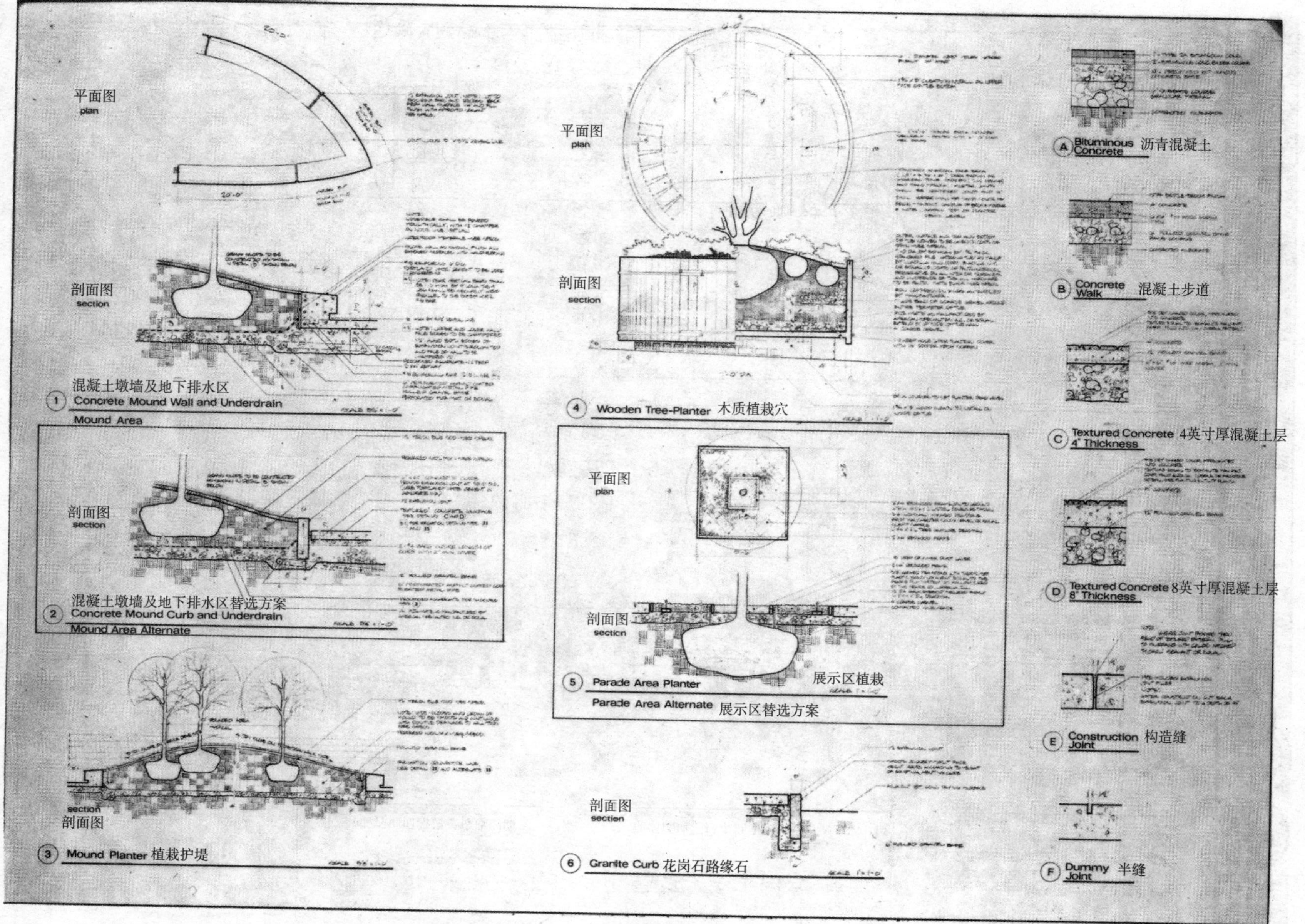

图2.7　细部详图，由约翰逊（Johnson）和迪伊（Dee）绘制

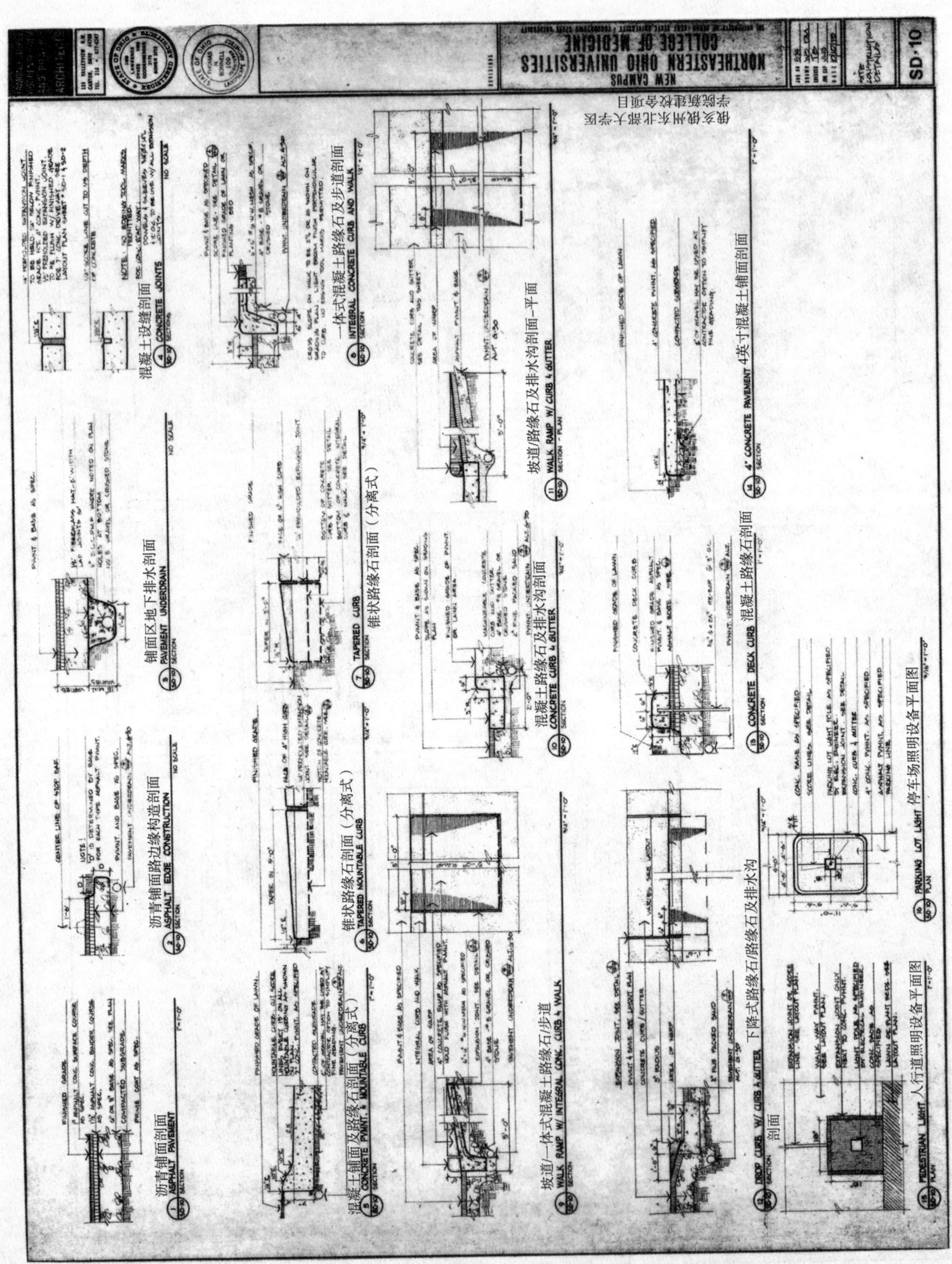

图2.8 细部详图，由邦内尔及其联合事务所绘制

SECTION E-E E-E剖面图
ELEVATION: SOUTH 南立面图
PIPE CLIMB 斜管
SECTION F-F F-F剖面图
SECTION G-G G-G剖面图
SLIDE 滑道
ELEVATION: WEST 西立面图
ELEVATION: SOUTH 南立面图
BENCH PLATFORM
长椅
游戏场细部详图
PLAYLOT DETAILS
威罗布鲁克
WILLOWBROOK
RYAN HOMES INC · CINCINNATI
莱恩·霍姆斯有限公司，辛辛那提
THE DESIGNERS FORUM
1200 WEST HENDERSON ROAD
COLUMBUS OHIO 43220
设计师论坛
西亨德森路1200号
哥伦布市，俄亥俄州，43220
7

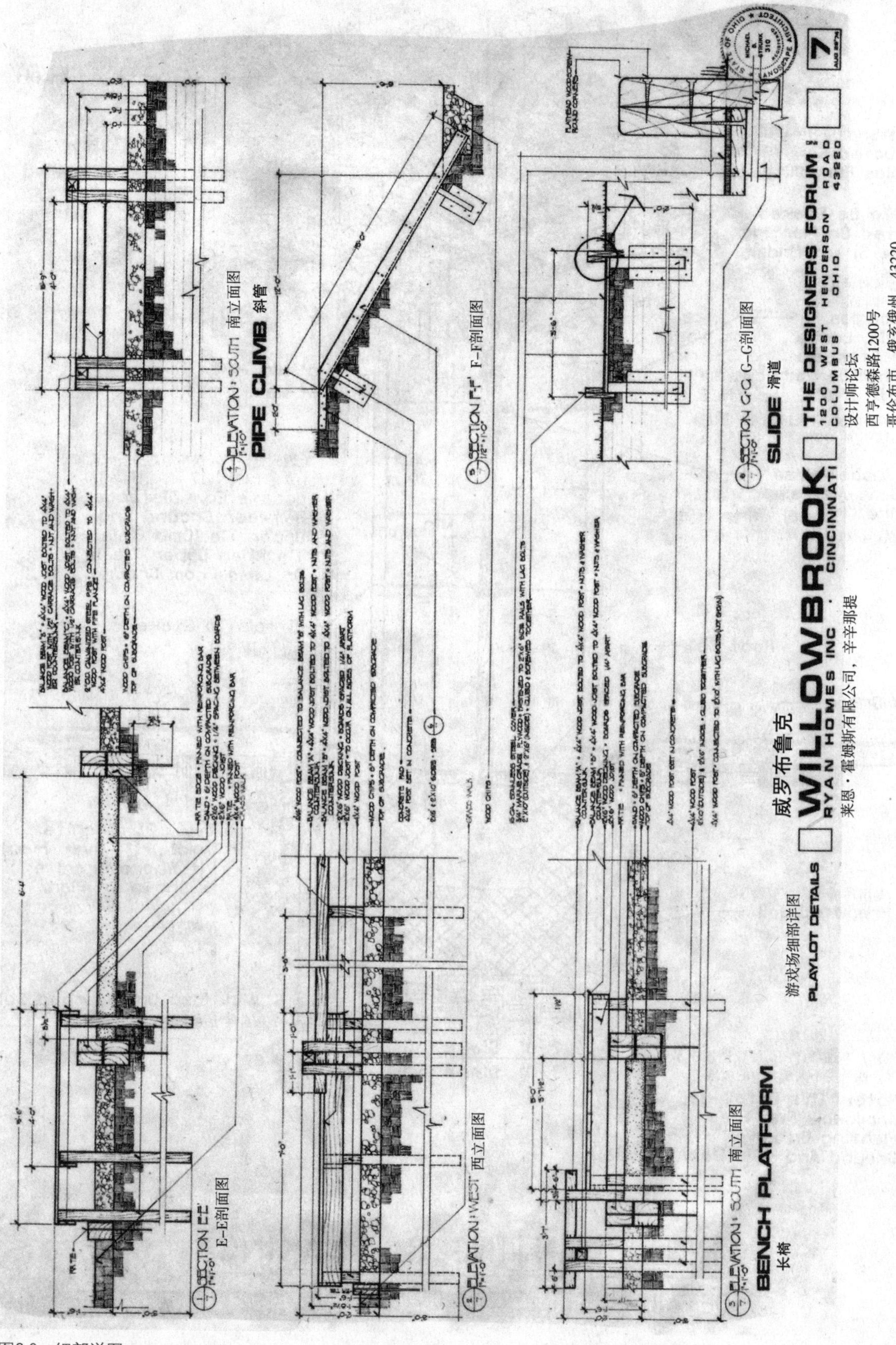

图2.9　细部详图

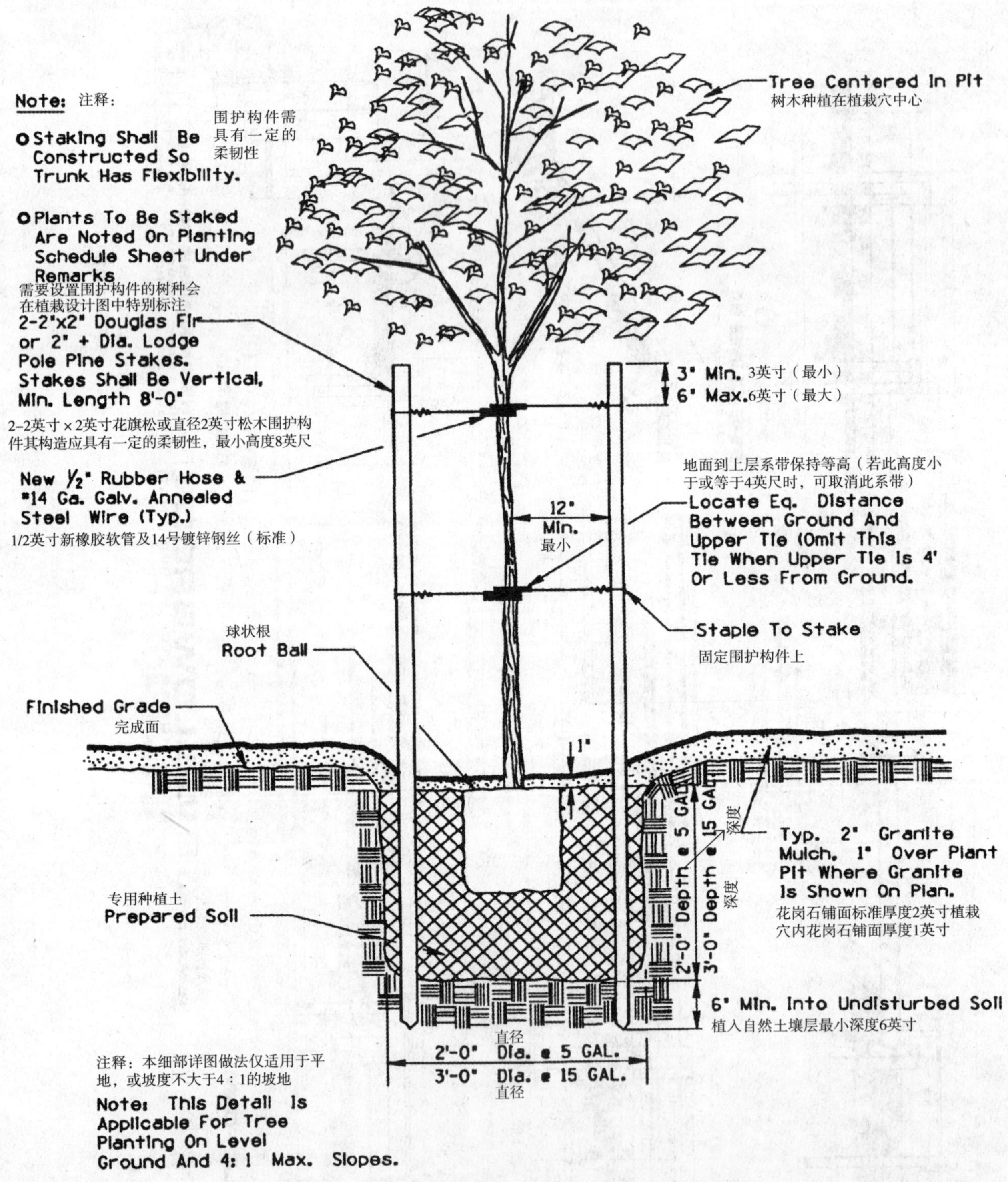

图2.10　由CAD绘制的细部详图，由亚利桑那州交通运输部门绘制

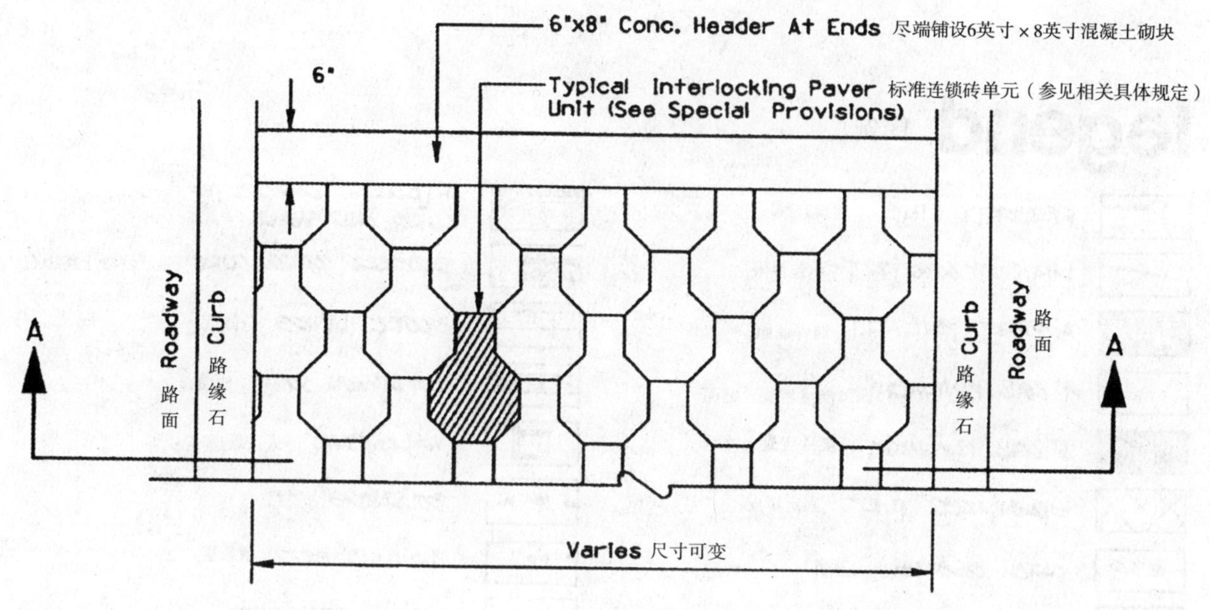

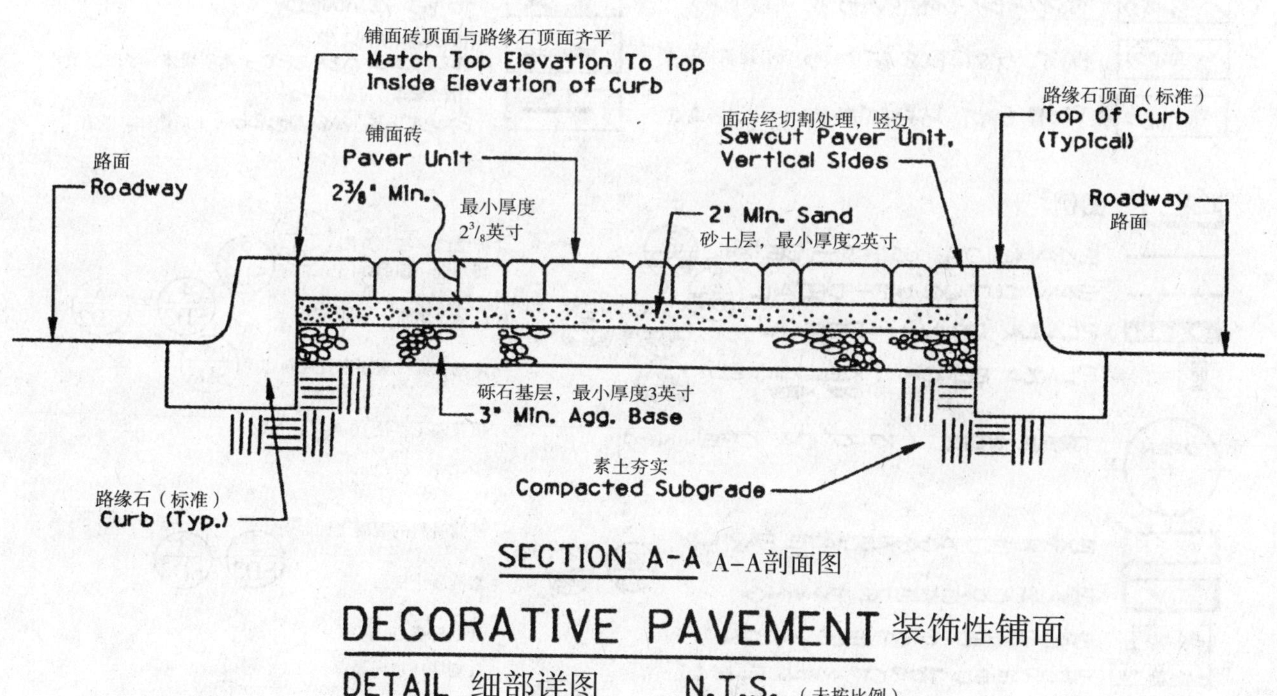

图2.11 由CAD绘制的细部详图，由亚利桑那州交通运输部门绘制

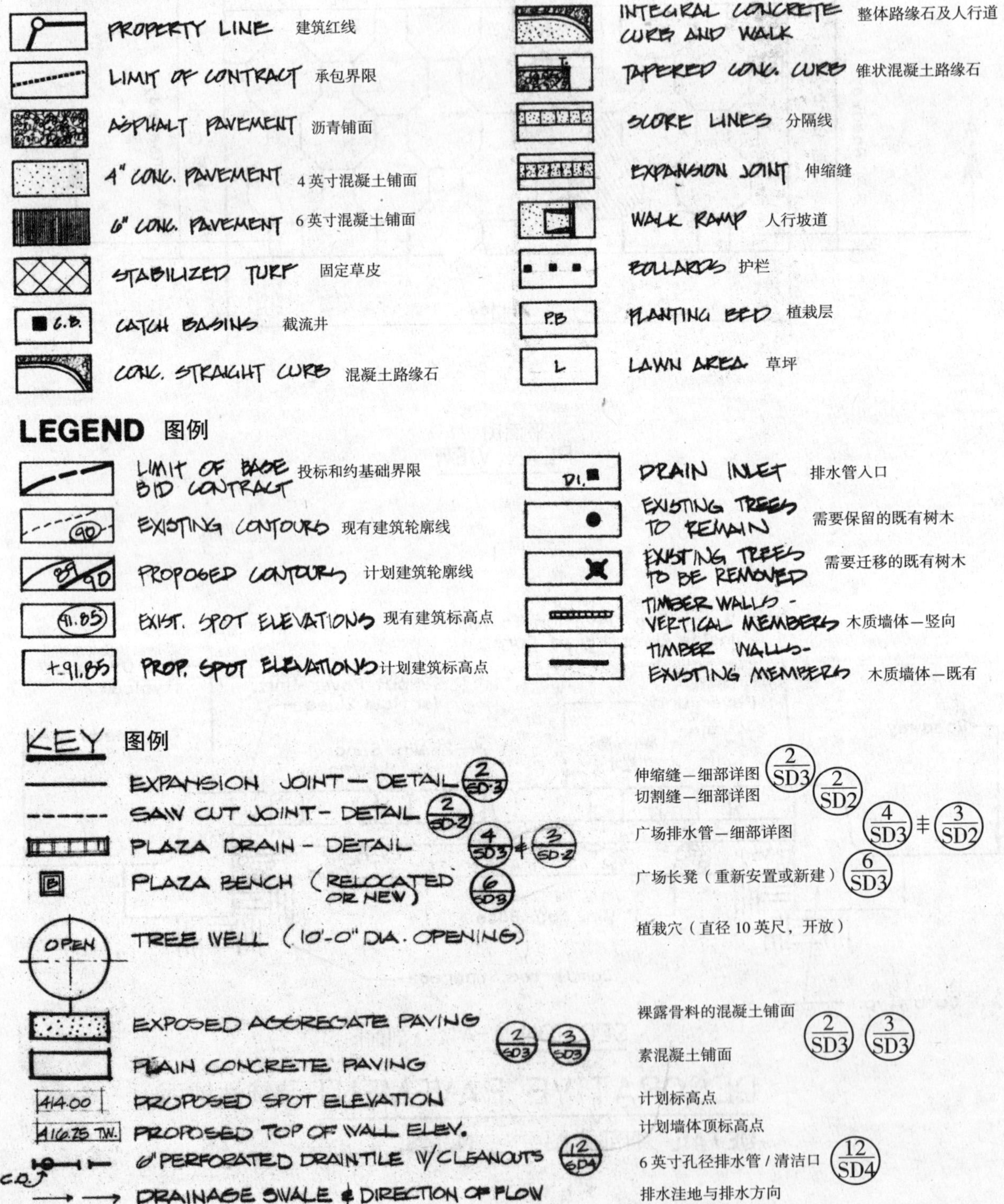

图2.12　图例与符号范例［上图和中图由邦内尔及其联合事务所绘制，下图由约翰逊夫妇（Johnson Johnson）和罗伊（Roy）绘制］

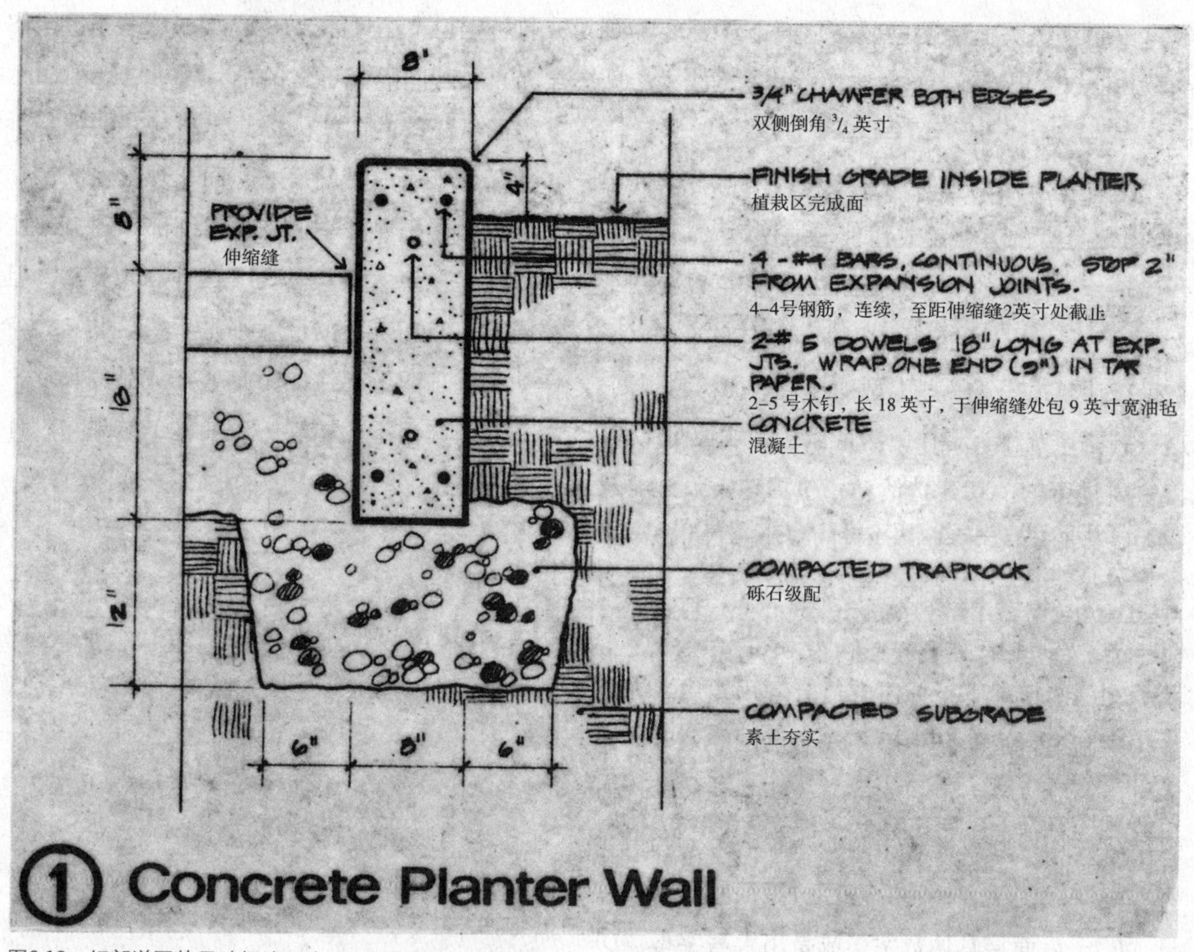

图2.13　细部详图的尺寸标注，由CR3建筑设计公司绘制

可能是最便捷的方法，在图纸紧凑的条件下尤为方便，因为在这种情况下使用箭头可能会过于拥挤，而箭头太大则容易被误认为是字母“X”。

除非万不得已，尺寸线相互之间不该交叉。如果实在没有其他选择，推荐的做法是断开其中一条尺寸线，使它看起来像是从另一条上方或下方穿过。

通过对尺寸线进行一定的组织，可以使它们显得规则整齐。可能的话，将它们布置在被标注对象的两侧，例如左侧和上侧（参见图 2.9）。在标注对象的一侧可以有一至三组尺寸线，第一组用来标注连接在一起的小尺寸，第二组标注一些中心线，最后一组则表示被标注对象从头到尾两个端点之间的尺寸。在标注过程中进行进一步的核实是有必要的，这样才能确保各个小尺寸相加起来与总尺寸相一致。通过这样的核实，可以避免出现很多严重的错误。木质、混凝土与砖柱可以运用中心线进行标注，如图 2.15 中右图所示范的。

规划图纸的尺寸标注，特别是场地规划平面图，可以用几种不同的方式来表现。一种方法是从场地上一个已知的点引出参考线或基准线，无论场地如何建造，这个点的位置都是固定不变的。基准线可以是一个方向的，也可以是两个或更多方向的，其他所有尺寸线都应该参照这些基准线（参见图 2.17）。

另一种方法是建立网格系统。网格可以采用 100 英尺见方的方格（或是其他的模数），开始于一些场地上已知的点（参见图 2.16）。可以在图纸上标明一些标志性的坐标点以保证整体的准确。网格系统比较适用于一些大型项目，例如校园规划，这些网格系统作为将作为测量体系将被长期保留，将来要进行的一切建造活动，包括地下设施、改建和修缮都要与之参照。学校的基建部门可以要求施工人员将正在建造的项目图纸与网格系统进行对照，以完成长期保留的记录资料。

在一些情况下，标注中适合运用角度，尤其是在绘制人行道与其他一些成角度的线条时。角度以度、分、秒表示，并可与一些其他的标注方式结合使用。圆或圆弧用圆心半径表示，与其他一些标注系统结合使用。半径可以简写为大写字母“R”，后面接具体数字，或是用大写字母“D”表示直径。

第四种尺寸标注系统叫做偏移量，适用于不能用半径表示的不规则曲线。偏移线即实际作业的基准线，这些基准线的标准间距要适合于在地面上打桩定位（参见图 2.18）。如果这些基准线均匀分布、相互间隔又不远的话，就可以在地面上画出与图纸相同的曲线。标注木材尺寸的数字所代表的是加工后成品的尺寸，而非理论上的尺寸，这一点非常重要。举例来说，细部详图上的注释可能标注一块木板尺寸为 2 英寸 ×4 英寸，但是实际反映其加工后的尺寸则是 $1^1/_2$ 英寸 ×$3^1/_2$ 英寸。如果施工图上标注的不是实际成品的尺寸，就可能会引起严重的错误，致使施工结果与设计师的意图不符。

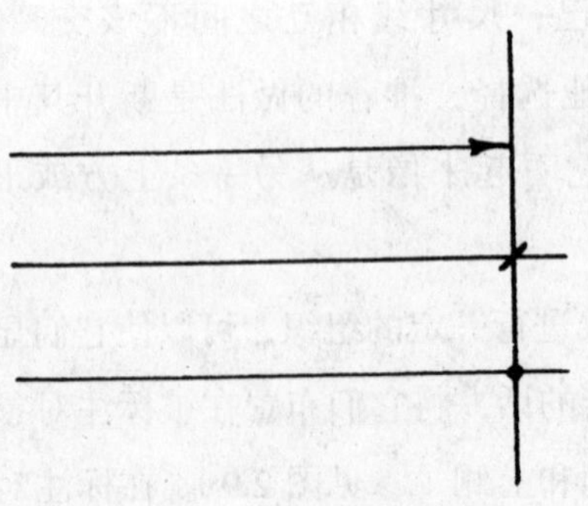

图2.14　终止尺寸线的三种方法

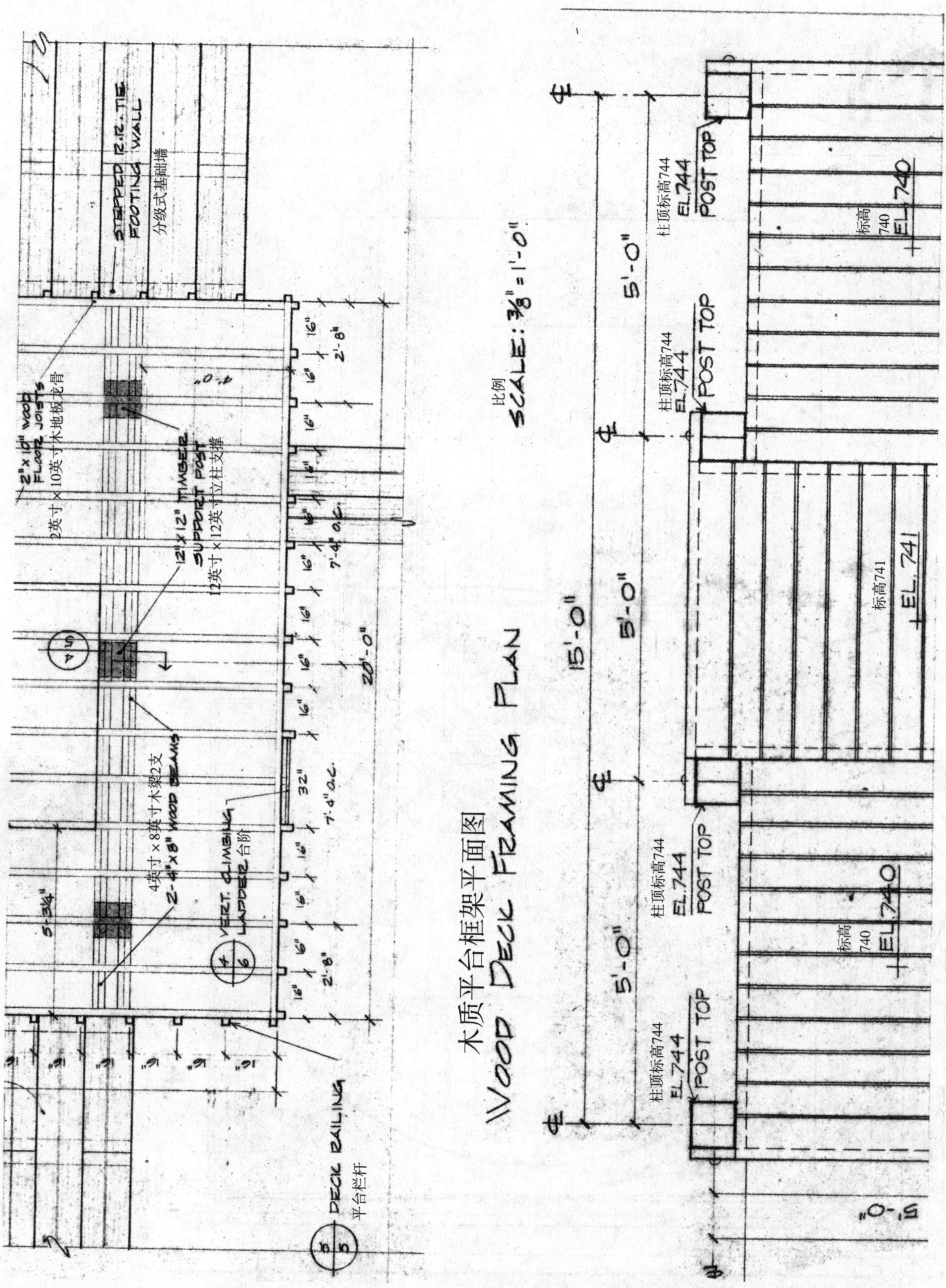

图2.15　尺寸标注方法，左图由约翰逊夫妇和罗伊提供；右图由斯基德莫尔（Skidmore）、奥因斯（Owings）和梅里尔（Merrill）（即SOM事务所）绘制

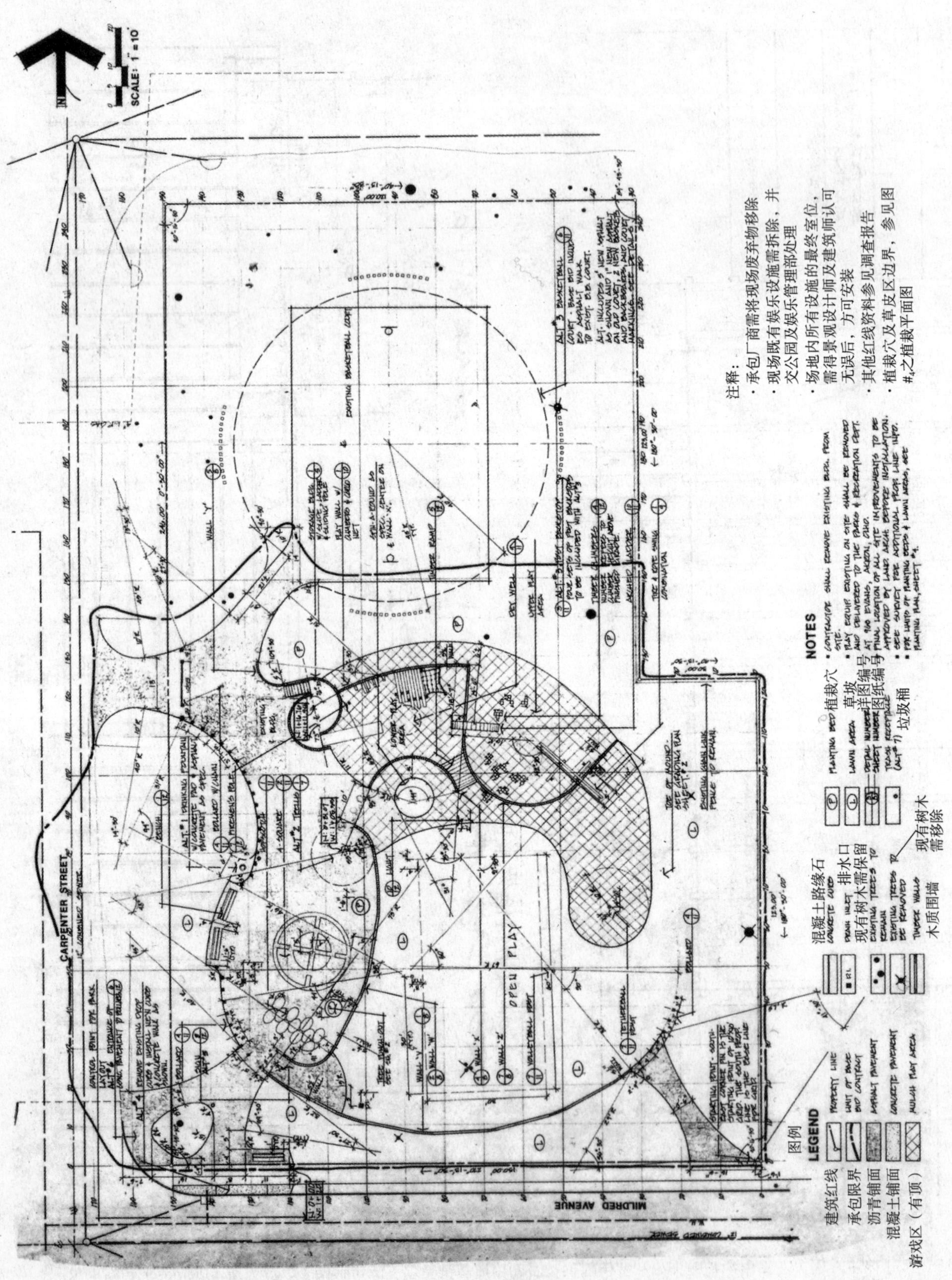

图2.16　尺寸标注运用了网格系统、角度和半径；由邦内尔及其联合事务所绘制

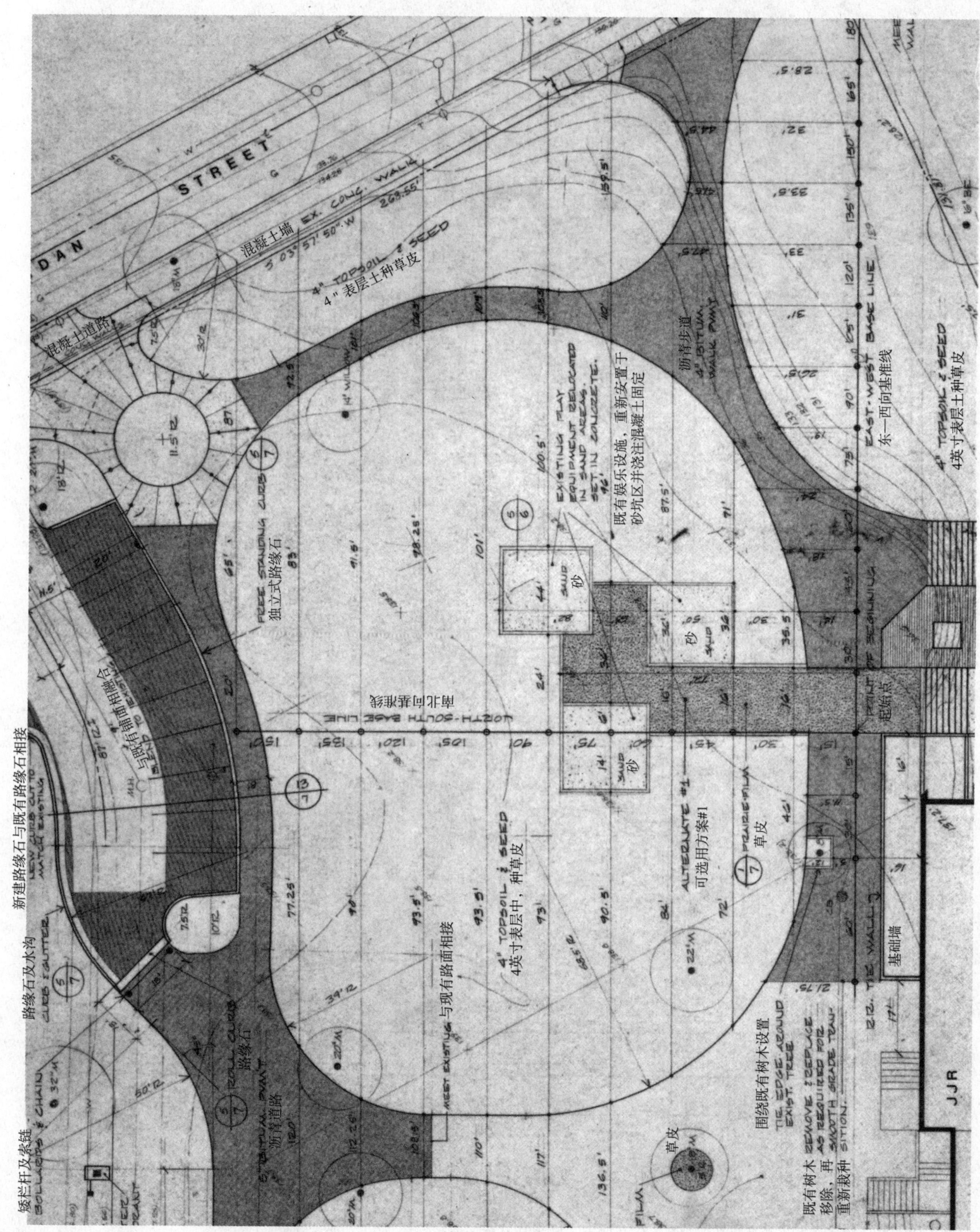

图2.17　尺寸标注运用了偏移量、角度和半径；由约翰逊夫妇和罗伊绘制

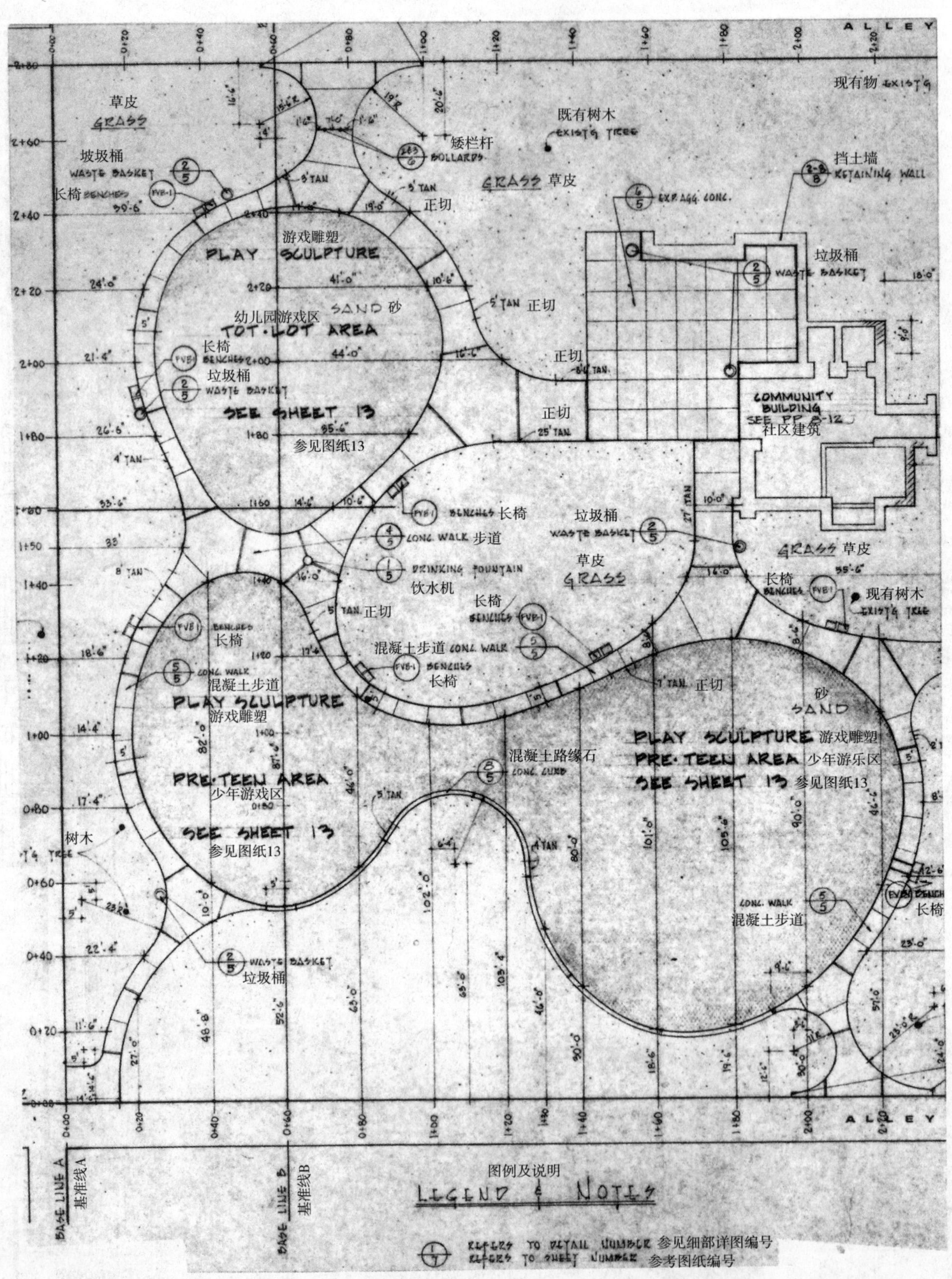

图2.18 尺寸标注运用了基准线和偏移量；由布朗宁·戴·马林斯·迪多夫（Browning Day Mullins Dierdorf）绘制

细部详图与符号

细部构造详图可以是部分或全部场地元素当中平面、立面或剖面图的局部放大。尽管绘制立体图形会耗费很长的时间，但在某些情况下，它可以更好地说明一个对象或元素在建造之后的样子（参见图 2.19）。

为了在图纸上展现细部详图系统的布局，最好先单个粗略画出它们的草图，再将草图放在正式图纸下面进行描绘。细部详图上的线条也需要划分等级，其中描绘对象采用最重的线，比较轻的线用于材料符号，尺寸线使用最轻的线。

细部详图中使用的大多数材料都可以用特定的符号表示（参见第 26 页）。尽管这些符号在图形特性上会有所区别，但还是有很多可以被多数施工人员识别的通用版本，这些符号一般来说是标准化的。尽管如此，为了确保每一位使用图纸的人员对于符号都有相同的理解，还是有必要以图例的形式对其进行再次确认。

有一些细部详图可以在不同的建设项目中被反复运用，其中包括路缘石、人行道和截流井（雨水井——下同），这些图纸是当地政府单位所必备的。用钢笔绘制一张原版的细部详图，利用办公影印机将其复印在带有背胶的透明聚酯胶片上，再将胶片粘贴于图纸，这样做可以节省绘图的时间。另外，注释和表格也可以用文字处理软件或打印机打印在同一张胶片上，相对于人工书写，这样可以进一步

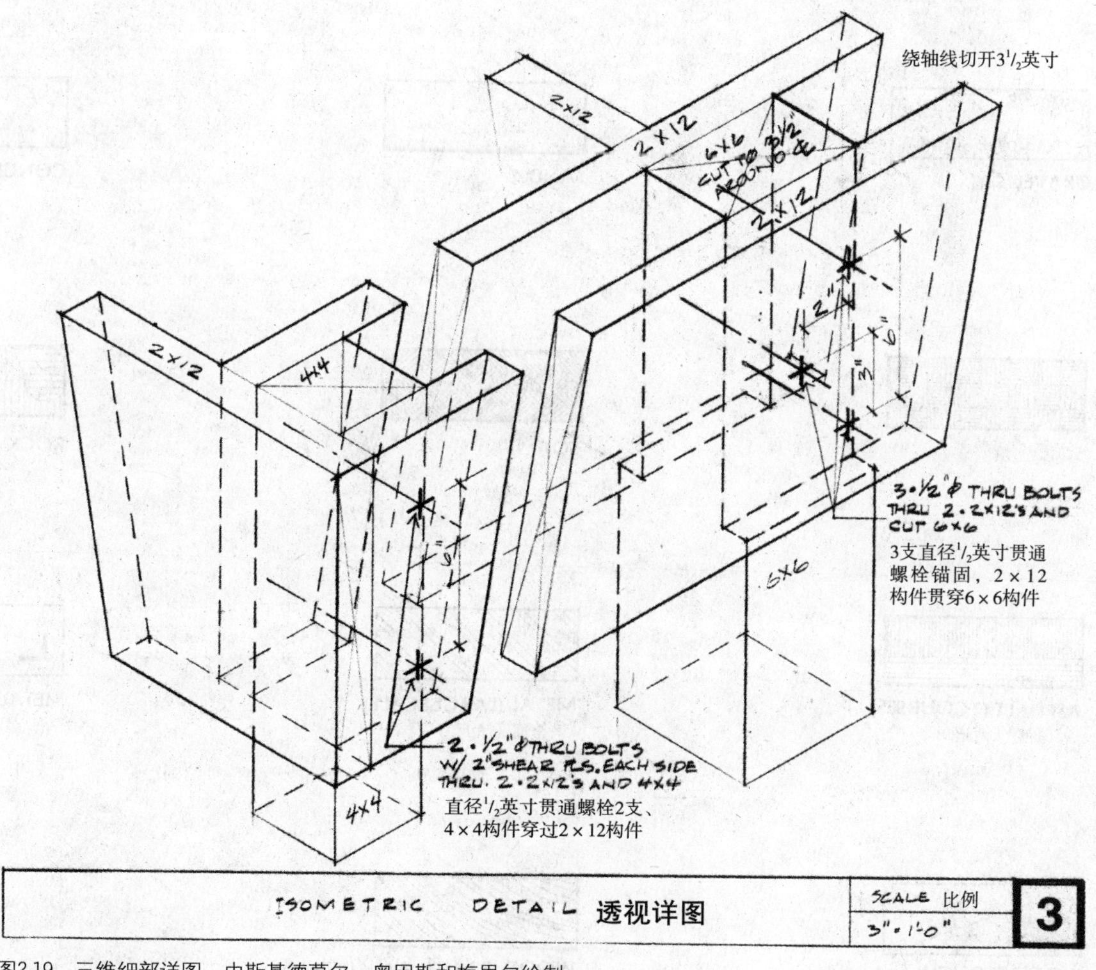

图2.19　三维细部详图，由斯基德莫尔・奥因斯和梅里尔绘制

节省时间。当图纸需要变更时可以很容易地揭除原来的胶片，并利用文字处理软件制作一张新的胶片更替使用。

为了减少图纸上注释所需要的空间，避免文字冗长，一些特殊的单词可以使用缩写的形式（参见第 27 页）。但是并非所有缩写都很容易理解，为了避免误解，有些还是需要用图例进行辅助说明。

本书中没有包含植栽设计与细部详图的范例。要了解这方面的信息，请参阅由西奥多·沃克（Theodore D.Walker）编著的《植栽设计》（*Planting Design*），范·诺斯特兰·莱因霍尔德（Van Nostrand Reinhold）出版社于 1991 年出版。

材料符号

STONE 石材

BRICK 砖

CONCRETE BLOCK 混凝土砌块

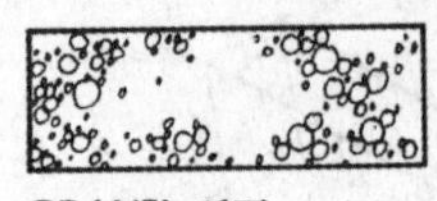

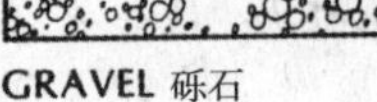

GRAVEL 砾石

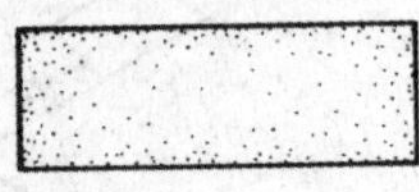

SAND 砂

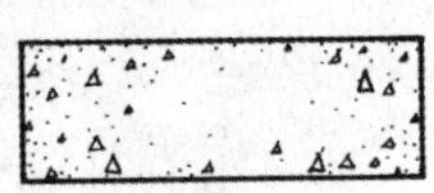

CONCRETE 混凝土

SOIL 土壤

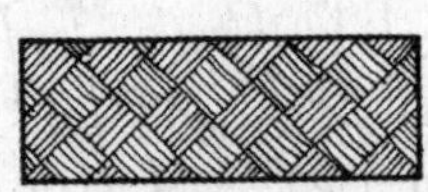

SOIL 土壤

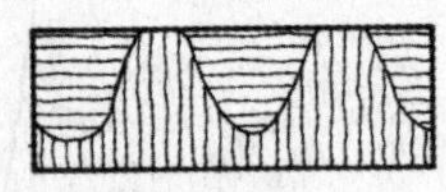

ROCK 石材

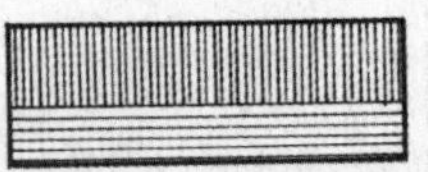

ASPHALT (2 COURSES) 沥青（两道）

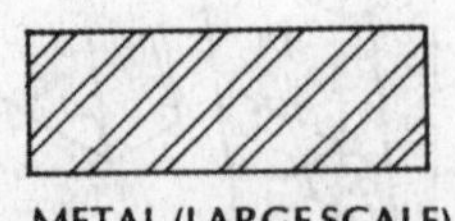

METAL (LARGE SCALE) 金属（大尺寸）

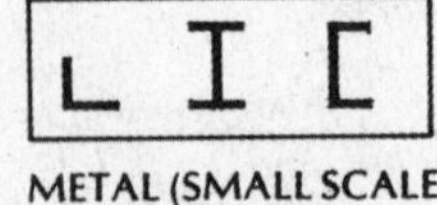

METAL (SMALL SCALE) 金属（小尺寸）

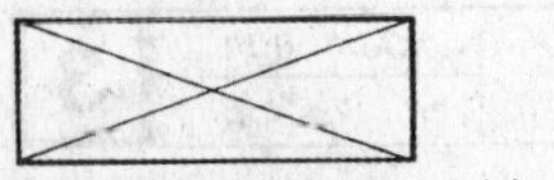

WOOD (ROUGH) 木材（未加工）

WOOD (FINISH) 木材（加工成品）

缩写列表

ABV [*above*] 上面
ADD [*addendum*] 齿高
ADH [*adhesive*] 胶粘剂
ADJ [*adjacent*] 邻接
ADJT [*adjustable*] 可调整
AGG [*aggregate*] 骨料
ALT [*alternate*] 替换物
AL [*aluminum*] 铝
ANC [*anchor, anchorage*] 地脚螺栓，锚具
ANOD [*anodized*] 阳极处理
APX [*approximate*] 近似
ARCH [*architect(ural)*] 建筑师（建筑上的）
AD [*area drain*] 排水区
ASPH [*asphalt*] 沥青

BIT [*bituminous*] 沥青
BLK [*block*] 砌块
BD [*board*] 板
BS [*both sides*] 两侧
BW [*both ways*] 双向
BOT [*bottom*] 底部
BRK [*brick*] 砖
BBZ [*bronze*] 青铜
BLDG [*building*] 建筑
BUR [*built up roofing*] 建造屋面
BBD [*bulletin board*] 公告板

CAD [*cadmium*] 镉
CI [*cast iron*] 铸铁
CIPC [*cast-in-place concrete*] 现浇混凝土
CST [*cast stone*] 铸石
CB [*catch basin*] 截流井
CK [*calk(ing) caulk(ing)*] 填缝防漏
CEM [*cement*] 水泥
PCPL [*cement plaster (portland)*] 水泥抹面（普通硅酸盐水泥）
CM [*centimeter(s)*] 厘米
CER [*ceramic*] 陶瓷
CT [*ceramic tile*] 瓷砖
CMT [*ceramic mosaic (tile)*] 陶瓷马赛克
CHAM [*chamfer*] 倒角
CR [*chromium (plated)*] 铬
CIR [*circle*] 圆
CIRC [*circumference*] 圆周
CLR [*clear (ance)*] 清除
COMB [*combination*] 组合
COMPO [*composition (composite)*] 构成
COMP [*compress (ed), (ion), (ible)*] 压缩（压力）
CONC [*concrete*] 混凝土
CMU [*concrete masonry unit*] 混凝土砌块
CX [*connection*] 连接
CONST [*construction*] 结构
CONT [*continuous or continue*] 连续的
CONTR [*contract (or)*] 承包（承包商）
CLL [*contract limit line*] 承包界限
CJT [*control joint*] 控制接头
CPR [*copper*] 铜
CORR [*corrugated*] 波浪状
CS [*countersink*] 钻孔
CTSK [*countersunk screw*] 沉头螺钉
CRS [*course(s)*] 球场
CRG [*cross grain*] 斜纹
CFT [*cubic foot*] 立方英尺
CYD [*cubic yard*] 立方码

DP [*dampproofing*] 防潮
DL [*dead load*] 静负载
DEM [*demolish, demotion*] 拆除，降级
DEP [*depressed*] 降低的
DTL [*detail*] 细部
DIAG [*diagonal*] 对角线
DIAM [*diameter*] 直径
DIM [*dimension*] 大小
DIV [*division*] 界限
DS [*downspout*] 水落管
D [*drain*] 排水管
DT [*drain tile*] 落水瓦
DWG [*drawing*] 制图
DF [*drinking fountain*] 饮水泉

EF [*each face*] 一个面
E [*east*] 东向
ELEC [*electric(al)*] 电力
EL [*elevation*] 正视图
ENC [*enclosure(ure)*] 围栏
EQ [*equal*] 相等
EQP [*equipment*] 设备
EST [*estimate*] 评价
EXCA [*excavate*] 挖掘
EXG [*existing*] 现有的
EB [*expansion bolt*] 膨胀螺栓
EXP [*exposed*] 暴露
EXT [*exterior*] 室外
EXS [*extra strong*] 外加强度

FB [*face brick*] 面砖
FOC [*face of concrete*] 混凝土表面
FOF [*face of finish*] 完成面
FOM [*face of masonry*] 砖石表面
FAS [*fasten, fastener*] 固定，紧固件
FN [*fence*] 围栏
FIN [*finish(ed)*] 装饰加工
FFL [*finished floor line*] 建筑楼面线
FBRK [*fire brick*] 耐火砖
FPL [*fireplace*] 壁炉
FLG [*flashing*] 闪光
FHMS [*flathead machine screw*] 平顶机械螺钉
FHWS [*flathead wood screw*] 平顶木螺钉
FLX [*flexible*] 可塑的
FLR [*floor(ing)*] 地板
FD [*floor drain*] 地面排水
FJT [*flush joint*] 平缝
FTG [*footing*] 基础

FND [*foundation*] 基础
FR [*frame(d), (ing)*] 框架
FS [*full size*] 实际大小
FBO [*furnished by others*] 另附家具
FUT [*future*] 将来

GA [*gage, gauge*] 标准度量
GV [*galvanized*] 电镀
GI [*galvanized iron*] 镀锌铁件
GP [*galvanized pipe*] 镀锌管
GSS [*galvanized steel sheet*] 镀锌钢板
GC [*general contract(or)*] 总承包合同（总承包人）
GD [*grade, grading*] 等级
GRN [*granite*] 花岗石
GVL [*gravel*] 砾石
GT [*grout*] 泥浆

HDW [*hardware*] 硬件
HWD [*hardwood*] 硬木
HDR [*header*] 标题
HD [*heavy duty*] 重负荷
HT [*height*] 高度
HX [*hexagonal*] 六边形
HES [*high early-strength cement*] 高早强水泥
HK [*hook(s)*] 挂钩
HOR [*horizontal*] 水平线
HB [*hose bibb*] 水管龙头

INCL [*include(d), (ing)*] 包含
ID [*inside diameter*] 内径
INT [*interior*] 室内
INV [*invert*] 转换
IPS [*iron pipe size*] 铁管规格

JT [*joint filler*] 填缝料
J [*joist*] 桁架

KO [*knockout*] 分凝

LAD [*ladder*] 楼梯
LB [*lag bolt*] 方头螺栓
LH [*left hand*] 左手
L [*length*] 长度
LT [*light*] 照明
LC [*light control*] 照明控制
LW [*lightweight*] 轻质
LWC [*lightweight concrete*] 轻质混凝土
LMS [*limestone*] 石灰石
LL [*live load*] 活荷载
LVR [*louver*] 天窗
LPT [*low point*] 低点

MB [*machine bolt*] 机械螺栓
MI [*malleable iron*] 可锻铸铁
MH [*manhole*] 人孔
MFR [*manufacture(r)*] 制造
MRB [*marble*] 大理石
MAS [*masonry*] 砖石建筑
MO [*masonry opening*] 砖石通道
MTL [*mateial(s)*] 材料
MAX [*maximum*] 最大值
MECH [*mechanic(al)*] 机械的
MED [*medium*] 中间，介质
MBR [*member*] 构件
MMB [*membrane*] 薄膜
MET [*metal*] 金属
M [*meter(s)*] 米
MM [*millimeter(s)*] 毫米
MIN [*minimum*] 最小值
MISC [*miscellaneous*] 混杂的
MOD [*modular*] 模数的
MOV [*movable*] 可移动的

NL [*nailable*] 可打钉的
NAT [*natural*] 天然的
NI [*nickel*] 镍
NOM [*nominal*] 额定的
N [*north*] 北向
NIC [*not in contact*] 非接触
NTS [*not to scale*] 不按比例

OBS [*obscure*] 模糊的
OC [*on center(s)*] 位于中央
OP [*opaque*] 不透明的
OPG [*opening*] 开孔
OPP [*opposite*] 相对的
OPH [*opposite hand*] 对方
OPS [*opposite surface*] 对面
OD [*outside diameter*] 外径
OA [*overall*] 总计
OH [*overhead*] 架空的

PNT [*paint(ed)*] 涂料
PAR [*parallel*] 平行
PK [*parking*] 停车
PV [*pave(d), (ing)*] 铺装
PVMT [*pavement*] 人行道
PED [*pedestal*] 柱脚
PERF [*perforate(d)*] 打孔
PERI [*perimeter*] 周长
PL [*plate*] 平板
PG [*plate glass*] 平板玻璃
PWD [*plywood*] 胶合板
PT [*point*] 点
PVC [*polyvinyl chloride*] 聚氯乙烯
PTC [*post-tensioned concrete*] 张预应力混凝土
PCF [*pounds per cubic foot*] 每立方英尺重量
PFL [*pounds per linear foot*] 每英尺重量
PSF [*pounds per square foot*] 每平方英尺重量
PSI [*pounds per square inch*] 每平方英寸承载力
PCC [*precast concrete*] 预制混凝土
PFB [*prefabricate(d)*] 合成
PFN [*prefinished*] 预加工
PRF [*performed*] 预制

PCS [*prestressed concrete*] 预应力混凝土
PL [*property line*] 建筑红线

QT [*quarry tile*] 缸砖

RAD [*radius*] 半径
RL [*rail(ing)*] 栏杆
RWC [*rainwater conductor*] 雨水导管
REF [*reference*] 参考资料
RFL [*reflect(ed), (ive), (or)*] 反射
REG [*register*] 记录
RE [*reinforce(d), (ing)*] 加固
RCP [*reinforced concrete pipe*] 钢筋混凝土管
RET [*return*] 反射
RVS [*reverse (side)*] 反向（边）
REV [*revision(s), revised*] 修正
RH [*right hand*] 右手
ROW [*right of way*] 通行权
R [*riser*] 导管
RD [*roof drain*] 雨水口
RM [*room*] 房间
RO [*rough opening*] 明沟
RBL [*rubble stone*] 毛料石

SCH [*schedule*] 时间表
SCN [*screen*] 屏蔽
SNT [*sealant*] 封缝材料
STG [*seating*] 座位
SEC [*section*] 剖面
SHT [*sheet*] 图纸
SHO [*shore(d), (ing)*] 海岸
SIM [*similar*] 相似
SL [*sleeve*] 套管
SP [*soundproof*] 隔声的
S [*south*] 南向
SPC [*spacer*] 隔离物
SPL [*special*] 专门的
SPEC [*specification(s)*] 说明书
SQ [*square*] 广场
SST [*stainless steel*] 不锈钢
STD [*standard*] 标准
STA [*station*] 位置
ST [*steel*] 钢
STO [*storage*] 仓库
SD [*storm drain*] 暴雨排水道
STR [*structural*] 结构
SCT [*structural clay tile*] 结构黏土砖
SYM [*symmetry(ical)*] 对称
SYN [*synthetic*] 合成剂
SYS [*system*] 系统

TEL [*telephone*] 电话
TV [*television*] 电视
TC [*terra cotta*] 琉璃砖
TZ [*terrazzo*] 水磨石
THK [*thick(ness)*] 厚度
THR [*threshold*] 阈值
TOL [*tolerance*] 允许误差
T&G [*tongue and groove*] 榫和槽
TSL [*top of slab*] 板顶
TST [*top of steel*] 钢构件顶
TW [*top of wall*] 墙顶
T [*tread*] 踏板
TYP [*typical*] 典型的

UC [*undercut*] 浮雕
UNF [*unfinished*] 粗加工

VJ [*vjoint(ed)*] V 型接口
VB [*vapor barrier*] 隔汽具
VERT [*vertical*] 竖直
VG [*vertical grain*] 直纹

WTW [*wall to wall*] 墙间距
WP [*waterproofing*] 防水
WS [*waterstop*] 止水
W [*west*] 西向
WHB [*wheel bumper*] 缓冲器
W [*width, wide*] 宽度
WM [*wire mesh*] 网格
WO [*without*] 在屋外
WD [*wood*] 木
WB [*wood base*] 木基础
WI [*wrought iron*] 熟铁

辅助研究参考资料

Harris, C. W. and Dines, N. T. *Time-Saver Standards for Landscape Architecture.* New York: McGraw-Hill, 1988.

Van Dyke, S. *From Line to Design*. 3rd Edition. New York: Van Nostrand Reinhold, 1990.

Walker, T. D. *Perspective Sketches*. 5th Edition. New York: Van Nostrand Reinhold, 1989.

Walker, T. D. and Davis, D. A. *Plan Graphics*. 4th Edition. New York: Van Nostrand Reinhold, 1990.

第三章 建筑材料

为了更有效地设计场地中的各种元素，无论是铺面、墙体、踏步或是长椅，熟悉构造中使用的材料是很重要的。本章简要介绍了一些建筑材料的历史和起源，其中包括沥青、混凝土、砖、石材、金属、涂料、塑胶以及木材。同时本章还介绍了材料的一些特性，例如强度和尺寸，这些都会影响到它们在场地设计中的运用。

沥青

沥青是由石油制造汽油、燃油、柴油以及润滑油过程中产生的副产品。在自然界中也会发生类似的精炼过程，例如特立尼达（Trinidad）沥青湖的自然沉积、露出地面的沥青岩石或是在多孔岩石结构中形成的沥青。

在颜色上沥青从深棕色到黑色不等，其主要成分是在石油加工过程中产生的。作为一种胶粘剂，它具有防水、耐久及抗酸碱盐腐蚀等特性。同一些矿物骨料相混合能够形成一种可控制的塑性物质。

使用沥青有其不利的方面，因为它在一定温度条件下会融化，粘在鞋子与轮胎上，而且当汽油或类似有机溶剂泼洒在上面时也会使其溶解。

由石油精炼得到的沥青具有不同的等级与种类，其物理特性从固体到几乎像水一样的液体。其中基本的半固体形式就是人们所说的沥青胶粘剂。

总的来说有四种类型的沥青胶粘剂，其中三种是用石油蒸馏物稀释，进一步液化而得到的。

1. 缓慢固化沥青胶粘剂：以挥发缓慢的油类

图3.1 六角形预制沥青铺面

图3.2 矩形预制沥青铺面

作为稀释剂，使水泥的硬化过程延长。

2. 中速固化沥青胶粘剂：使用煤油作为稀释剂。

3. 快速固化沥青胶粘剂：使用汽油作为稀释剂。

4. 沥青乳胶：以沥青胶粘剂混合水及乳胶剂。

前三种沥青胶粘剂根据具体条件与需要，可以有不同的用途。这些用途从作为黏性涂层（即结合沥青表面与混凝土表面）到进行混合物的修补功能。

沥青乳胶可以用来密封沥青铺面、作为防水基础与挡土墙以及地面覆盖材料（通常与稻草或其他类似材料相混合）。

沥青混凝土铺面（也叫做“柏油路”）是一种

混合形成的铺面，由沥青胶粘剂、粗骨料和细骨料，以及矿物填充物和粉末构成。每种成分的比例依具体的设计需求来确定。基础部分包含较大比例的粗骨料，而耐磨层（基础层的上面）则需要更为密实的材料。基础部分使用大块的骨料可以保证强度，而耐磨层使用较为精细的骨料可以确保表面平滑，并有利于防水。网球场和一些类似的场地铺面需要精密的坡度，因此还要额外设置找平层，找平层一般使用沥青胶粘剂和精细的骨料，例如砂子。

在沥青铺面的骨料当中，石子、炉渣以及带有棱角、凹痕或表面粗糙的砾石要经过压碎处理。表面光滑的材料是不适合充当骨料的，因为它们无法很好地结合在一起。另外，绝对不能使用黏土、粉砂以及有机物充当骨料。

多数沥青铺设在砾石基础上，砾石层的厚度取决于当地的土壤条件；而"满厚度"（full-depth）沥青混凝土路面则直接铺设在路基上。满厚度沥青混凝土铺面的厚度从 4 英寸到 12 英寸不等，取决于路面车辆荷载的重量以及路基的状况。我们在实施建造之前应该向有关部门咨询以获得适合于当地的一些建议。石屑与非常密实的土壤不能够作为路基，否则会引起铺面的沉降与开裂。

沥青铺面的表面排水坡度应该不小于 1%。通常比较理想的坡度为 2%。

美国大约 90% 的道路与停车场使用沥青混凝土路面。除此之外，这种材料还可以运用于路缘石和一些娱乐场地的铺面，包括网球场、篮球场、跑道、自行车与高尔夫车道以及人行道。

使用一种机器，对热的沥青混凝土路面边缘的顶面进行挤压，就可以形成沥青混凝土路缘石。尽管这种路缘石比现浇混凝土造价低廉，却很容易被汽车轮胎或雪犁损坏。

在使用比较薄的沥青混凝土铺面时，比如人行道，道路镶边的材料如钢材或木材，最好有稳固的镶边。通过镶边可以限定出设计路线，并使之更易控制。

总的来说，沥青铺面一旦铺设就可以马上使用；但是在炎热的天气它也很容易被尖锐的物体刺穿，比如说一个人拿一把椅子坐在沥青人行道上。

沥青其他的用途包括在其中加入纤维物质用于伸缩缝、用作构造材料的绝缘材料板、屋面油毡、屋盖板以及铺路块材。

在沥青铺面的众多用途中都需要添加色彩涂层。其中可能包括停车场、篮球场、网球场的彩色线条，或是运动场、网球场等需要的整体颜色。市场上有很多品牌、多种色彩的颜料可供选择，颜料的选用主要取决于沥青乳胶或合成树脂同沥青的兼容情况，同时还应该考虑制造商的建议。新铺设的沥青铺面要经过 30 天的养护过程，才可以进行保护层或色彩涂层的处理。

由于每个地区的具体状况各不相同，例如土壤、气候等，因此施工前要向有关部门咨询以获得适合于当地的一些建议。

混凝土

混凝土是我们最常用的主要建筑材料之一。它几乎可以塑造出任何形状，各地的设计师都乐于运用这种材料。

混凝土由四种成分构成：砂、碎石或砾石、水以及水泥。其中的水泥是一种介质，将各种骨料（砂与砾石）结合在一起，以形成永固的造型。因此，将"混凝土人行道"称为"水泥人行道"的说法其实是不正确的。

水泥的历史

水泥以碳酸钙的形式存在于自然界中，它是在洞穴与海洋地层中发现的最基本的物质。

人类最早制造水泥发生在罗马帝国时期，当时的罗马人运用熟石灰与火山灰制造了在水的作用下硬化的水硬性水泥。公元 400 年，随着罗马帝国的衰败，这种方法也失传了，直到 18 世纪，英国人再次发明了制造水泥的方法。在美国纽约，1818 年发明的自然硬化水泥，并被运用于伊利湖运河的建造中。

波特兰水泥（普通硅酸盐水泥），是我们今天所使用的水泥，于 1824 年发明于英国。这种水泥如此命名是由于其灰色粉末同英国南部波特兰岛采石场开采出来的天然石材颜色相同。美国在 19 世纪晚期开始制造波特兰水泥。在这段时期，由于水泥的配方各不相同曾引起了使用的混乱，直到 1917 年制定并采纳了标准的配方才得以统一。几乎同时期，波特兰水泥协会成立，作为所有水泥制造商的协调组织。到了 20 世纪 40 年代初期，加气混凝土日臻完善。

水泥加工工艺

波特兰水泥的基本成分包含大约 60% 石灰、25% 二氧化硅（硅土）以及 10% 氧化铝（铝土）。其他成分由氧化铁和石膏构成。

石灰，构成水泥的主要成分，来源于石灰石、牡蛎壳和“泥灰”黏土等物质。二氧化硅存在于页岩、黏土、硅砂、板岩以及高炉矿渣当中。氧化铁主要来源于铁矿石。石膏（来源于硫酸钙的自然沉积）的品质决定了水泥的凝固或硬化时间。

制造水泥，首先将开采的石灰石及其他原料粉碎成颗粒状，之后在一个大型转炉（近似水平放置的圆柱体）当中加热至 2600—3000° F。原材料的上方保持开敞，在将近四个小时的时候转炉底层的颗粒形成渣块，其尺寸与开采出来的大理石相似。在这些渣块中添加少量石膏，再重新研磨成细粒的灰色粉末，这就是最终的水泥产品。成品储存在料仓内，以备将来成袋包装或批量运输。每袋容纳 94 磅或 1 立方英尺的水泥。

波特兰水泥有五种类型，具体如下：

类型一：普通用途波特兰水泥—— 一种灰色水泥，是在一般性建造中使用最为广泛的水泥。

类型二：改良波特兰水泥—— 一种为特殊要求设计的水泥，用于对水化作用的温度需要控制的项目，例如大规模的浇筑（水坝、码头、重型桥墩等）。另外在需要抗酸碱盐腐蚀的地方也必须运用这种水泥；例如排污系统构造或与强酸碱盐性土壤接触的设施。

类型三：高早强水泥——这种水泥提供更快、更高的强度标准，用于必须迅速迁移的或是必须尽快使用混凝土的项目，另外在寒冷的天气，还可以尽量降低养护所需要的成本。

类型四：低热水泥——这种水泥比第二种类型水化作用的温度更低，硬化过程相当缓慢，需要长时间的养护。

类型五：抗酸碱盐腐蚀波特兰水泥——这种水泥抗碱腐蚀的能力非常强。它最主要应用于同含有大量酸碱盐成分的土壤或水接触的工程。

第一种类型还有白色波特兰水泥，其强度与质量特性与灰色波特兰水泥相同。它作为灰色水泥的替代品主要用于需要白色的地方，例如铺设白色条纹、雕塑、裸露彩色骨料的预制板，以及添加彩色涂料的板材。

在大多数场地设计中，水泥都要裸露在冻融环境中，因此第一种类型的水泥（包括灰色水泥和白色水泥）中需要加入加气剂，以提高混凝土对霜冻破坏的抵抗能力，并避免由盐或防冻化合物引起的剥落。加气剂为一种滑腻的脂类化合物，在形成混凝土的过程中能形成微小的气泡。每立方英尺的混凝土中大约会形成亿万个气泡。气体的数量根据体积以及混合物中骨料的最大粒径占有一定的百分比。其变化范围从最大骨料 $2^1/_2$ 英寸的 5% 到最大骨料 $^1/_2$ 英寸的 7%。这些数据大约上下相差一个百分点。在水泥中还可以加入防水剂，以避免吸水和污染的情况发生。

假如在寒冷的天气需要加快凝固速度（为了争取工期），每袋水泥中可以添加一磅的氯化钙。而在炎热的天气若要减缓凝固速度，则可以添加化学缓速剂。化学缓速剂还可以喷洒在铺面或墙体的表面，以裸露出里面的骨料。

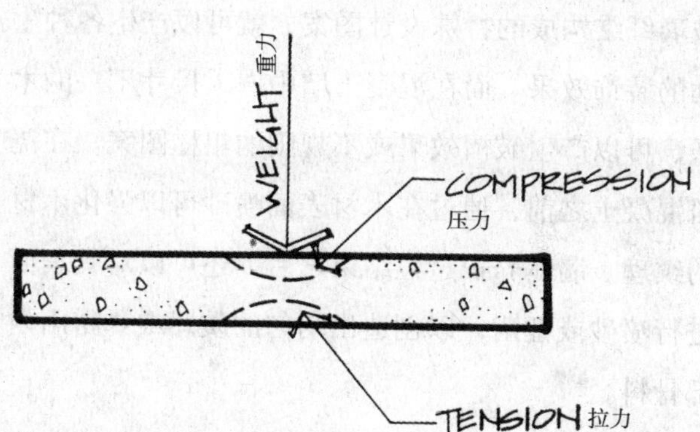

图3.3　重力作用下混凝土的受压区与受拉区

特性

在水泥中注入水，即刻就会产生化学变化，在形成的糊状物中发生水化作用，释放出热量。凝固或硬化过程开始进行。

在水和水泥的混合物中添加骨料，当硬化过程结束时，糊状的混合物就转变成了固体的块状物质。这个化学变化的过程是不可逆转的。

即便混凝土已经铺设硬化了若干个小时，它还是需要一段时间的养护才能达到最大强度。混凝土的标号根据其抗压强度进行评价，一般平均为每平方英寸可承担 3000—3500 磅压力。预制混凝土或其他对强度要求更高的混凝土则为 4500—5000 磅力 / 平方英寸。

混凝土能否达到其标准最大强度，取决于养护时间和养护方法。前 7 天混凝土能够达到一半的强度，在此期间要保证避免过快干燥。必须通过覆盖塑料薄膜、添加化学物质、采用泥浆法或其他技术保持潮湿环境。后一半的强度值产生于后面的 28 天，但养护过程或化学作用将在以后的两年中持续进行。

影响混凝土强度的关键在于水和水泥的用量。增加水泥比例可以提高混合物的强度。但如果水分过量的话，再加入更多的水泥也无法达到理想的强度，因此拌和效果“宁硬勿软”。用于铺面的混凝土比用于维护墙的混凝土硬度要求高，而对于后者来说造型更为重要。混凝土的硬度通过“坍落度试验”来测量。在实验中，将混凝土注入一个圆锥体容器，之后将容器移走，放在混凝土堆旁边，对照圆锥体容器的顶点计算出混凝土的凹陷或坍落。坍落度为 4 英寸的混凝土适合于铺面材料，而坍落度为 6 英寸的混凝土则适合用于墙体和其他项目，其中包含复杂的造型和加强的图案。

混凝土的品质还取决于骨料的等级，各种大小的骨料掺在一起比较理想，因为这样可以确保它们最大的接触面积，使糊状混合物充分填充到骨料颗粒之间。碎石同水泥的接触与结合效果要优于光滑的砾石。

混凝土在养护过程中会发生收缩，因此有必要设置伸缩缝。另外，混凝土还会随着天气变化而发生热胀冷缩的变形。其膨胀情况为温度变化 100℃，每 100 英尺膨胀约 $^5/_8$ 英寸。

混凝土抗压能力很强而抗拉能力却很弱。有外力推动颗粒聚集到一起时产生压力，而有外力使颗粒彼此分离时则产生拉力。通过一些加强措施，就可以解决混凝土抗拉能力差的问题，例如钢材就具有很好的抗拉强度。

点焊钢丝网普遍运用于平面工程，而在墙体、柱子等结构中则使用异型钢筋。

除混凝土外，波特兰水泥也可以同灰浆、石膏和灰泥混合，作为砖石建筑的灰浆工程材料。

装饰

混凝土的塑性特征使其可以满足各种装饰的需求。作为铺面材料，它可以表现得相当粗糙，也可以像镜面般光滑。利用一种钢质抹子仔细修饰，就可以形成光滑的表面，但这种铺面用在室外容易使人滑倒。木质抹子形成比较粗糙的表面，而在很多人行道和坡道的铺设中，利用一把坚硬的扫帚就可以形成粗糙而均匀的图案，这是一种很常见的方法。

另外一种铺面装饰方法包括通过使用化学缓速剂使表面骨料裸露，或在混凝土将近凝固的时候用水刷洗，以及凝固之后在表面进行喷砂处理等。

在铺面的表面可以通过压印、刻划或锯，产生出多种装饰图案。在混凝土还未彻底硬化之前，可以将模拟石材、砖或瓦的金属印模压印到混凝土表面。还可以通过添加色彩以加强模拟的效果。另外在装饰过程中嵌入木条、塑料条，或是运用 $^1/_2$ 英寸或 $^3/_4$ 英寸的弯曲金属导线、铜管，都可以获得随机的表面装饰图案。

通过分割木条，可以获得正方形或长方形图案。分割木条一般采用抗腐蚀能力强的木材，例如红木、雪松或柏木。任意尺寸的规整正方形或长方形（以及尺寸各不相同的随机图案）都可以实现，完全取决于设计师的意图与愿望。分割木条可以并列使用作为伸缩缝，但为防止在一些冻融条件下出现隆起，需要用镀锌铆钉对其进行固定，这部分内容具体参见第四章。

其他图案可以通过条状砖石构件来获得，例如砖分割。在第四章举例说明了各种不同的方法。人行交通会磨损由扫帚形成的表面效果，运用磨粒能够形成比较耐久的防滑饰面。通常使用的颗粒为碳化硅和氧化铝，前者具有发亮的特性，在具体情况中它可能是优势也可能是劣势。在装饰的最后阶段，这些磨粒材料被撒在混凝土表面再用抹子轻轻压磨，使其嵌入，一般每平方英尺需要 $^1/_4$—$^1/_2$ 磅力。

墙面装饰有很多种方法，从简单的光滑平面到各种复杂的图案。在光滑的墙面中嵌入橡胶垫或以玻璃纤维构成的特殊设计图案，就可以产生各种生动的装饰效果。而在混凝土墙中嵌入尺寸不一的木条，可以产生皱褶效果或不规则的粗糙图案。在浇筑混凝土之前，通过在木材表面喷砂可以强化木材的纹理。墙体养护过程结束之后，还可以对其表面进行喷砂或锤凿，以创造出均匀的质感或暴露出内部骨料。

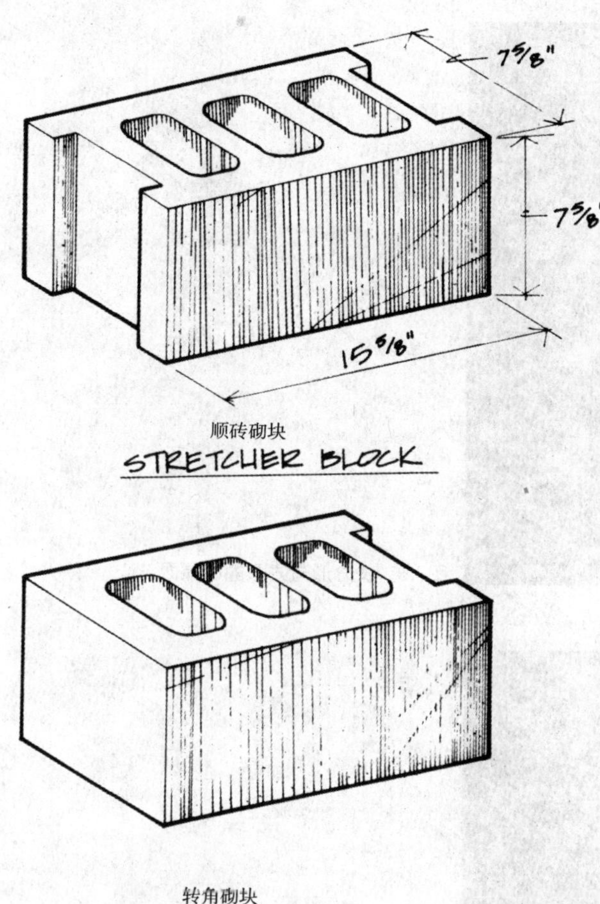

图3.4　预制混凝土砌块

混凝土墙面的另一种装饰方法是在其表面覆盖砖、石或预制胶合板。预制混凝土具备的优势包括比较高的品质，以及通过精心控制暴露出的骨料效果。这些方法比常规的处理造价较高，但是在场地设计中也能突出更具吸引力的效果。

预制混凝土

预制混凝土与现浇混凝土相比，具有利于控制品质的优点。在其生产的过程中，混合、操作及养护的所有条件都能得到更好控制，以获得更高品质的产品。这一系列产品包括标准尺寸的混凝土砖石构件、定做的预制构件或铸石、实用结构以及管道。

除了常规的混凝土成分之外，还可以根据当地具体条件，添加矿渣、膨胀矿渣、黏土或板岩以及火山材料作为骨料。其中膨胀页岩的质量很轻，可以减轻预制构件重量的 35% 左右。

混凝土砖石构件可以满足任何尺寸、形状与模式，但有几种标准构件在任何情况几乎都可以适用。这些构件一般作为砖或石材的补充用于围墙与建筑的隔墙、砖石结构的植栽穴和挡土墙以及基础。这些构件包括顺砖构件与转角构件等，宽度有 4 英寸、6 英寸、8 英寸三种规格，厚度为 8 英寸，长度为 16 英寸。考虑到灰泥填充的实际情况，所有这些构件的实际尺寸都比理论值小 3/8 英寸左右。这些模数与建筑材料的其他模数相互关联，例如三皮标准面砖的尺寸正好与一皮混凝土砖是互相匹配的。

利用预制混凝土还可以制造一些其他尺寸与种类的铺面材料。正方形、长方形、几何造型以及相互咬合的式样都可以适用。

定做预制构件用于裸露骨料的胶合板墙面、阶梯、长凳或座椅、喷水池、植栽穴、矮栏和屏蔽。

预制混凝土构件一些其他的用途包括人孔、截流井、化粪池、地窖、路灯杆、乱堆石基、支架、树木箅栅以及路缘等。下水管和地下管道也都可以采用预制混凝土。直径在 4—12 英寸之间的小型下水管不需要钢筋，而大型的下水管则需要加设钢筋。直径在 4—12 英寸之间的管道以 2 英寸为模数递增，

图3.5　长方形与方形的砖铺面

图3.6　六边形的砖铺面

直径在12—24英寸之间的管道以3英寸为模数递增，直径超过24英寸的管道以6英寸为模数递增。地下管道要承担更大的荷载，因此需要更强的抗压能力，它的管壁一般比较厚，而且需要加设钢筋。在水泥中添加石棉可以制成质量比较轻的管道，它同时也比较光滑，可以降低摩擦力（减少对水流的阻力）。

预应力混凝土

这是预制混凝土的另外一种形式。就像前面所讲的，混凝土的抗压能力强而抗拉能力弱。预应力混凝土可以加工成各种造型，可用于桥梁和横梁，具有轻质并能承担较大荷载的特性。

普通的钢筋混凝土中，在钢筋吸收拉力之前混凝土就已经开始承受了一部分拉力，因此在荷载的作用下会产生微小的裂纹。预应力混凝土中以钢丝绳代替异型钢筋，对混凝土起到加固作用。在浇筑混凝土之前先使钢丝绳承受一定的拉力，当混凝土凝固之后再放开钢丝绳，结构产生一定的变形。这样，在荷载作用下，产生的拉力能够立即被吸收，从而避免了裂纹甚至破坏的发生。预应力混凝土梁的尺寸同预计荷载的关系要经过专门的结构计算确定。对梁断面形式的描述常见以下几种：工字梁、双T形梁、T形梁、槽形梁以及单翼T形梁。

颜色

在混凝土浇筑之前可以将颜料搅拌其中为其染色，也可以在装修过程中将颜料涂刷在最表面一层。在使用颜料与染色剂的时候可能会不太好控制色彩的一致性。有些涂料与涂层会出现剥皮或剥落现象。

只有高质量的矿物颜料才能完全融合于混凝土中。杂质的存在会降低混合物的强度。即使是纯度很高的颜料也不能超过混凝土重量的10%，或每袋不超过9.4磅，以避免混凝土的强度受损。

添加黑色的氧化铁，可以得到比普通混凝土颜色稍深的灰色。其他的颜色与颜料包括：红色、铁锈红；褐色、铁锈褐；暗黄、铁锈黄；蓝色、氧化钴以及绿色、氧化铬。

砖石

在这一章节中要讨论的几种材料包括砖、黏土产品以及石材。尽管砖与石材在材料特性上并没有什么相关性，但它们在用法上却是很相似的。

砖

砖的历史相当久远，早期的文字记载中就有对它的描述。它由黏土或页岩制成，经过开采、粉碎、拌和、成型、切割等一系列工序后，再在1600—2000°F高温的砖窑中烧制几个小时甚至几天才能制成。

原材料的质量与烧制时间的长短都会影响到砖的耐久性。原有材料或添加材料决定了砖的颜色，另外在烧制过程中，随着时间、温度以及氧化作用的变化，颜色也随之变化。

深色的砖敲打起来声音洪亮，通常比较致密，具有比较高的耐久性。赭色的砖敲打起来声音暗淡，通常质地稀松，暴露在空气中容易变质。比较松软的砖容易吸水，因此在冻融循环中遭受的影响比较大。高品质的砖吸水率很低（如果有的话），在冻融循环中比较不容易受到破坏。砖吸水过快会导致其抢夺灰浆里面的水分，这样就会影响化学作用的完成，进而影响整体构造的强度。

设计师们可以运用的砖种类很多，形状、尺寸、颜色（包括毛面和光面的）和表面的纹理都不尽相同。这里包含铺面用砖和建筑用砖。前者一般都是常规的体块，而后者则包含不同的尺寸和规格。在制造过程中，每一批砖都各有变化，因此要做到颜色的绝对一致是有一定困难的。在一个项目中，应该尽量确保所有的砖都是同一批生产的。在一个地区不一定能用到所有尺寸、形状、颜色及纹理的砖。一些供应商有规律地向全国各地发货，但是运输成本是影响使用可行性的一个主要的因素。

标准砖的设计尺寸为$^3/_8$英寸接缝，$2^1/_4$英寸厚，

$3^5/_8$ 英寸宽，$7^5/_8$ 英寸长。使用时应该核对一下当地供应商提供的其他尺寸砖材与标准尺寸的差别。

其他黏土砌块

广场瓷砖与缸砖有不同的形状。缸砖通常为正方形，很薄，硬度很高。其他一些黏土广场瓷砖质地松软，有不同的形状。在没有霜冻现象的地区，可以使用比较松软的砖。由于缸砖很薄，所以它在使用的时候通常要加垫混凝土基础和灰浆层。

瓷砖或釉面砖的颜色丰富，还可以制成马赛克图案。在建筑室外，它们有时被运用于水池、喷泉或建筑外墙。$1^1/_2$ 英寸和 4 英寸的正方形尺寸最为常见，其他的尺寸也有应用。它们一般都比较薄，所以通常设置在其他结构外部作为外观面材。

用陶瓷制成的管道一般用于排污系统和其他一些场所，它具有非凡的耐久性。管道有不同的直径和长度，并设有喇叭状开口和插口端。农用灌溉管道断面也是圆形，直径 4—8 英寸不等，长度为 2 英尺，末端为直线形，它所使用的材料是不用上釉的。砌筑烟道为正方形或长方形，根据设计师的创造，它也可以用在很多其他的地方。

石材

这种材料的历史相当久远，其尺寸、形状、颜色与纹理也变化无穷。作为一种自然材料，石材非常适用于旨在凸显自然特色的项目当中。地区种类的局限性以及运输的成本是设计中石材应用的主要限制因素。

以下是几种最为常见的石材：

1. 沉积岩，例如砂岩、褐石、蓝灰砂岩和石灰石。这些石材质地松软，易于切割，但由于其多孔的特性，也比较容易受到污染与气候的影响。

2. 灰石变质岩——大理石，它比较坚硬，具有较强的耐久性，易于切割与抛光，更由于其纹理的美观而广泛应用。

3. 页岩变质岩——板岩，这是一种硬度和耐久性能都比较好的石材，其颜色从蓝色到灰色乃至黑色，有些品种会略显红色。

4. 花岗石，它是一种火成岩，其硬度很高，因此也具有非凡的耐久性。它的颜色变化从白色到深灰色，有些品种呈现粉红色。它可以切割成各种尺寸和形状，同时抵抗侵蚀与气候变化的能力也非常强。

5. 火山岩，颜色灰暗，只能呈块状使用。它不能像前面提到的石材那样进行切割加工。它的外表粗糙而尖锐。

6. 另外一种纹理细腻而高硬度的石材叫做暗色岩。它很容易脆裂，因此多用于制造混凝土的骨料，以及铺面的基础等。

采矿与加工

石材一般直接在矿山开采，或是在开采成本比较经济的地区进行。利用钻孔机和楔子将大块的石头打碎，再将其锯或劈成理想的形状。石材表面的纹理可以有很大的差别。将两块石头劈裂开形成的断面是最粗糙的。用电锯加工的石材，根据锯齿不同，断面也有差别。使用钢粒爆炸形成的表面，根据炸痕深浅，会产生随即的纹理。利用锯子可以形成比较细腻的断面，但要得到最细腻的断面则要使用金刚石锯。利用砂锯可以得到中等颗粒的表面，而利用凿石锤进行进一步加工，还可以取得更多的纹理效果。

一种细腻的表面称为“珩磨面”（honed face），是通过砂轮将锯痕磨光得到的。石材表面还可以加工开槽或使其呈现波纹状，每英寸可以开槽四条、六条甚至八条。密度大硬度高的石材可以用金刚砂轮抛光，形成玻璃一样光滑的表面。使用凿子或砂爆器械，可以在石材表面镌刻文字及图案。

不同的石材有不同的加工方法，上面讲述的加工方法并不一定能运用于所有的石材。我们建议使用前查核一下当地供应商提供的样本中有没有特殊质地的石材。

强度与硬度

对比几种石材的抗压强度，花岗石每平方英寸大约可承担26000—30000磅压力，白色大理石每平方英寸大约可承担10500磅压力。国家标准局进行的磨损实验表明，石灰石的强度指数为1—24，板岩的强度指数为6—12，而花岗石的强度指数可以达到37—88。

金属

铁和钢

铁的制造历史很长，没有人能确切地了解人类究竟是从什么时候开始制造并使用它的。

大约在600年前，很多人利用高炉开始了铁的原始冶炼。1644年在美国，第一座冶炼高炉成功地建造在马萨诸塞州，1646年开始持续生产。17世纪随着工业化的快速发展，对钢铁的需求量急剧增加，人们开始探索新的方法来提高铁的产量。

19世纪中期，随着高炉技术的提高，人们将铸铁进一步冶炼成钢，钢材于是取代了熟铁（Wrought iron），并得到了更加广泛的运用。1874年，钢材被应用为桥梁的结构构件，到了19世纪90年代后期，人类开始大量使用钢质管材。

铁元素约占地壳成分的5%，主要是以铁矿石的形式存在的。赤铁矿和磁铁矿是铁元素含量很高的两种主要的铁矿石。这些矿石分布在美国的很多地区，但是近年来开采业规定只局限在其中资源最富饶的几个地区允许开采。开采工作可以在开放性矿井或竖井中进行，开放性矿井是最普遍而经济的方式。

高炉冶炼过程中需要在铁矿石中添加其他的成分。要得到1吨铁大约需要1.75吨铁矿石，0.75吨焦炭，0.25吨石灰石和4吨空气。焦炭用来在加热过程中熔解矿石，石灰石有助于分离杂质，空气中的氧气与焦炭燃烧得到的碳结合形成一氧化碳，一氧化碳又与矿石中的氧结合生成二氧化碳。这一过程使铁元素从铁矿石中分离出来。

从高炉中直接得到的铁叫做生铁，它的纯度在95%左右。另外的5%主要由碳构成，还包含少量的锰、磷、硫及其他微量元素。生铁灌注在不同形状的模子当中形成铸件，一般称为铸铁。

在铸铁中混合一些玻璃类的矿渣就形成熟铁。在熟铁中含有少量类似于黑玻璃的硅酸铁。硅酸铁的存在使熟铁具有更好的延展性，这就意味着它比其他铁制品更易于铸造，并具有更好的抗腐蚀性。

铁还可以进一步加工成钢。钢是一种铁的混合物或合金，其中包含少量的碳和其他元素。它的强度比铁高，并可以塑造出更多的产品。不同公司对钢材的成分及冶炼方法都不尽相同。

不锈钢是一种特殊的合金，它对于锈蚀和腐蚀具有超凡的抵抗能力。铬元素是不锈钢中主要的添加剂，在一些高品质的不锈钢中还添加了镍。

为了避免钢铁受到锈蚀，可以在其表面镀锌，这就是我们所说的白铁。将铁制品用酸洗净后浸入熔解的锌中，这一过程叫做“热电镀”。它主要应用于镀锌钢板、钉子、金属线、管材和一些简单的构件。置于钢（铁）表面的晶体会使其表面呈现斑纹或斑点。利用硫化合物可以去除白铁表面的防锈涂层。

像插销、螺钉等钢制品（cadmium）一般利用镉进行电镀来防锈。

铝

这种银白色的金属由于其质量轻及抗锈蚀的特性而被广泛运用。它被大量应用于飞机的制造。但是，铝本身的质地很软，它必须要与其他金属形成合金，才能拥有钢材一般的强度。

与其他的金属元素不同，自然界中并没有这种金属元素，它必须从“铝土矿”中提取。

铝是近代才发现的一种金属。铝的化合物在1807年被人们发现，但直到1825年才将其从化合物中分离出来。1825—1866年间，很多人尝试探索新的方法，降低铝的提炼成本，但都没有成功。直到1886年，发明了利用电冶炼铝的方法，铝制造工业开始崛起。第一次世界大战时期，对铝的需求迅速增加，从而开始了真正大规模的制造。

在自然界，铝只存在于与氧、硅及其他元素形成的化合物中。这些化合物超过地壳成分的15%。铝可以从一种叫做铝土矿的矿石中提取，成本比较低。铝土矿一般很硬，呈岩石状，但也有个别地区的铝土矿像泥土一样松软。

为了将铝提取出来，矿石首先被砸碎，与石灰、大豆灰（soy ash）和热水混合，放在蒸解器中在蒸汽压力下生成一种具有腐蚀性的苏打，它使矿石中的铝熔解，而其他杂质则依旧呈现固态。使用过滤器将固态杂质从液体铝中滤出。之后铝逐渐沉淀形成晶体，再通过加热来去除水分。要得到高纯度的铝还需要进一步的加工。2磅铝土矿加上0.5磅碳阳极，消耗8—10千瓦的电能，才能制造出1磅的铝。

熔化状态的铝可以与其他金属，类似于铜、镁、硅、锌等混合制成合金，浇铸形成铸块。这些铸块又可以进一步加工出很多产品。例如将金属板压成不同厚度的薄片。铸块还可以加工成杆状，再压制成L形或T形等型材。根据不同需要，还可以制成正方形、长方形或圆形断面的金属管材。铝还可以制成各种规格的导线。

由于具有抵抗锈蚀的特性，铝制品通常不用添加额外的涂层。暴露在空气中的铝会在表面形成一层薄薄的氧化层，这个保护层的存在就可以避免金属内部受到进一步的侵蚀破坏。在一些特殊的用途中，可以通过化学作用在铝制品的表面附加其他金属、塑料或搪瓷，使其呈现不同的颜色与质感。

通过电化学处理，阳极作用下，铝外表天然的氧化层会变薄，逐渐透明，这时添加特定的颜料就会呈现出不同的色彩。在阳极作用染色过程中，首先将铝制品浸入酸性电解质中。对电解质通电过程中，铝制品成为阳极。之后洗掉铝制品上的酸性溶液，再将其浸入热的颜料中，最后通过镍酸处理，将颜料封闭在铝制品的表面。

铅

在发明塑料之前，这种密度很大的软质金属被大量应用于场地设计中。铅板常用于遮雨板以及屋顶水池（喷泉）的防水层。将其加热至液态，它可以用作一些接头处的密封材料。铅还广泛应用于电子设施以及汽车电池的制造，它与锡结合形成的合金是一种焊接剂，是将不同的金属连接在一起的媒介。

铜

铜是人类最早了解的金属之一。这种金属开采出来就可以直接应用，作为装饰品、工具及武器。在公元前 8000 年左右人类就开始使用这种金属；公元前 3800 年，人类发明了将铜熔化与锡混合制成青铜；到了公元前 1000—600 年前后，人类又发明了将铜与锌混合制成黄铜。

18 世纪之前对于铜的需求量一直不大，现有的高等级铜矿就可以满足当时的需要。18 世纪晚期，电灯与通信系统的迅速发展使人们对铜的需求急剧增加，需要开发更多新的铜矿。人们只发现了一些低等级的矿石，提高技术水平才能有效地控制成本。这些低等级的矿石中含铜量仅有 4% 甚至更少，5 吨矿石只能提炼出不超过 20 磅铜。

铜矿石从矿井中开采出来，再运送到工厂，在那里将其砸碎再放置到球磨机中（一个内部放置铁球的滚筒，将矿石碾磨成粉末状）碾磨，于是形成一种悬浮液。这些悬浮液被倒入浮选池中，添加汽油、空气、水和其他化学药剂，逐步浓缩。这些化学药剂使铜漂浮在上层，而其他杂质则沉淀在下层。制成的铜块再投入高炉中加热，杂质生成矿渣分离在上层，并被排出。之后再将铜投入转炉，这样生产的铜是纯度在 97% 左右的粗铜。将粗铜灌注到电解提纯设施中作为阳极，电解作用使铜由阳极逐渐沉淀到阴极上，形成纯度达到 99.9% 的纯铜。

纯铜经过进一步加工可以满足多种用途。这些产品应用于场地设计中，包括连接电子设施的铜导线、作为屋顶和披水板的铜板、管材，以及各种合金、五金构件、艺术品、雕塑、青铜装饰板等。

铜是一种理想的导体，它的导电性能仅次于银，但是银由于造价高昂，不能被普遍运用。它的导热性能非常好，因此常用于一些加热和冷冻系统中。

纯铜具有很好的延展性。由于在加工过程中不易断裂，所以可以塑造成各种造型。铜还可以拉伸成很细的铜丝而不会断裂，很多金属电缆都是由细铜线缠绕而成的。

铜不会生锈，耐腐蚀的性能也很出众。当它暴露在潮湿的空气中，其表面会从橘红色转变为棕红色，经过更长的时间，它的表面会形成一层绿色的薄膜，叫做“铜绿”，它可以防止金属内部受到进一步侵蚀。

普遍应用的铜合金有两种。第一种是青铜，是含有锡的合金，其中锡的含量从很少到 25% 不等。有时为达到特殊效果也可以添加其他金属。比如说磷，它可以提高青铜的硬度和强度。和铜一样，青铜也具有良好的抗腐蚀性，它的应用相当广泛，包括雕塑、雕像、钟表、五金、灯具及装饰品等。

另外一种合金是黄铜，它是铜和锌的混合物，其中铜的含量 55%—95% 不等。根据配料的成分不同，黄铜的颜色也各有差别。当含铜量在 70% 左右时，合金呈现金黄色，我们称之为黄黄铜。当含铜量超过 80% 时，合金偏向红色，我们称之为红黄铜。随着锌成分的增加，黄铜的强度与硬度也有所增加。含铜量 55% 的合金比较硬，但也有些脆。黄铜广泛应用于五金、电子与钻探设施以及金属装饰品的制造。

涂料及相关保护涂层

涂料及其他涂层可以使材料避免腐蚀及磨损，保持其固有的颜色，在场地设计中与其他材料相互协调，或者成为设计中的要点。

历史

涂料的应用可以追溯到史前人们将有颜色的材料，例如植物或黏土，与水拌和在一起形成的涂料。在大约8000年前的古埃及，人们最早广泛地使用颜色。到公元前1500年，人类就发现了可以取得光谱中各种颜色所需要的植物。同时期，古希腊人掌握了制造涂料的方法。

古罗马人从古埃及获得制造涂料的方法，并一直运用至公元400年，后来随着古罗马帝国的覆灭，这项技术也随之失传。到了中世纪末期，英国人再次发明了制造涂料的方法，不过当时仅仅局限使用于教堂建筑中。后来涂料又被使用于公共建筑以及富有人家的住宅中。

17世纪，涂料的商业化制造开始于美国和欧洲。在这些早期的尝试中，只制成了构成涂料的个别成分，油漆工人需要在现场进行调配。到了1867年，最早的配置好的涂料面市了。

在两次世界大战之间，新的颜料和人工合成树脂快速发展。随着这些技术的发展，开发出了很多新品种的涂料，满足更加广泛的应用，而且其质量和耐久性也得到了显著提高。

构成和成分

这里是三种相互关联的基本涂料：油漆、清漆和天然漆。在各种场地设计中由于天然漆的应用很少，因此这里就不对其进行介绍。

油漆是颜料和一种液体的混合物，我们可以将这种液体称为载色剂或胶粘剂。颜料的色彩遮盖了被涂刷材料的表面颜色，同时由于暴露在空气中，涂料的特性，例如可加工性和稳定性，也会发生改变。胶粘剂可以使用植物油脂，也可以使用人工合成树脂；前一种的溶解需要有机溶剂，而后一种在水中就可以直接扩散。有机溶剂油漆暴露在空气中，会逐渐干燥并硬化。水溶性油漆树脂中的水分逐渐挥发后也会发生硬化。

清漆与油漆的区别在于其中只包含胶粘剂，因此它是透明的。它唯一的作用就是在一些材料表面形成一层保护膜。

用于室外的着色剂是介于油漆和清漆之间的一种混合物。它们包含少量的彩色材料，用来改变被涂刷材料的基本颜色，但是其主要成分还是透明的胶粘剂或载色剂，因此被涂刷材料表面的纹理及特性还是可以显现出来。一些深色的着色剂含有比较多的颜料，它十分接近于普通的油漆。

颜料

类似于氧化铅、碳酸铅、氧化锌、硫酸锌和二氧化钛这些化合物，都是比较常用的颜料。近年来由于污染问题和其自身的毒性，铅的使用逐渐减少。于是，二氧化钛就取代了铅化合物的位置，而且它还具有良好的遮盖能力。红铅由于具有防锈性，通常用作金属的底漆。上述所有的颜料都是有机的。

还有一些人工合成的有机颜料，包括蓝色和绿色的酞菁，红色和黄色的甲苯胺。有机颜料和无机颜料都各有其优缺点，都有其适合应用的场合。

增量剂（Extenders）

这些材料与颜料相关联，具有十分类似的特性，但是根据种类不同，它们还有一些特殊的功能，例如保持颜色的耐久性、防霉变、色散特性、防裂、哑光等。这些增量剂包括碳酸钙、硅酸铝、硅酸镁、硫酸钡与硫酸钙等。

溶剂

很多胶粘剂太过于浓稠，必须进行稀释或溶解才能进行涂刷或喷涂。矿质漆，一种石油蒸馏生成物，和松节油混合在一起是油基涂料常用的溶剂。为了提高人工合成树脂的溶解能力，需要添加氯代烃、甲苯和二甲苯。水是乳胶漆常用的稀释剂。错误地使用溶剂作为稀释剂会严重损害油漆的性能。溶剂，除了稀释还有更多的功能。它们将表面浸湿，使油漆渗入到多孔的表面，从而增强附着力。它们还有助于加强油漆的"流平性"，即油漆覆盖的均匀程度。溶剂干燥不能太快也不能太慢，它干燥所需要的时间必须恰到好处才能得到薄厚均匀的涂层，干燥过慢容易流淌，干燥过快则容易发生开裂现象。

由于松节油具有毒性和刺激性气味，所以已经逐渐被淘汰了。矿质漆是一种没有味道的溶剂，适用于对空气污染有严格限制的场所。

添加剂

近年来随着科技的高速发展，油漆的品质也有了显著的提高。曾经名噪一时的亚麻籽油基涂料用于建筑外墙只能保持大约 3 年时间，而现在大多数外墙涂料都可以保持效果 5—10 年，有些甚至可以达到 20 年之久。

下面介绍一些比较常见的添加剂：

1. 防扩散剂：这些物质是硅油脂及脂肪酸，它们的作用在于避免白色的盖底颜料与彩色的颜料互相分离。

2. 防结皮剂：这些化学药剂防止油漆在储存于容器的过程中表面结皮。但油漆一旦被使用，这些药剂很快就消散了。

3. 融合剂：这些化学药剂使水溶性涂料中的乳胶颗粒充分扩散，随着涂料逐渐干燥，在被涂刷材料的表面形成均匀的保护层。

4. 干燥剂：它是油漆发生化学作用过程中的催化剂，加速了胶粘剂（例如醇酸树脂、植物油脂）的氧化速度，合理地控制它们干燥需要的时间。没有使用这种添加剂的话，油漆干燥可能需要一周时间，而使用了这种添加剂，干燥过程只需要一个晚上。钴，配合辅助材料锆和钙，是一种高效率的干燥剂。

5. 消沫剂：这种化学药剂可以避免乳胶漆在制造以及使用过程中产生气泡。常用的消沫剂包括矿质油、松油、辛醇和一些脂肪酸。

6. 乳化剂：乳胶漆是一种乳浊液。当在乳胶漆中添加颜料的时候，就必须加入乳化剂，才能避免颜料对乳浊状态的破坏。比较常用的乳化剂包括胺皂和阴离子。

7. 稳定剂：这种化学药剂可以降低油漆的冰冻点，避免在存放过程中冻结。比较常用的稳定剂包括乙烯、环丁烷或丙烯甘油醇。

8. 颜料悬浮辅助剂：这种化学药剂有助于颜料在载色剂中的悬浮，避免其结块或沉积在容器的底部。

9. 颜料湿润剂：这种化学药剂保证了每一个细小的颜料微粒都融合在胶粘剂中，而不是被小气

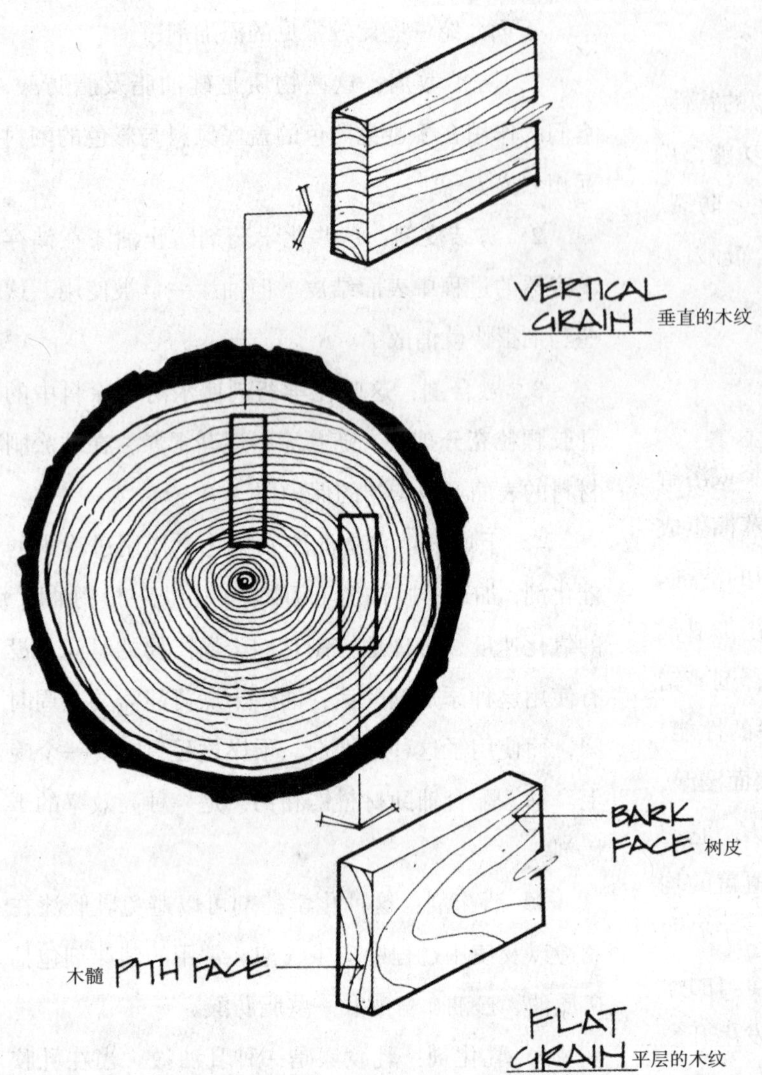

图3.7　木材的特性影响涂料的附着力

泡包围，同时它还加速了颜料在溶剂中的扩散。如果缺少了这种药剂，就会影响整个涂层的光泽性、颜色和纹理的一致性。水性涂料中常用的湿润剂包括三聚磷酸钾和焦磷酸盐。卵磷脂和脂肪酸是油性涂料中常用的湿润剂。

10．防腐剂：这种药剂可以除去油漆中的细菌。此外，它还可以抑制在施工完毕的油漆表面霉菌及其他细菌的滋生。

11．黏度控制剂：这种药剂有助于油漆保持一种均匀的、奶油状，易于涂刷的状态。它与控制油漆薄厚程度的摇溶剂相关联。油性涂料中常见的黏度控制剂包括皂土和氢化蓖麻油。乳胶漆中需要添加纤维素稠化剂和防腐剂。

涂料的组成

1．亚麻籽油基涂料：直到近年来油漆制造技术迅速发展，亚麻籽油基涂料的应用一直相当广泛。

它是从蓖麻的种子中提取出来的。

2. 醇酸树脂：这些树脂是从植物油中提取的，例如大豆、红花、油桐或蓖麻籽油。醇酸树脂已经在很大程度上取代了亚麻籽油基涂料的主导地位。它们一般都比较经济，而且具有更好的耐久性、可塑性和光泽度。这种涂料经过氧化作用能够很快硬化。我们在市面上可以购买到哑光和亮光两种类型，它们与其他树脂和油脂都具有优良的匹配性。

3. 环氧基树脂：这种涂料的造价昂贵，但是却拥有非凡的硬度。环氧基树脂与其他树脂混合，可以制成多种涂料，各有不同的用途。煤焦油环氧树脂不仅能够抵抗淡水与海水的侵蚀，甚至还可以抵抗一些化学产品的腐蚀。

4. 橡胶基树脂：这些溶剂与稀释胶粘剂包括两类，通常用于砖石建筑以及潮湿环境下的建筑表面。它们分别是氯化橡胶与苯乙烯丙烯酸酯。氯化橡胶具有很好的抗腐蚀性，另外由于其中含有 35% 的橡胶，因此也具有优良的可塑性。

5. 氨基甲酸乙酯：这种人工合成树脂中含有很多种成分。通常，这种涂料与醇酸树脂相比，具有施工快捷、硬度高、可塑性强等优点，而且对于磨损、溶剂以及化学药剂的腐蚀也有较强的抵抗能力。但是这种涂料运用在室外时光泽性不如醇酸树脂，而且造价比较高。氨基甲酸乙酯清漆的品质高于其他种类的清漆。

6. 乙烯：和氨基甲酸乙酯一样，这种涂料中也含有很多种成分。为了提高对金属表面的黏着性，其中两种比较常用的添加剂是氯化乙烯和醋酸乙烯。这种涂料常用于铝板以及镀锌冷轧钢材的表面。

7. 乳胶漆：由于这种涂料中含有水的成分，因此在保存过程中必须要防止冻结。它的施工温度要求在 40°F 以上，还有些种类要求在 50°F 以上。

8. 丙烯酸：这种涂料是由多种成分组成的化学药剂，它同乳胶漆家族具有密切的联系。有的可以用在室外，也有的用于室内；从光泽度上可以划分为哑光、半亮光和亮光三种。总体来说，这种涂料的颜色稳定，能够抵抗热、光以及气候的变化，并具有较强的可塑性和强度。丙烯酸树脂涂料的主要成分为乙基丙烯酸酯和甲基丙烯醛。前者比较软，耐磨损能力差，而后者的硬度高，二者相结合可以制成一种高品质的涂料。实验证明这种涂料是南黄松木材一种理想的保护层，因为它可以随着木材伸缩变化，而在不同的方向相应地发生膨胀与收缩。

涂料组第 1—6 组是溶剂稀释；最后两组是水稀释。

品质

高品质的油漆需要各组分比例恰当，相互之间协调平衡。由于全国各地的环境状况各不相同，各种被涂刷材料的特性也不尽相同，所以一定要对油漆进行严格的挑选，找到最适合当地状况，以及耐久性最强的品种。

底漆

这是木材或金属上附加的第一层外衣，它是连接材料与表面涂层的胶粘剂。表面涂层一般是一层黏稠的或连续的保护膜，它不能直接附着在材料的表面。相反，底漆并不能像表面涂层这样提供保护作用，它的作用只是将表面涂层与木材或金属黏结在一起。

除了起到黏着作用，底漆还可以作为金属的防锈系统。另外，它还有其他一些重要的功能。

在一些工程中，底漆可以用作一些材料的密封剂，例如多孔性、纤维状木材以及石膏墙板。它可以避免这些吸湿性很强的材料对表面的涂层过分吸收。

表面涂层或面漆

这是施工过程中最后的一道防护系统，通过色彩以及美妙的纹理展现装饰性与艺术性。它还有助于抵抗气候、化学制剂、磨损、灰尘以及油污的侵蚀。

哑光漆的应用与亮光漆相比，占有较大的比例，但是亮光漆比哑光漆具有更高的硬度，抵抗磨损、灰尘以及油污侵蚀的能力也更突出。

塑料

塑料是一种人工合成的混合物，其制造原料主要有煤、石油以及少量的石灰石、盐和水。各种不同的配方形成了多样化的产品特性。有的塑料很软，易于弯曲，而有的塑料则硬度很高。有的塑料是不透明的，也有的塑料是透明的。

从18世纪中期，塑料制造业就有了逐步的发展，1869年出现了一次大的飞跃。1908年发明了玻璃纸。第二次世界大战又促进了塑料制造业的发展，这种飞速的发展一直延续至今。直至今日，塑料已经取代了很多的传统材料在建筑产业中的运用。

下面列举了众多塑料制品中的几个品种，以及它们在场地设计中的应用：

1. 乙烯（二氯乙烯）：用于防水设施、防水膜以及围篱的彩色涂层。

2. 聚乙烯：用于塑料防水板、灌溉系统的软性管道、波纹排水管以及电线的绝缘层。

3. 氨基甲酸乙酯：用于伸缩接头的软性密封剂。

4. 环氧基树脂：类似于涂料的作用，密封水池和喷泉的内表面；作为胶粘剂，与玻璃纤维混合而成的加固塑料，可制成花盆、座椅、垃圾桶以及其他一些街道公共设施。

5. 酚醛塑料：这是一种高耐久性和硬度的塑料。它被加工成薄片，可以用作门和桌面等的装饰面板。这种材料还可以仿造木材的纹理以及大理石的花纹。

6. 丙烯：用于光学仪器的透镜。

7. 尼龙：用于钻探系统设备齿轮、T形材、L形材，以及扫帚与画笔的刷毛等。

8. 聚乙烯氯化物（P.V.C.）：用于灌溉系统的管道。

9. 聚苯乙烯：用于泡沫绝缘板。

10. 聚丙烯：用于管材及配件、电线的绝缘层、绳索等。

木材

在历史记载中，人类从很久以前就已经将木材作为建筑材料、燃料以及工具了。现在，它仍然是一种具有强烈吸引力的材料，在我们的生活环境中随处可见。这种吸引力还影响到其他材料的运用，例如模仿木材纹理的塑料，在满足木材外观的同时又降低了造价成本。

物理特性

木材由细小的细胞单元组成，它们通过一种天然的结合剂——木质素联结在一起。这些细胞单元就是纤维素，但根据功能的不同，它们的尺寸和形状也有很大差异。大多数细胞是细长的，在树木中垂直生长。这些细胞在硬木中叫做纤维，在软木中叫做管胞。木材细胞的长度为$^1/_{25}$—$^1/_3$英寸不等，其宽度一般是长度的百分之一左右。

天然木材可以分为两类，“硬木”和“软木”。这种划分方法与木材自身的软硬程度并没有太大的关联。事实上，有些软木比有些硬木的硬度还要大。硬木主要是指阔叶林，而软木主要指针叶林或生长鳞状叶的树木。大多数的阔叶林都会在冬季落叶，而针叶林则一年四季保持长青（柏树和落叶松除外）。相对而言，由于软木的结构性能比较好而且易于加工，因此多数建筑工业使用的都是这种木材。目前使用最多的两个树种是南松和美国黄杉。

树木的断面显示出三个不同的层次。最外面一层是树皮，中间浅色的一层叫做边材，最里面的一层叫做心材。在树皮和边材之间有一层很薄的组织叫做形成层，从这里形成年轮。树木的年轮有两个部分，其中浅色的部分叫做春材，而深色的部分叫做秋材。在生长季节初期，形成的细胞体积大、细胞壁薄，之间有很大的空隙，这一部分叫"春材"。在一个年度的后期，形成的细胞壁厚，之间的空隙小，这一部分就叫"秋材"。由于秋材的细胞壁厚，因此颜色比较深，形成的年轮从木材断面中可以清晰地看到。年轮的位置以及春材和秋材的比例会影响木材的力学性能。一般来说，年轮比较窄的木材比年轮比较宽的木材具有较好的力学性能。

边材的作用在于从树叶到根茎的输送汁液，并为树木储存养分。随着树木的生长，里层的边材细胞逐渐停止其汁液输送作用，变成不活跃的心材。有些树种，心材的颜色会明显深于边材。这种变化在红木中表现得很突出，它的心材呈现深红色，而边材则类似于奶油色。硬木由于其固有的抗腐蚀化学特性而具有比较出色的耐久性，但是其中的边材部分也非常容易吸收化学防腐剂。

木材的重量受含水量、密度以及边材厚度的影响。下面这些木材的含水量如果控制在 15%，那么每立方英尺的重量分别为：西部红松：23.4 磅；美国黄杉：34.3 磅；白橡：46.8 磅。

未枯干的树不仅在细胞中含有水分，细胞之间也同样存在水分。这些木材中包含液体的状况用"含水率"（MC）表示。在自然干燥的过程中，首先挥发掉的是细胞之间的水分，直至这些自由的水分全部挥发，细胞自身还是呈饱和状态；这种状况下的含水量叫做纤维饱和点。根据树种不同，纤维饱和点一般在 25%—35% 之间。

细胞之间液体或水分的失散并不会影响木材的尺寸，但是含水量如果降低到纤维饱和点以下，木材就会发生不同程度的收缩。我们一般将木材放置于烤箱或烤炉中进行烘干，以保证干燥过程中均匀的收缩。为了避免木材腐烂有两种方式，或者保持其含水率 100%（即将其完全浸泡在水中），或者将含水率降低至 20% 以下。在干燥过程中，木材主要沿着垂直于纹理的方向收缩，而水平于纹理的方向基本没有什么变化。总的来说，软木的含水率每降低 4%，木材的尺寸大约收缩 1%。经过一段时间之后，木材中的含水量就会与其周围环境的温度及湿度达到平衡。但是这种平衡还将随着季节变更以及温度变化持续地进行调整。

当木材的含水量降低到纤维饱和点以下，细胞出现收缩时，大多数树种的强度都会相应有所提高。

力学性能

树种不同，它们的结构性能也各不相同，但是不同树种的大部分特性还是具有相通性的。

与其他材料相比，木材给人的总体感觉是比较柔软而富有弹性的。它切割方便，而且易于用钉子固定。同时它还很容易弯曲，塑造出各种造型。当我们用皮肤与之接触时，可以感觉到温暖而舒适，因此它是一种与人体直接接触场合的理想建筑材料。由于木材细胞之间有大量空隙存在，所以它是

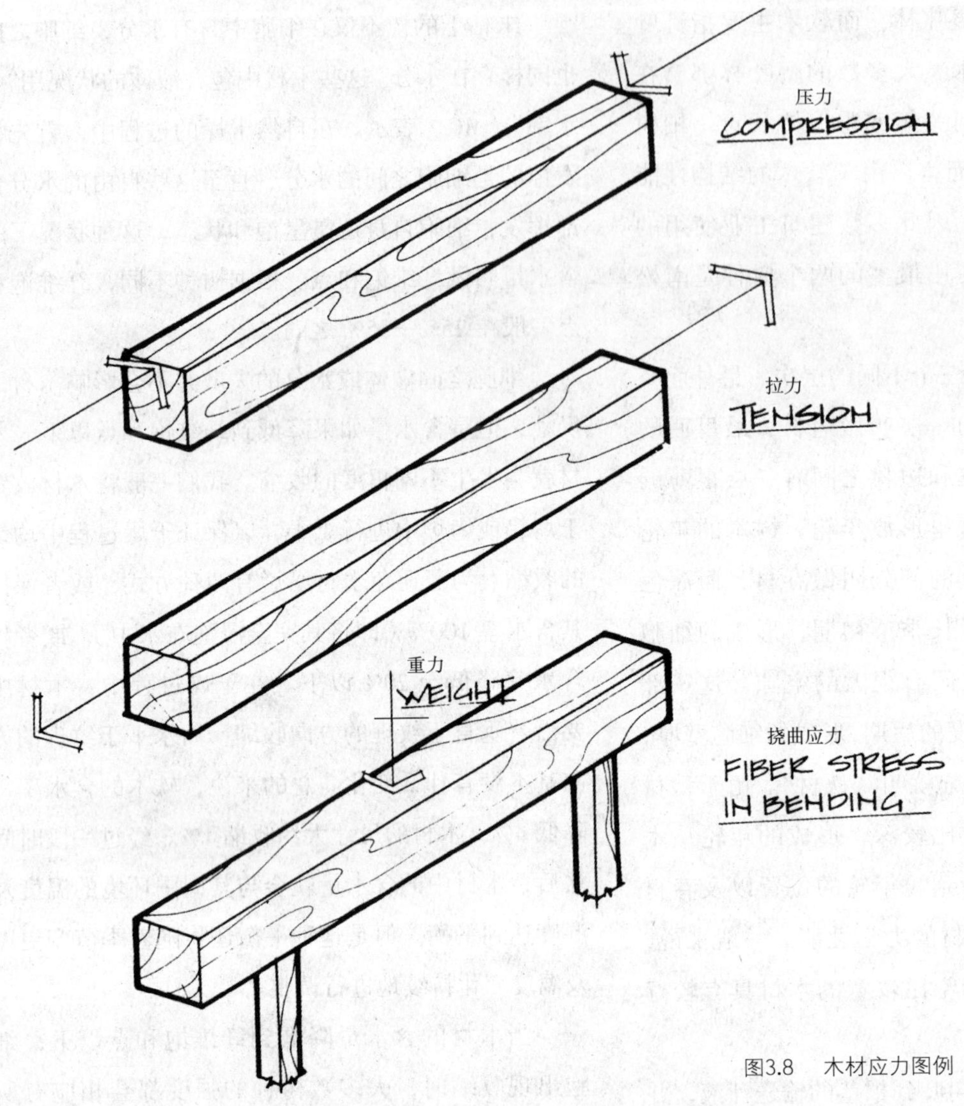

图3.8　木材应力图例

一种热的绝缘体，这就是它与皮肤接触令我们体会到温暖的原因之一。

使木材暴露在空气中，它的表面会逐渐漂白，然后再变成深灰色。如果其暴露的环境中干湿交替，那么木材表面就会出现爆裂及损坏。由于木材多孔性的质地，它很容易进行油漆以及防腐处理。在建筑中由木材制成的横梁，在火灾中比钢梁具有更高的耐久性。在加热情况下，钢材很容易失去承载力，而木材要经过比较长的一段时间燃烧后才会损坏。

无论压力还是拉力，当荷载的方向与木纹的方向平行时，木材具有最强的承载力，相反，当作用力与木纹的方向垂直时，木材则表现得十分脆弱。但是，我们不可能在任何情况下，都能保证荷载的方向与木纹方向平行。通过对木材物理特性以及化学特性的掌握，设计师们即使在压力与木纹方向垂直的情况下，也可以保证使用的安全性。

当力的作用与木纹理平行时，拉力使木材纤维产生伸长的趋势，纤维之间相互滑移。当纹路出现一定角度的扭转，或木材本身存在洞或节疤时，承载力就会出现明显的降低。重力垂直作用在木梁上，就像图 3.8 所描绘的，受力区域附近的纤维就会产生压力，而另外一侧的木材纤维则产生拉力。这种情况叫做挠曲应力。

当木材受到损坏，或是木材纤维之间出现滑动，这种情况就叫做剪切。剪切作用分为两种，一种平行于木纹，另一种与木纹相垂直。前一种情况就好比将一根木桩竖直放在地上，用锤子敲击顶端，使其沿纹路的方向劈裂成两半。而垂直剪切就相当于拿着一根小木棍的两端，从中间将其折断。

为了协助设计师的工作，工作人员将木材所有的结构特性以及化学特性都整理制成表格，这就避免了设计师在设计横梁断面尺寸的时候要进行大量的运算。这一类计算表格中还包含了弹性模量、最大挠曲应力、最大压力（PSi）和最大拉力的各种数值，在本书的第八章进行了介绍。

木材产品

木材的销售有两种方式，一种根据直线长度计算，另一种则根据板材尺寸来衡量。木材加工厂使用的标准方法是以板材尺寸来计算的，但是为了方便买主，多数木材的尺码都转换成了直线形的长度，并依此为基础进行定价。木材销售长度一般在 8—18 英尺之间，中间以 2 英尺为模数递增，当然在一些特殊的订单中也会出现其他的长度，价格也各不相同。木材的厚度从最常用的 1 英寸到最厚的 12 英寸不等，中间以 2 英寸为模数递增。

一张板材的标准尺寸为 1 英寸 ×12 英寸 ×12 英寸（1 英寸 ×1 平方英尺）。任何一块木料都可以通过计算其厚度（英寸）× 长度（英尺）× 宽度（英尺），得到它的板材尺寸［俗称板尺（board feet）］。要计算一张 8 英尺长的 2×4 木料的板材尺寸，你可以通过 2×0.33×8 得到 5.333 板尺。

当我们看到一张板材的尺寸标签为 2×4×8，我们要了解其中的厚度以及宽度只是名义上的数值，真正的数值要比它偏小一些。标记为 1 英寸厚的木料实际厚度只有 $^3/_4$ 英寸，2 英寸到 6 英寸厚的板材实际尺寸比标记尺寸少 $^1/_2$ 英寸，6 英寸以上的板材则要少 $^3/_4$ 英寸左右。标记为 4×4 的板材，实际尺寸为 $3^1/_2$ 英寸 ×$3^1/_2$ 英寸，标记为 2×12 的板材实际尺寸为 $1^1/_2$ 英寸 ×$11^1/_4$ 英寸。标签上的长度就是真实的长度，如果标签上注明长度 8 英尺，那么这就是它实际的长度。

当我们绘制木材细部施工图的时候，我们要了解木料的真实尺寸，并以此作为制图的基础。当我们在材料上贴标签的时候，标准的做法是标注名义上的尺寸，而非实际尺寸。

木板是按“方”（square）销售的，一方等于 100 平方英尺。四包板材的覆盖面积为一方（三包沥青板的覆盖面积为一方）。

板材包含绝热板、硬质纤维板和胶合板三种；胶合板是利用胶水将不同的木料重新组合制成的。这些板材的标准尺寸为 4 英尺 ×8 英尺，某些特殊的订单中也可能出现其他的尺寸。板材的厚度，从 $^1/_8$ 英寸到 $1^1/_8$ 英寸不等，之间递增的模数为 $^1/_8$ 英寸。

绝热板是一种非常轻的材料，通常应用于住宅或其他小型建筑室外框架结构的墙体。它暴露在室外的表面，一般需要涂刷沥青，所以呈现黑色。

硬质纤维板分为中密度板和高密度板。前者主要用于建筑室内，而后者则可以应用于室外工程。

刨花板是利用胶水，把各种密度的木屑胶粘在一起形成的，根据用途不同，也有不同的密度。刨花板主要用于底层地板、硬木饰面板的核心，或者用来制作家具或橱柜。

胶合板由数层薄板通过胶水胶粘在一起构成，其中每相邻两层木板的纹路都是互相垂直的。但是，每张胶合板最外层的纹路都是平行的，这就保证了它们在外观上的一致性。这种交替放置的形式保证了板材在各个方向都具有同等的强度，将变形的可能性降低到最小。

胶合板也分为两种，软木胶合板和硬木胶合板。软木胶合板主要由美国黄杉制成，但也可以使用少量其他树种的木材。硬木胶合板的每层板材都很薄，可以用到的树种有黑胡桃、樱桃木、橡木、桦木、枫木、红木以及柚木。

根据使用场所，软木胶合板主要分为三大类：室内用途、室外用途以及海运用途。第一种胶合板使用非防水性胶粘剂，只能用于建筑内部。室外用胶合板中含有防水胶粘剂，可以应用于大多数室外环境中。第三种胶合板用于轮船和赛艇的制造，它是专门为与水接触密切的环境设计的，因此还可以适用于很多室外环境中。

胶合板根据表面状况划分等级，即板材表面有没有破损情况。板材分为 ABCD 四个等级，其中以 A 级为最佳，D 级最差。A–A 级是对一张板材两个表面的描述，这种板材的两个表面都只有非常细微的损伤，一般都是经过砂纸打磨加工的。A–A 级的板材一般用于隔墙、橱柜、家具和一些高品质的饰面。另一种常用的胶合板为 A–D 级，其中 A 级的一面暴露在外面，而 D 级的一面隐藏在内侧。D 面一般都有节疤和比较严重的划痕。在地板与屋顶板中常用的是 C–D 级板材。C 级板材表面的节疤要比 D 级的小一些。

尽管室外胶合板中含有防水胶粘剂，但若长时间暴露在空气中还是会逐渐损坏，因此需要涂刷一些保护层，例如油漆，以增强其耐久性。

有些特殊的胶合板以红木或雪松作为面材，以获得良好的外观效果。在某些地区（特别是降水量很少的地区），这种板材不经过油漆处理就可以直接暴露在空气中使用。通过在这些板材的表面雕刻出沟槽、条纹或制造成浮雕的效果，可以营造出多样化的质感与光影关系。

将木条粘在一起进行层压，可以制成各种尺寸和造型的横梁、桁架以及其他结构构件。在越来越多的教堂和礼堂的室内空间，开始使用这种层压梁构件。

层压结构构件通常采用软木树种，其中包括美国黄杉、落叶松、南松和红木。这种构件的品质符合美国木结构协会（AITC）制定的标准。

木材防腐剂

常见的木材防腐剂有三种：1. 木焦油；2. 五氯苯酚；3. 金属盐，其中两种最普通的为铜铵砷酸盐和铬酸铜砷酸盐。

木焦油主要用于海运工程、测杆和铁轨枕木等，这是一种广为人知的防腐材料。

五氯苯酚是近年来才开始应用的防腐材料，它主要应用于围栏的柱子、测杆以及木质仓库及挡土墙。这种特殊的化学药剂被溶解于石油蒸馏生成物中，包括从重油到很轻的矿质漆等多种材料。重油的优点在于它可以使木材在湿度频繁变化的环境中保持稳定，因此对外界的侵蚀具有更强的抵抗力。但是，重油在若干年间都会不断地渗色，这就会干扰木材进行油漆或染色处理。只有使用非常轻的石油蒸馏物防腐的木材，才能进行油漆处理。

金属盐（铜化合物）利用水作为载体。经过这种药剂处理的木材表面会被染上一层浅绿色，但这种颜色暴露在空气中一段时间后就会逐渐消散。尽管如此，经过这样处理的木材却不会像未经过处理的原木那样颜色逐渐变深，成为银灰色。

使用水作为载体，防腐处理后的木材也很容易染色或涂刷油漆。

使用木焦油或金属盐处理的木材不会被海水侵蚀，但是使用五氯苯酚处理的木材却绝对不能暴露在海水环境中。

普通的防腐制剂一般使用轻石油蒸馏物溶解5% 的五氯苯酚。将木材浸泡其中，或将其涂刷在木材表面就可以获得一段时期的保护。要想获得长期的保护，则需要使用压力箱，利用压力将这些化学药剂深入地渗透到木材的细胞当中。长效的保护可以使木材抵御昆虫、霉菌的侵害，防止腐蚀。用于长效保护的药剂应该符合美国木材保护联合会颁布的统一标准。

辅助研究参考资料

Beall, C. *Masonry Design and Detailing*. 2nd Edition. New York: McGraw-Hill, 1987.

Brady, G.S. and Claus, H.R. *Materials Handbook.* 12th Edition. New York: McGraw-Hill, 1985.

Faherty, K. F. and Williamson, T. G. *Wood Engineering and Construction Handbook.* New York: McGraw-Hill, 1989.

Harris, C. W. and Dines, N. T. *Time-Saver Standards for Landscape Architecture.* New York: McGraw-Hill, 1988

Weismantel, G. E. *Paint Handbook.* New York: McGraw-Hill, 1981.

有关协会及组织

Aluminum Association
900 19th St. N.W. Suite 300
Washington, DC 20006

American Concrete Institute
P.O. Box 19150
Redford Station
Detroit, Michigan 48219

American Institute of Timber Construction
11818 East Mill Plain Boulevard
Vancouver, Washington 98684

American Iron and Steel Institute
1133 15th St. N.W.
Washington, DC 20005

American Plywood Association
P.O. Box 11700
Tacoma, Washington 98411

American Society for Testing and Materials
1916 Race Street
Philadelphia, Pennsylvania 19103

American Wood Preservers Institute
1945 Old Gallows Road, Suite 550
Reston, Virginia 22182

Asphalt Institute
Research Park Drive
P.O. Box 14052
Lexington, Kentucky 40512

Brick Institute of America
11490 Commerce Park Drive
Reston, Virginia 22091

Building Stone Institute
420 Lexington Ave.
New York, New York 10170

California Redwood Association
405 Enfrente Drive, Suite 200
Novato, California 94949

Construction Specifications Institute
601 Madison Street
Alexandria, Virginia 22314

Illuminating Engineering Society of
North America
c/o United Engineering Center
345 E. 47th Street
New York, New York 10017

National Crushed Stone Association
1415 Elliot Place, N.W.
Washington, DC 20007

National Forest Products Associaton
1250 Connecticut Avenue, N.W. Suite 200
Washington, DC 20036

Portland Cement Association
5420 Old Orchard Road
Skokie, Illinois 60077

Red Cedar Shingle and Handsplit Shake Bureau
515116th Avenue N.E. Suite 275
Bellevue, Washington 98004

Southern Forest Products Association
P.O. Box 52468
New Orleans, Louisiana 70152

Western Wood Products Association
Yeon Building
522 S.W. Fifth Avenue
Portland, Oregon 97204

第四章 铺 面

在初步了解材料及其用法的基础上，景观设计师们可以创造出更加富有艺术性与趣味性的造型铺面。需要考虑到的局限性无非是材料自身的特点、造价情况以及环境的状况（霜冻、温度的变化等）。

每开发一块新的土地，铺面总是最先完成的。铺面覆盖在土层之上，在人们的脚下提供一个硬质表面，便于我们在任何季节来到这里。我们周围的任何地方，公路、人行道、车道、露台、停车场等，都设置了铺面。但是，我们看到的大多数铺面都相当单调，这也就为设计师们对于铺面的设计提出了新的课题。公共环境是可变的，它应该变得越来越美，只要在规划前期稍微投入一些思考，在铺面上就会呈现出变化。

铺面建设带来的一个危害就是加速了水源的流失。城市大面积的铺面使地下水位不断下降，减少了地下蓄水层的蓄水量，而这些地下水是居民生活用水的主要来源。为了避免这些危害，我们一般采用多孔性的材料作为铺面的面层，例如柏油混凝土、环氧树脂砾石以及预制混凝土隔栅，这些材料可以使水分渗透到土壤层，而不会通过排水管道无谓地流向河流或大海。

造价因素

骨料一般是当地现成的材料，需要运输的只有普通硅酸盐水泥和沥青水泥，因此普通水泥和沥青水泥是最廉价的铺面材料。这种铺面只需要一些简单的设备以及少量的人工就能够完成。

砖、石材以及预制砌块的铺设需要比较多的人工，因此大幅增加了这类工程的造价。如果要铺设出复杂的图案或雇用熟练的技工，都会使造价问题变得更加复杂。

物理特性

混凝土反光，这会给人们带来视觉上不舒适的感觉。它的优点在于不会过多吸收热量，人即使赤脚踩上去也会比较舒适。沥青的特性与之相反，它基本不反光，却容易吸收热量，赤脚踩上去会感觉很烫。

混凝土会随着温度变化膨胀或收缩，因此需要预留伸缩缝。沥青混凝土具有较高的柔韧性，所以不需要留缝。

在最低温度会下降到0℃（或32°F）以下的地区，铺面材料会受到冻融循环作用，这种作用可能会在几个不同的方面造成影响。以混凝土为例，它吸收的水分冻结后会破坏其面层，另外为了防止结冰而泼洒的盐分也会对铺面产生损害作用。水分还可以渗透到砌块之间的灰浆或伸缩缝中，甚至一直渗透到铺面下层的基础，之后随着冻结膨胀，引起基础的开裂甚至隆起。砖和石材铺面同样存在类似的问题。

材料的品质和施工的技术可以在很大程度上改善上面所提到的问题。加气处理可以使表面受损的可能性降到最低。使用高品质恶劣天气耐用标准（SW）的砖可以尽量减少损坏情况的发生。在石材铺面的运用中，一些多孔性的材料，例如石灰石，不应该运用于温度变化迅速以及会出现冻融循环的地区。

使用氨基甲酸乙酯作为密封材料封闭伸缩缝，就可以防止水的渗透而引起霜害。在砖石铺面的施工中使用高标准的灰浆，接缝处密封压实，可以避免水分的渗透。此外，在整个铺面的表面使用密封膏可以最大限度防止霜害作用的影响。

铺面下层多孔性的基础可以避免水分的积累。想要增强基础的渗透性就要增加它的厚度，这种做法尤其适用于地下水位较高或基础下土层吸水能力差的情况。

由于垂直运动会造成铺面材料的开裂，因此保持下层土壤的稳定性是十分重要的。基础土层最好是未经过处理的原始土层。假如是回填土场地，那么一定要将土层压实，避免将来出现沉降。国家高速公路管理部门对土层压实的品质制定了统一的标准，任何设计项目都要将这一标准作为遵循的规范。

有些土壤的处理比较麻烦。任何土壤当中的有机物质都不能充当基础材料，因为有机物质的分解会引起土壤的软化，进而破坏其稳定性。剔除了有机物的砾石以及砂质土壤是良好的基础材料。不含有机物质的黏土层相对稳定，但当水分渗透并引发霜冻作用的时候容易产生膨胀。

在一些案例中，由于现有土层很不稳定，还需要设置一层掺土水泥作为副基层。将土层挖开至少1英尺深，在挖出的土壤中掺入普通水泥之后再回填压实，这样得到的副基层承载力大约在700磅力/平方英寸左右。

由于我们很难保证基础或副基层具有绝对均匀统一的强度，因此有必要对混凝土铺面进行加固。人行道、露台一类荷载较小的场所，可以使用焊接钢丝网。一般常用的钢丝网为6英寸见方，每个方向都配置10号钢筋（6×6，10/10）。而像车道或公共场所的人行道这类荷载比较大的场所，则要使用6号钢筋（6×6，6/6）才能达到加强的效果。

铺面的厚度与组合

一般来说，住宅区的走道、庭院及车道的混凝土铺面厚度约为 4 英寸；而在公路、公共区域的人行道这些具有较大动荷载的区域，混凝土铺面的厚度在 5—6 英寸左右。砾石基础的厚度从 4 英寸到 8 英寸不等，主要由混凝土层的厚度以及土壤的性质决定。

使用沥青混凝土有几种不同的组合方式，下面介绍其中的两种：第一种“满铺”，这种方法不需要铺设砾石基础，沥青混凝土直接坐落在土壤层上。其中包括 $4^1/_2$ 英寸的混凝土基层以及 $1^1/_2$ 英寸的混凝土面层。网球场或其他需要一定坡度的场地，还需要在表面增加 $^3/_4$ 英寸的找平层。如果遇到软弱土壤或重荷载情况，还需要增加混凝土基层的厚度。第二种铺设方法一般用在停车场或公路这些中度荷载的场所。在土壤层上需要铺设 6—8 英寸的砾石基础层，上面再覆盖 2—3 英寸的混凝土基层，最上面才是 $1^1/_2$ 英寸厚的面层。

当预算非常紧张的时候，在人行道或自行车道这类轻荷载的场所，可以在 4 英寸砾石基层上面直接铺设 2 英寸的混凝土面层。这样的做法虽然可以节省造价，但路面在霜冻的情况下很快就会损坏，其结果只有重新铺设。

沥青表面可以使用彩色涂层，例如斑马线和密封剂，但是这些工作必须在铺面材料铺设完成 30 天之后才能进行。由于沥青混凝土会逐渐变成灰色，所以人们发现可以在其表面涂刷一层黑色的沥青乳浊液来保持铺面的颜色。丙烯颜料或乳胶漆与沥青具有良好的兼容性，它们可以用于运动场和网球场，以增强视觉效果。

混凝土的表面处理方法有很多种，其中之一为使用化学缓速剂，在进行最后一道铺设之前洗刷，或在进行最后一道铺设之后喷砂打磨，使其暴露出骨料。另外，还可以利用人工用抹子抹平，或用扫帚扫出均匀的花纹，这是最经济的处理方法。利用扫帚加工的混凝土表面带有一定的凸凹纹理，在路面潮湿的时候可以防滑。

在混凝土中掺加颜料，可以获得彩色混凝土。使用各种图案的印模在其表面刻印出纹理，就能以较低的造价仿制出其他类型材料的铺面。

伸缩缝

膨胀缝的设置，根据不同地区温度变化情况的差异，也有不同的规定。在中西部地区，一般的规范规定人行道每隔 30 英尺设一条膨胀缝，大面积的混凝土铺面要分割为 15—20 平方英尺的小块。收缩缝的设置主要依据材料的宽度而定；换句话说，一条 5 英尺宽的人行道上设置的收缩缝间隔为 5 英尺左右。收缩缝的深度要达到混凝土层的 $^1/_4$，才能有效地发挥作用。伸缩缝是在混凝土层铺设完成后利用锯或其他工具切割成的。

图案不仅增加了铺面的美感，还可以起到伸缩缝的作用。我们一般在伸缩缝中填充 2 × 4 的红木块，它可以允许混凝土产生一定程度的自由变形。在冻融作用影响下，这些木块会逐渐隆起，凸出于地平面。为了避免这样的情况发生，我们可以用镀锌钢钉沿木块的两面进行固定，钉子的间距约为 12 英寸。

有的停车场设置在建筑结构体的上层，那么在

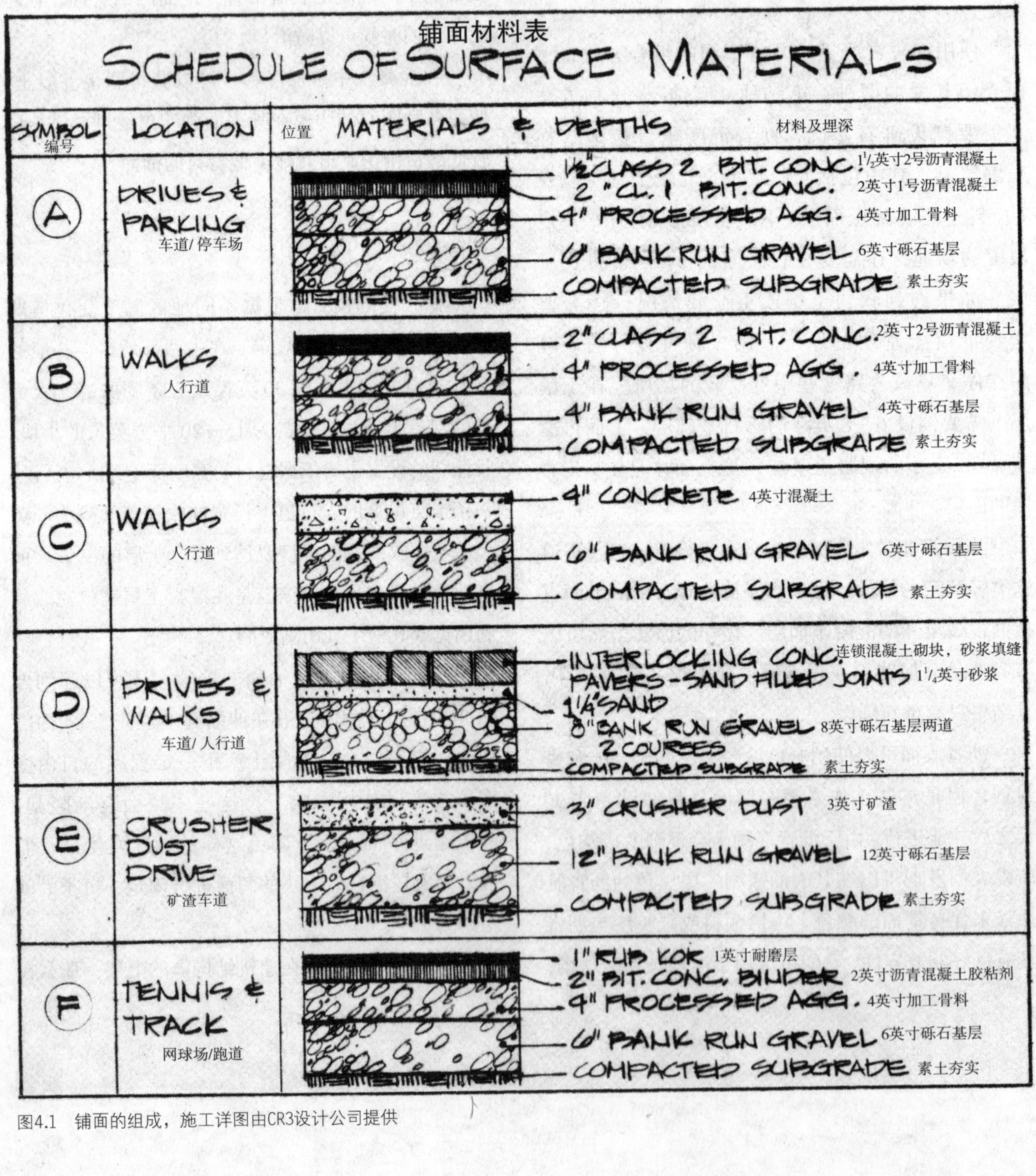

铺面材料表

SCHEDULE OF SURFACE MATERIALS

SYMBOL 编号	LOCATION 位置	MATERIALS & DEPTHS 材料及埋深
A	DRIVES & PARKING 车道/停车场	1½" CLASS 2 BIT. CONC. 1½英寸2号沥青混凝土 2" CL. 1 BIT. CONC. 2英寸1号沥青混凝土 4" PROCESSED AGG. 4英寸加工骨料 6" BANK RUN GRAVEL 6英寸砾石基层 COMPACTED SUBGRADE 素土夯实
B	WALKS 人行道	2" CLASS 2 BIT. CONC. 2英寸2号沥青混凝土 4" PROCESSED AGG. 4英寸加工骨料 4" BANK RUN GRAVEL 4英寸砾石基层 COMPACTED SUBGRADE 素土夯实
C	WALKS 人行道	4" CONCRETE 4英寸混凝土 6" BANK RUN GRAVEL 6英寸砾石基层 COMPACTED SUBGRADE 素土夯实
D	DRIVES & WALKS 车道/人行道	INTERLOCKING CONC. PAVERS - SAND FILLED JOINTS 连锁混凝土砌块，砂浆填缝 1¼" SAND 1¼英寸砂浆 8" BANK RUN GRAVEL 2 COURSES 8英寸砾石基层两道 COMPACTED SUBGRADE 素土夯实
E	CRUSHER DUST DRIVE 矿渣车道	3" CRUSHER DUST 3英寸矿渣 12" BANK RUN GRAVEL 12英寸砾石基层 COMPACTED SUBGRADE 素土夯实
F	TENNIS & TRACK 网球场/跑道	1" RUB KOR 1英寸耐磨层 2" BIT. CONC. BINDER 2英寸沥青混凝土胶粘剂 4" PROCESSED AGG. 4英寸加工骨料 6" BANK RUN GRAVEL 6英寸砾石基层 COMPACTED SUBGRADE 素土夯实

图4.1　铺面的组成，施工详图由CR3设计公司提供

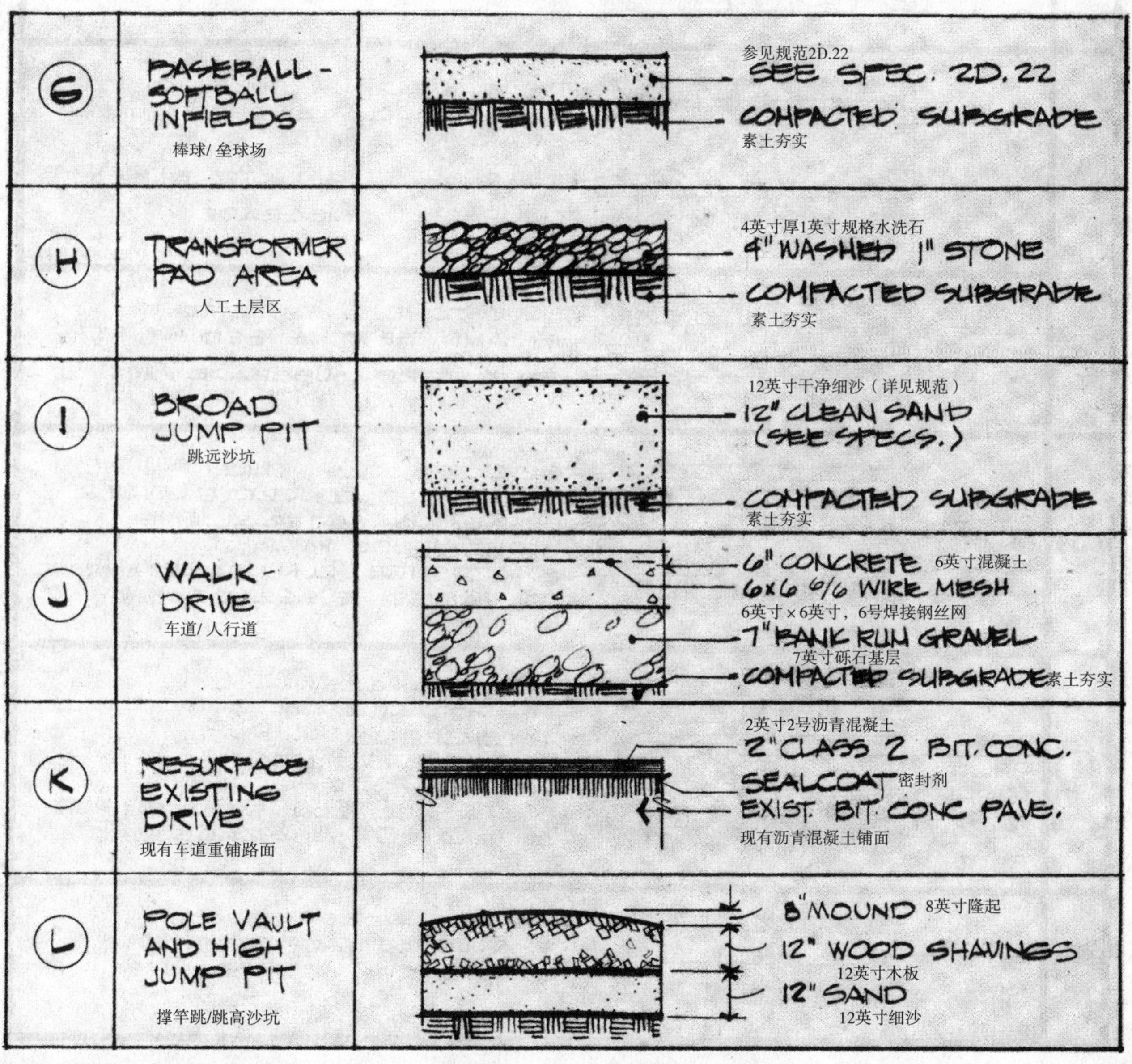

图4.2　铺面的组成，施工详图由CR3设计公司提供（续上图）

PAVING SCHEDULE 铺面材料表

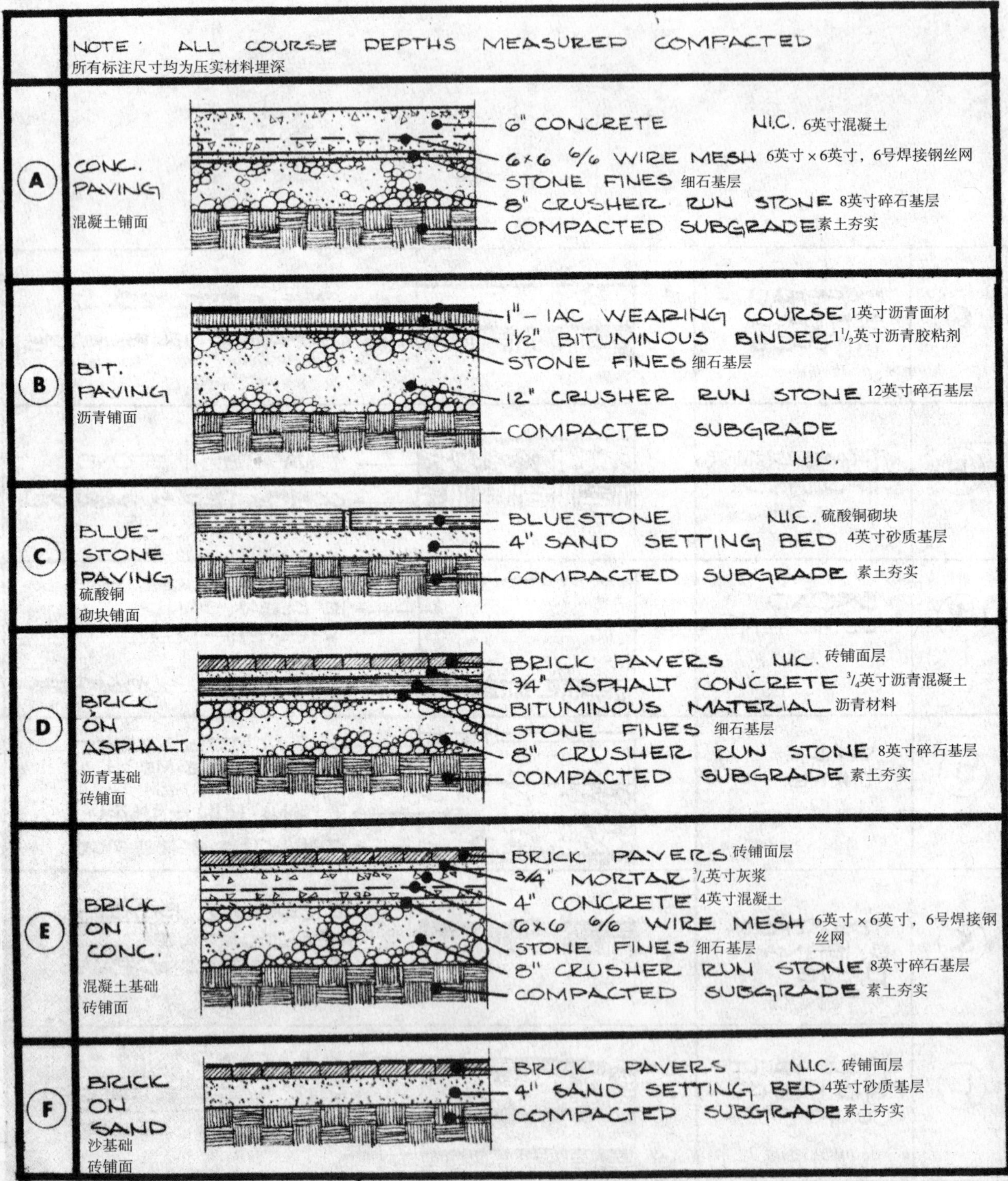

图4.3　铺面的组成，施工详图由萨拉托加（Saratoga）联合设计公司绘制

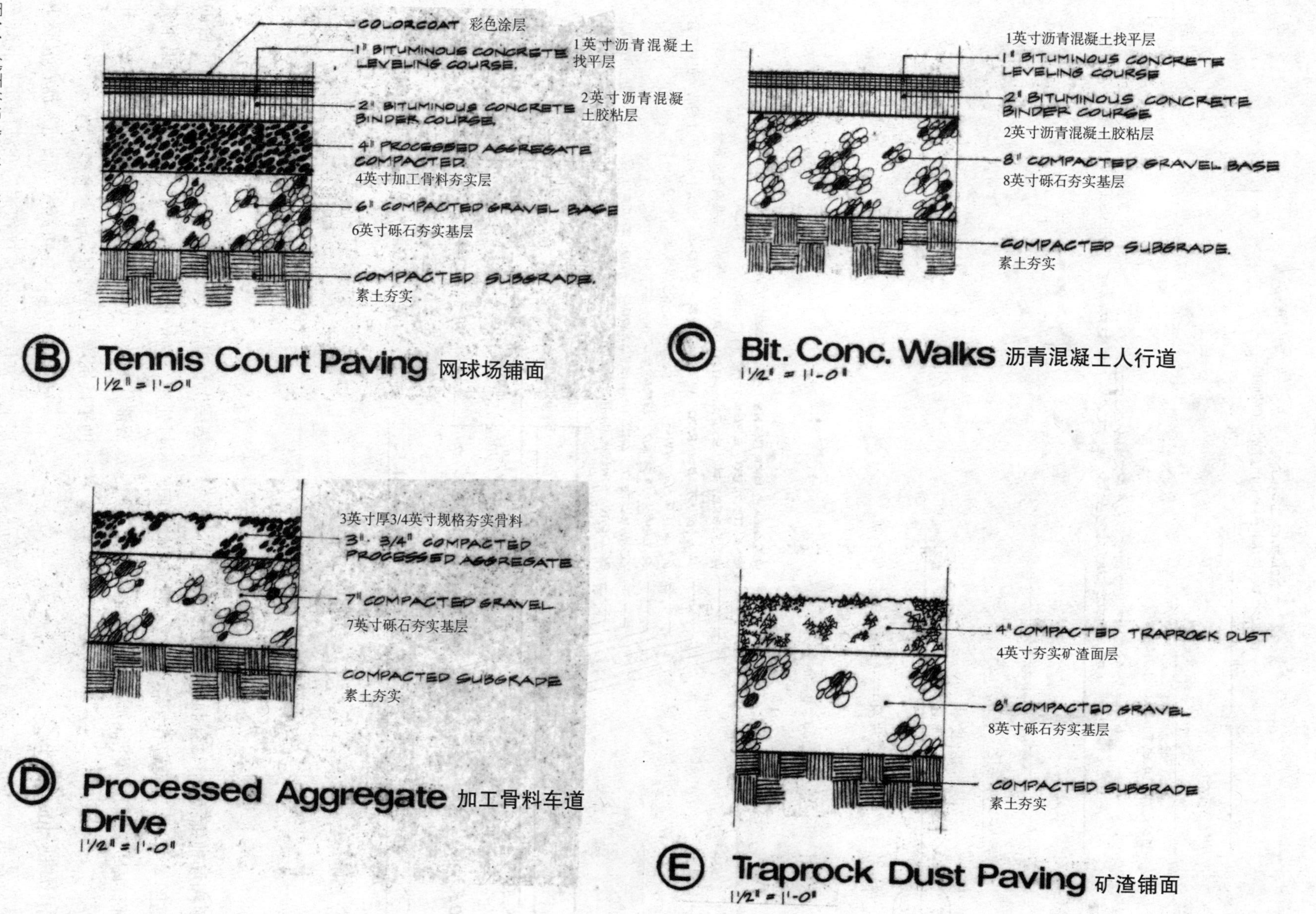

图4.4　铺面的组成，施工详图由CR3设计公司提供

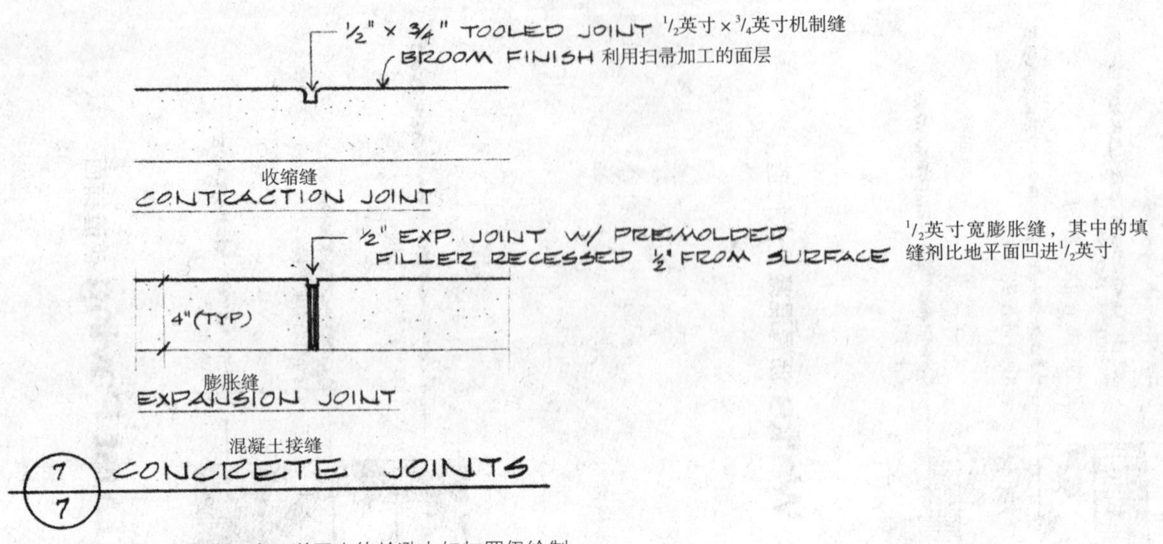

图4.5　膨胀缝与收缩缝，施工详图由约翰逊夫妇与罗伊绘制

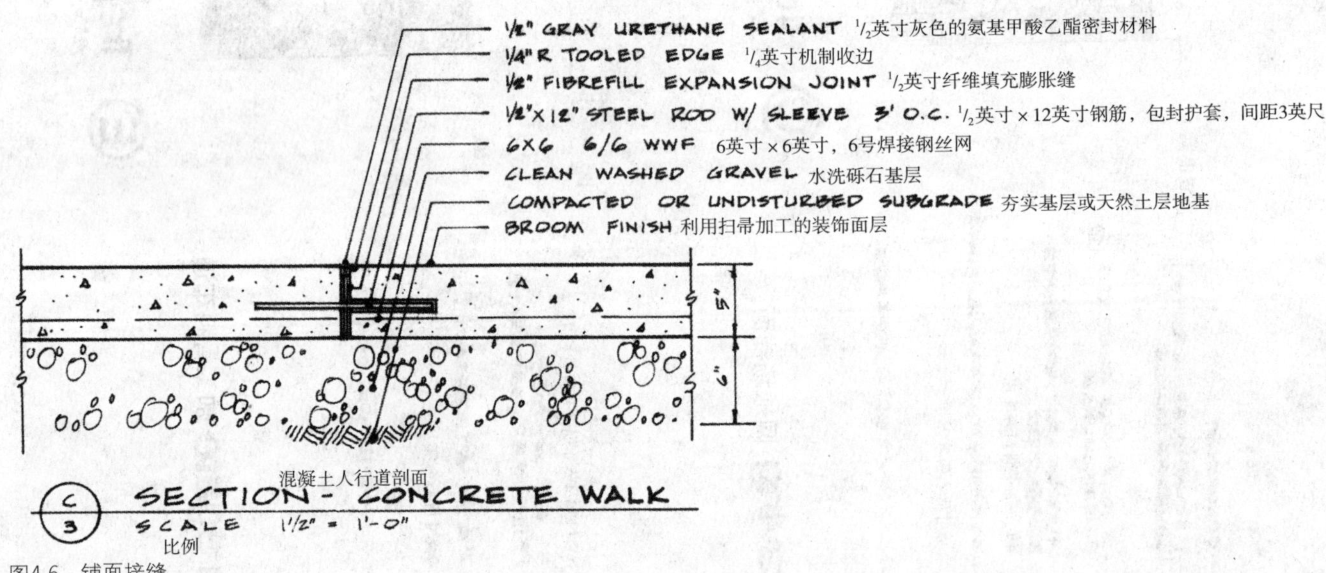

图4.6　铺面接缝

屋顶和场地铺面材料之间必须加设一层防水薄膜。参见图 4.9，这是设置在屋顶平台上面的防水薄膜细部详图；图 4.10 说明了防水伸缩缝的处理。

砖和预制铺面材料

砖铺设在 3—4 英寸的混凝土层和 3/4 英寸砂浆基层上，并使用砂浆填缝。接缝处要进行严密的密封处理，避免水分渗入。在拌和砂浆时如果用乳胶溶液代替水，可以增强铺面的耐久性、强度，并有助于抵抗霜害的影响。

砖还可以铺设在 4 英寸"满铺"沥青混凝土基层上，基层与土壤直接相连。在满铺沥青混凝土的

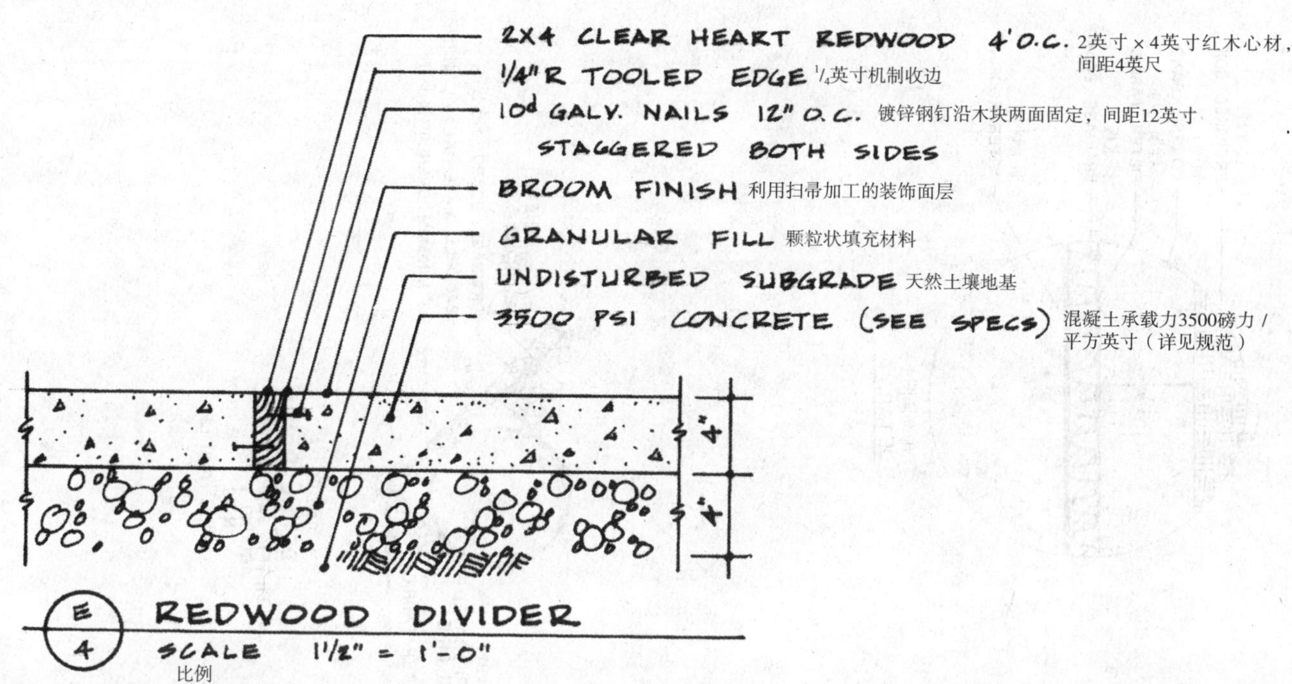

图4.7　在铺面接缝处使用红木填充

图4.8　以红木填充的正方形铺面接缝

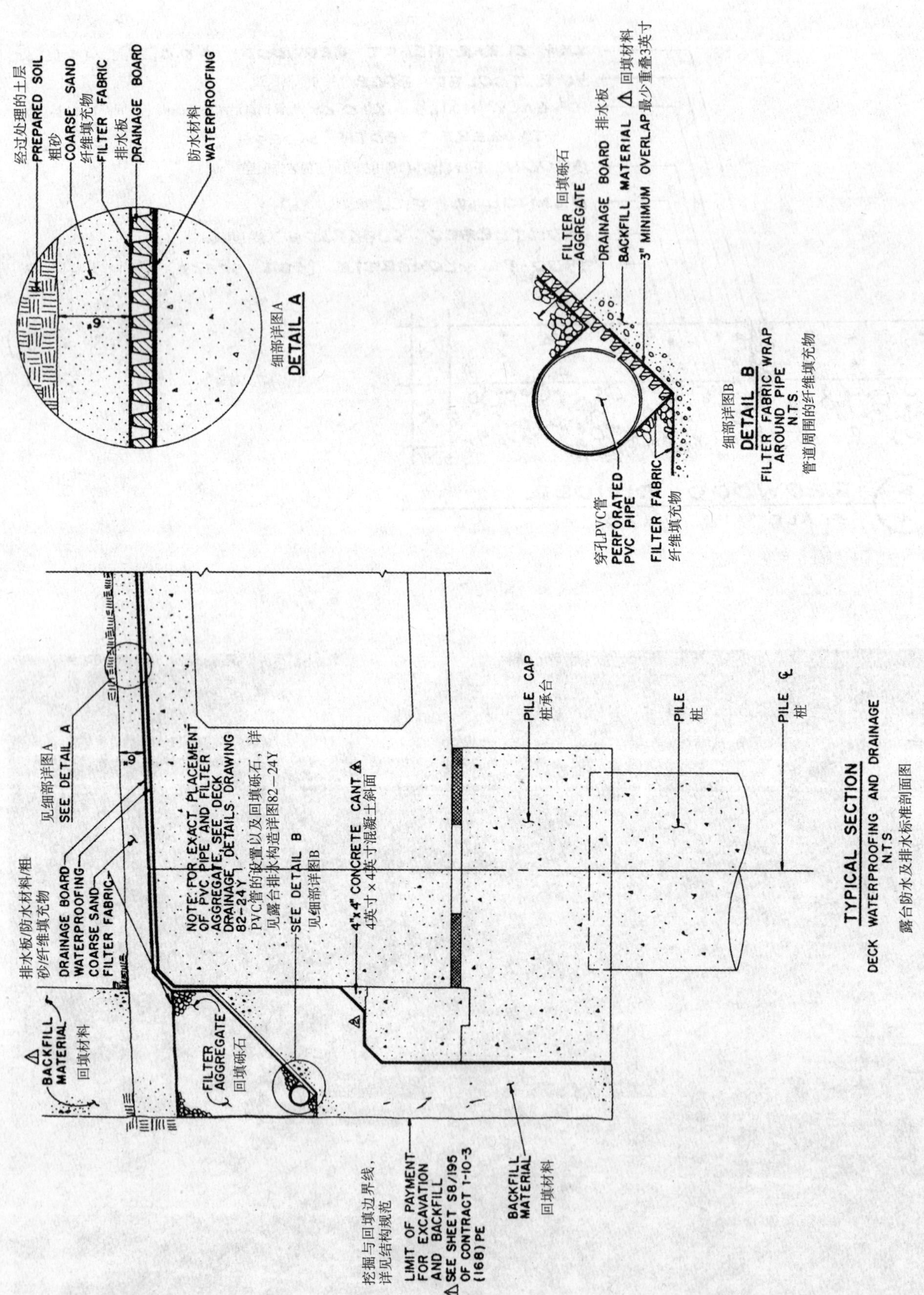

图4.9　露台的防水处理，施工详图由奥瓦尔·尼德尔斯·塔门（Howard Needles Tammen）与伯根多夫（Bergendoff）绘制

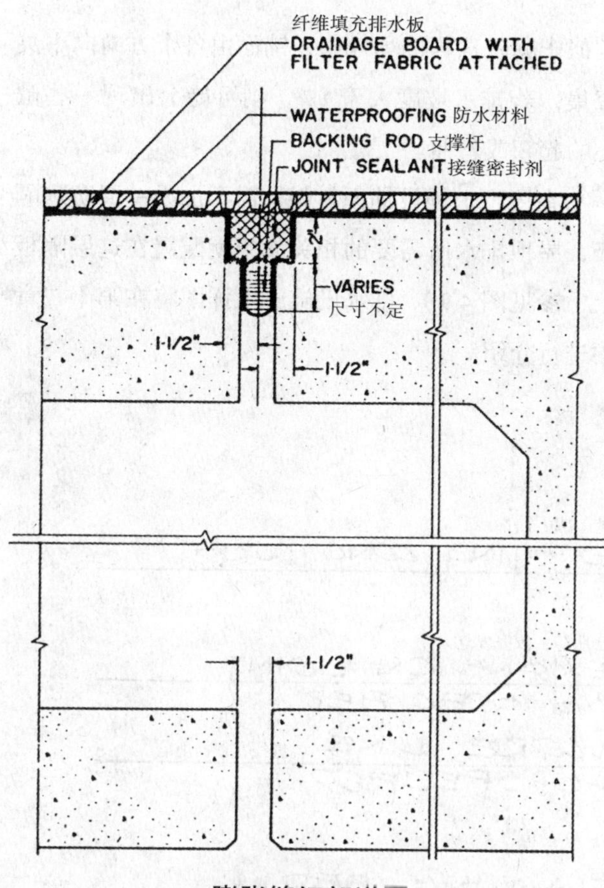

图4.10 防水膨胀缝，施工详图由奥瓦尔·尼德尔斯·塔门与伯根多夫提供

表面，再铺设 $^3/_4$ 英寸沥青层，可以形成精细的表面。由于在冻融状态下，渗透到砖块之间的水分冻结会引起铺面的松动，因此在这种恶劣的环境下，铺砖之前，还要在基层之上浇筑冷的氯丁橡胶或热的沥青水泥。

砖或其他预制砌块也可以铺设在沙质基层上，基层与土壤直接相连，沙质基层的厚度一般在2—4英寸之间。沙质基层不适用于砾石土层，因为砂子会逐渐渗透到砾石当中，从而引起沉降，破坏面层材料的稳定性。将沙质基层夯实找平，并在其表面浇注沥青溶液，这样的基层比较易于面砖的铺设施工。把砖直接铺设在油毡上，采用干沙填缝，保证每相邻的两块砖排列紧密，就可以获得坚实的效果。假如不能保证所有接缝均匀紧密，可以在其中浇筑砂与水泥的混合物，这样就可以增强铺面的稳定性，并防止空隙处杂草的生长。以这样的方式铺设面砖还需要设计路缘，以避免面材发生滑动。有关路缘石的内容，在第五章中有相关的介绍。

石材

石材用于铺面材料，它的做法与砖相同，而且也可以适用于同样的地质环境中，唯一不同的是，它需要比较厚的混凝土或沥青混凝土基层。有一些石材，例如板岩，当它铺设在砂浆基层上时，其厚度只能为 $^3/_4$ 英寸；但当它铺设在沙质基层上，则需要达到1.5—2英寸的厚度才能保持坚固稳定。在设计阶段，设计师需要对铺面的种类、品质、厚度及颜色进行周密考虑，才能在实践中达到预期的效果。

木材

将断面形状为正方形、长方形或圆形的木料锯成4—6英寸厚的木板，安置在沙或砾石基层上就可以形成木质铺面。用作铺面的木材一定要进行防腐处理来增强其抗腐蚀性。经过加压处理的木料是比较理想的铺面材料。断面尺寸为6英寸 ×6英寸的木料紧密地铺设在4英寸厚沙质基层上，可以获得整洁而美观的效果。

排水

所有的铺面材料都必须设置一定的坡度以利于排水。对多数环境来说，最常见的排水坡度为1%，但是也有一些特殊的场所要求坡度小于1%。在这些场所中，铺设面材的过程中难免会出现一些小的低凹，这些地方在雨天就会淤积雨水。2%的排水坡度就可以保证排水的完全顺畅。在这种情况下，就是存在一些小的低凹也不会造成明显的影响。在类似于庭院这样的场地中，铺面由各个方向向中央聚集，若排水坡度大于1%，则可能会出现一些微小的起翘或弯曲。

在屋顶上铺设铺面材料，需要加设一层防水隔板，屋顶排水所需要的相关设施就配置在这层隔板上（参见图4.9）。排水设施施工详图将在第十二章中进行介绍。

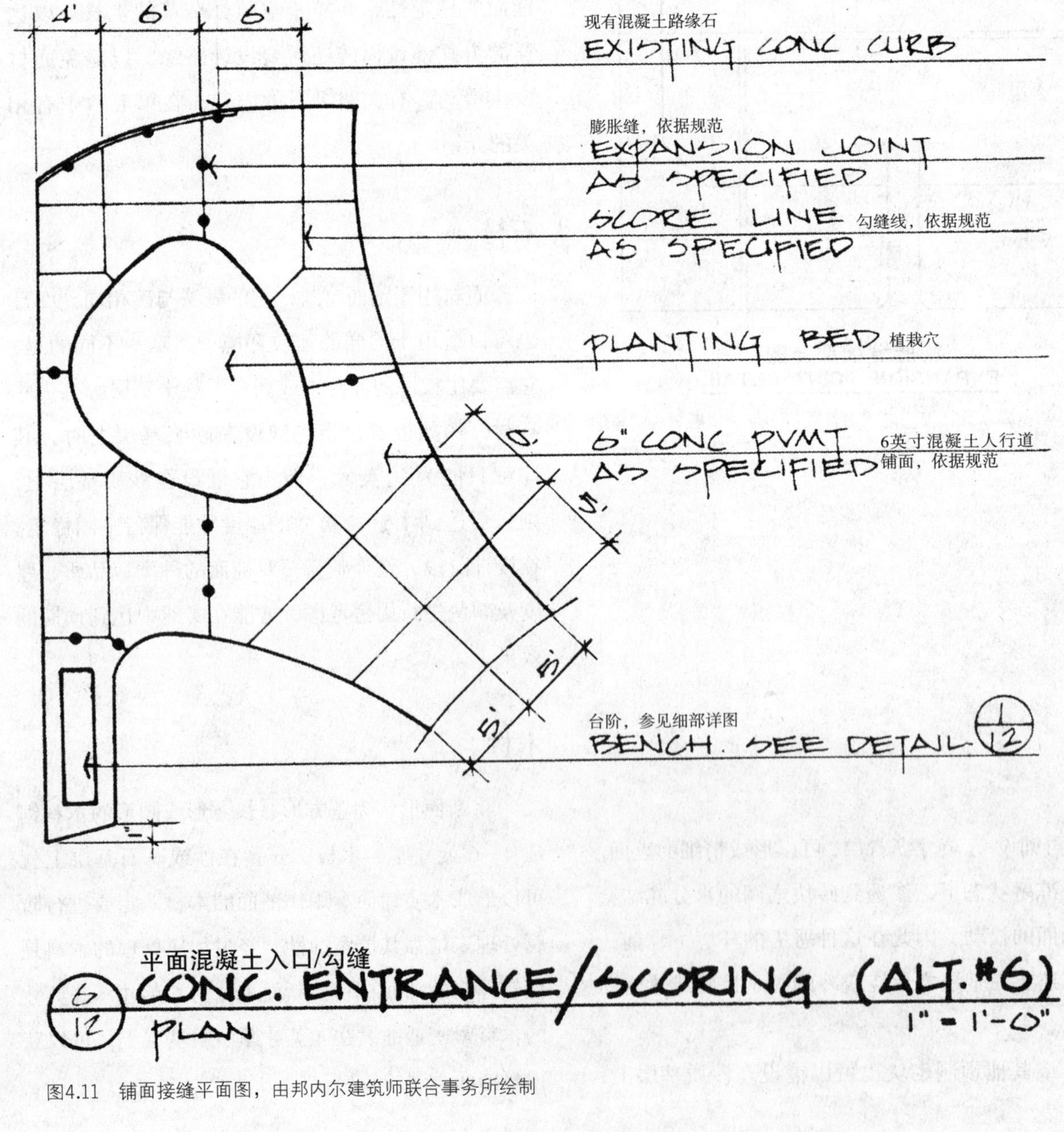

4'
6'
6'
现有混凝土路缘石
EXISTING CONC CURB
膨胀缝，依据规范
EXPANSION JOINT
AS SPECIFIED
SCORE LINE
勾缝线，依据规范
AS SPECIFIED
PLANTING BED
植栽穴
6" CONC PVMT
AS SPECIFIED
6英寸混凝土人行道
铺面，依据规范
5'
5'
5'
5'
台阶，参见细部详图
BENCH. SEE DETAIL
1
12
平面混凝土入口/勾缝
CONC. ENTRANCE/SCORING (ALT. #6)
6
12
PLAN
1" = 1'-0"

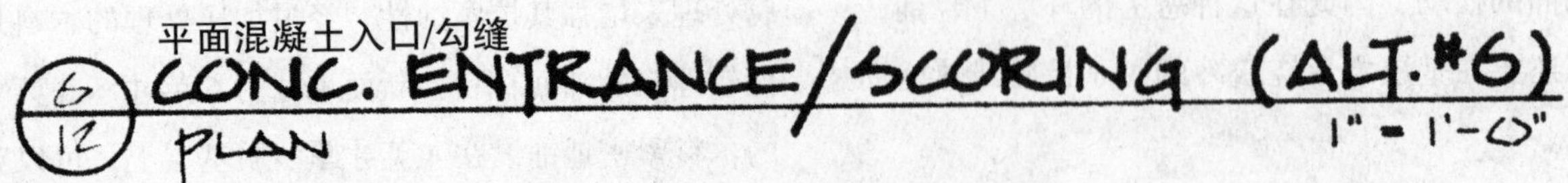

图4.11　铺面接缝平面图，由邦内尔建筑师联合事务所绘制

图4.12　暴露骨料的混凝土经过油漆染色，呈放射状弧形图案

图4.13　自由造型的铺面

图4.14　圆形与三角形组合图案的混凝土铺面

图4.15　细密沟缝线的混凝土（右图），晶体盐处理装饰面（左图，只能适用于无霜期地区）

图4.16 光滑质感混凝土与暴露骨料混凝土交替的模块化图案（注意膨胀缝的设置）

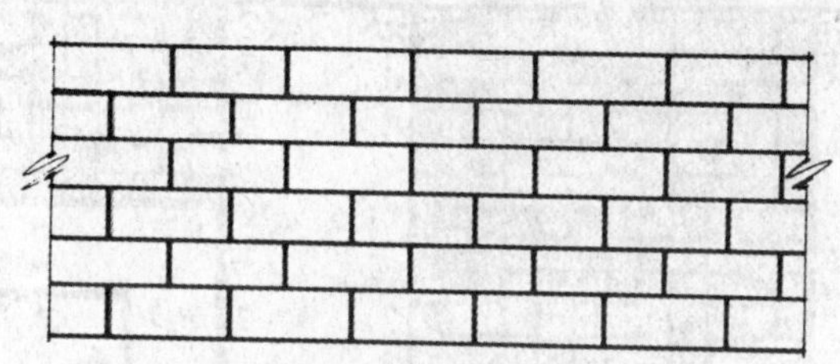

RUNNING BOND
顺砖砌法

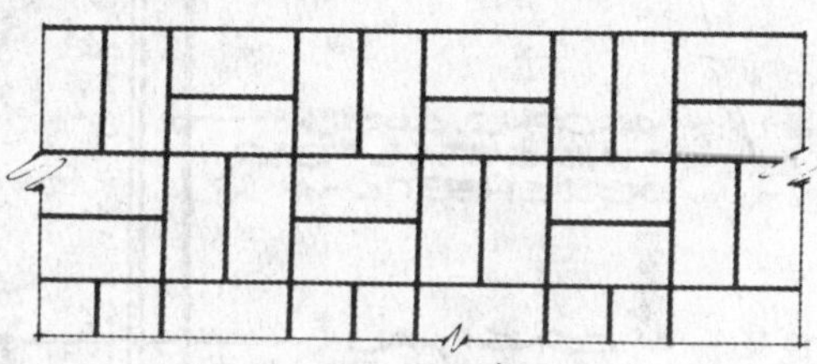

BASKETWEAVE
方平组织砌法

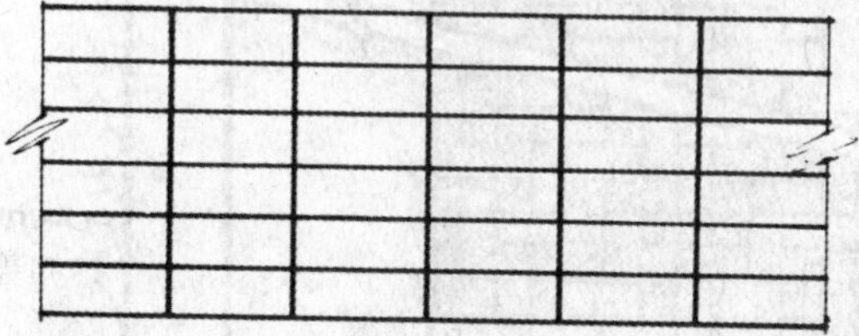

STACKED BOND
通缝砌法

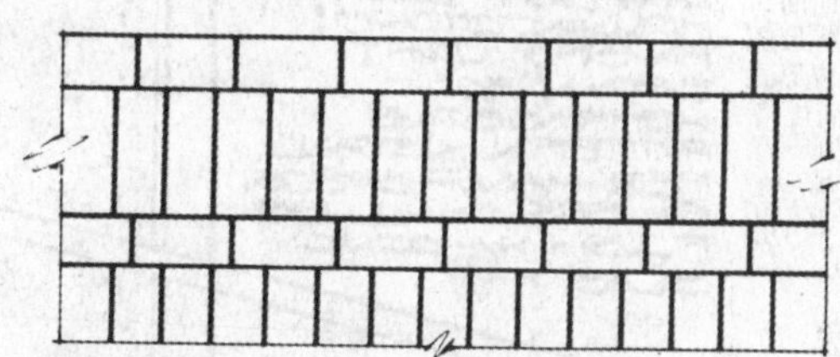

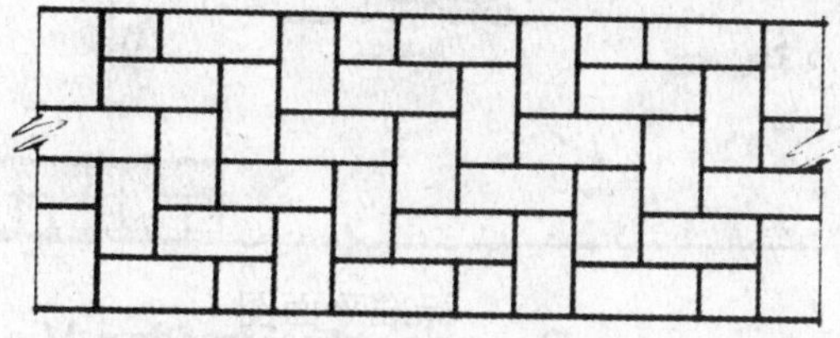

HERRINGBONE
人字形砌法

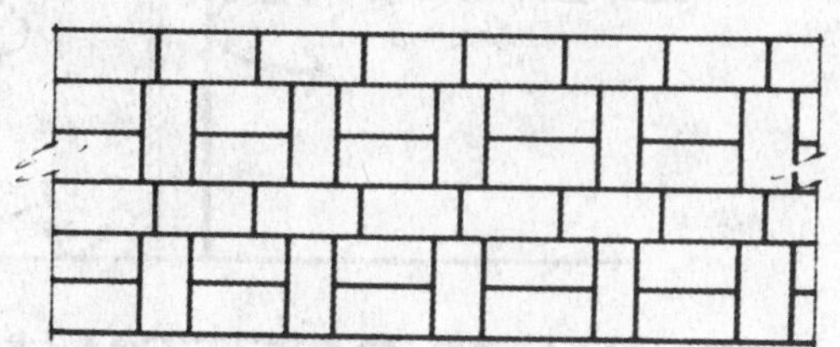

图4.17 常用的砖铺面图案

图4.18 砖和混凝土铺面，由阿卡恰（Acacia）设计师小组设计（参见图4.19、图4.20）

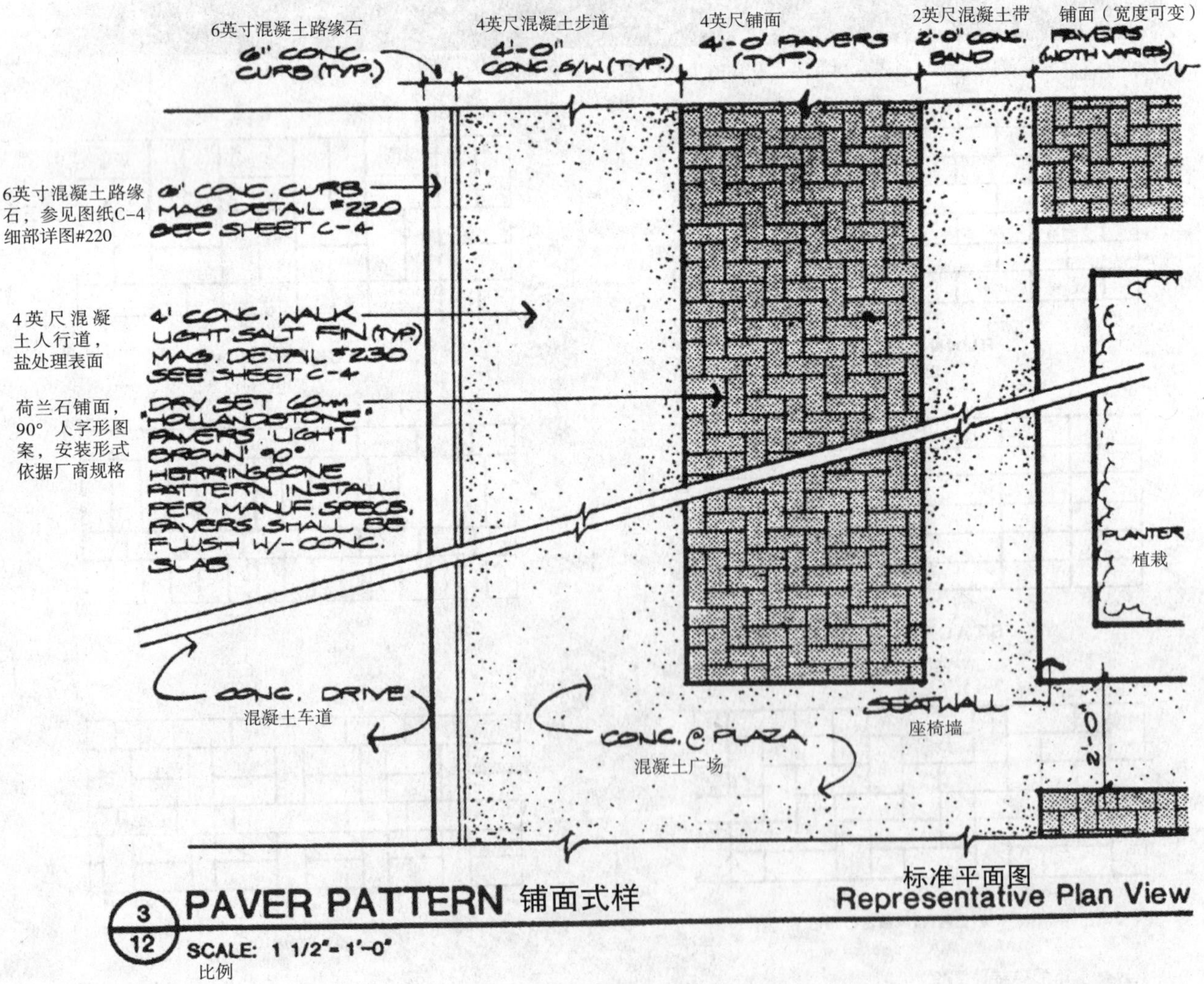

6英寸混凝土路缘石
6" CONC. CURB (TYP.)

4英尺混凝土步道
4'-0" CONC. S/W (TYP.)

4英尺铺面
4'-0" PAVERS (TYP.)

2英尺混凝土带
2'-0" CONC. BAND

铺面（宽度可变）
PAVERS (WIDTH VARIES)

6英寸混凝土路缘石，参见图纸C-4细部详图#220
6" CONC. CURB MAG DETAIL #220 SEE SHEET C-4

4英尺混凝土人行道，盐处理表面
4' CONC. WALK LIGHT SALT FIN (TYP.) MAG. DETAIL #230 SEE SHEET C-4

荷兰石铺面，90° 人字形图案，安装形式依据厂商规格
DRY SET 60mm "HOLLANDSTONE" PAVERS 'LIGHT BROWN' 90° HERRINGBONE PATTERN INSTALL PER MANUF. SPECS. PAVERS SHALL BE FLUSH W/- CONC. SLAB.

PLANTER
植栽

CONC. DRIVE
混凝土车道

CONC. @ PLAZA
混凝土广场

SEATWALL
座椅墙

2'-0"

标准平面图
Representative Plan View

3/12 **PAVER PATTERN** 铺面式样

SCALE: 1 1/2"= 1'-0"
比例

图4.19 图4.18平面图，由阿卡恰设计师小组设计

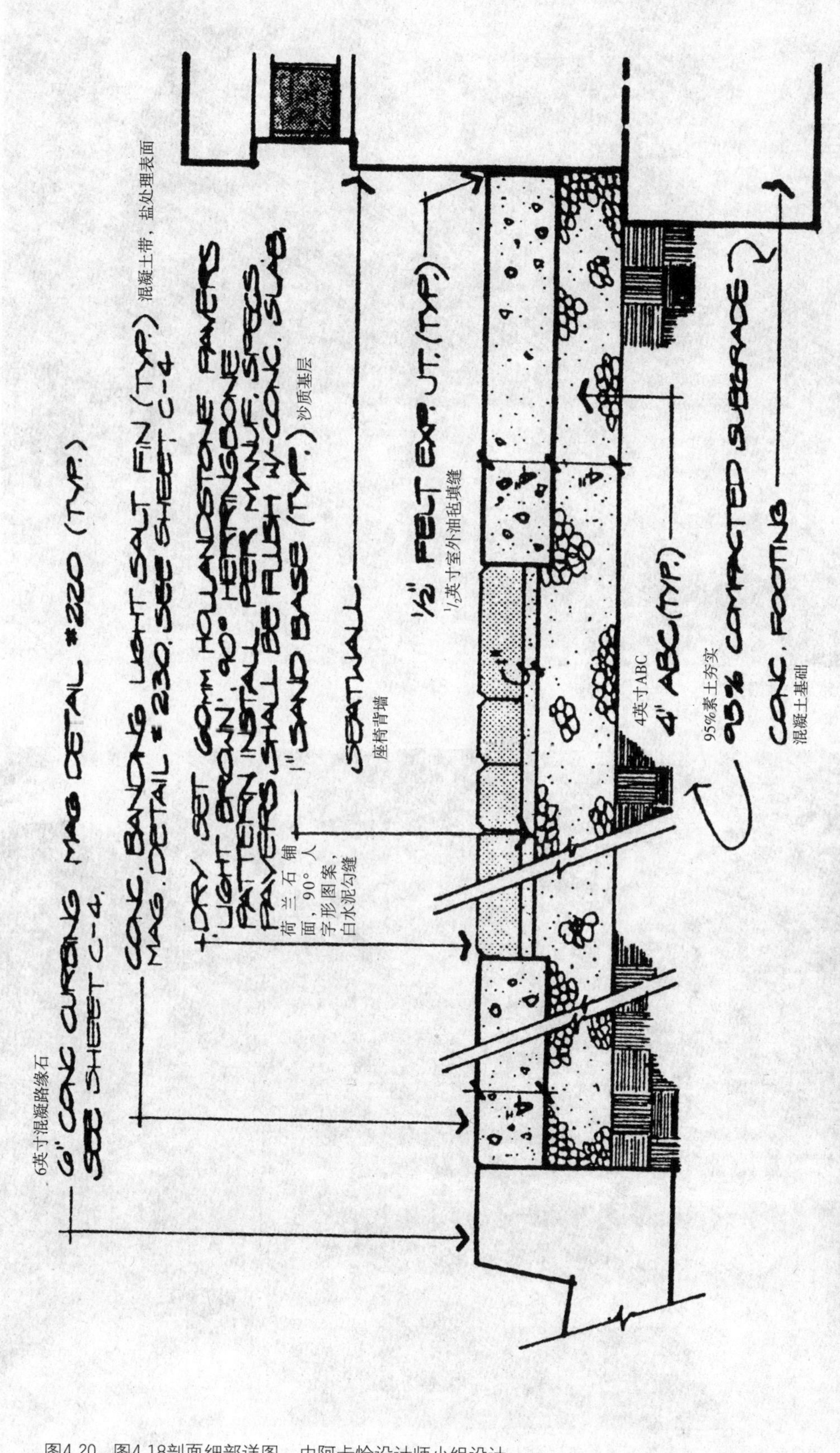

图4.20　图4.18剖面细部详图，由阿卡恰设计师小组设计

图4.21　砖和混凝土混合铺面图案

图4.22　砖和混凝土混合铺面图案，由赫伯特·哈尔巴克（Herbert Halback）设计

图4.23　砖和混凝土混合铺面图案

图4.24　砖和混凝土混合铺面图案，由汉森·林德·迈耶（Hansen Lind Mayer）设计

图4.25　砖和混凝土混合铺面图案

图4.26　砖和混凝土混合铺面图案，由汉森·林德·迈耶设计

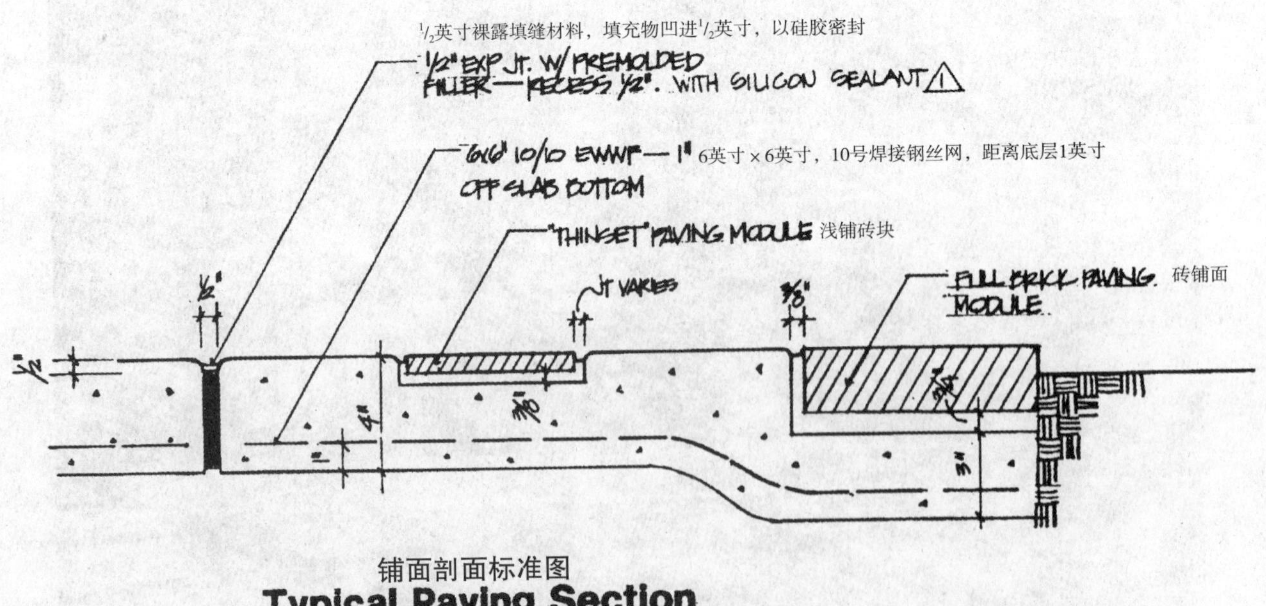

图4.27　砖和混凝土混合铺面图案，剖面详图由波斯特·巴克利·舒（Post Buckley Schuh）与耶尔尼根（Jernigan）绘制

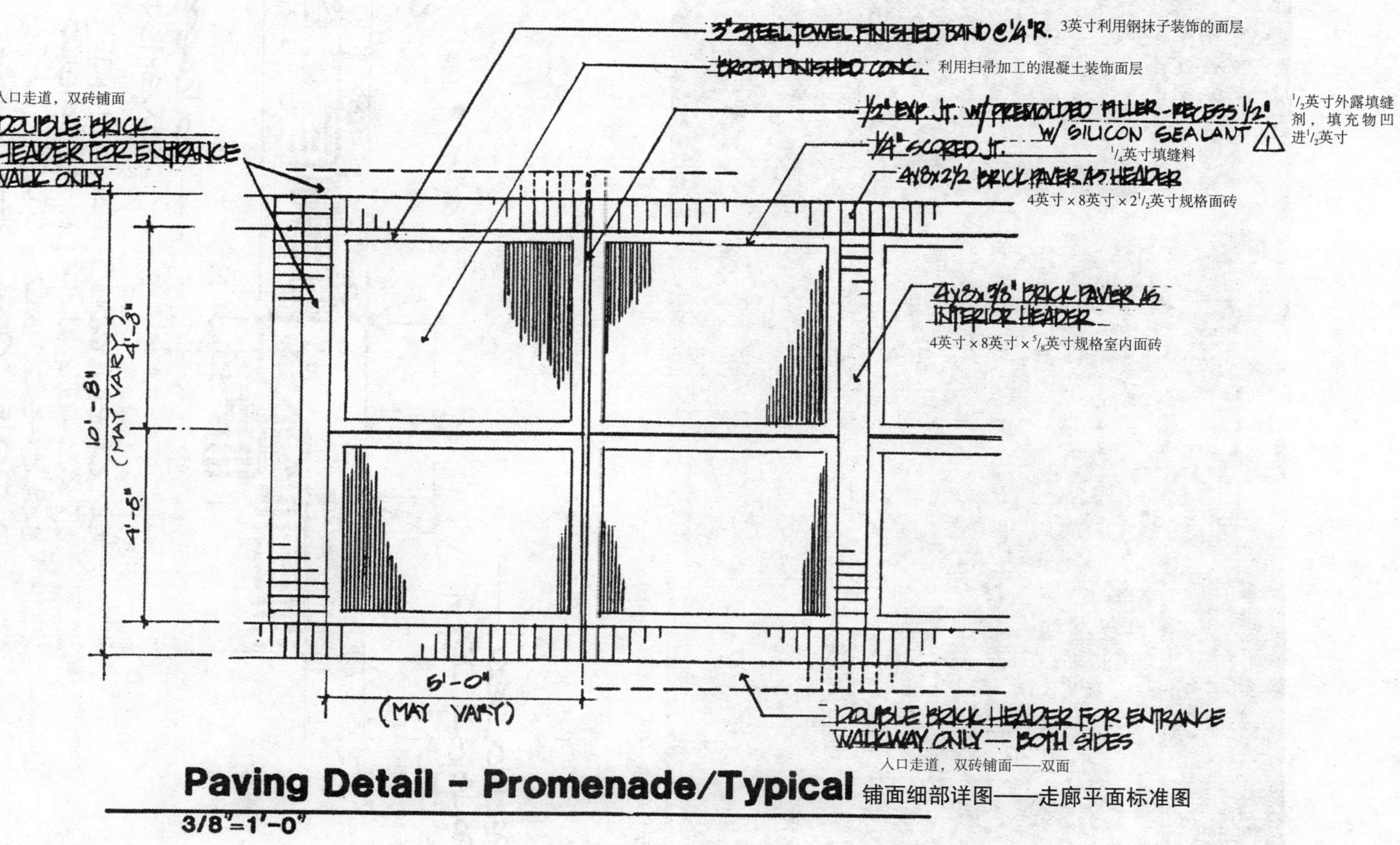

图4.28　砖和混凝土混合铺面图案，剖面详图由波斯特·巴克利·舒与耶尔尼根绘制

图4.29　砖和暴露骨料混凝土结合铺面，由M·保罗·弗里贝格（M.Paul Frieberg）以及合作者设计

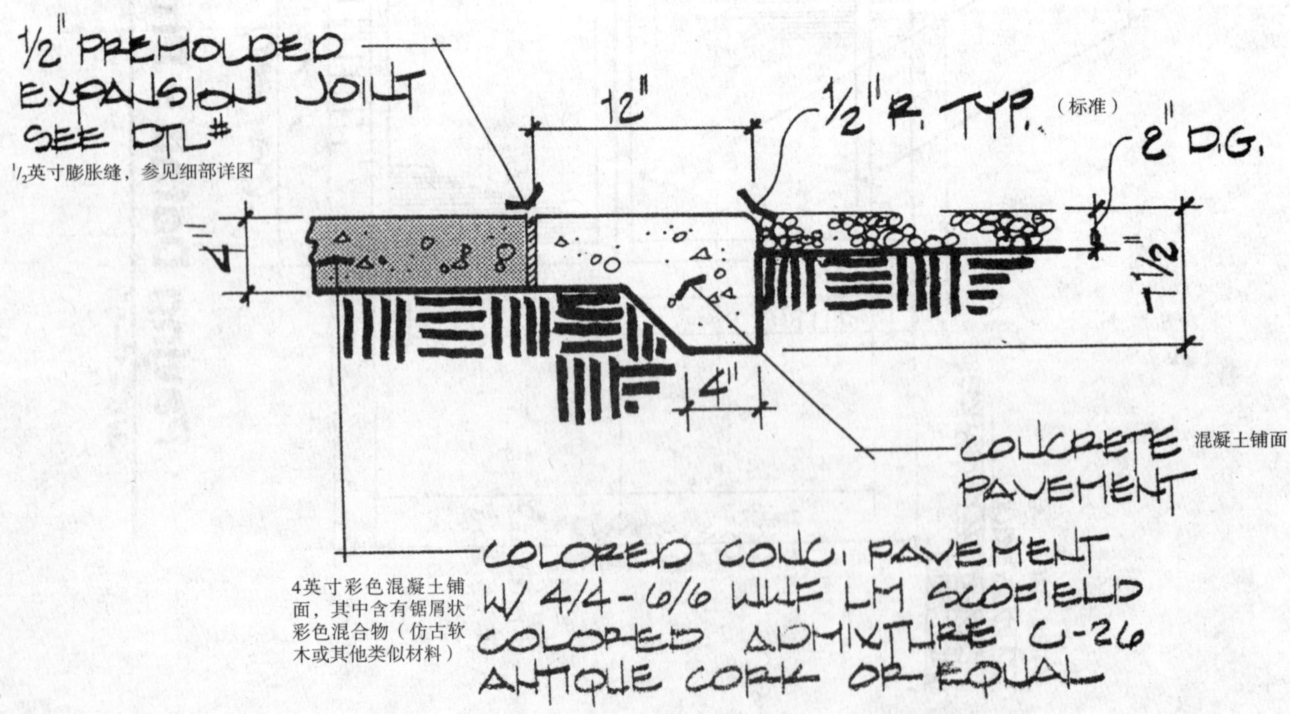

图4.30　铺面边缘细部构造详图，科埃（Coe）与万路（VanLoo）设计（平面图参见图4.31）

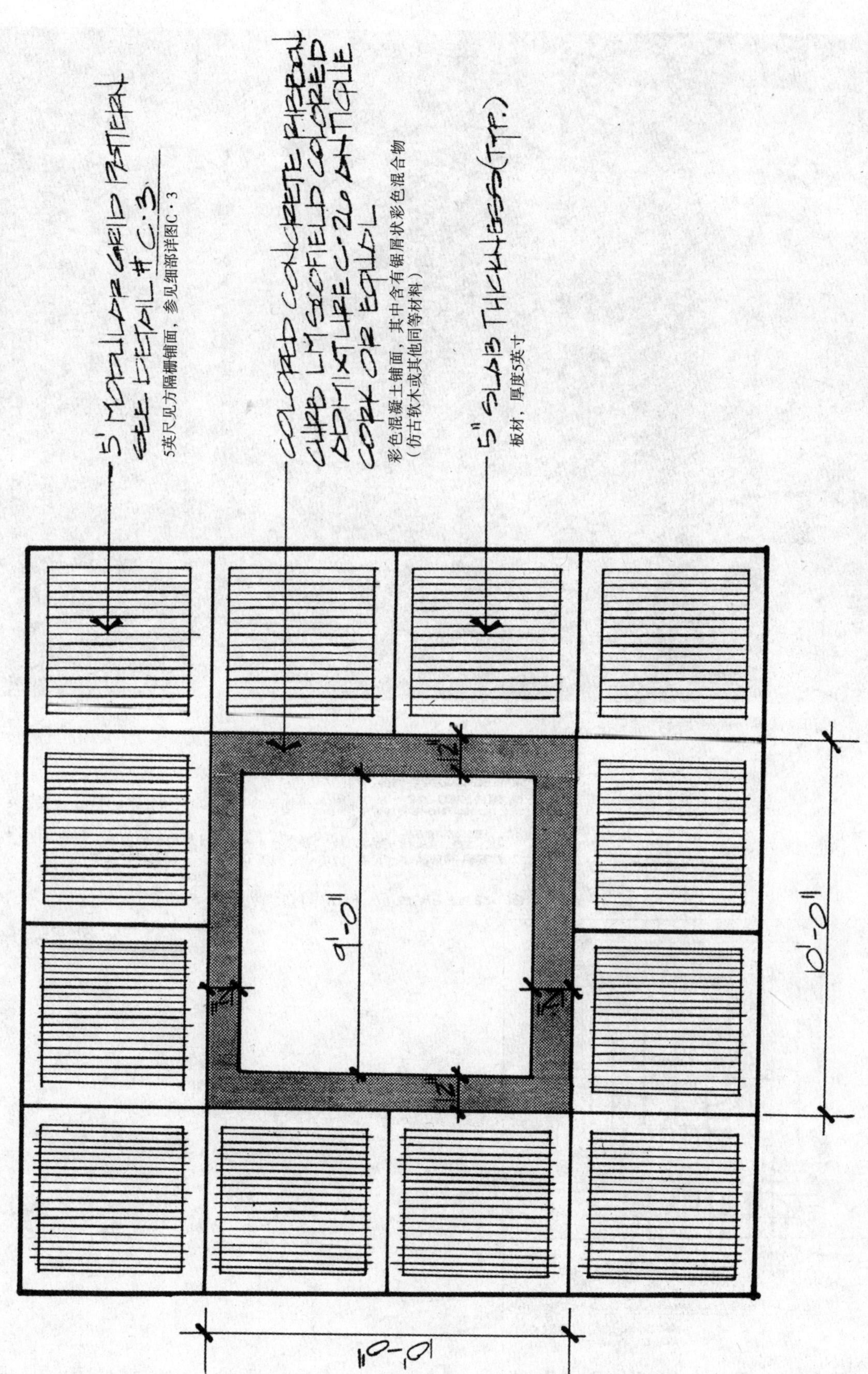

图4.31　植栽穴周围铺面平面详图，由科埃与万路设计

图4.32　砖和暴露骨料混凝土结合铺面

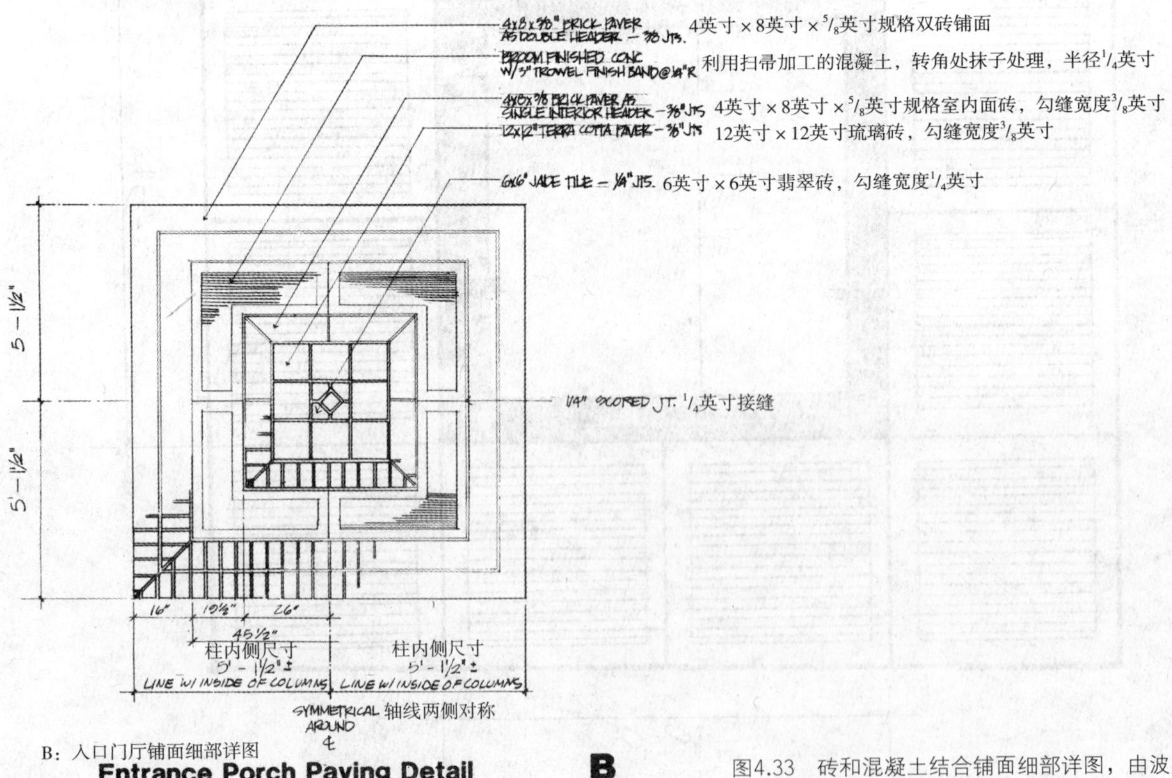

图4.33　砖和混凝土结合铺面细部详图，由波斯特·巴克利·舒与耶尔尼根设计

图4.34　六边形面砖与铸铁植栽穴相得益彰

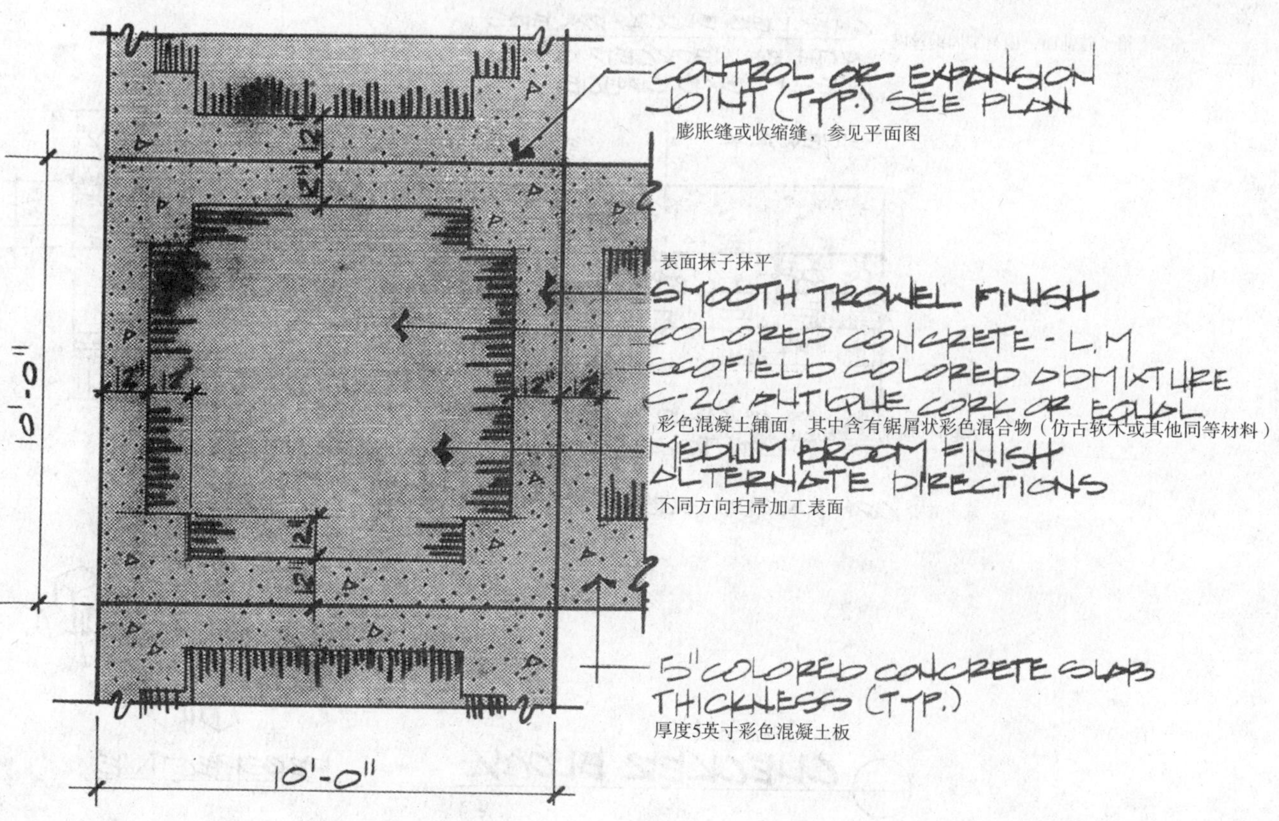

图4.35　铺面细部详图，由科埃与万路绘制

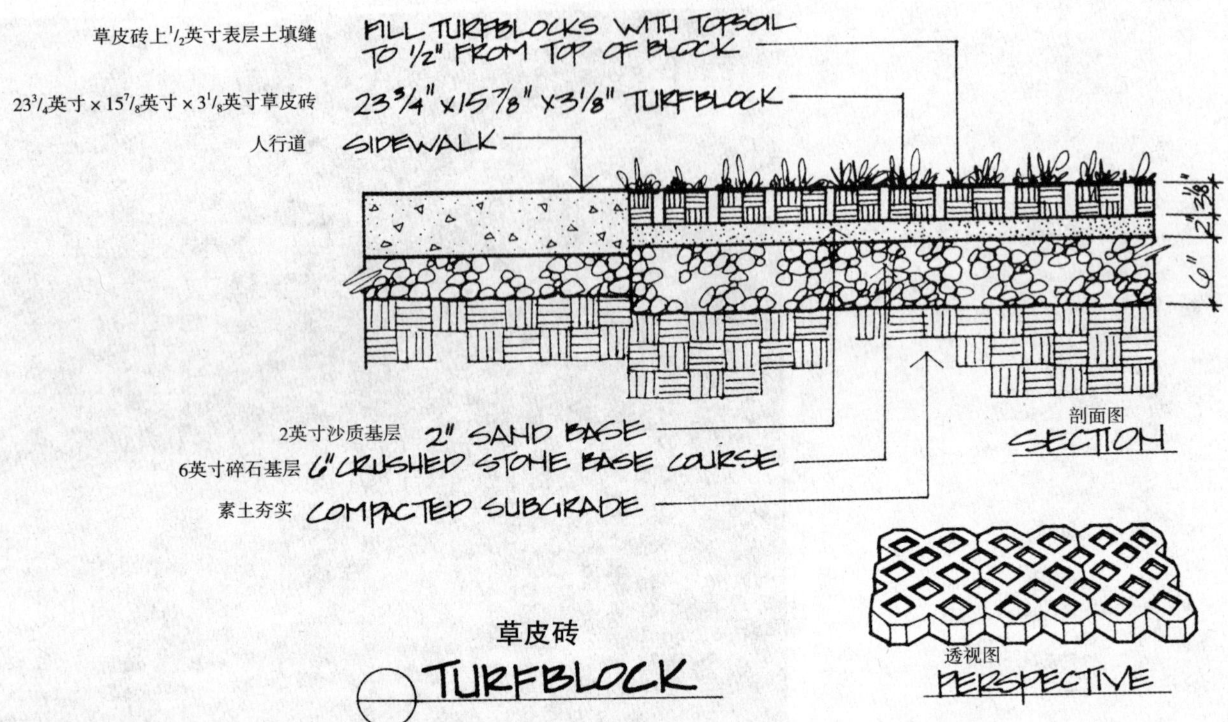

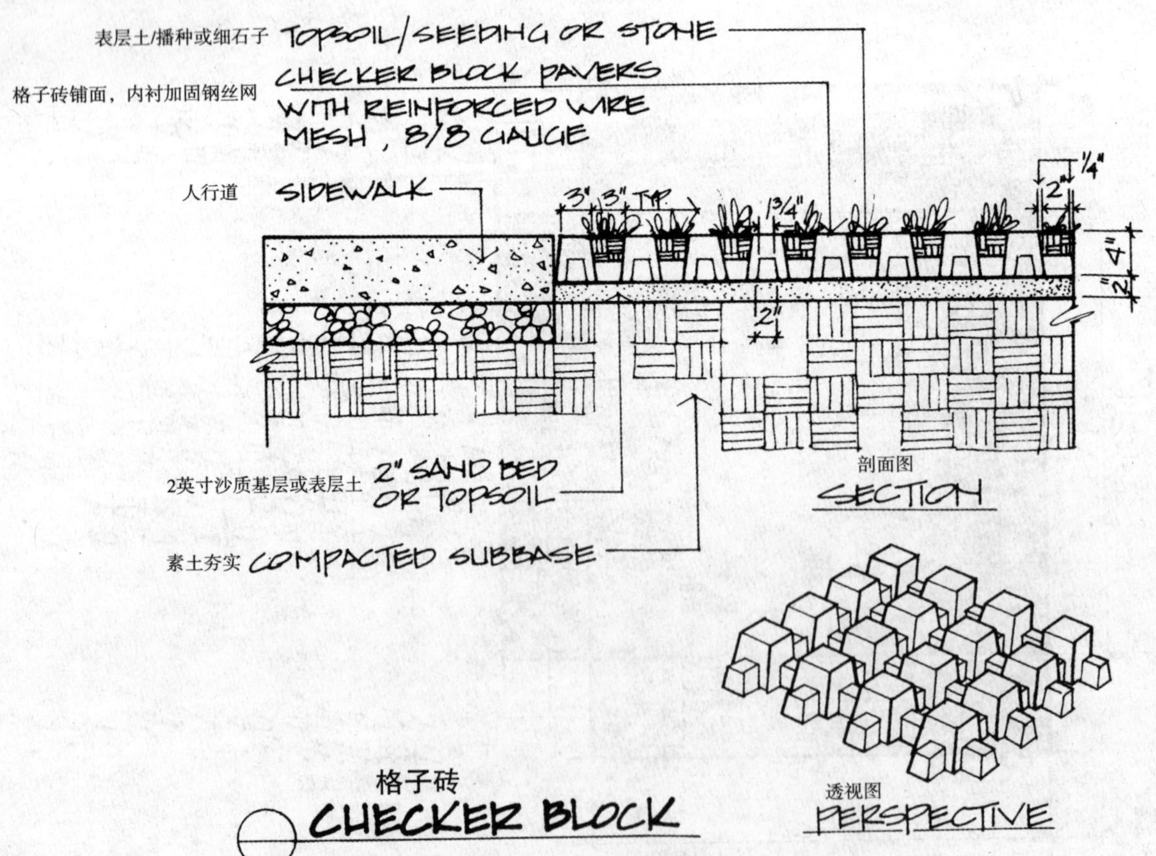

图4.36　预制混凝土草皮砖细部详图

图4.37　预制混凝土草皮砖铺面

图4.38　自由图案的预制混凝土砌块铺面，由萨萨基（Sasaki）联合建筑师事务所设计

图4.39　由预制混凝土砌块铺设的一种图案

图4.40　利用模具在混凝土上加工出图案

图4.41　利用模具加工混凝土，仿制出石材的效果，图片由博马耐特（Bomanite）设计公司提供

图4.42　砖铺面图案

图4.43　砖铺面图案

图4.44　砖铺面图案

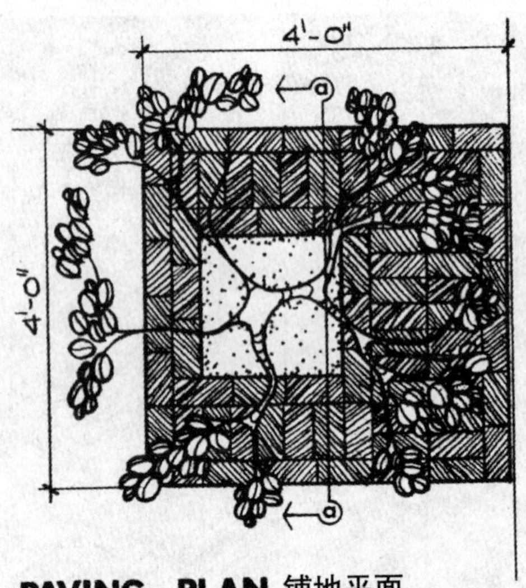

图4.45　铺面平面细部详图，由萨拉托加联合设计公司绘制

图4.46　模块式的花岗石铺面

图4.47　鱼鳞状的花岗石铺面

图4.48　花岗石铺面，由威廉·A·本克（William A. Behnke）联合设计公司设计

图4.49　花岗石鹅卵石及石板

图4.50　石板与暴露骨料混凝土的搭配效果

图4.51　各种尺寸的花岗石鹅卵石

图4.52　花岗石鹅卵石

图4.53　表面圆润的鹅卵石，中央的尺寸比较大，边缘处的尺寸比较小

图4.54　正方形的花岗石铺面

图4.55　鹅卵石铺面

图4.56　表面圆润的鹅卵石

图4.57　一座原始公园中的石材铺面

图4.58　一座原始公园中的石材铺面

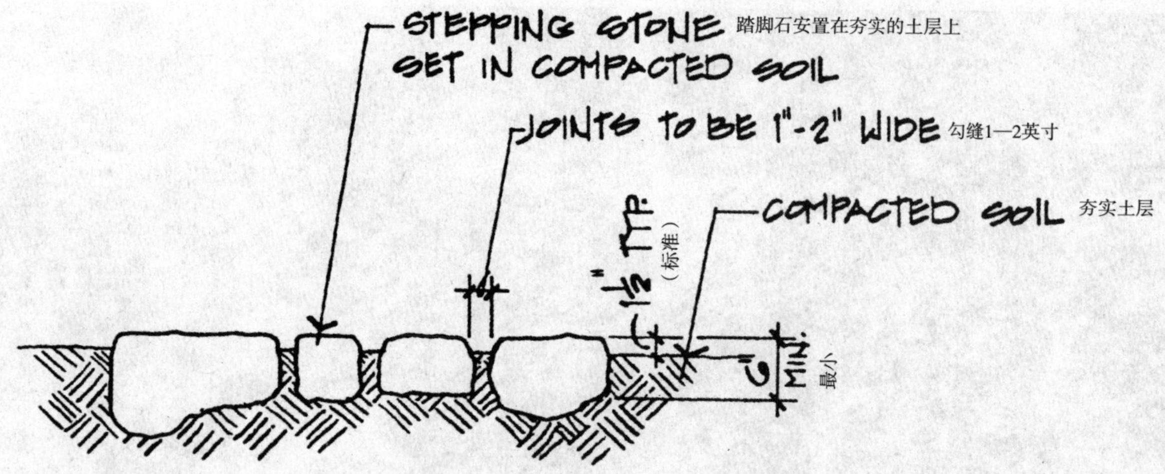

5A STEPPING STONE PAVEMENT SECTION 踏脚石铺面剖面图

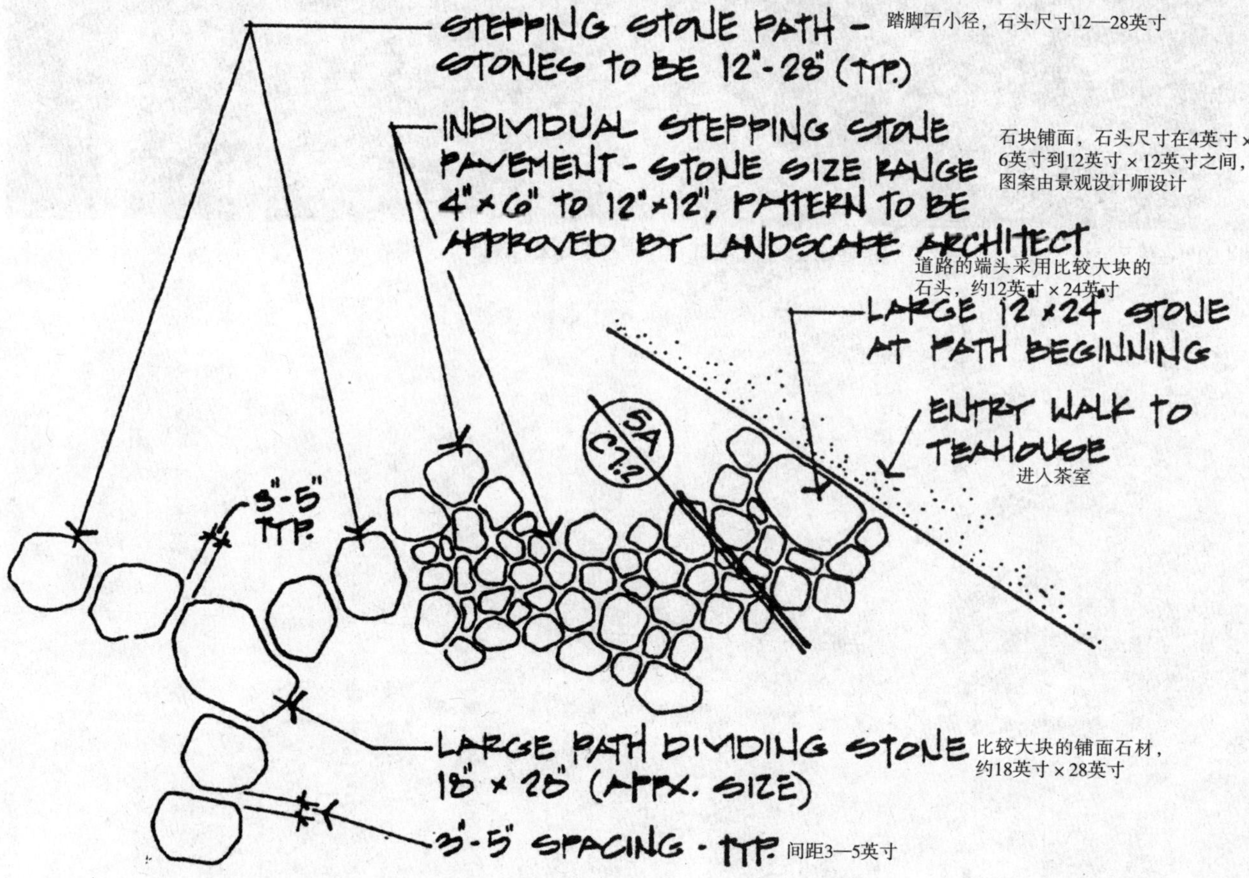

5 STEPPING STONE PATTERN at ROJI 踏脚石铺面细部详图

图4.59　一座原始公园的铺面细部详图，由奥瓦尔·尼德尔斯·塔门与伯根多夫设计

图4.60　在休闲度假区，一条为游人们开辟通往湿地的道路（美国园林设计公司设计）

第五章 路缘石与镶边

路缘石是一种辅助控制交通的设施，它将机动车辆和行人分离开来。而且，路缘石的设置还有助于排水管线的布置。把这二者结合在一起，可以将水沿着路缘石排放到截流井或其他集水口中。在规划过程中，可能会设计不同的铺面形式，路缘石还可以起到不同铺面之间的分隔作用。镶边，例如在草地与植床之间设置的垂直金属或塑料边条，可以使这些绿化区域易于维护。这些边条的设置，还可以防止草坪蔓延到植床的范围。镶边一般只有几英寸宽，也可以同时作为除草机的轨道，使除草机的轮子可以沿着边条的上沿滑动。路缘石和镶边的安置，还可以增强一些材料边缘的稳固性，例如沥青，保证其整洁一致的效果。

种类与尺寸

混凝土也许是路缘最常使用的材料，特别是在路缘石和排水沟结合布置的场所。除了垂直的直线形，路缘石还有很多不同的造型，甚至还可以通过滚轧与排水系统综合设置在一起。一些地区的高速公路管理部门以及市政部门，在他们的辖区内为路缘石设定了统一的形式。路缘石在铺设过程中也同样要设置收缩缝与膨胀缝，并需要钢筋加固。

用混凝土建造路缘石或路缘 / 排水设施，可以采用砖或石材作为其外饰面。在冻融循环的环境下，由于这些设施要长时间暴露在室外，因此需要使用高质量标准的铺面材料与砂浆。

在美国的东北部地区，当地在很长一段时期都采用花岗石作为垂直路缘石。这种材料具有很好的耐久性，而且当道路改变时，还可以拆除再次利用。它可以加工成各种尺寸，而且还可以预先加工出曲线，以保证转角处统一的半径。

镶边可以用金属制作。一般常用的钢材有三种尺寸，长度为16英尺或20英尺，$^1/_8$英寸厚4英寸高，或$^3/_{16}$英寸厚4英寸高，或$^1/_4$英寸厚5英寸高。根据设计师的意图，钢材一般被涂刷成绿色或黑色。钢材既可以应用于直线形的造型，也可以随意弯曲成各种角度，例如90° 的直角。断面最薄的材料一般用于没有什么荷载的地方，例如草地或植栽的边缘，而断面尺寸比较大的材料则用于车行道以及沥青人行道的边缘。钢质边条每隔30英寸就要设置一根桩来固定，但是在冻融循环地区，还要增加设置的密度，否则边条可能会出现凸起现象。万一存在上述情况发生，在春季一定要进行及时维修。在下面讲述的其他形式的薄边条也可能会出现同样问题。

将铝加工成4英寸高的型材，并设置加强肋，这样既可以增强其强度，又可以防止在霜冻破坏下发生凸起。在外观效果方面，我们可以直接应用其自然的银色，也可以通过阳极处理使其呈现黑色。这种镶边材料的使用方式与前面提到的钢材相类似。

也有很多镶边是用塑料制造的。它的厚度以及其他一些外部特征都与前面提到的钢质镶边十分相似。塑料边条也是通过桩固定在场地上的。塑料边条很容易弯曲，塑造出各种不同的造型。但是在冻融循环地区，这种材料非常容易凸起，除非在基础处用倒钩将其固定。塑料边条与金属边条相比造价低廉而且易于施工，但是其暴露在阳光下的部分却比较容易发生老化脆裂，不如金属的耐久性强。

木材也可以用作镶边材料。常见的尺寸为2英寸 ×4英寸或2英寸 ×6英寸的直线形。由于需要与土壤直接接触，因此必须要选择自身具有抗腐蚀性的树种，例如红木、雪松、柏树等，或者要经过五氯苯酚或铬酸铜加压处理以获得防腐的效果。一些平缓的曲线形场地边缘，可以用$^1/_2$英寸 ×4英寸的红木条弯曲而成，另外还可以并列几根木条以增加宽度。总体来说，木材边条还是以直线形最为常见。比较大型的镶边和除草机轨道可以利用老旧的铁轨枕木制造，在潮湿地区以及隆起的场地，可以使用4英寸 ×4英寸或6英寸 ×6英寸的方木作为边界。通过在其上钻孔，再以钢筋串联的方式，将其固定在场地当中。

辅助研究参考资料

Harris, C. W. and Dines, N. T. *Time-Saver Standards for Landscape Architecture.* New York: McGraw-Hill, 1988.

图5.1 花岗石路缘石，由萨萨基设计联盟设计

图5.2 混凝土路缘石与排水沟

图5.3　白色的混凝土路缘石将车道与植栽区分隔开来

图5.4　暴露骨料的混凝土路缘石与周围铺面材料的特性相呼应

图5.5 预制混凝土路缘石与座椅，由萨萨基设计联盟设计

图5.6 逐渐抬升的混凝土路缘石

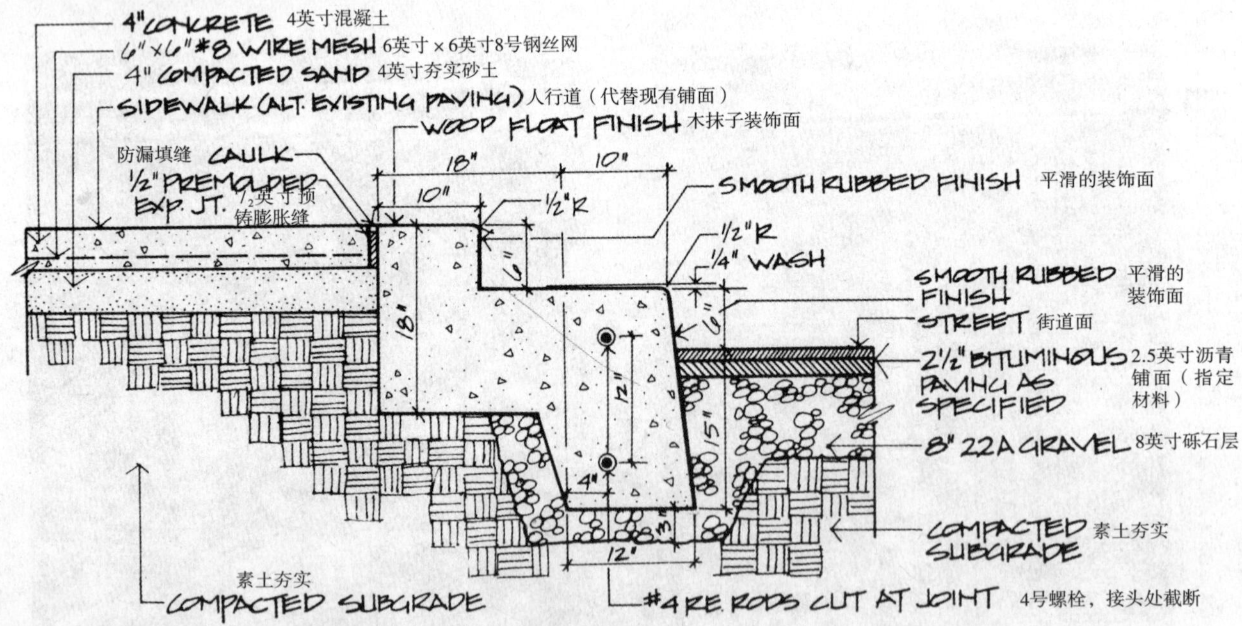

图5.7 路缘石细部详图，由约翰逊夫妇与罗伊绘制

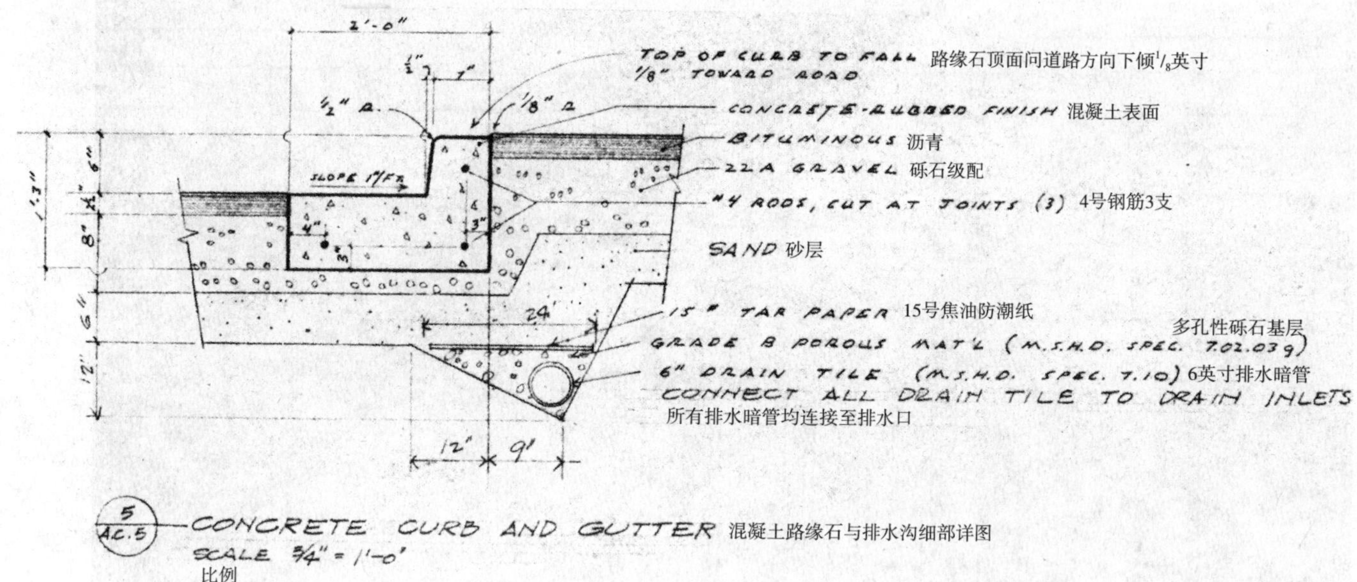

图5.8　混凝土路缘石与排水沟细部详图，由约翰逊夫妇与罗伊绘制

图5.9　暴露骨料的混凝土路缘石与排水沟

图5.10　轧制成型的混凝土路缘石与排水沟

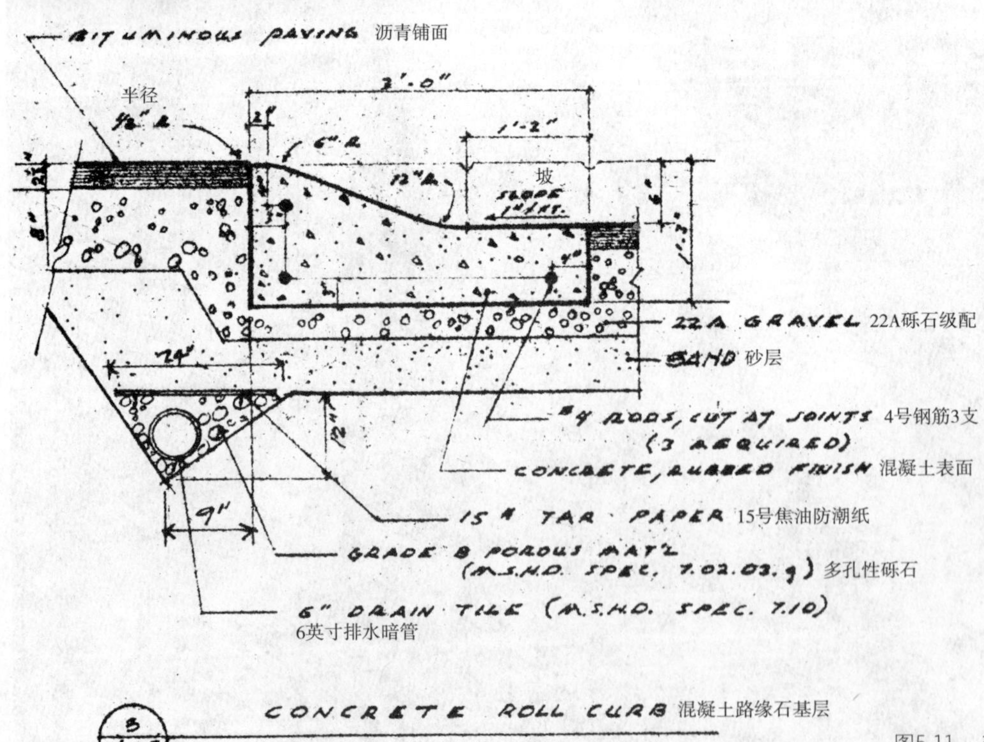

图5.11　轧制成型的混凝土路缘石与排水沟，由约翰逊与罗伊绘制

图5.12　级踏式砖路缘石

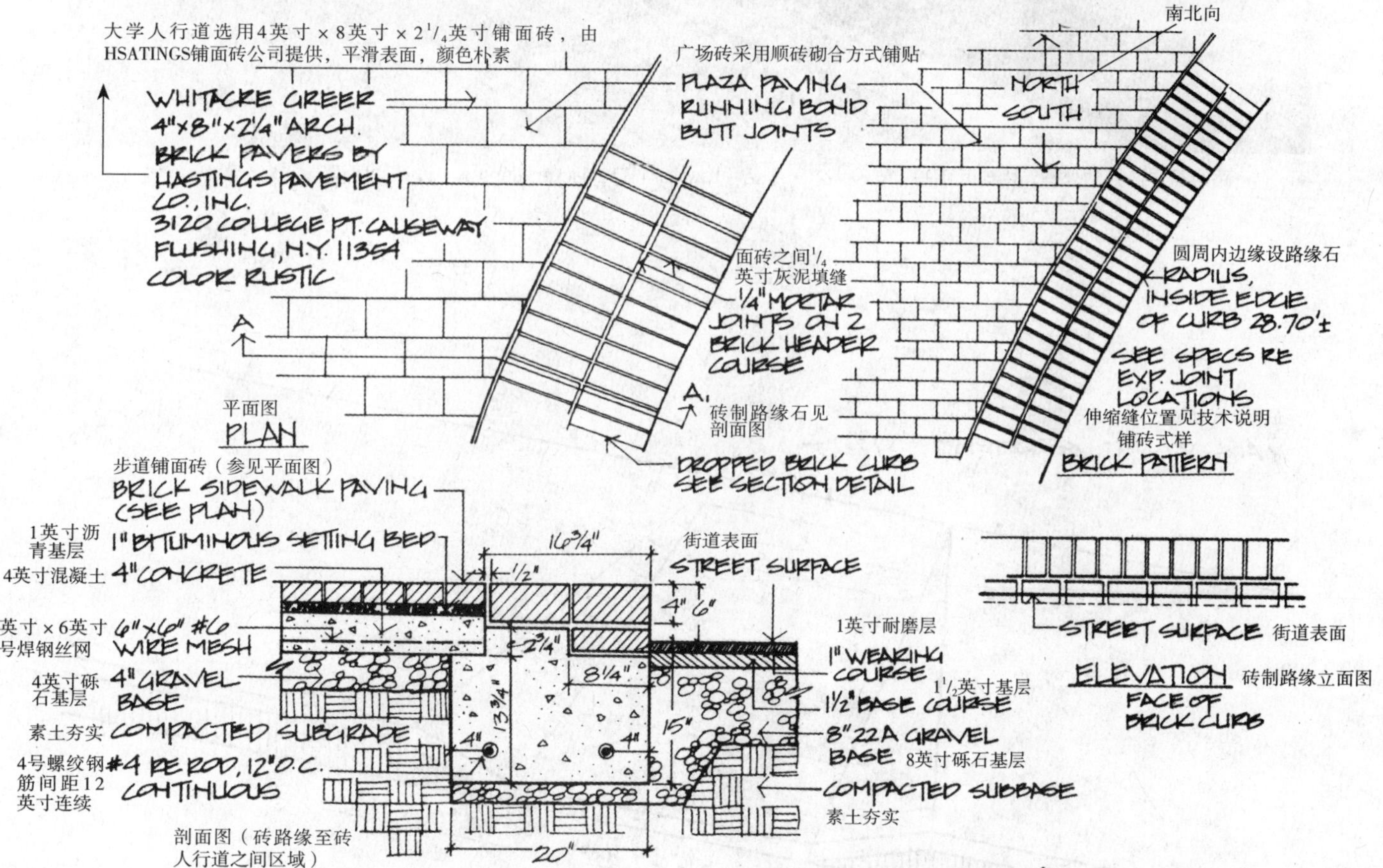

大学人行道选用4英寸×8英寸×2¹/₄英寸铺面砖，由HSATINGS铺面砖公司提供，平滑表面，颜色朴素

WHITACRE GREER 4"×8"×2¼" ARCH. BRICK PAVERS BY HASTINGS PAVEMENT CO., INC. 3120 COLLEGE PT. CAUSEWAY FLUSHING, N.Y. 11354 COLOR RUSTIC

广场砖采用顺砖砌合方式铺贴

PLAZA PAVING RUNNING BOND BUTT JOINTS

南北向

NORTH SOUTH

面砖之间¹/₄英寸灰泥填缝

¼" MORTAR JOINTS ON 2 BRICK HEADER COURSE

圆周内边缘设路缘石

RADIUS, INSIDE EDGE OF CURB 28.70'±

SEE SPECS RE EXP. JOINT LOCATIONS

伸缩缝位置见技术说明

A

A

平面图

PLAN

砖制路缘石见剖面图

DROPPED BRICK CURB SEE SECTION DETAIL

铺砖式样

BRICK PATTERN

步道铺面砖（参见平面图）

BRICK SIDEWALK PAVING (SEE PLAN)

1英寸沥青基层

1" BITUMINOUS SETTING BED

4英寸混凝土

4" CONCRETE

6英寸×6英寸6号焊钢丝网

6"×6" #6 WIRE MESH

4英寸砾石基层

4" GRAVEL BASE

素土夯实

COMPACTED SUBGRADE

4号螺纹钢筋间距12英寸连续

#4 RE ROD, 12" O.C. CONTINUOUS

16¾"

½"

4"

6"

2¼"

8¼"

13¾"

4"

4"

15"

20"

街道表面

STREET SURFACE

1英寸耐磨层

1" WEARING COURSE

1¹/₂英寸基层

1½" BASE COURSE

8" 22A GRAVEL BASE 8英寸砾石基层

COMPACTED SUBBASE

素土夯实

STREET SURFACE 街道表面

ELEVATION 砖制路缘立面图

FACE OF BRICK CURB

剖面图（砖路缘至砖人行道之间区域）

SECTION THRU BRICK CURB IN BRICK SIDEWALK AREAS

BRICK CURB & PAVING

图5.13　砖制路缘细部详图，由约翰逊与罗伊绘制

图5.14　路缘石中断处的处理，由卡瓦萨基·泰拉克尔·于诺（Kawasaki Theilacker Ueno +）设计联盟设计

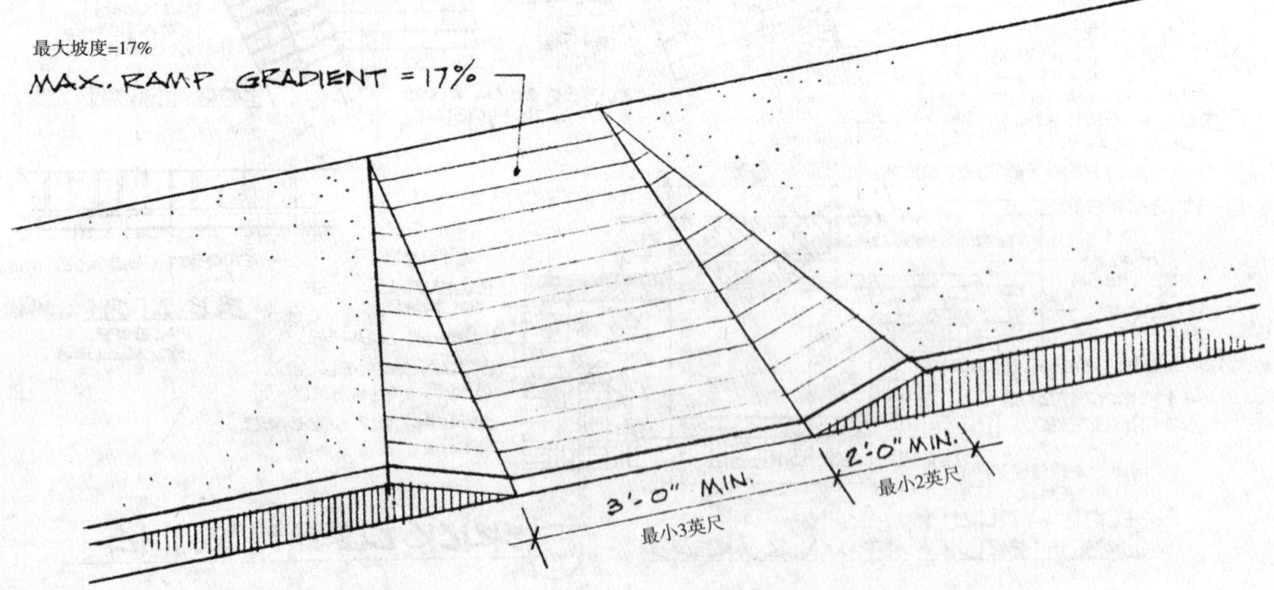

图5.15　路缘石中断处细部详图（最大斜度为17%）

图5.16　由砖和花岗石制成的平缓的路缘石中断

图5.17　公园中的路缘石中断，其平缓的坡度不会干扰到行人或轮椅的行进，由室内设计公司设计

图5.18　砖石路缘石，由西奥多·布里克曼（Theodore Brickman）设计公司为欧文·A·布利茨（Irvin A. Blietz）公司设计（比尔·赫德里奇（Bill Hedrich），赫德里奇·布莱辛（Hedrich-Blessing）提供照片）

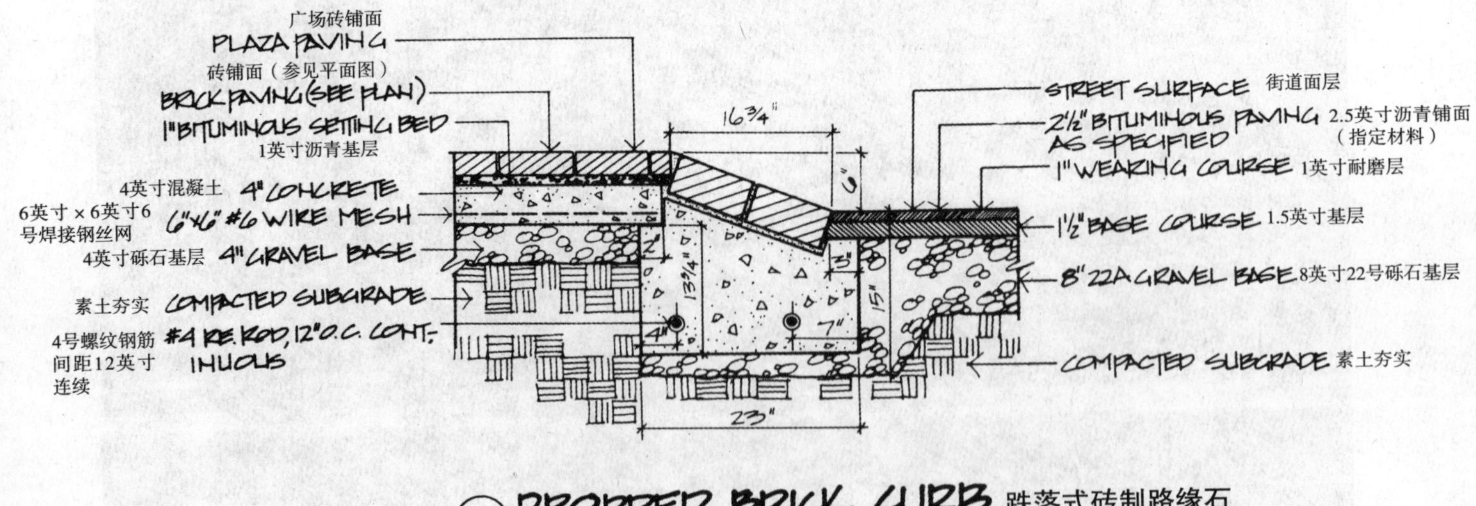

图5.19　砖制路缘细部详细图，由约翰逊夫妇与罗伊绘制

图5.20 混凝土除草机轨道

图5.21 混凝土除草机轨道

图5.22 混凝土道路上用砖与灰浆制成的路缘

图5.23 双条红木镶边

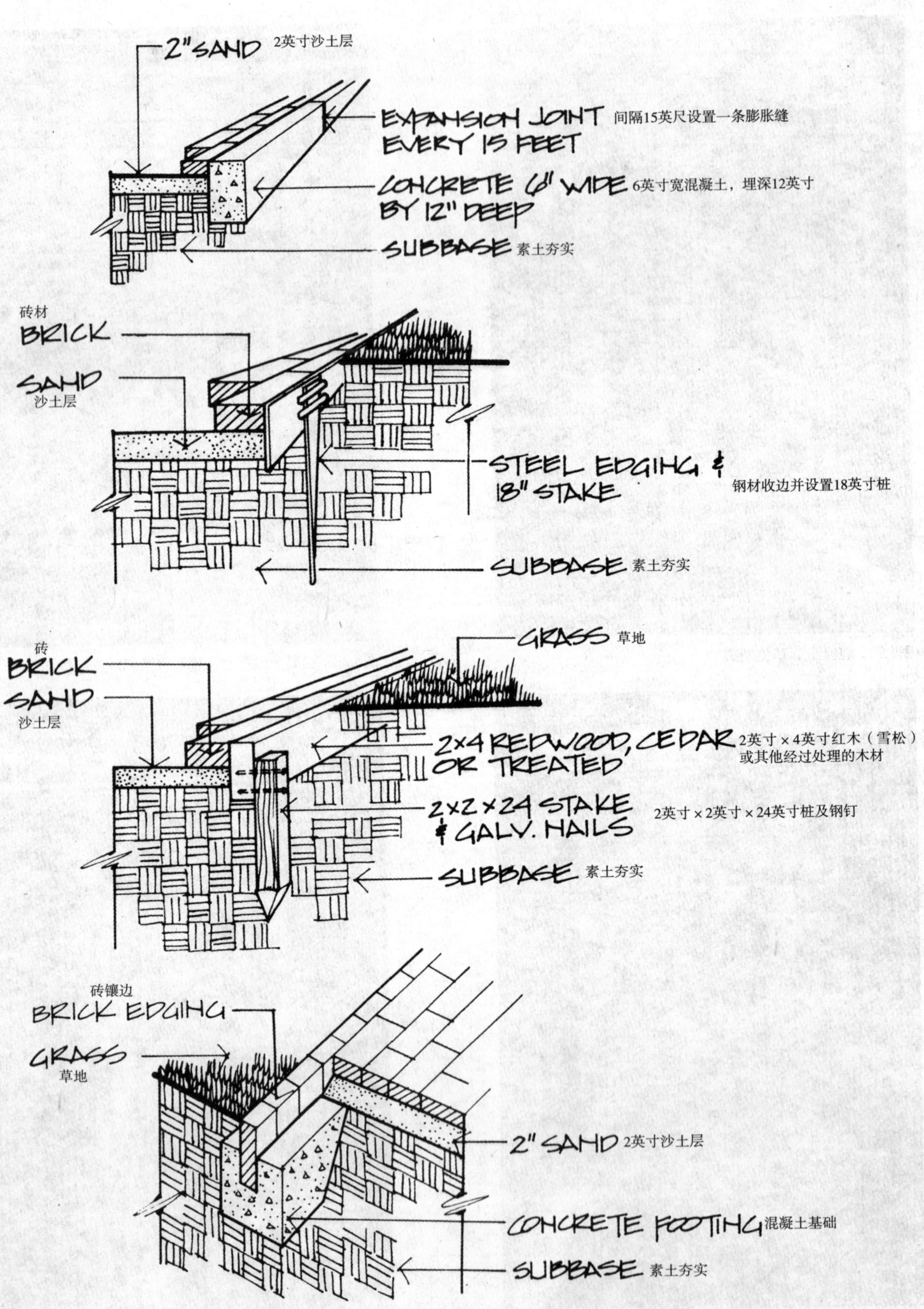

图5.24　砖墙的四种收边形式细部详图

图5.25　道路与植栽区之间的钢质镶边

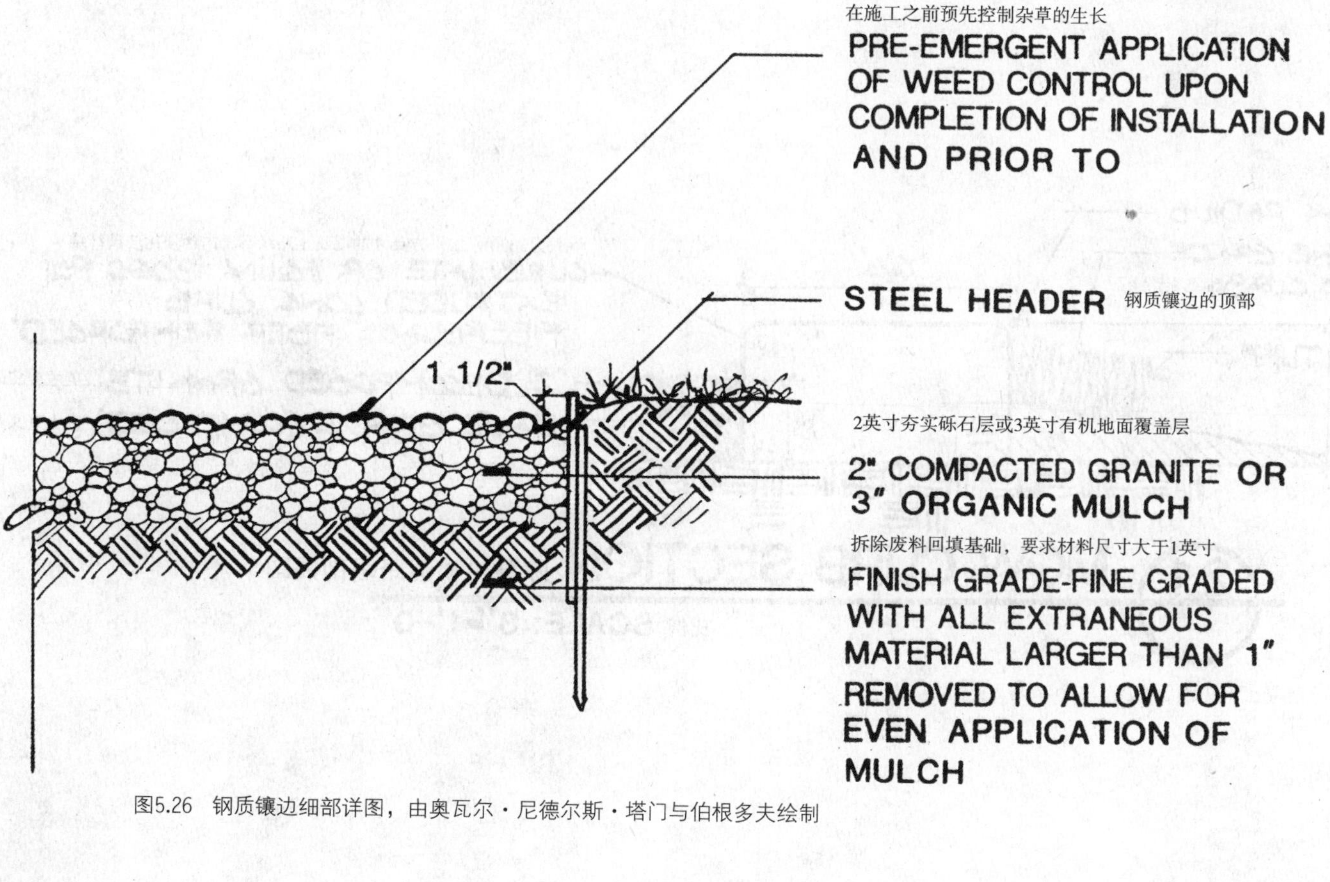

在施工之前预先控制杂草的生长

PRE-EMERGENT APPLICATION OF WEED CONTROL UPON COMPLETION OF INSTALLATION AND PRIOR TO

STEEL HEADER 钢质镶边的顶部

1 1/2"

2英寸夯实砾石层或3英寸有机地面覆盖层

2" COMPACTED GRANITE OR 3" ORGANIC MULCH

拆除废料回填基础，要求材料尺寸大于1英寸

FINISH GRADE-FINE GRADED WITH ALL EXTRANEOUS MATERIAL LARGER THAN 1" REMOVED TO ALLOW FOR EVEN APPLICATION OF MULCH

图5.26　钢质镶边细部详图，由奥瓦尔·尼德尔斯·塔门与伯根多夫绘制

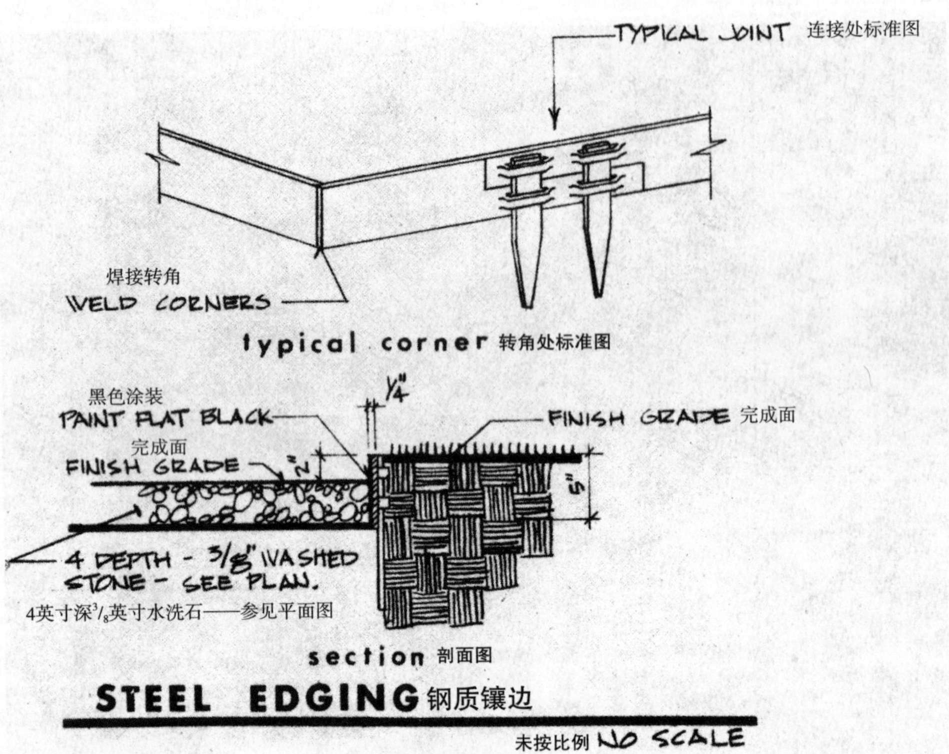

图5.27 钢质镶边细部详图，萨拉托加设计联盟绘制

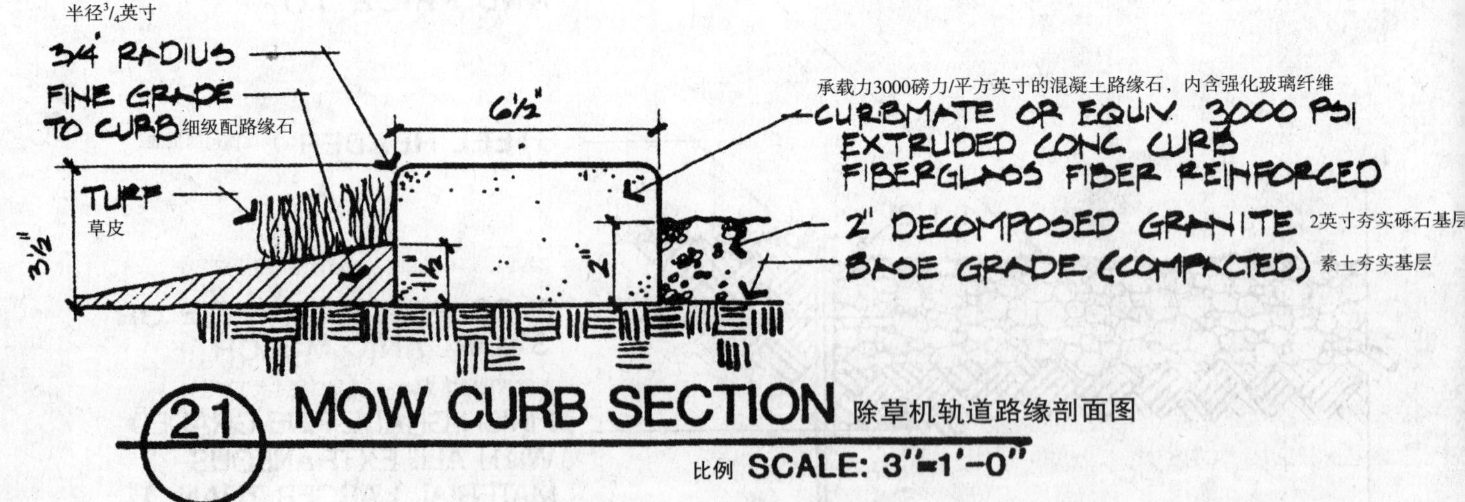

图5.28 混凝土镶边细部详图，由科埃与万路绘制

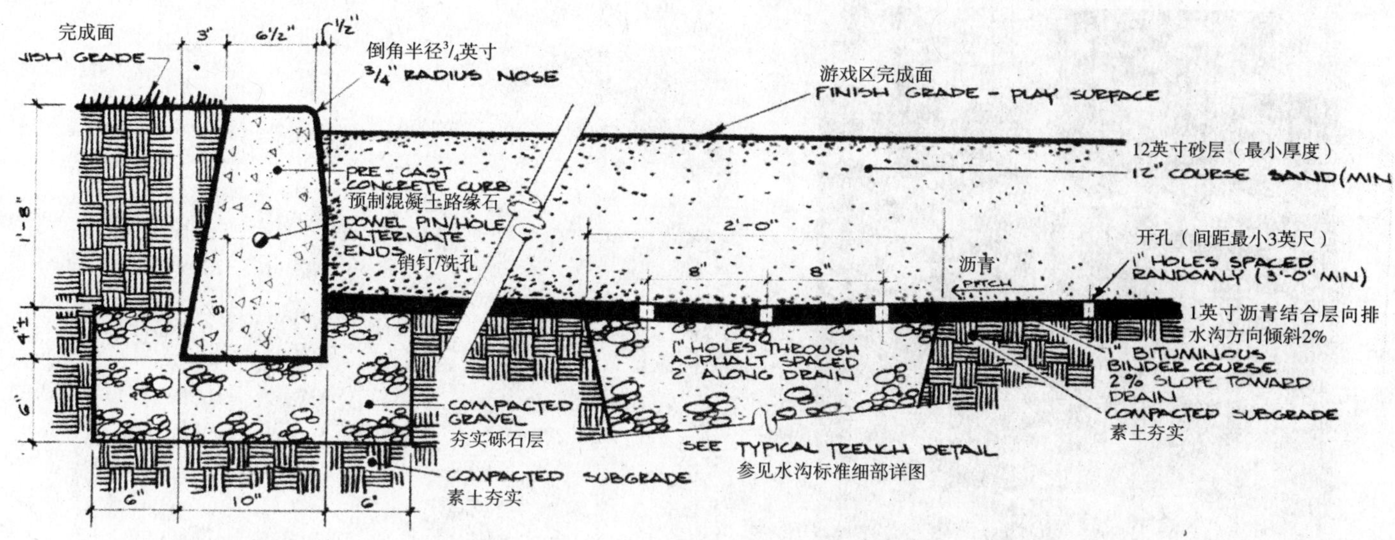

PLAY SURFACE AND CONCRETE EDGE 游戏场地面层及混凝土镶边

图5.29　游戏场地镶边细部详图，由萨拉托加设计联盟绘制

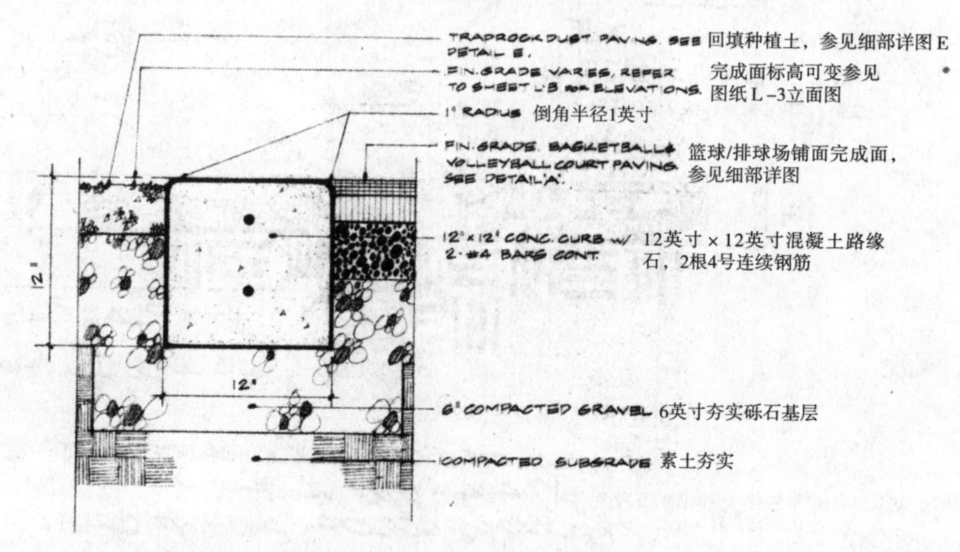

⑥ **Concrete Curb** 混凝土路缘石

1½" = 1'-0"

图5.30　混凝土镶边细部详图，由CR3设计公司绘制

图5.31　在砖铺面广场上棕榈木植栽区域混凝土镶边，由阿卡恰设计联盟设计，参见图5.33

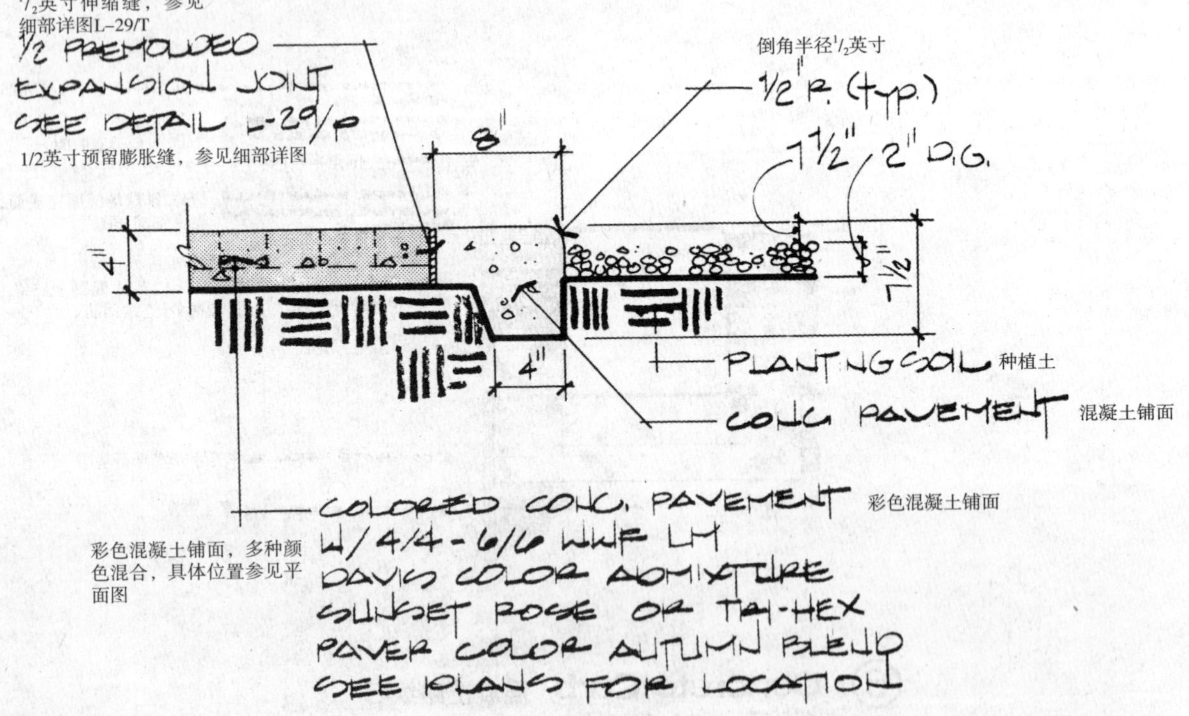

TURN DOWN AT TREE CUTOUT 树木植栽区

图5.32　树木植栽区混凝土镶边细部详图，由科埃与万路绘制

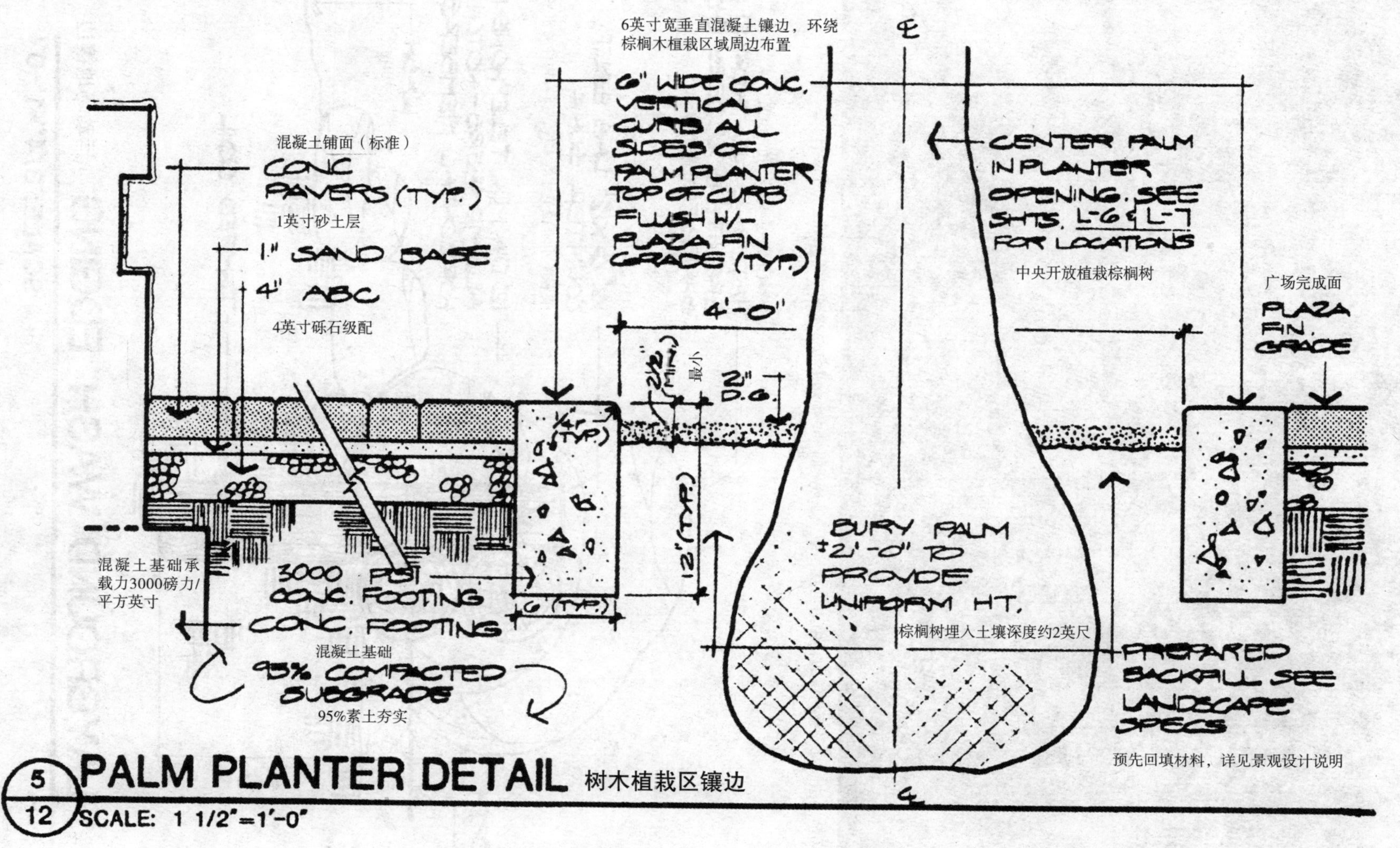

图5.33　图5.31棕榈树植栽区域混凝土镶边细部详图，由阿卡恰设计联盟绘制

图5.34 游戏场地周边阶梯形石材镶边，由迈里克·纽曼（Myrick Newman）与达尔伯格（Dahlberg）设计

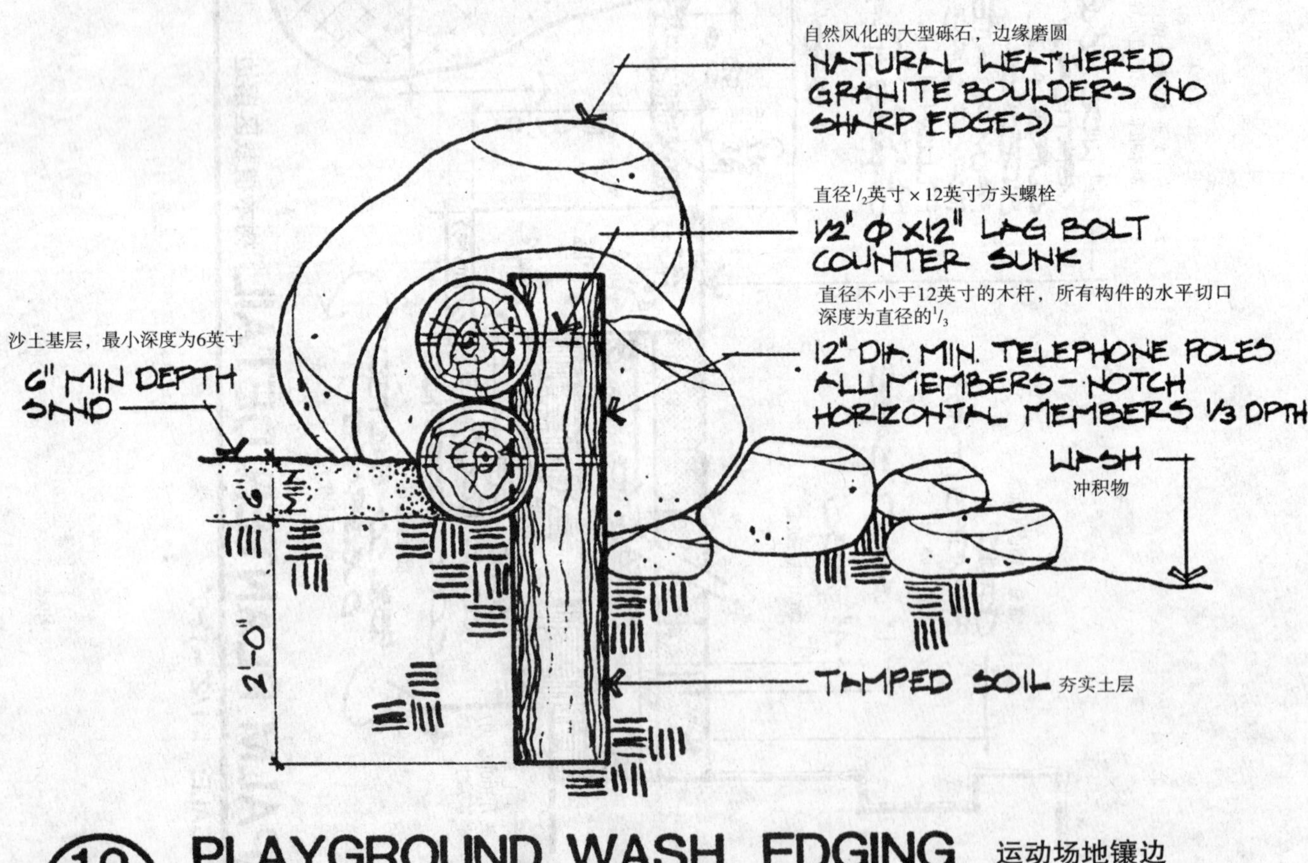

图5.35 游戏场地周边石材与木材镶边，由科埃与万路设计

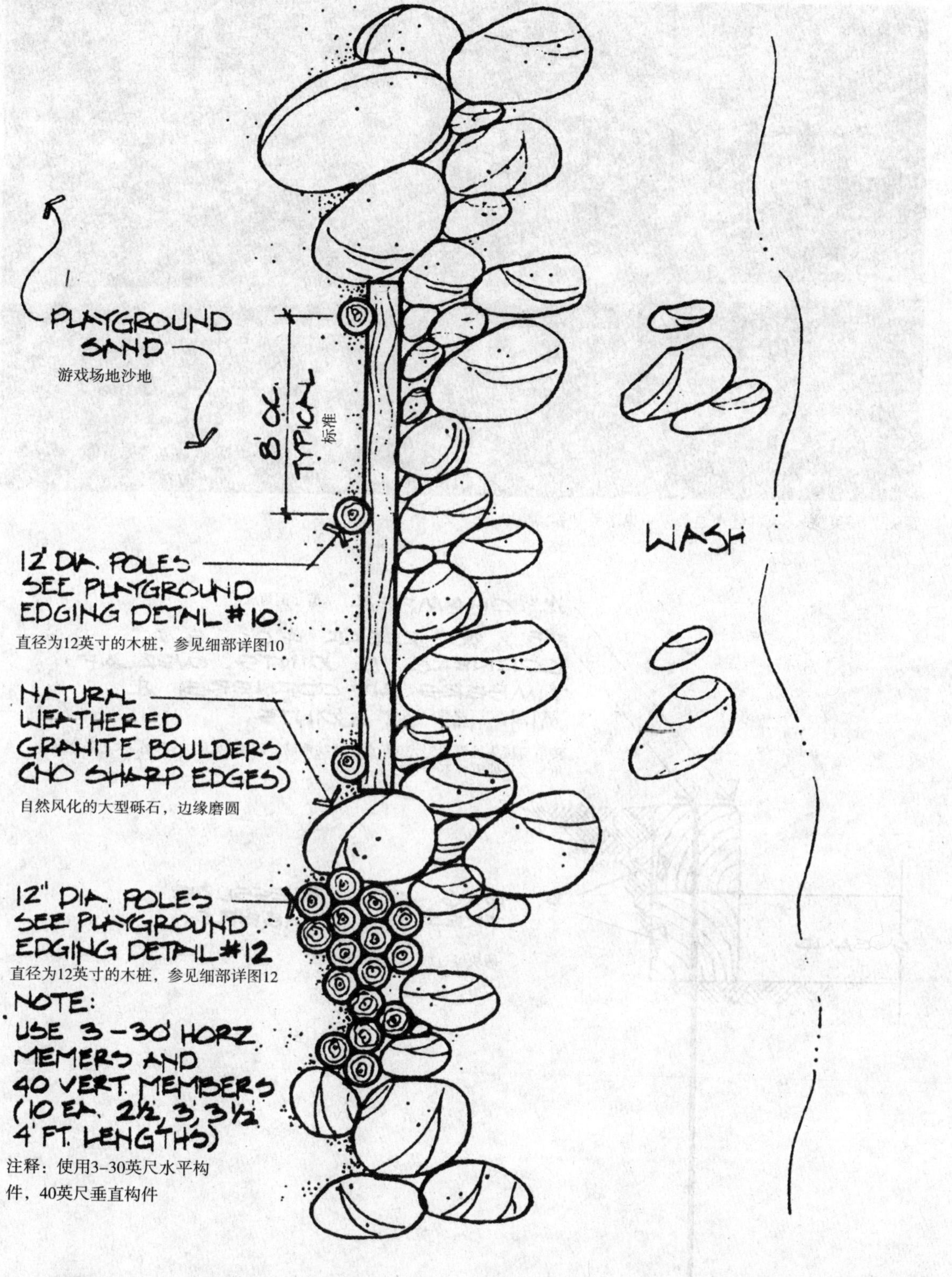

PLAYGROUND SAND
游戏场地沙地
8' O.C. TYPICAL
标准
12" DIA. POLES SEE PLAYGROUND EDGING DETAIL #10
直径为12英寸的木桩，参见细部详图10
NATURAL WEATHERED GRANITE BOULDERS (NO SHARP EDGES)
自然风化的大型砾石，边缘磨圆
12" DIA. POLES SEE PLAYGROUND EDGING DETAIL #12
直径为12英寸的木桩，参见细部详图12
NOTE:
USE 3-30' HORZ MEMERS AND 40 VERT. MEMBERS (10 EA. 2½, 3, 3½, 4' FT. LENGTHS)
注释：使用3–30英尺水平构件，40英尺垂直构件
WASH
17
PLAYGROUND WASH EDGING 运动场地镶边
NTS

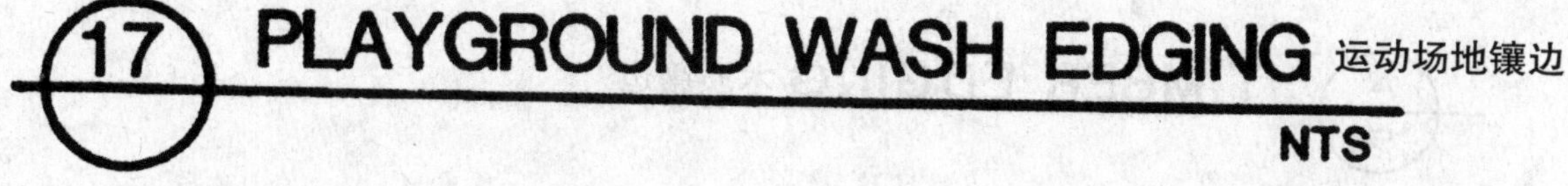

图5.36　游戏场地周边石材与木质镶边，由科埃与万路设计

图5.37　2英寸×6英寸红木边条，中央半英寸铆固

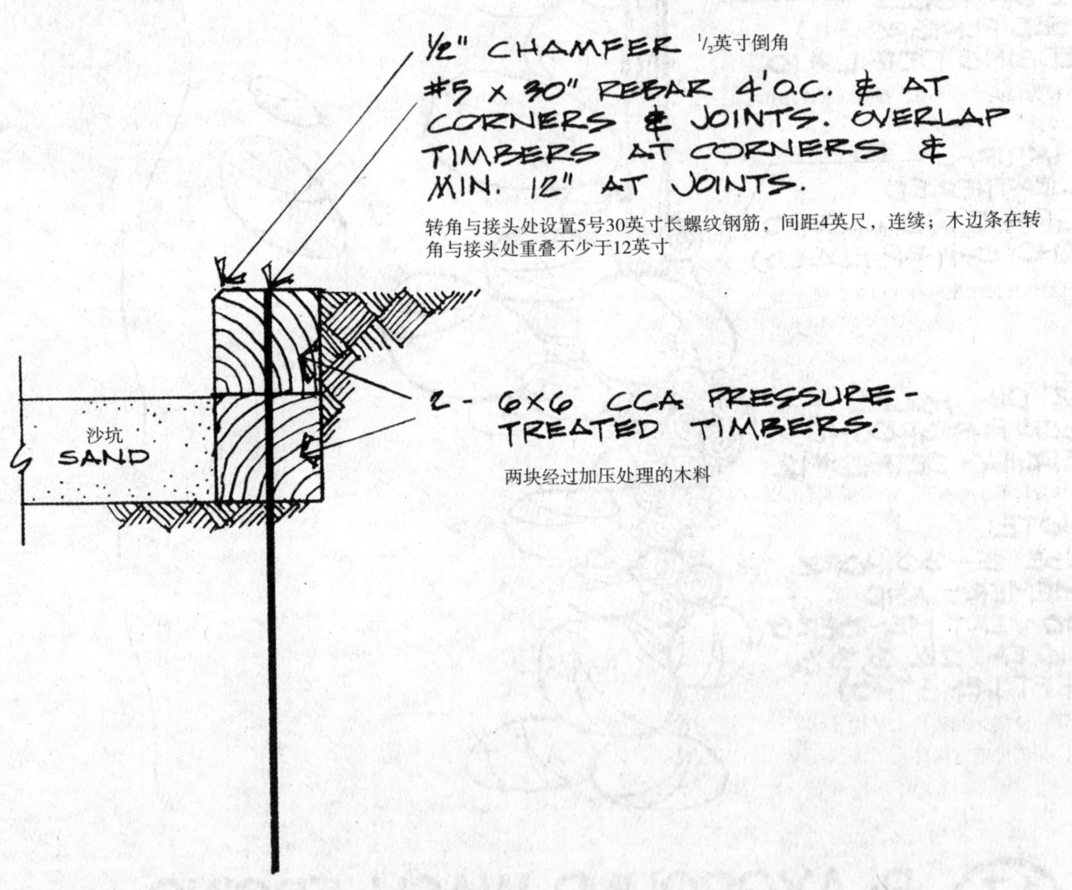

图5.38　游戏场地木质镶边

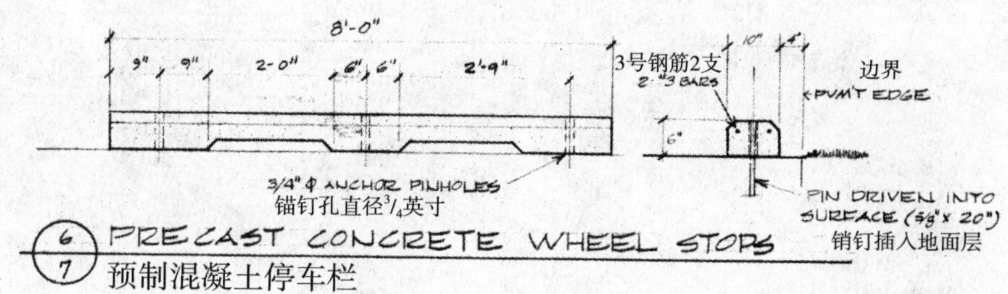

图5.39　预制混凝土路缘石细部详图，由约翰逊夫妇与罗伊绘制

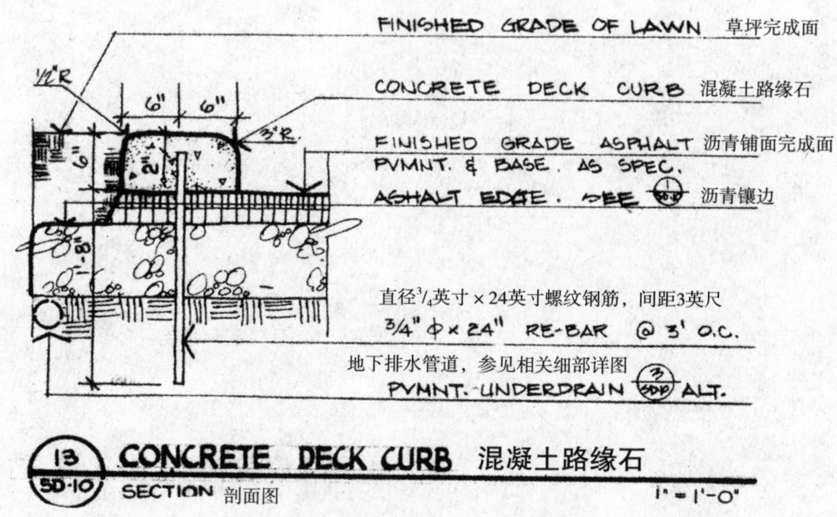

图5.40　预制混凝土路缘石细部详图，由邦内尔及其设计联盟绘制

第六章 阶梯与坡道

通过阶梯与坡道，行人可以从一个水平面到达另一个比较高或比较低的水平面。要达到同等的高度，设置阶梯所需要的水平距离比较短，而坡道所需的水平距离则比较长。对大多数人来说，在坡道上行进会相对容易，而攀登阶梯则要付出比较多的体能。两者相比，阶梯的造价会比较昂贵，因为它在造型上可能会有某些额外的要求。对于残疾人来说，所有的阶梯和坡道都具有可使用性是非常重要的。在众多案例中，阶梯和坡道是同时设置的。参照本章结尾处提供的参考资料，那里介绍了可供残疾人使用的坡道细部详图以及相关的文字说明。

通过设计，阶梯和坡道都可以表现出很多种形态，尤其是阶梯的造型更加丰富。建造这些垂直交通构件，我们最常使用的建造材料是混凝土。暴露骨料的混凝土或砖以及石材都可以有不同的使用方法，当然工程造价也各不相同。此外，阶梯也可以用木材建造。

坡道一般采用混凝土或沥青混凝土来建造。其他的材料也有运用的可能，但实践性比较差，因为多数坡道设计都要满足轮椅的通行需求。

阶梯的物理特性

一般来说，阶梯的最小宽度为 4 英尺。梯级板的数量要根据两个水平面之间的标高差来确定。但是根据规范要求，一组阶梯的梯级板数量应该不少于三级。单独的一级阶梯不易被人发现，尤其是那些视力较差的人们，很容易造成危险。一组阶梯的梯级板数量最多不宜超过 19 级，而 11 级被认为是最理想的级数。过长的阶梯可以在中途设置平台，一般平台的长度不小于 4 英尺。总体来说，可以设置任何奇数梯级板的阶梯，这样就可以满足所有的坡度要求。

在各种参考资料中，有很多关于梯级板与踏板之间关系的公式。这些公式各不相同，如果运用不当的话会给使用带来不便。根据经验，这里介绍三种梯级板与踏板之间的关系，可供运用于绝大多数场地设计当中。6 英寸高的梯级板与 12 英寸宽的踏板适用于 2∶1 的坡度，这是用于室外阶梯最陡的坡度。比较平缓的坡度一般使用 $5^1/_2$ 英寸高的梯级板和 14 英寸宽的踏板。这种形式的踏步很容易用 2 英寸 ×6 英寸的方木施工修建。5 英寸高的梯级板和 15 英寸宽的踏板适用于 3∶1 的坡度，但是这样的阶梯对于矮个子的人行进可能会有一定的困难。

根据设计，可以在阶梯的两侧设置腰墙，这种设施还可以同时作为栏杆或照明设施的基座。在阶梯中设置一条 8 英寸宽的坡道作为除草机的轨道，坡道与踏板最凸出的部分切齐，这样既能够使阶梯看起来显得更加精致化，又简化了日常维护的问题。

与现有墙体连成一体的阶梯要通过强化钢筋与墙体相连，这些钢筋是在建造之时就预先甩在墙体之外的。不依赖于任何墙体的阶梯直接坐落在地面上，它可以独立地迁移而不会破坏到邻近的铺面。为了避免发生危险，建议用钢筋将阶梯的顶部与底部同邻近的铺面固定在一起。或者还可以采用另一种方式，即在阶梯的下面加设基础。基础混凝土的厚度取决于阶梯的宽度。一般来说，计算梯级板的底端到坡面底端的垂直距离，4 英尺宽的阶梯需要 4 英寸的厚度，5 英尺宽的阶梯需要 5 英寸的厚度，6 英尺及 6 英尺以上宽的阶梯则需要 6 英寸的厚度。

有一些加强设施的设置是所有阶梯都需要的，其数量与尺寸根据土壤情况的不同而各不相同，有时还可能需要工程技术人员的协助计算。中央两道最少要用到 12 英寸的 3 号钢筋。在最下面一级梯级板的基础，以及在最上面一级踏板的外部都要设置膨胀缝。若阶梯的任意一侧与邻近的建筑或墙体相连，那么二者之间也要设置膨胀缝。

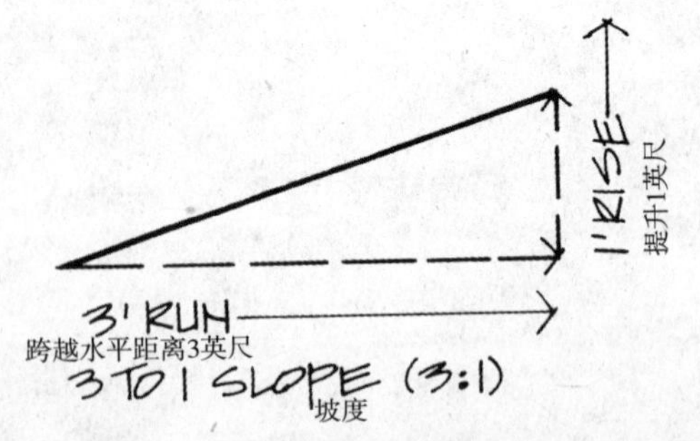

图6.1　倾斜度，每提升1英尺，跨越的水平距离为3英尺

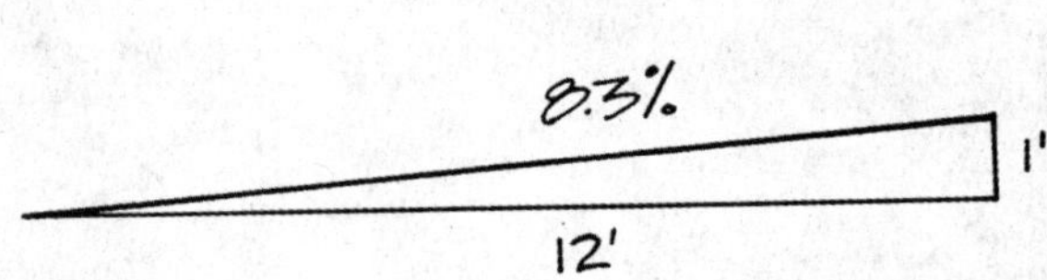

图6.2　坡道的最大倾角，每提升1英尺，跨越的水平距离为12英尺

所有阶梯的踏板都要加工成粗糙表面，这种表面可以使用抹子加工处理而成。如果需要更大的摩擦力，我们还可以在踏板的表面安装氧化铝金属条。为了便于排水，踏板需要设置一定的坡度，一般我们常用的坡度为 $^1/_8$ 英寸 / 英尺。梯级板的表面处理也可以同踏板形成彼此的呼应。在梯级板的表面上可以加工出 1 英寸宽的浮雕线，或是在梯级板的基础部分设置投影线，以协助那些存在视觉障碍的人们明确分辨出梯级板与踏板。后一种方法在很多公共场所都有广泛的应用。投影线的高度不宜高于梯级板高度的 $^1/_3$，否则可能因为牵绊住行人的拐杖而造成危险。但是如果投影线太窄，也会因为不够明显而丧失应有的效果。

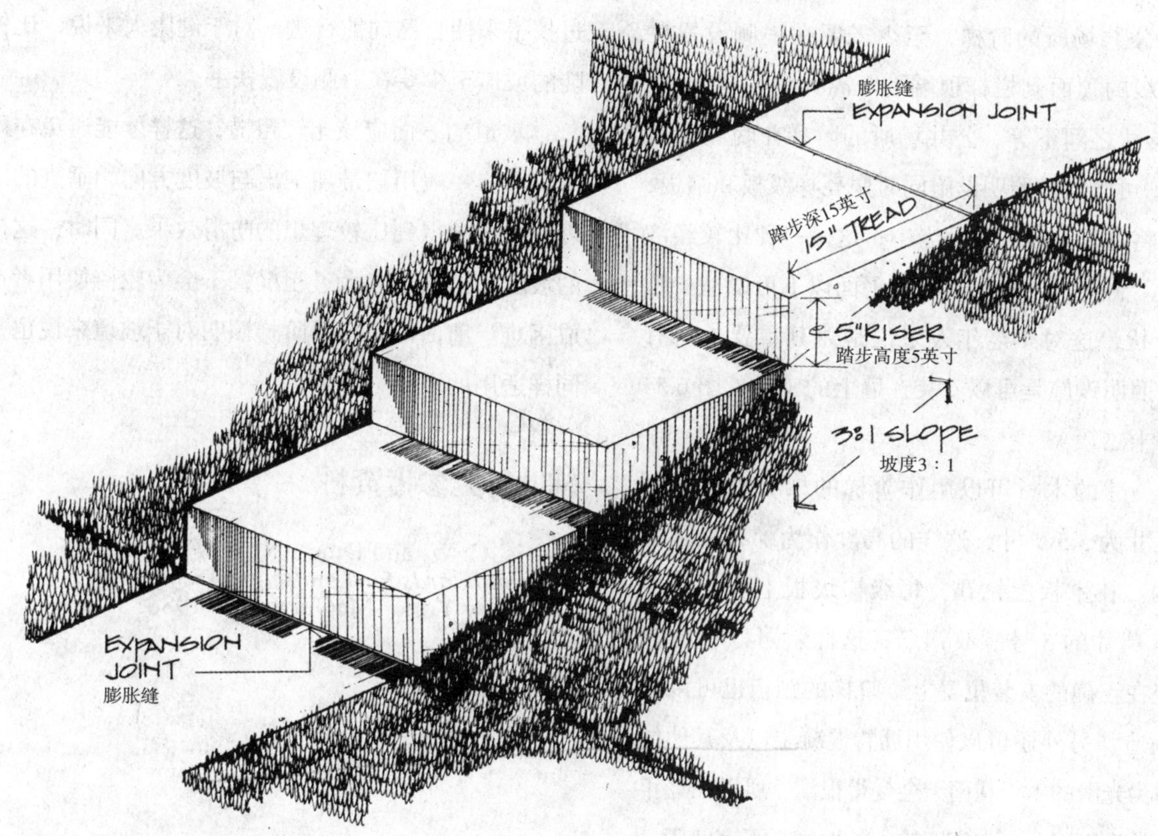

图6.3　适合于3：1坡度的阶梯尺寸

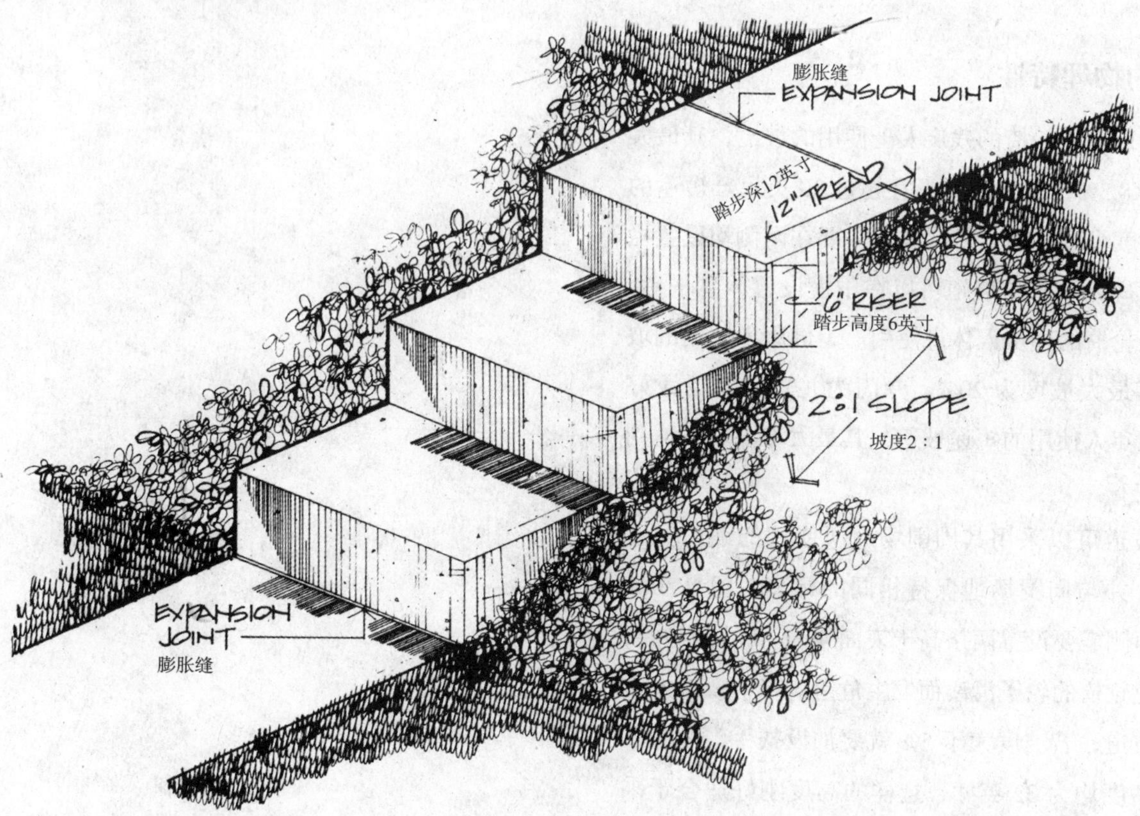

图6.4　适合于2：1坡度的阶梯尺寸

在公共场所的阶梯，至少需要在一侧设置栏杆。踏板的顶面到栏杆顶端的距离大约在 32 英寸到 33 英寸之间不等。公共场所的阶梯在晚间还需要照明。可以通过照明设施同时照亮梯级板和踏板，也可以将灯具安装在扶手当中，这是一种比较经济的做法。将灯具安装在人的视平面以下可以减少眩光的干扰，这对于老年人来说是尤其重要的。有很多种照明设施是可以安装在墙上的（参见图 6.54 以及第十二章）。

6 英寸的木材可以用作阶梯的梯级板，它的实际尺寸为 5.5 英寸，这样的高度作为梯级板是很适合的。在木板上钻孔，每级梯级板上嵌入两根 30—36 英寸的 5 号螺纹钢筋，这样就可以将梯级板固定在正确的安装位置上。阶梯的踏板也可以用木板制造，另外还可以使用沥青混凝土以及其他材料。因为光滑的木板在雨天会变得很滑，所以在老年人活动的地区以及人口密度较大的地区都不宜使用。

坡道的物理特性

专门为乘轮椅的残疾人士使用的坡道，其最大坡度为 8.3%，最长距离不宜超过 30 英尺。短途的坡道坡度可以达到 14%，但是需要在两侧均设置栏杆。距离比较长的坡道可以在中途设置休息平台，以便乘轮椅的残疾人休息使用。为健康人使用的坡道，其最大坡度为 20%。专门为儿童以及活泼好动的青年人使用的短途坡道，其最大坡度可以达到 30% 左右。

坡道可以采用其周围场地所使用的铺面材料铺设，并与周围场地保持相同的标高，但是在坡道的两侧需要设置两条高于表面 4—6 英寸的边沿，以避免轮椅的轮子滑离而发生危险。专为残疾人设计的坡道，若坡度大于 5% 就要加设扶手。两侧扶手的高度均为 32 英寸，这样的高度刚好适合于乘轮椅的残疾人使用，因为几乎所有的残疾人都要通过扶手来使自己向前行进。对于健康人来说，比较陡的坡道至少要在一侧设置扶手。

坡道的表面应该比较粗糙，这样才能避免在雨天打滑。一般用扫帚加工出与坡度方向相垂直的纹理，这样会得到比较理想的防滑效果。同时，这样的坡道表面又不会太过粗糙，不会为轮椅使用者造成困难。前面所介绍的阶梯照明对于坡道来说也是同样适用的。

辅助研究参考资料

Harris, C. W. and Dines, N. T. *Time-Saver Standards for Landscape Architecture.* New York: McGraw-Hill, 1988.

图6.5　一座城市公园中的阶梯，由布朗宁·戴·马林斯·迪多夫设计

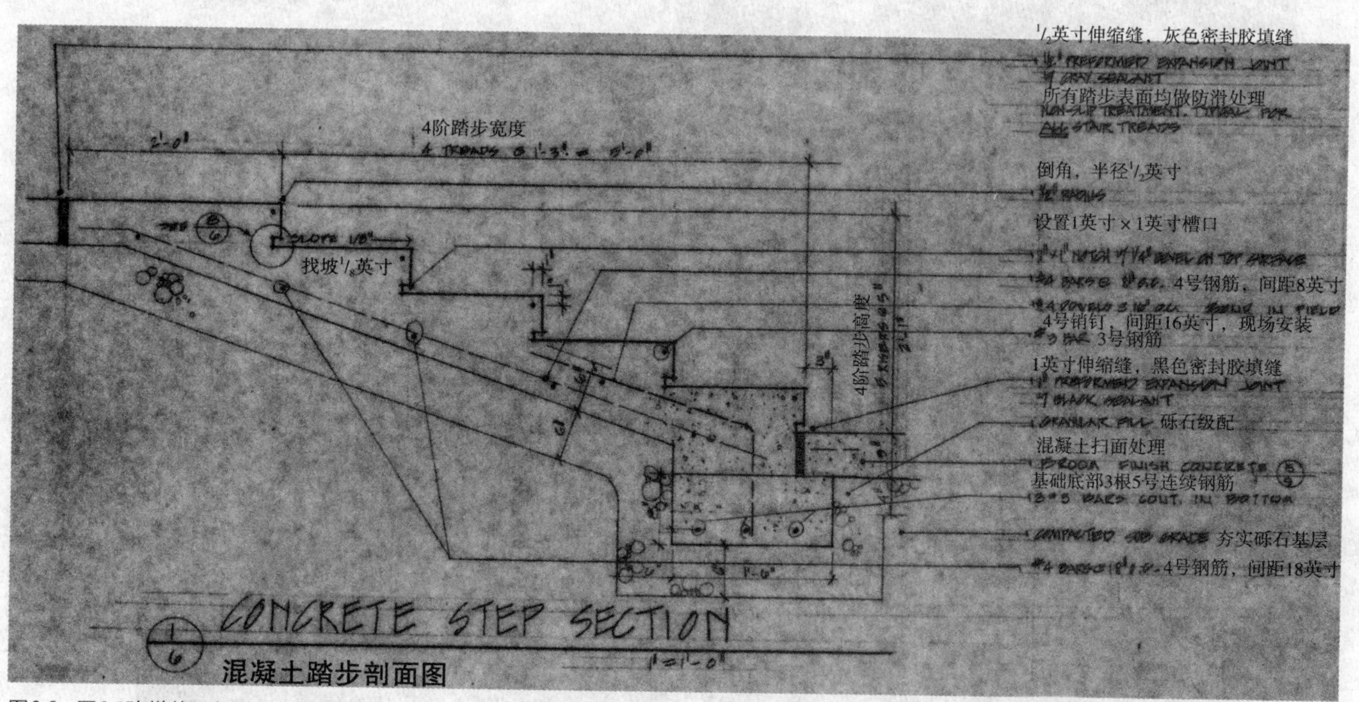

图6.6　图6.5阶梯的细部详图，由布朗宁·戴·马林斯·迪多夫绘制

图6.7 混凝土阶梯，在梯级板的底部加工出一个凹槽形成投影线

图6.8 混凝土阶梯，在梯级板的底部加工出一个凹槽形成投影线

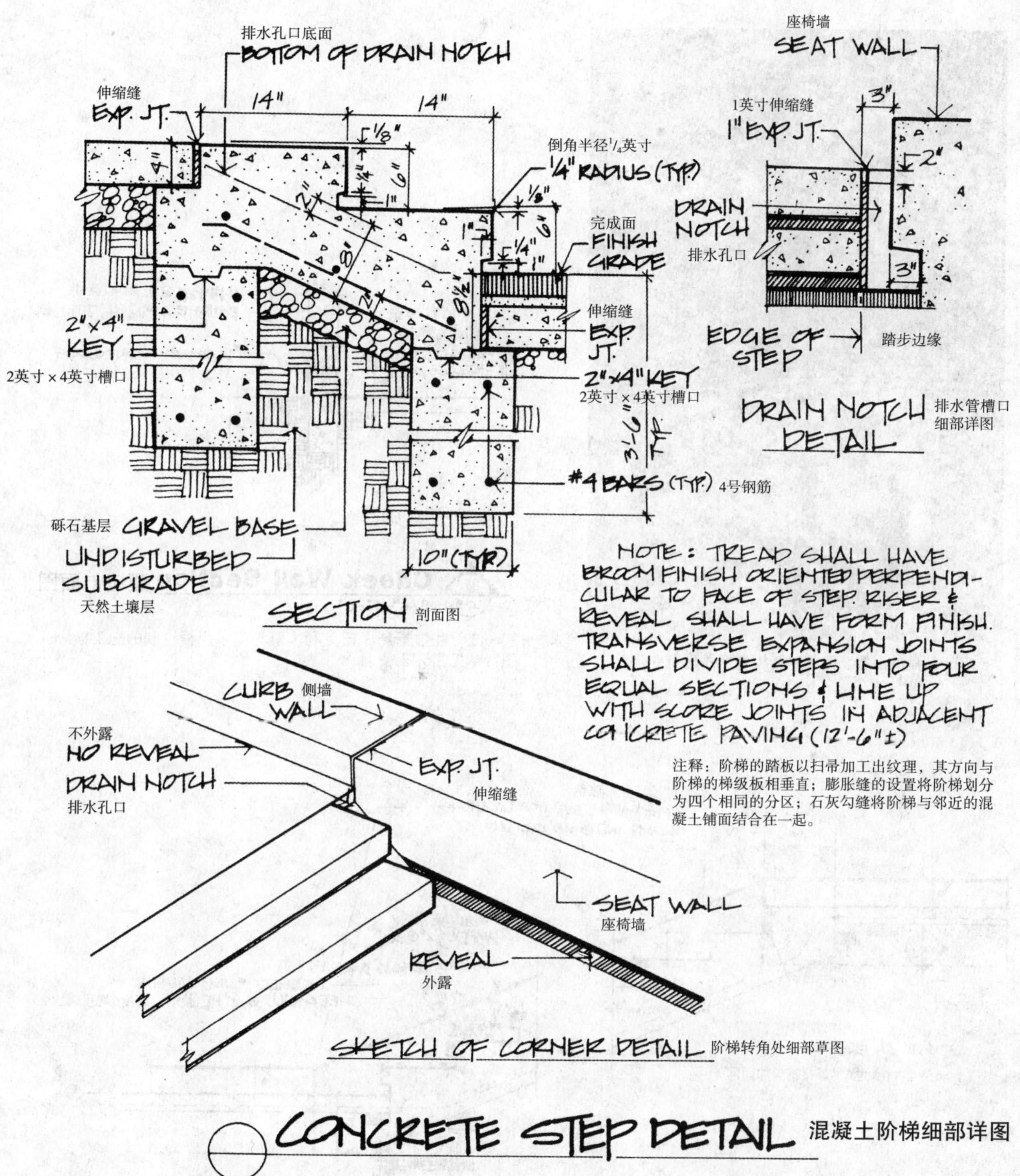

图6.9 阶梯细部详图，由约翰逊夫妇与罗伊绘制

图6.10　转角的混凝土阶梯，踏板的形式也有变化

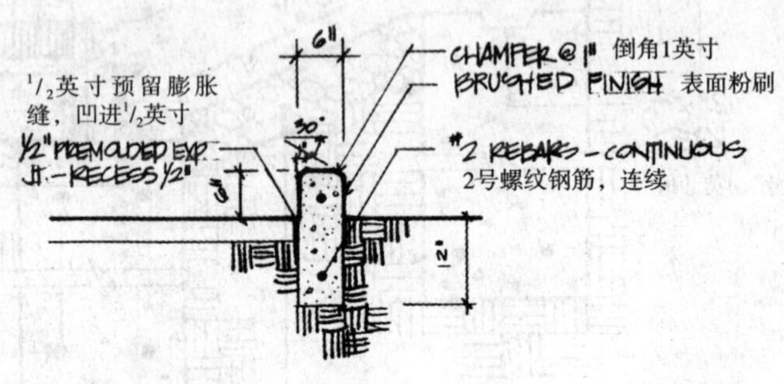

图6.11　由波斯特·巴克利·舒与耶尔尼根绘制的施工详图，参见图6.12

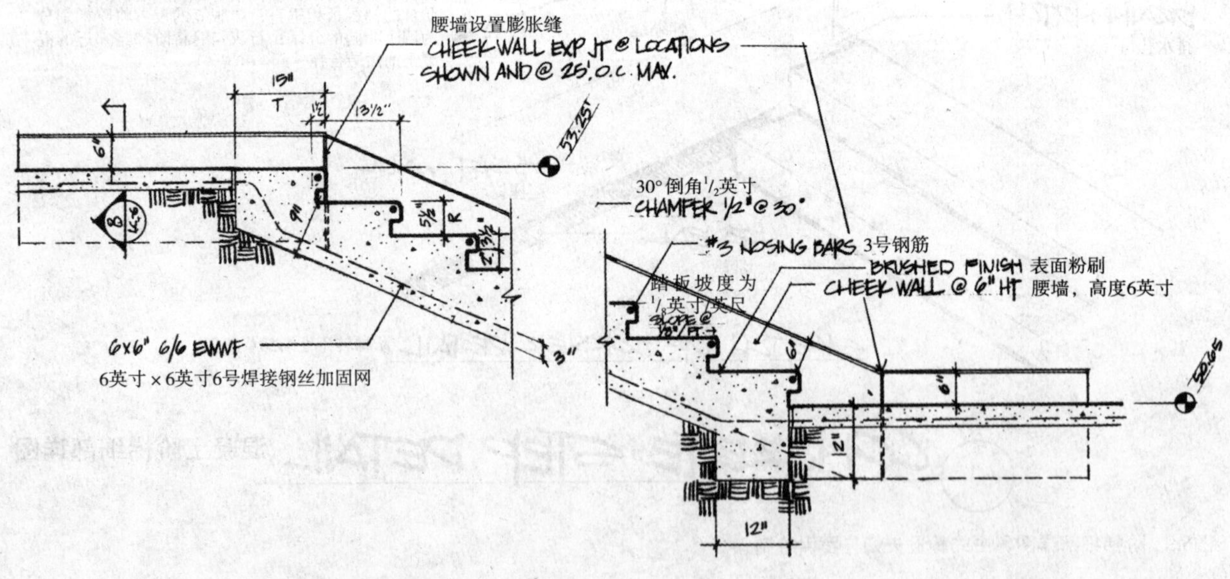

图6.12　混凝土阶梯细部详图，由波斯特·巴克利·舒与耶尔尼根绘制

图6.13　与图6.11相类似的腰墙

图6.14　混凝土阶梯，表面铺砖，由M·保罗·弗里德伯格（M. Paul Friedberg）及其合作者设计

图6.15　混凝土阶梯，在踏板上设置了勾缝线以保证使用的安全

图6.17　平行分支阶梯，由劳伦斯·哈尔普林（Lawrence Halprin）设计

图6.16　用砖铺设的阶梯，两侧种植花草

图6.18　阶梯设置的角度与场地的角度相呼应

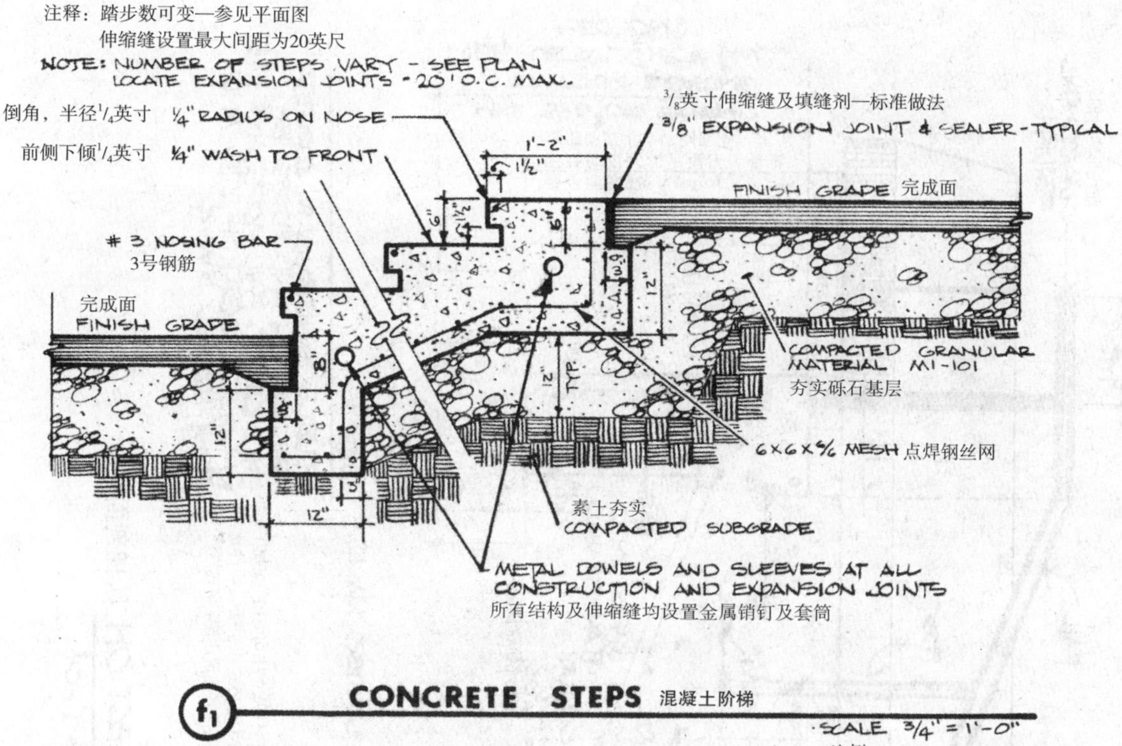

注释：踏步数可变—参见平面图
伸缩缝设置最大间距为20英尺
NOTE: NUMBER OF STEPS VARY - SEE PLAN
LOCATE EXPANSION JOINTS - 20' O.C. MAX.

倒角，半径1/4英寸 1/4" RADIUS ON NOSE

前侧下倾1/4英寸 1/4" WASH TO FRONT

3/8英寸伸缩缝及填缝剂—标准做法
3/8" EXPANSION JOINT & SEALER-TYPICAL

1'-2"

1 1/2"

FINISH GRADE 完成面

3 NOSING BAR
3号钢筋

完成面
FINISH GRADE

6"

12"

18"

12"

3"

12"

TYP.

COMPACTED GRANULAR MATERIAL MI-101
夯实砾石基层

6×6×6/6 MESH 点焊钢丝网

素土夯实
COMPACTED SUBGRADE

METAL DOWELS AND SLEEVES AT ALL CONSTRUCTION AND EXPANSION JOINTS
所有结构及伸缩缝均设置金属销钉及套筒

f1 CONCRETE STEPS 混凝土阶梯

SCALE 3/4" = 1'-0"
比例

图6.19　混凝土阶梯细部详图，由萨拉托加设计联盟绘制

图6.20　一座城市公园中的混凝土阶梯，表面铺砖

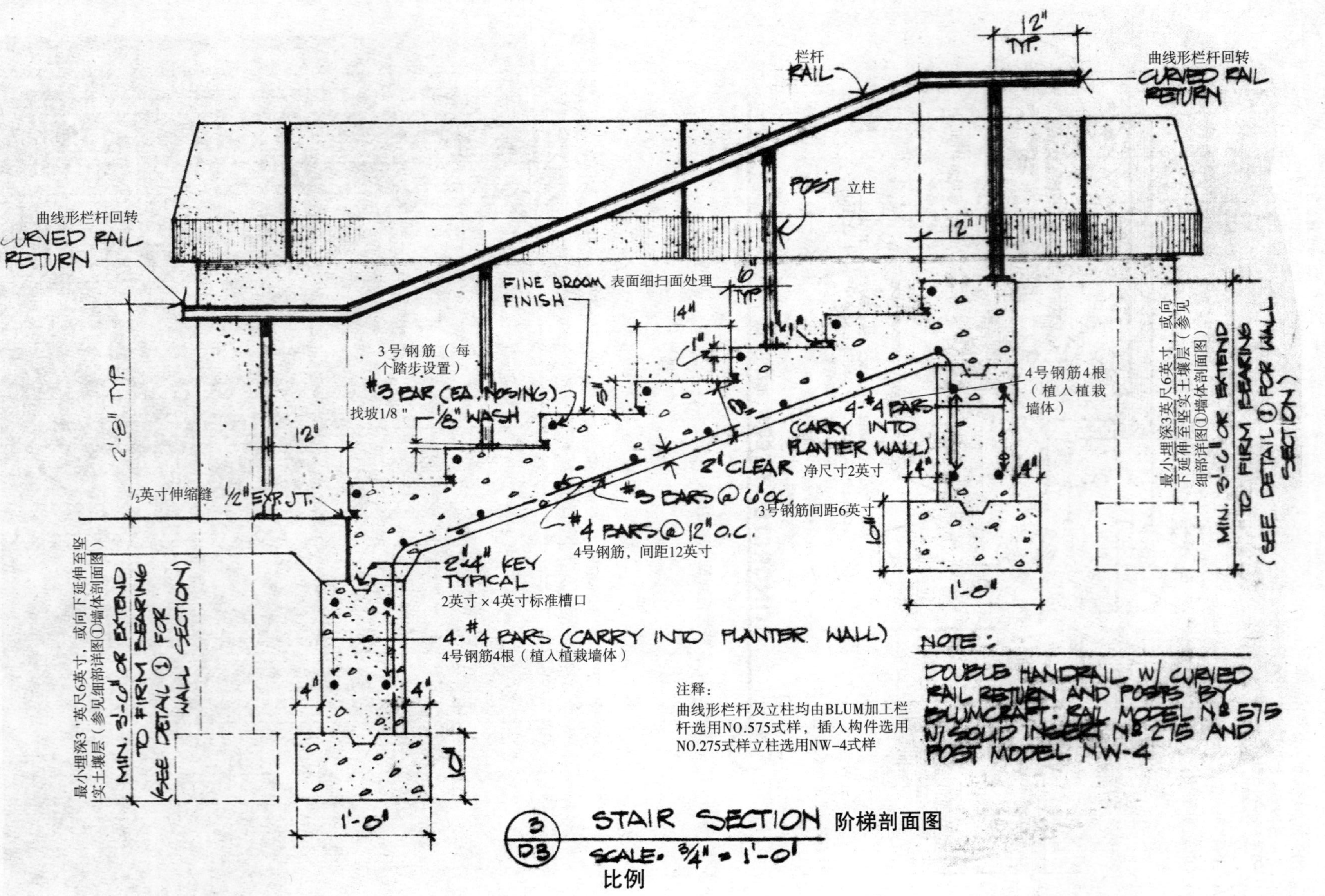

图6.21　混凝土阶梯细部详图，由CR3设计公司绘制

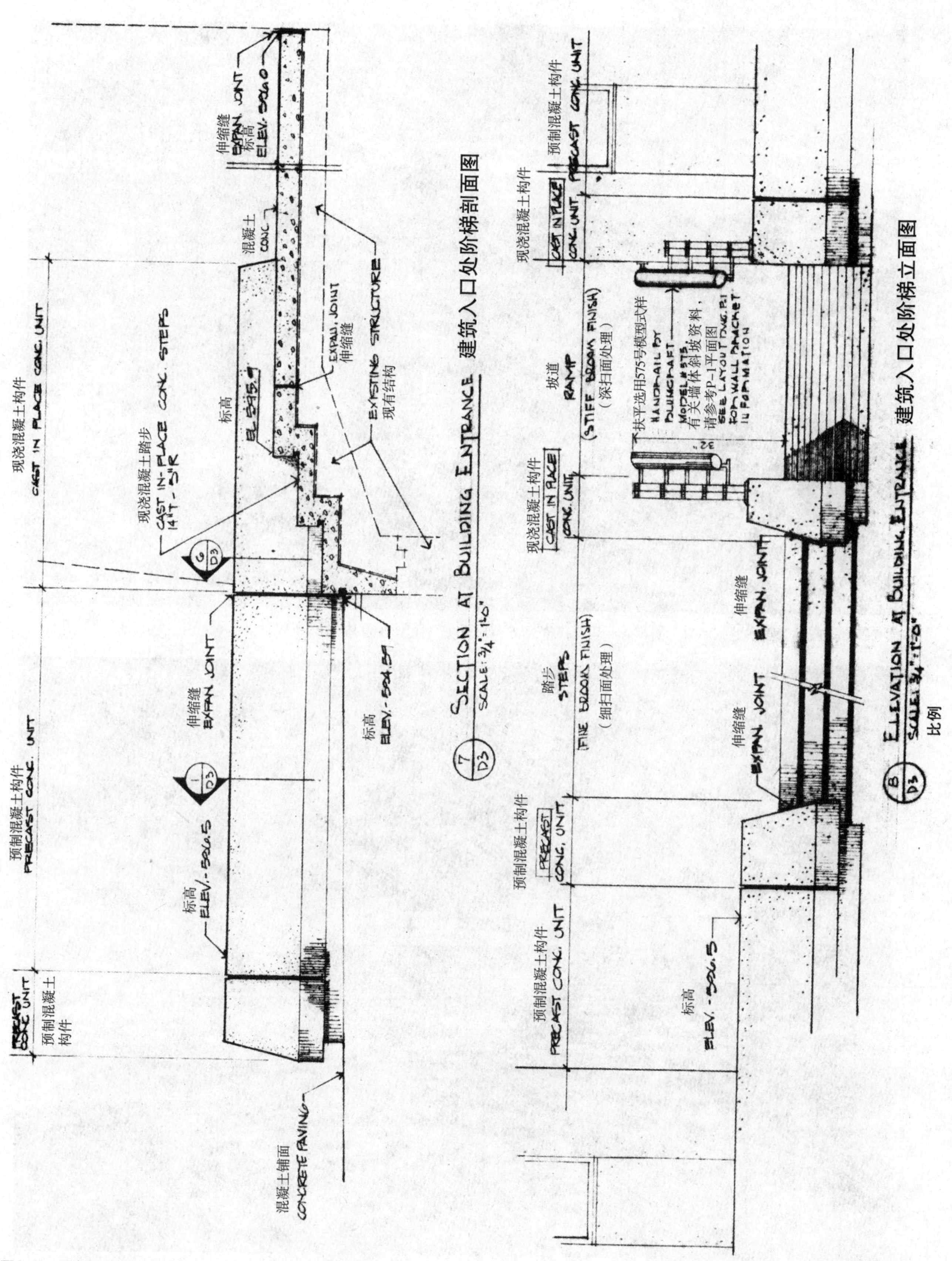

图6.22 混凝土阶梯细部详图，由CR3设计公司绘制

图6.23　一座儿童喷水池的混凝土阶梯兼座椅，由杰克·布克泰尼克（Jack Buktenica）设计

图6.24　一座城市公园中的混凝土阶梯兼座椅

图6.25　在大学校园中，宽阔的阶梯同时又可以作为一个小型的倾斜看台

图6.26　建筑入口的混凝土阶梯，同时又是雕塑的展台

图6.27　在一所私人住宅的庭院中，用砖铺设而成的阶梯以及人造的石头

图6.28　一座城市公园中的阶梯

图6.29　在一座动物园中作为看台的砖砌阶梯

图6.30　用砖铺设而成的阶梯

图6.31　大学校园中，砖砌阶梯表面铺设混凝土

图6.32　一座城市公园中圆弧形的砖砌阶梯

图6.33　办公建筑中的木质楼梯

图6.34　一座湖景公园中兼作座椅的木质阶梯（琼斯夫妇设计）

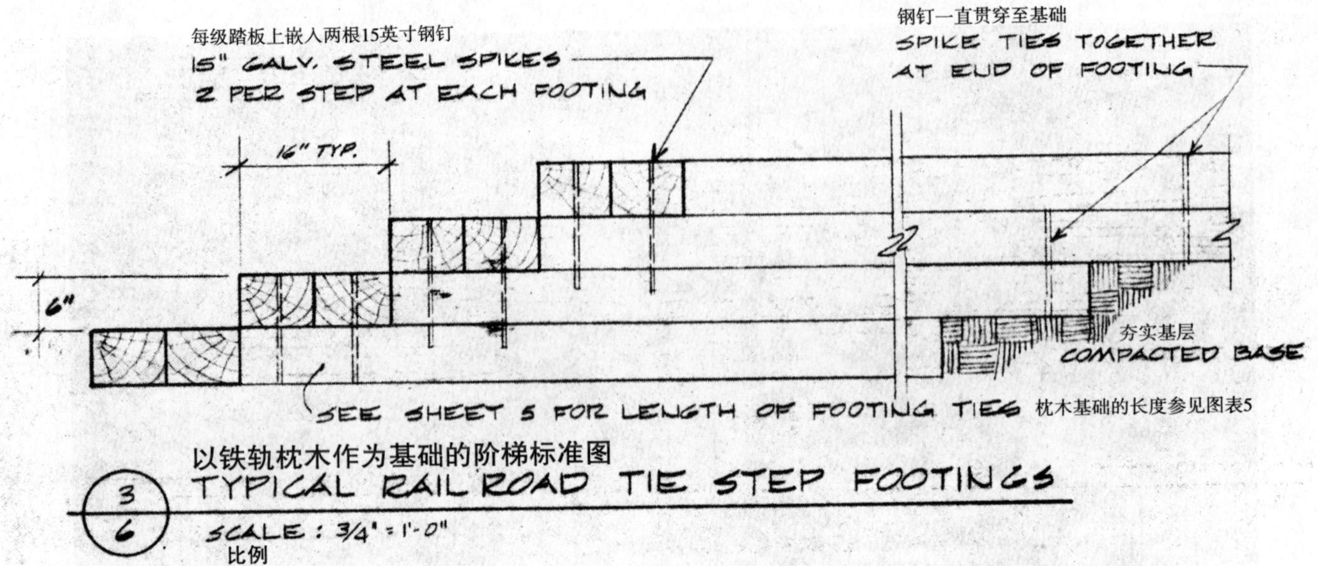

图6.35　木质阶梯细部详图，由约翰逊夫妇与罗伊绘制

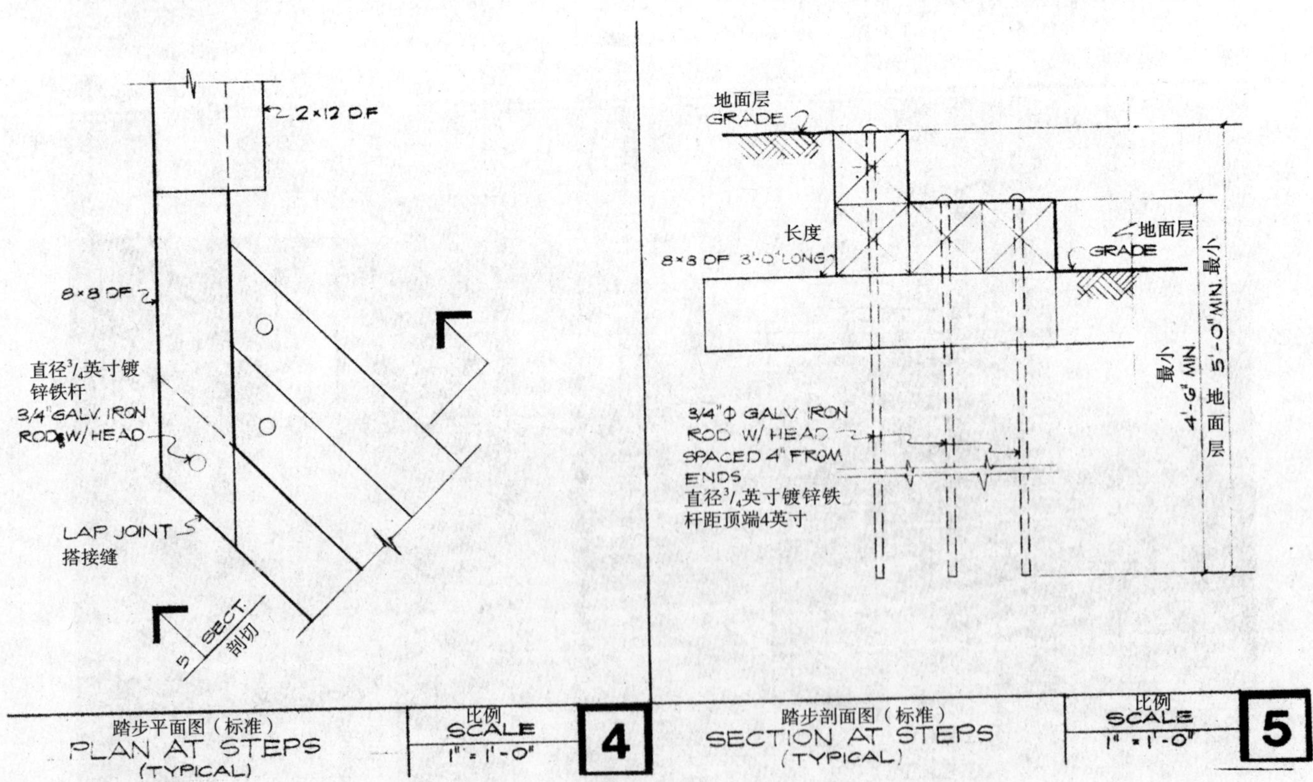

图6.36　木质阶梯平面图与剖面图，由斯基德莫尔·奥因斯与梅里尔绘制

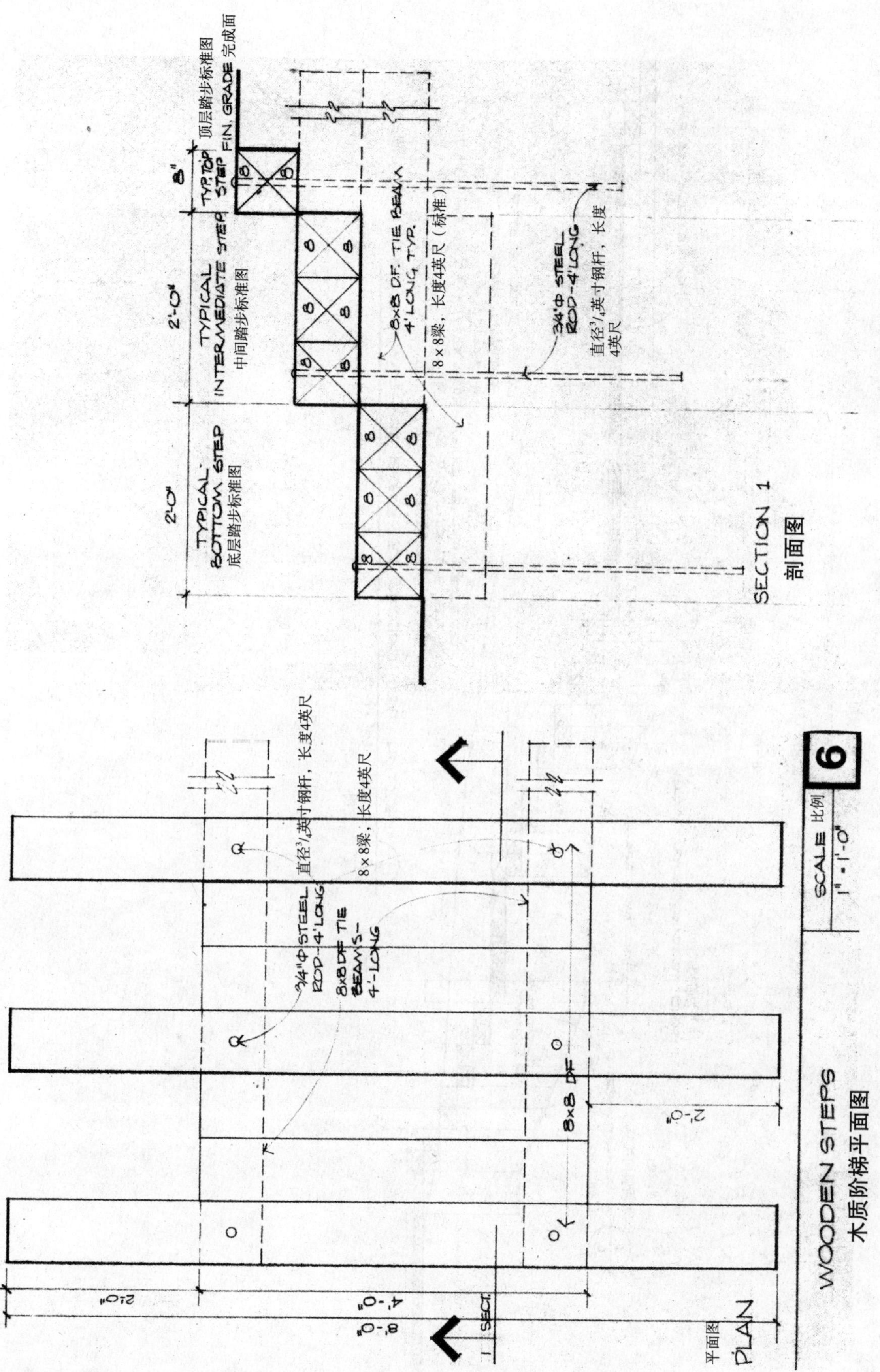

图6.37　木质阶梯细部详图，由斯基德莫尔·奥因斯与梅里尔绘制

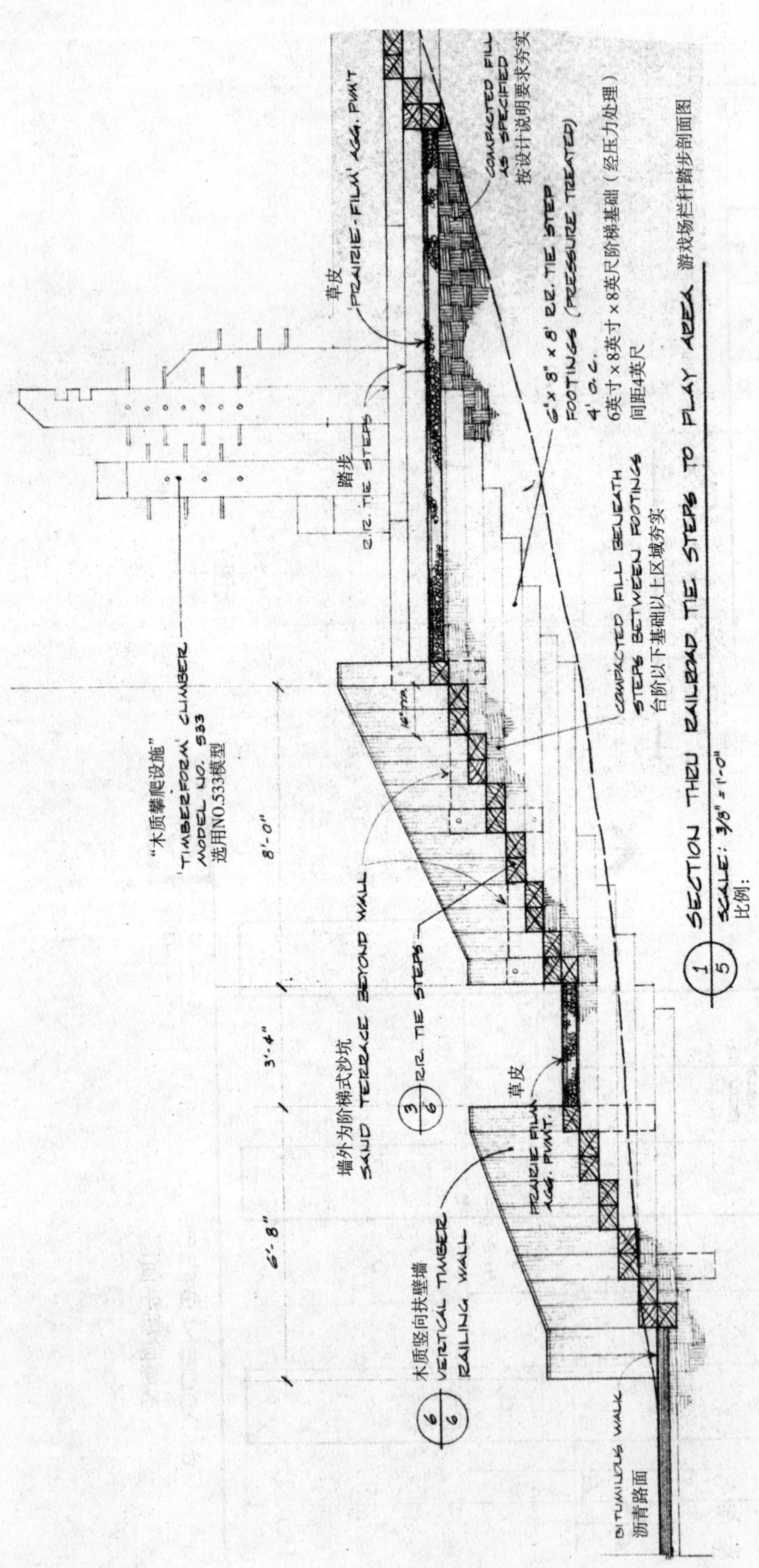

图6.38 木质阶梯细部详图，由约翰逊夫妇与罗伊绘制

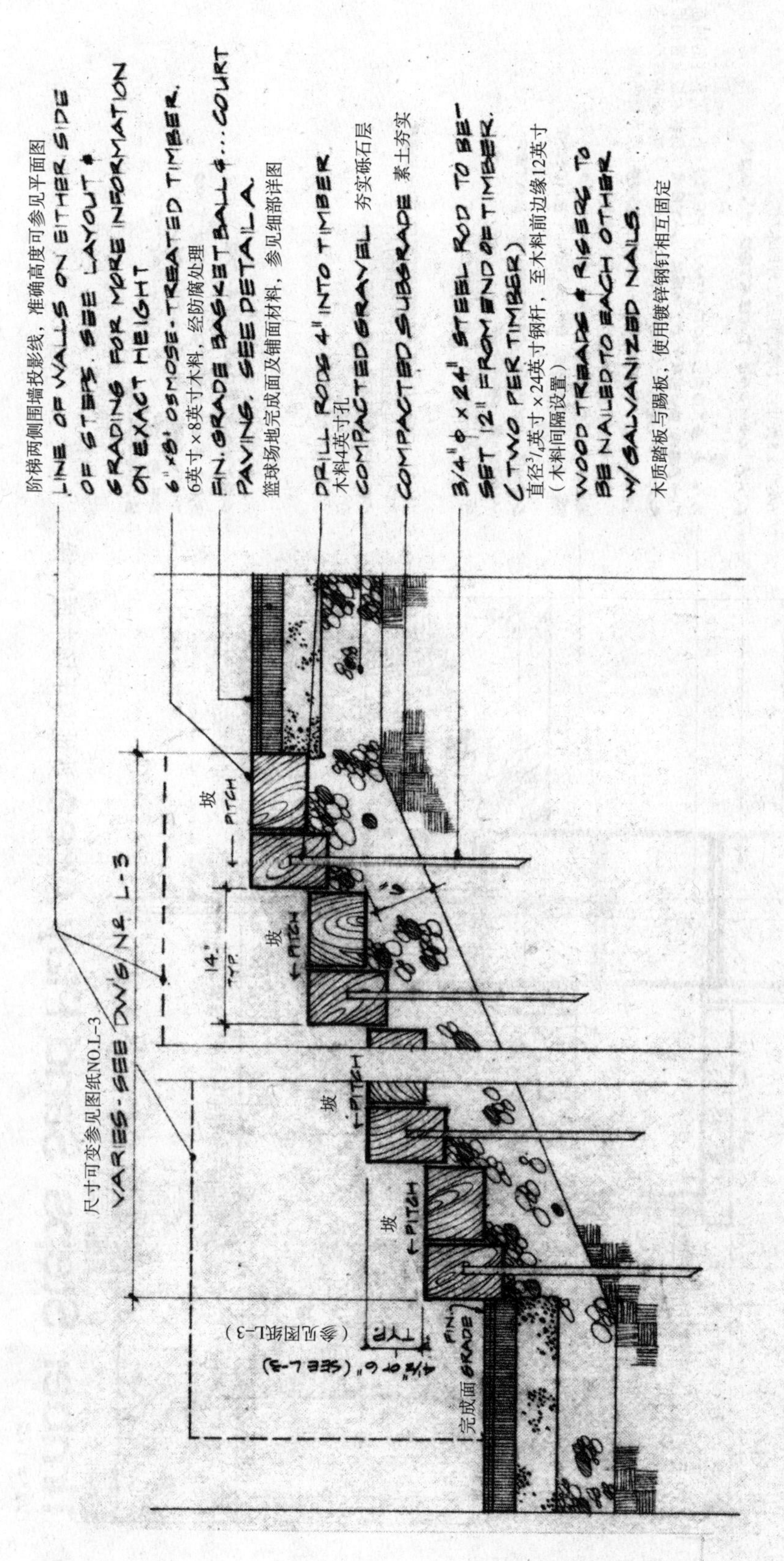

图6.39 木质阶梯细部详图，由CR3设计公司绘制

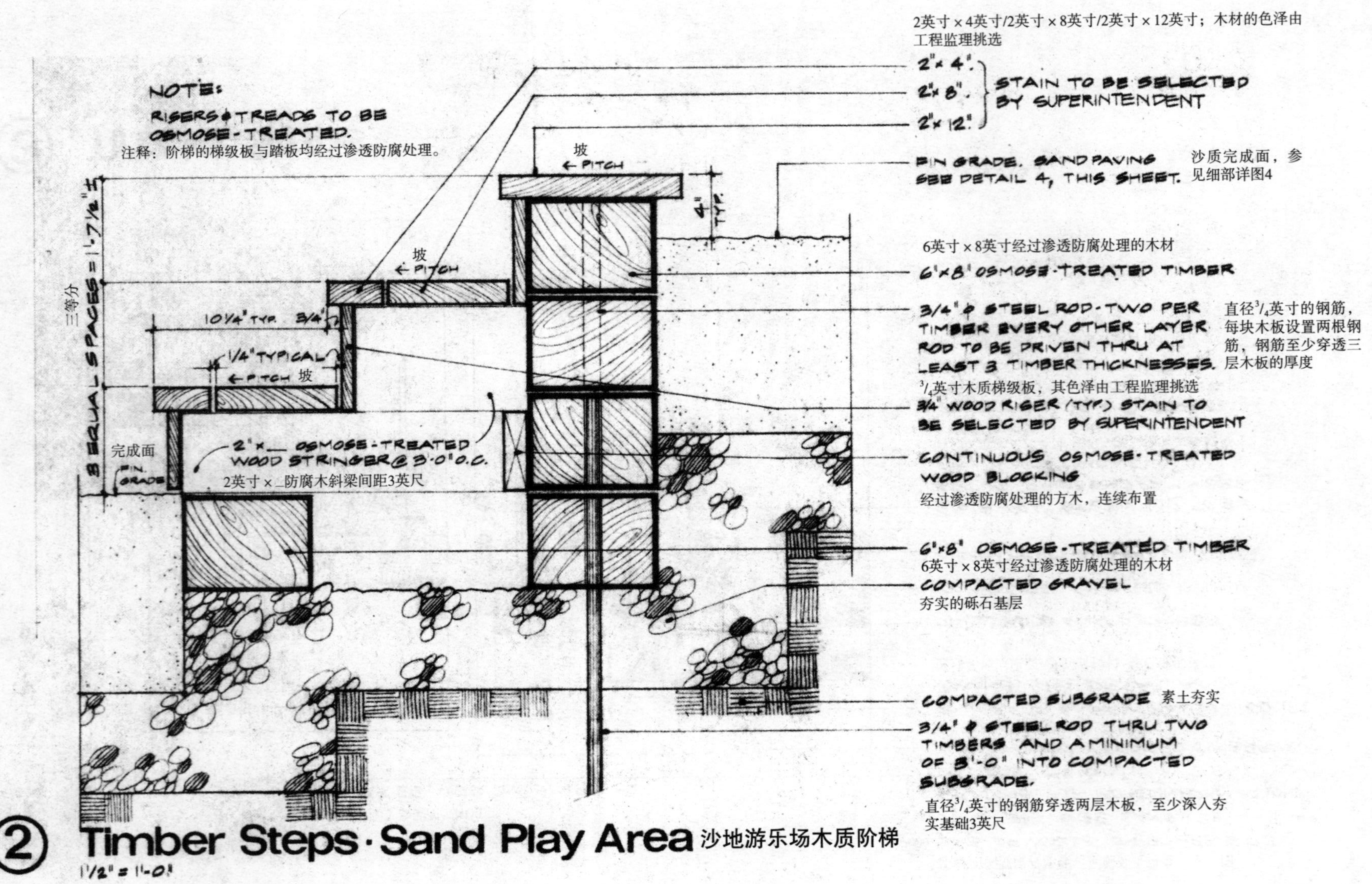

图6.40　木质阶梯细部详图，由CR3设计公司绘制

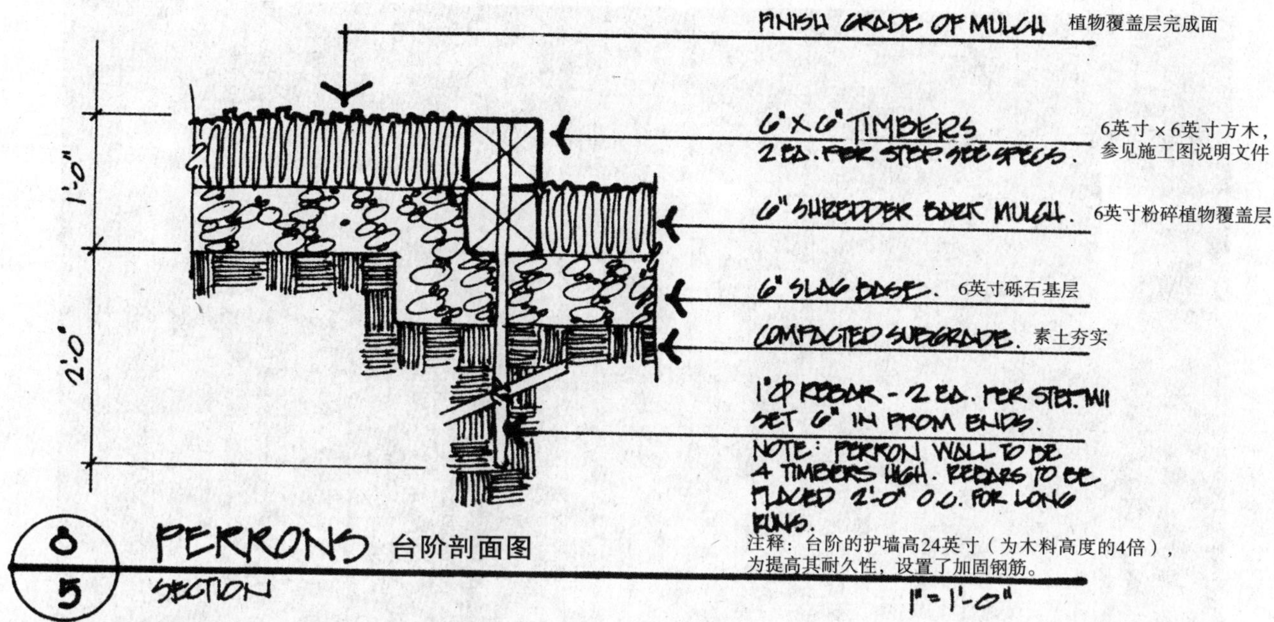

图6.41 木质台阶细部详图，由邦内尔设计联盟绘制

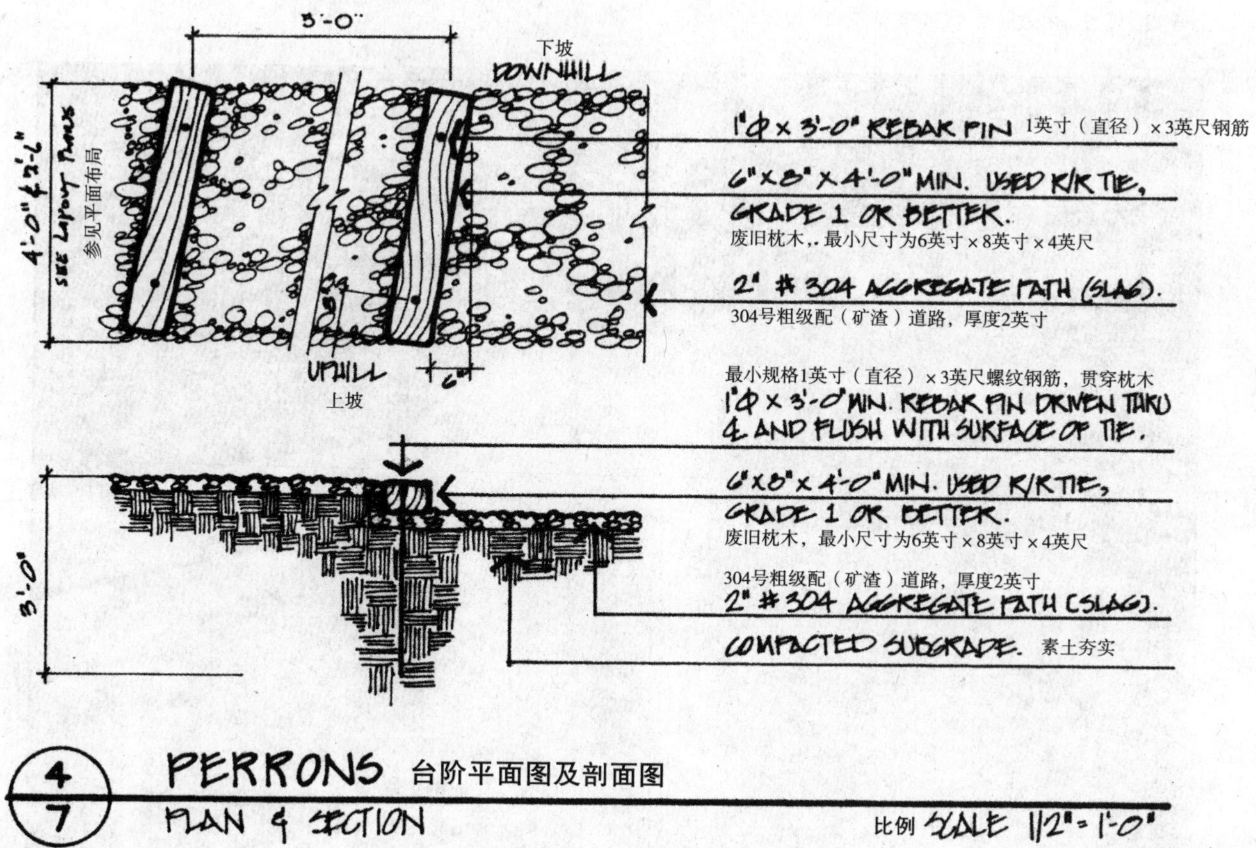

图6.42 木质台阶细部详图，由邦内尔设计联盟绘制

图6.43　坡道，由迈里克·纽曼与达尔伯格设计

图6.44　坡道，由迈里克·纽曼与达尔伯格设计

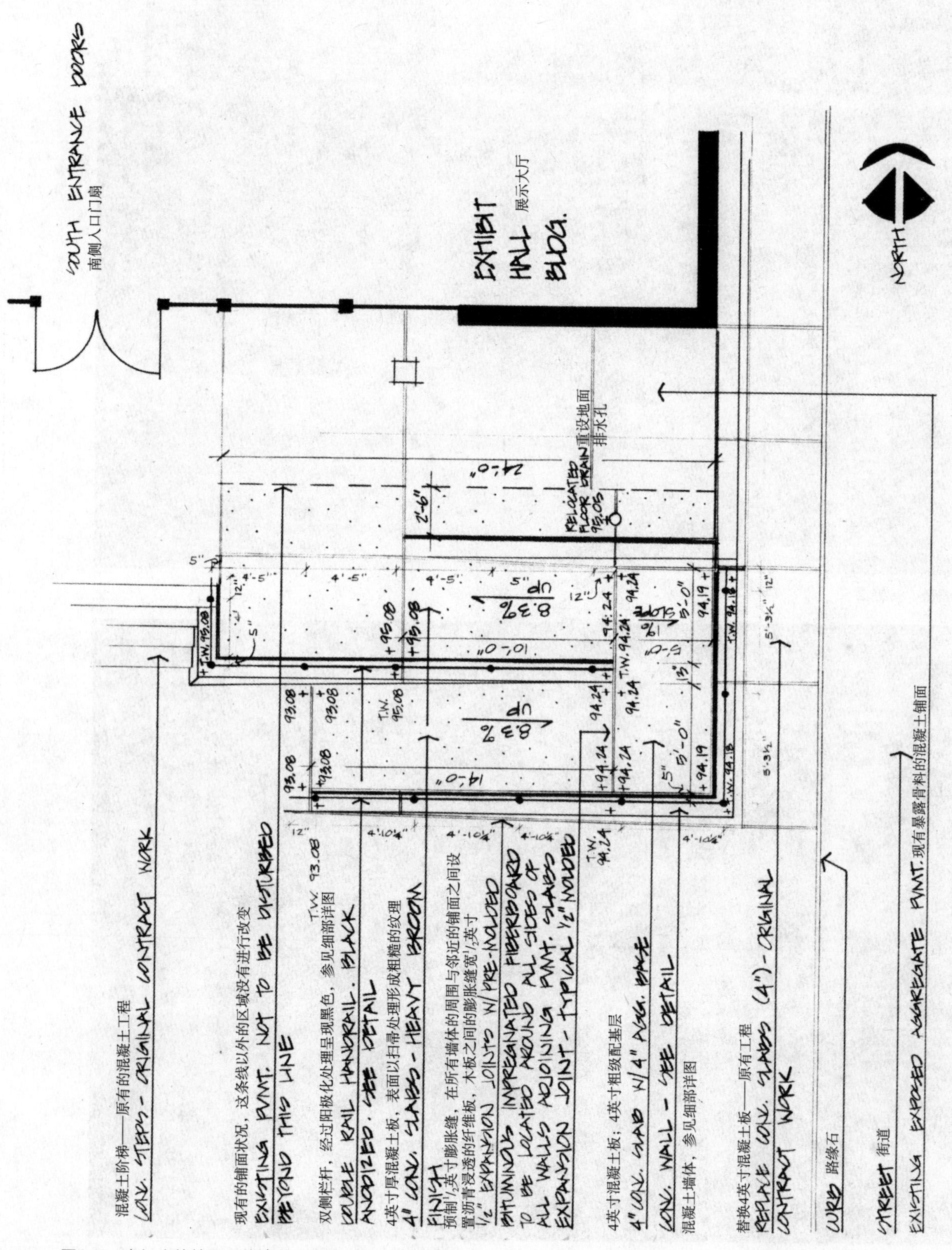

图6.45　专门为轮椅设置的坡道，由邦内尔设计联盟设计

图6.46　坡道，砖铺面

图6.47　人行坡道，具有不同的分支

图6.48 大学校园中，跨越在一条主要道路上的人行坡道

图6.49 市中心广场座椅区间的砖坡道

图6.50　花岗石坡道（为了安全起见在其表面加工出粗糙的纹理）

图6.51　在一座城市公园中，为除草机设置的砖坡道

图6.52 圆弧形的坡道

图6.53 圆弧形的坡道，并设有扶手

图6.54 设有扶手的坡道，照明灯具就安装在扶手当中

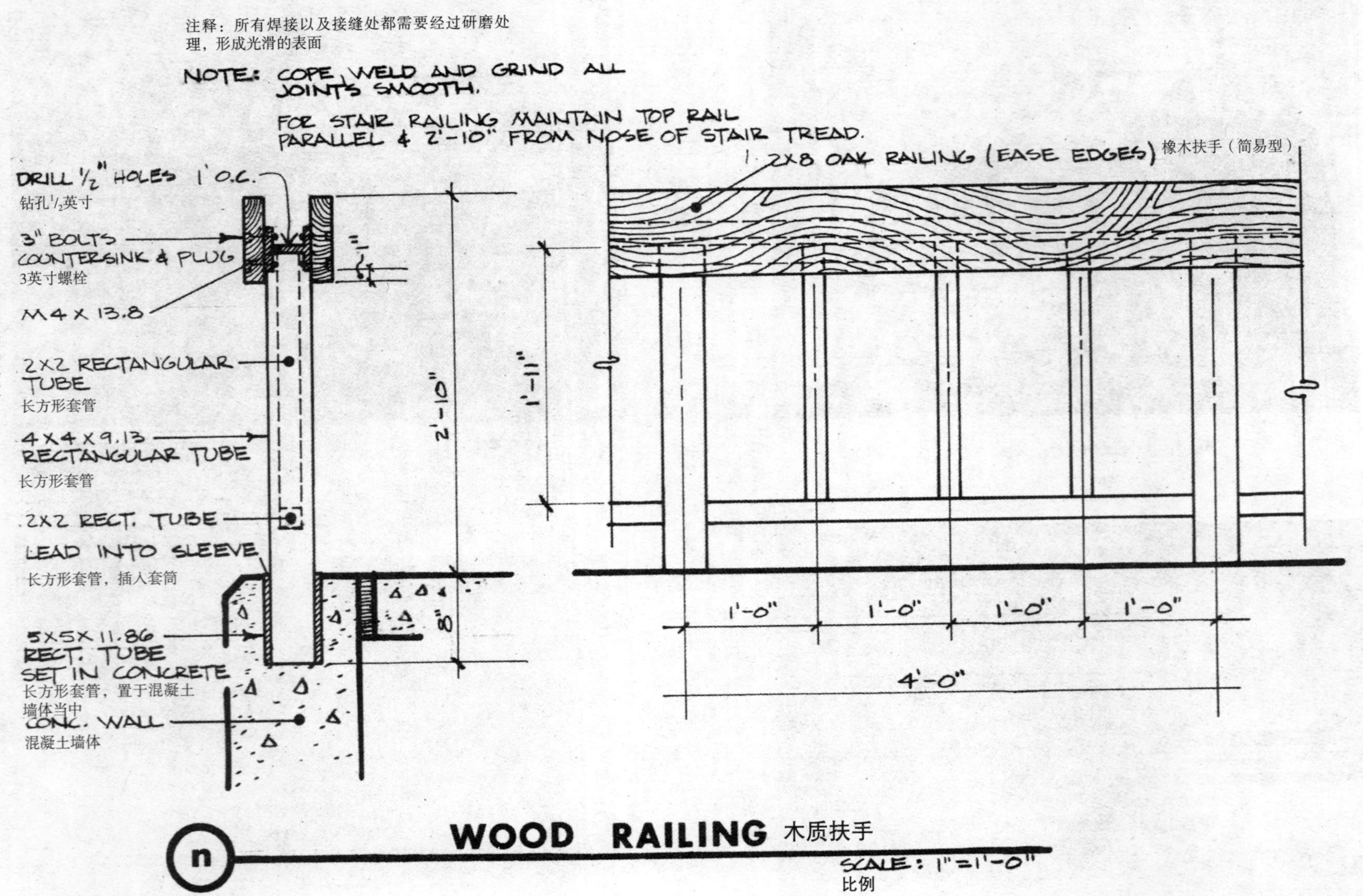

图6.55 扶手细部详图，由萨拉托加设计联盟绘制

图6.56　阶梯的扶手

图6.58　阶梯的扶手

图6.57　阶梯的扶手，由费尔法克斯（Fairfax）县公园管理部设计

图6.59　阶梯的扶手

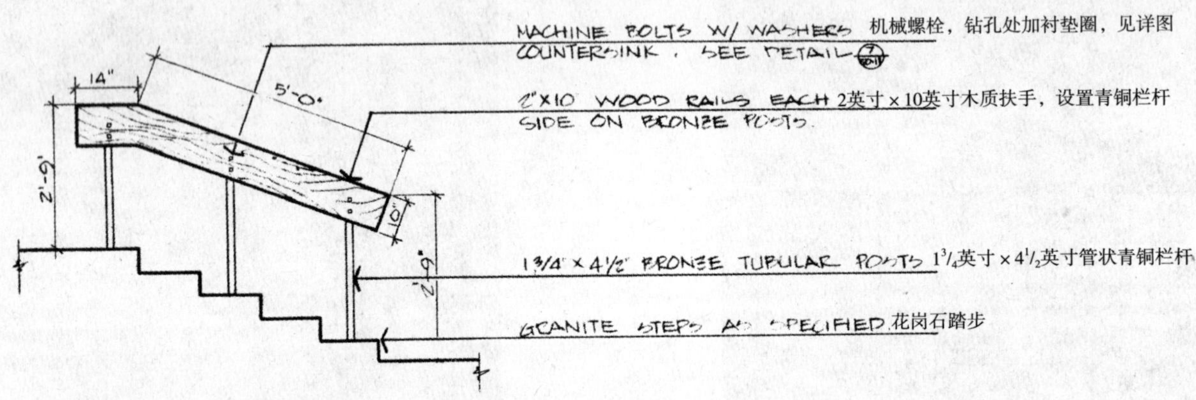

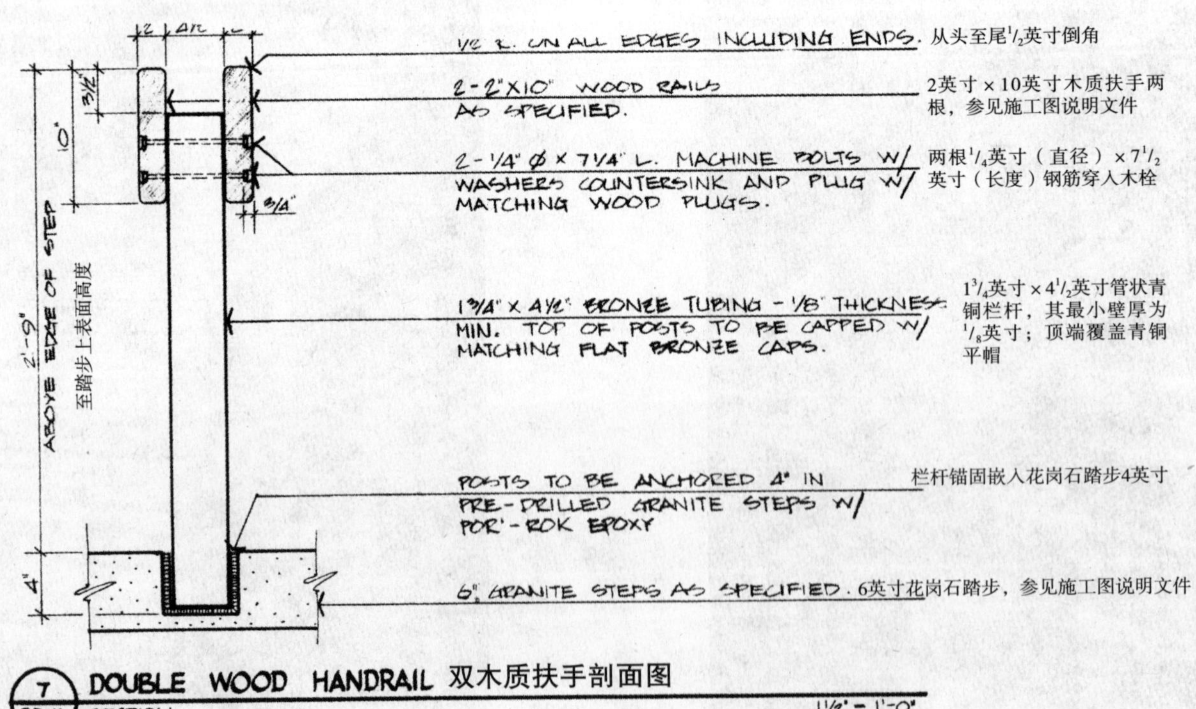

图6.60 扶手细部详图，由邦内尔设计联盟绘制

图6.61　含有照明设置的扶手，由爱德华·达雷尔·斯通（Edward Durrell Stone）设计（现场照片由L & J专业摄影公司提供）

第七章 墙体与围栏

独立的墙体

砖、石材、瓷砖、混凝土砌块、预制混凝土块，或者上述材料几种或全部的混合，都可以用来建造独立的墙体。本章介绍的重点在于砖墙，但也多次对其他可以使用的材料进行了讨论。

由于建造墙体所使用的任何材料都要长期暴露在空气中，因此它们必须具有比较高的品质，能够抵抗冻融循环的破坏。砖必须选用符合恶劣天气耐用标准（SW）等级的产品、具有较强的耐火性，并将其吸湿性控制在较低的状况。其他一些材料例如石材、混凝土砌块、预制混凝土块，也同样必须具有较低的吸湿特性。

墙体的基础一般都与一些加固件（钢筋）锚固在一起。基础的确切尺寸以及配置钢筋的数量要取决于土壤的状况，但是一般基础的尺寸都不会小于10英寸深、16英寸宽，并需要设置两根连续的3号钢筋。在有可能出现霜冻的地区，以及会出现大风天气的地区，墙体基础的埋深应该位于当地冰冻线以下。总体来说，除非设置在无霜害地区的矮墙，其基础埋深可以适当减少之外，其他大部分基础埋深至少应该达到3英尺以上。

建造砖墙常用的基础材料是混凝土砌块，这样在施工过程中可以尽量减少人力的消耗，而且由于原材料成本低廉，可以降低整体的工程造价。混凝土砌块的高度为8英寸，相当于三皮砖的厚度。在一些案例中，从基础的顶面开始砌砖，一直到墙体的顶端，这种做法的可操作性是比较高的。

对于大多数墙体来说，都要考虑到水平外力的影响。每六皮砖可以设置一组 9 号箍筋起到加固作用。厚度为 8 英寸的墙体，因为这些箍筋穿透了前后两皮砖，所以可以有效地将它们绑在一起。

存在风力危害的地区，还需要对墙体增加垂直方向的加强处理。砖结构学会建议，计划经受 10 级风压的直线形墙体，其高度不宜超过其厚度平方的四分之三。依此计算，4 英尺高的墙体厚度至少为 8 英寸。砖墙当中还要设置起强化固定作用的混凝土柱，柱子从墙体的顶端一直向下贯通至地下 3—4 英尺。相邻的墙体之间设置砖护板，也可以有效抵御风压的破坏。这些强化构件的具体尺寸及位置由当地具体的风力状况而定，设计时可以向当地砖结构学会咨询相关的数据。如果空间允许，也可以设置扶墙（Buttress）或壁阶 (Offset) 来对墙体进一步加固。

蜿蜒迂回的墙体，以耗费人力成本的角度看造价比较高，但它的建造如果能符合下列公式，那么它的美观以及自我强化特性都是相当突出的。公式：对于厚度为 4 英寸的墙体来说，弧形半径不宜大于地面以上墙体高度的两倍，而弧度的弦高不得小于墙高的一半（参见图 7.6）。

连续砌筑是一种最常见的砖墙砌筑模式，另外还有几种其他的方式，例如叠砌、英式砌法以及佛兰芒砌法。砌筑过程中通过砖块的凹进或凸出形成阴影，可以营造出很多的变化，另外还可以与其他材料相结合，例如装饰性混凝土砌块。

所有墙体都需要设置一定形式的墙帽。在天然石材的顶部一般砌筑空斗砖，有时也使用预制混凝土砌块来代替。墙体的顶部也可以压金属线，但是这种做法的缺点在于需要经常涂刷涂料，以防止锈迹流淌污染墙面。

灰浆的品质也是一个十分重要的因素，因为这一部分是墙体中最为薄弱的环节。我推荐使用 S 等

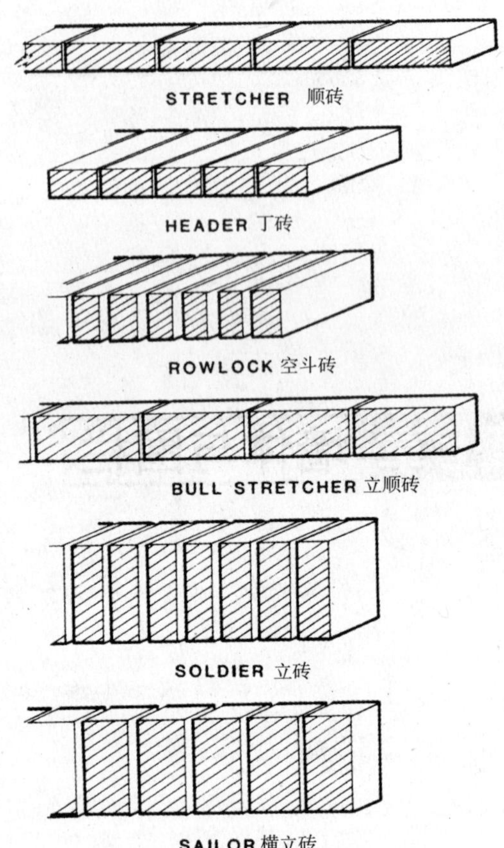

图7.1　常见的几种砌砖形式

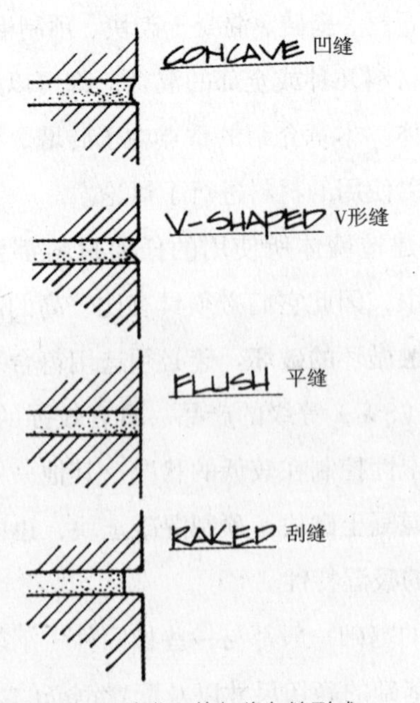

图7.2　四种常见的灰浆勾缝形式

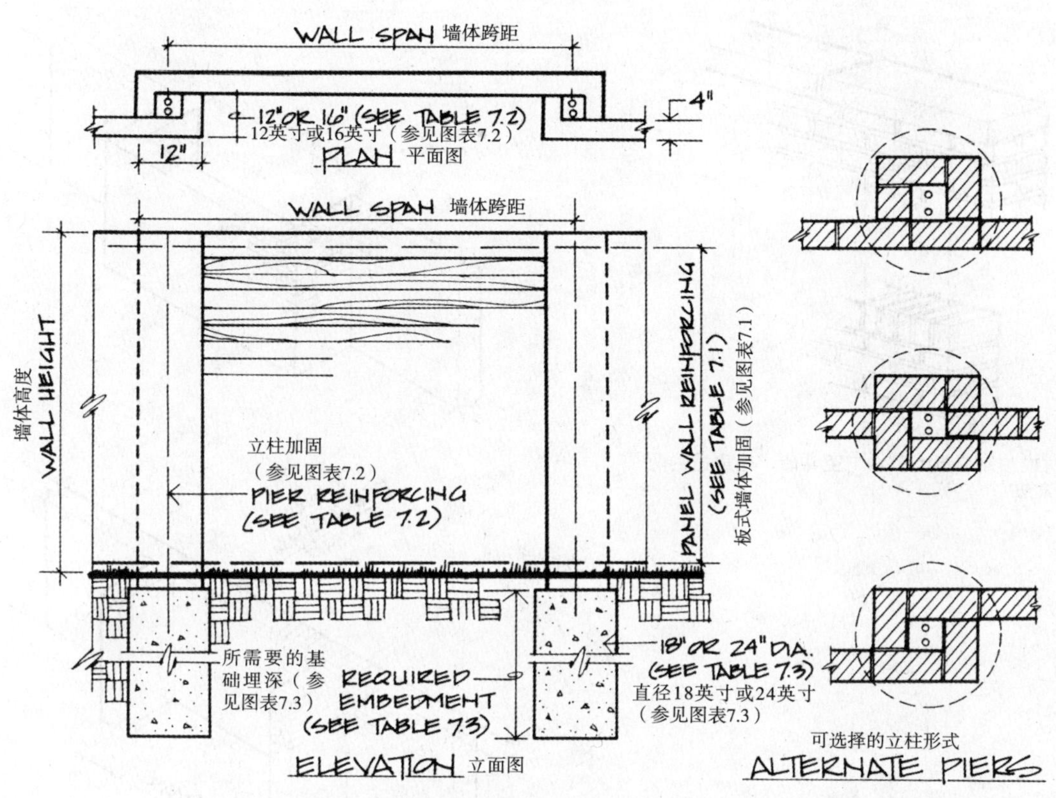

PIER AND PANEL GARDEN WALL 板式花园墙体及立柱

板式墙体加固钢筋　　　　图表7.1

墙体面宽（英尺）	垂直设置（英寸）								
	风荷载，10psf			风荷载，15psf			风荷载，20psf		
	A	B	C	A	B	C	A	B	C
8	45	30	19	30	20	12	23	15	9.5
10	29	19	12	19	13	8.0	14	10	6.0
12	20	13	8.5	13	9.0	5.5	10	7.0	4.0
14	15	10	6.5	10	6.5	4.0	7.5	5.0	3.0
16	11	7.5	5.0	7.5	5.0	3.0	6.0	4.0	2.5

注释：　A=两根2号钢筋
　　　　B=双层点焊钢丝网，直径3/16英寸
　　　　C=双层9号钢丝网

立柱加固钢筋　　　　图表7.2

墙体面宽（英尺）	风荷载，10psf			风荷载，15psf			风荷载，20psf		
	墙体高度（英尺）			墙体高度（英尺）			墙体高度（英尺）		
	4	6	8	4	6	8	4	6	8
8	2#3	2#4	2#5	2#3	2#5	2#6	2#4	2#5	2#5
10	2#3	2#4	2#5	2#4	2#5	2#7	2#4	2#6	2#6
12	2#3	2#5	2#6	2#4	2#6	2#6	2#4	2#6	2#7
14	2#3	2#5	2#6	2#4	2#6	2#6	2#5	2#5	2#7
16	2#4	2#5	2#7	2#4	2#6	2#7	2#5	2#6	2#7

（a）粗线部分立柱尺寸为12英寸×16英寸，其他立柱尺寸为12英寸×12英寸。

立柱基础埋深（感谢砖材学会提供数据）　　　　图表7.3

墙体面宽（英尺）	风荷载，10psf			风荷载，15psf			风荷载，20psf		
	墙体高度（英尺）			墙体高度（英尺）			墙体高度（英尺）		
	4	6	8	4	6	8	4	6	8
8	2′ −0″	2′ −3″	2′ −9″	2′ −3″	2′ −6″	3′ −0″	2′ −3″	2′ −9″	3′ −0″
10	2′ −0″	2′ −6″	2′ −9″	2′ −3″	2′ −9″	3′ −3″	2′ −6″	3′ −0″	3′ −3″
12	2′ −3″	2′ −6″	3′ −0″	2′ −3″	3′ −0″	3′ −3″	2′ −6″	3′ −3″	3′ −6″
14	2′ −3″	2′ −9″	3′ −0″	2′ −6″	3′ −0″	3′ −3″	2′ −9″	3′ −3″	3′ −9″
16	2′ −3″	2′ −9″	3′ −0″	2′ −6″	3′ −3″	3′ −6″	2′ −9″	3′ −3″	4′ −0″

（a）粗线部分立柱基础尺寸为直径24英寸，其他立柱基础尺寸为直径18英寸。

图7.3　砖墙细部构造

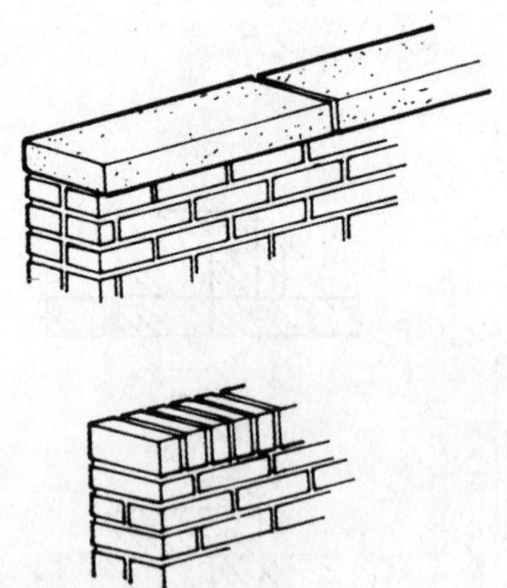

图7.4　石材或预制混凝土砌块与空斗砖，是常见的两种墙帽处理方法

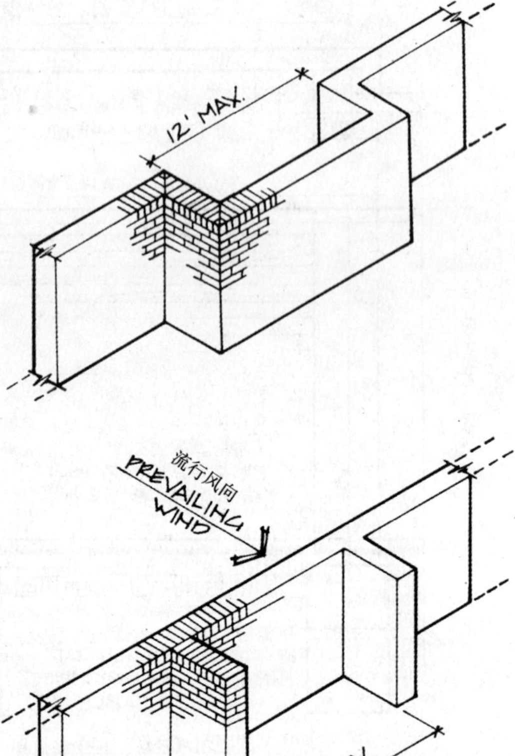

图7.5　设置扶墙和壁阶来加固墙体，对抗风力的危害

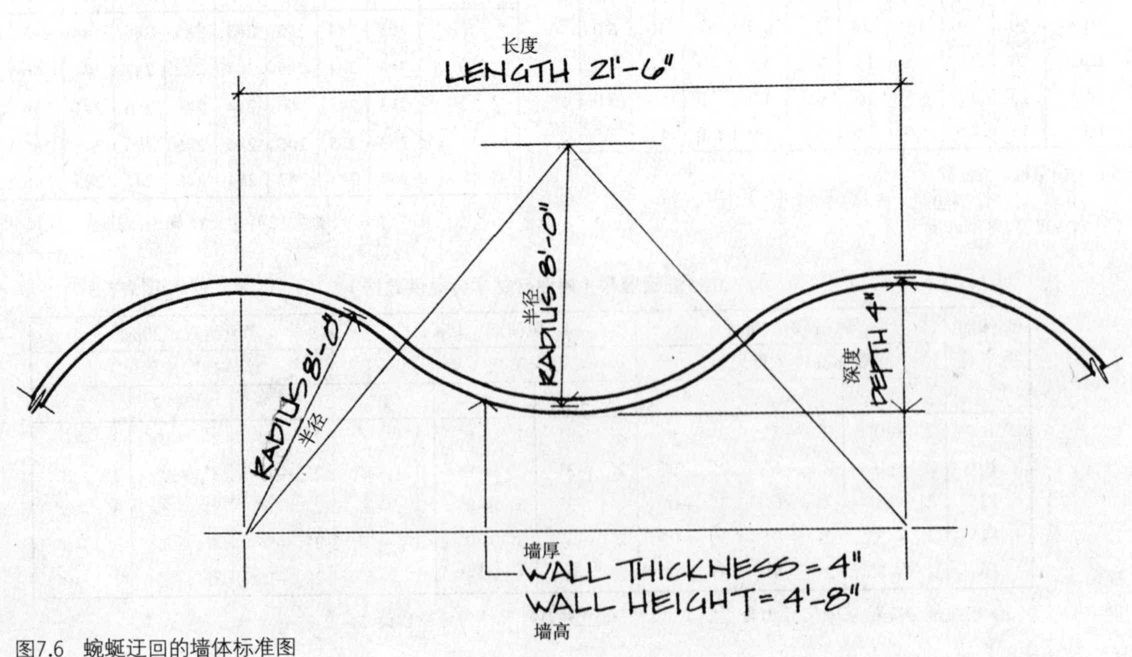

图7.6　蜿蜒迂回的墙体标准图

级的灰浆，其构成为 1 份波特兰水泥、0.5 份熟石灰和 4.5 份砂（按照体积）。拌和灰浆时以液体乳胶代替水，可以提高其耐久性、强度以及对于霜害的抵抗能力。

灰浆的勾缝有很多种形式，但是其中有两种形式可以最有效地避免潮气的渗入。这两种形式分别是凹缝与 V 形缝（参见图例 7.2）。灰浆表面的密封材料抑制了潮气的渗透，从而降低了以后发生冻融破坏的可能性。

面宽比较长的墙体中间需要设置膨胀缝，以减少内部应力的破坏，避免开裂。膨胀缝为竖直方向，根据国家混凝土及砖石结构协会的规定，膨胀缝的设置间距为 50 英尺。如果地面铺面材料与墙体连接，那么在铺面材料与墙体之间也要设置膨胀缝。

很多砖石结构的墙体都会受到外表面一些水溶性盐的破坏，这种现象叫做风化。受侵蚀的部分通常颜色接近于白色，因此不易被发现。高品质的砖和灰浆可以尽可能减少风化作用的影响，已经遭到破坏的地方可以用稀释的盐酸溶液擦除。

挡土墙以及倾斜支撑系统

无论何时，在土地开发的进程中，随着地面标高的改变会出现很多不稳定的土层，这是就需要设置挡土墙或倾斜支撑系统。对于倾角在 45° 以内的场地，使用碎石、碎砖、小块的混凝土或木头砌筑的墙体就可以满足要求。当倾角大于 45° 甚至接近于垂直，就必须考虑设置垛式支架或采用以石材建造的重力型挡土墙。垛式支架可以使用木材、预制钢筋混凝土或者金属板建造。

地面标高的变化也有不同的形式。最低的一层有可能只是一片种植园，那么一面简单的混凝土墙或砖墙依靠其自身的重力，就可以轻松地支撑土层的稳定。当地面标高的落差达到 3 英尺左右，若较高标高的土层比较平坦的话，可以采用钢筋混凝土墙，但是并不需要深入的设计。如果地面标高的落差达到 3 英尺以上，或者土层倾斜（超载状态），我们就必须对挡土墙进行严格的设计，以确保其在力的作用下不会发生滑移甚至倾覆。挡土墙有两种不同的形式：第一种是 L 形或 T 形的钢筋混凝土悬臂墙，而第二种是依靠其自身重量保持土层稳定的重力型墙体。重力型墙体需要使用大块的混凝土或石材来建造。

计算机可以协助设计师精确计算出挡土墙需要承担的荷载，通过结构设计既满足场地的要求，又尽量降低业主的建造成本。尤其是高度超过 6 英尺的墙体（参见图 7.7），或是土壤情况特殊以及超荷载等特殊情况下，计算机能够为设计师提供很大帮助。

使用聚苯乙烯或人造橡胶作为衬底，在墙体的表面可以加工出不同式样的纹理。本书中举例说明的大多数纹理都可以利用衬底加工而成。除此之外还有一些其他的技术，例如，在混凝土固化之后使用空气锤在其表面加工出粗糙的质地等。有些挡土墙在边缘处加工出 1 英寸的倒角，以增加其美观效果。

本章介绍了很多种挡土墙的设计方法，用以增强其艺术效果。另外还有一些实例，讲述了建造倾斜支撑构件的相关技术。使用钢筋混凝土建造的挡土墙外表比较单调，我们通过可以在其外表面上安装其他材料的装饰面板，以增强它的美观效果。

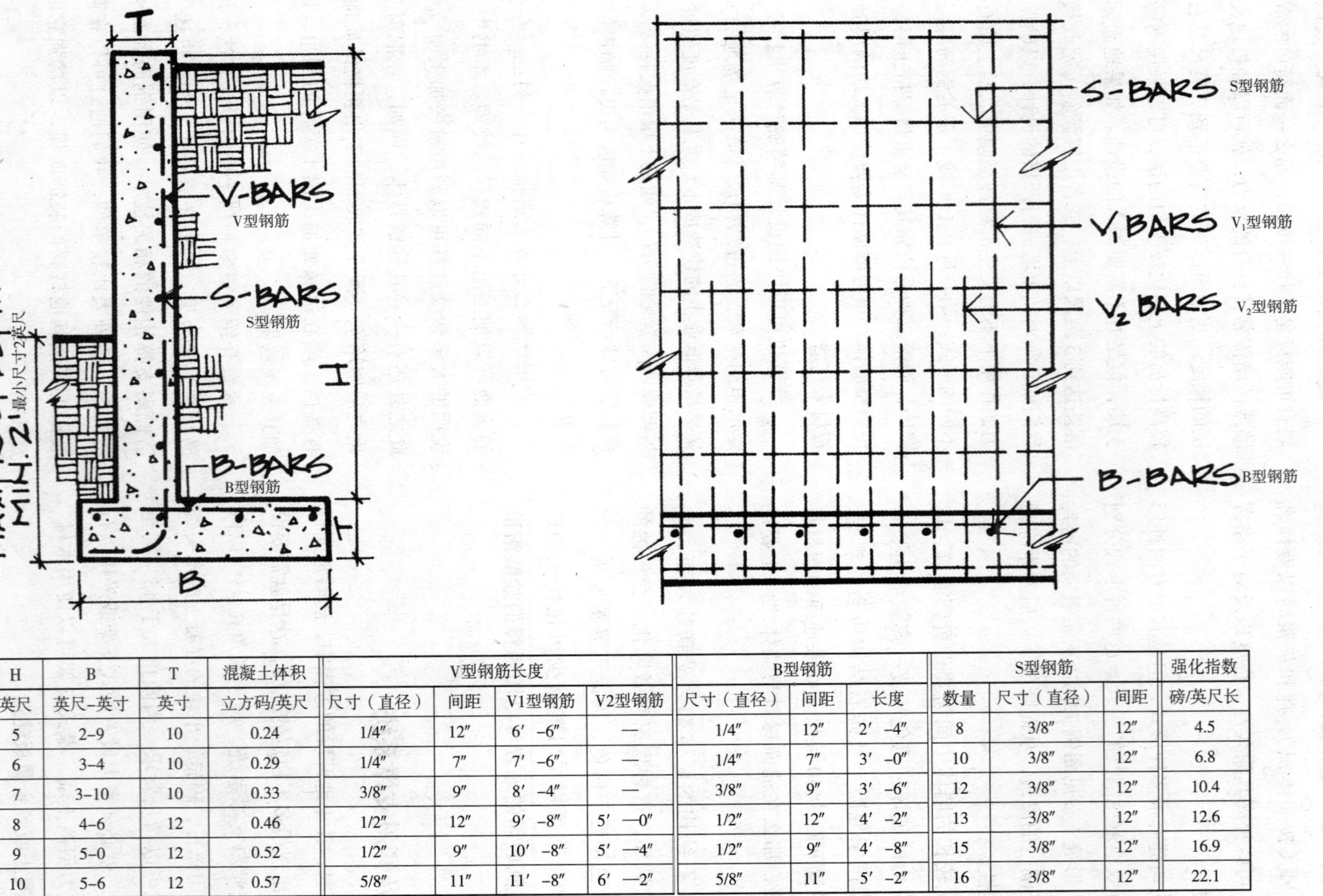

H	B	T	混凝土体积	V型钢筋长度				B型钢筋			S型钢筋			强化指数
英尺	英尺–英寸	英寸	立方码/英尺	尺寸（直径）	间距	V1型钢筋	V2型钢筋	尺寸（直径）	间距	长度	数量	尺寸（直径）	间距	磅/英尺长
5	2–9	10	0.24	1/4″	12″	6′ –6″	—	1/4″	12″	2′ –4″	8	3/8″	12″	4.5
6	3–4	10	0.29	1/4″	7″	7′ –6″	—	1/4″	7″	3′ –0″	10	3/8″	12″	6.8
7	3–10	10	0.33	3/8″	9″	8′ –4″	—	3/8″	9″	3′ –6″	12	3/8″	12″	10.4
8	4–6	12	0.46	1/2″	12″	9′ –8″	5′ —0″	1/2″	12″	4′ –2″	13	3/8″	12″	12.6
9	5–0	12	0.52	1/2″	9″	10′ –8″	5′ —4″	1/2″	9″	4′ –8″	15	3/8″	12″	16.9
10	5–6	12	0.57	5/8″	11″	11′ –8″	6′ —2″	5/8″	11″	5′ –2″	16	3/8″	12″	22.1

图7.7　没有超载情况下的悬臂挡土墙，由波特兰水泥研究学会提供

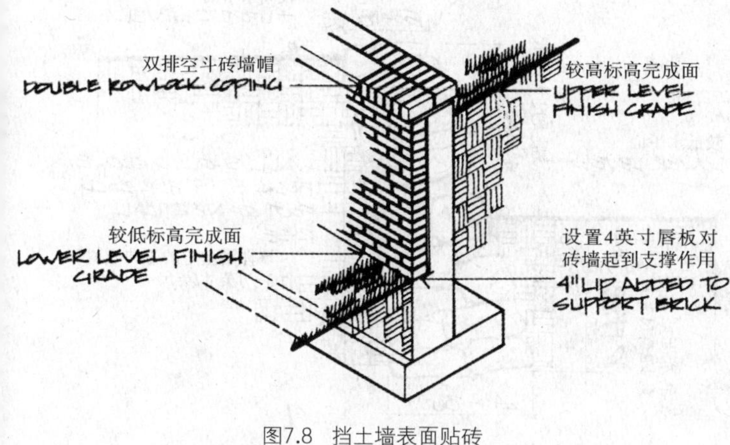

图7.8　挡土墙表面贴砖

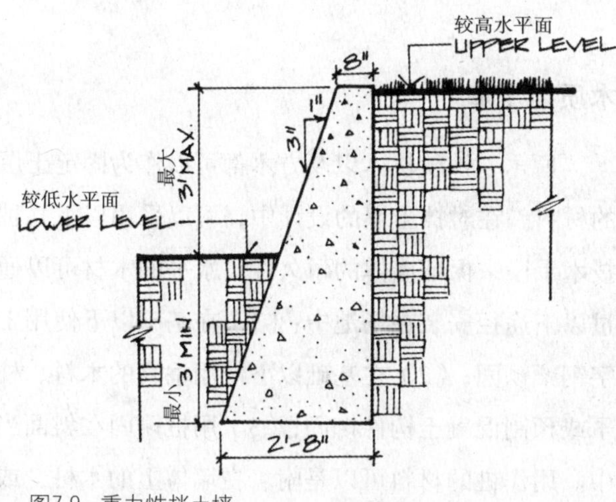

图7.9　重力性挡土墙

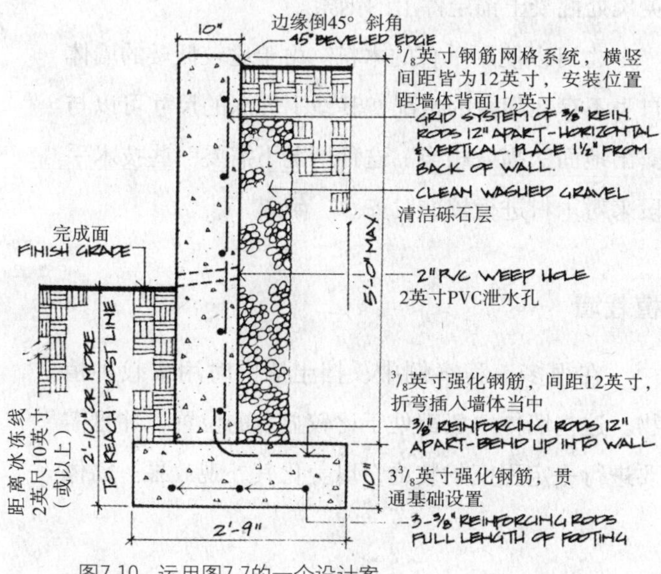

图7.10　运用图7.7的一个设计案

将经过喷砂处理暴露出纹理的木条安装在墙面上，也可以起到装饰作用。装饰用的木条有薄有厚，各不相同，这样就会在墙面上形成水平或垂直的光影变化。另一种在混凝土表面加工出条纹的方法是使用凿石锤，即当混凝土完全固化之后利用空气锤在其表面加工出粗糙的质感。在模板上加入化学缓速剂，当模板拆除并用水将墙体表面冲刷干净之后，就会暴露出混凝土的骨料。在模板中垂直排布均匀的锥状木条，可以形成整齐的纹路。在模板的内侧嵌入橡皮垫层，拆除后也可以得到一些特殊的花纹。还有些挡土墙在其边缘处加工出1英寸的倒角，同样可以起到增强美观效果的作用。

在大多数工程中，在挡土墙的后面都会积累一定的水分或水压，除非是完全以石材砌筑的透水性极强的墙体。挡土墙后面的土层中很有可能积累了相当的水分，这里介绍两种方法可以用来缓解水的压力作用。第一种方法是在墙体前基础上设置泄水孔，或是在墙体的后面安装排水瓦沟，将水引流至雨水污水合流系统。泄水孔的设置非常简单，只是在墙体砌筑完成后钻一个贯通的孔，或是在其中穿一根2英寸的PVC管，并在墙体背后铺设6英寸砾石作为其覆盖层。比较大面的挡土墙可以使用4英寸陶瓦作为泄水孔。但是，这样的泄水孔对于多数设计来说都显得太大了，通常希望它的尺寸能够稍微小一些。设置在墙体背后的4英寸瓦沟，将土壤当中的水分引至雨水污水合流系统。这种构造做法既可以采用安置在砾石基层之上的陶瓦，上部接头处以沥青油毡覆盖；也可以使用带有细小裂纹的聚乙烯波纹管，便于水分经过砾石基层渗透到导管当中。一般来说，泄水孔的间距不宜超过10英尺，这样才能确保其理想的排水效率。

在某些情况下，设置泄水孔也有其不利的

方面。因为从墙体背后渗透的水分中携带的矿物质及泥沙会侵蚀到墙体基础部分的铺面，引起褪色。

由于混凝土并不能完全防水，所以为了避免墙体表面出现污染及风化现象，还需要在墙体的背后再设置一层防水材料。一般在墙体背后涂刷一层沥青乳剂，之后再设置一层6毫英寸厚的聚乙烯，最后再涂刷一层沥青乳剂。在种植园中，为了防止土壤冻结，或由于土壤膨胀而破坏到墙体，一般在最后一道沥青乳剂涂刷之后，沿种植园的周边再设置一层1—2英寸厚的聚乙烯泡沫隔离层。

比较长的挡土墙需要预先考虑到混凝土的膨胀与收缩问题。但是这些垂直方向的接缝，有可能会沿着垂直于墙体的方向在中间开裂，因此必须采取一定的技术手段来避免这种情况的发生。这里介绍两种方法。第一种方法是在第一次浇筑的过程中垂直置入2×4的楔子，第二种方法是配置钢筋。钢筋长度12英寸，直径不小于$^1/_2$英寸，间距12英寸，置中设置在接缝当中，并于一端设置套筒。套筒的作用在于当混凝土发生伸缩变形时，允许钢筋也随之进行一定的伸缩，而不至于引起墙体开裂。伸缩缝的宽度一般为$^1/_2$英寸，中间填充防水纤维。为了防止水分沿着伸缩缝渗透，还可以使用树脂防水材料。应用最普遍的是一种一侧带有双边的构件，它很容易钉入模板当中。为了避免接缝影响整体的外观效果，可以在局部覆盖灰色的氨基甲酸乙酯密封胶。

每百英尺要求设置一条膨胀缝，而收缩缝呈锥形，宽1英寸，深$^1/_2$英寸的理想间距为25英尺。如果墙体与周围的铺面相邻，无论是顶端还是底端，都必须在二者之间设置膨胀缝。

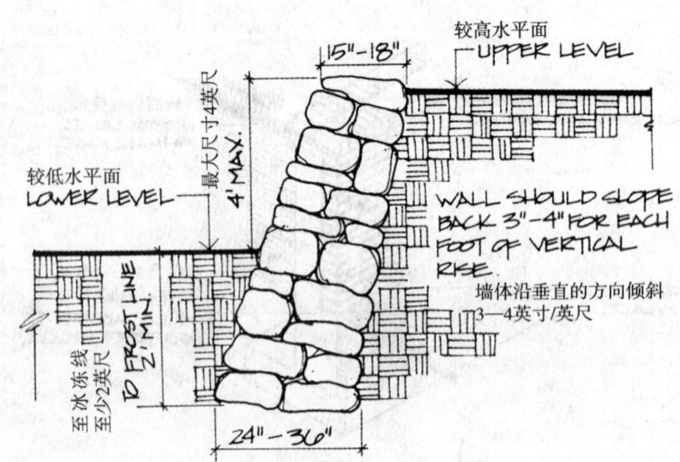

图7.11 全部以石材砌筑的挡土墙细部详图

木质挡土墙

原木、铁轨枕木以及方木都可以作为固定土层的材料。在对挡土墙的设计中，可以采用以下几种技术手段来保证墙体的耐久性。水平的木材可以通过以下途径安装在场地中：（1）在基础以下使用工字钢梁铆固；（2）在基础以下使用垂直的木料、柱子或预制混凝土构件铆固；（3）用桩铆固在斜面当中。用作桩的材料可以是附着在墙体上的木桩，或者是铆固在墙体上的钢索，也可以是铆固在墙后几英尺处混凝土锚定件上的钢索。

也可以使用垂直的木料。由于比较低矮的墙体自身不存在超载的情况，其地下埋深的尺寸可以与露出地面的高度相当。这种情况下需要一些技术手段来对木料进行校准对齐。

植栽墙

在很多工程案例中，挡土墙同时用来栽种植物。这些墙体一般都处于比较显著的位置，并且需要进行一定程度的装饰，以美化其外观效果。墙体的表面与土壤直接接触，因此需要具有防水性，这样才能够避免水汽渗透墙体，以防进一步污染墙面。设置在墙体与土壤之间隔离层的作用在于，避免由于土壤冻结膨胀而造成的墙体损害，以及尽可能减少植物根部的温度降差。隔离层一般采用不少于1英寸厚的聚苯乙烯材料。植物需要排水系统，排水管的出口就设置在墙体的旁边以便于维护。植物还需要灌溉以及接受阳光的照射。在墙体的细部详图中，需要绘制安装给水排水管以及电线的套管，这些管线的位置要求便于维修，而且在维修的过程中应尽量减少对植物的影响。

围篱

围篱的功能包括保持私密性（假如围篱是实心的）、防止入侵、降低气候变化对室内空间的影响、控制外人与动物的进入、规划私人领域、界定与突出入口，以及营造室外空间等。

木材和金属，是建造围篱最常用的两种材料，运用这两种材料可以设计出风格各异的围篱。金属围篱包括链索、熟铁和管材。熟铁具有较高的装饰性，多用于古典风格的设计当中，但在一些现代设计中也有应用。链索的使用相当普遍，但是这种材料的视觉效果比较差，并容易使人感到生硬。链索一般由比较粗的（9号或11号）电镀钢筋或钢管制成，并配合立柱栏杆。可以利用乙烯对其染色，并在其中嵌入条板以增强维护私密性的功能。链索一般用于工业场地以及需要安全维护的场所。

通过设计，围篱还可以和其他的建筑元素搭配使用。例如，围篱与墙体间隔设置。以木质围篱取代木桩，以金属围篱取代金属桩，预制混凝土以及砖石结构也都可以应用在围篱的建造中（参见图7.138，图7.144，图7.145）。

木材是一种天然材料，它与多数场地环境都能够相互和谐，将其作为修建围篱的材料，能够创造出很多富有特色的设计。同样，围篱的设计与周围的环境状况也应该是和谐统一的。

围篱的功能性会在很大程度上影响设计，比如说它是纯粹功能上的围篱还是视觉上的围篱。对于功能性的围篱，4英尺的高度就已经足够了，但是要想达到视觉上有效的隔离效果，则需要6英尺左右的高度。另外，围篱需要透气还是要保持密封，这也是设计师需要考虑的问题。

围篱设计可以具有很高的装饰性，其自身就是一件艺术品；同时它也可以只是简单的结构构件，作为植栽或其他整体设计的一个背景。

用来建造木质围篱的材料包括立柱、围栏、板材以及紧固构件。使用标准尺寸的木料是比较经济的。

立柱规格一般为4×4，8英尺长（常规尺寸），但是比较矮的围篱也可以将12英尺长的木料截成两段使用。对于需要满足透气性的矮围篱来说，立柱的埋深达到2—2.5英尺就足够了，但是6英尺高的围篱基础埋深要达到3英尺，而更高的围篱还需要进一步增加基础的埋深。假如场地的土层比较松软，仅仅将立柱周围的土壤夯实是不够的，春季植物萌发或大风都可能引起基础的松动。若选用6英尺高的实心围篱，建议使用12英寸直径的立柱固定在孔位上并浇筑混凝土，这样才能有效抵抗风力的危害。在立柱的底端铺设一些砾石，可以有助于找平，并促进木材中多余水汽的渗透。

立柱除了固定在孔位上，还可以利用钢角撑或双铰链固定在混凝土墙体或12英寸直径的混凝土柱子上。

如果围篱设计需要配置栏杆，那么立柱的间距应该在6英尺以内，才能避免栏杆中部的下垂。若立柱的间距为8英尺，设置2×4的栏杆一般不会发生下垂现象。除了将栏杆扎接在立柱上并以斜钉固定，最好能够在立柱上开槽，并将栏杆嵌入其中，或将栏杆设置于立柱的一侧，直接用钉子将其固定在立柱上。简单扎接与斜钉不能达到理想的强度，而且对于结构的整体性也有一定影响。

所有的钉子及其他紧固构件都需要经过电镀或进行其他防锈处理。

安置在栏杆上的面板，其尺寸与特性也是富于变换的。面板的宽度4—12英寸不等，但是6—8英寸是最常使用的尺寸。普通木桩、葡萄桩（grape），以及其他一些纤细的材料都可以安装在栏杆上。对于比较矮的围篱，通常需要设置两道栏杆，但是高度大于6英尺的围篱则需要设置三道栏杆，才能够避免面板的弯曲与滑动。

如果需要在围篱中间开口，那么入口的设计要同围篱的设计互相和谐。在结构上，它是一个带有斜撑的正方形或长方形框架，斜撑从框架顶端门闩一侧，一直向下贯通至对角的铰链处。用于门闩和铰链的材料需要具有较高的稳定性，才能够抵抗气候变化以及锈蚀作用所引起的危害。大门所依附的立柱尺寸应该适当加大，并增加基础埋深，以确保拥有足够的强度来抵抗外力作用。

使用红木或雪松制造围篱，既可以直接应用其天然的灰色，也可以进行油漆处理。其他的木材必须要进行油漆处理，除非它们使用前经过其他的防腐处理，例如，浸泡五氯苯酚或铬酸铜溶液等。在干旱的地区，未经油漆处理的木材是比较容易损坏的。在很多项目中，油漆都需要常态性的维护，如果疏忽了这项工作，那么油漆面层就会逐渐脱落而影响到整体的视觉美观效果。

假如空间允许，还可以使用一些其他技术来加强围篱的强度，抵御风害的影响。这些技术包括间隔设置扶墙和壁阶等。在所有案例中，2英尺的宽度应该是可以进行相关施作的最小距离。

辅助研究参考资料

Harris, C. W. and Dines, N. T. *Time-Saver Standards for Landscape Architecture.* New York: McGraw-Hill, 1988.

Munson, A. E. *Construction Design for Landscape Architects.* New York: McGraw-Hill, 1974.

图7.12　赖特（Frank Lloyd Wright）在西塔里埃森住宅中（Taliesin West）设计的岩石与混凝土墙体

图7.14　用砖与混凝土建造的环形墙体

图7.13　蜿蜒前行的砖墙

图7.15　白色灰泥粉刷的混凝土墙体，并设置平行的曲折

图7.16 灰泥粉刷混凝土墙体，并搭配深色的瓷砖

图7.17 灰泥粉刷混凝土墙体，搭配深色的瓷砖，由科埃与万路设计

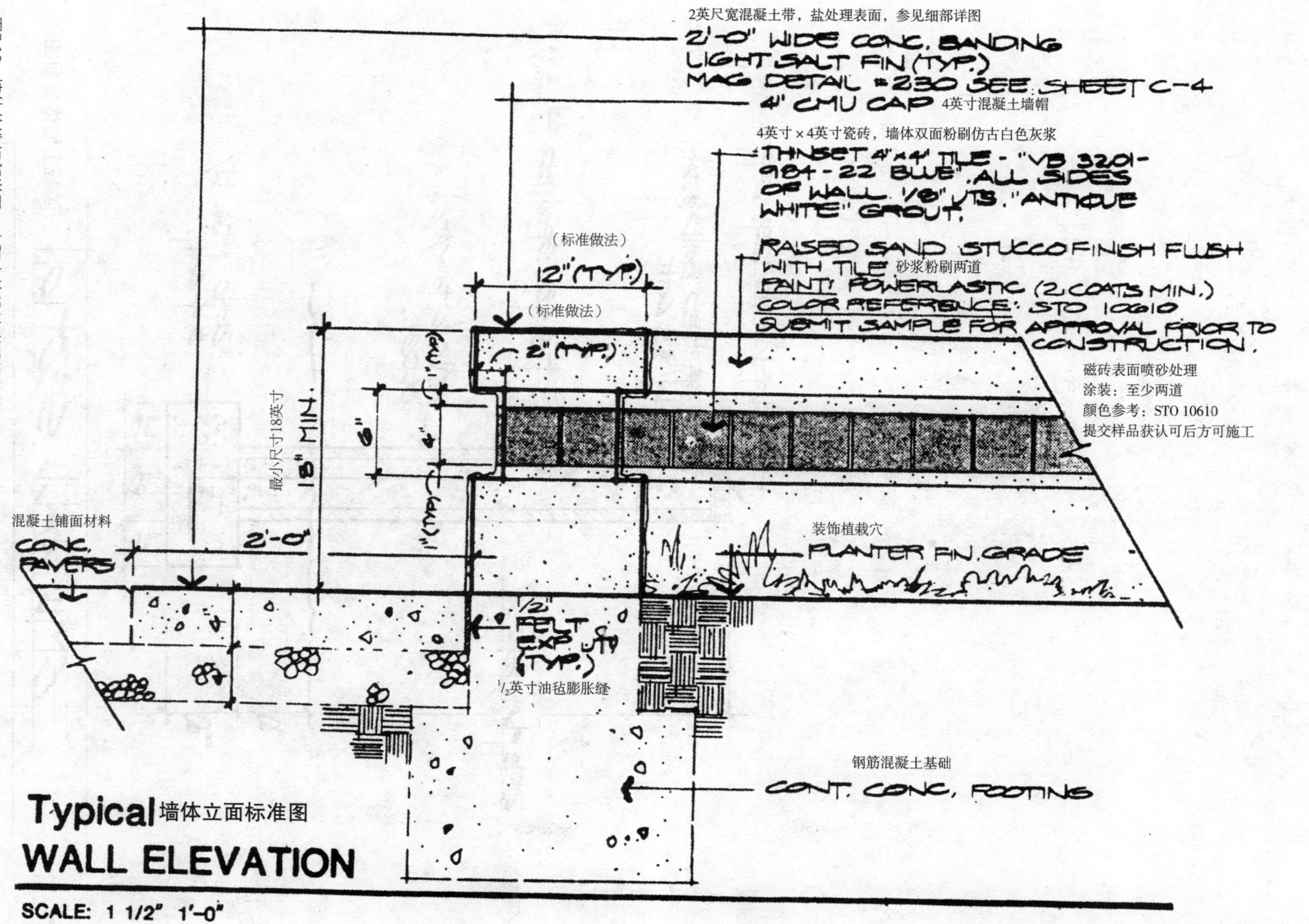

图7.18　墙体构造细部详图，由阿卡恰设计联盟设计绘制

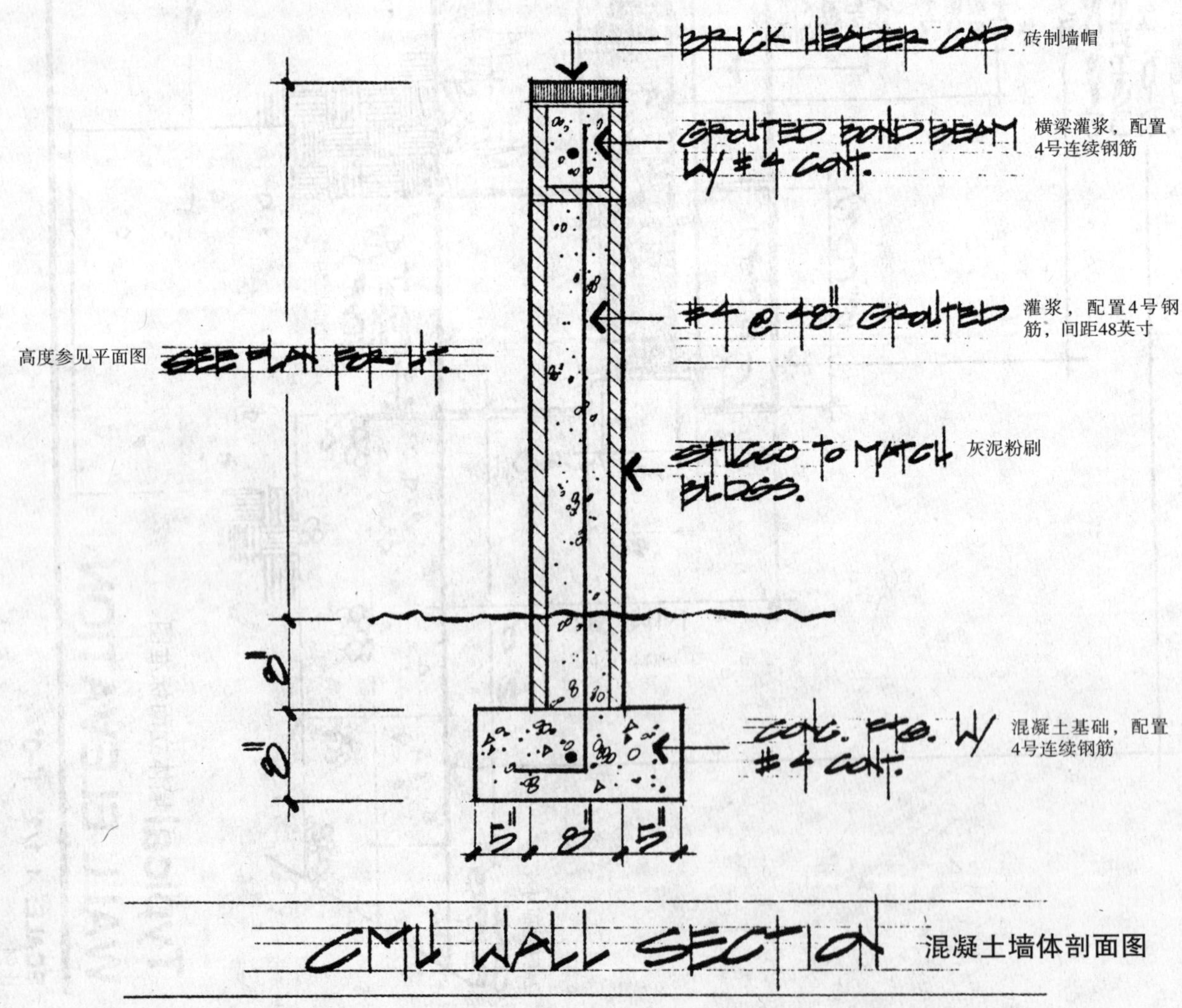

图7.19 墙体构造细部详图，由托马斯·C·齐默尔曼（Thomas C. Zimmerman）绘制

图7.20　由劈裂砌块和滑塌砌块建造的墙体

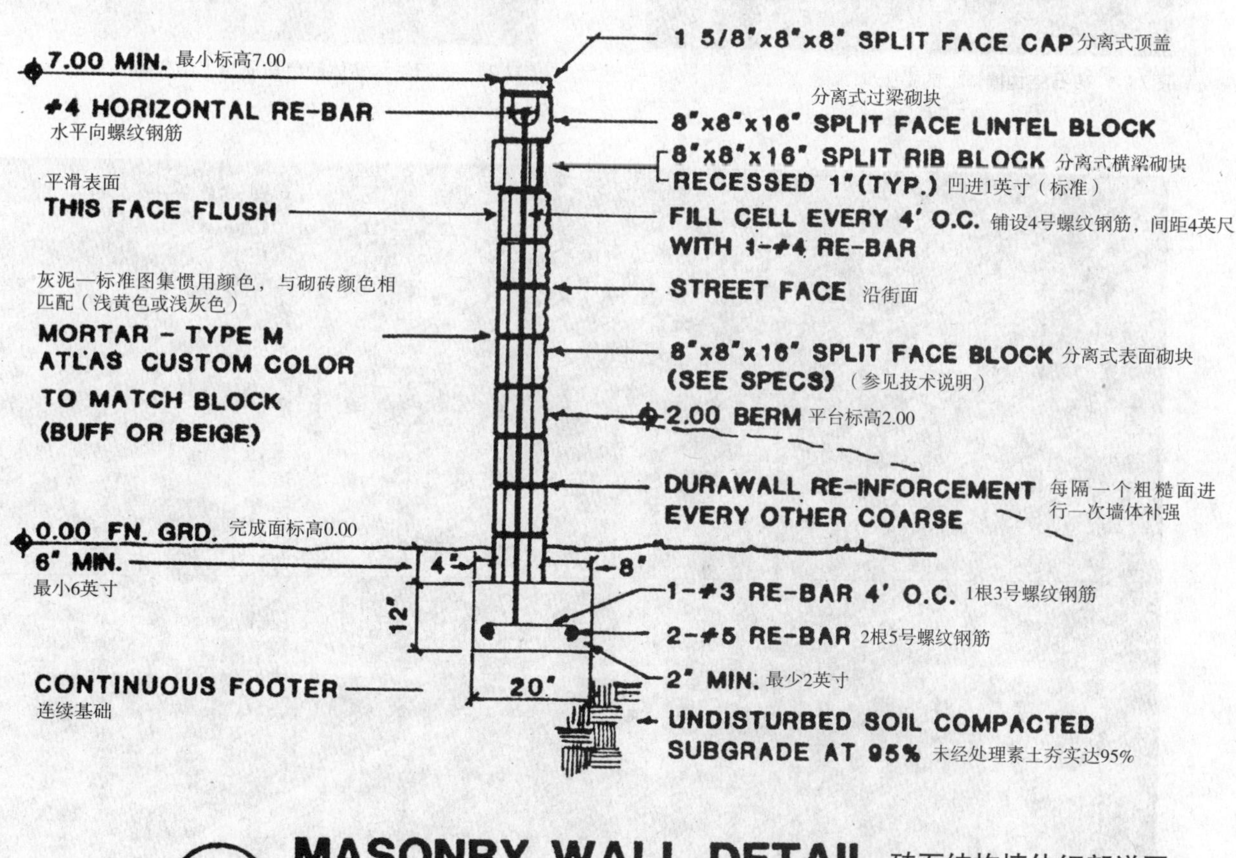

图7.21　墙体构造细部详图，由波斯特·巴克利·舒与耶尔尼根绘制

图7.22　砖石结构墙体上的膨胀/收缩缝

图7.24　砖石结构墙体颜色与质感上的变化

图7.23　在每段墙体的末端设置扶墙，并保留4英寸间距作为伸缩缝

图7.25　街心花园的混凝土雕塑墙

图7.27　喷水池旁边的混凝土造型墙

图7.26　随机布置的混凝土墙环绕着一个喷泉

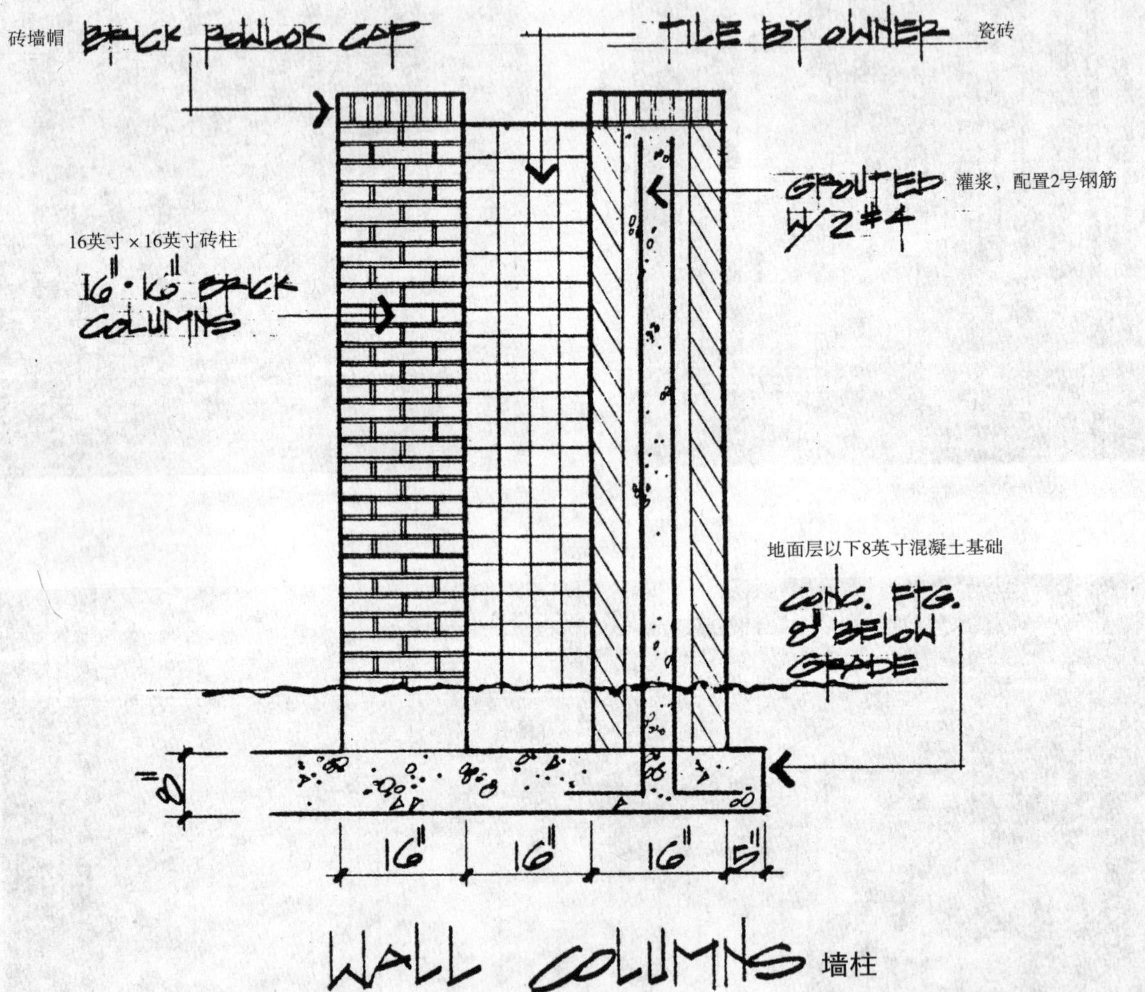

图7.28　墙体构造细部详图，由托马斯·C·齐默尔曼绘制

图7.29　砖墙

图7.30　砖墙

图7.31 用来限定入口的低矮砖墙

图7.33 用来限定入口的低矮砖墙

图7.32 环形的砖墙部分围着一件陶器艺术品

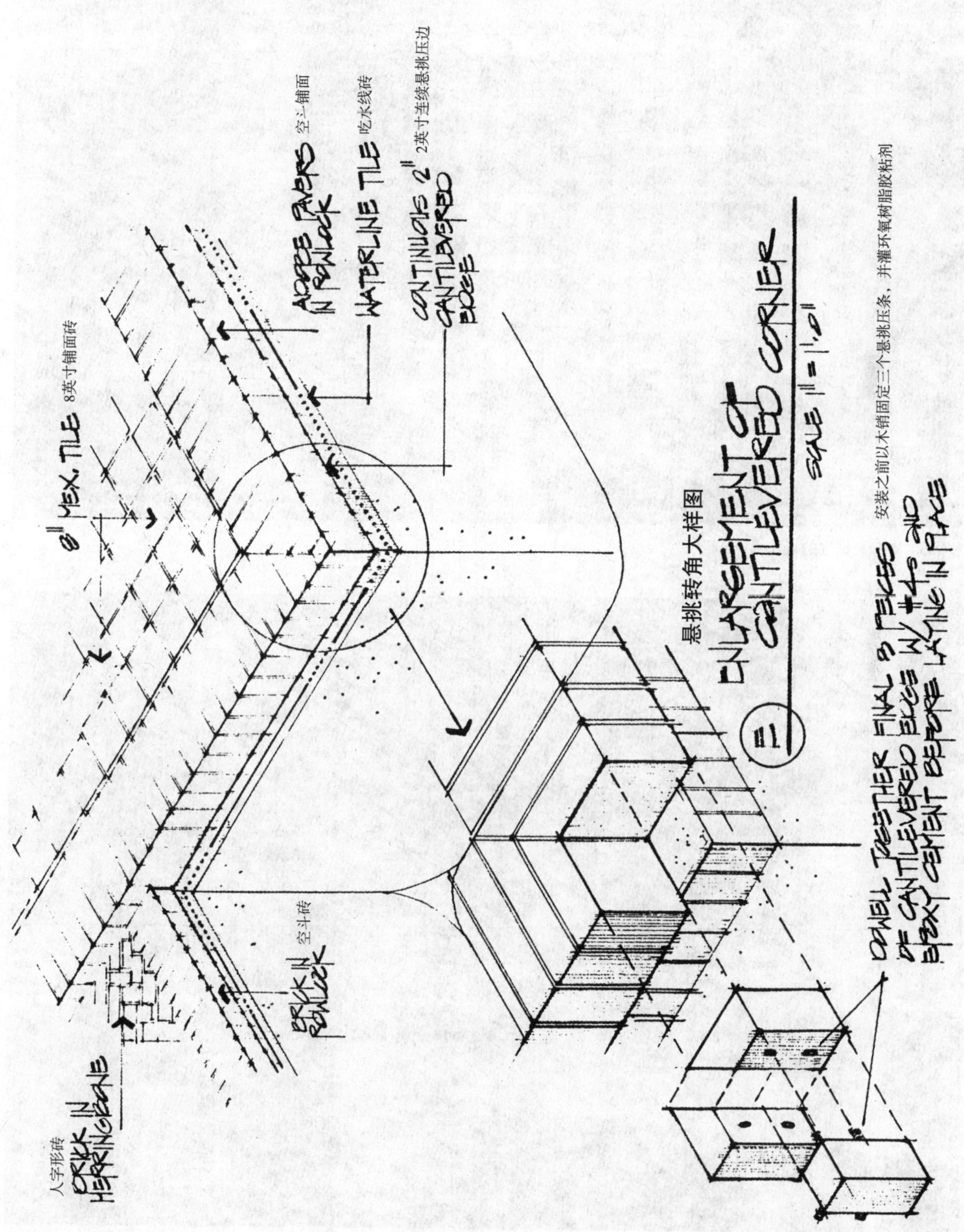

图7.34　砖墙转角处的细部详图，由托马斯·C·齐默尔曼绘制

图7.35　富有装饰性的砌块墙

图7.36　富有装饰性的砌块墙

图7.37 富有装饰性的砌块墙

图7.38 富有装饰性的砌块墙

图7.39 灰泥粉刷的混凝土墙体

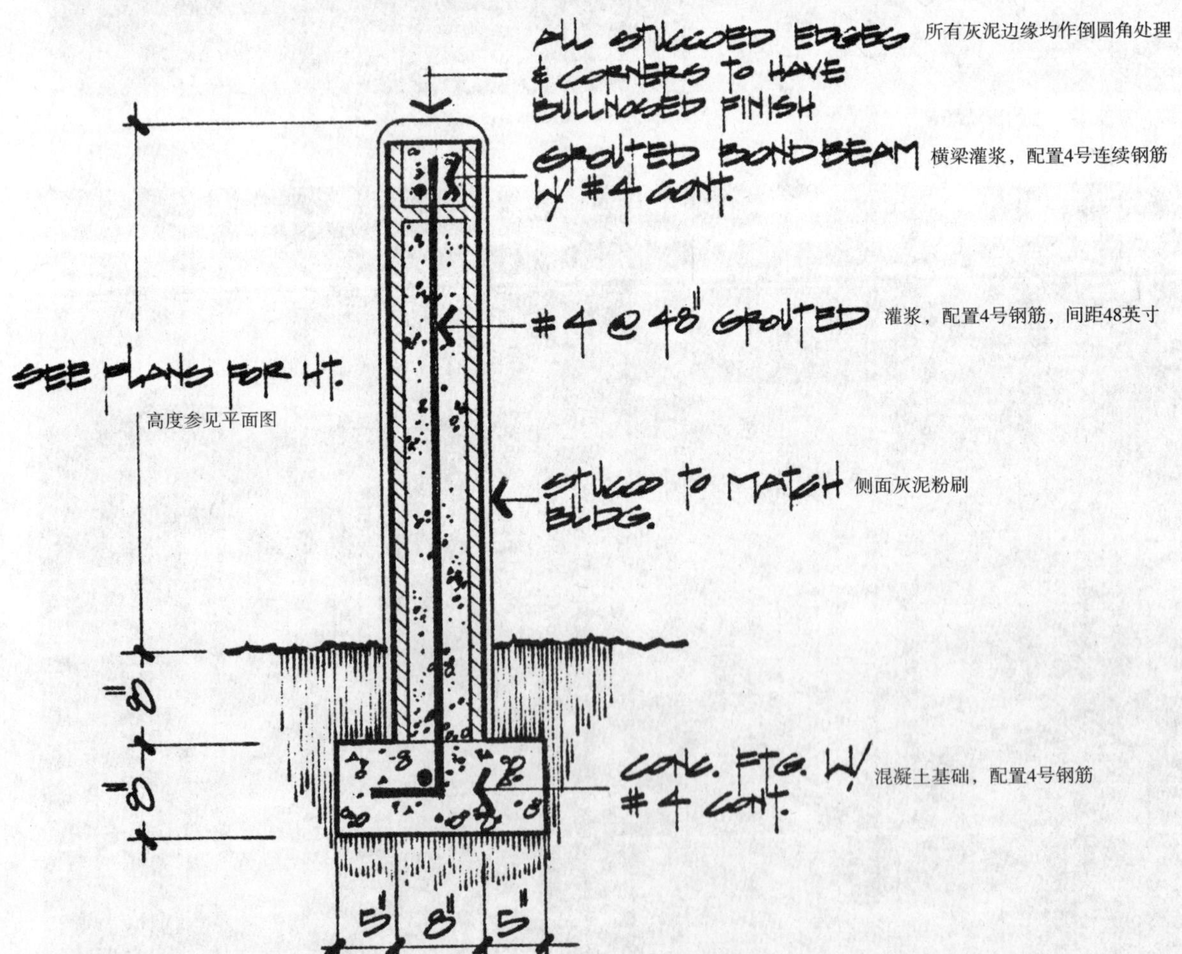

图7.40 灰泥粉刷墙体细部详图，由托马斯·C·齐默尔曼绘制

图7.41　变电所外围的预制混凝土墙体

图7.42　野石饰面墙体

图7.43　砖石饰面墙体

图7.44　混凝土墙体，表面进行了一些质感处理

图7.45 墙体表面深邃的沟槽，形成了质感与光影的变化

图7.47 通过暴露骨料与加工沟槽，形成特殊的质感

图7.46 用混凝土加工成粗糙的表面质感

图7.48 使用带有裂纹的模板使混凝土溢出，形成特殊的质感

图7.49　兼作座椅的混凝土墙

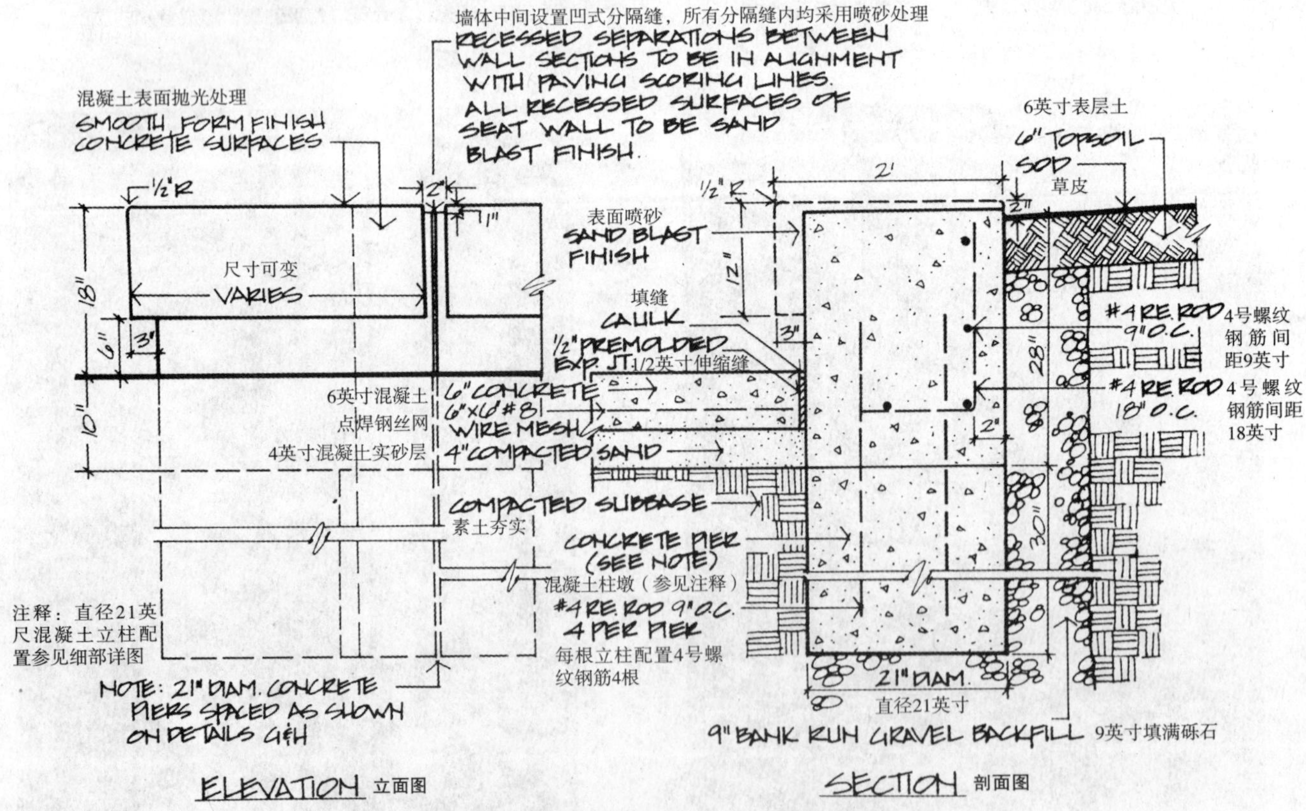

图7.50　兼作座椅的墙体细部详图，由约翰逊夫妇与罗伊绘制

图7.51　兼作座椅的混凝土墙

图7.52　兼作座椅的混凝土墙

图7.53 兼作座椅的混凝土墙

图7.55a 兼作座椅的混凝土墙

图7.54 兼作座椅的混凝土墙，由维默尔·亚马达（Wimmer Yamada）设计联盟设计

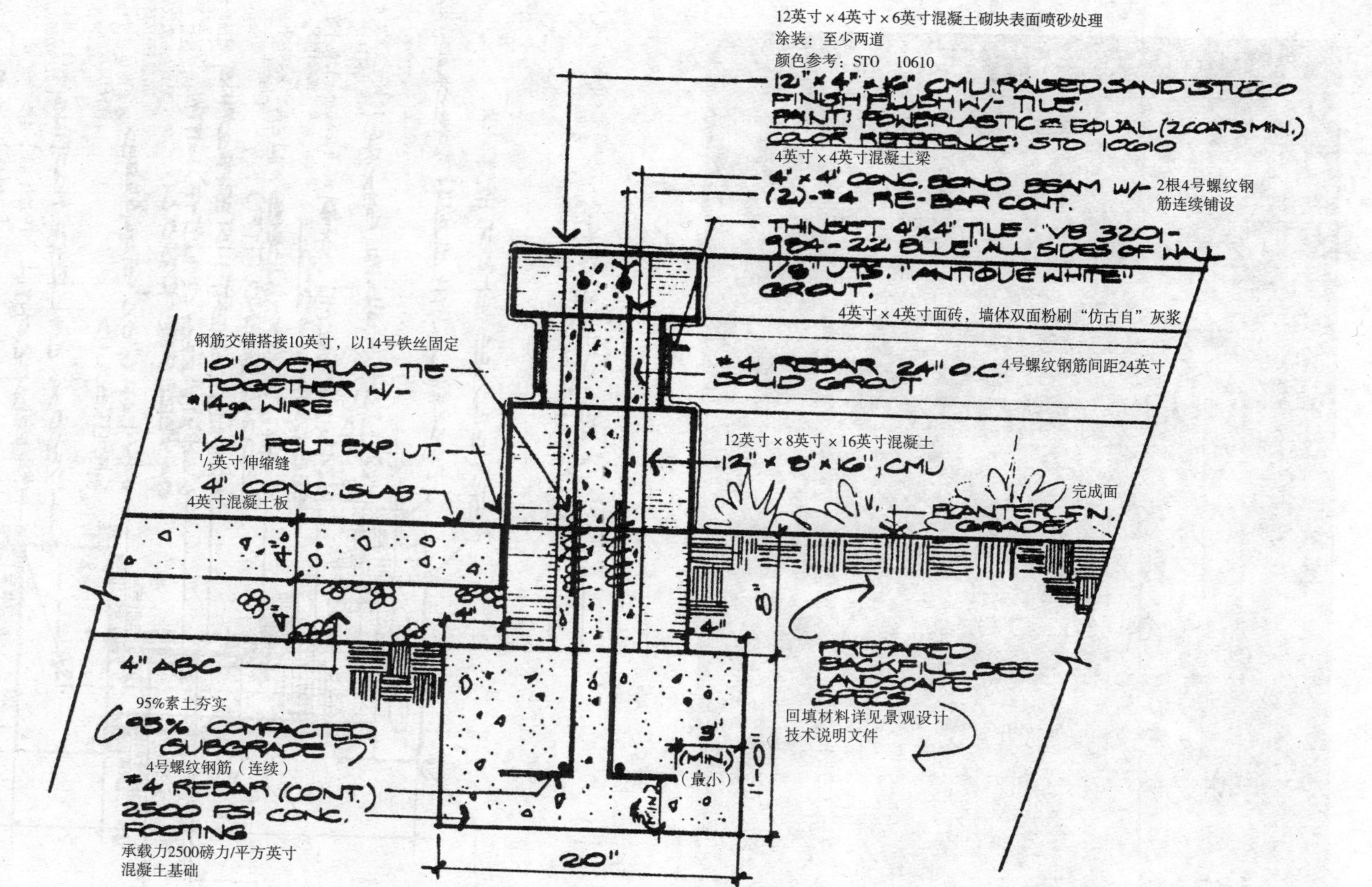

图7.55b 兼作座椅的墙体细部详图，阿卡恰设计联盟绘制

图7.56　兼作座椅的混凝土墙

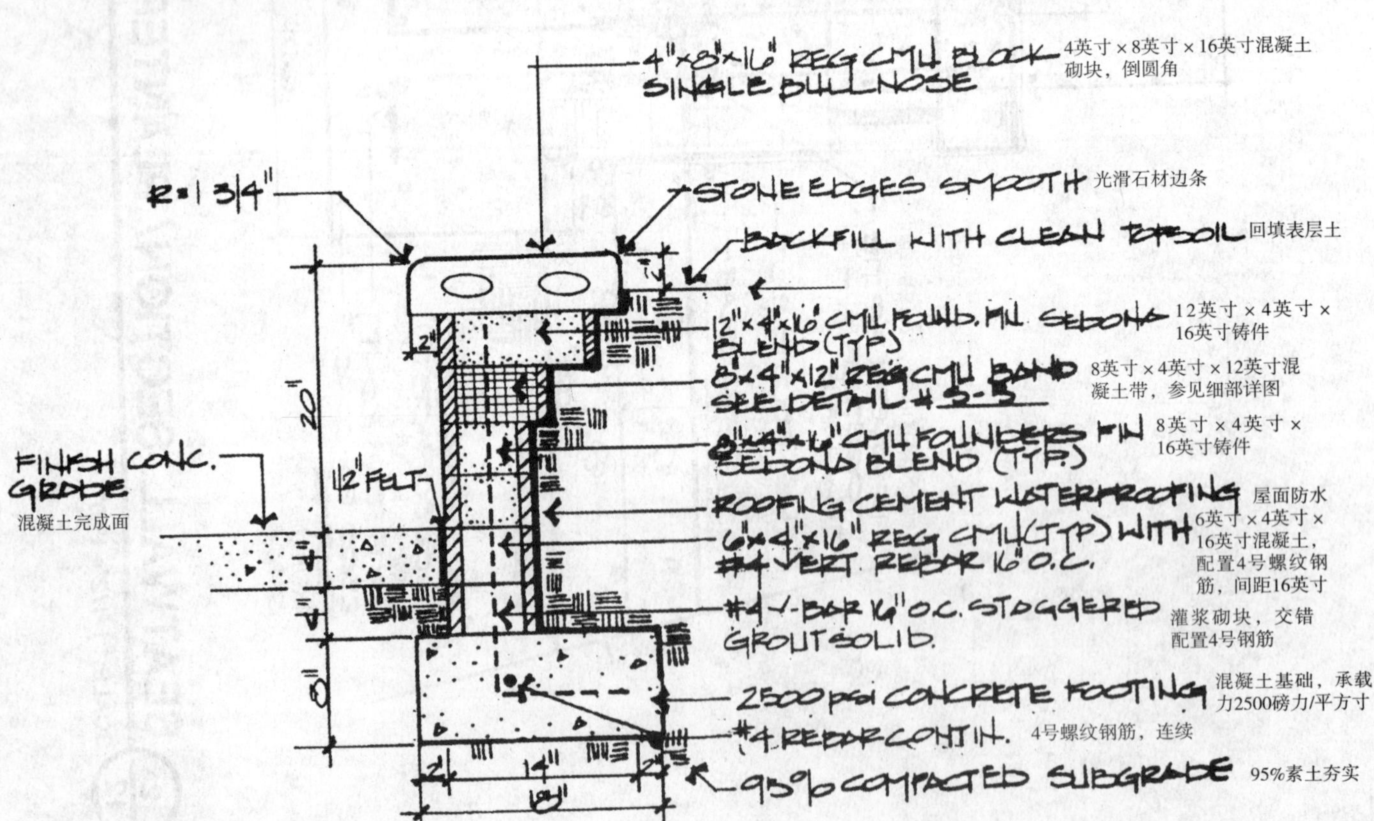

图7.57　兼作座椅的墙体细部详图，由科埃与万路绘制

图7.58 兼作座椅的砖墙

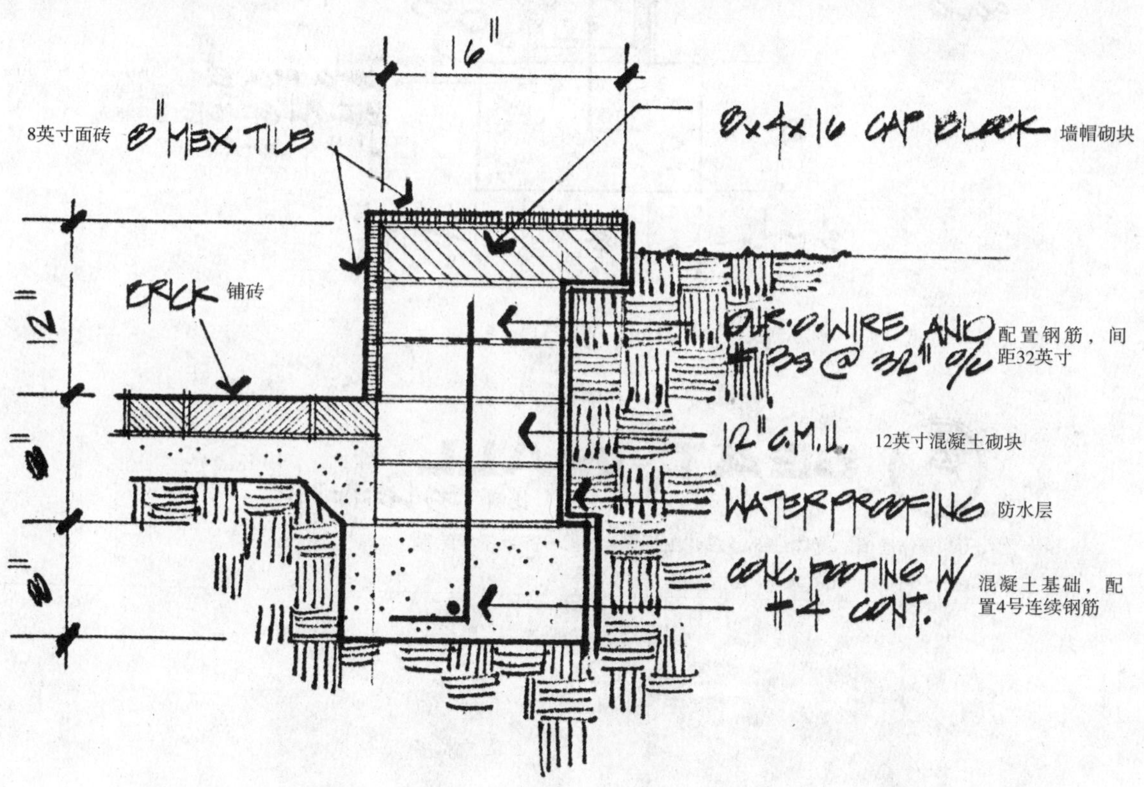

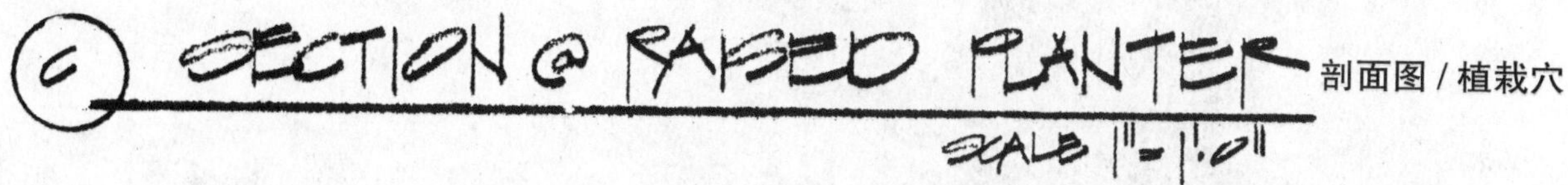

图7.59 兼作座椅的墙体细部详图，由托马斯·C·齐默尔曼绘制

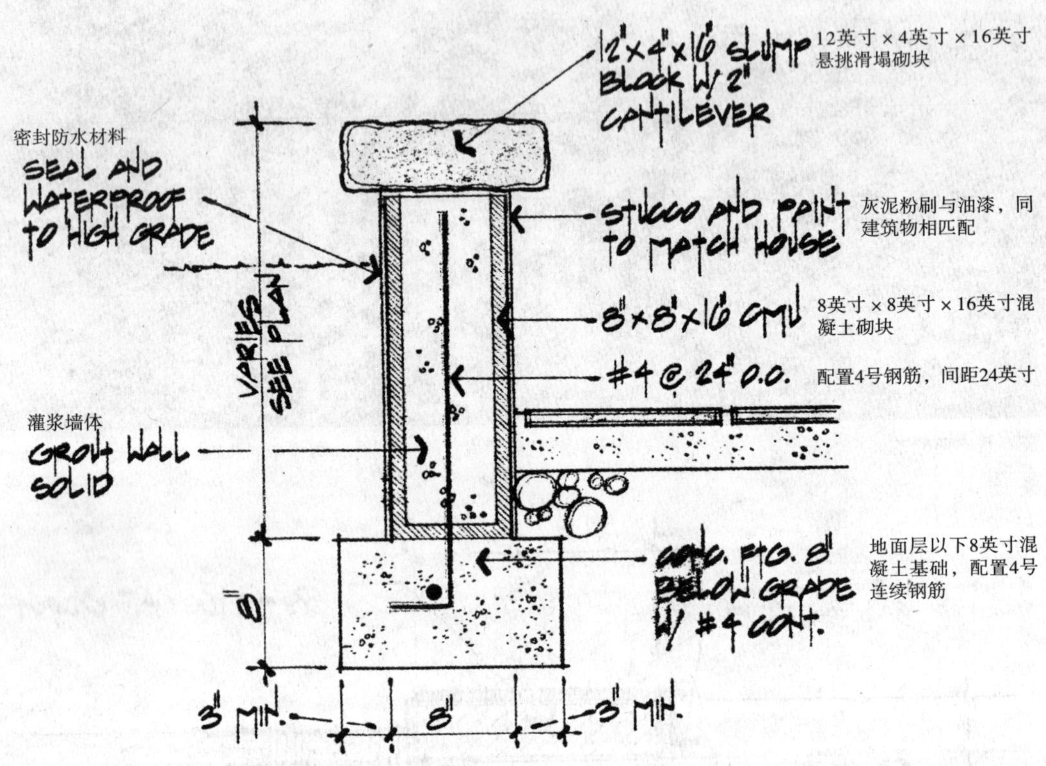

图7.60　兼作座椅的墙体细部详图，由托马斯·C·齐默尔曼绘制

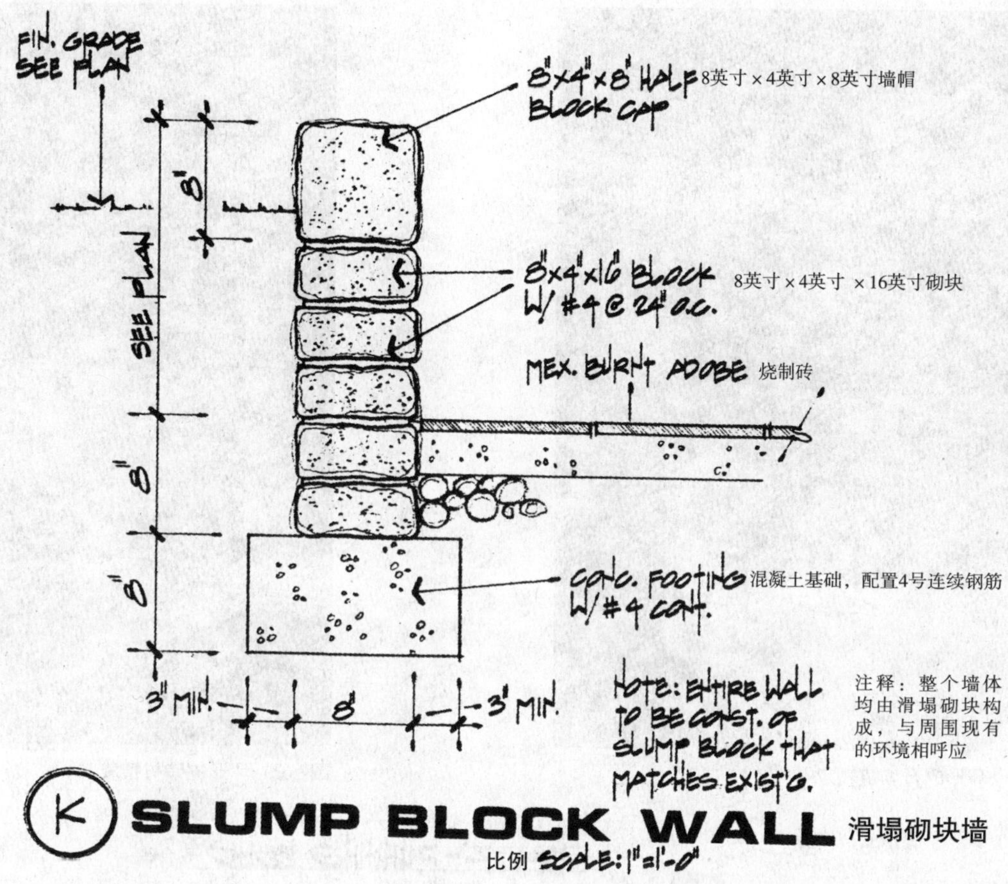

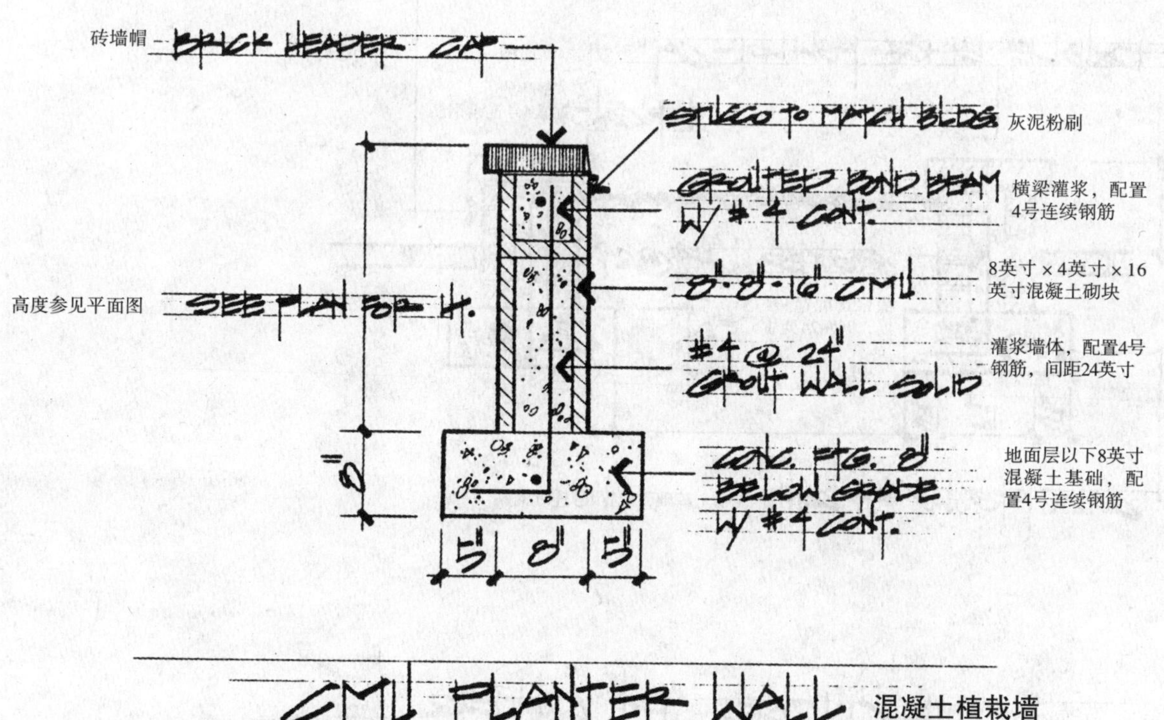

图7.61 墙体细部详图，由托马斯·C·齐默尔曼绘制

图7.62　环形的石砌植栽穴

图7.63　环形的砖材植栽穴

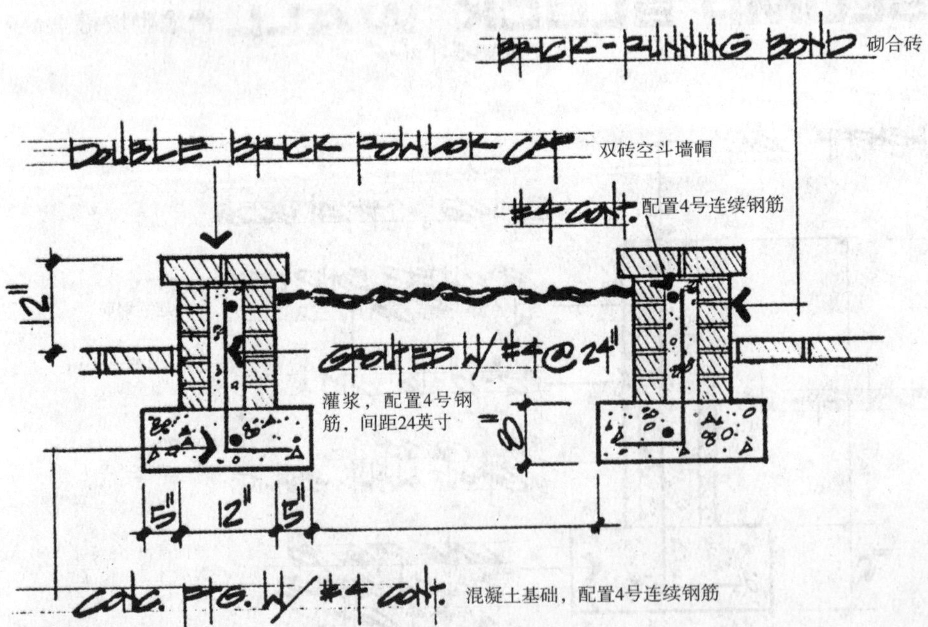

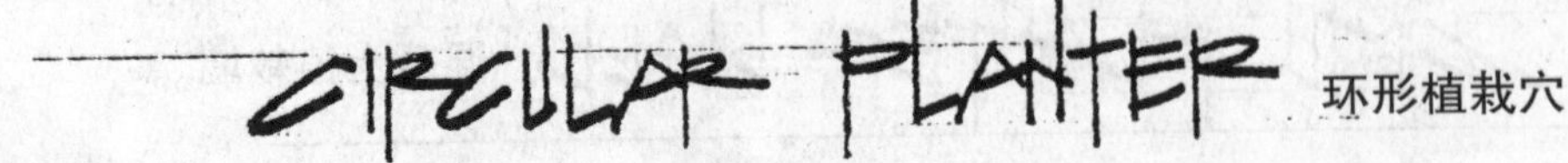

图7.64　砖材植栽穴细部详图，由托马斯·C·齐默尔曼绘制

图7.65　混凝土植栽墙

图7.66　花岗石植栽墙

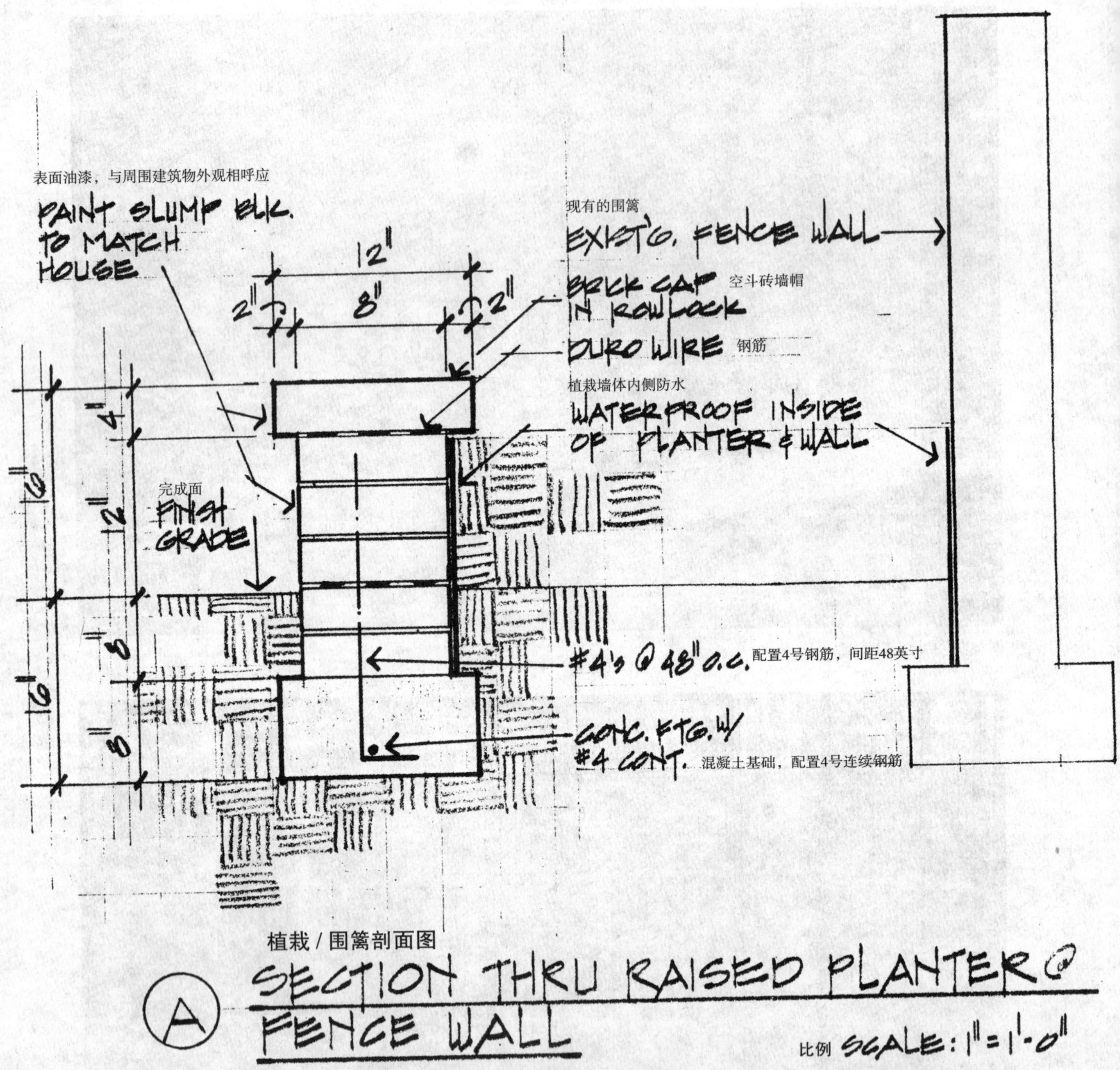

图7.67　植栽墙细部详图，由托马斯·C·齐默尔曼绘制

图7.68　砖植栽挡土墙

图7.69　赖特在西塔里埃森住宅中设计的岩石与混凝土墙体

图7.70　挡土墙

图7.72　混凝土挡土墙的质感与建筑的外墙相呼应

图7.71　预制混凝土挡土墙（下部）与围篱（上部）

图7.73　混凝土挡土墙作为坡道

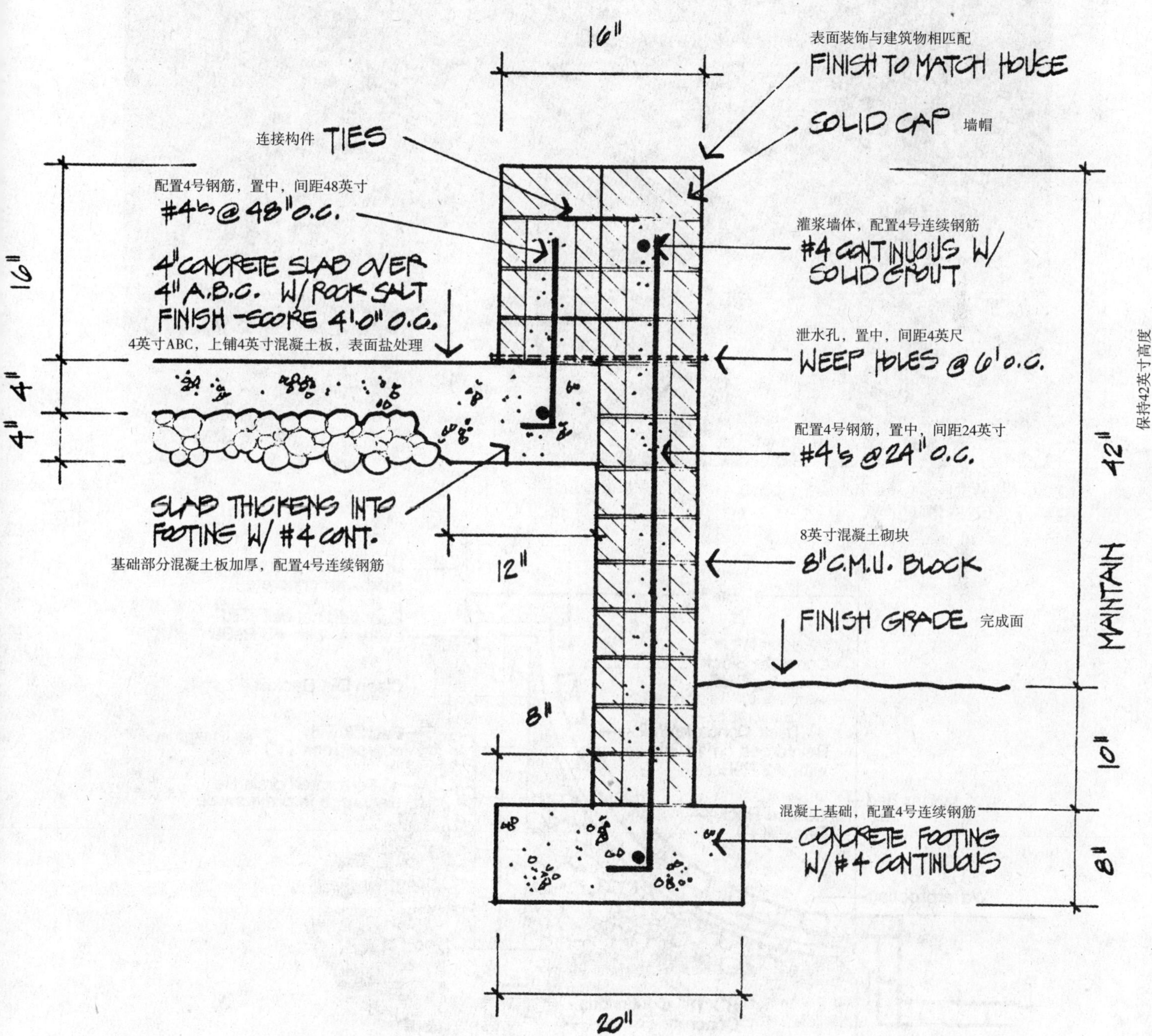

图7.74 混凝土墙细部详图，由托马斯·C·齐默尔曼绘制

图7.75　砖饰面挡土墙，由波斯特·巴克利·舒与耶尔尼根设计

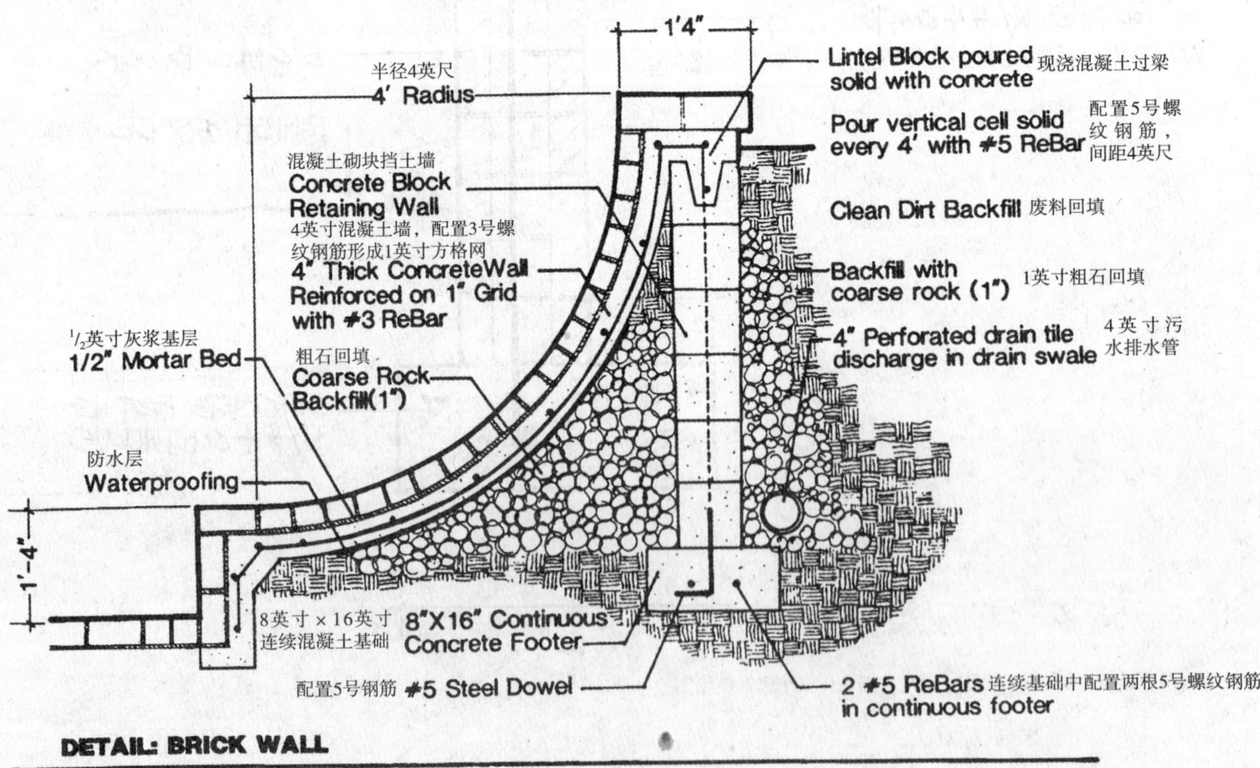

图7.76　图7.75砖墙细部详图，由波斯特·巴克利·舒与耶尔尼根设计

图7.77　一所大学校园中倾斜的挡土墙

图7.79　倾斜的混凝土植栽墙

图7.78　级踏式砖植栽墙

图7.80　环形的混凝土植栽挡土墙

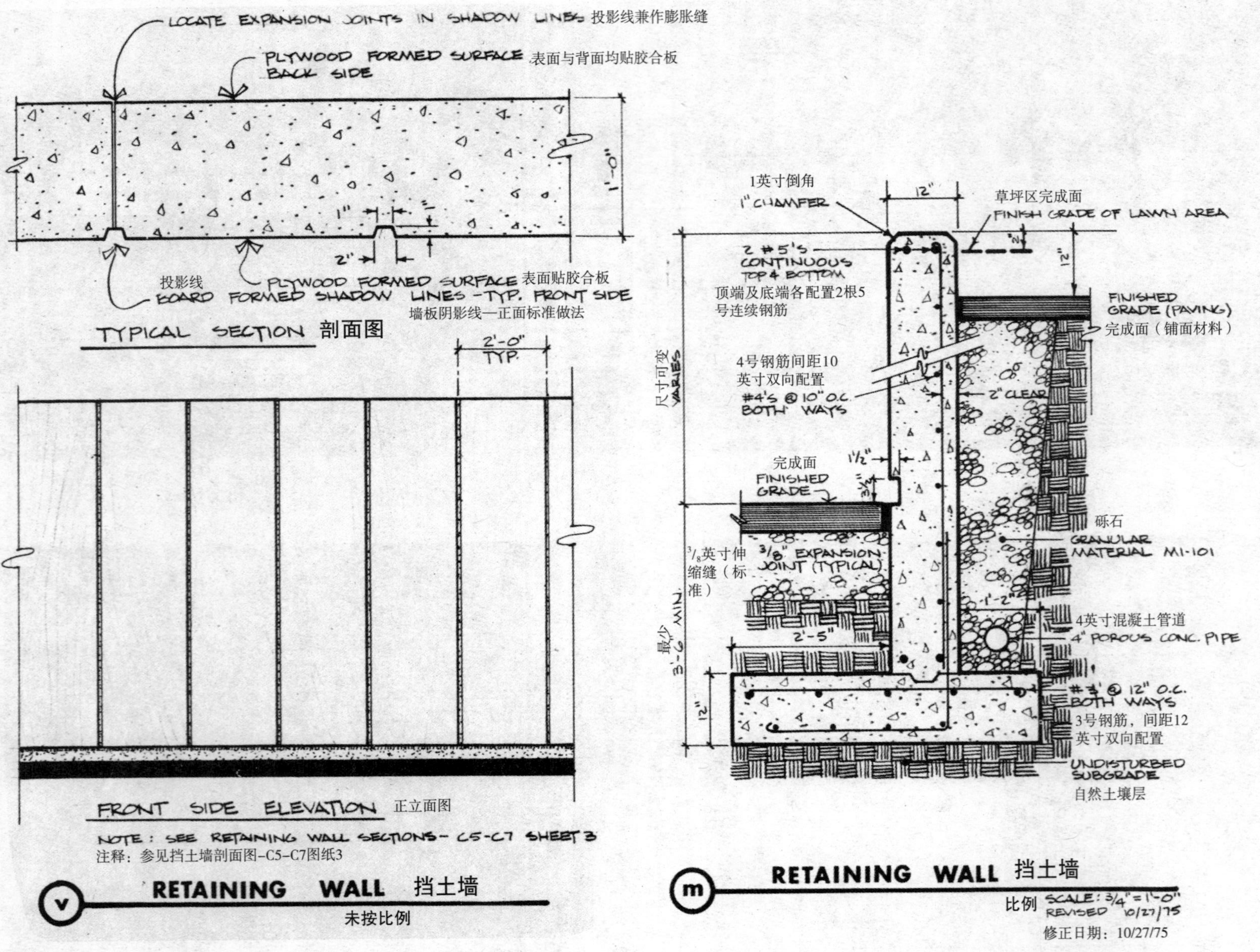

图7.81　挡土墙细部详图，由萨拉托加设计联盟绘制

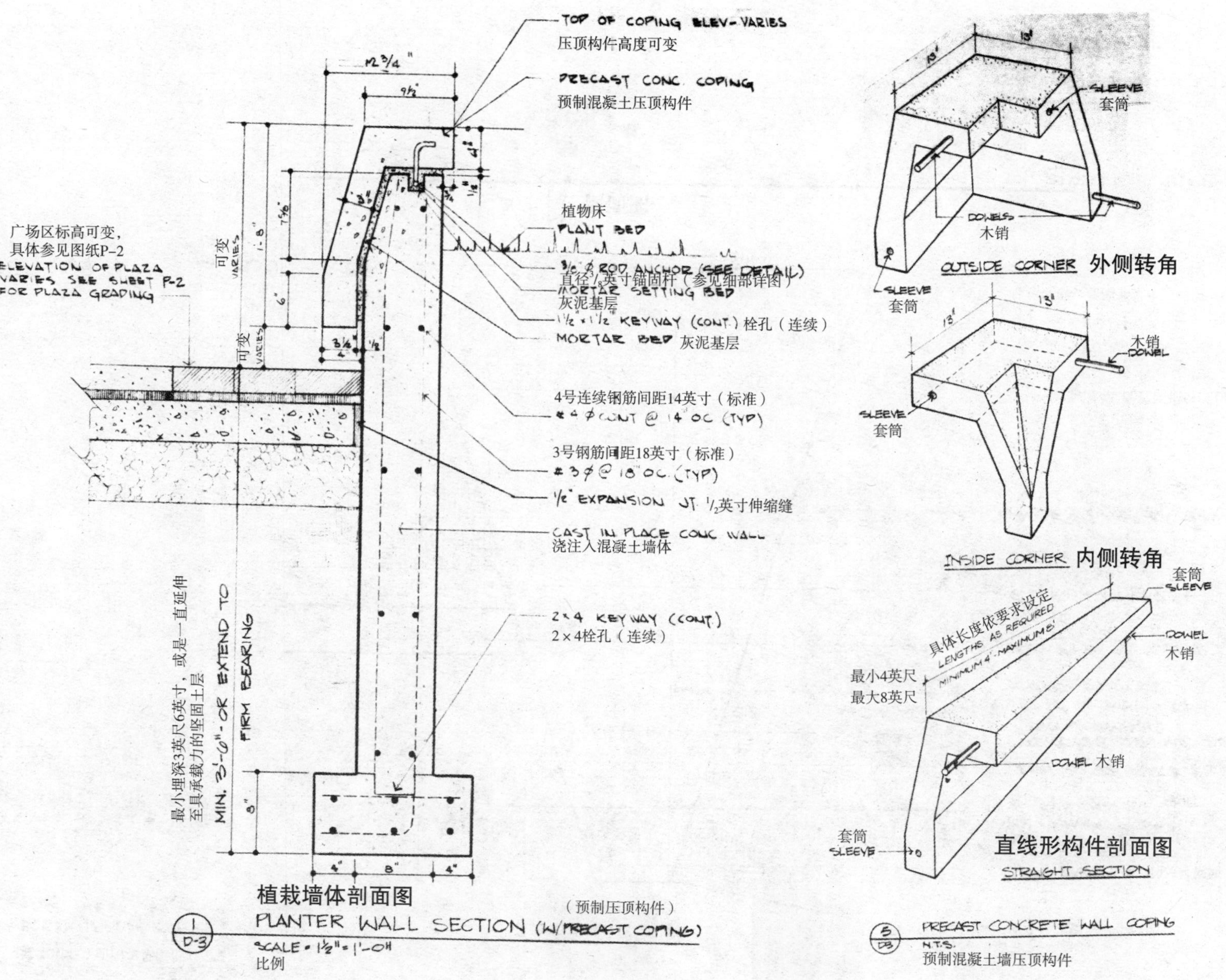

图7.82　预制板挡土墙细部详图，由CR3设计公司绘制

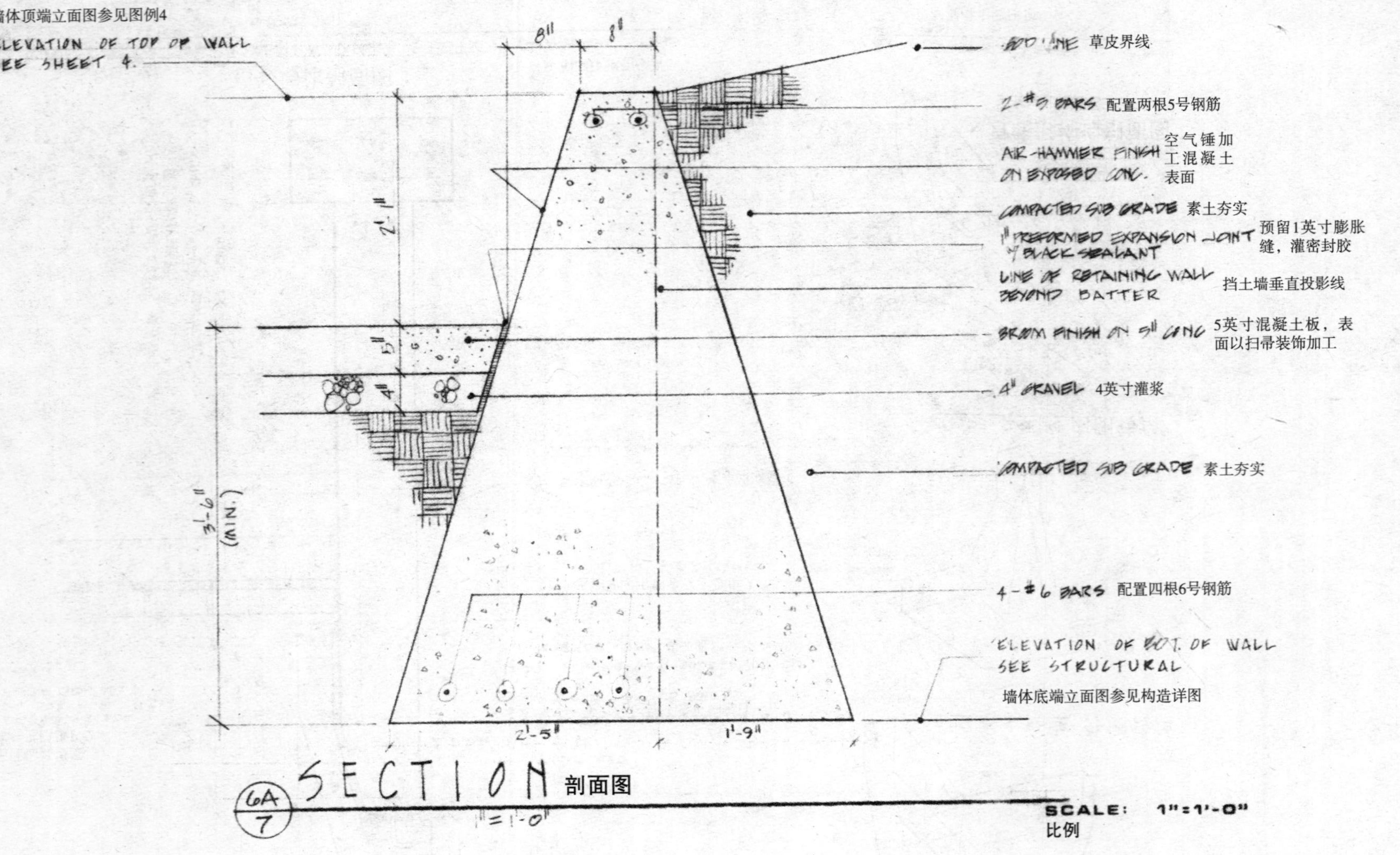

图7.83　重力型混凝土挡土墙，由于考虑到基础沉降的可能性而进行了加强处理，由布朗宁·戴·马林斯·迪多夫设计

图7.84　图7.83挡土墙示例

图7.85　具有特色质感的挡土墙上设置了悬臂的植栽穴

图7.86　膨胀缝中填充了乙烯防水剂以及灰色的氨基甲酸乙酯密封材料。接缝的边缘倒斜角处理。墙体表面以凿石锤加工形成特殊的质感

图7.88　挡土墙上具有水平方向的阴影线以及垂直方向的纹路

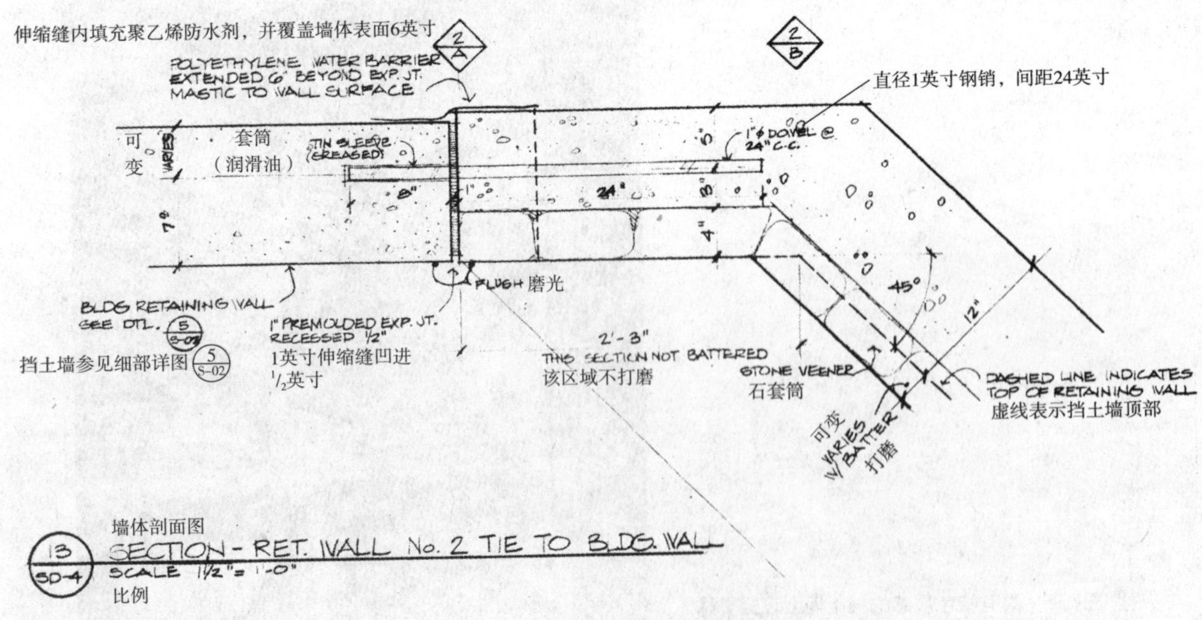

图7.87　挡土墙与现有墙体之间保留膨胀缝（注意钢销与聚乙烯防水材料的使用）

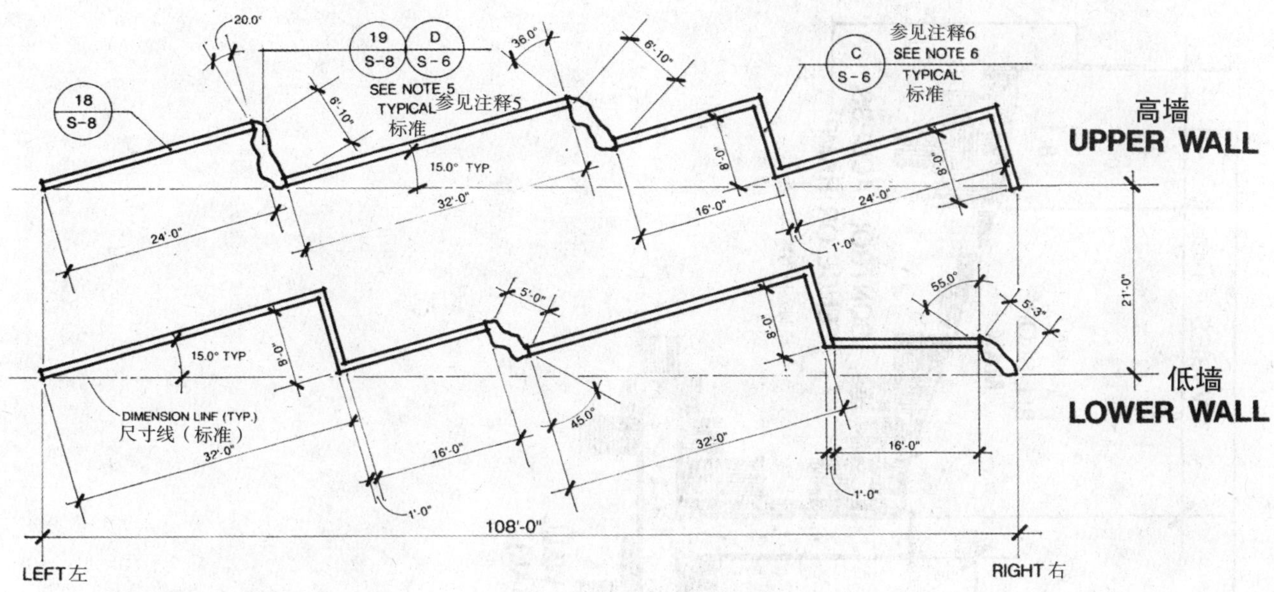

图7.89 楼梯式的挡土墙细部详图，由奥瓦尔·尼德尔斯·塔门与伯根多夫绘制

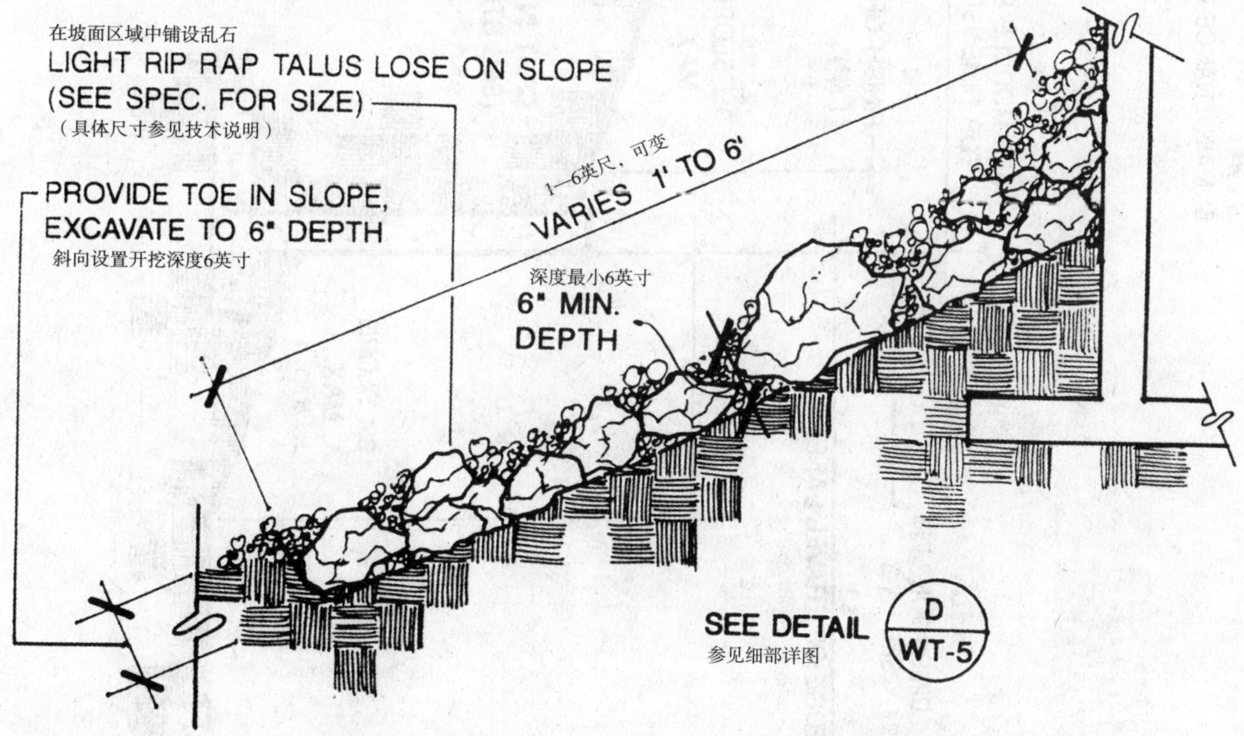

乱石挡土墙（干铺乱石）

9 LIGHT RIP RAP (DRY LAID TALUS)

(ADJACENT TO CAST IN PLACE WALLS)（与现浇墙体相邻）

N.T.S.
未按比例

图7.90 乱石挡土墙细部详图，由奥瓦尔·尼德尔斯·塔门与伯根多夫绘制

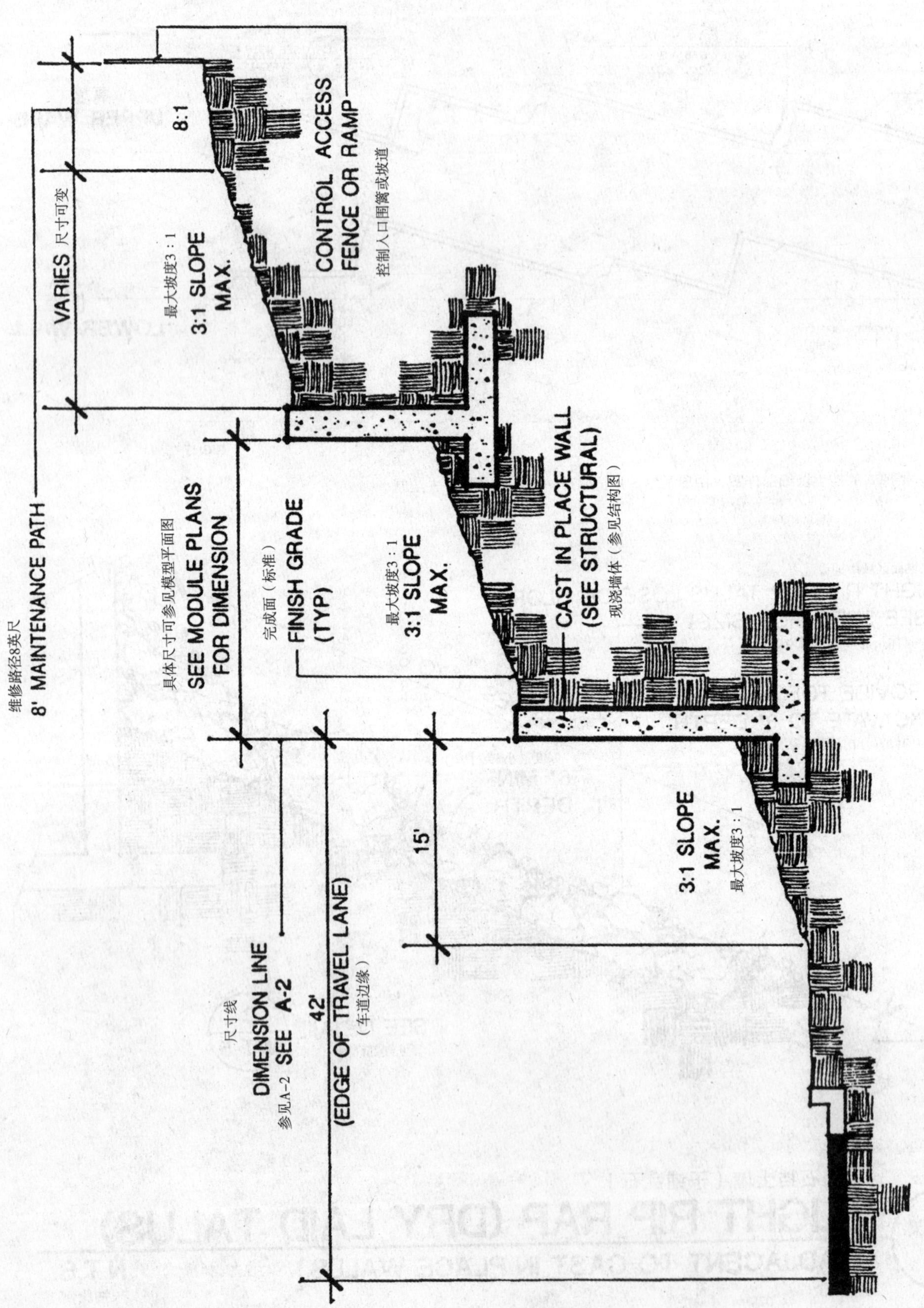

图7.91　阶梯式的挡土墙细部详图，由奥瓦尔·尼德尔斯·塔门与伯根多夫绘制

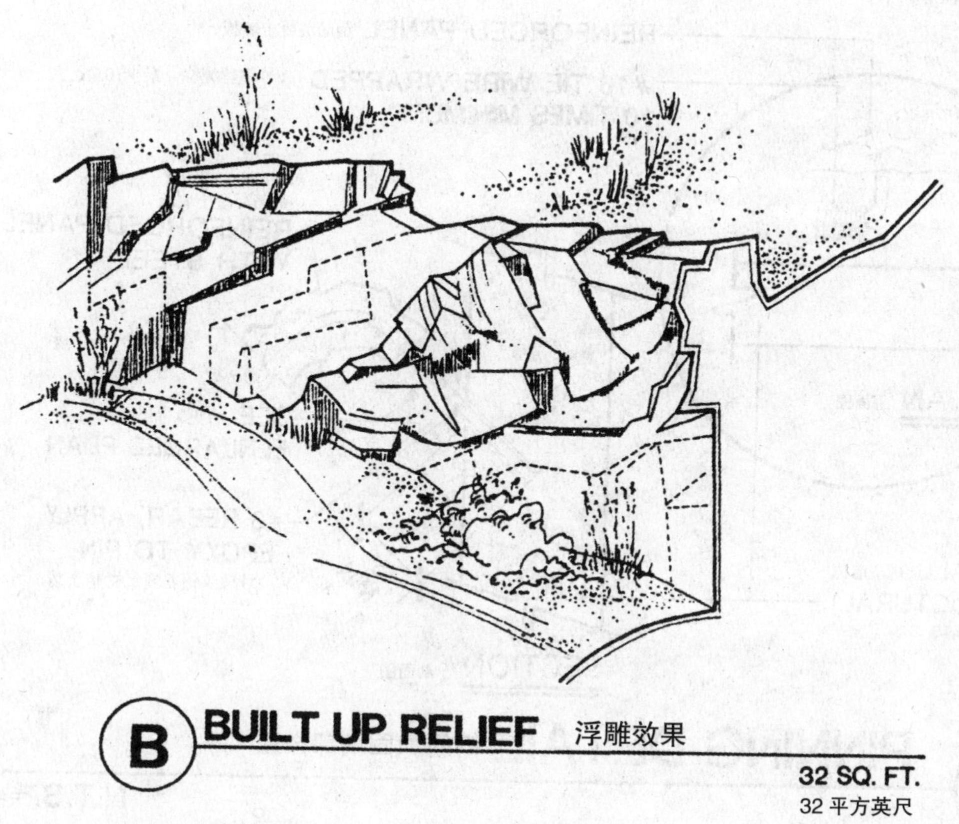

C BOULDERS 大石块

32 SQ. FT.
32 平方英尺

图7.92　用人造大石块装饰漫长的挡土墙以避免单调，由奥瓦尔・尼德尔斯・塔门与伯根多夫绘制

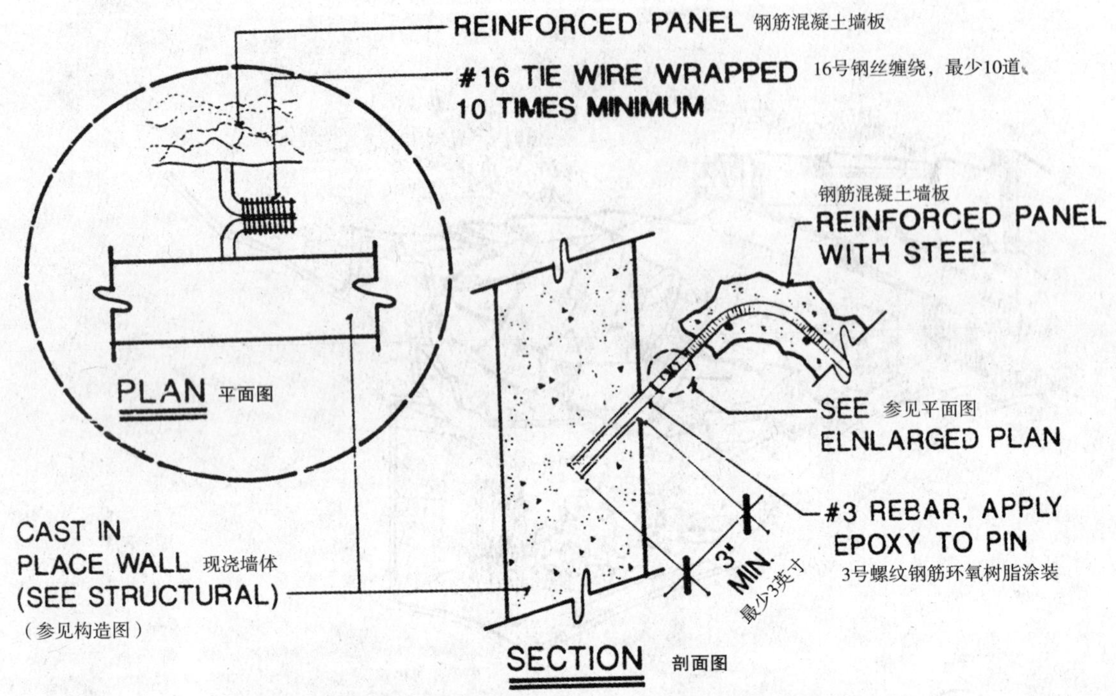

1 PINNING DETAIL 钢筋加固细部详图

N.T.S. 未按比例

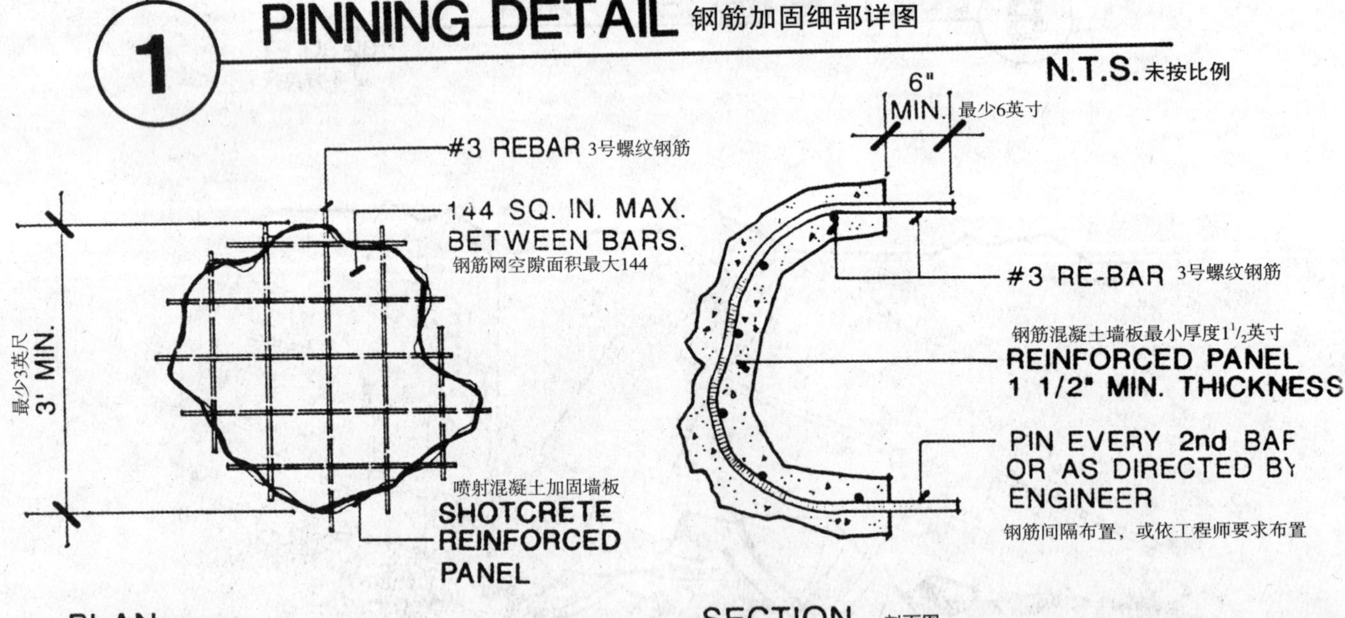

注释：墙板的实际造型可依岩石表面浇筑

NOTE: ACTUAL PANEL SHAPE SHALL BE PER CASTING FROM ROCK FACE.

注释：可由喷射混凝土代替

NOTE: GFRC MAY BE SUBSTITUTED FOR SHOTCRETE

2 REINFORCED PANEL W/ STEEL

N.T.S. 未按比例

图7.93　图7.92补充细部详图

图7.94 倾斜的岩石挡土墙

图7.95 岩石挡土墙，由拜伊（A. E. Bye）设计并提供照片

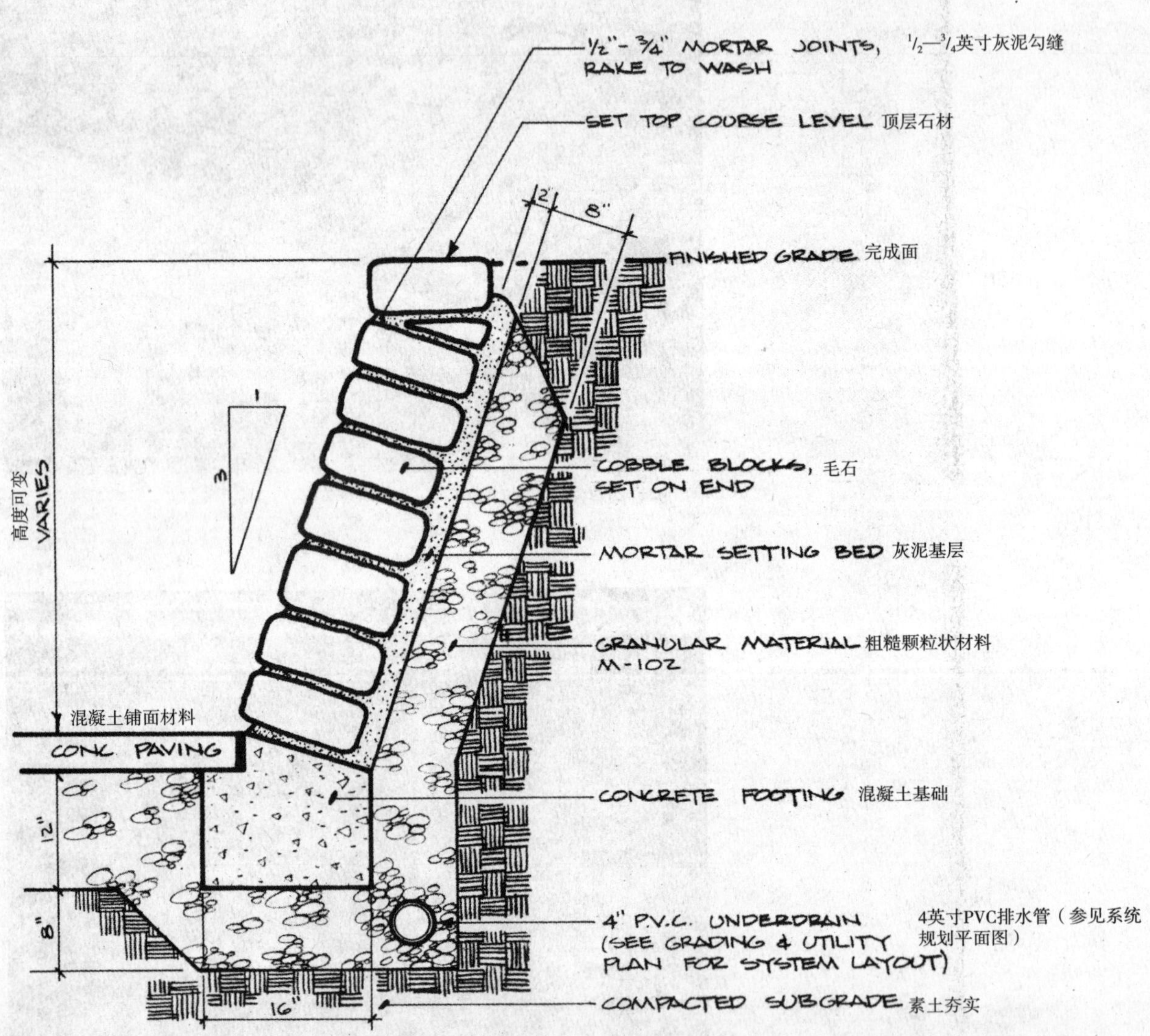

图7.96 石头挡土墙，由萨拉托加设计联盟绘制

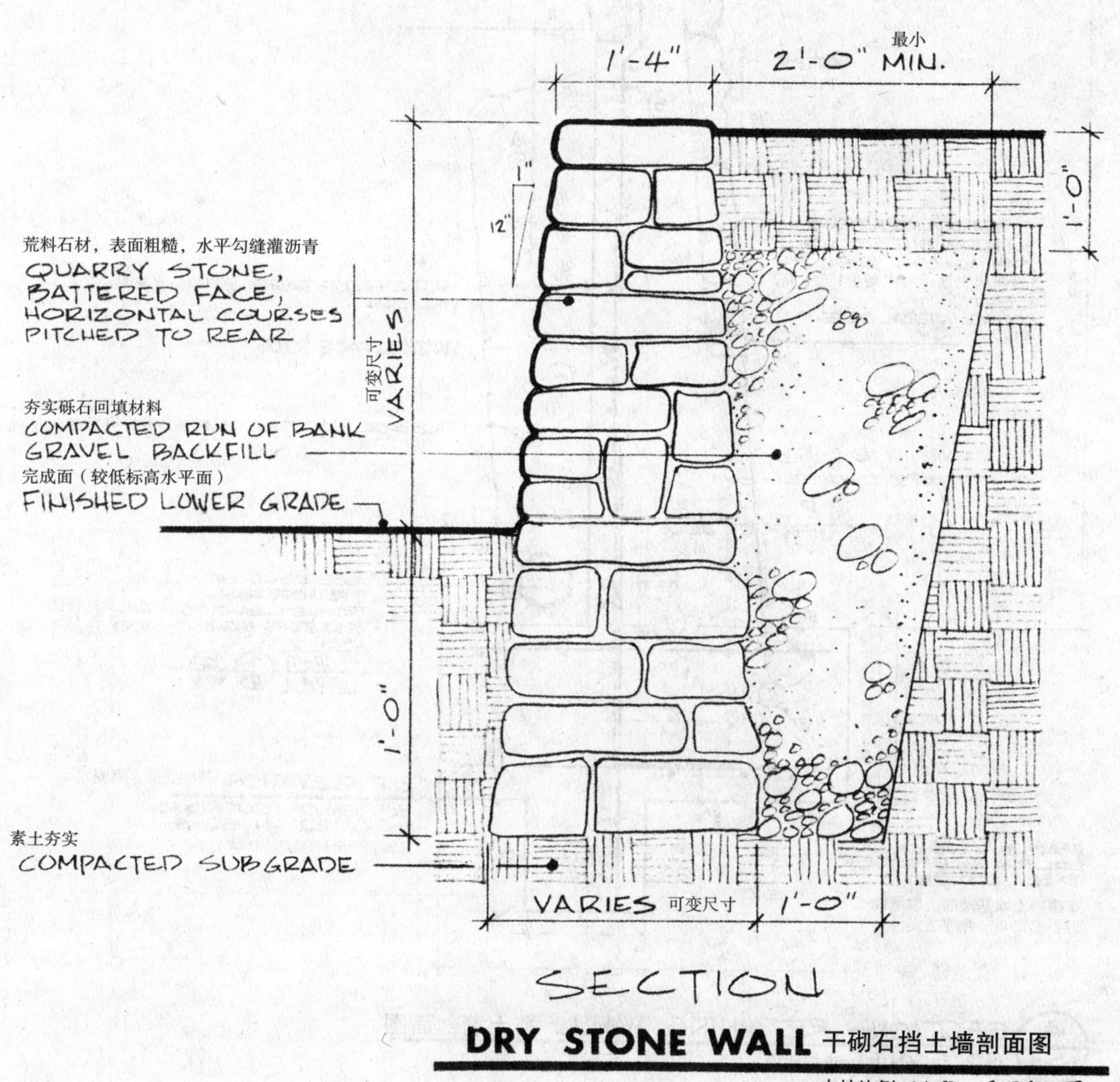

图7.97 干砌石挡土墙细部详图，由萨拉托加设计联盟绘制

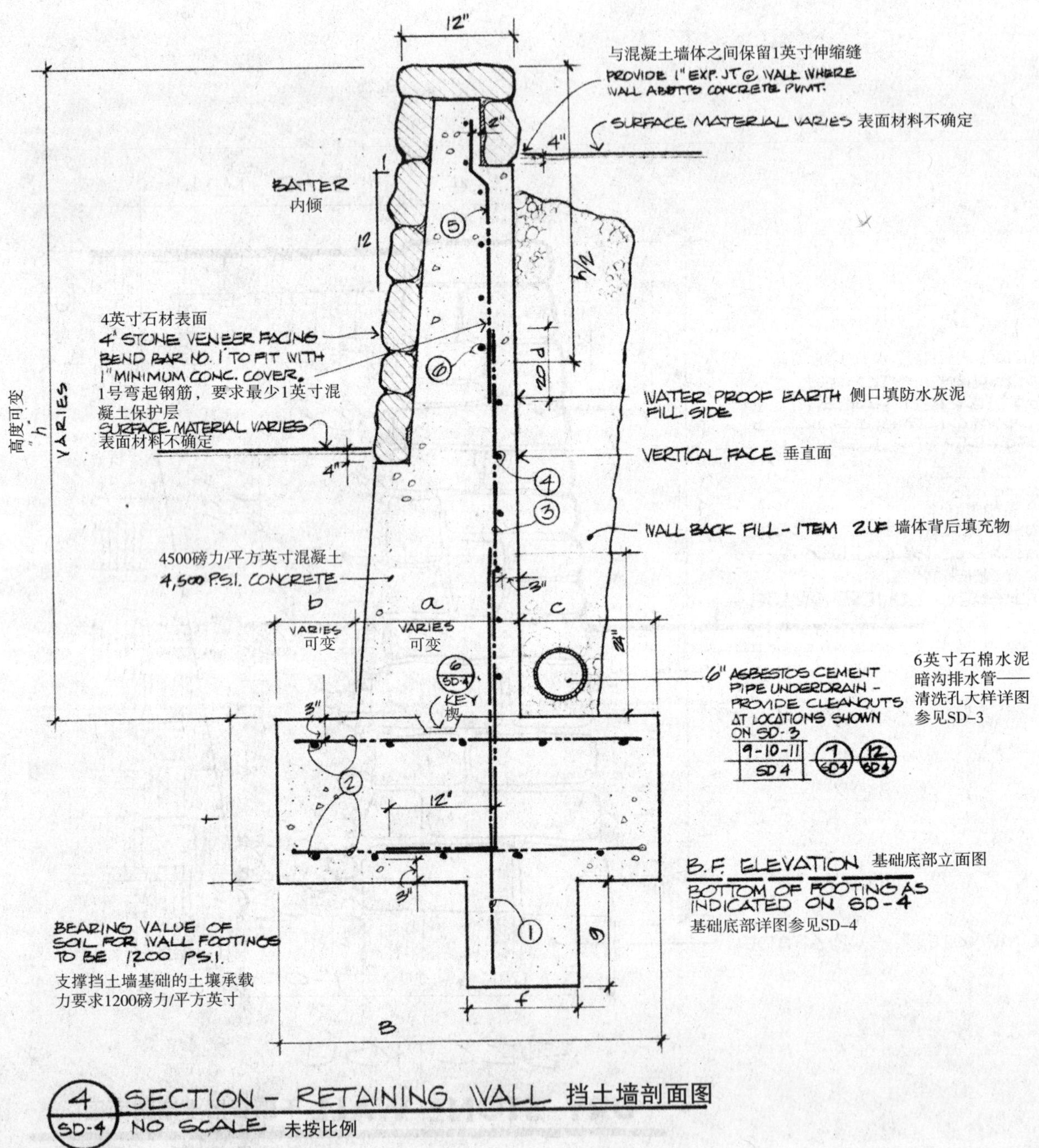

图7.98　石材饰面挡土墙，由约翰逊夫妇与罗伊绘制

图7.99　预制混凝土围栏，由费尔法克斯县公园管理部设计

图7.100　木质挡土墙，由斯韦德鲁普（Sverdrup）与帕斯尔（Parcel）设计

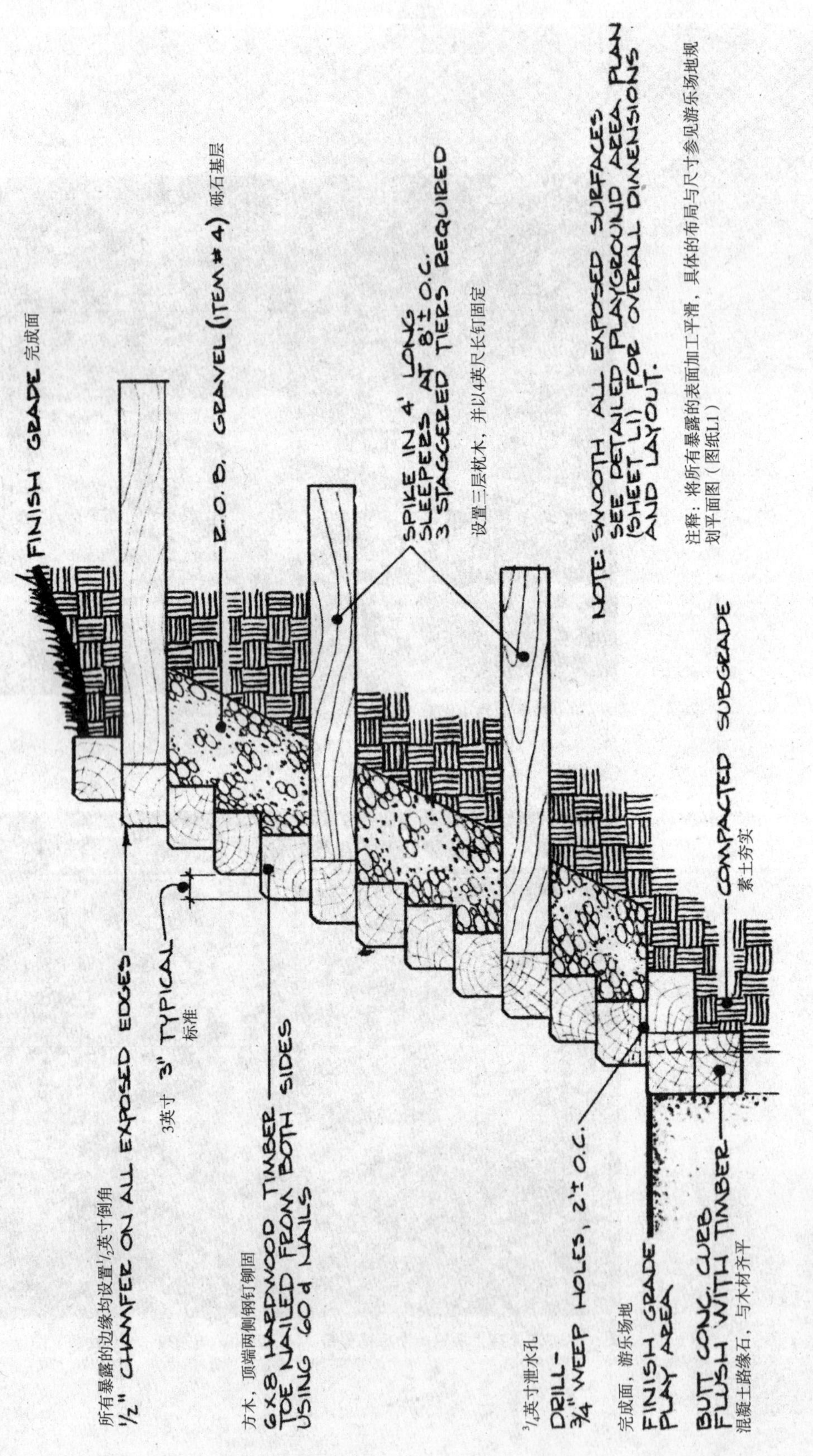

图7.101　木质挡土墙，由萨拉托加设计联盟设计

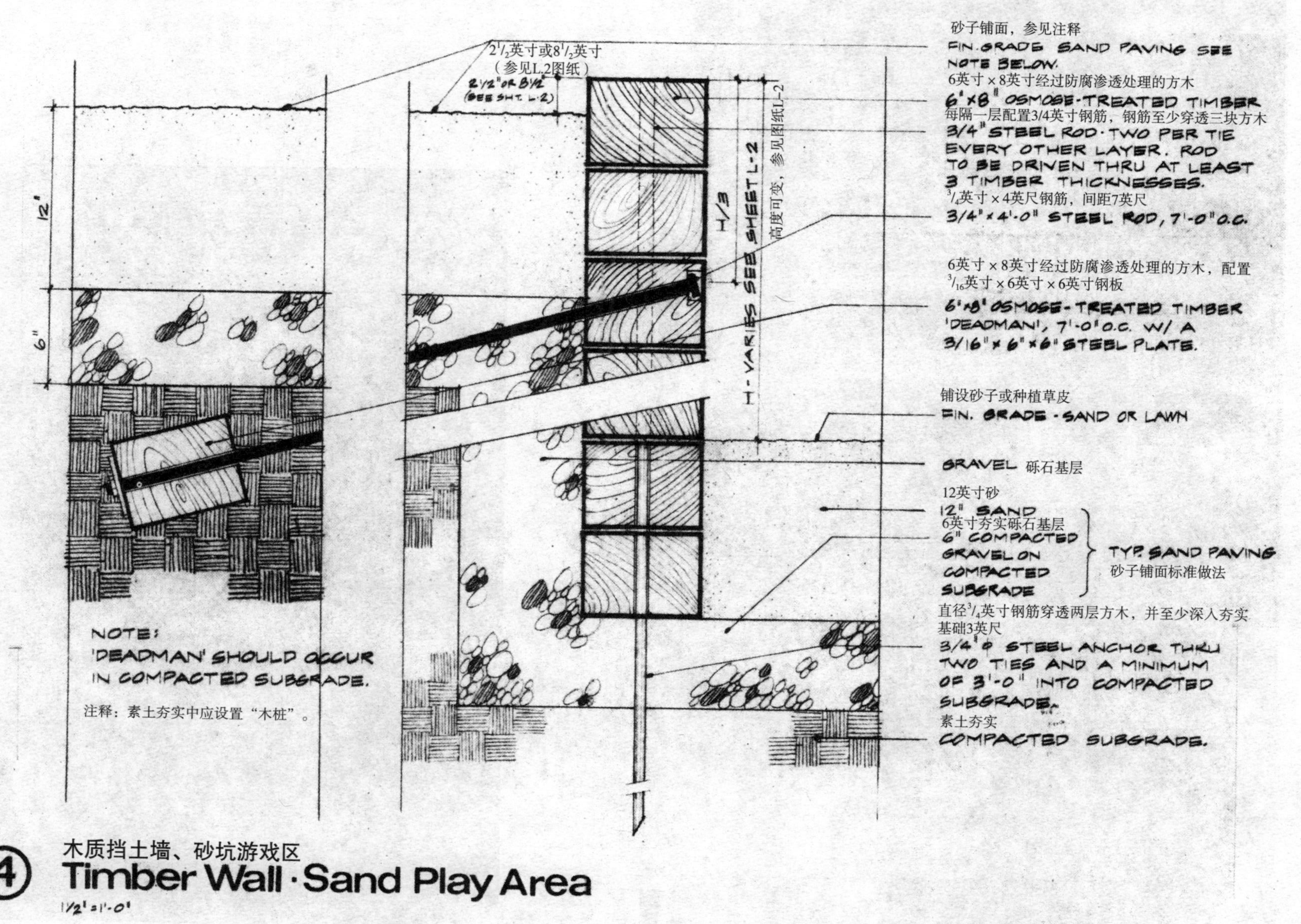

图7.102　设置木桩的木质挡土墙细部详图，由CR3设计公司绘制

图7.103 带有扶墙的木质挡土墙，由斯韦德鲁普与帕斯尔设计

图7.104 带有木桩的木质挡土墙，由贝利（Bailey）设计联盟设计

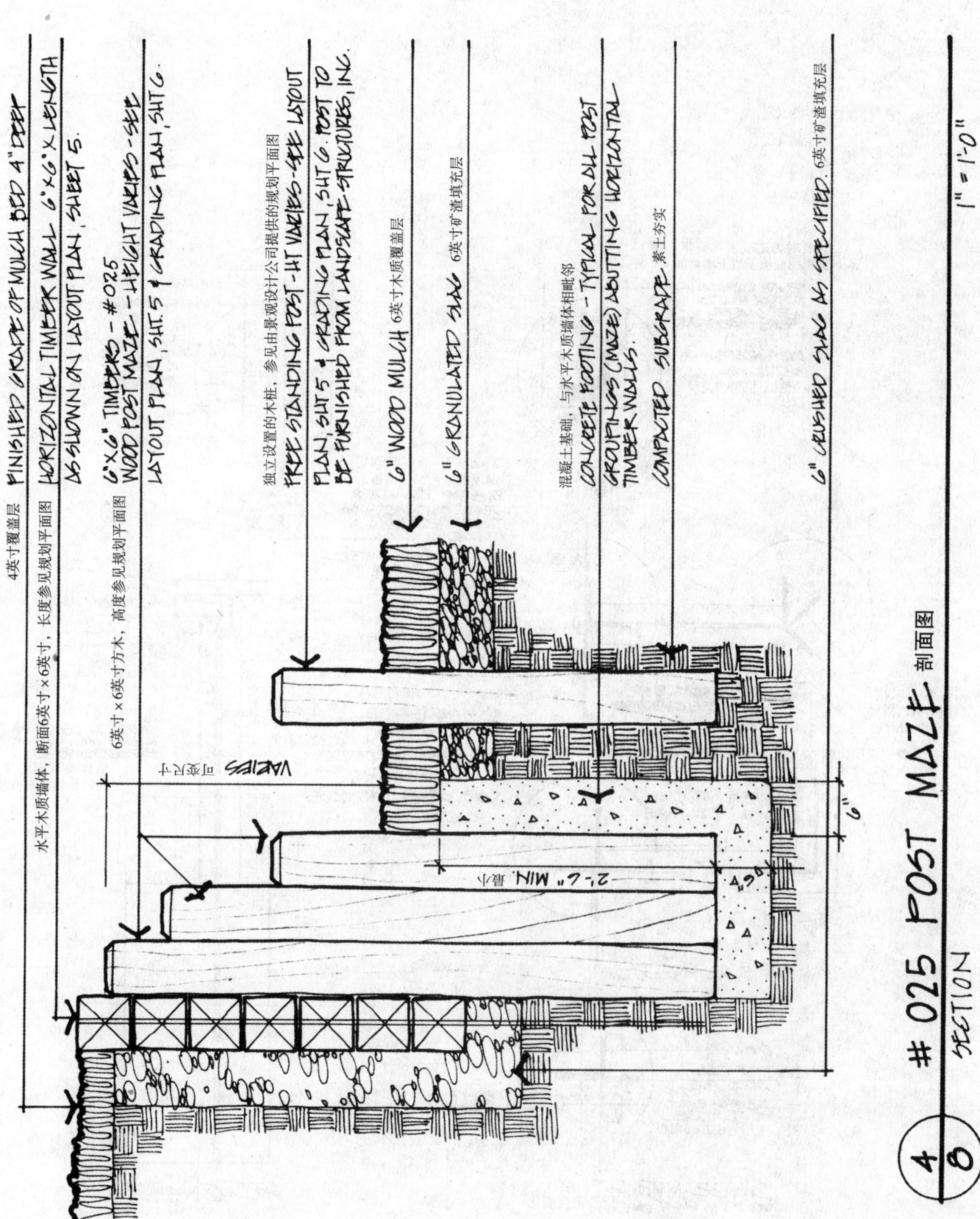

图7.105　挡土墙细部详图，由邦内尔设计联盟绘制

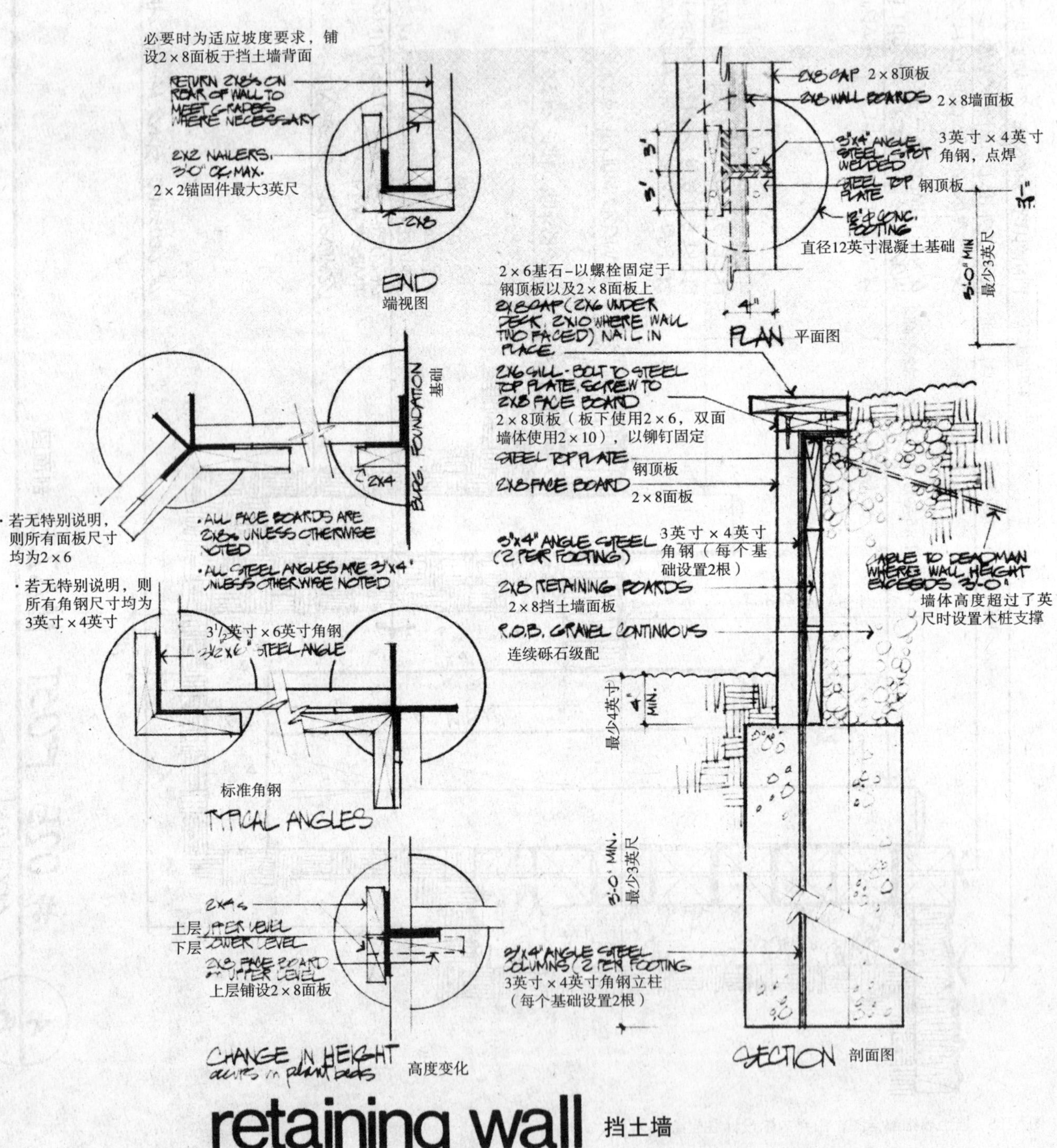

retaining wall 挡土墙

图7.106 挡土墙细部详图，由赖曼（Reimann）与比希纳（Buechner）设计联盟绘制

图7.107　木质挡土墙，照片由巴尔博·恩格（Barbeau Engh）加利福尼亚州红木研究协会提供

图7.108　一所住宅建筑中，由金属和木材制成的大门

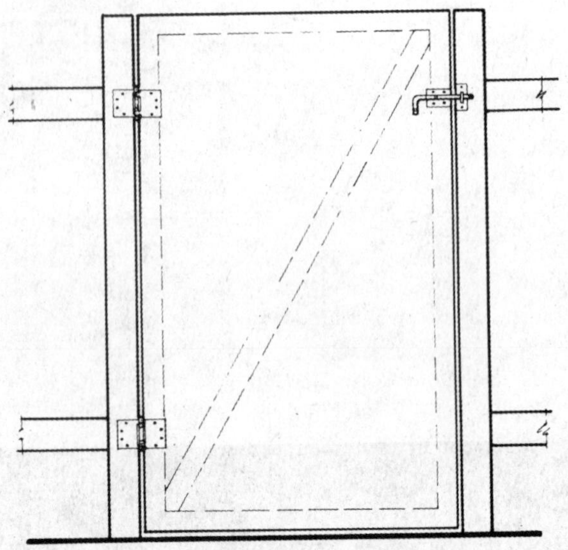

图7.110　门扇上沿对角线设置的斜杆正确位置

图7.109　一座购物中心，由钢材和木材制成的车库大门

图7.111　一座公园中，经过油漆处理的钢质大门，由麦康纳基/巴特（McConaghie/Batt）设计联盟设计

图7.112　一个城市公园中的金属大门，在公园中的很多场所都重复了这种圆形的主题

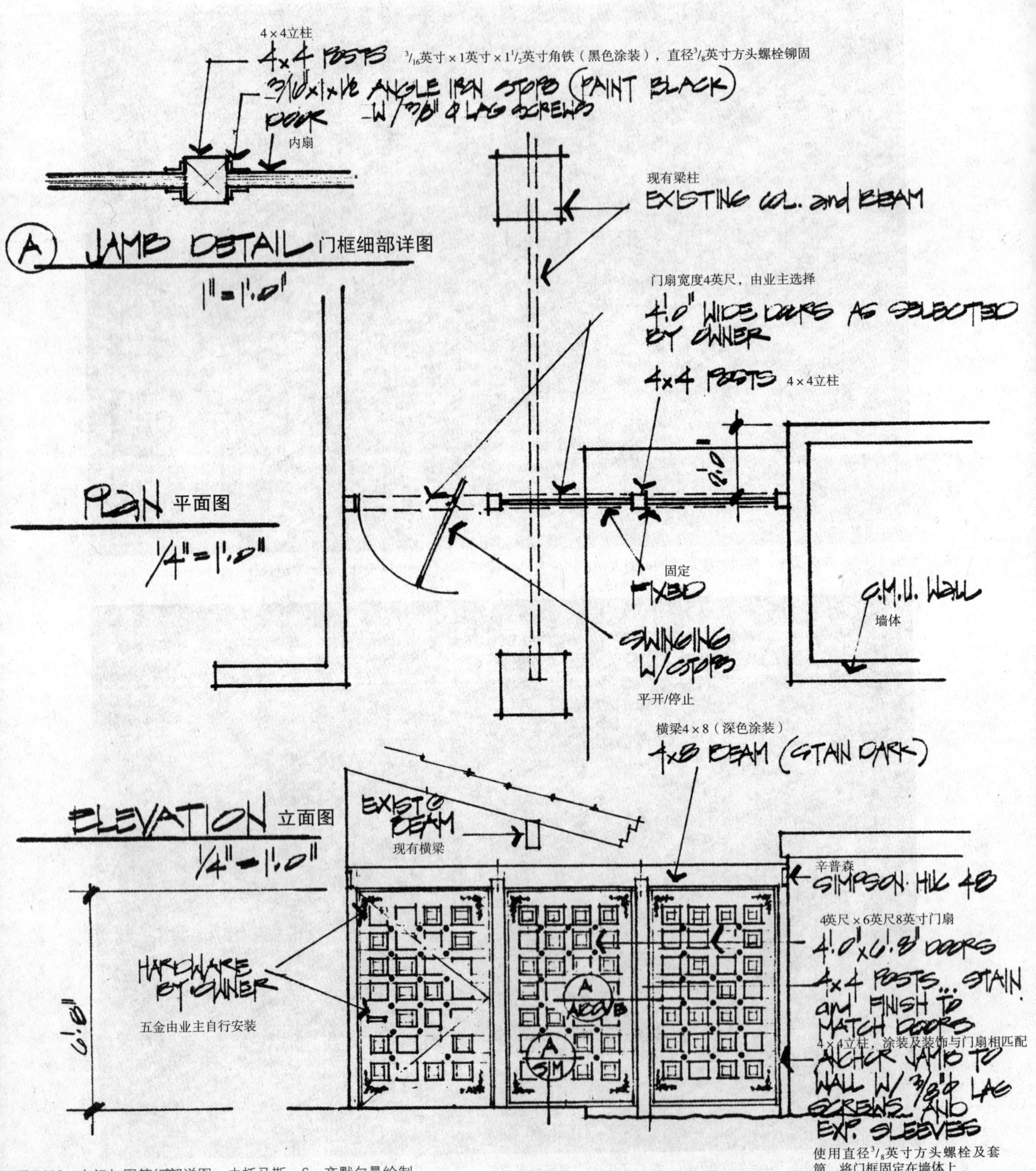

图7.113　大门与围篱细部详图，由托马斯·C·齐默尔曼绘制

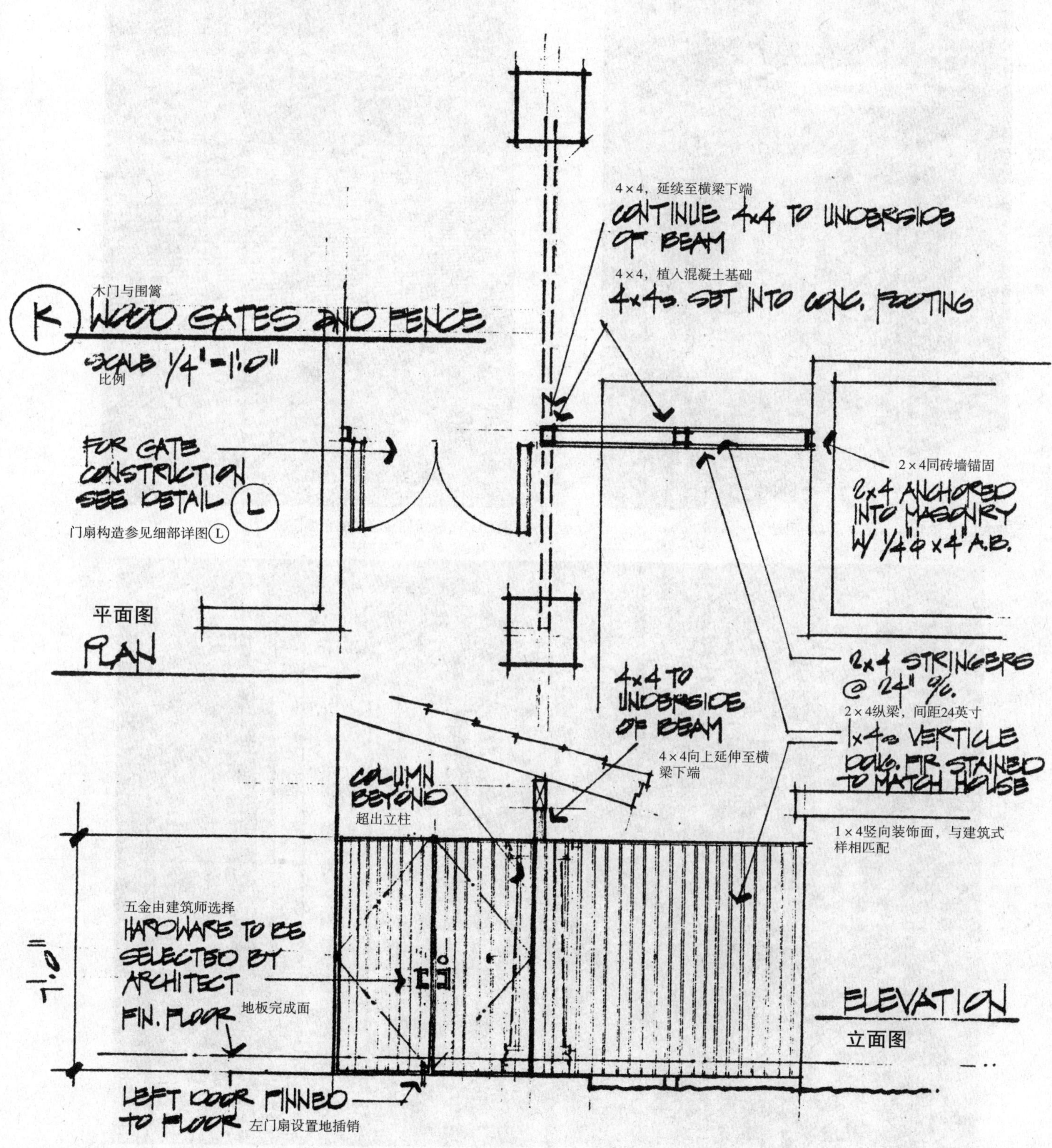

图7.114　大门与围篱细部详图，由托马斯·C·齐默尔曼绘制

图7.115 购物中心储藏区域的围篱

图7.117 诊所储藏区域的金属围篱

图7.116 私人住宅外面的木质围篱

图7.118　木质围篱，由拉波特（LaPorte）县景观设计公司设计

图7.119　木质围篱，由拉波特县景观设计公司设计

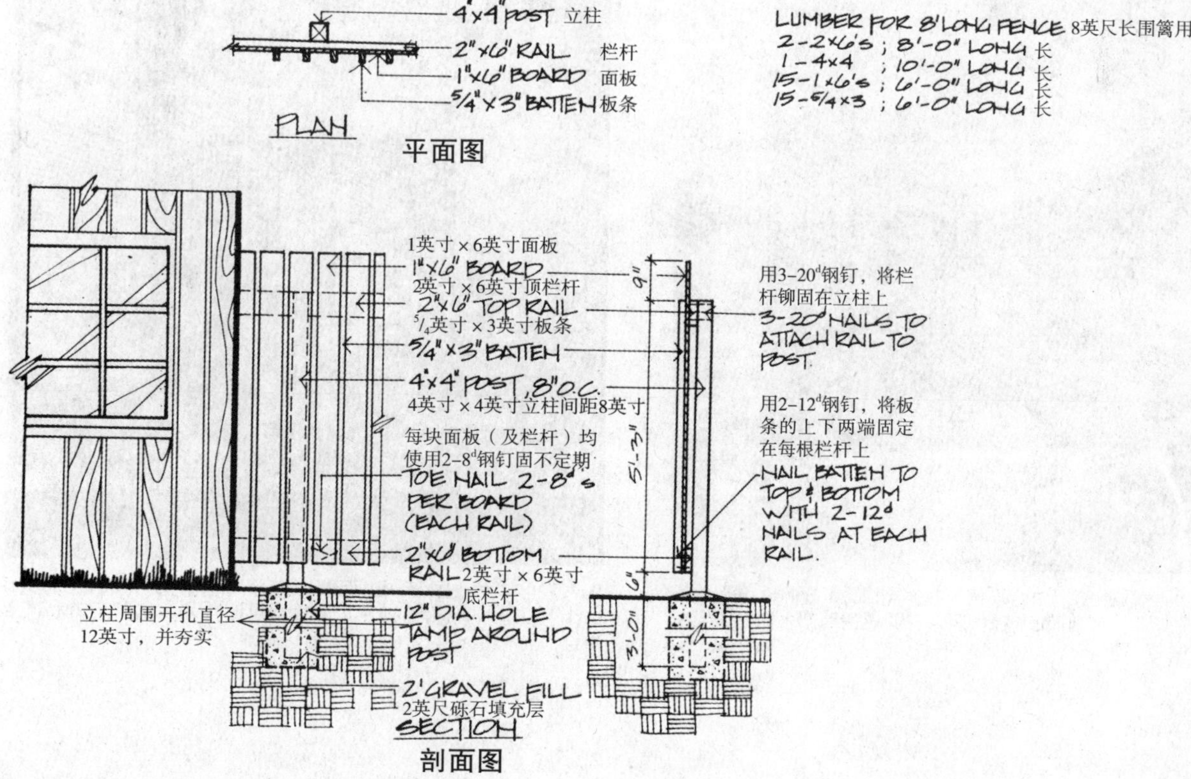

图7.120　围篱细部详图，西部木制品协会绘制

图7.121　木质围篱，由柯克·瓦利亚塞（Kirk Wallace）与麦金利（McKinley）设计，查尔斯·R·皮尔逊（Charles R. Pearson）提供照片，并感谢西部木制品协会

图7.123　木质围篱，由劳埃德·邦德设计，汤姆·伯恩斯提供照片，并感谢西部木制品协会

图7.122　木质围篱，由劳埃德·邦德（Lloyd Bond）设计，汤姆·伯恩斯（Tom Burns）提供照片，并感谢西部木制品协会

图7.124　木质围篱，由保罗·海登·基尔克（Paul Hayden Kirk）设计，查尔斯·R·皮尔逊提供照片，并感谢西部木制品协会

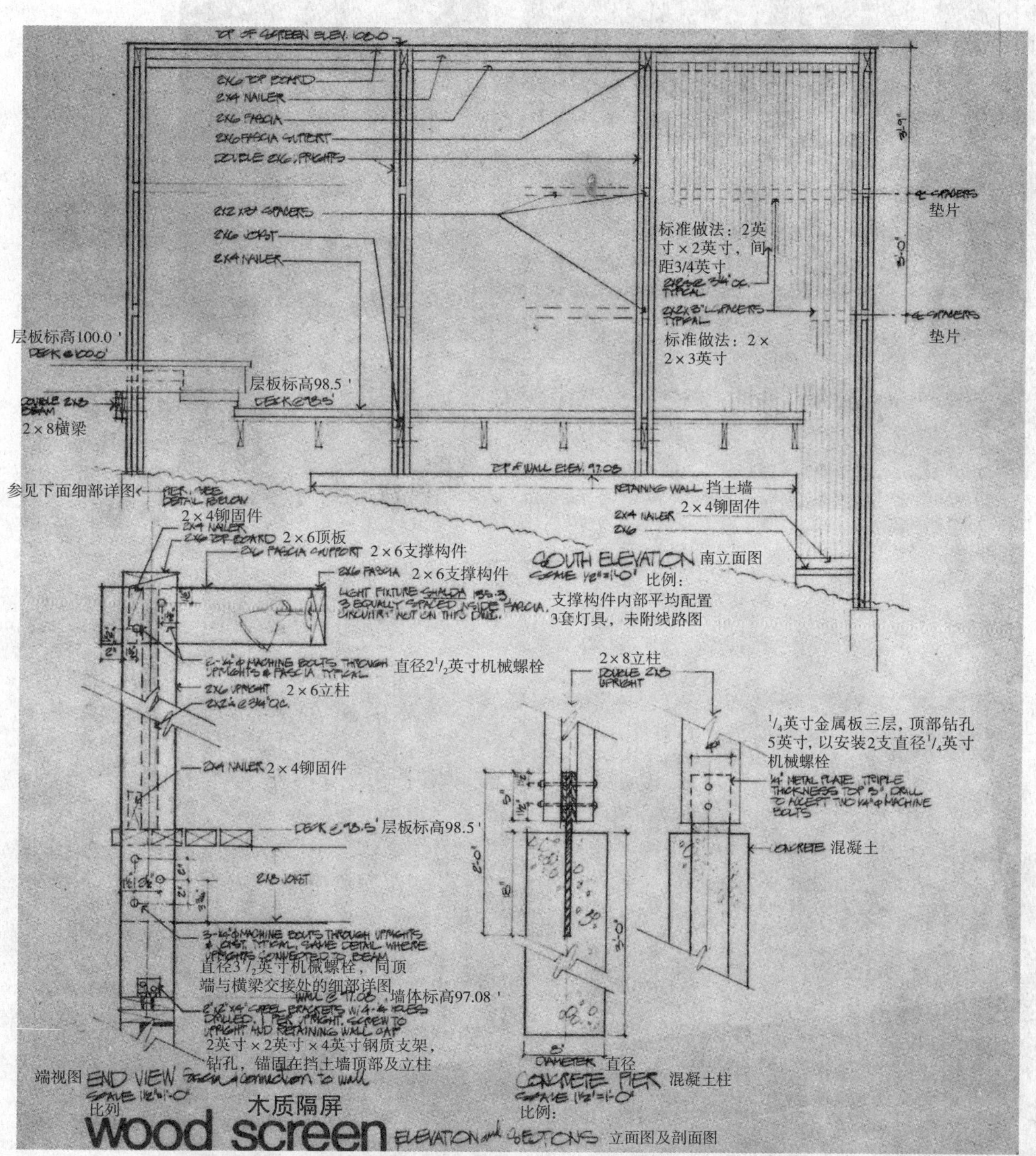

图7.125 围篱细部详图，由赖曼与比希纳设计联盟绘制

图7.126　木质围篱，由约翰·沃格利（John Vogley）设计，菲尔·帕尔默（Phil Palmer）提供照片，并感谢加利福尼亚州红木研究协会

图7.127　木质围篱，由罗伯特·康沃尔（Robert Cornwall）设计，莫利·贝尔（Morley Baer）提供照片，并感谢加利福尼亚州红木研究协会

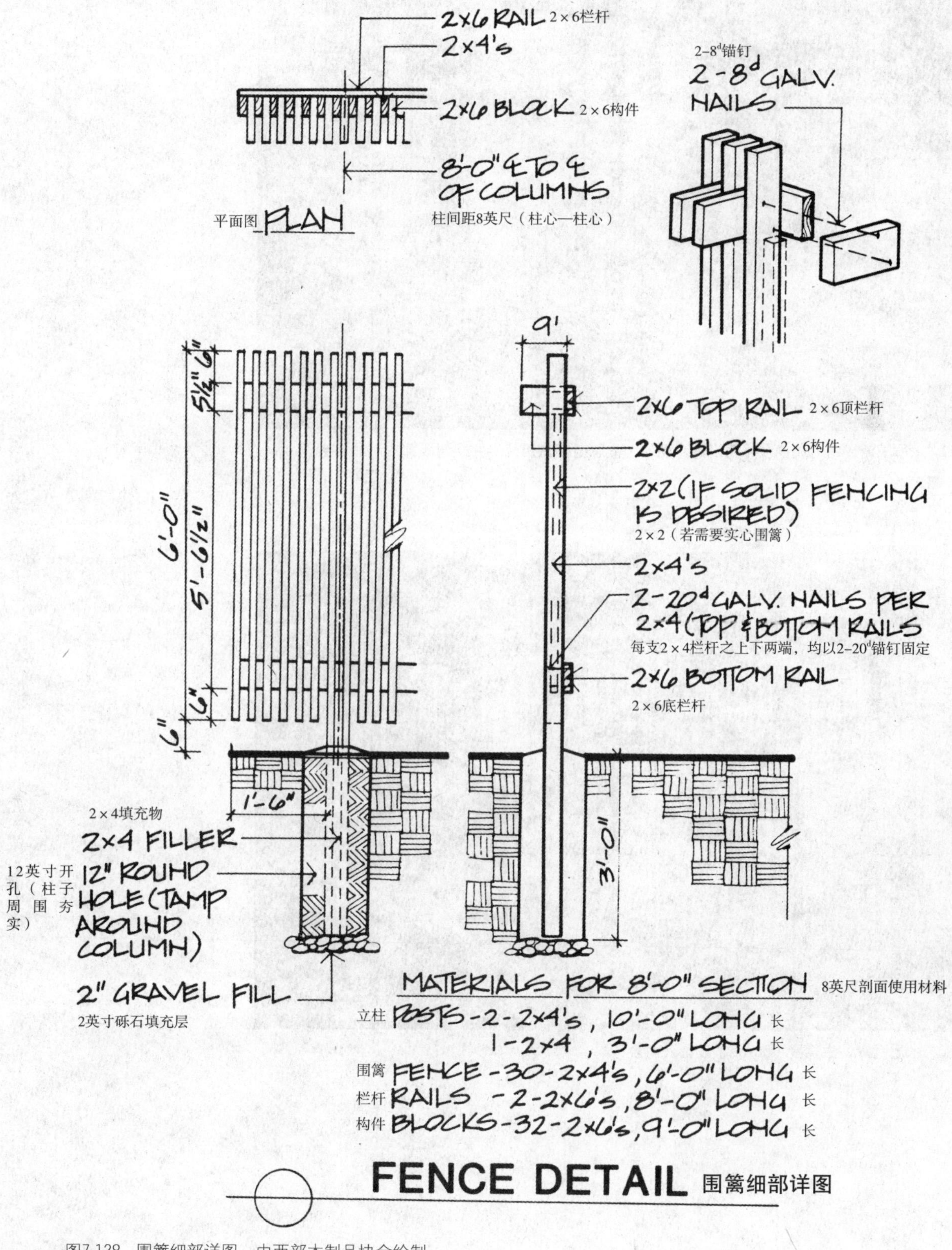

图7.128　围篱细部详图，由西部木制品协会绘制

图7.129　木质围篱，由劳埃德·邦德设计，汤姆·伯恩斯提供照片，并感谢西部木制品协会

图7.130　木质围篱，由德登（Doede）设计公司设计

图7.131　木质围篱，由阿兰·塞德（Alan Seder）设计，汤姆·伯恩斯提供照片，并感谢西部木制品协会

图7.132　木质围篱，由O·A·布姆加德纳（O. A. Bumgardner）设计，查尔斯·R·皮尔逊提供照片，并感谢西部木制品协会

图7.133　木质围篱

图7.134　木质围篱

图7.135　木质围篱

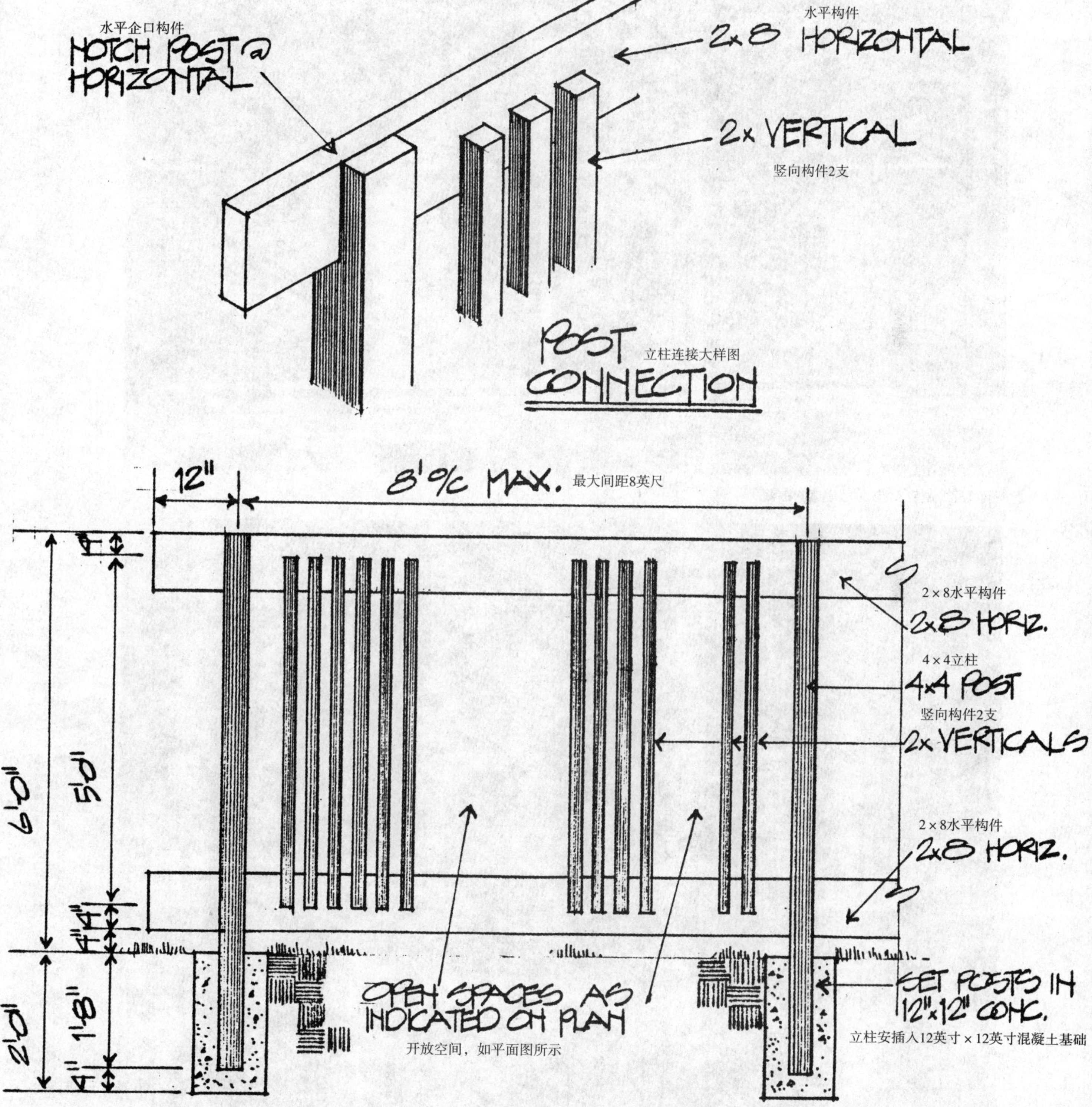

图7.136　围篱细部详图，由托马斯·C·齐默尔曼绘制

图7.137　由钢材与木材建造的围篱

图7.138　木质围篱，配置砖柱

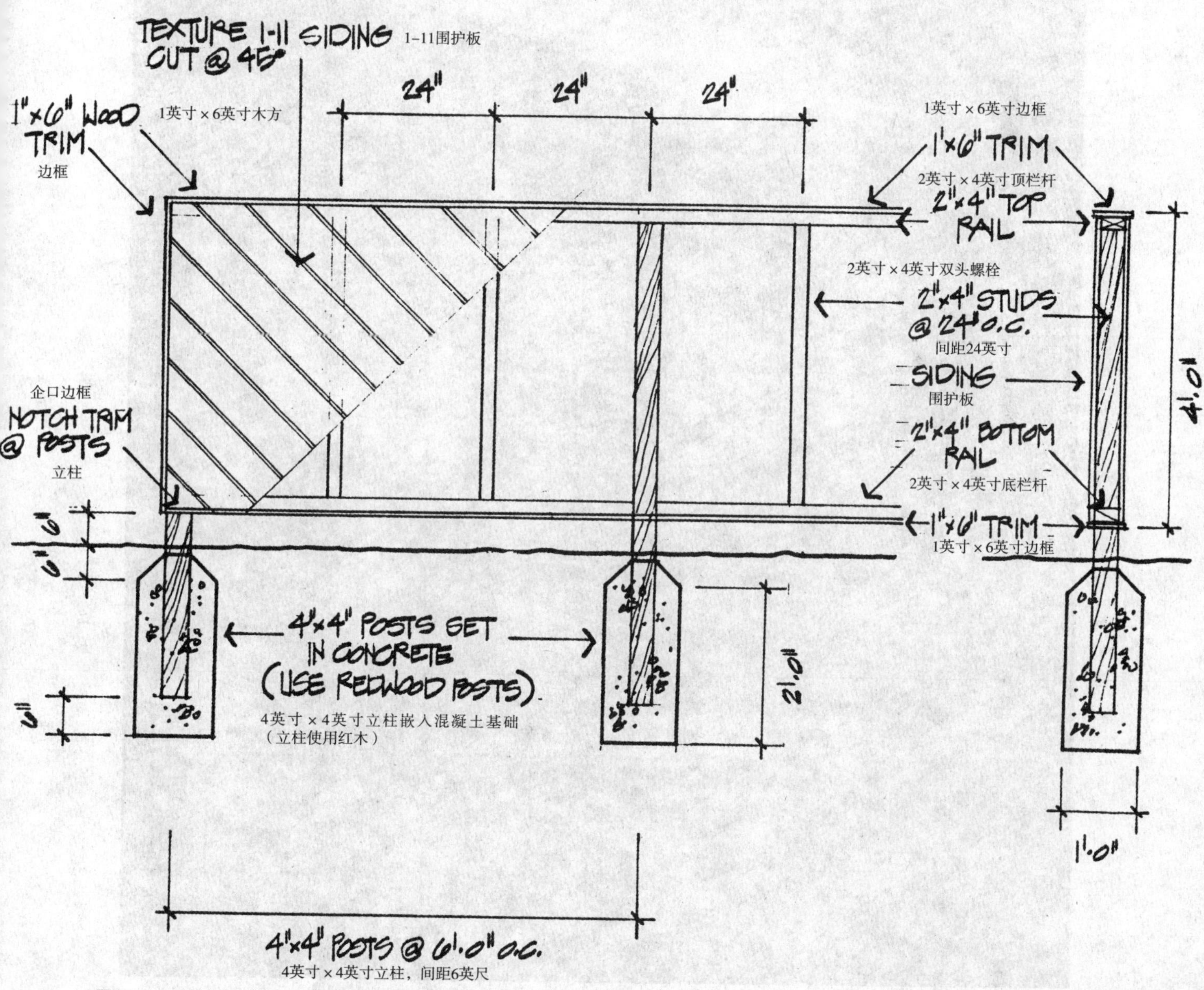

图7.139　围篱细部详图，由托马斯·C·齐默尔曼绘制

图7.140　木质围篱，由卡瓦萨基·泰拉克尔·于诺（Kawasaki Theilacker Ueno）设计联盟设计

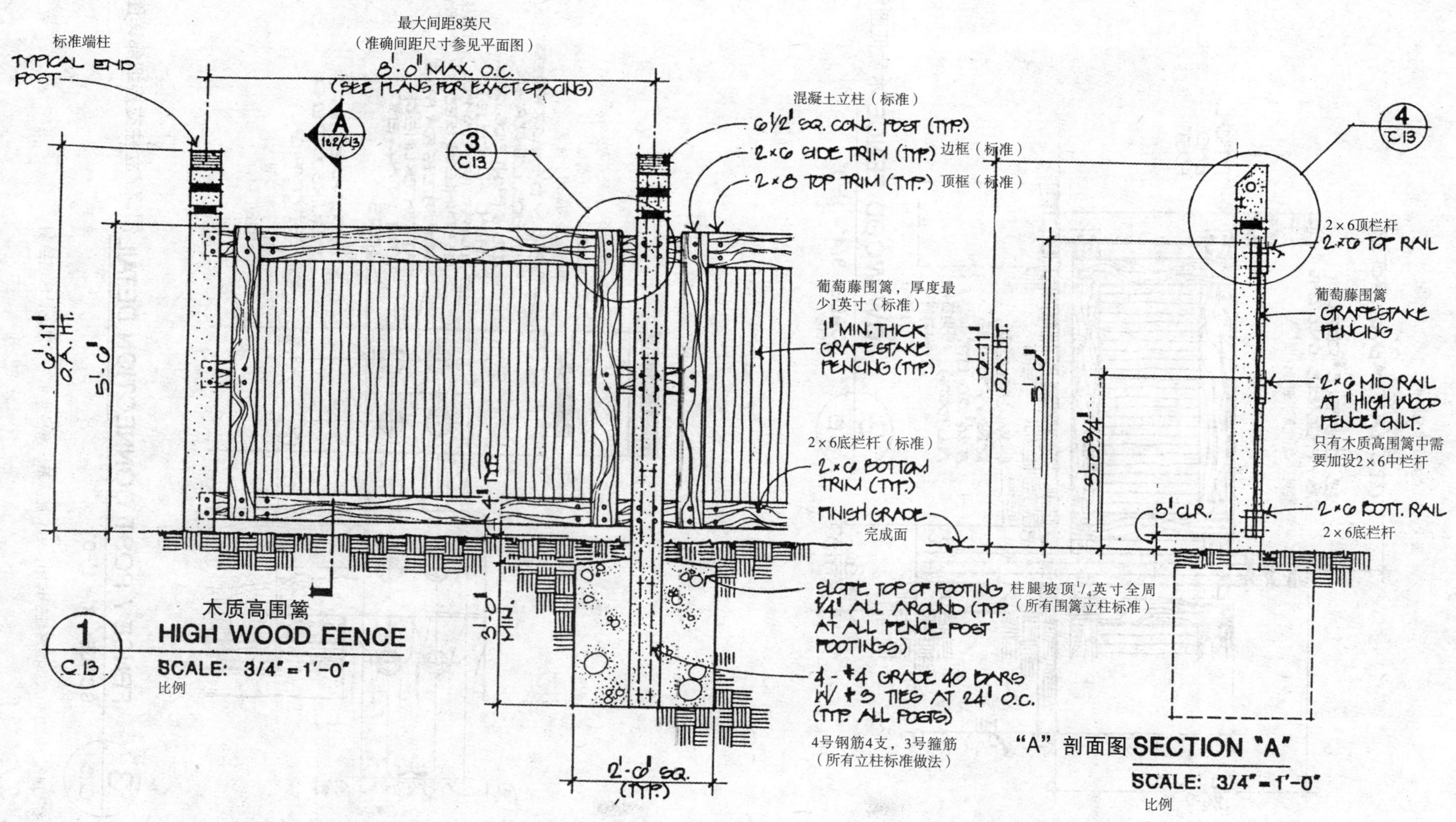

图7.141　木质围篱细部详图，由卡瓦萨基·泰拉克尔·于诺设计联盟绘制

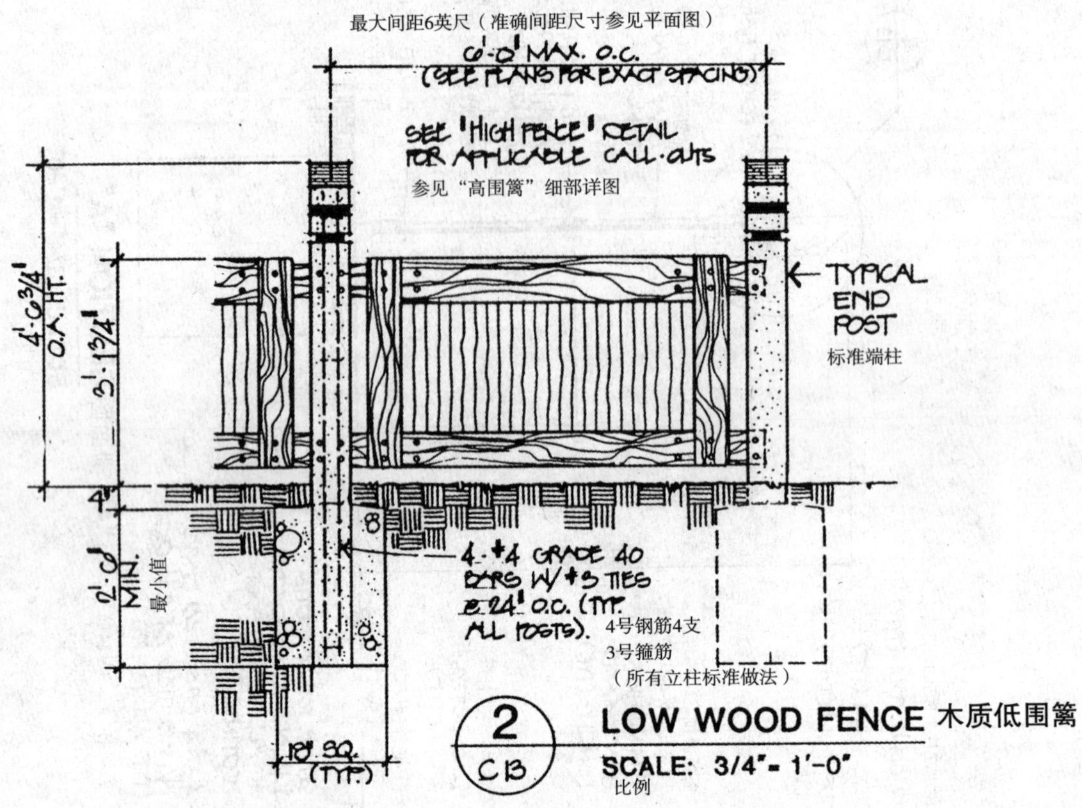

LOW WOOD FENCE 木质低围篱

SCALE: 3/4" = 1'-0"
比例

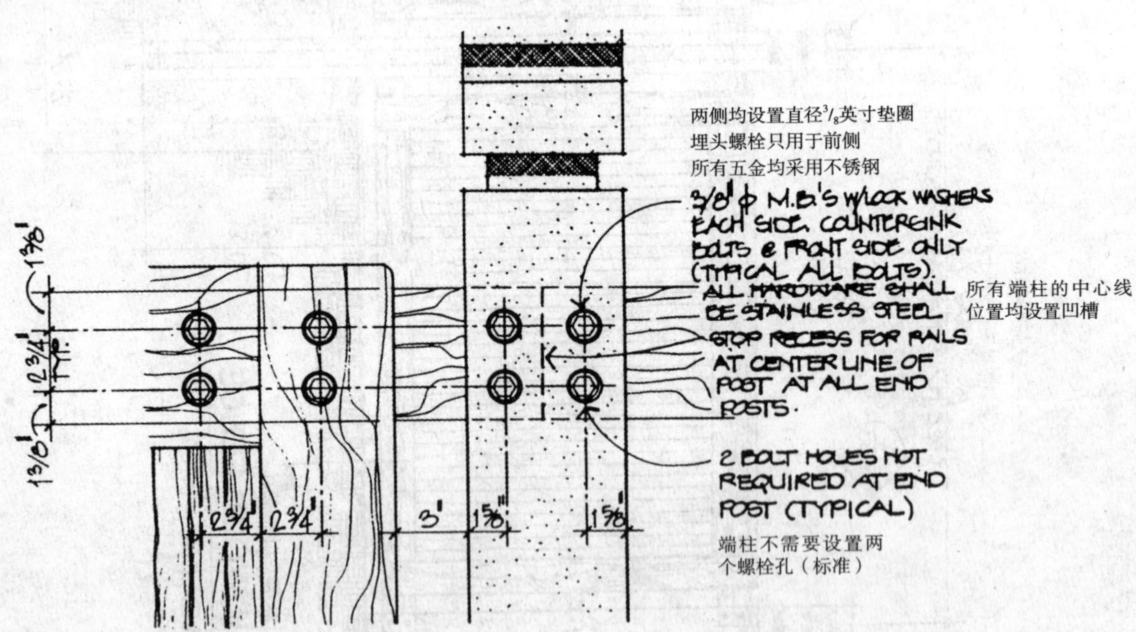

3
C13

FENCE / POST CONNECTION DETAIL 围篱／立柱交接细部详图

SCALE: 3" = 1'-0"
比例

图7.142 图7.140木质围篱细部详图，由卡瓦萨基·泰拉克尔·于诺设计联盟绘制

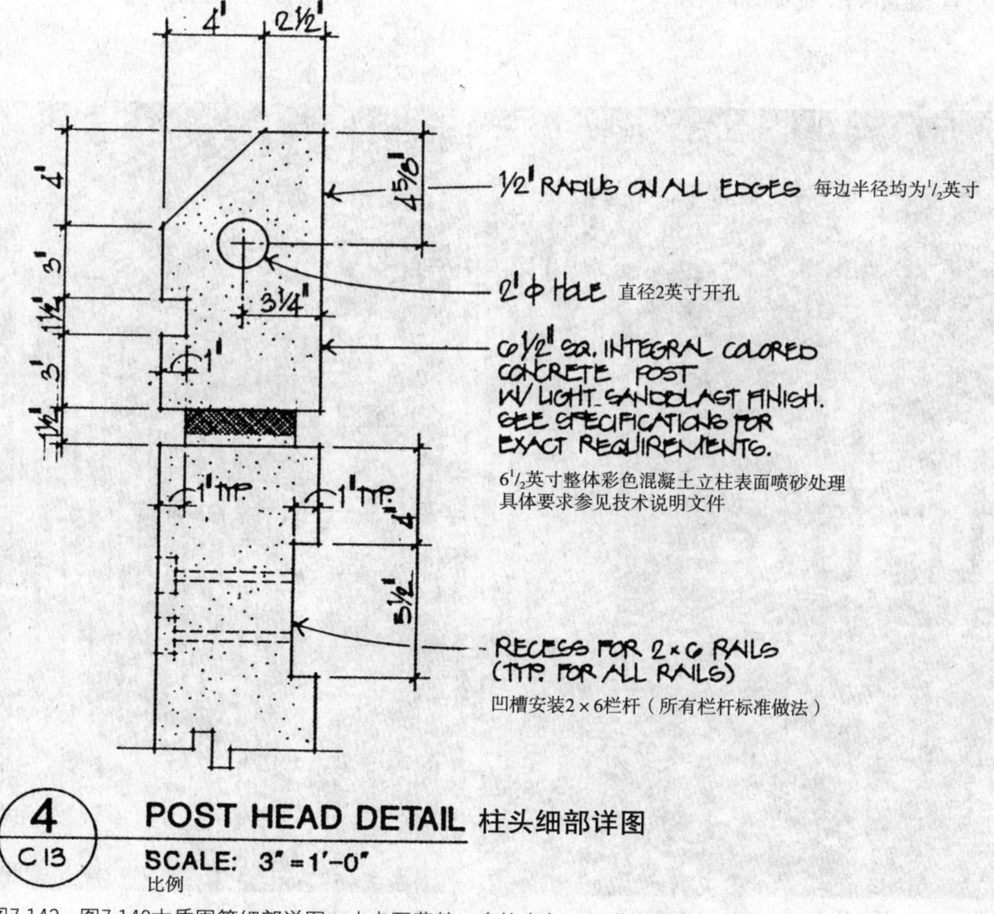

图7.143　图7.140木质围篱细部详图，由卡瓦萨基·泰拉克尔·于诺设计联盟绘制

图7.144　金属围篱，配置混凝土柱

图7.146　金属围篱

图7.145　金属围篱，配置砖柱

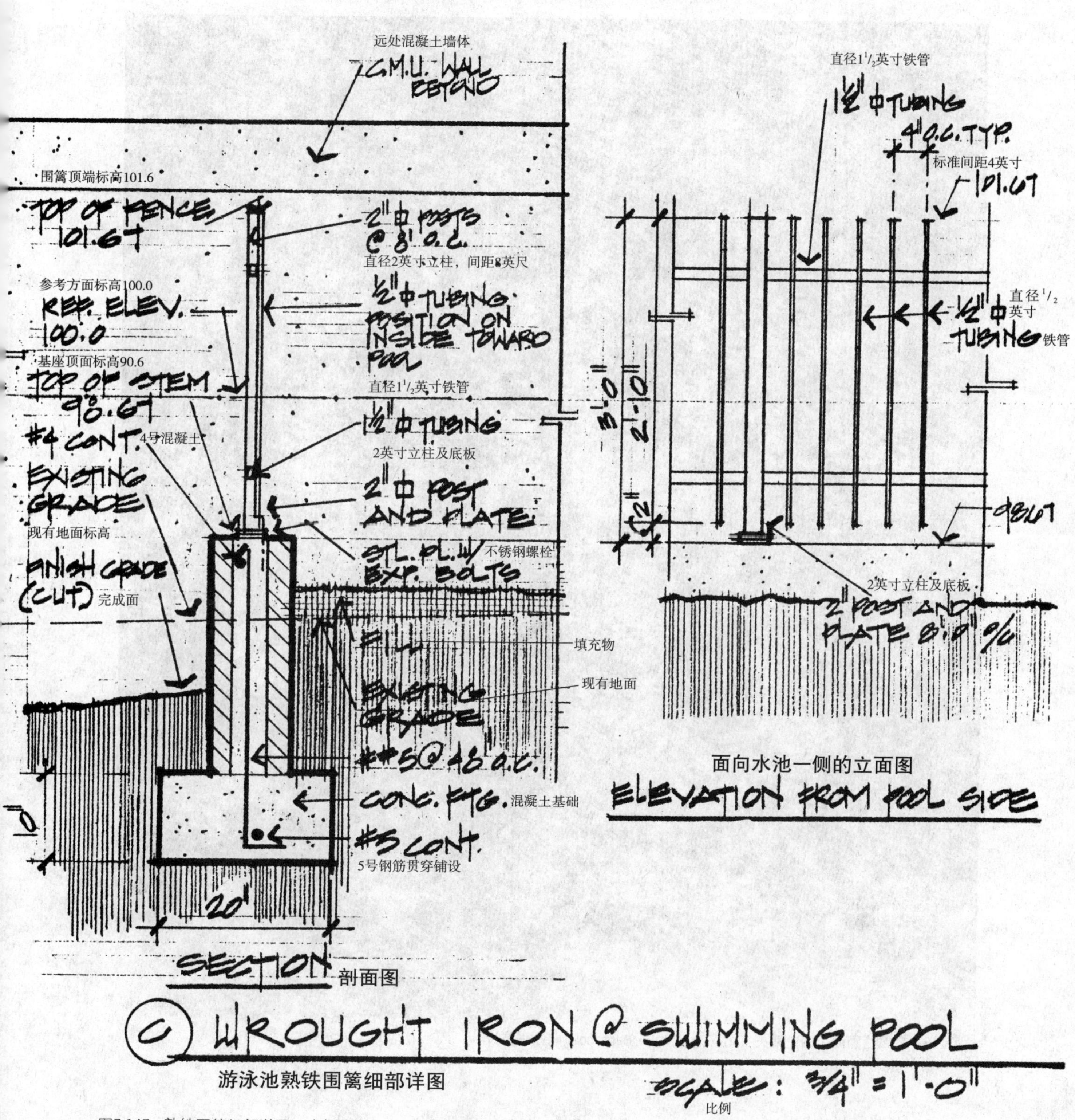

C WROUGHT IRON @ SWIMMING POOL

游泳池熟铁围篱细部详图

SCALE: 3/4" = 1'-0"

比例

图7.147 熟铁围篱细部详图，由托马斯·C·齐默尔曼绘制

图7.148　金属柱围篱，由史蒂夫·马蒂诺（Steve Martino）设计联盟设计

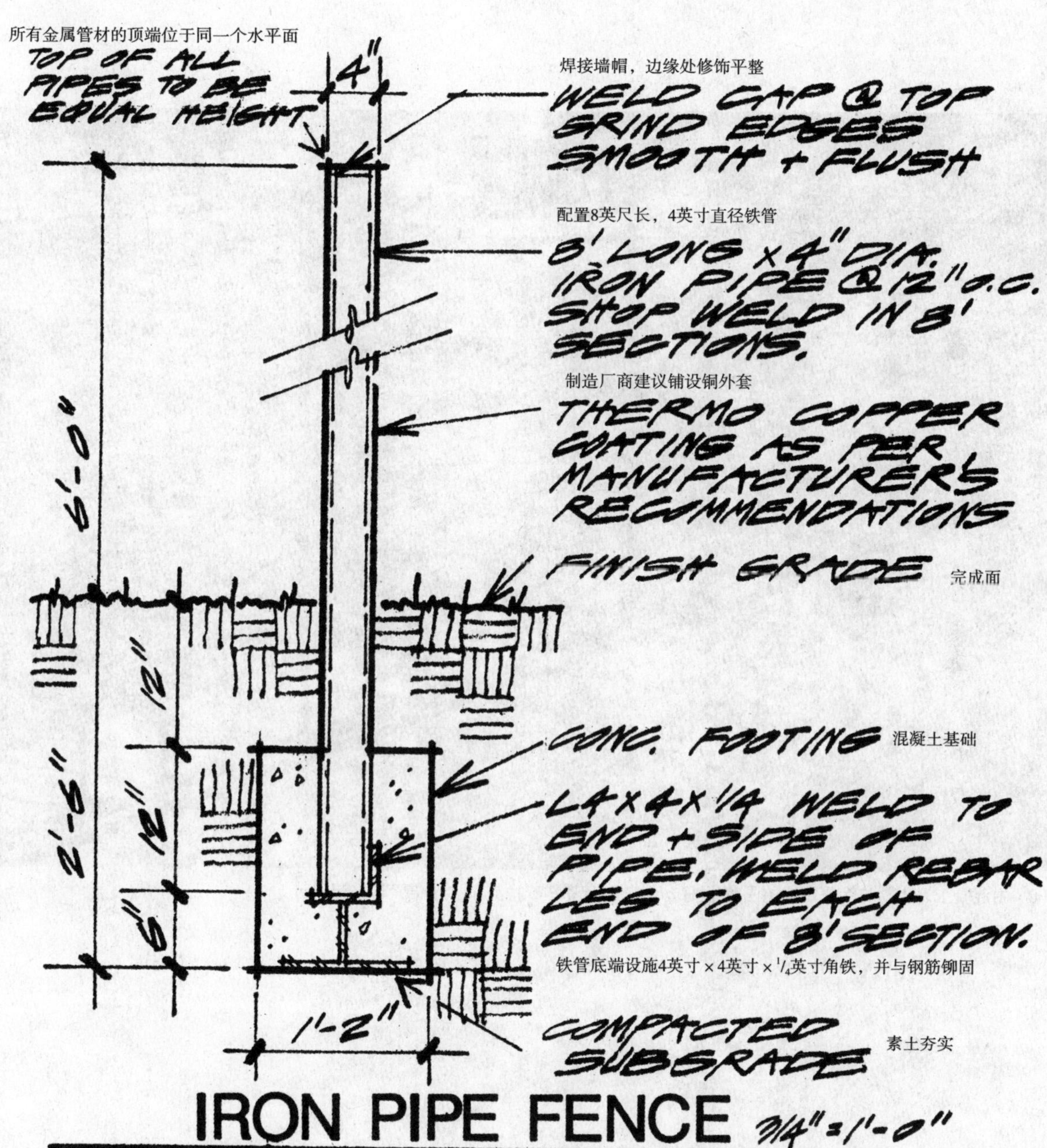

图7.149　图7.148金属柱围篱细部详图，由史蒂夫·马蒂诺设计联盟设计

图7.150　由混凝土、木材与金属制成的围篱/栏杆，由卡瓦萨基·泰拉克尔·于诺设计联盟设计

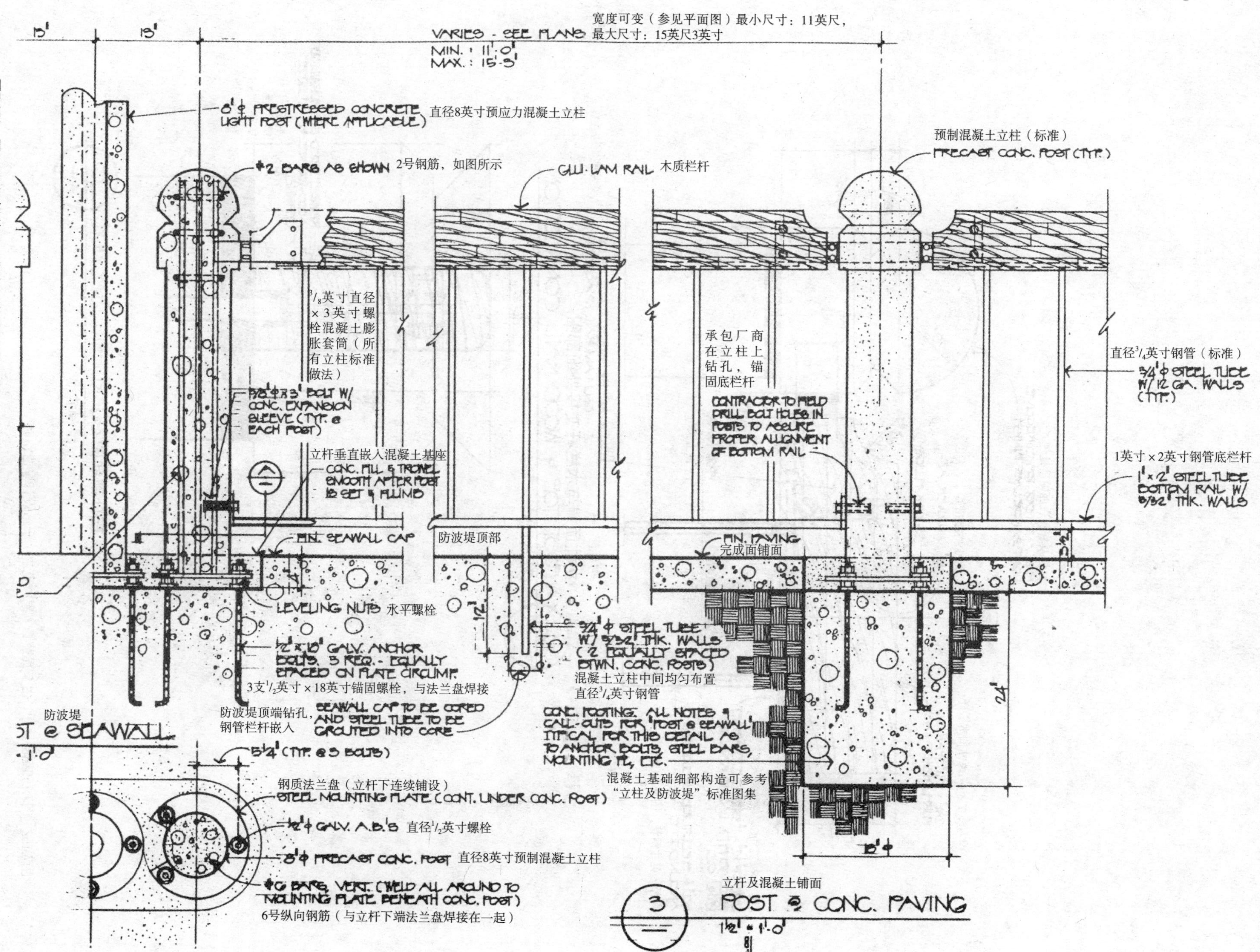

图7.151　图7.150细部详图，由卡瓦萨基·泰拉克尔·于诺设计联盟绘制

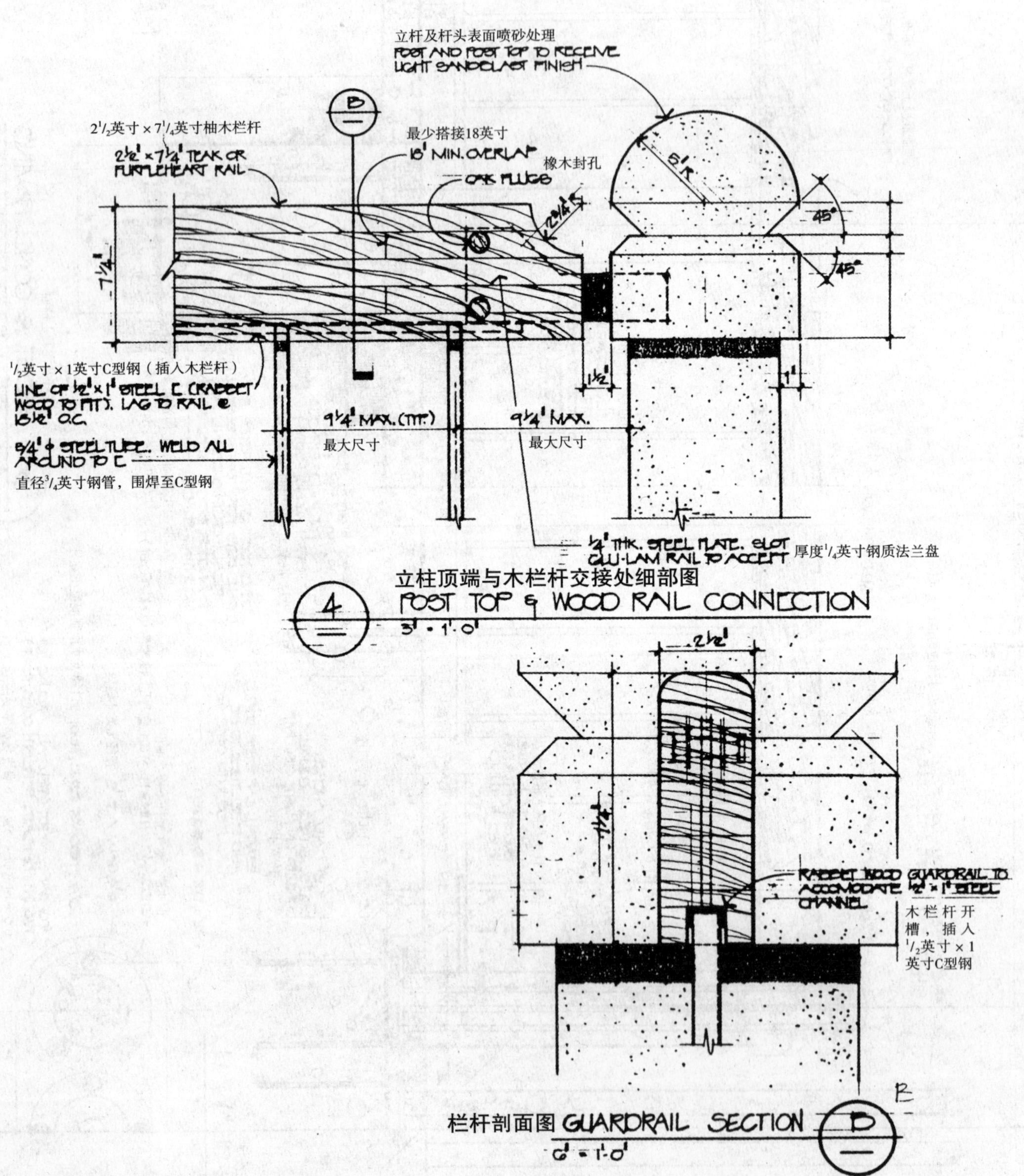

图7.152　图7.150细部详图，由卡瓦萨基·泰拉克尔·于诺设计联盟绘制

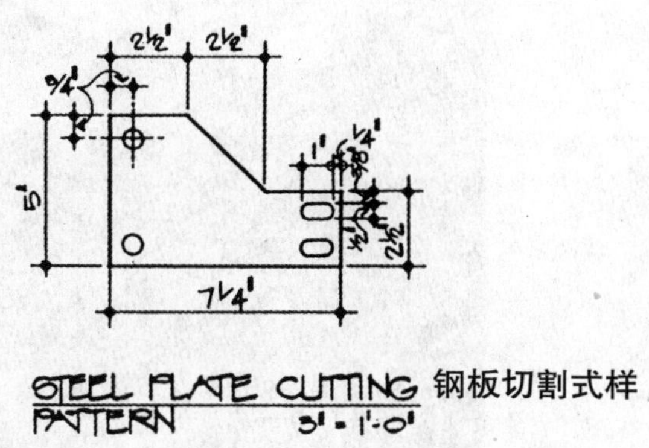

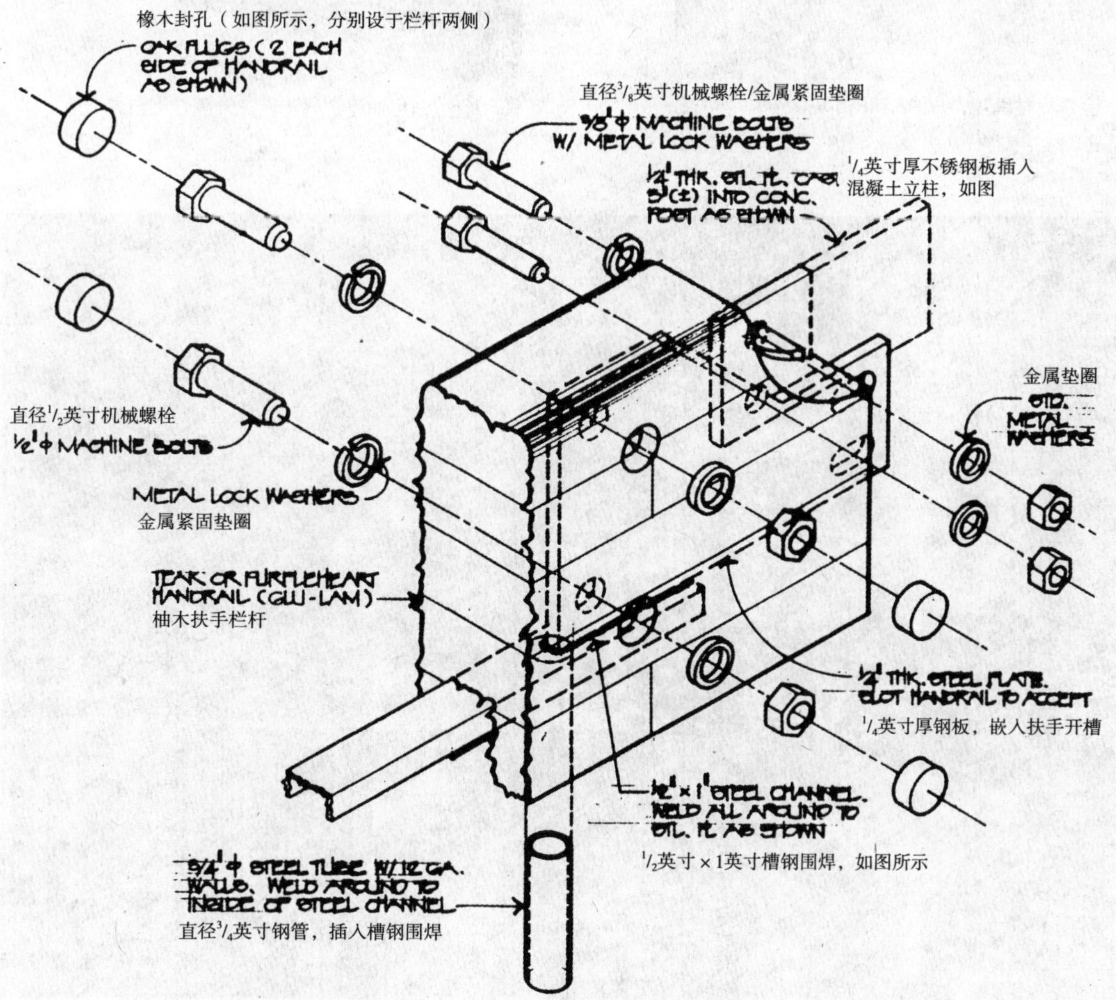

图7.153　图7.150细部详图，由卡瓦萨基·泰拉克尔·于诺设计联盟绘制

图7.154　金属立柱围篱，与图7.148相类似

图7.156　白色油漆金属围篱，分隔住宅与游泳池

图7.155　金属围篱，并设置混凝土板以产生视觉效果上的变化

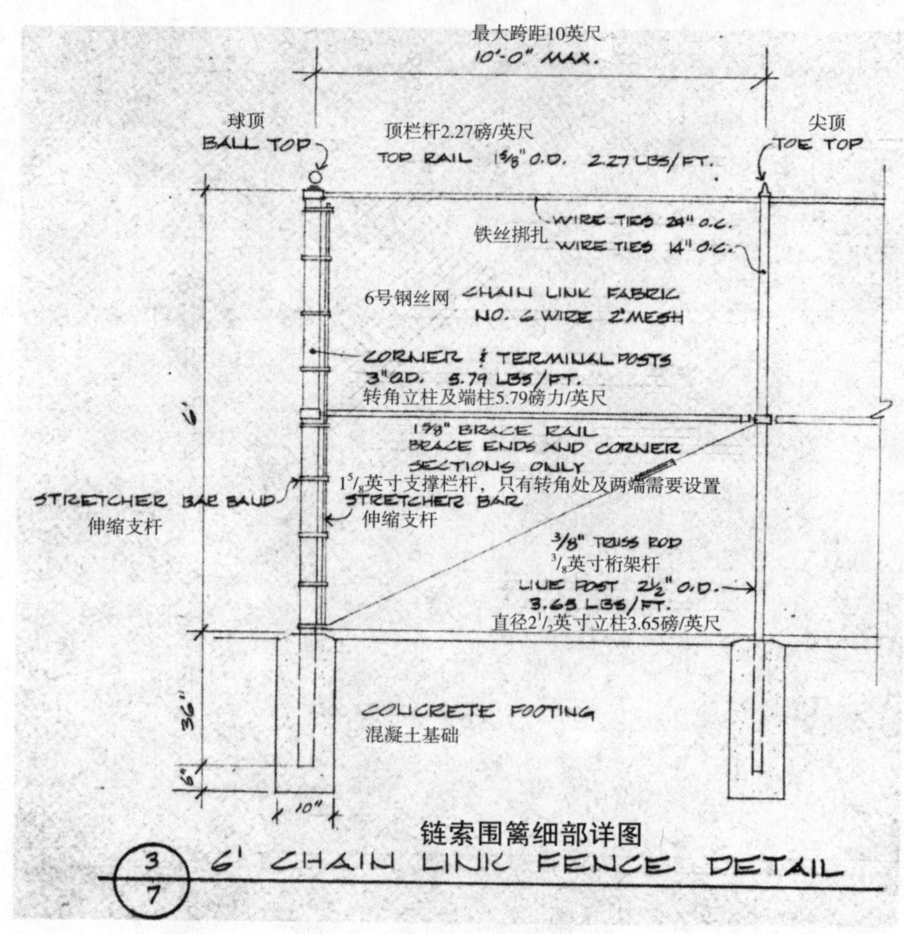

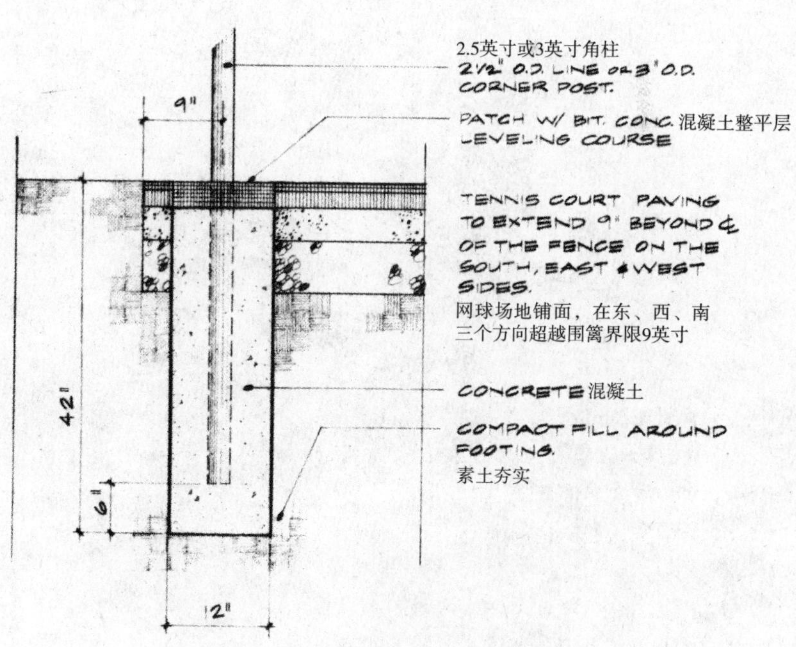

图7.157　链索围篱细部详图，由CR3设计公司设计

第八章 构造物：平台、遮蔽构造物及天桥

平台

平台是设置在平地或山坡上的水平延伸。例如，住宅当中起居空间的延伸，以及商业空间、休闲娱乐空间的延伸，都需要涉及平台的设计。孩子们都很喜欢平台，因为它与其他场地（例如草地）相比干燥较快，雨后不久孩子们就可以在上面玩耍嬉戏了。头顶上的遮蔽物在造型上可以是开放式的，为人们提供局部的或临时的或永久性的遮蔽，免受日晒和雨水的侵袭。

结构的设计必须要符合当地的建筑法规以及具体条件制约。构造物造型与尺寸的确定要考虑到业主的要求、视觉效果、主要风向、日照方向以及地形地势等众多因素。

本书介绍的实例中使用最多的材料就是木材，而金属主要应用于连接构件，表面装饰会使用到涂料以及其他塑性材料。设计师在设计之前需要充分了解这些材料，掌握它们的技术特性、施工方法，才能同时满足经济、耐久、艺术与安全性的要求。

用作结构构件的木材需要具有天然的抗腐蚀性，否则就要进行防腐加压处理，才能符合美国木材保护协会或联邦政府 TT-W-57i 规范所制定的标准。木材（除了具有天然抗腐蚀性的树种）在与土壤接触之前也要进行防腐处理。地面以上的木质构件可以利用水性防腐剂进行处理，例如铬酸铜，这些药剂同油漆与涂料具有很好的兼容性，可以满足设计对于色彩的要求。如果缺乏这样的处理，木材就会逐渐变成灰色，根据树种的不同，变化也各有区别。在干旱的气候，未经过油漆处理的木材很容易遭受干燥空气与炙热阳光的破坏。

为了尽量避免锈蚀作用的危害，金属材料一般都需要经过热浸渍电镀、镀镉或者油漆处理。生锈的钉子和金属板会对木材造成污染，进而使它们逐渐失去原有的强度与承载力。

结构构件包括柱子、横梁、桁架、板材、栏杆、踏步以及顶棚等。但是，并非任何设计都会包含上述所有构件，像踏步与顶棚，就不是必需的；但是，这些构件之间的相互关系在本章中都进行了举例介绍。确定构件的尺寸与安装有不同的方法。其中一种方法是通过复杂的数学公式来计算反射、弯矩、允许承载力等。希望了解这种方法的读者可以参阅本章结尾的参考资料。

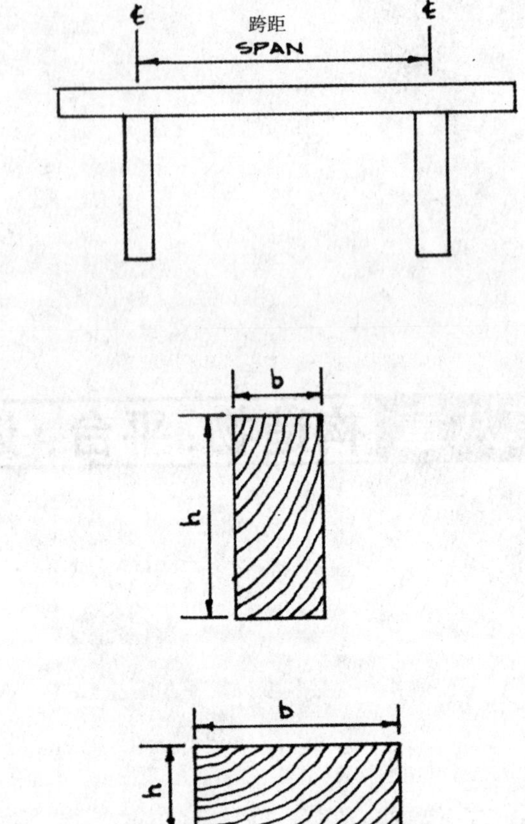

图8.1　结构设计要素

结构设计

下面介绍的是在挠曲公式中涉及的一些常见结构设计术语，并且配合了计算实例辅助说明。

1. 荷载：荷载分为两种，静荷载与动荷载。静荷载指结构材料的重量，并包含固定的设施与设备。动荷载包括使用该结构的人、活动家具与设备以及雪荷载。

2. 跨距：如果横梁的支撑点设置在两端，那么横梁的长度就是结构的跨距。否则，横梁两个支撑点中心的距离就是结构的跨距。

3. 允许承载力：对于不同的木材具有不同的规定，具体情况可以参考本章结尾列举的国家木制品协会出版的有关规范。根据荷载延续的时间变化，相关数值也会随之调整，例如，一场大雪很有可能会一直延续数天。

4. 弹性系数：这是对木材刚度的一种描述。根据树种的不同，这一数值也各不相同。美国黄杉与红木相比，前者的弹性系数比较大。

5. 惯性矩：它的计算式为横梁横断面的“$bh^3/12$”，其中 b 代表断面的宽度，h 代表断面的高度。水平放置的 2 × 4 横梁，“b” 为 3.5 英寸，“h” 为 1.5 英寸；而竖直放置的横梁，它的 “b” 为 1.5 英寸，“h” 为 3.5 英寸。经过计算，2 × 4 横梁水平放置的情况下，其惯性矩为 0.984；竖直放置的情况下，其惯性矩为 5.359。

6. 挠度：选择横梁的一种方法就是计算它的挠度或两个支撑点之间的垂度。跨距的中央是挠度值最大的地方。为了避免横梁发生破坏性的变形，挠度应该控制在跨度的 1/360（以英寸为单位）以内。计算挠度的公式为“D” $=5/384 \times WL^3/EI$。其中 “D” 代表挠度，以英寸为单位；“L” 代表跨距，以英寸为单位；“E” 代表弹性系数；“I” 代表惯性矩；“W”

代表均匀分布的荷载，以磅力为单位。

有关平台承载力的标准为每平方英尺面积承受大约 40 磅力动荷载与 10 磅力静荷载。这一标准同样适用于仅供行人使用的天桥。如果在小型天桥上还要通过摩托车、马车与小货车等，那么承载力计算应该提升到 100 磅力 / 平方英尺左右。如果在平台的表面设置较大面积的植栽（与土壤），这样形成的荷载并不是均匀的，受力点处的动荷载应该超过 40 磅力 / 平方英尺。

下面是一个挠度计算公式应用的实例：在初步设计中，暂定选用 4×8 的横梁来支撑平台，横梁间距 4 英尺，跨距 10 英尺。“L” 为 120 英寸。最大挠度根据 “L/360” 计算，为 0.33 英寸，“E” 为 150000，这是适用于南部黄松的弹性系统。4×8 的横梁 “I” 为 111.148。综合静荷载与动荷载为 50 磅力 / 平方英尺，一个荷载单元的面积为 40 平方英尺（4×10），即横梁间距 × 跨距，承载力为 2000 磅力。根据公式计算，得到挠度为 0.27 英寸，略小于最大允许挠度 0.33 英寸。因此横梁的尺寸可以保证结构的安全性。

图表是一种常用的辅助工具，它可以适用于大多数设计，能够节省进行结构计算所耗费的时间。根据树种的不同，图表可以分为三组，其中在图表的底部列举了适用的树种（参见图表 8.1—图表 8.4，选自 U.S.D.A. 手册 432 号）。

横梁的设计及尺寸计算，除了使用图表，还可以运用计算机，这是一种以低成本完成大量运算的方法。通过计算机的辅助，设计师可以更快更准确

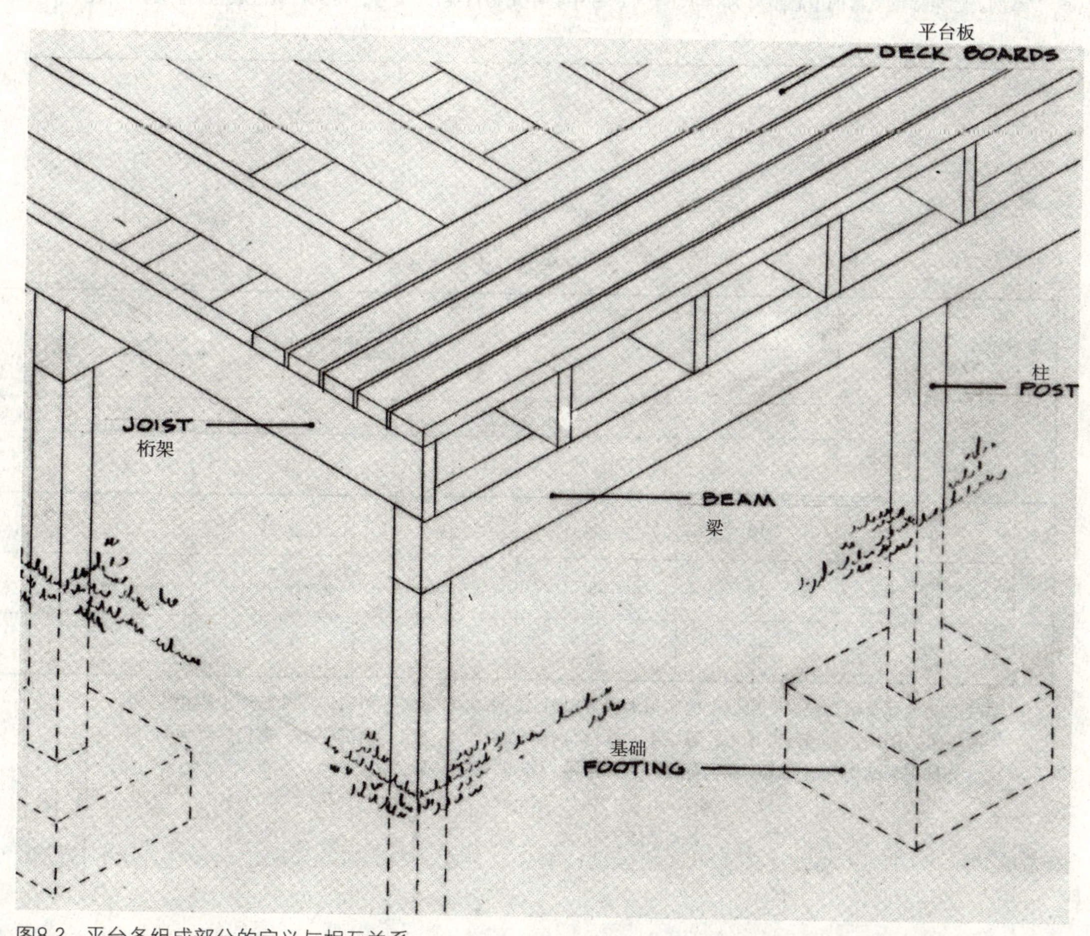

图8.2　平台各组成部分的定义与相互关系

柱子最小尺寸（木质横梁支撑）[注1] 图表8.1

树种分组[注2]	柱子尺寸（英寸）	荷载区域[注3]：横梁间距×柱间距（平方英尺）									
		36	48	60	72	84	96	108	120	132	144
1	4×4	上至12英尺高 →				上至10英尺高 →			上至8英尺高 →		
	4×6						上至12英尺高 →			上至10英尺高 →	
	6×6									上至12英尺高 →	
2	4×4	上至12英尺 →		上至10英尺高 →			上至8英尺高 →				
	4×6			上至12英尺高 →			上至10英尺高 →				
	6×6						上至12英尺高 →				
3	4×4	上至12英尺	上至10英尺 →		上至8英尺高 →			上至6英尺高 →			
	4×6		上至12英尺 →		上至10英尺高 →			上至8英尺高 →			
	6×6				上至12英尺高 →						

[注1]计算基础为40 磅力/平方英尺动荷载以及10 磅力/平方英尺静荷载。标准等级柱断面为4英寸×4英寸，等级为一级或高于一级的柱断面尺寸要加大。

[注2]第一组：美国黄杉与南部松木；第二组：冷杉与美国黄杉；第三组：西部松木、雪松、红木与云杉。

[注3]举例：如果横梁支撑的中心距离为8英尺6英寸，柱中心距离为11英尺6英寸，得到荷载区域为98。使用图表中稍大的数值108。

平台板最大允许跨度[注1] 图表8.2

树种分组[注2]	最大允许跨度（英寸）[注3]					
	水平放置				竖直放置	
	1×4	2×2	2×3	2×4	2×3	2×4
1	16	60	60	60	90	144
2	14	48	48	48	78	120
3	12	42	42	42	66	108

[注1]跨度的计算基础为假设一层以上的底板承担常规荷载。假如存在集中荷载，那么跨度也要相应减少。

[注2]第一组：美国黄杉与南部松木；第二组：冷杉与美国黄杉；第三组：西部松木、雪松、红木与云杉。

[注3]计算基础为结构等级或高于结构等级（选择结构、外观，符合第一等级或第二等级）。

图表8.3

横梁的最小尺寸与跨度[注1]

树种分组[注2]	横梁尺寸（英寸）	横梁间距[注3]（英尺）								
		4	5	6	7	8	9	10	11	12
1	4×6	上至6英尺跨距 →								
	3×8	上至8英尺跨距 →		上至7′ →	上至6英尺跨距 →					
	4×8	上至10′	上至9′ →	上至8′ →	上至7英尺跨距 →		上至6英尺跨距 →			
	3×10	上至11′	上至10′ →	上至9′ →	上至8英尺跨距 →		上至7英尺跨距 →		上至6英尺跨距 →	
	4×10	上至12′	上至11′ →	上至10′ →	上至9英尺跨距 →		上至8英尺跨距 →		上至7英尺跨距 →	
	3×12		上至12′ →	上至11′ →	上至10′ →	上至9英尺跨距 →		上至8英尺跨距 →		
	4×12			上至12英尺跨距 →		上至11′ →	上至10英尺跨距 →		上至9英尺跨距 →	
	6×10					上至12′ →	上至11′ →	上至10英尺跨距 →		
	6×12						上至12英尺跨距 →			
2	4×6	上至6英尺跨距 →								
	3×8	上至7英尺跨距 →		上至6英尺跨距 →						
	4×8	上至9′	上至8′ →	上至7英尺跨距 →		上至6英尺跨距 →				
	3×10	上至10′	上至9′ →	上至8′ →	上至7英尺跨距 →		上至6英尺跨距 →			
	4×10	上至11′	上至10′ →	上至9′ →	上至8英尺跨距 →		上至7英尺跨距 →			上至6英尺
	3×12	上至12′	上至11′ →	上至10′ →	上至9′ →	上至8英尺跨距 →		上至7英尺跨距 →		
	4×12		上至12′ →	上至11′ →	上至10英尺跨距 →		上至9英尺跨距 →		上至8英尺跨距 →	
	6×10			上至12′ →	上至11′ →	上至10英尺跨距 →		上至9英尺跨距 →		
	6×12				上至12英尺跨距 →			上至11英尺跨距 →		上至10英尺
3	4×6	上至6′								
	3×8	上至7′	上至6′ →							
	4×8	上至8′	上至7′ →	上至6英尺跨距 →						
	3×10	上至9′	上至8′ →	上至7′ →	上至6英尺跨距 →					
	4×10	上至10′	上至9′ →	上至8英尺跨距 →		上至7英尺跨距 →		上至6英尺跨距		
	3×12	上至11′	上至10′ →	上至9′ →	上至8′ →	上至7英尺跨距 →			上至6英尺跨距 →	
	4×12	上至12′	上至11′ →	上至10′ →	上至9英尺跨距 →		上至8英尺跨距 →		上至7英尺跨距 →	
	6×10		上至12′ →	上至11′ →	上至10′ →	上至9英尺跨距 →		上至8英尺跨距 →		
	6×12			上至12英尺跨距 →		上至11英尺跨距 →		上至10英尺跨距 →		上至8英尺

[注1]横梁竖直放置。跨距指柱子或其他支撑物中心距离。（计算基础为40 磅力/平方英尺动荷载以及10 磅力/平方英尺静荷载。等级为二级或高于二级。二级标准为中等纹理的南部松木。）

[注2]第一组：美国黄杉与南部松木；第二组：冷杉与美国黄杉；第三组：西部松木、雪松、红木与云杉。

[注3]举例：假如横梁间距为9英尺8英寸，选用木材为第二组树种，使用10英尺立柱，那么梁断面3×10，则跨度可达到6英尺；梁断面3×12，则跨度可达到7英尺；梁断面4×12或6×10，则跨度可达到9英尺；梁断面6×12，则跨度可达到11英尺。

平台桁架最大允许跨度[注1]　　**图表8.4**

树种分组[注2]	桁架尺寸（英寸）	桁架间距（英寸）		
		16	24	32
1	2×6 2×8 2×10	9'-9″ 12'-10″ 16'-5″	7'-11″ 10'-6″ 13'-4″	6'-2″ 8'-1″ 10'-4″
2	2×6 2×8 2×10	8'-7″ 11'-4″ 14'-6″	7'-0″ 9'-3″ 11'-10″	5'-8″ 7'-6″ 9'-6″
3	2×6 2×8 2×10	7'-9″ 10'-2″ 13'-0″	6'-2″ 8'-1″ 10'-4″	5'-0″ 6'-8″ 8'-6″

[注1] 桁架为竖直放置。跨度为横梁或支撑物的中心距离。计算基础为40 磅/平方英尺动荷载以及10 磅/平方英尺静荷载。等级为二级或高于二级。二级标准为中等纹理的南部松木。

[注2] 第一组：美国黄杉与南部松木；第二组：冷杉与美国黄杉；第三组：西部松木、雪松、红木与云杉。

地完成结构设计，业主可以尽量节省材料、降低造价，而整个结构体系也会更加安全。

大多数构件最底端都是从基础开始（基础埋深在当地冰冻线以下，并不少于 2 英尺，以确保其稳定），柱子就坐落在基础之上。基础的尺寸以及相关紧固件的设置可以根据风力状况推断出来，也许需要比较大的尺寸才能够承担荷载。在大风的环境中，有可能需要对结构进行铆固。横梁由柱子支撑，而是否需要桁架要根据具体的设计来确定。接近于地平面的低矮平台没有足够空间使用桁架，增加横梁数量并减少其间距就可以解决稳定性的问题。根据图表“平台板允许的最大跨度”，5 英尺间距的横梁可能使用的是第一组树种的木材。

在一些项目中，平台的高度比较高，平台的下层也是供人们使用的空间。在这样的情况下，就需要尽量减少横梁与柱子的数量。因此，横梁与柱子的端面尺寸都会增大，并使用桁架来分担荷载。

在相邻的平台板之间预留出 1/4 英寸或 1/8 英寸的缝隙，我们就可以利用这些缝隙来配置排水系统，并保持平台整体的平整。假如使用槽形板、平台板或胶合板建造平台，则需要设置一定的坡度以利排水。

基础材料一般使用混凝土，其断面尺寸的确定与土壤的承载力有关。有关土壤的状况可以参阅当地的土壤资料。一般来说，16 英寸见方 ×16 英寸深度，是基础的最小尺寸，多数状况下基础的实际尺寸都会比较大。

紧固构件

钉子是最常用的紧固构件。它们的价格非常便宜而且易于施作。但是，它的铆固强度比较差，在外力作用下有可能脱落。在干旱的地区不适合使用钉子，因为木材的收缩膨胀变形会引起钉子的松动。带有螺纹的钉子铆固力比较强，但是并不能做到完全防锈。钉子的长度需要足够穿透铆固对象的厚度，一般不小于1.5英寸。将两块2×4的板材钉在一起，最多需要10^d钉子。如果要将2×4的板材钉成4×8，那么使用16^d的钉子比较适合。假如木材比较容易开裂，尤其是在使用比较长的钉子时，建议预先钻一个直径为钉子直径$^3/_4$粗细的孔。2英寸厚、4英寸或6英寸宽水平放置的板材，建议每个接头用两枚钉子固定。对于更宽的板材，则每个接头需要三枚钉子才能起到理想的固定效果。有一些木材，例如黄松，为了避免当时或者日后开裂，一般预先钻孔，深度不超过6英寸。

固定扶手、踏步以及座椅，推荐使用螺钉、方头螺钉以及螺栓，因为这些构件都会受到动荷载的影响。螺钉分为三种，它们分别是平头螺钉、椭圆头螺钉以及圆头螺丝。螺钉的长度需要足够穿透铆固对象的厚度，一般不小于1英寸。建议在使用之前预先钻孔，孔径为螺栓直径的$^3/_4$左右。对于大多数暴露在外界的构件，最好选用平头螺钉或椭圆头螺钉，因为这两种螺钉的顶部突出最少，比较不容易挂破衣物或给人们带来不适。

方头螺钉一般用来固定普通螺栓不能满足的比较大的构件。建议在使用之前预先钻孔，孔径为螺钉直径的$^3/_4$，并在螺帽下面加设垫圈。如果使用在座椅或扶手上，我们需要做到使螺帽的顶端与构件表面保持平滑。只有厚度超过2英寸的构件才适合使用方头螺钉。

螺栓是最好的紧固件，因为它具有很大的强度。螺栓分为两种：圆头螺栓和机械螺栓。其中圆头螺栓主要应用于暴露在外表，直接与皮肤接触的构件。但是，经过一段时间，螺帽会逐渐嵌入木材当中，不易拆除。螺栓安装之前也需要钻孔，孔径与螺栓的直径相同。两种螺栓的螺帽下面都需要加设垫圈。一般来说，直径为$^1/_4$英寸的螺栓可以用来固定2—3英寸厚的构件；直径为$^3/_8$英寸的螺栓可以用来固定3—6英寸厚的构件；$^1/_2$英寸的螺栓可以用来固定超过4英寸厚的木构件。构件的每个接头至少铆固两枚螺栓，6英寸以及更厚的构件则需要设置三枚或更多螺栓才能获得理想的效果。在某些气候条件下，螺栓需要定期加固。

其他可能用到的金属构件包括钢管法兰、立柱法兰、T形夹板、紧固夹板、角型材、横梁挂件以及设计及建造中涉及的其他构件。所有这些构件的使用方法在本章中都进行了介绍。

支柱

平台或其他不依附于主体结构的独立构件都需要设置支柱，以免发生移动。长度在8英尺以下的构造物可以使用2×4的支柱，8英尺以上的构造物则要选用2×6的支柱。支柱使用方头螺钉或螺栓铆固。

在可能遭受风害的地区还需要设置额外的支撑。建议使用T形紧固夹板将横梁与支柱固定在一起，以避免出现破坏性的移动。

栏杆

比较低矮的平台一般不需要设置栏杆。确定具体哪些设施需要设置栏杆设置，要参考当地的建筑法规。有些法规规定，当平台的高度达到18

英寸（或以上）就必须设置栏杆，栏杆的高度不小于 42 英寸。

栏杆的设计有很多种形式，但是本章只列举了有限的几种。总的来说，栏杆设计存在一些基本的原则。栏杆需要具备一定的坚固度，能够承受至少 20 磅力 / 平方英尺的横向推力。2×4 的栏杆，支柱最大间距为 6 英尺。支柱可以是结构体的一部分，从平台板延伸出来或是附着在横梁上。除了中间栏杆等小型构件，一般建议使用除钉子以外的紧固构件。

栏杆还可以与座椅结合在一起统一设计建造，为其提供额外的功能。支撑构件可以是木质的，固定在平台的桁架上，也可以使用金属板，与平台的表面结合在一起。

阶梯

只有一到两级踏步高度的平台一般不用设置栏杆，但是老年人与残疾人可能需要这种设施。栏杆高度以及踏步特性的控制原则，与前面第六章中所讲述的内容是一致的。

木质阶梯通常包括阶梯斜梁与踏板。阶梯斜梁的尺寸一般为 2×10 或 2×12，需要坐落在混凝土基础之上。两根斜梁可以支撑的阶梯踏板最大宽度为 48 英寸，但若采用第三组木材，则最大宽度只有 42 英寸左右。

可以在阶梯斜梁上设置槽口与踏板相连，也可以使用楔子固定，其中后一种方式是比较坚固的。通常不建议在阶梯中使用钉子作为紧固构件。

一般来说，平台的阶梯可以比其他室外场地踏步略微陡一些。建议阶梯踢板的高度不要超过 7 英寸。踏板与踢板的尺寸乘积一般在 72—75 之间；即踢板高度为 7 英寸，则踏板宽度为 10.5 英寸上下。如果用两块 2×6 的木料制作阶梯踏板，间距 $^1/_4$ 英寸，那么完成的踏板宽度为 11.25 英寸，相应的踢板高度应为 6.5 英寸左右。多数人都会感觉这样的比例是舒适的。

遮蔽构造物

遮蔽构造物以及悬挑的构造物可以是开放性的，为人们提供局部或临时的庇护；也可以设置顶板，这样就可以永久性的遮风挡雨。

由于在全国大部分地区，遮蔽构件所承受的风荷载和 / 或雪荷载都与平台非常相似，因此遮蔽构造物的组成、连接技术以及支撑体系也都与平台类似。在基本上没有风雪影响的地区，相关构造技术指标可以参考当地的文献资料。

顶部设计可以有很多种形式。有的顶棚是开放式的，尽管不能够很好遮阳，但却可以产生富有趣味的光影效果。在这样的顶棚上，可以设置爬藤类植物或临时帆布。顶棚还可以采用木条建造成半开放或是完全密闭的效果，比如封闭型顶棚、桁架系统以及组合式顶棚等。

本章中用图介绍了几种开放式或半开放式的遮蔽构造物及悬挑构造物。

天桥

固定天桥有五种不同的类型：单梁式、拱形、桁架式、悬臂式以及悬挂式。大多数场地设计案例中都采用单梁式的构造形式。在一些娱乐场所的大型沟壑上面，有时会采用悬挂式天桥等形式。

简单的梁式天桥一般包括横梁、支撑板和栏杆，其中横梁由两端的混凝土扶墙或立柱支撑，有时这两种支撑方式也会同时使用。只限于步行使用的天桥可以选用平板式横梁，但其他天桥的结构设计必须要满足较高的承载力要求（≥100 磅力 / 平方英尺），参考文献中列举了相关的计算公式。在大多数案例中，天桥栏杆的强度都会高于平台的栏杆。在木质天桥的设计及施工中，我们通常使用胶合木梁。

在前面介绍平台设计的章节中，有关利用计算机辅助计算横梁尺寸的优势在这里仍然适用。此外，设计师在进行天桥设计之前，很可能还需要核查不同品牌材料的具体情况。

设计方法

最好的设计并不是简单地用草图勾勒出结构体的造型和尺寸，再确定与之相匹配的组成构件。这样单从技术角度考虑的做法会导致构件之间尺度的失衡，并/或使建筑材料不能充分发挥其性能。一定要牢记木材的模数特性以及一些基本尺寸。随着对于结构构件的评估与重新选择，设计概念也应该相应地进行调整。

场地的面貌基本决定了横梁的走向，而横梁的方向又决定了桁架以及栈板的方向。栈板的方向与天桥外观保持平行的话，会在视觉上起到延长的作用，设计师可以根据自己的设计意图进行取舍。设计师在准备过程中可能会勾勒出两三种草图方案，之后再根据几种方案所需要的材料及人工进行深入的造价评估。

辅助研究参考资料

Anderson, L. O., Heebrink, T. B., and Oviatt, A. E. *Construction Guides for Exposed Wood* Decks. Agriculture Handbook #432, U.S. Forest Service. Washington, DC: USGPO, 1972.

Harris, C. W. and Dines, N. T. *Time-Saver Standards for Landscape Architecture.* New York: McGraw-Hill, 1988.

National Design Specifications for Stress-Grade Lumber and its Fastenings (revised supplement). Washington, DC: National Forest Products Association, 1974.

Sunset Editors. *Decks: How to Plan and Build.* Menlo Park, CA: Lane Publishing Co., 1980.

Wood Structural Design Data. Washington, DC: National Forest Products Association, 1970.

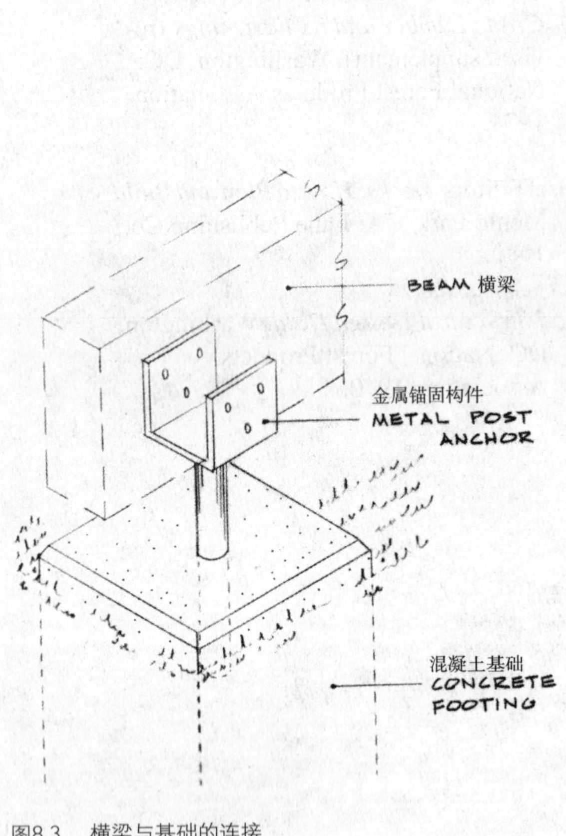

图8.3　横梁与基础的连接

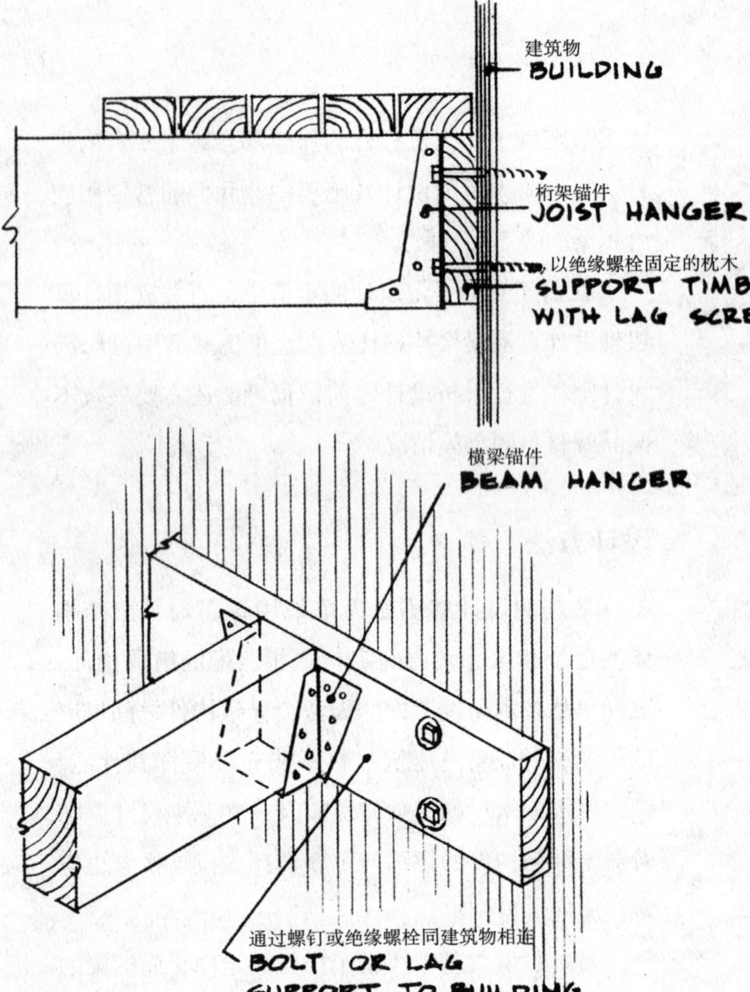

图8.5　桁架与横梁同建筑物的连接

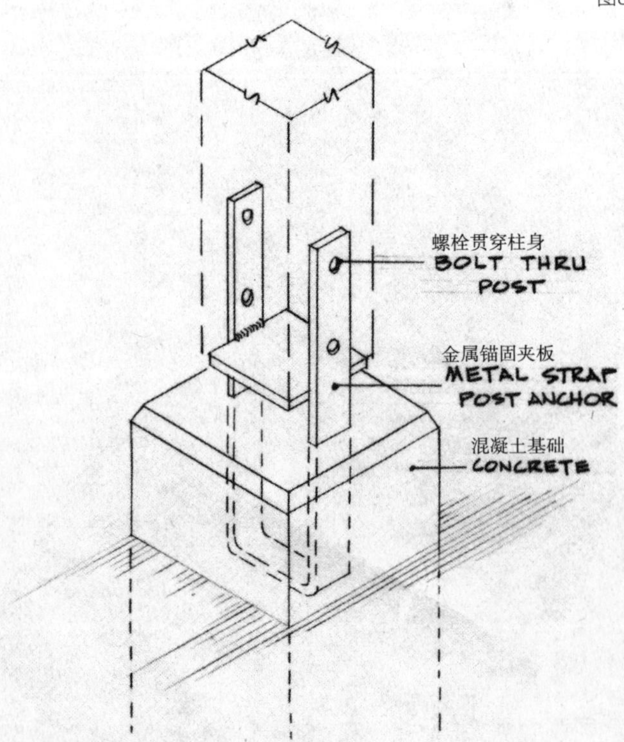

图8.4　柱子与基础的连接

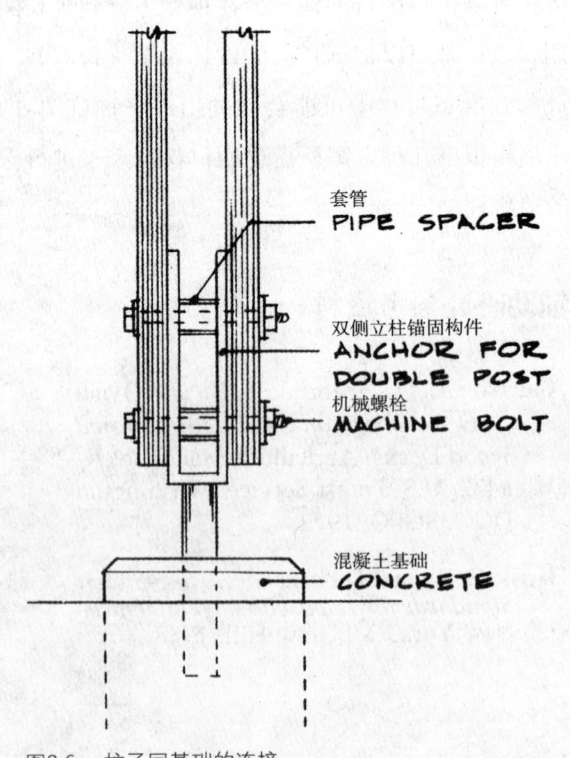

图8.6　柱子同基础的连接

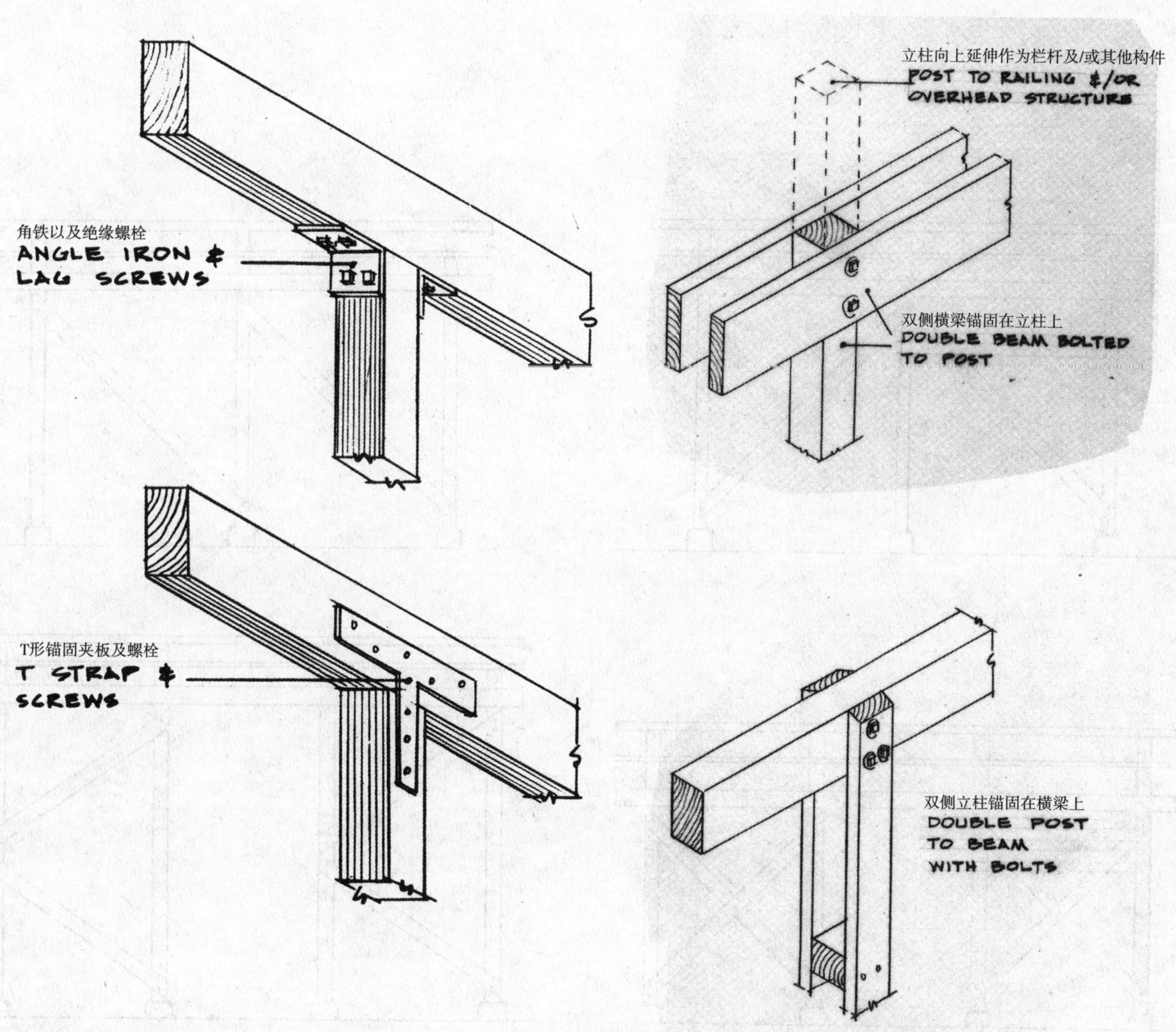

图8.7　立柱与横梁的连接

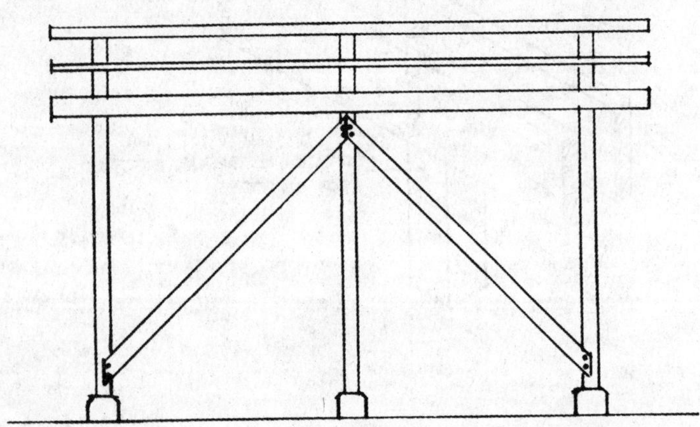
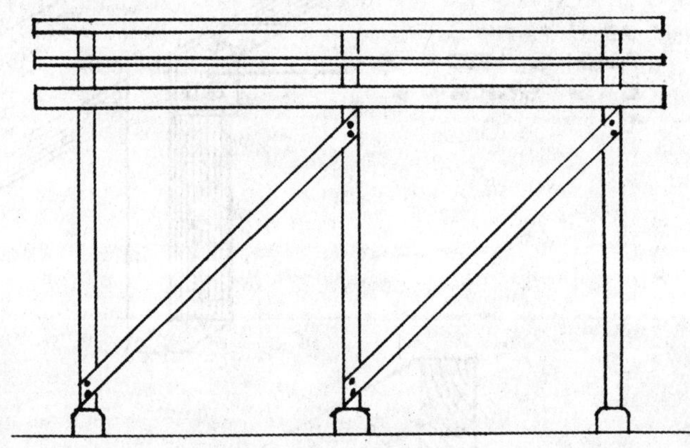
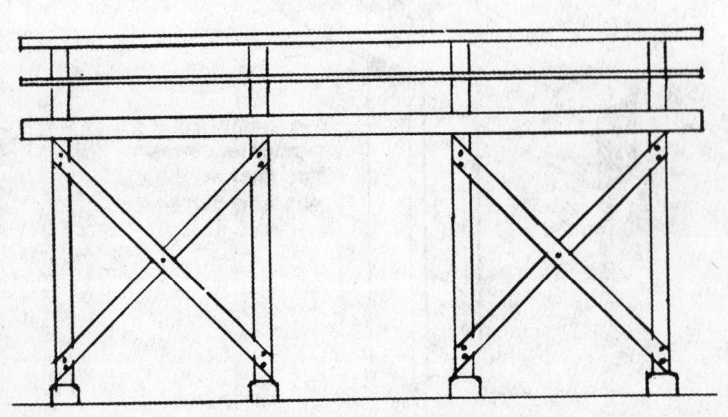
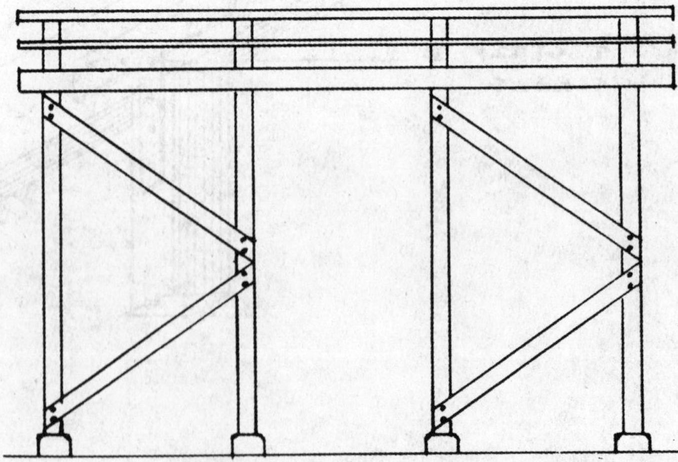

图8.8　山坡地平台上不同的立柱支撑方式

交替布置的阶梯踏板
ALTERNATE TREAD PLACEMENT

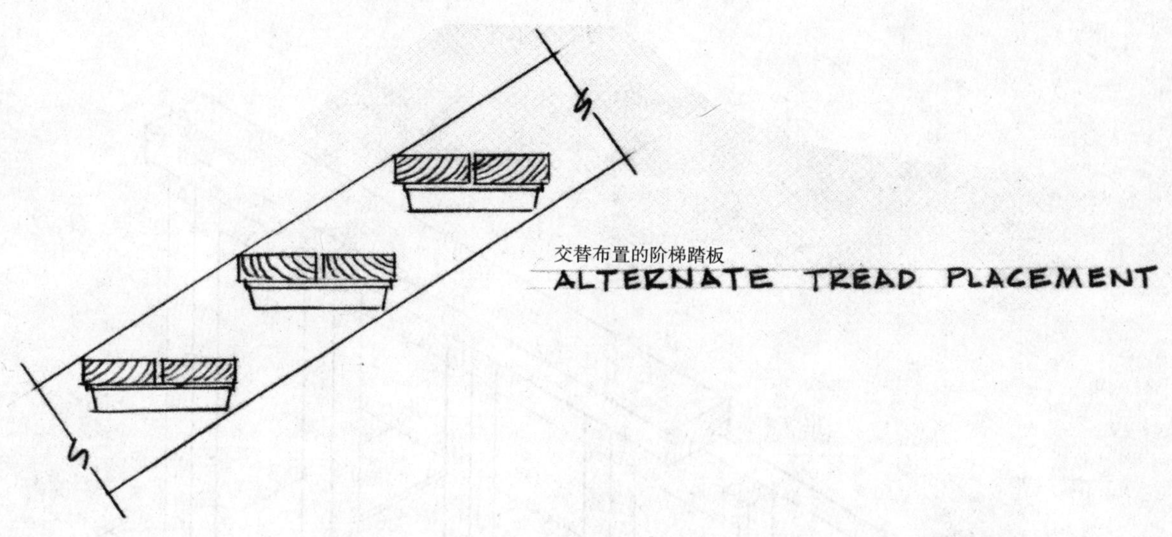

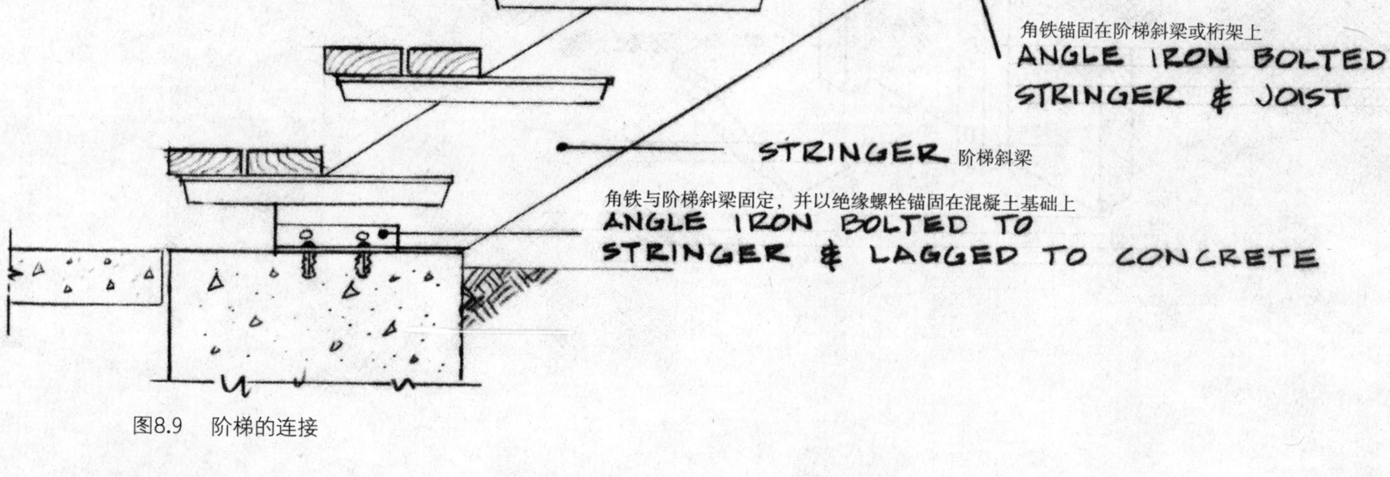

平台板
DECK BOARDS
以螺栓将两块2×6的阶梯踏板锚固在角铁垫层上
DOUBLE 2X6 TREAD BOLTED TO ANGLE IRON CLEAT
桁架、桁架的端头或横梁
JOIST, JOIST HEADER OR BEAM
角铁锚固在阶梯斜梁或桁架上
ANGLE IRON BOLTED TO STRINGER & JOIST
STRINGER 阶梯斜梁
角铁与阶梯斜梁固定，并以绝缘螺栓锚固在混凝土基础上
ANGLE IRON BOLTED TO STRINGER & LAGGED TO CONCRETE

图8.9 阶梯的连接

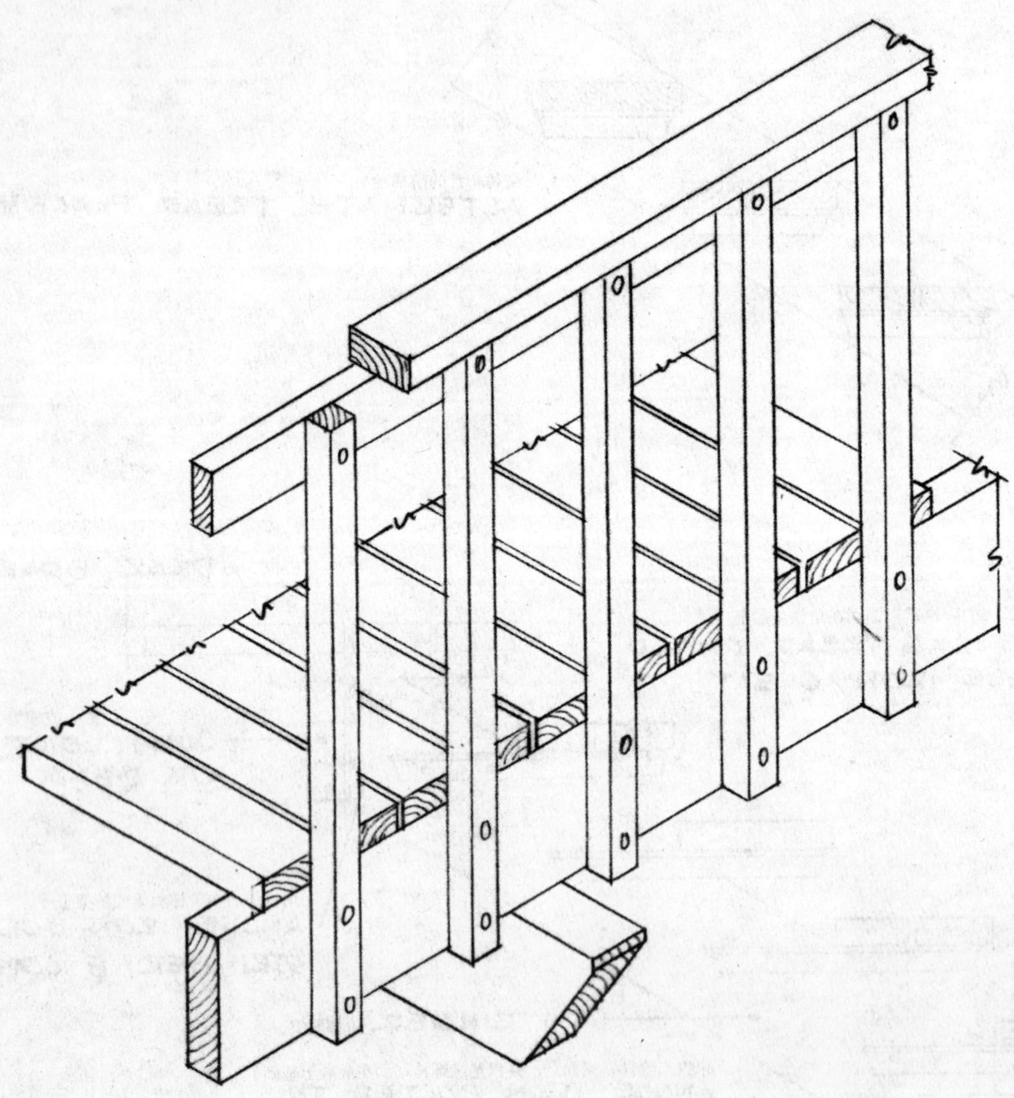

图8.10　众多栏杆设计方案当中的一种

图8.11 木质平台与混凝土植栽穴的混合布置

图8.12　平台以及灶坑，由亚历克斯·皮尔斯（Alex Pierce）设计[埃德·达尔（Ed Dull）提供照片，并感谢西部木制品协会]

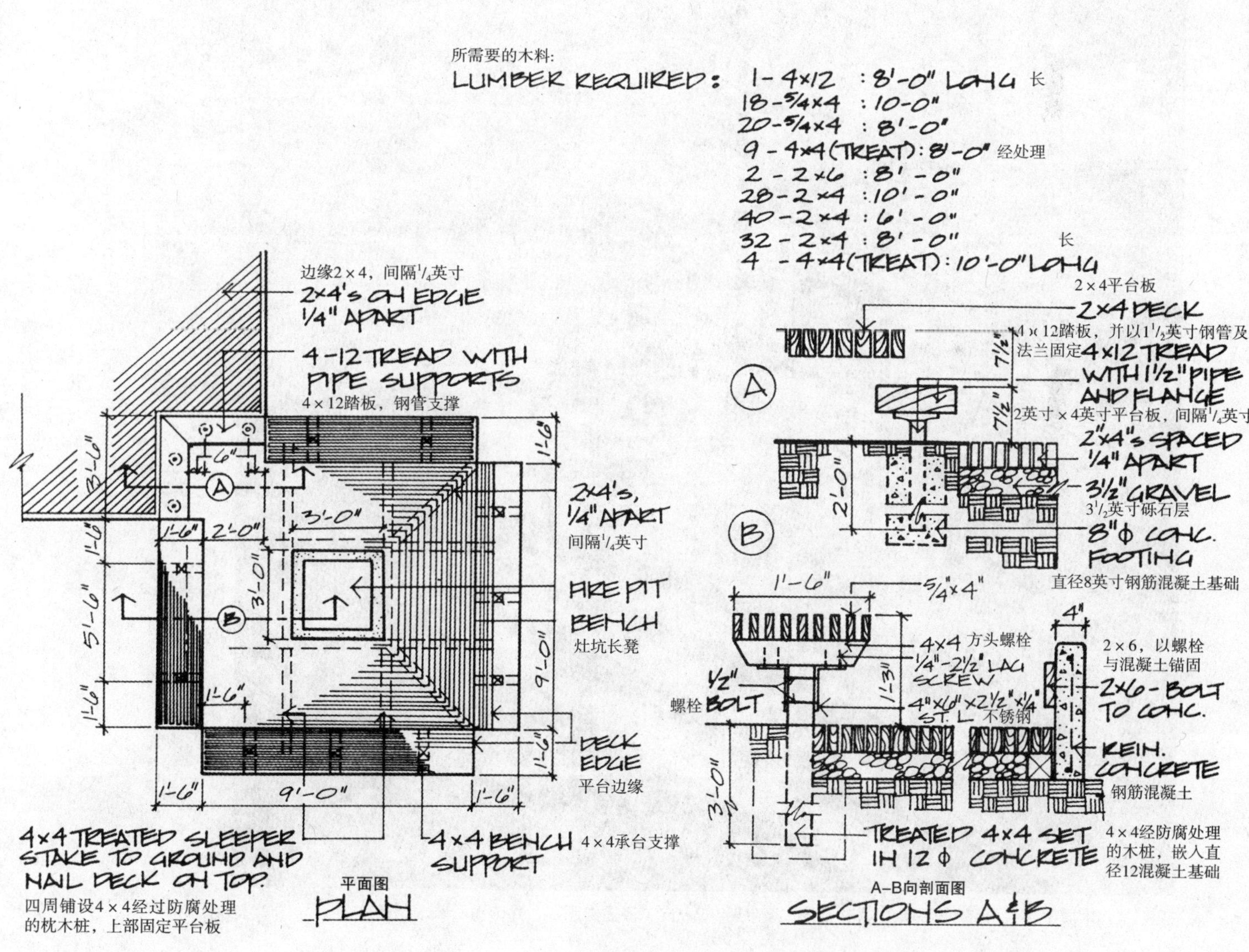

STEP-DOWN FIREPIT 阶梯式灶坑

图8.13　图8.12之细部详图

图8.14　木质平台，由劳伦斯·哈尔普林设计（查尔斯·R·皮尔逊提供照片，并感谢西部木制品协会）

图8.15　一个东方风格园林当中的木质平台

图8.16　木质平台

图8.17　池塘上的混凝土平台，由爱德华·D·斯通（Edward D. Stone Jr.）设计联盟设计

图8.18　屋顶眺望台，由赫尔马诺·米洛诺（Germano Milono）设计［皮尔克·琼斯（Pirkle Jones）提供照片，并感谢加利福尼亚州红木研究协会］

图8.19　木质的拱形框架结构，由萨萨基设计联盟设计

图8.20　木质的拱形框架结构，由萨萨基设计联盟设计

图8.21　高速公路休息站的公共厕所以及一个外观与之相匹配的小亭（感谢加利福尼亚州交通部门提供照片）

图8.22　一个植物园中的遮蔽构造物

图8.23　一个市中心商业区的框架结构

图8.25　一个小型城市公园中用玻璃和金属搭建的遮蔽构造物，由萨萨基设计联盟设计

图8.24　一所城市公园中的公共厕所

图8.26　一个城市公园中的金属框架结构

图8.28　图8.26的内部景观

图8.27　一个城市公园中木框架结构

图8.29　一座度假酒店中用金属和木材建造的双层框架结构

图8.31　图8.30的内部景观

图8.30　木框架结构，由卡瓦萨基·泰拉克尔·于诺设计联盟设计

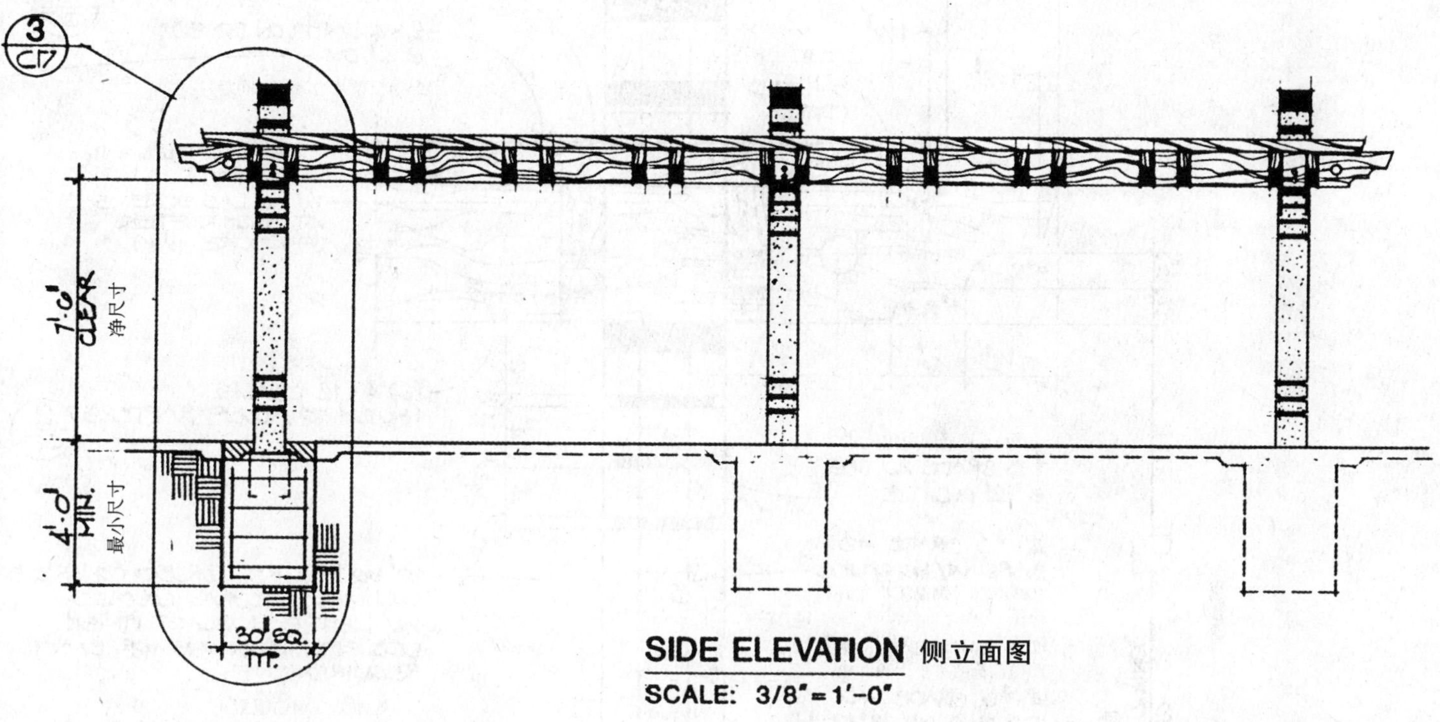

14'-0"
14'-0"
7'-0" TYP.
3'-6" TYP.
立柱
℄ POST
立柱
℄ POST
立柱
℄ POST
"A"，"B"及"D"区域
"E"，"F"座椅区
AREAS "A", "B" & "D"
D.d. e SEATING AREAS "E" & "F"
11½"
5¾"
4×12椽子（见标准图）
4×12 RAFTERS (TYP. AS SHOWN)
4×12梁
4×12 BEAMS (TYP.)
2×4板条（边缘处）
2×4 LATH (ON EDGE) @ 4" O.C.
间距4英寸
10" SQ. CONCRETE POST (TYP.)
10英寸方形混凝土立柱（标准）
立柱外侧设置2×4板条
(3) 2×4 LATH OUT-SIDE OF POST (TYP.)
2×6灯具支架（仅走道侧）灯具安装方式参见图纸E2细部详图"D"
2×6'S (TYP.) FOR LIGHT SUPPORT (TYP. 2 PER TRELLIS AT CORRIDOR ONLY). SEE DETAIL D, SHT. E2 FOR MOUNTING DETAIL.

TRELLIS PLAN 框架平面图

比例 **SCALE: 1/4" = 1'-0"**

图8.32 图8.30之细部详图，由卡瓦萨基·泰拉克尔·于诺设计联盟绘制

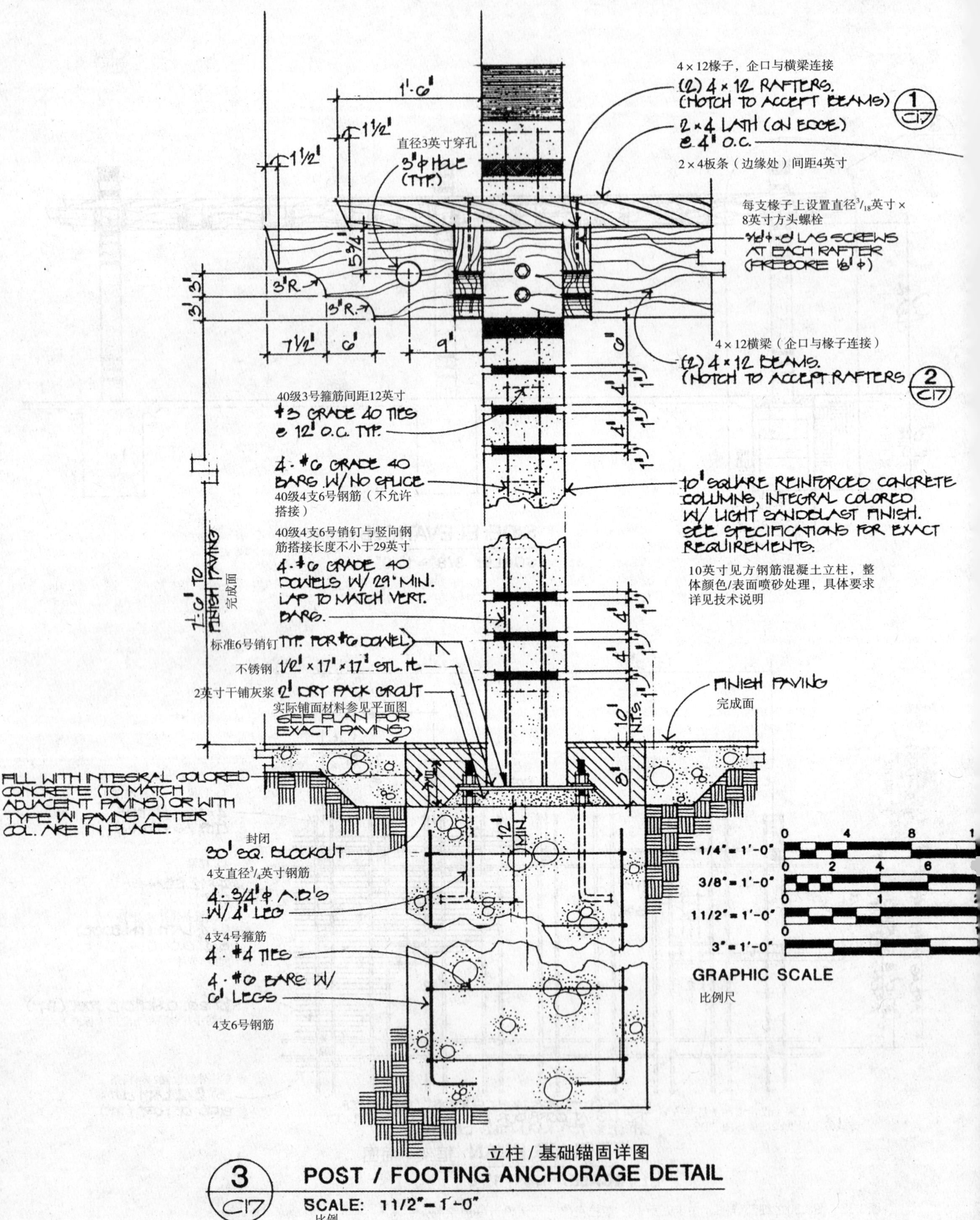

图8.33　图8.30之细部详图，由卡瓦萨基·泰拉克尔·于诺设计联盟绘制

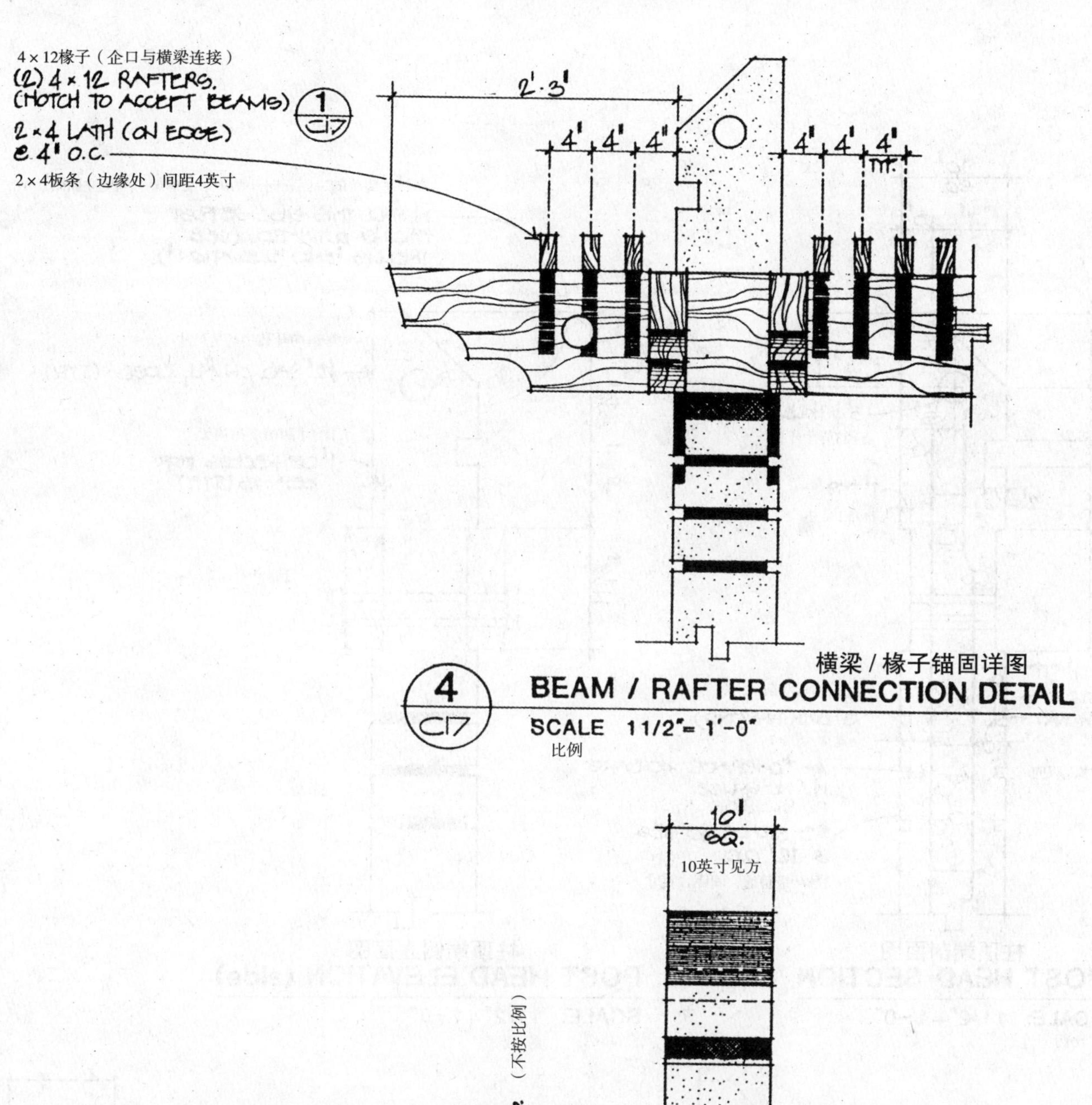

图8.34　图8.30之细部详图，由卡瓦萨基·泰拉克尔·于诺设计联盟绘制

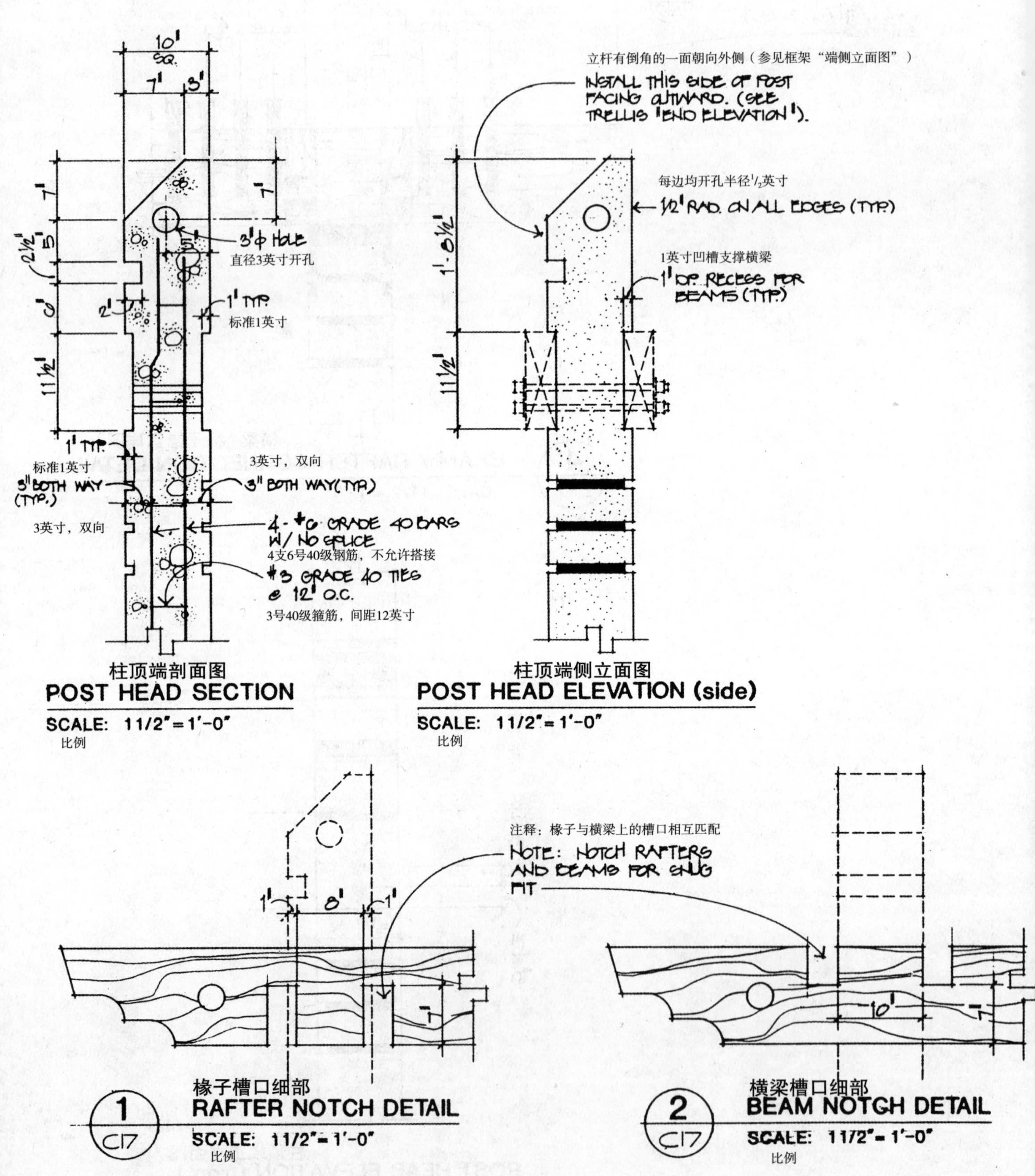

图8.35　图8.30之细部详图，由卡瓦萨基·泰拉克尔·于诺设计联盟绘制

图8.36　一个植物园中的木质框架结构

图8.38　图8.37的内部景观

图8.37　一座信息办公建筑外面的木质遮蔽结构

图8.39　一个城市公园中表演台上方的遮蔽结构

图8.41　一所大学校园中的混凝土结构及喷泉

图8.40　一个办公/商业环境中的金属结构，同时它又是水体景观的组成部分

图8.42　一个城市公园中表演台上方的遮蔽结构

图8.43　一个城市公园中的遮蔽结构，由劳伦斯·哈尔普林设计

图8.44　公共汽车站的遮蔽构造物，由阿卡恰设计师小组设计

图8.46　一个公共汽车站的遮蔽构造物及冷却塔，由杰夫·舍曼（Jeff Sherman）及阿卡恰设计师小组设计

图8.45　在一所公寓出租办公室的入口处，凌驾于池塘之上的天桥

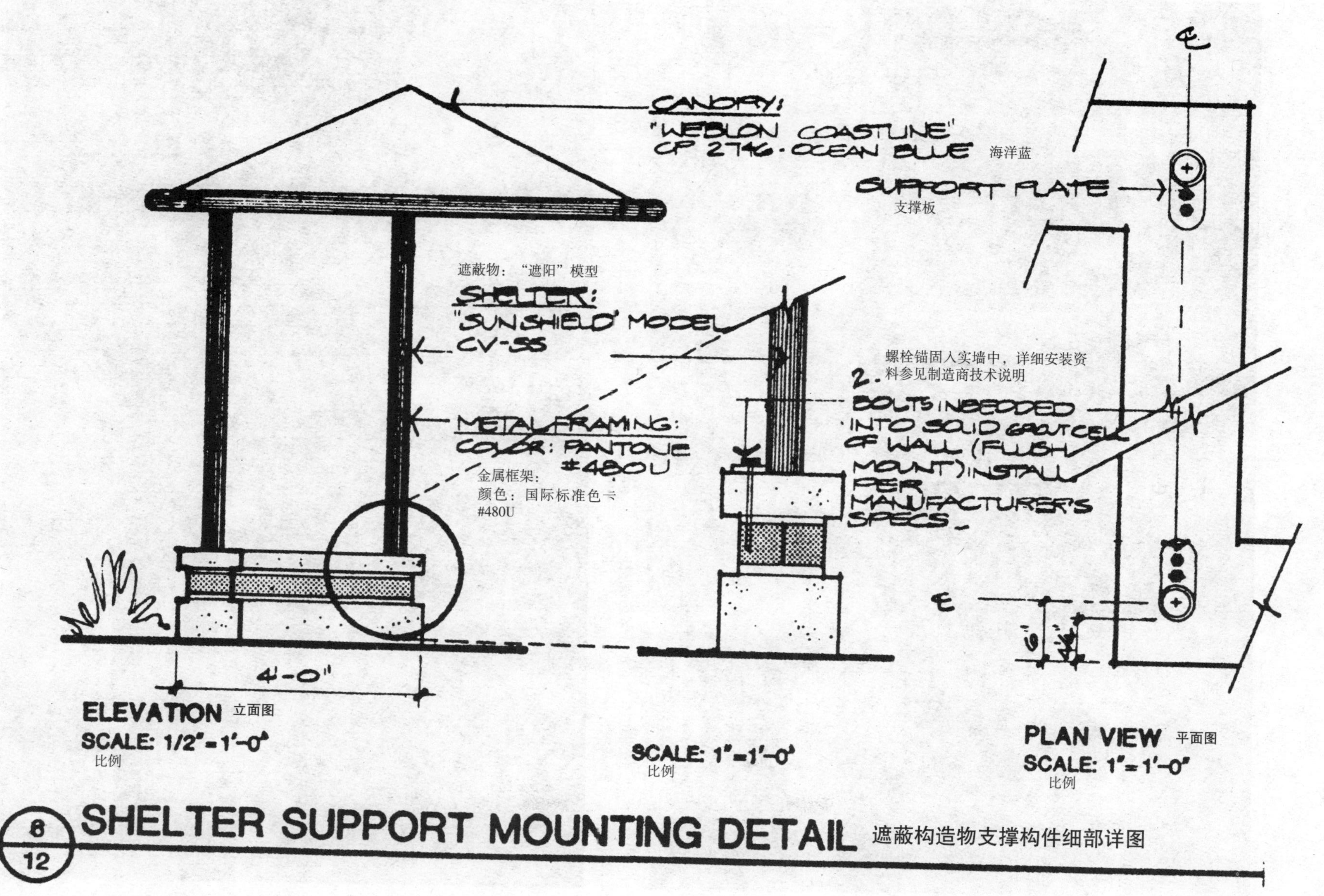

图8.47　图8.44之细部详图

图8.48 一所城市公园中野餐区的遮蔽构造物

图8.49 一所城市公园中野餐区的遮蔽构造物

图8.50　一所公园中由混凝土、钢材和织物建造的野餐区遮蔽构造物

图8.51　一所沙漠动物园中的遮蔽结构

图8.52　一所工业园中的遮蔽结构，由A·韦恩·史密斯（A. Wayne Smith）设计联盟设计

图8.53　一所城市公园中野餐区的遮蔽构造物，由塞利亚·巴尔（Cella Barr）设计联盟设计

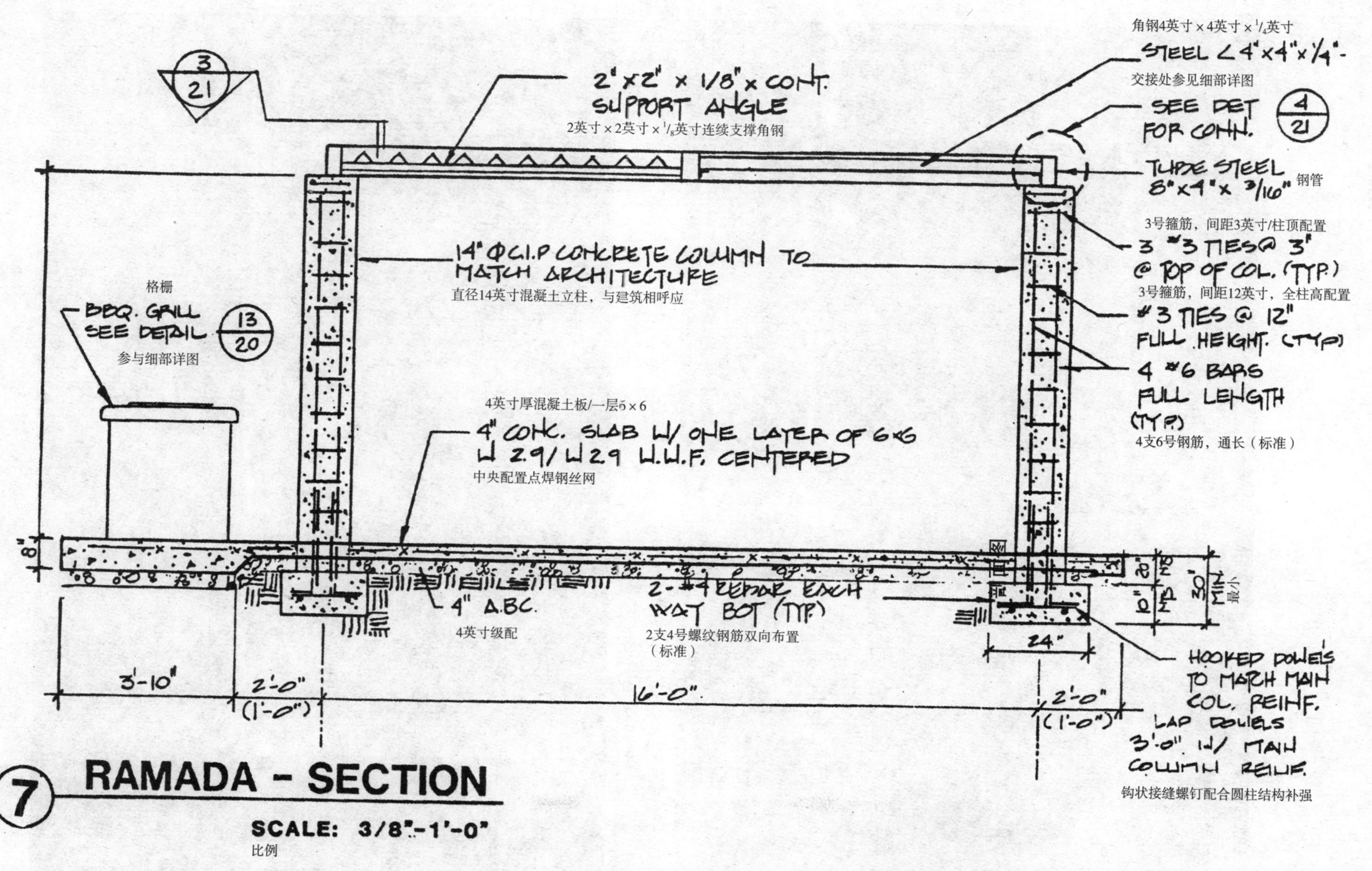

图8.54　图8.53之细部详图，由塞利亚·巴尔设计联盟绘制

图8.55　一个与游泳池及游乐场相邻的遮蔽结构

图8.56　一个城市公园中的遮蔽结构，由M·保罗·弗里德伯格设计小组设计

图8.57a　一个小型圆形剧场上方由钢材与织物建造的遮蔽结构

图8.57b　图8.57a的内部景观

图8.58　池塘边上的野餐区，由杰克·布克泰尼克设计

图8.59　一个运动场入口处的遮蔽结构，由杰克·布克泰尼克设计

图8.60　圆形的野餐区遮蔽物，由扬·杰勒德·麦克尼尔（Jongejan Gerrard McNeal）设计

图8.62　图8.60的内部景观

图8.61　一所城市公园中野餐区的遮蔽构造物

图8.63　野餐区遮蔽构造物

图8.64　野餐区遮蔽构造物，由科埃与万路设计

图8.65　一个度假酒店中由钢材框架与彩色织物构成的遮蔽结构

图8.66　在一个商业中心区，由钢索及钢柱支撑彩色织物构成的遮蔽结构

图8.67　一所城市公园中的天桥，由杰克·布克泰尼克设计

图8.68　凌驾于一片尚未开发的城市场地之上的混凝土天桥，由奥瓦尔·尼德尔斯·塔门与伯根多夫设计

图8.69 一座高速公路休息站小河上的混凝土天桥。感谢内布拉斯加道路管理部门提供照片

图8.70　一条小河上面的人行天桥

图8.71　池塘上面的人行天桥，由卡瓦萨基·泰拉克尔·于诺设计联盟设计

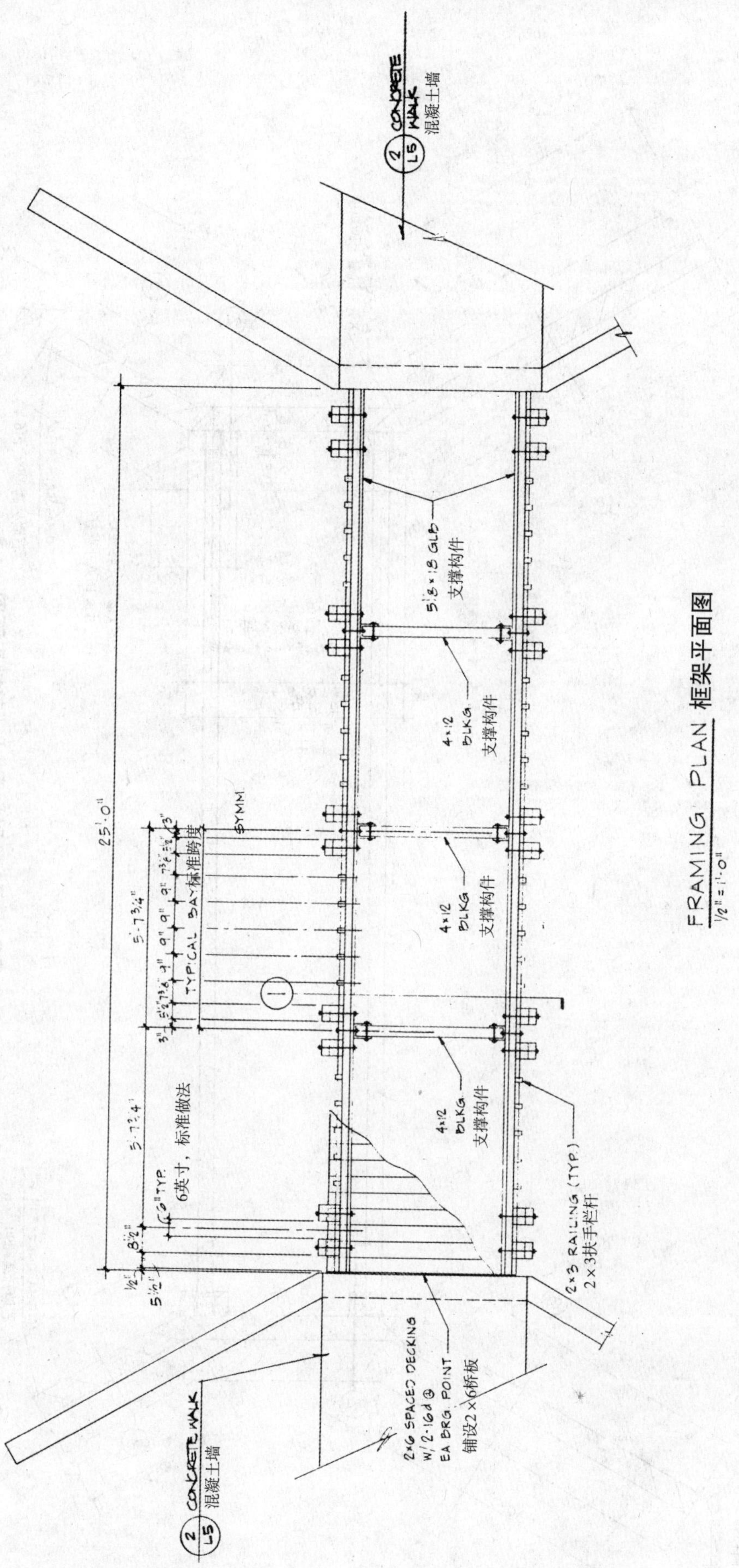

图8.72　图8.71之细部详图，由卡瓦萨基·泰拉克尔·于诺设计联盟绘制

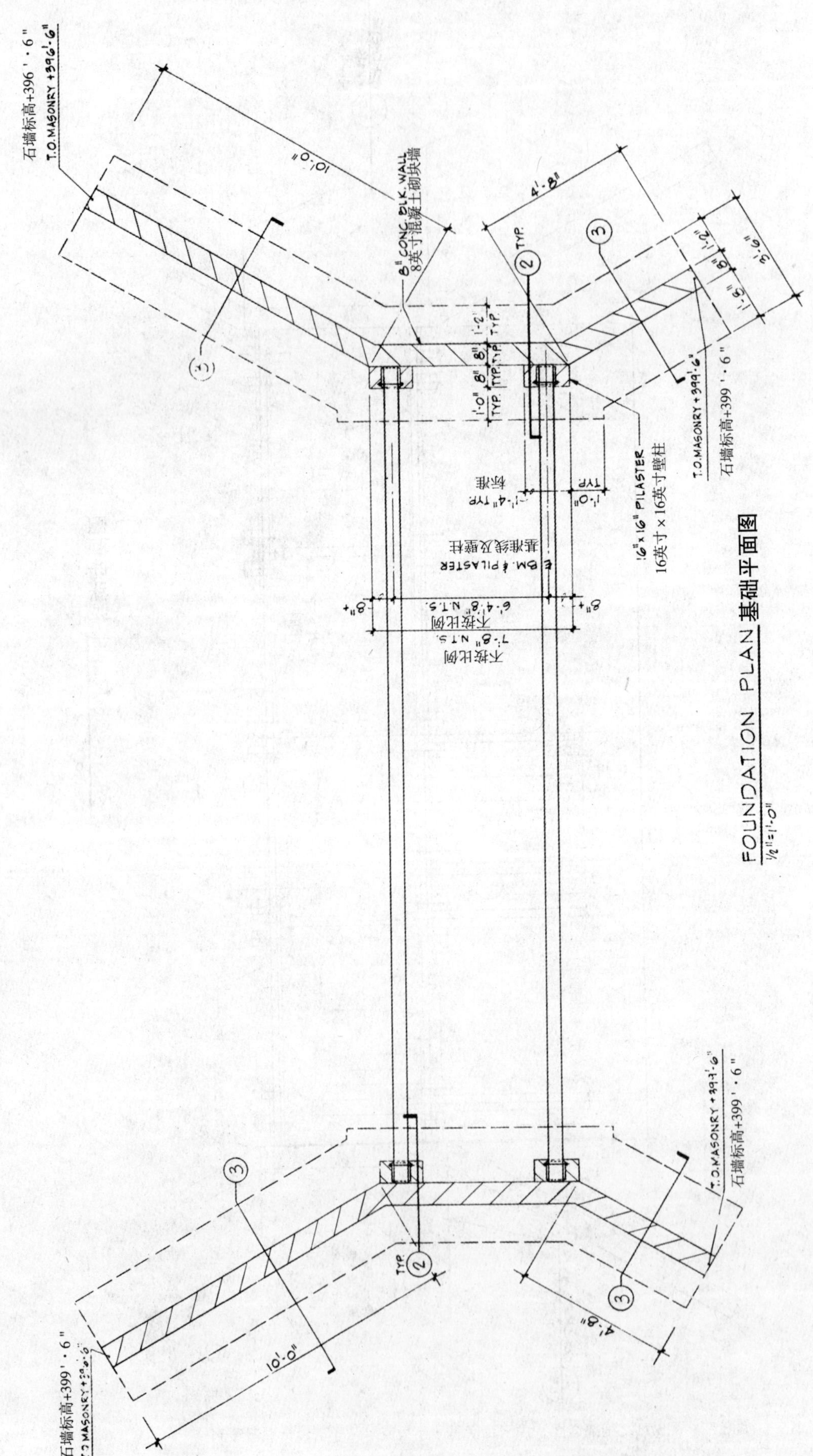

图8.73　图8.71之细部详图，由卡瓦萨基・泰拉克尔・于诺设计联盟绘制

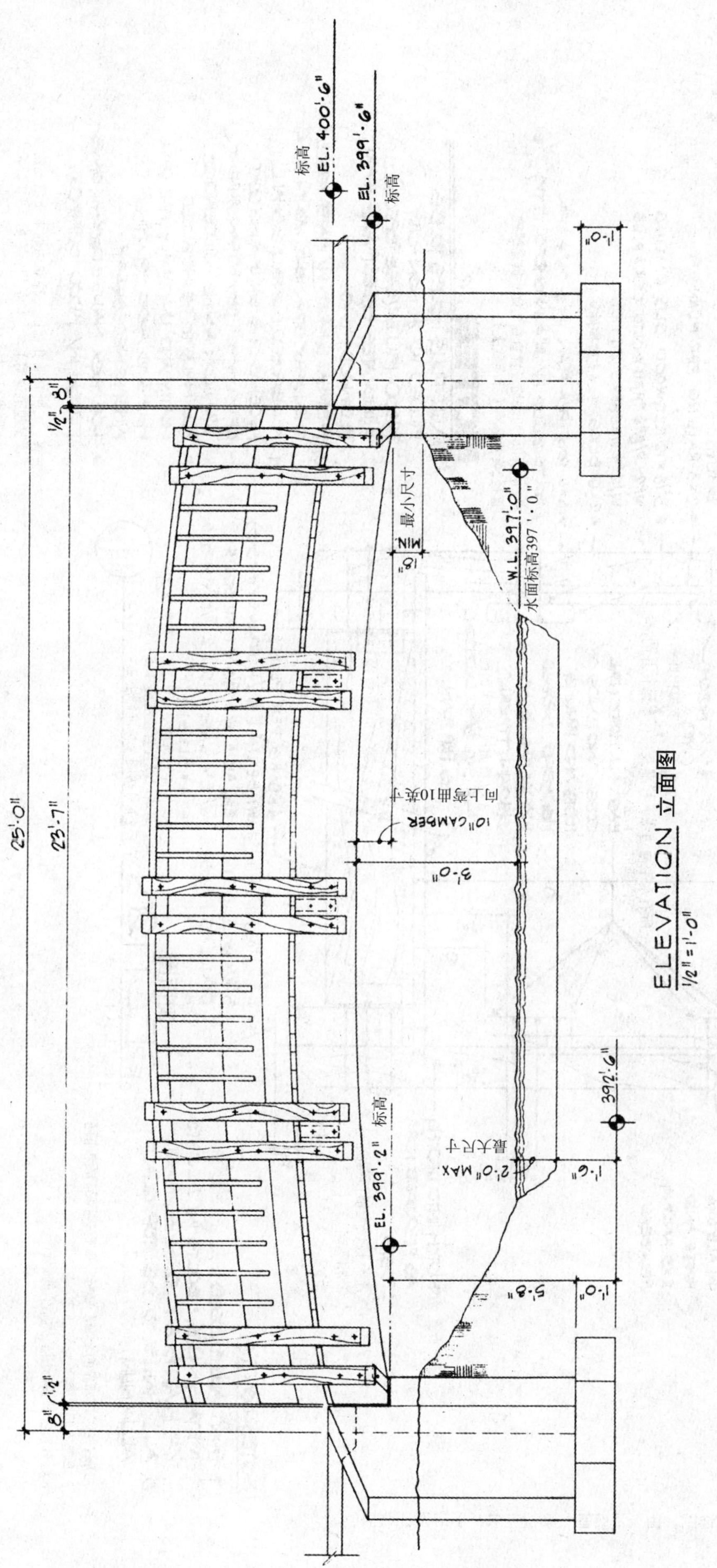

图8.74　图8.71之细部详图，由卡瓦萨基·泰拉克尔·于诺设计联盟绘制

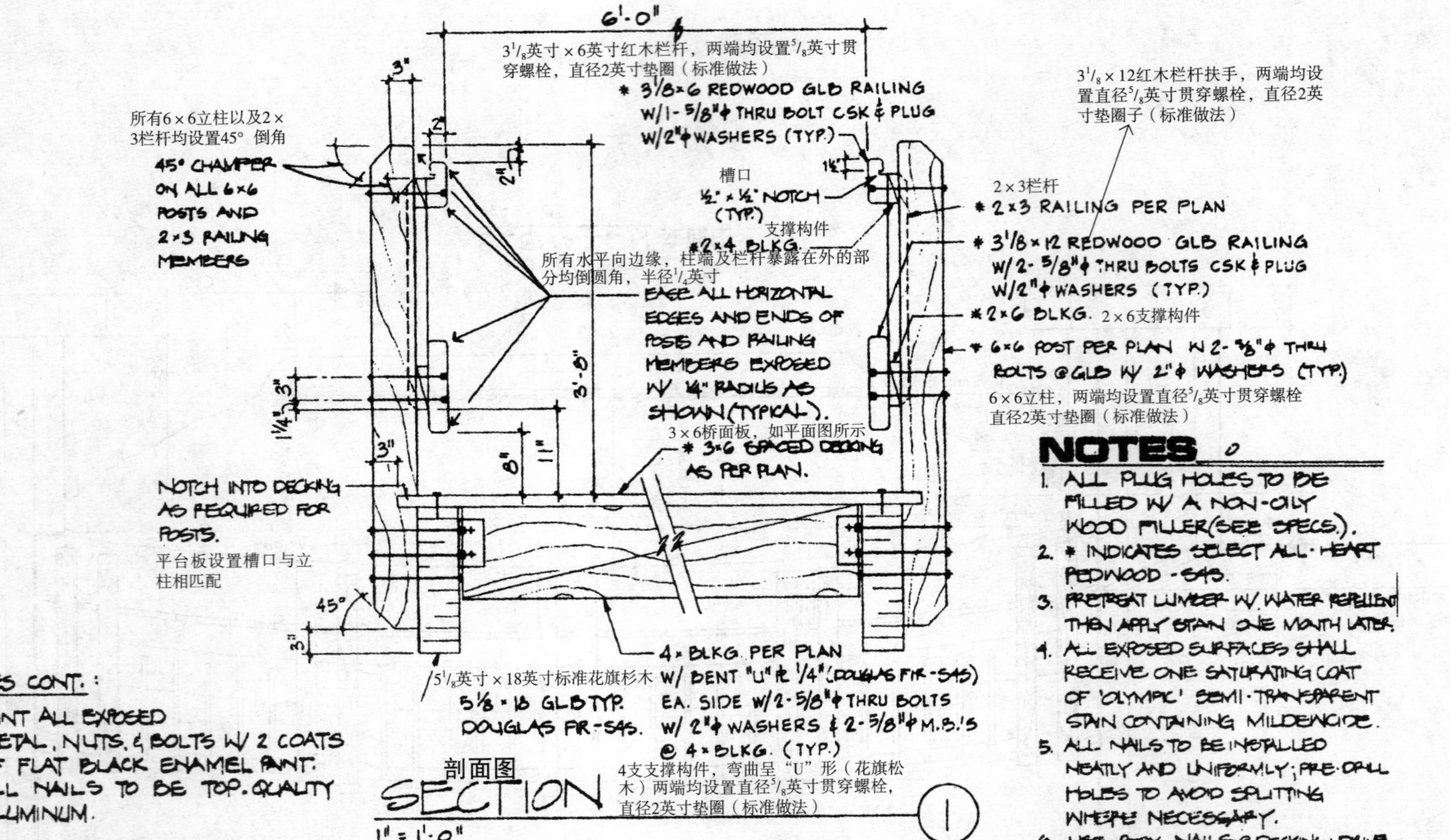

NOTES

1. ALL PLUG HOLES TO BE FILLED W/ A NON-OILY WOOD FILLER (SEE SPECS.).
2. * INDICATES SELECT ALL-HEART REDWOOD-S4S.
3. PRETREAT LUMBER W/ WATER REPELLENT THEN APPLY STAIN ONE MONTH LATER.
4. ALL EXPOSED SURFACES SHALL RECEIVE ONE SATURATING COAT OF 'OLYMPIC' SEMI-TRANSPARENT STAIN CONTAINING MILDEWCIDE.
5. ALL NAILS TO BE INSTALLED NEATLY AND UNIFORMLY; PRE-DRILL HOLES TO AVOID SPLITTING WHERE NECESSARY.
6. USE BOX NAILS @ DECKING; DRIVE FLUSH W/ WOOD SURFACE.

注释：1.所有插孔都以一种非油性木质填充物填充（详见规范说明）

2.“*”表示选择红木

3.木材染色之前一个月要进行防水处理

4.所有暴露在外界的材料表面都要涂布“奥林匹克”涂层，这是一种具有防霉效果的半透明染色剂

5.所有的钉子必须整齐一致；为了防止开裂，必要的时候可以预先打孔

6.铆钉表面与木质表面齐平

NOTES CONT.:

7. PAINT ALL EXPOSED METAL, NUTS, & BOLTS W/ 2 COATS OF FLAT BLACK ENAMEL PAINT.
8. ALL NAILS TO BE TOP-QUALITY ALUMINUM.

7.所有暴露在外界的金属、螺栓及螺母表面都要涂布两道黑色的磁漆

8.所有钉子都要选用最优品质的铝钉

图8.75 图8.71之细部详图，由卡瓦萨基·泰拉克尔·于诺设计联盟绘制

图8.76　一条主要道路上面的人行天桥，由HDR工程技术工作室设计

图8.77　一条主要道路上面的人行天桥，由HDR工程技术工作室设计

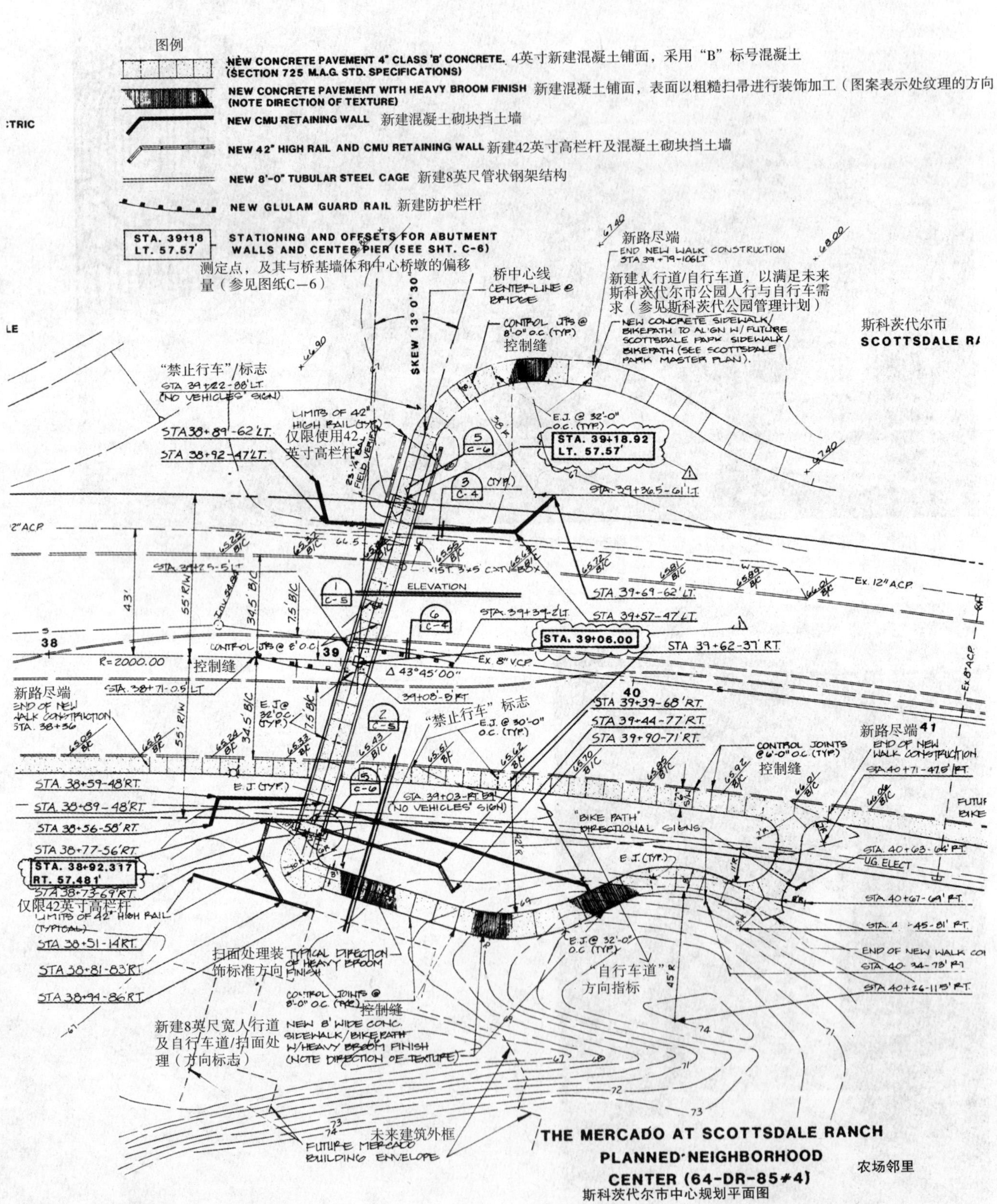

图8.78 图8.76之细部详图，由HDR工程技术工作室绘制

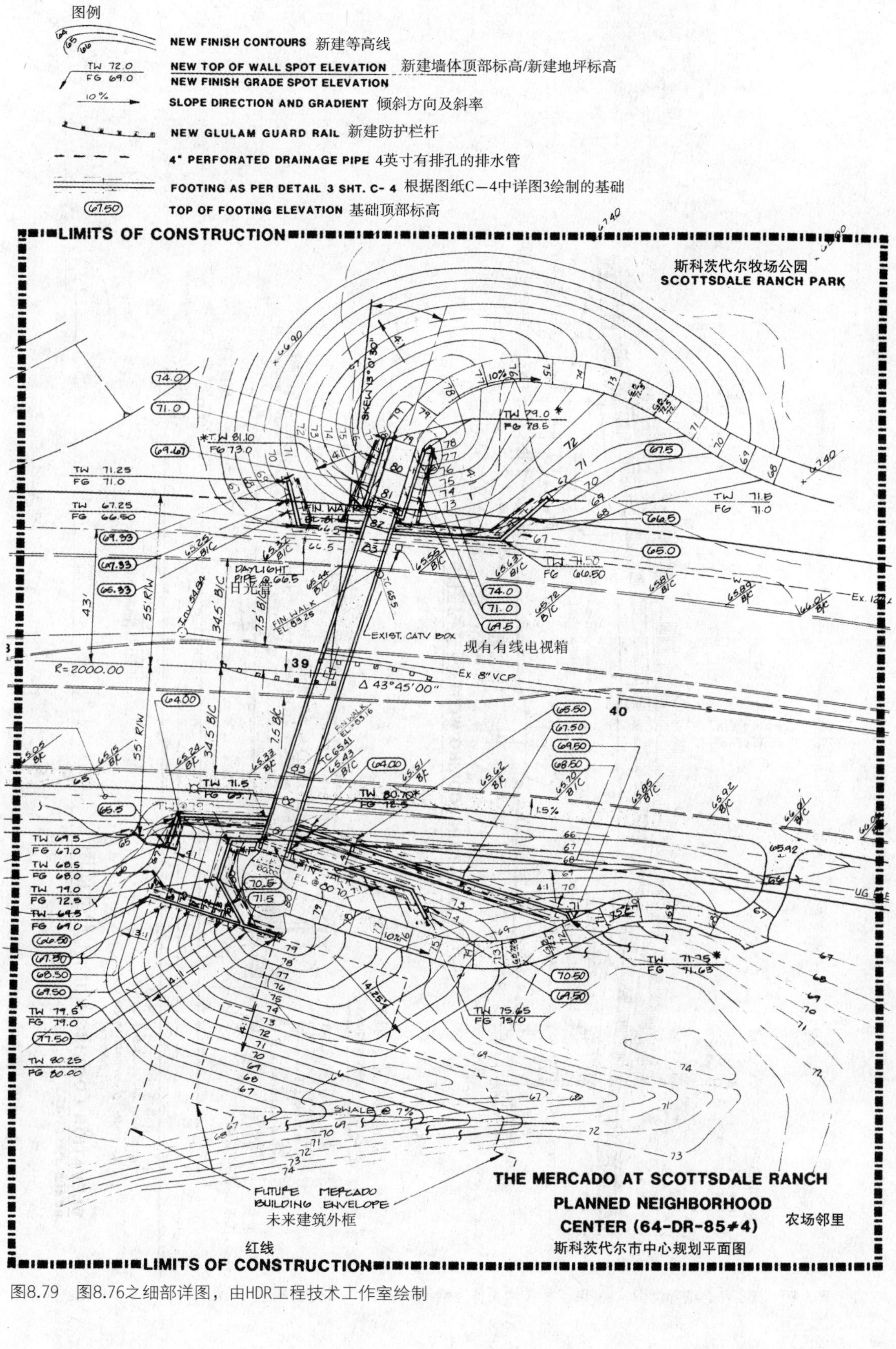

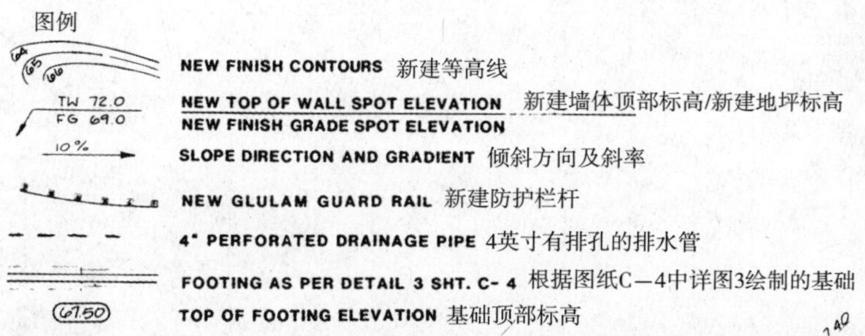

图例
NEW FINISH CONTOURS 新建等高线
NEW TOP OF WALL SPOT ELEVATION 新建墙体顶部标高/新建地坪标高
NEW FINISH GRADE SPOT ELEVATION
SLOPE DIRECTION AND GRADIENT 倾斜方向及斜率
NEW GLULAM GUARD RAIL 新建防护栏杆
4" PERFORATED DRAINAGE PIPE 4英寸有排孔的排水管
FOOTING AS PER DETAIL 3 SHT. C- 4 根据图纸C—4中详图3绘制的基础
TOP OF FOOTING ELEVATION 基础顶部标高
LIMITS OF CONSTRUCTION
斯科茨代尔牧场公园
SCOTTSDALE RANCH PARK
DAYLIGHT PIPE @ 66.5
日光管
EXIST. CATV BOX
现有有线电视箱
R=2000.00
Ex 8" VCP
Δ 43°45'00"
SWALE @ 7%
FUTURE MERCADO BUILDING ENVELOPE
未来建筑外框
THE MERCADO AT SCOTTSDALE RANCH
PLANNED NEIGHBORHOOD
CENTER (64-DR-85#4)
农场邻里
斯科茨代尔市中心规划平面图
红线
LIMITS OF CONSTRUCTION

图8.79　图8.76之细部详图，由HDR工程技术工作室绘制

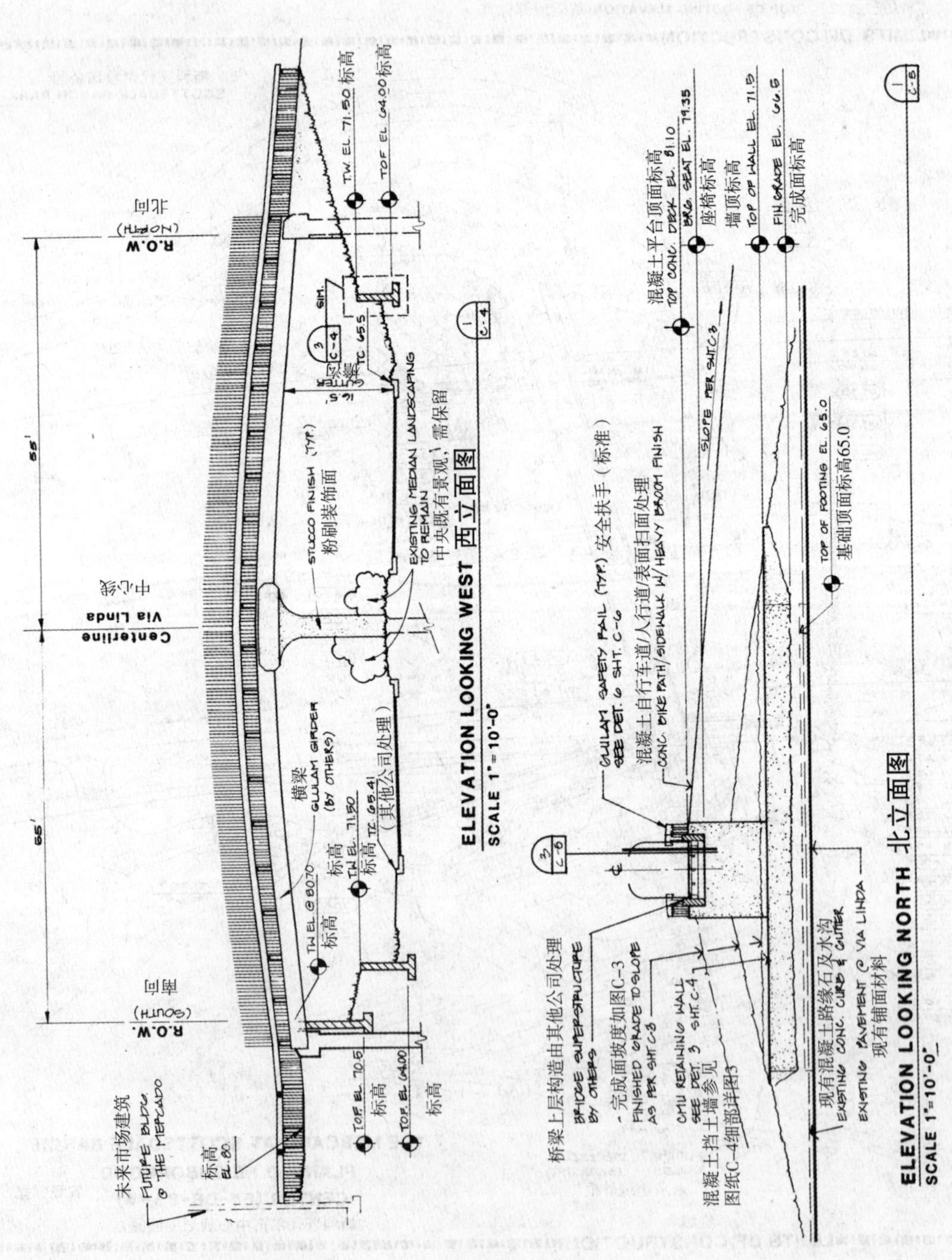

图8.80　图8.76之细部详图，由HDR工程技术工作室绘制

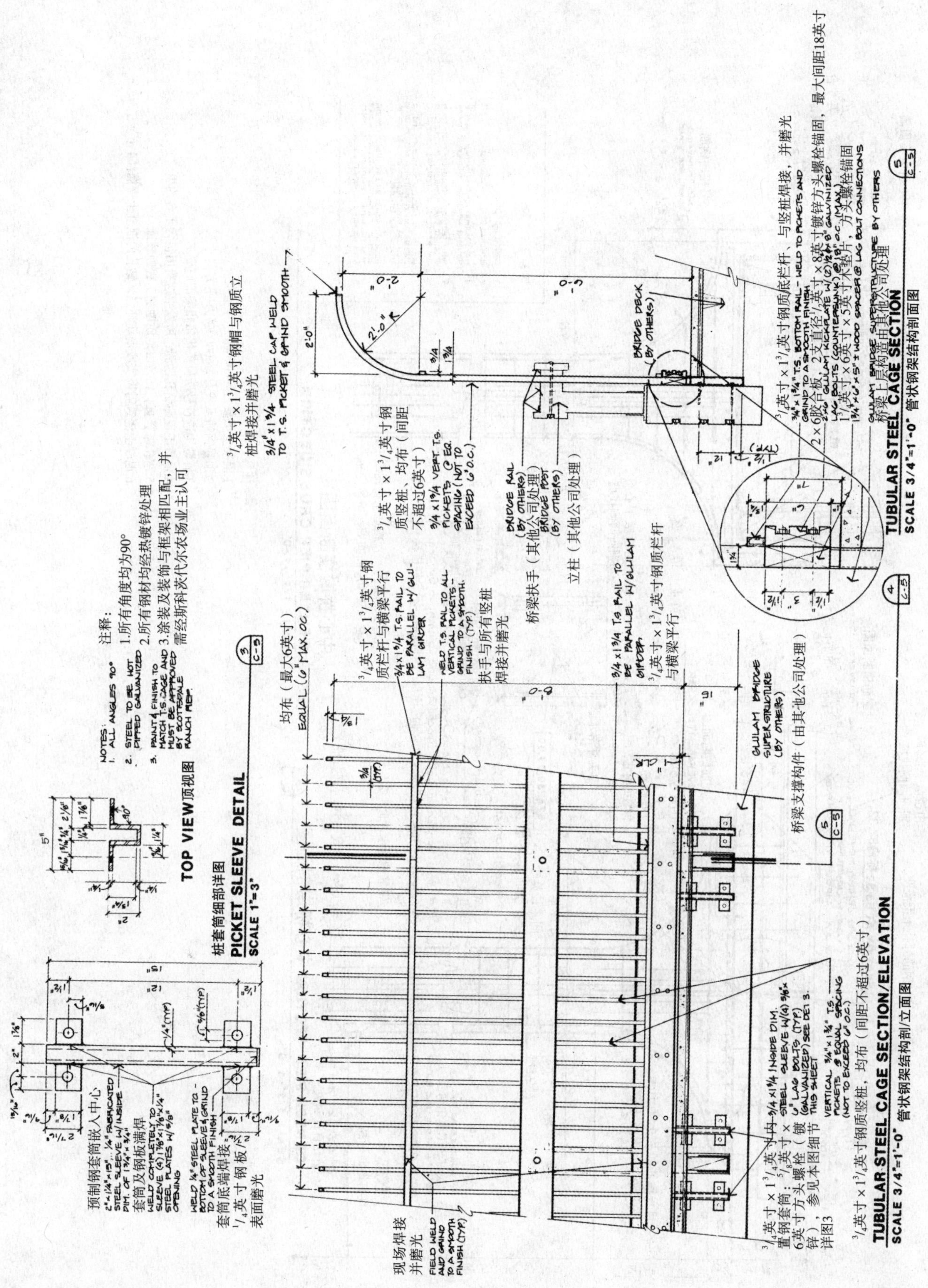

图8.81　图8.76之细部详图，由HDR工程技术工作室绘制

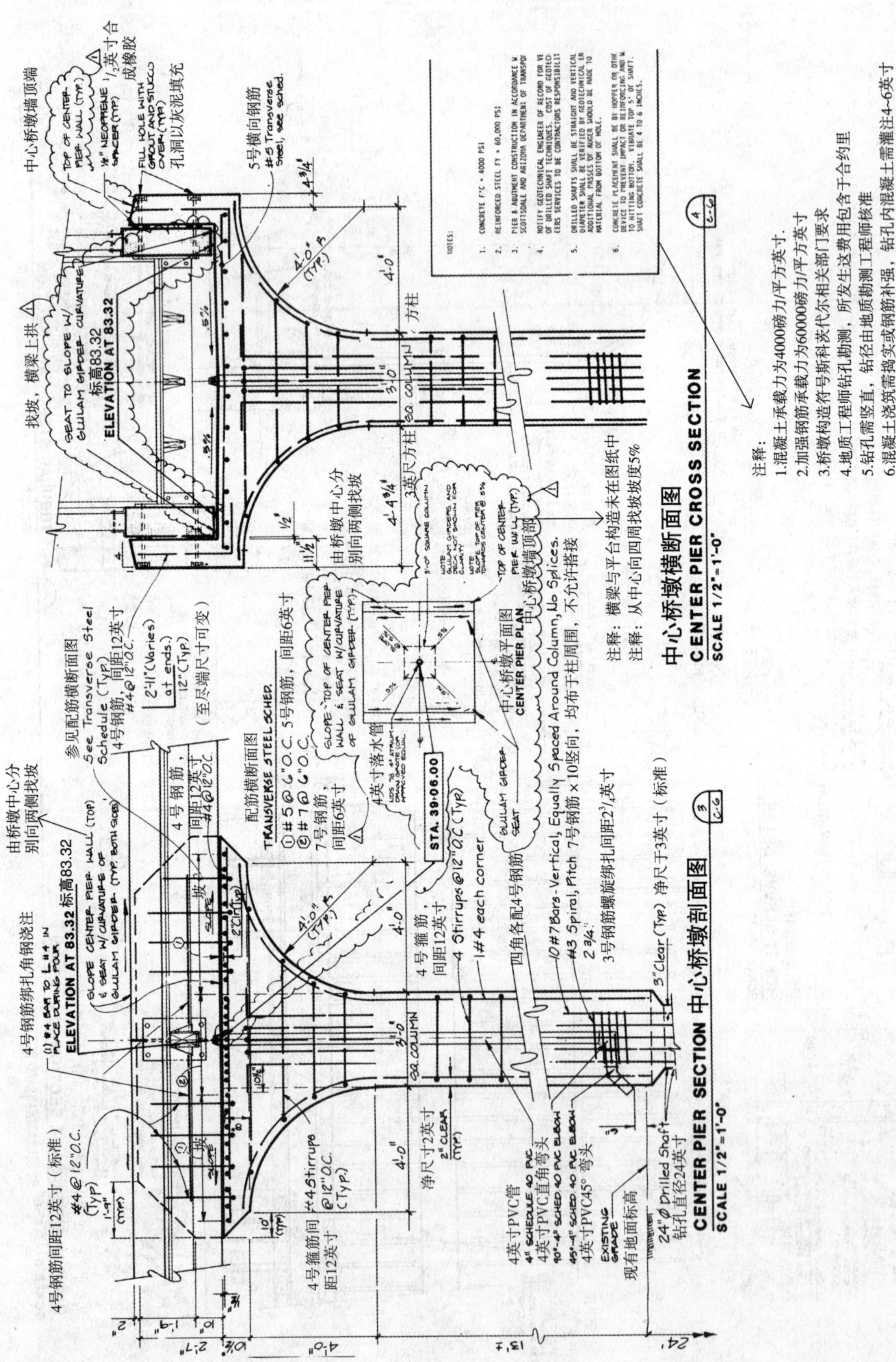

图8.82　图8.76之细部详图，由HDR工程技术工作室绘制

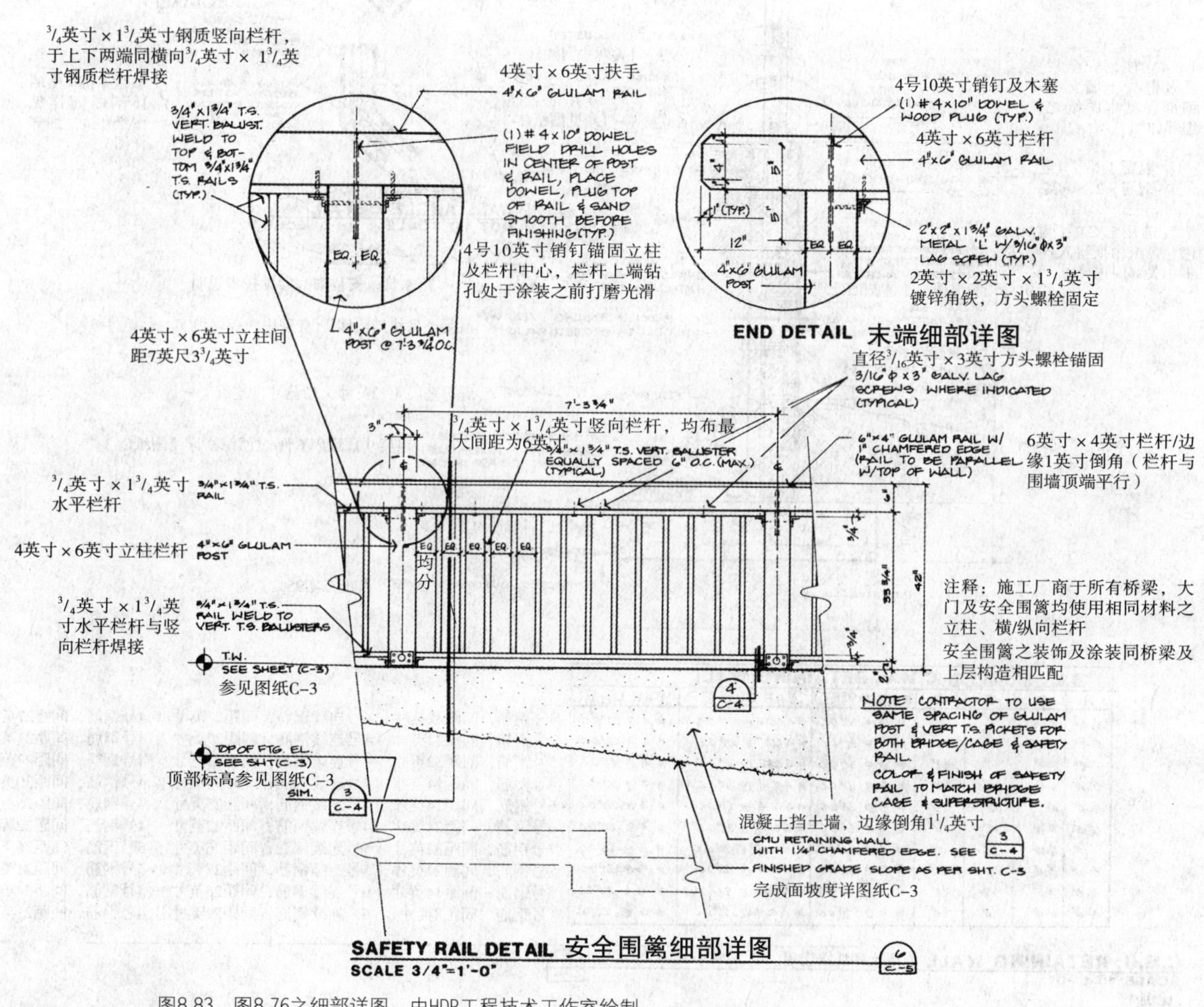

图8.83　图8.76之细部详图，由HDR工程技术工作室绘制

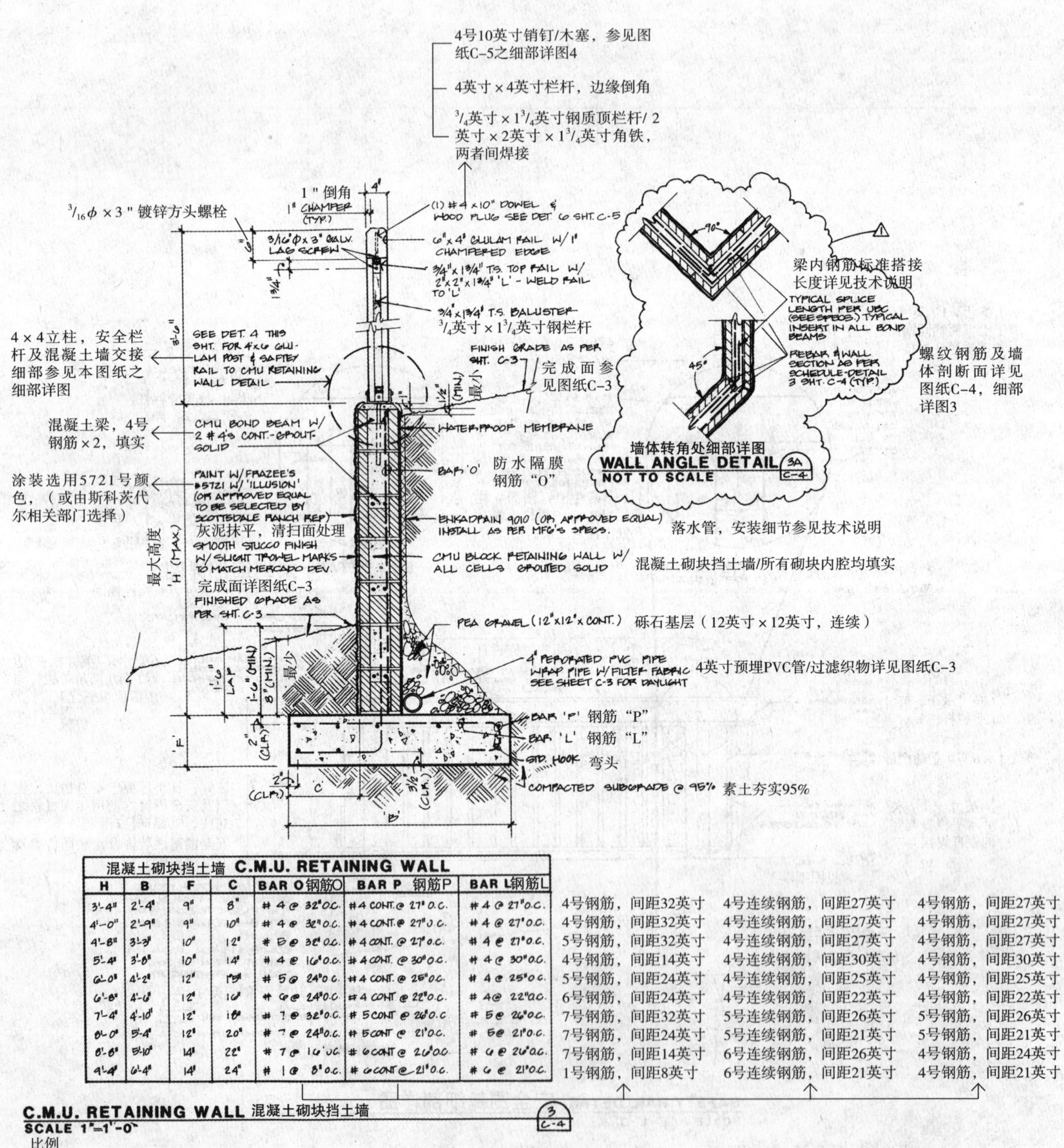

混凝土砌块挡土墙 C.M.U. RETAINING WALL

H	B	F	C	BAR O 钢筋O	BAR P 钢筋P	BAR L 钢筋L			
3'-4"	2'-4"	9"	8"	#4 @ 32" O.C.	#4 CONT. @ 27" O.C.	#4 @ 27" O.C.	4号钢筋，间距32英寸	4号连续钢筋，间距27英寸	4号钢筋，间距27英寸
4'-0"	2'-9"	9"	10"	#4 @ 32" O.C.	#4 CONT. @ 27" O.C.	#4 @ 27" O.C.	4号钢筋，间距32英寸	4号连续钢筋，间距27英寸	4号钢筋，间距27英寸
4'-8"	3'-3"	10"	12"	#5 @ 32" O.C.	#4 CONT. @ 27" O.C.	#4 @ 27" O.C.	5号钢筋，间距32英寸	4号连续钢筋，间距27英寸	4号钢筋，间距27英寸
5'-4"	3'-8"	10"	14"	#4 @ 16" O.C.	#4 CONT. @ 30" O.C.	#4 @ 30" O.C.	4号钢筋，间距14英寸	4号连续钢筋，间距30英寸	4号钢筋，间距30英寸
6'-0"	4'-2"	12"	15"	#5 @ 24" O.C.	#4 CONT. @ 25" O.C.	#4 @ 25" O.C.	5号钢筋，间距24英寸	4号连续钢筋，间距25英寸	4号钢筋，间距25英寸
6'-8"	4'-6"	12"	16"	#6 @ 24" O.C.	#4 CONT @ 22" O.C.	#4 @ 22" O.C.	6号钢筋，间距24英寸	4号连续钢筋，间距22英寸	4号钢筋，间距22英寸
7'-4"	4'-10"	12"	18"	#7 @ 32" O.C.	#5 CONT @ 26" O.C.	#5 @ 26" O.C.	7号钢筋，间距32英寸	5号连续钢筋，间距26英寸	5号钢筋，间距26英寸
8'-0"	5'-4"	12"	20"	#7 @ 24" O.C.	#5 CONT @ 21" O.C.	#5 @ 21" O.C.	7号钢筋，间距24英寸	5号连续钢筋，间距21英寸	5号钢筋，间距21英寸
8'-8"	5'-10"	14"	22"	#7 @ 16" O.C.	#6 CONT @ 26" O.C.	#4 @ 24" O.C.	7号钢筋，间距14英寸	6号连续钢筋，间距26英寸	4号钢筋，间距24英寸
9'-4"	6'-4"	14"	24"	#1 @ 8" O.C.	#6 CONT @ 21" O.C.	#6 @ 21" O.C.	1号钢筋，间距8英寸	6号连续钢筋，间距21英寸	4号钢筋，间距21英寸

图8.84 图8.76之细部详图，由HDR工程技术工作室绘制

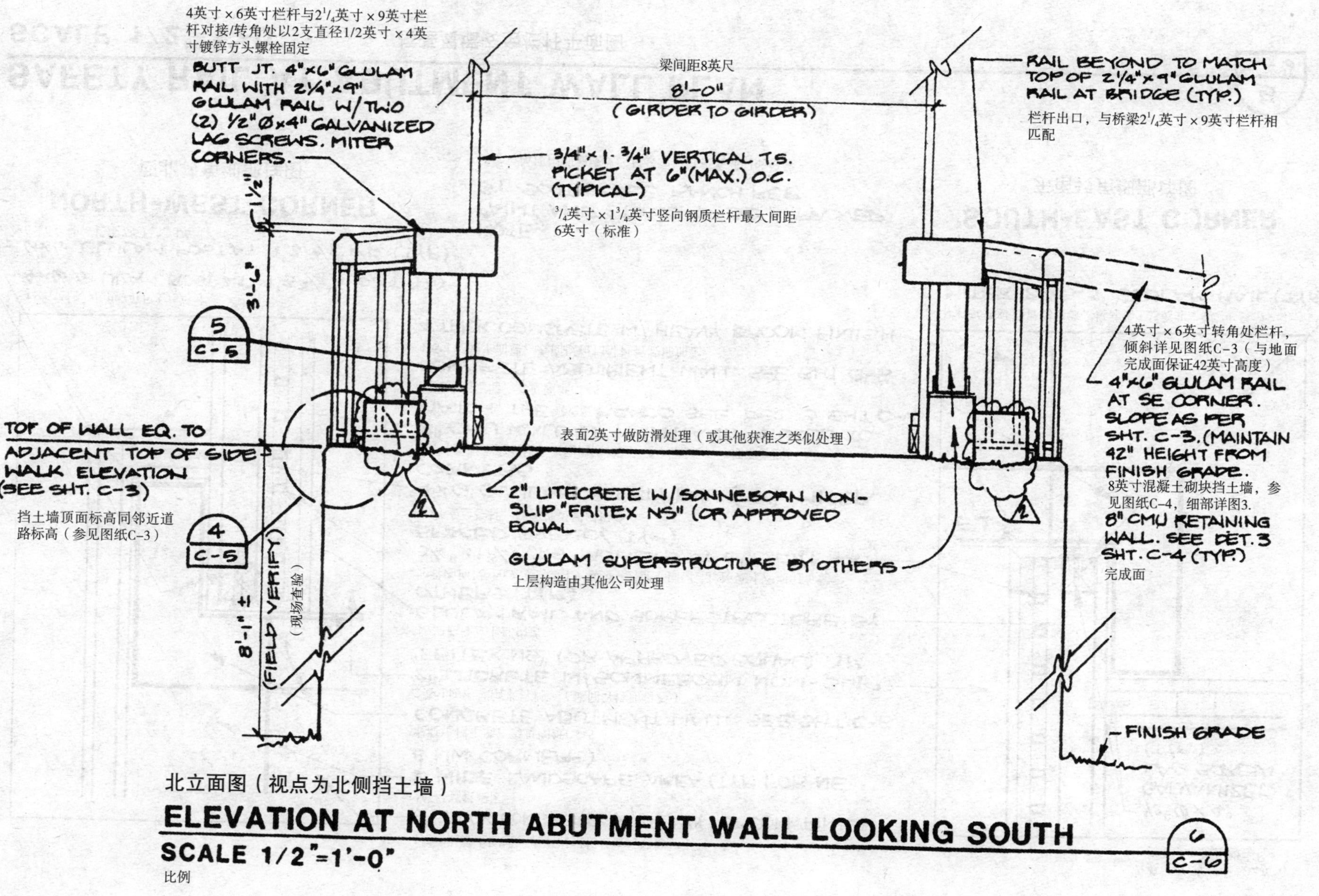

图8.85　图8.76之细部详图，由HDR工程技术工作室绘制

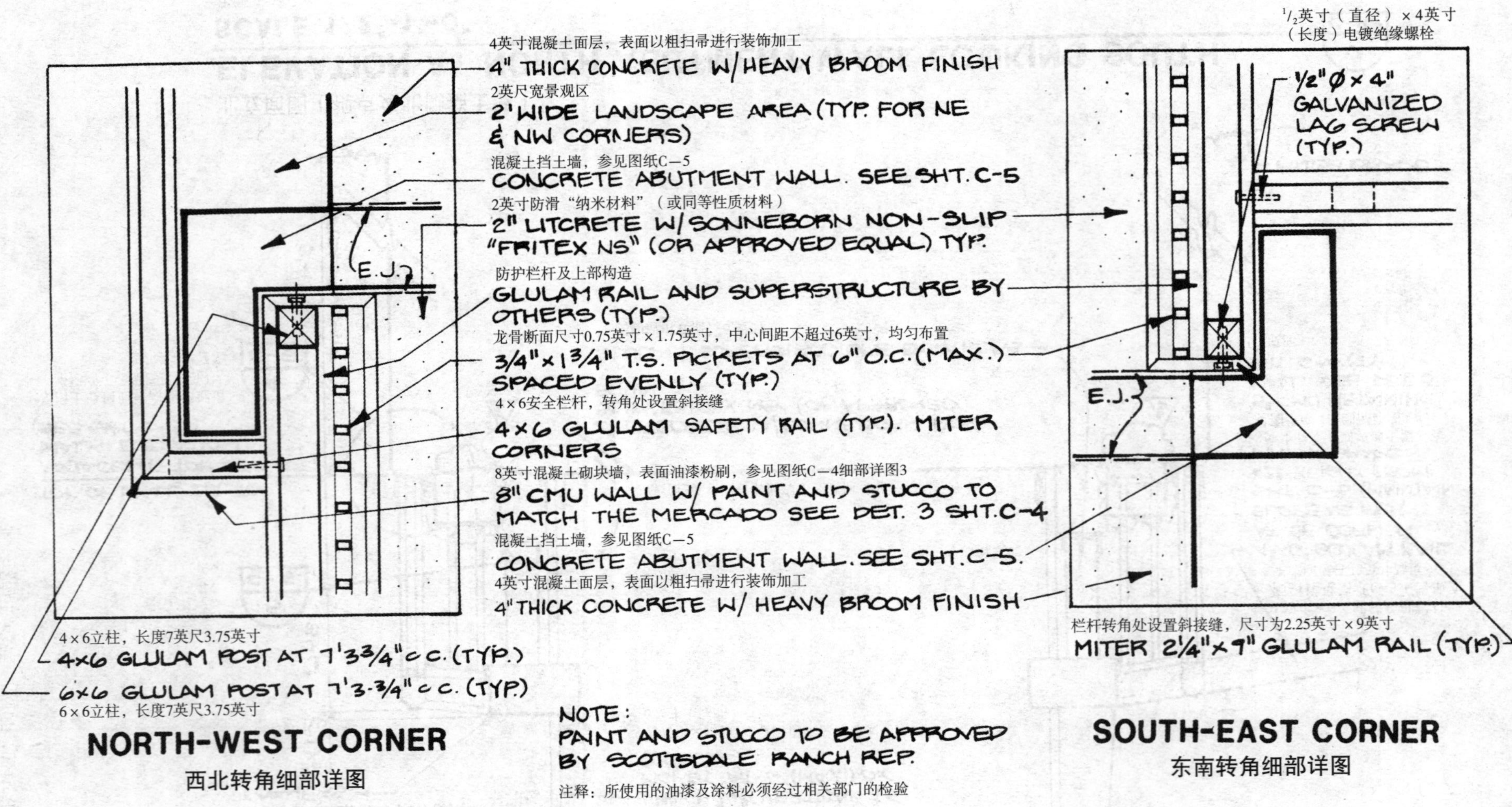

图8.86　图8.76之细部详图，由HDR工程技术工作室绘制

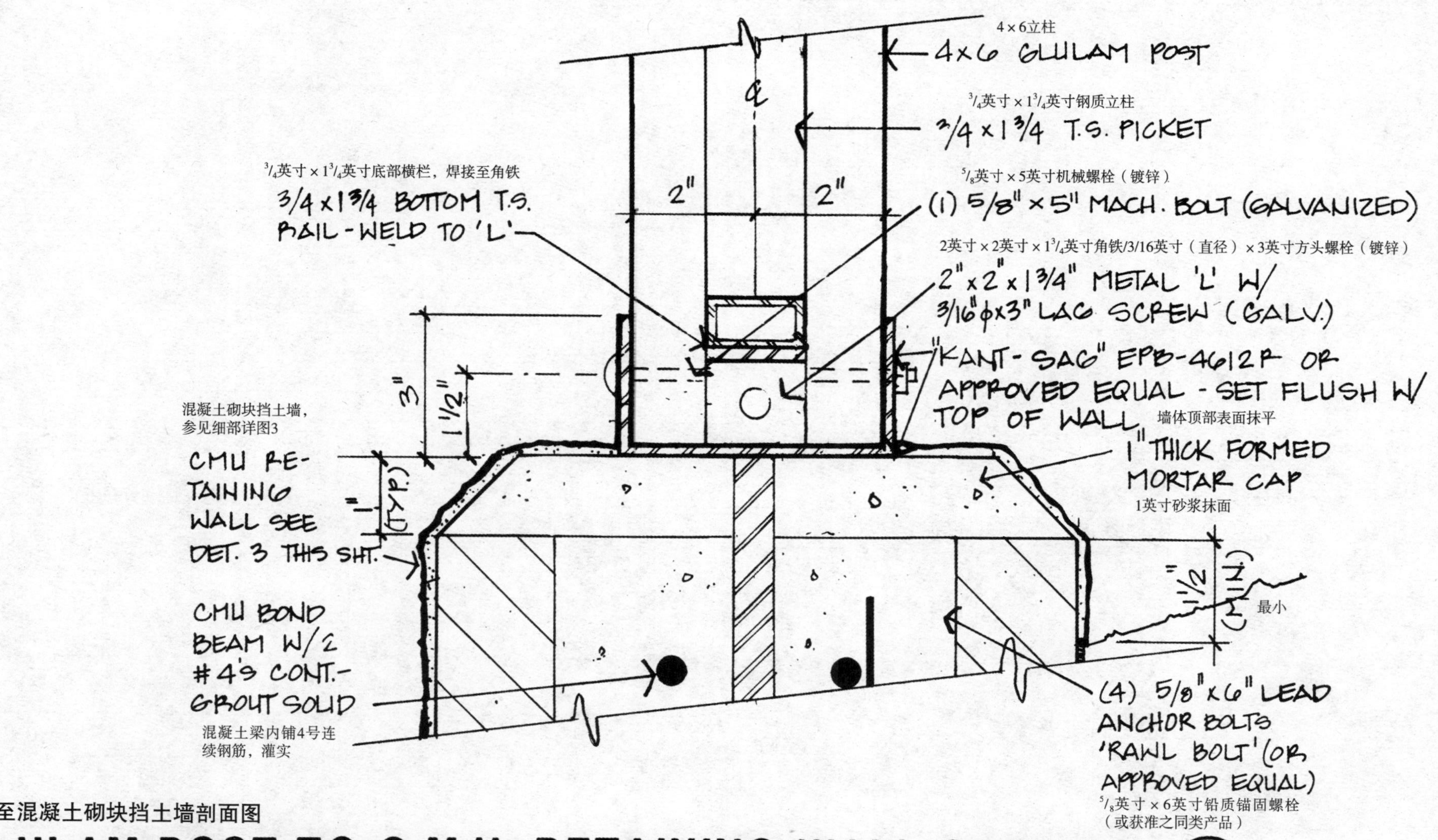

图8.87　图8.76之细部详图，由HDR工程技术工作室绘制

第九章 娱乐休憩设施

当今市场上可供选择的游戏设施种类繁多。根据孩子们的活动，设计师采用各种不同的风格、设计以及材料，反映出丰富的设计理念与哲学思考。在很多游戏场地中都包含具有个性化设计的设施。在一些游戏场地的设计案例中，今天个性化设计的游戏设施可能就成为明天目录中进行大批量生产的产品。

设计师在进行游戏场地设计时大多都会面临一个选择——是选用目录上面现成的产品还是自己根据实际情况进行设计。通过产品目录，很容易找到那些符合孩子们安全需要的设施，并且还可以委托供应商根据产品说明书进行安装。假如选择自己进行个性化的设计，那么必须要对所使用的材料进行详细研究，并且确保设施的尺寸符合孩子们的需要。在设计阶段，必须严格地考虑设施的安全性。所有使用的金属材料都要进行防锈处理。木材一般选择红木或其他经过压力处理的木料，并使用没有毒性的防腐剂。

在各地不断发生的责任索赔案件以及渎职诉讼，使游戏设施个性化设计变得非常困难。即使选用的是产品目录上提供的设备，假如有儿童在游戏过程中受伤，设计师也同样会被卷入法律官司当中。在设计过程中，设计师要充分考虑到孩子们跌倒或在跑动过程中碰撞到设施而引起伤害的可能性。另外，由于儿童旺盛的精力和好奇心，一些看似对成年人没有危险的设施也很可能会伤害到孩子们。

游戏场地的管理人员要面临很多保养维护方面的问题，而这些问题也是设计师需要了解的。例如没有经过电镀处理的金属表面要涂刷油漆，但是油漆表面还是容易受到腐蚀或磨损，所以需要经常找补；松动了的紧固构件需要经常加固等。假如缆索发生松动要用螺丝扣进行加固。

一些松软的材料，例如砂子和细卵石，很容易进入孩子们的鞋子或袖口中而被带走，因此这些材料必须进行周期性更换。将这些材料作为场地的垫层要比沥青（有时也会采用）松软得多。沙子本身也可以是游戏的对象，孩子们可以用它堆建城堡。木材以及其他材料都应该尽量圆滑，转弯的地方要进行倒角处理，尽量降低孩子们跌倒或碰撞在上面引起划伤或危险的可能性。

绝大多数游戏场地都要考虑排水问题，尽量避免或减少积水，确保场地充足的开放使用时间。

辅助研究参考资料

Harris, C. W. and Dines, N. T. *Time-Saver Standards for Landscape Architecture.* New York: McGraw-Hill, 1988.

Walker, T. D. *Designs for Parks and Recreation Spaces.* New York: Van Nostrand Reinhold, 1987.

图9.1　游戏设施，由M・保罗・弗里贝格以及合作者设计

图9.2　游戏设施，由M・保罗・弗里贝格以及合作者设计

图9.3　游戏土墩，由扬·杰勒德·麦克尼尔设计

图9.4　游戏土墩，由斯韦德鲁普与帕斯尔设计

图9.5　游戏场地，由迈里克·纽曼·达尔伯格设计

图9.6　游戏场地，由迈里克·纽曼·达尔伯格设计

图9.7　一个沙漠公园中的游戏场地

图9.8　残疾儿童专用的活动场地，由迈里克·纽曼·达尔伯格设计

图9.9　一个沙漠地区商业入口处的雕塑活动场地

图9.10　喷泉水池，由杰克·布克泰尼克设计

图9.11　游戏场地，由杰克·布克泰尼克设计

图9.12　游戏设施，由杰克·布克泰尼克设计

图9.13　由标杆和绳索构成的游戏设施

图9.14　游戏场地，由邦内尔及其联合事务所设计

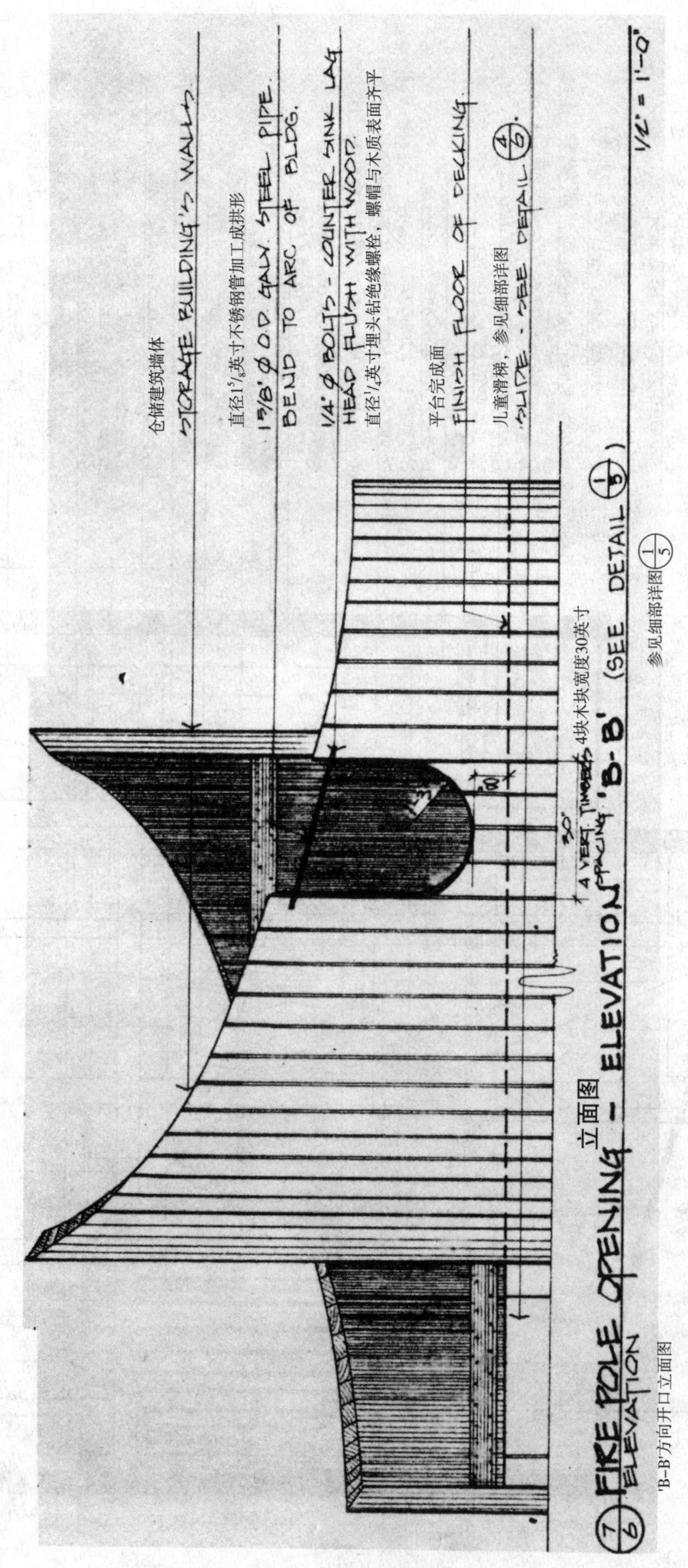

图9.15　图9.15细部详图，由邦内尔及其联合事务所绘制

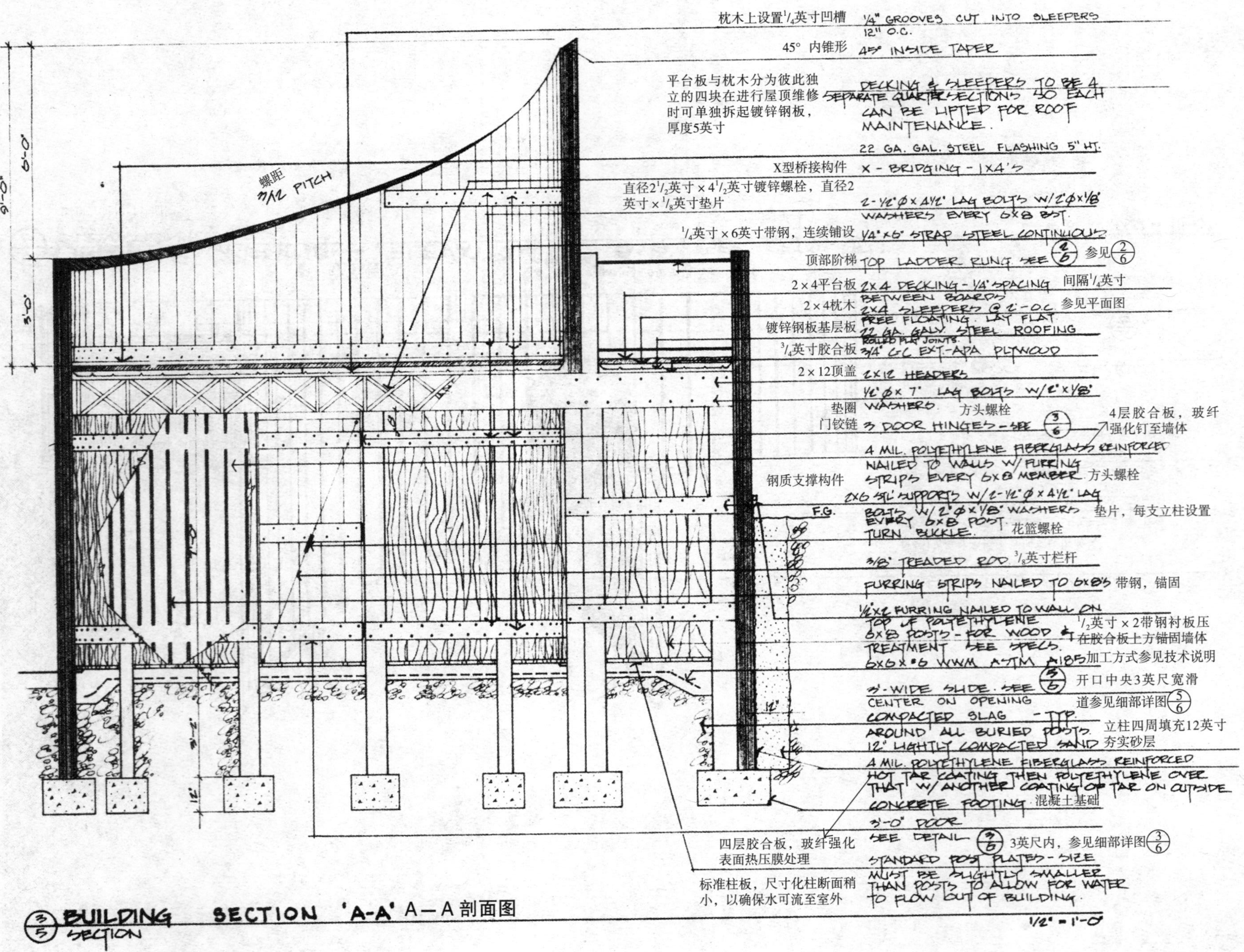

图9.16 图9.14细部详图，由邦内尔及其联合事务所绘制

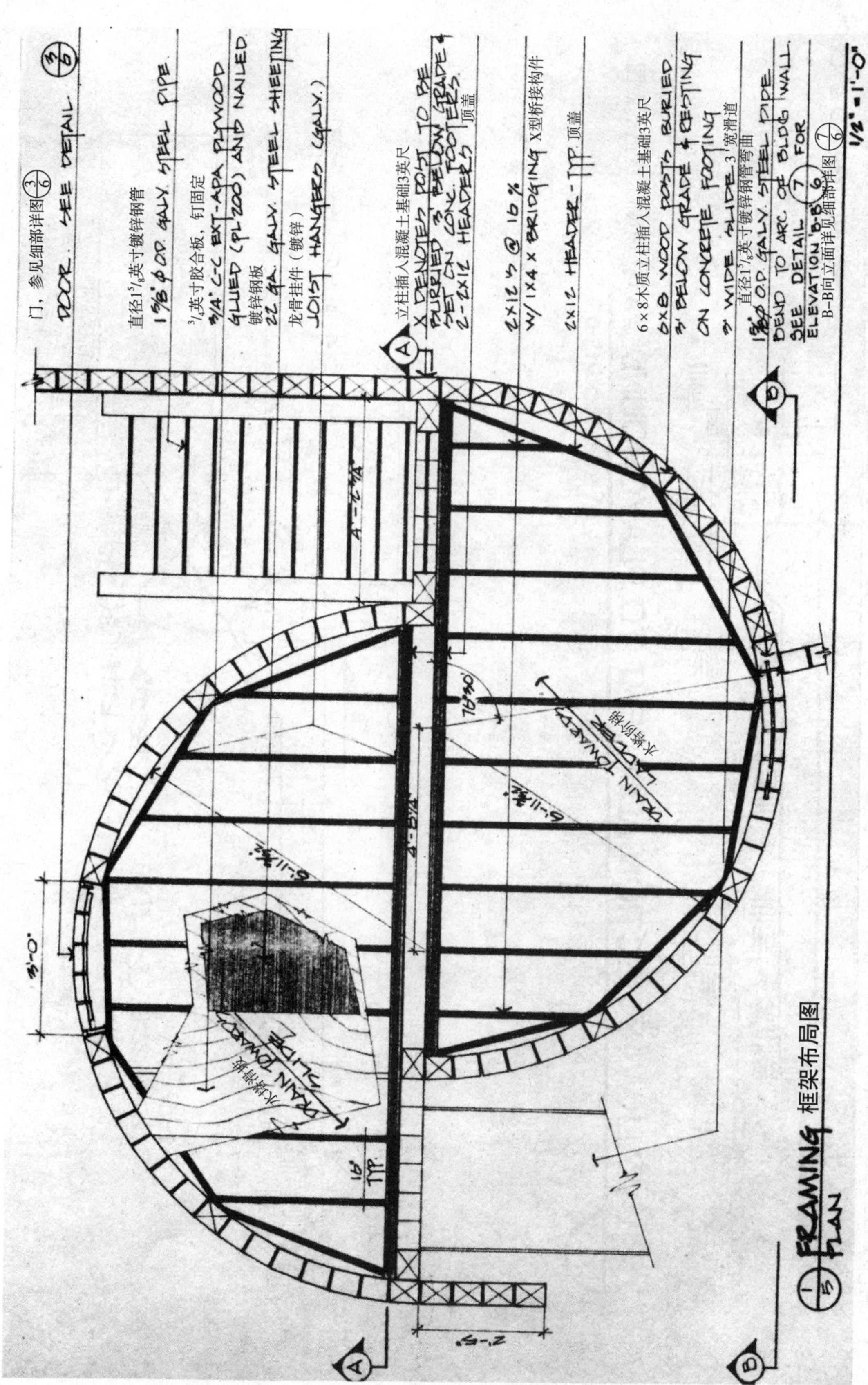

图9.17　图9.14细部详图，由邦内尔及其联合事务所绘制

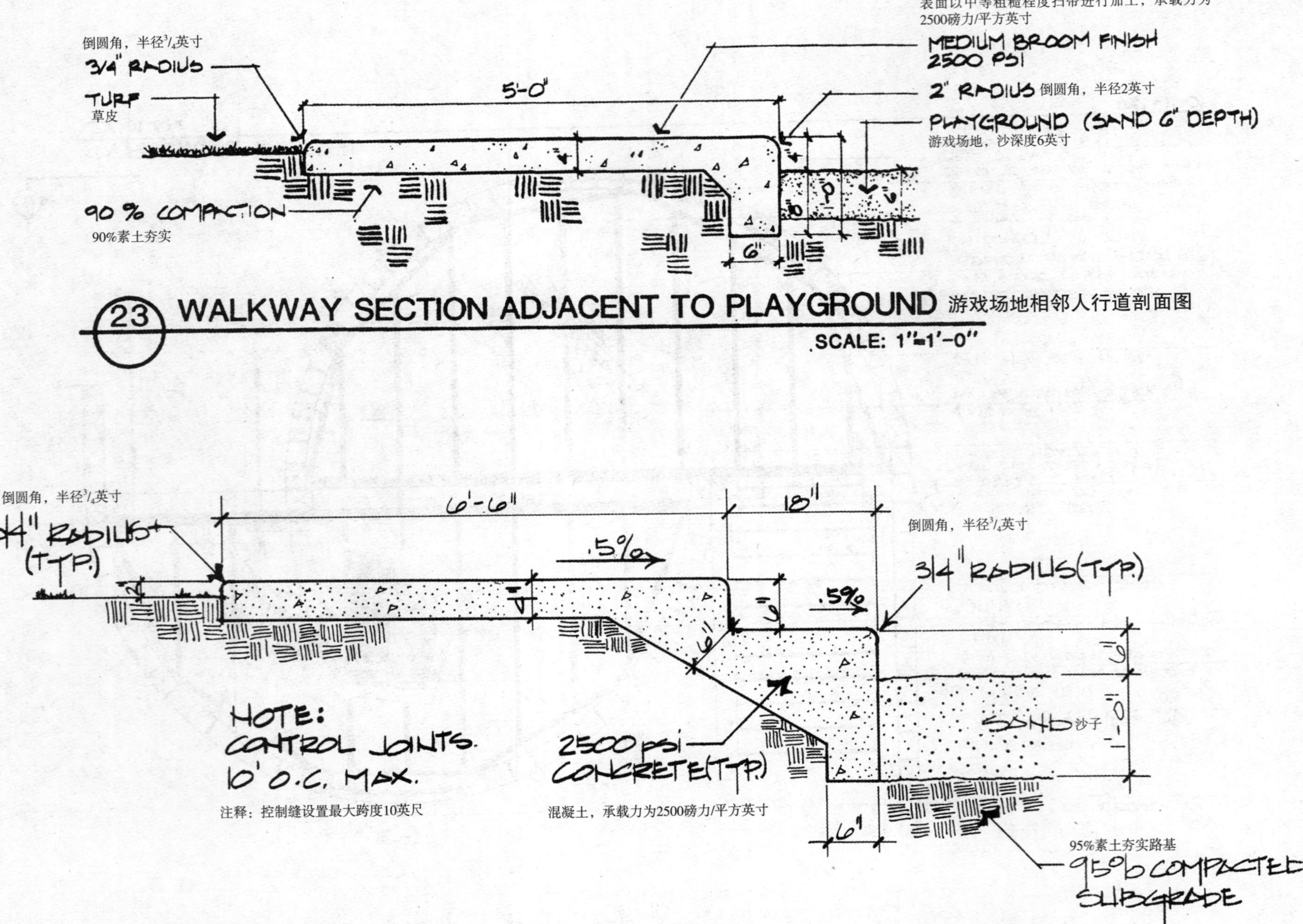

图9.18　游戏场地细部详图，由科埃与万路绘制

图9.19　马蹄铁形游戏场地，由科埃与万路设计

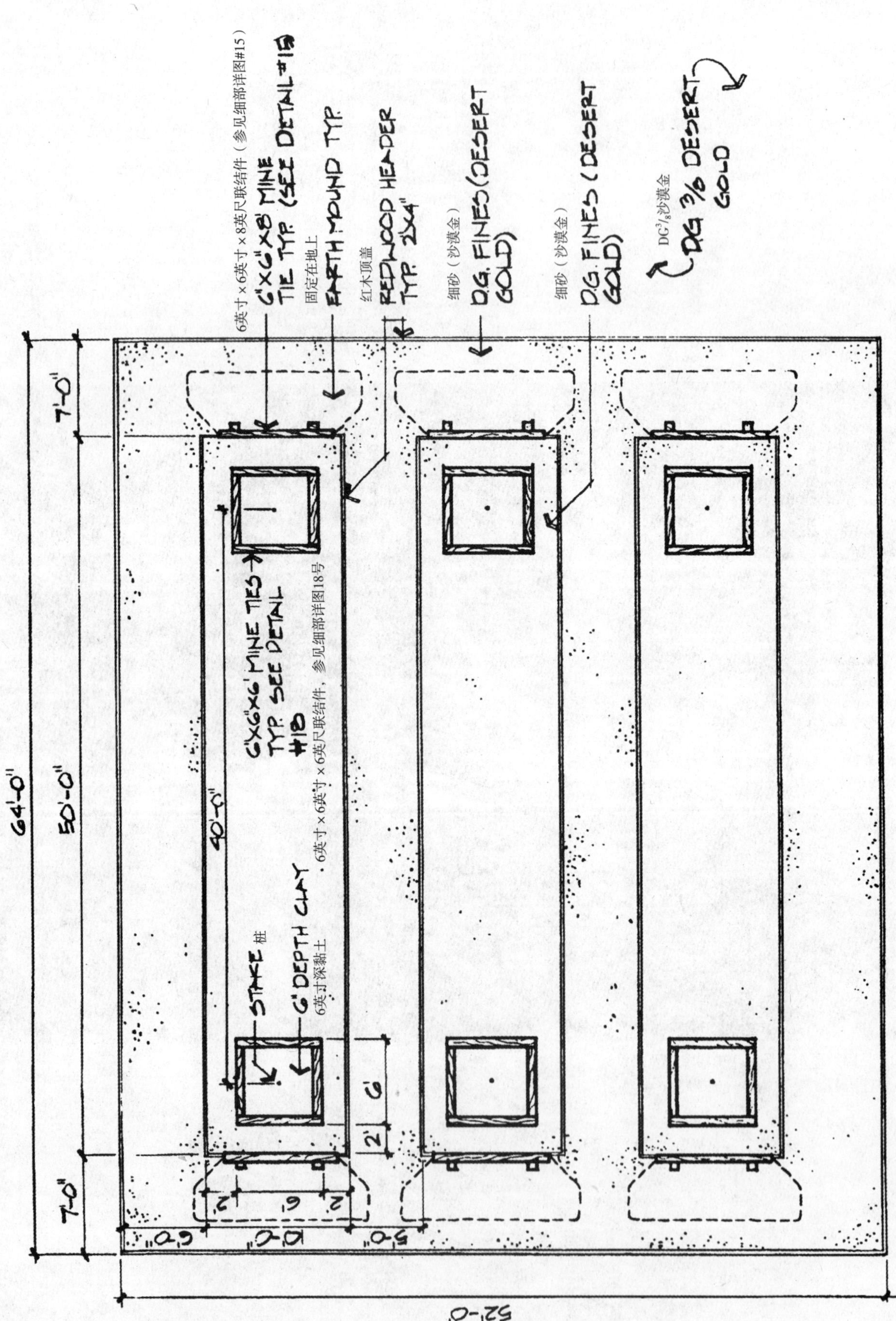

图9.20　马蹄铁形游戏场地平面图，由科埃与万路设计

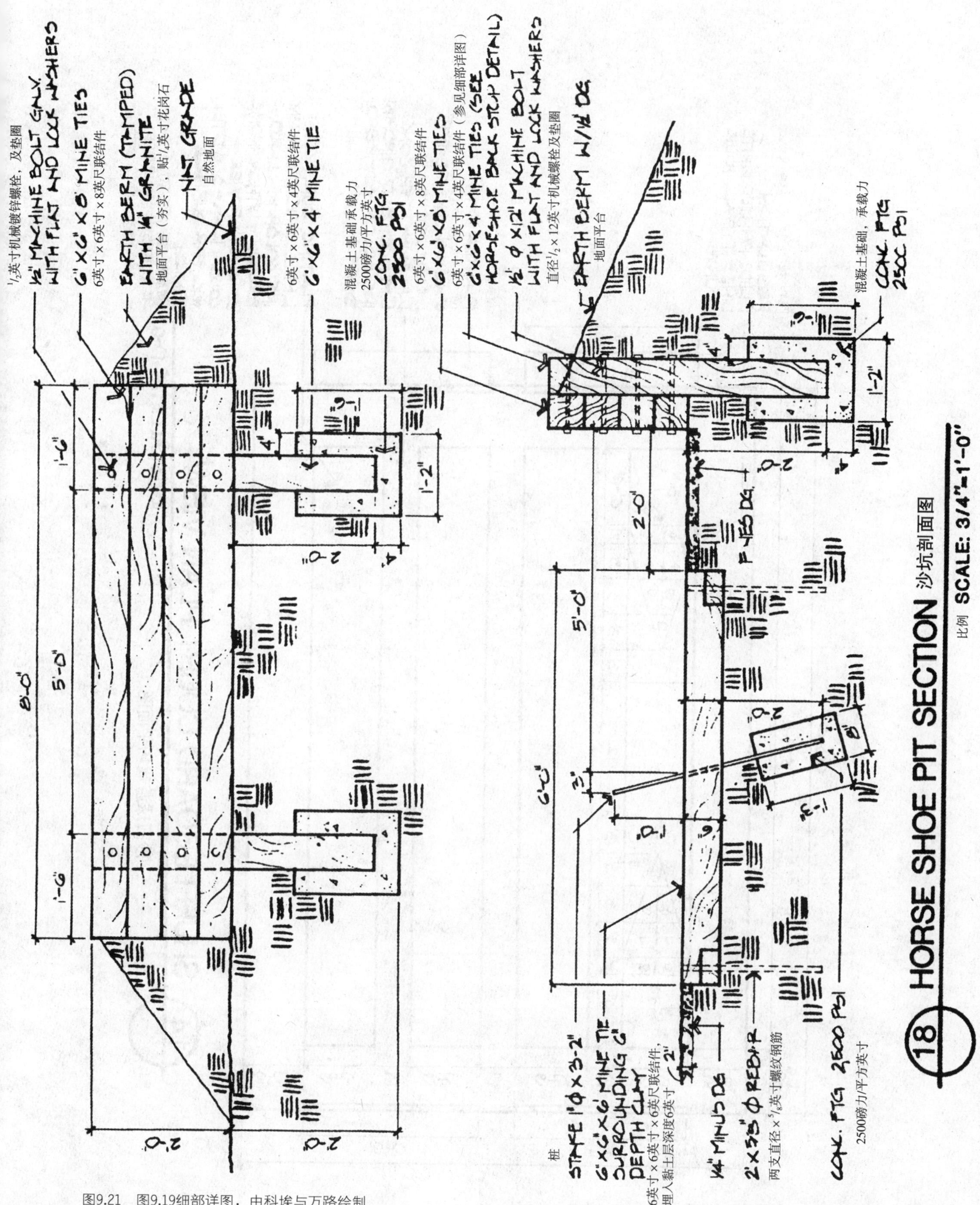

图9.21　图9.19细部详图，由科埃与万路绘制

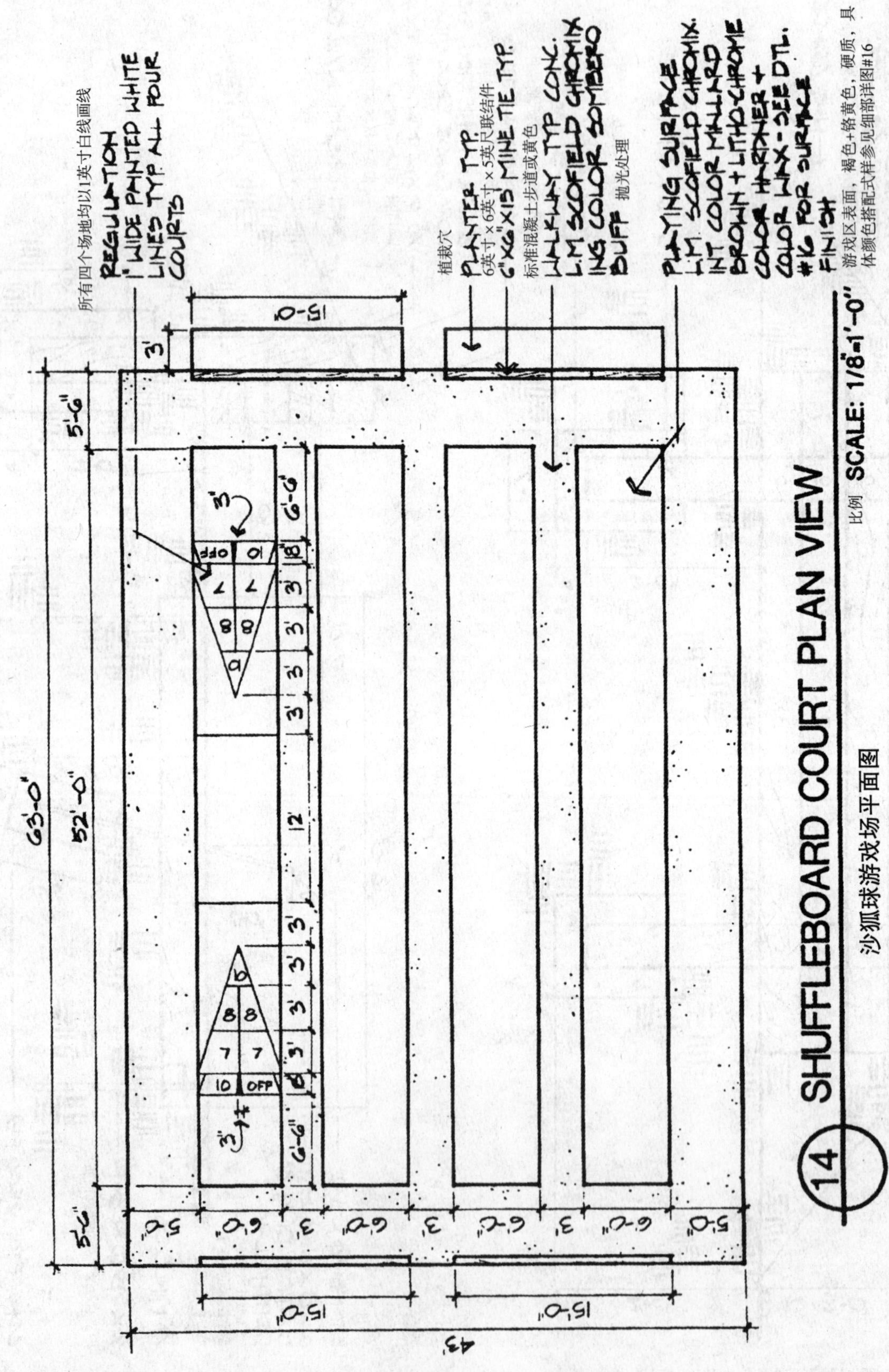

图9.22 推圆盘游戏场地平面图，由科埃与万路设计

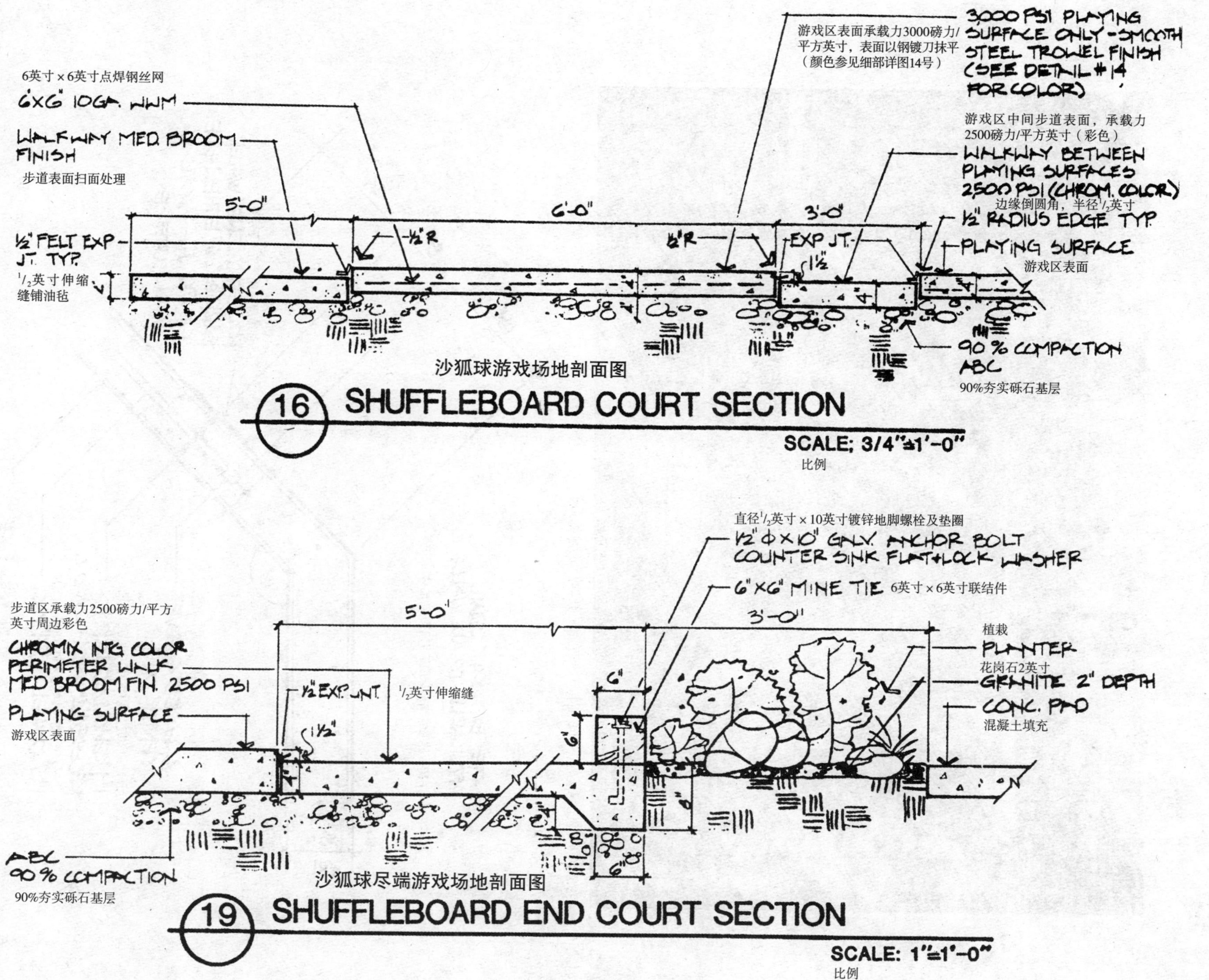

图9.23 推圆盘游戏场地细部详图，由科埃与万路设计

图9.24　网球比赛场地，由波斯特·巴克利·舒与耶尔尼根设计

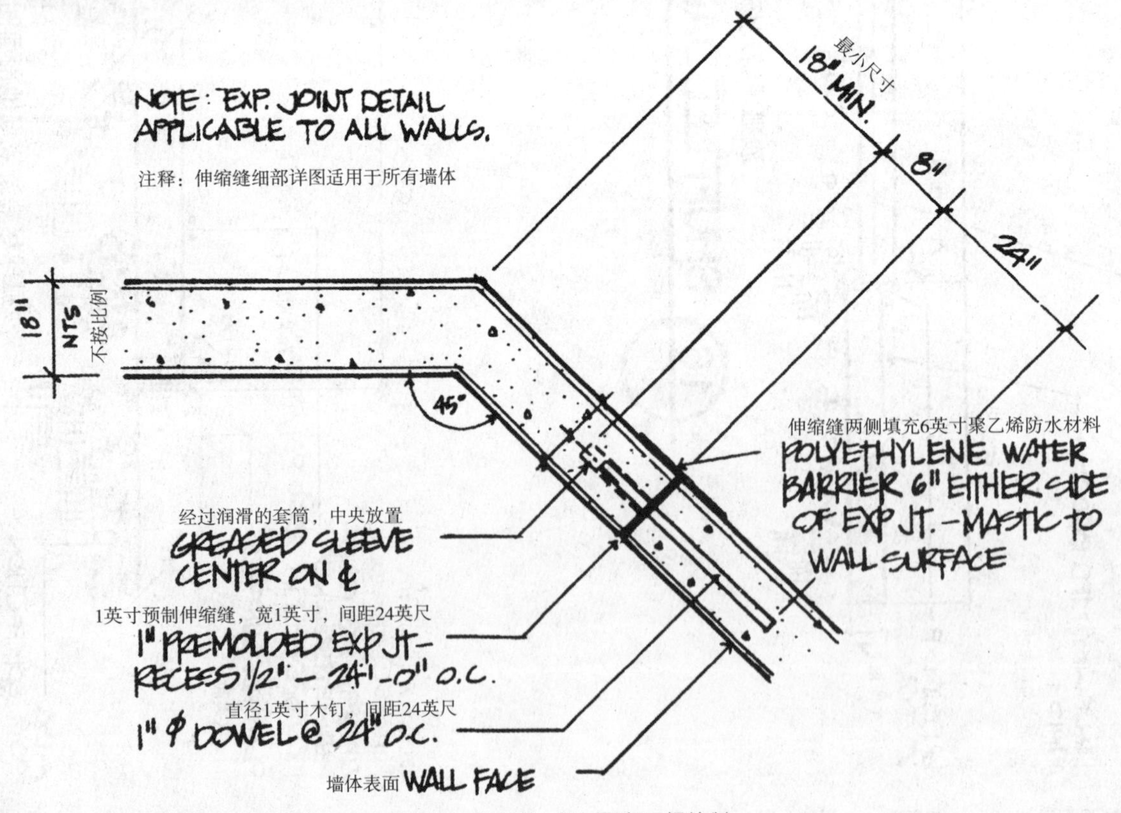

图9.25　图9.26网球场围墙细部详图，由波斯特·巴克利·舒与耶尔尼根绘制

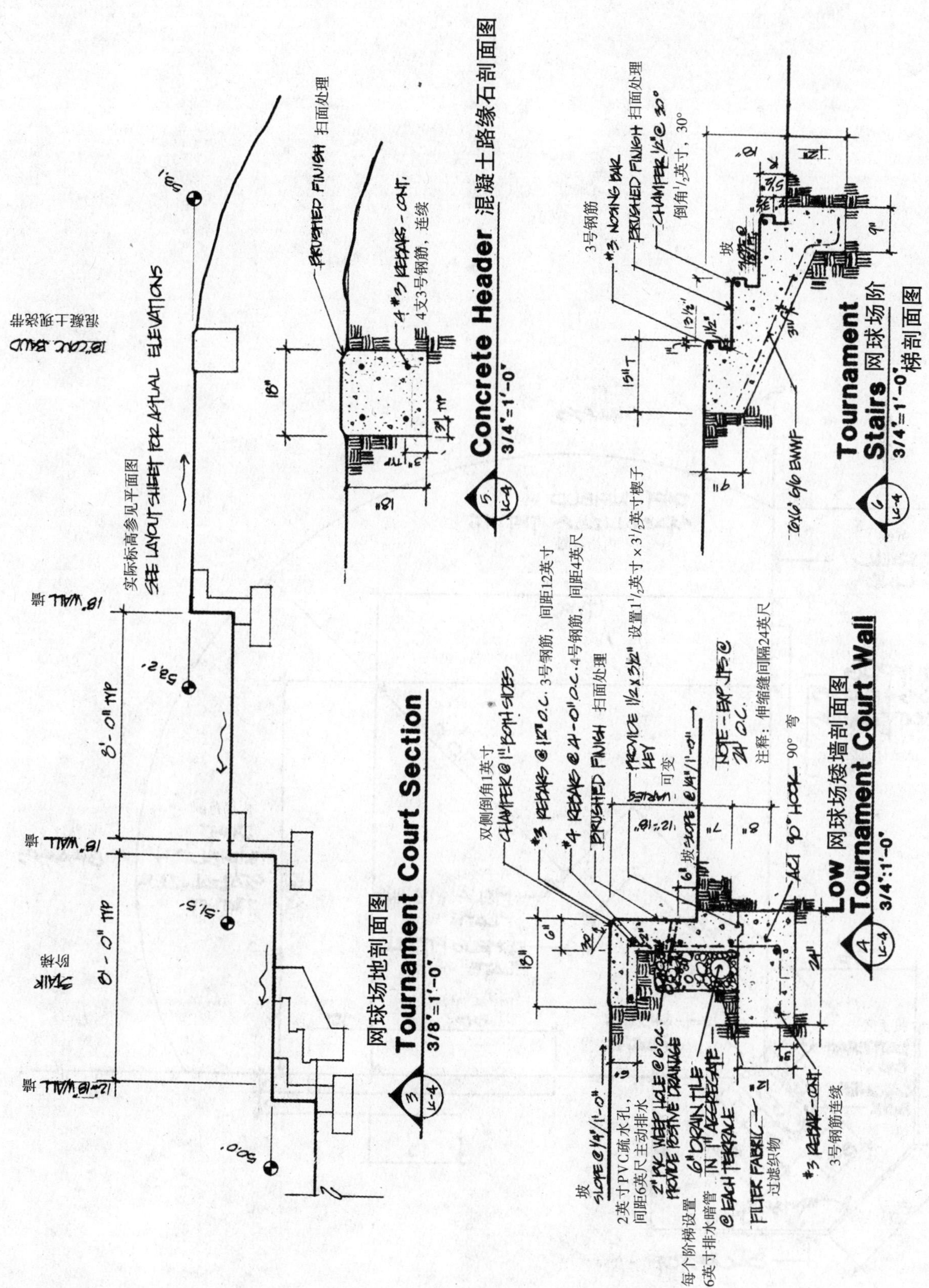

图9.26　网球比赛场细部详图，由波斯特·巴克利·舒与耶尔尼根绘制

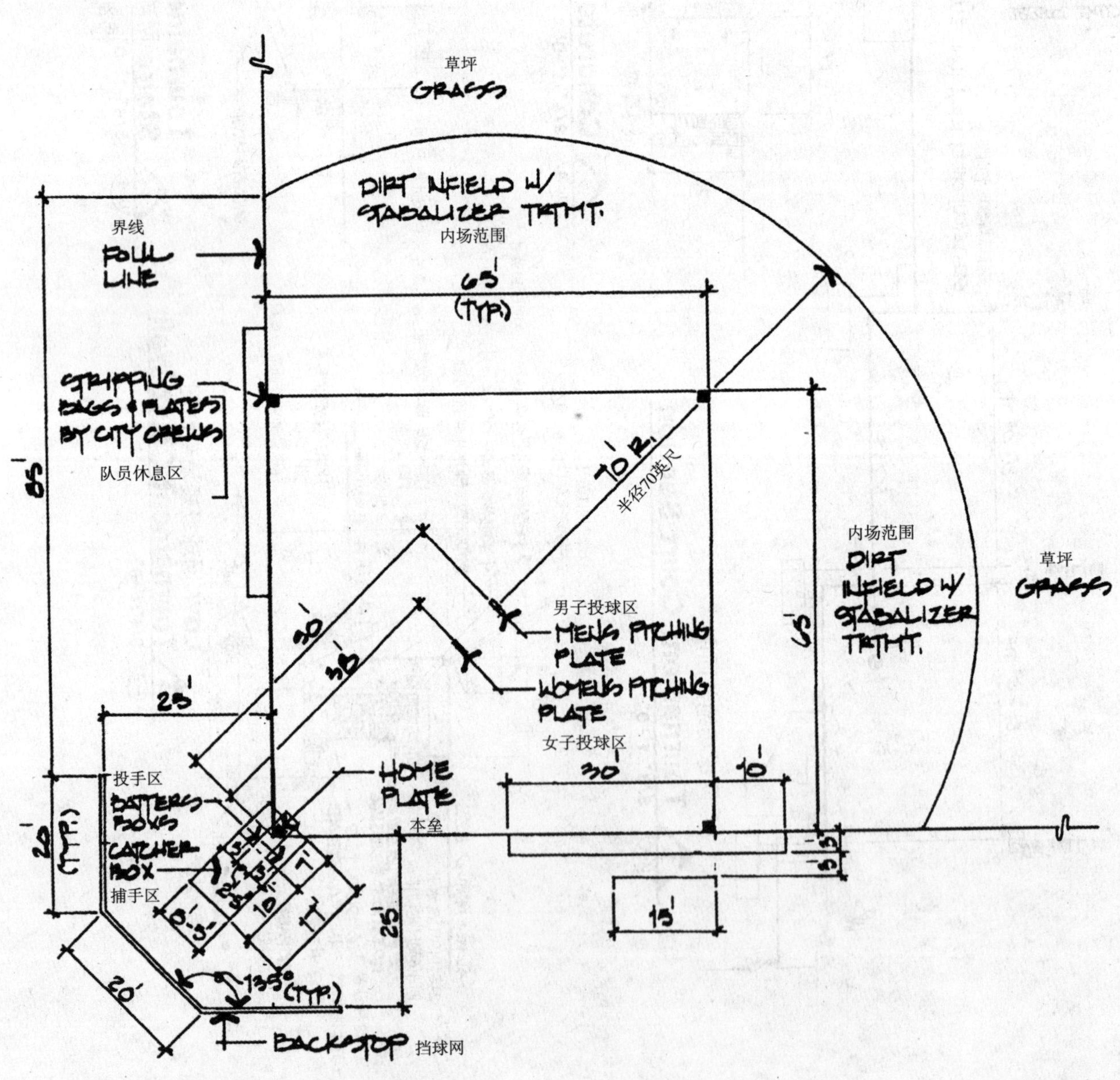

图9.27　垒球场地平面布局，由科埃与万路设计

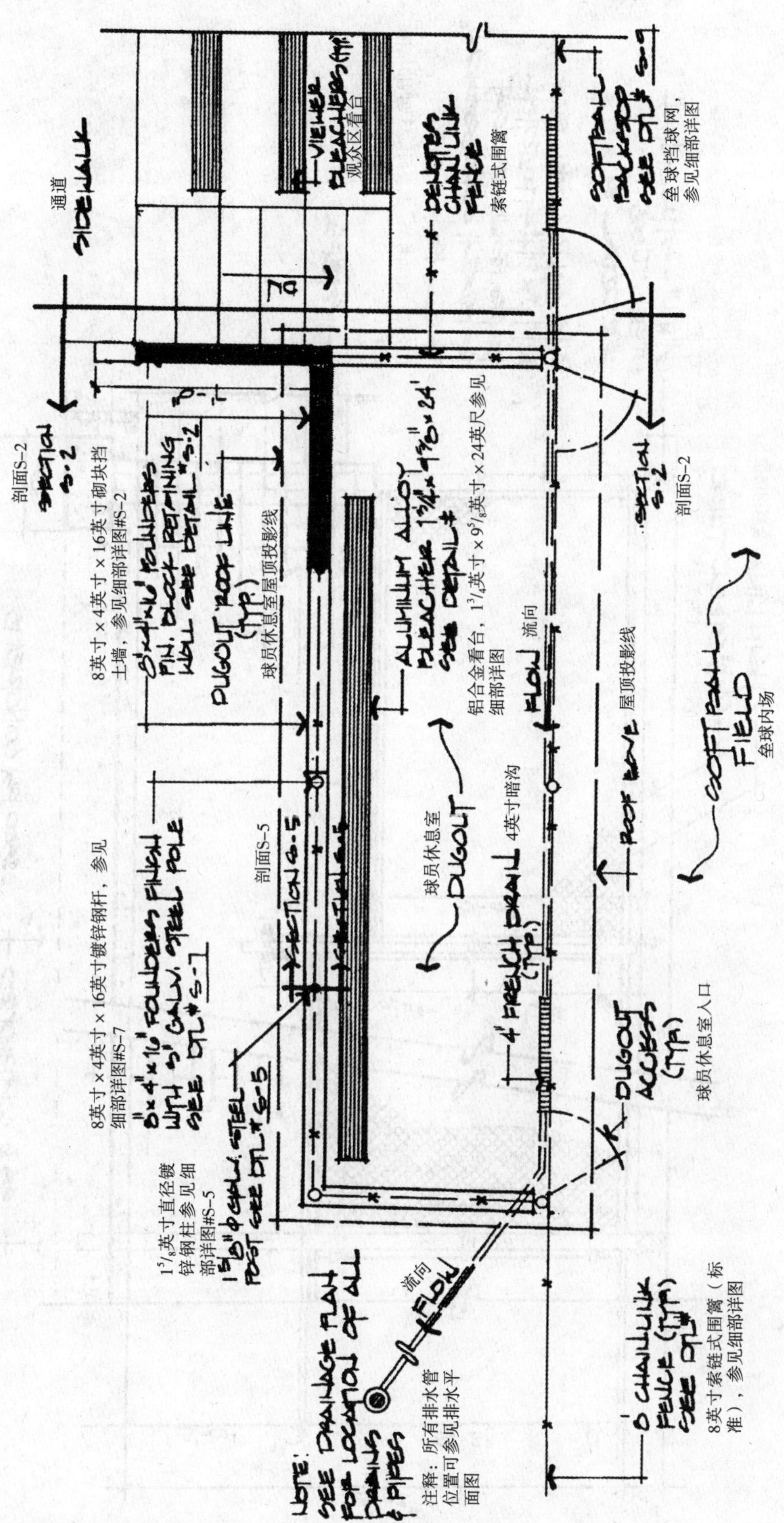

图9.28 垒球场地休息区平面布局，由科埃与万路设计

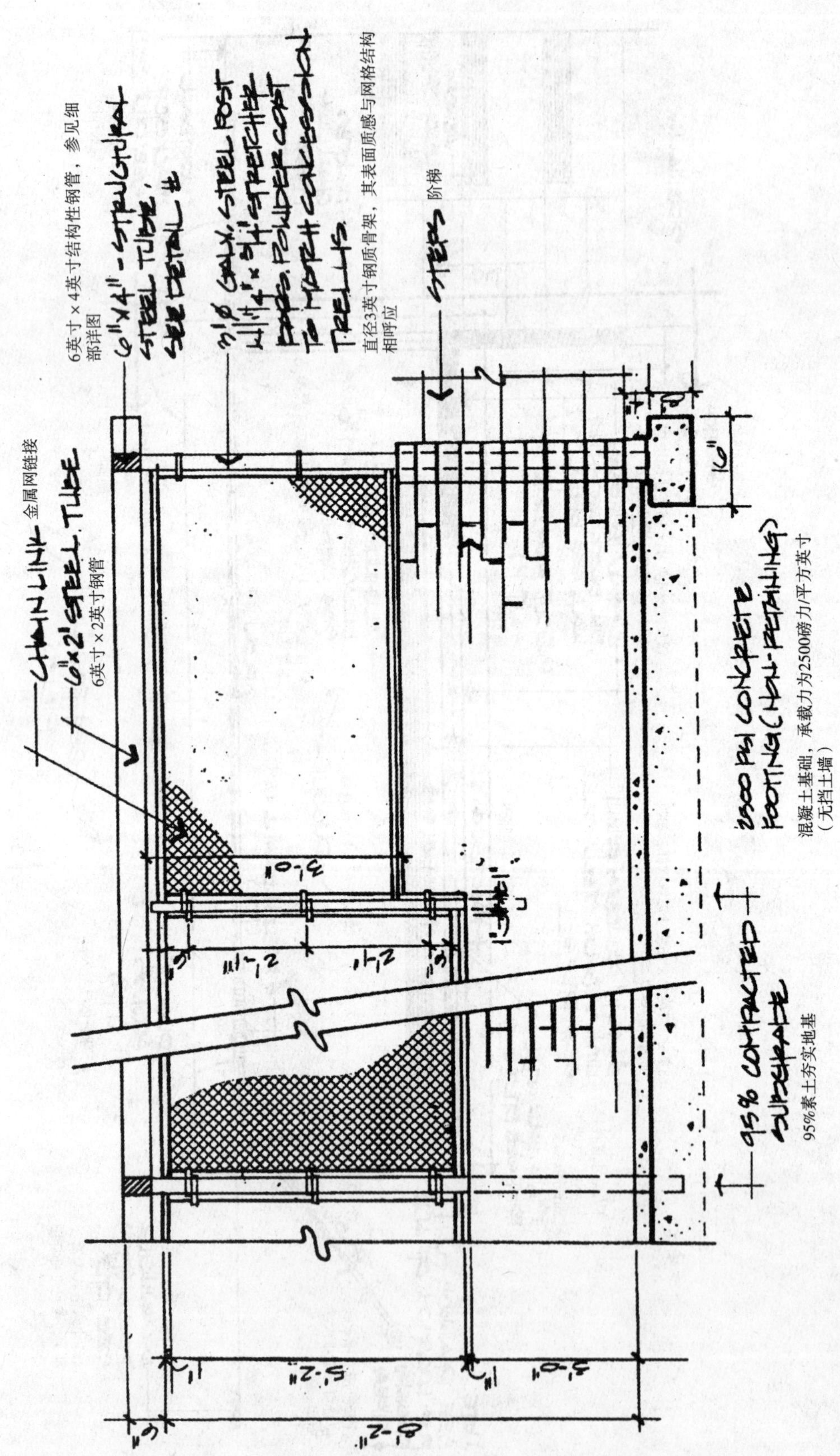

图9.29 垒球场地休息区立面图，参见图9.28，由科埃与万路设计

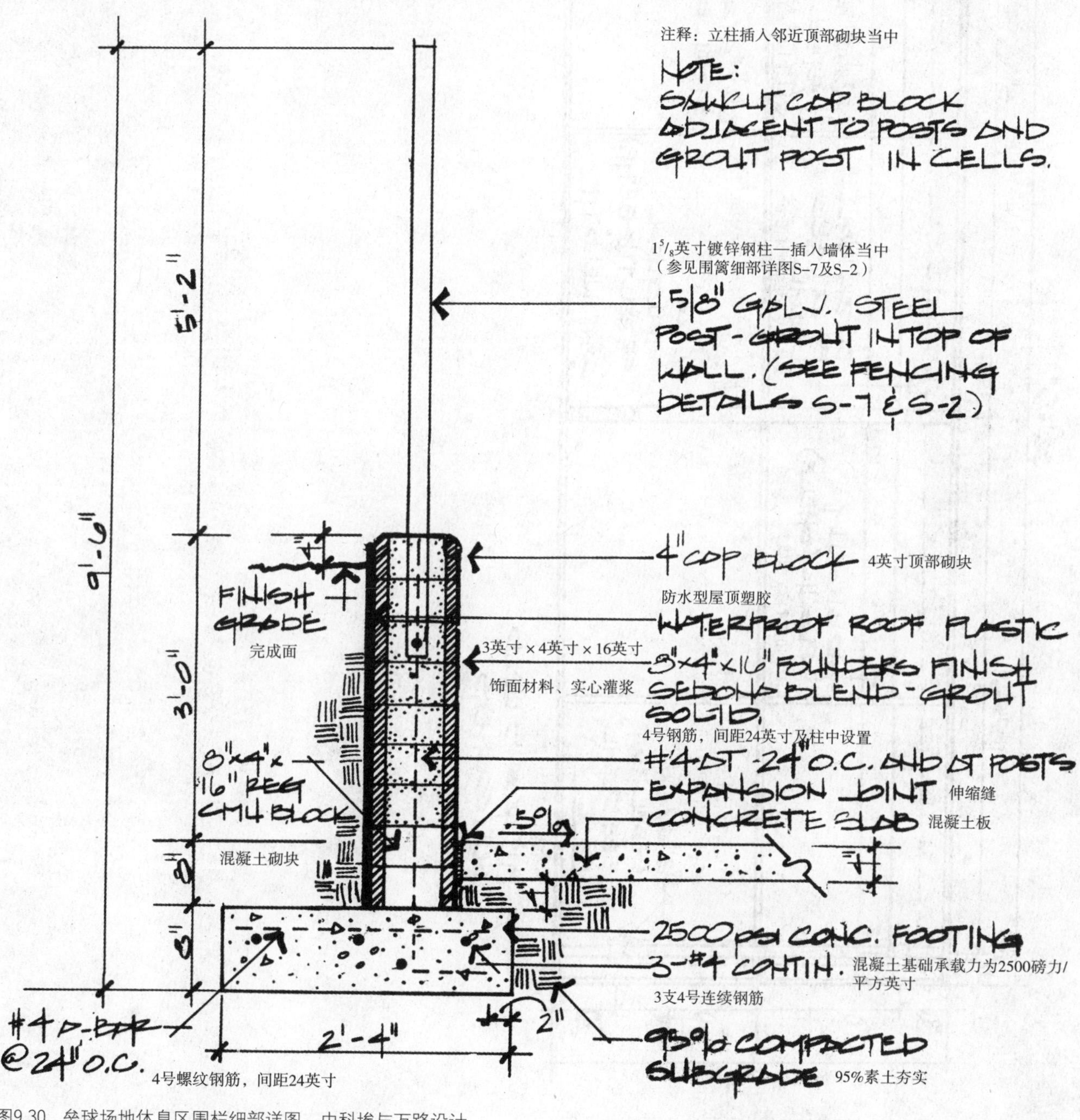

图9.30　垒球场地休息区围栏细部详图，由科埃与万路设计

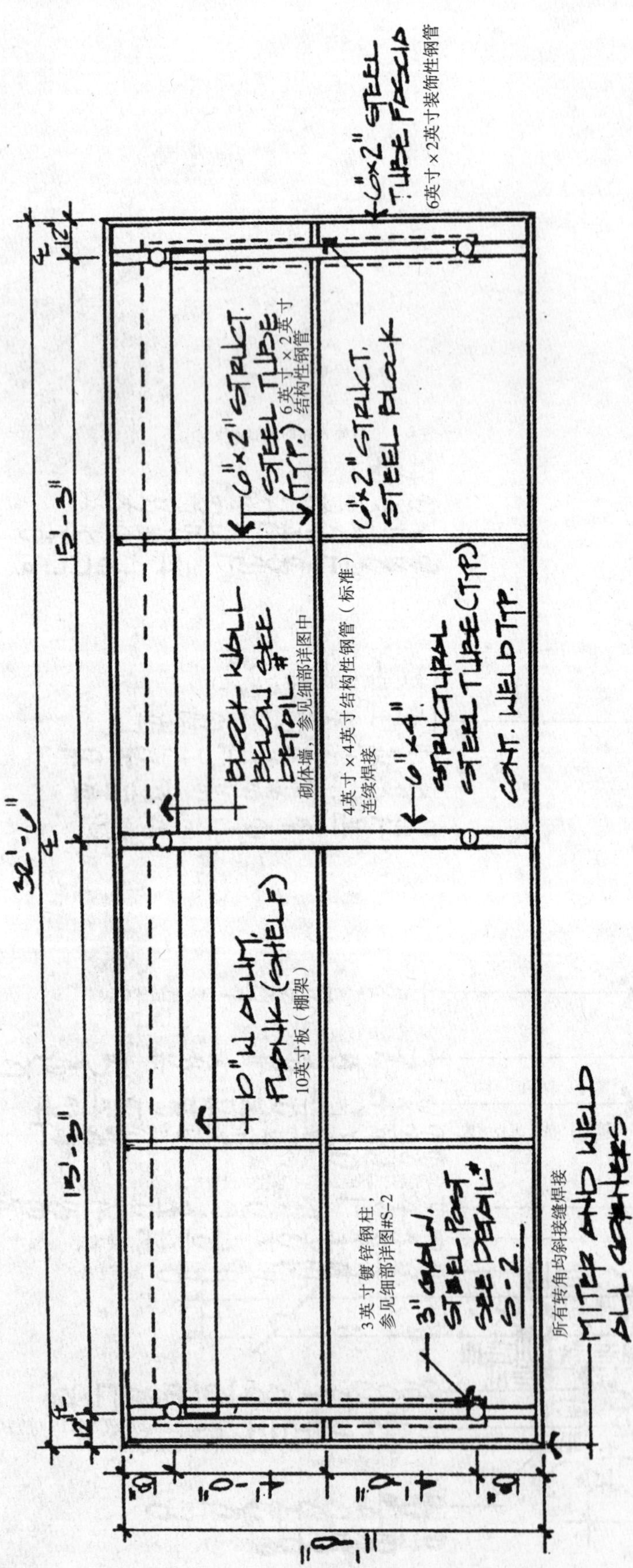

图9.31　图9.28之垒球场地屋顶框架结构平面图，由科埃与万路设计

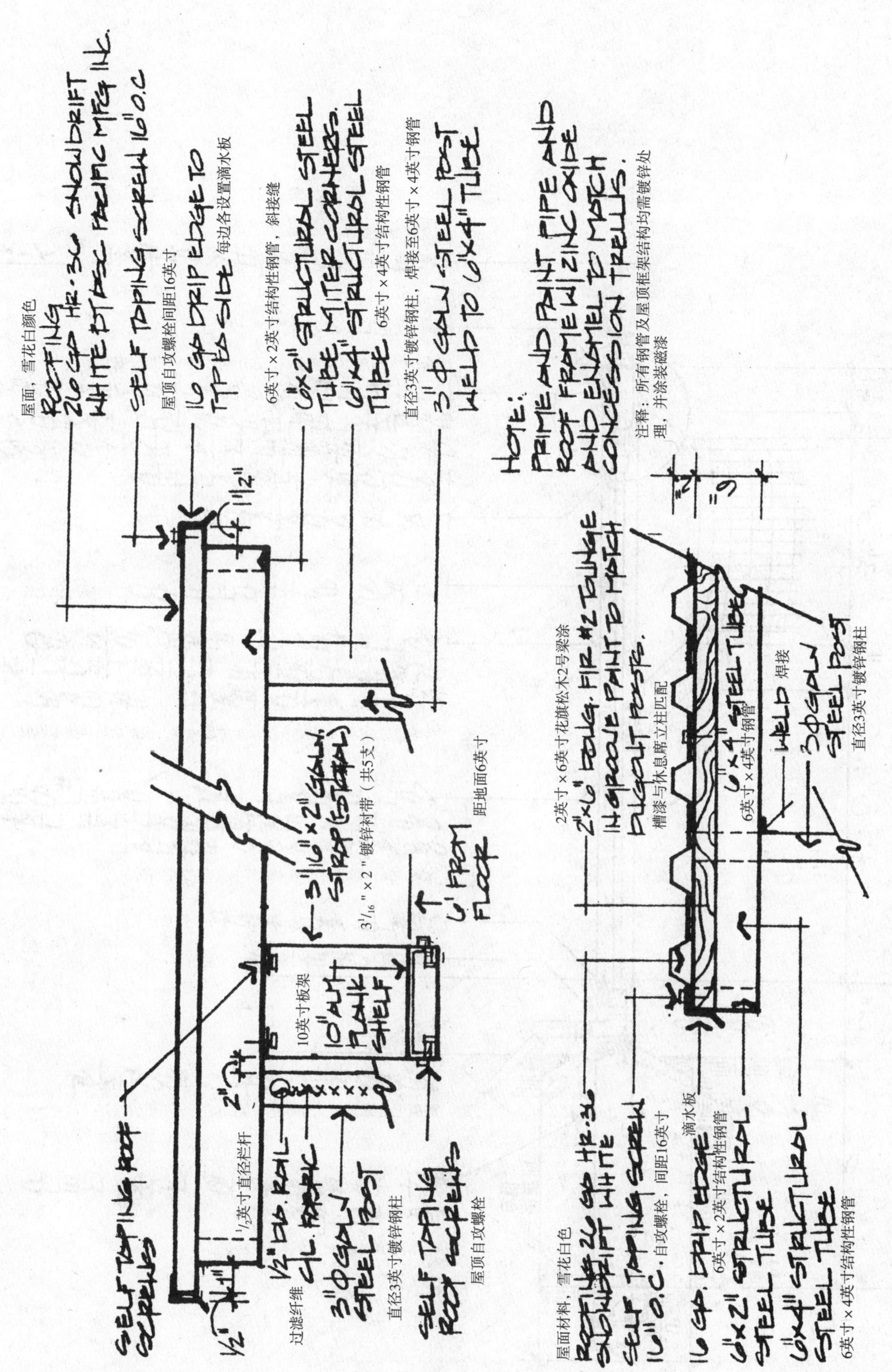

图9.32　垒球场地休息区屋顶细部详图，由科埃与万路设计

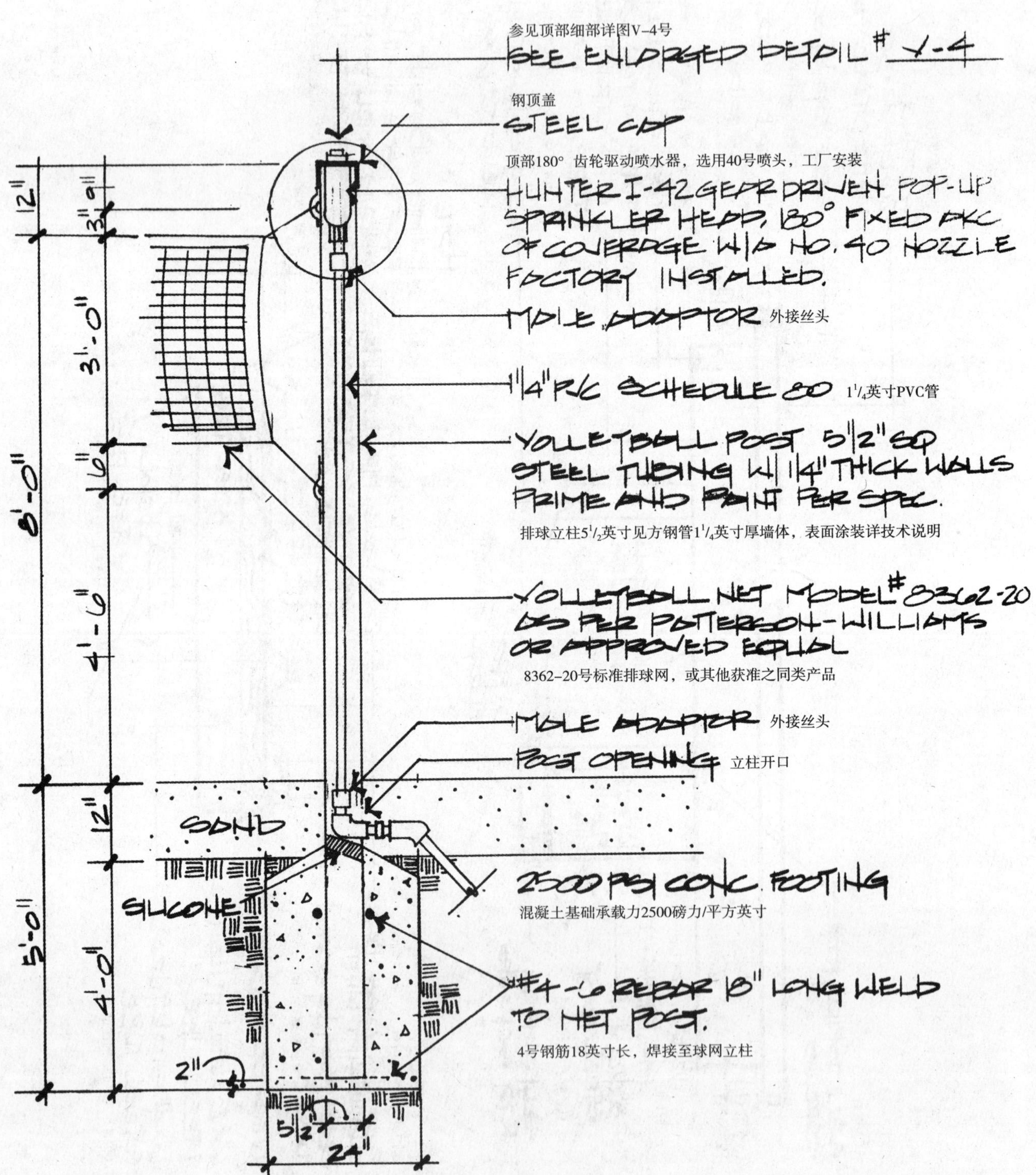

图9.33 排球场地立柱细部详图，由科埃与万路设计

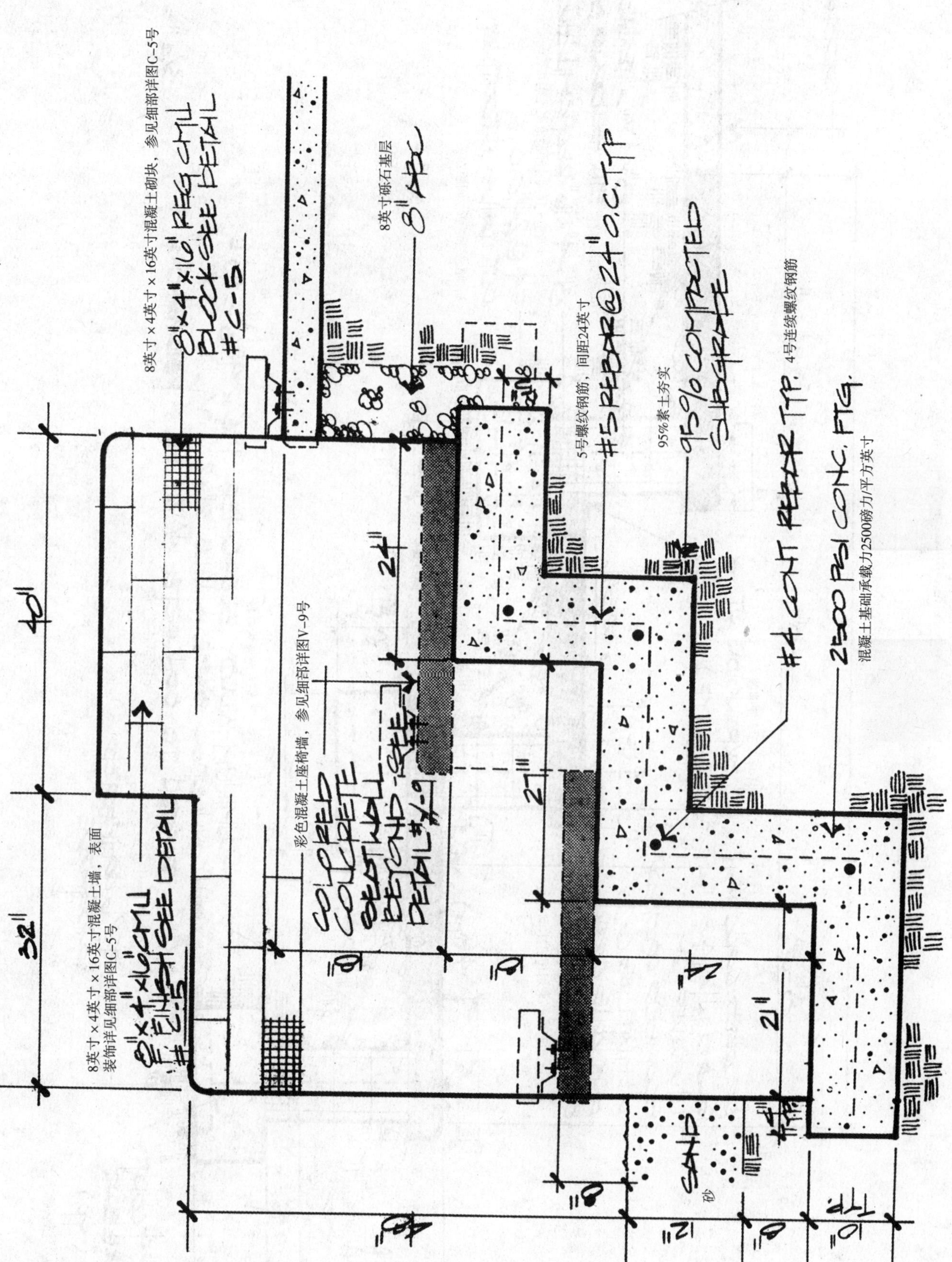

图9.34　排球场地围墙细部详图，由科埃与万路设计

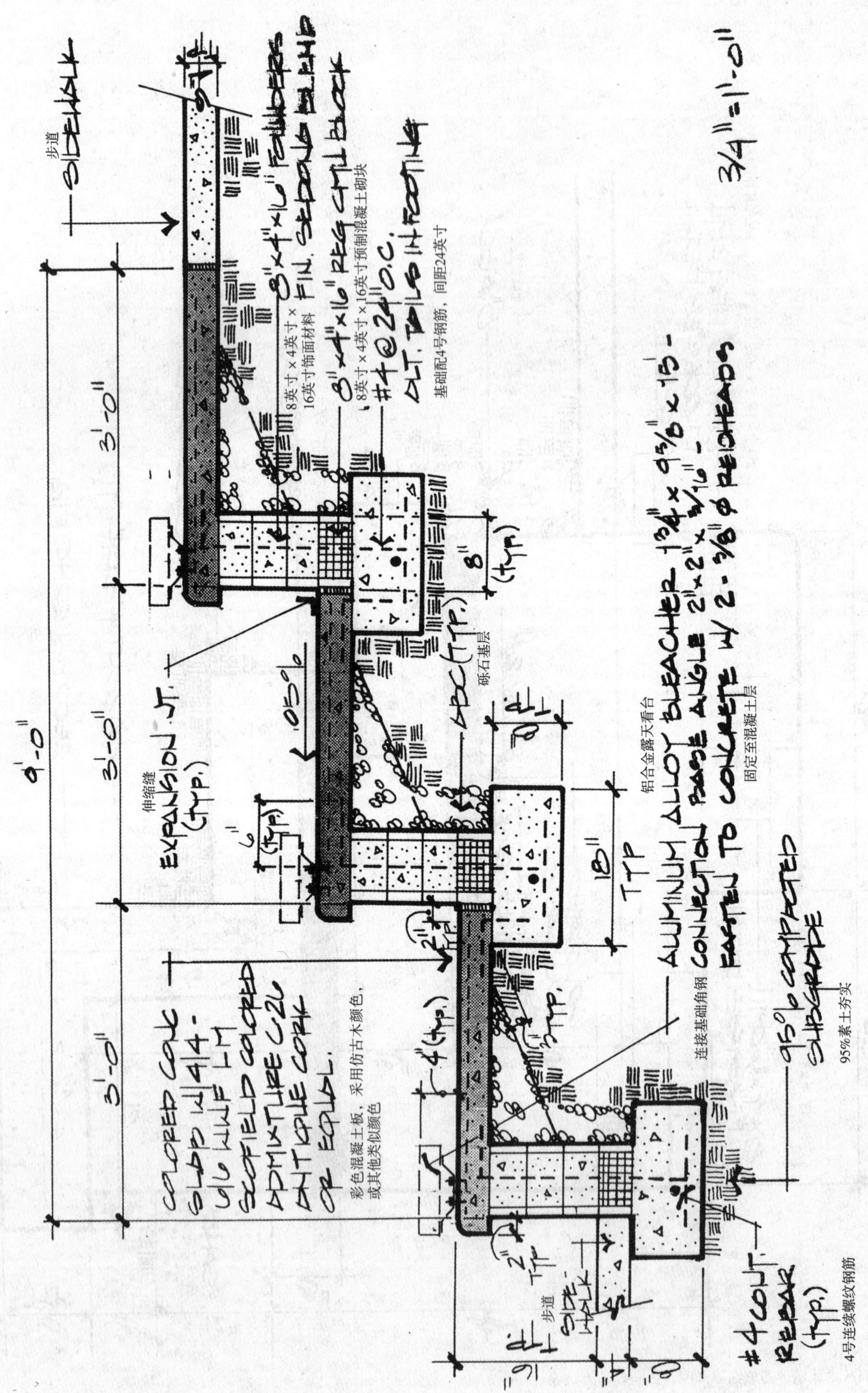

图9.35　排球场地看台细部详图，由科埃与万路设计

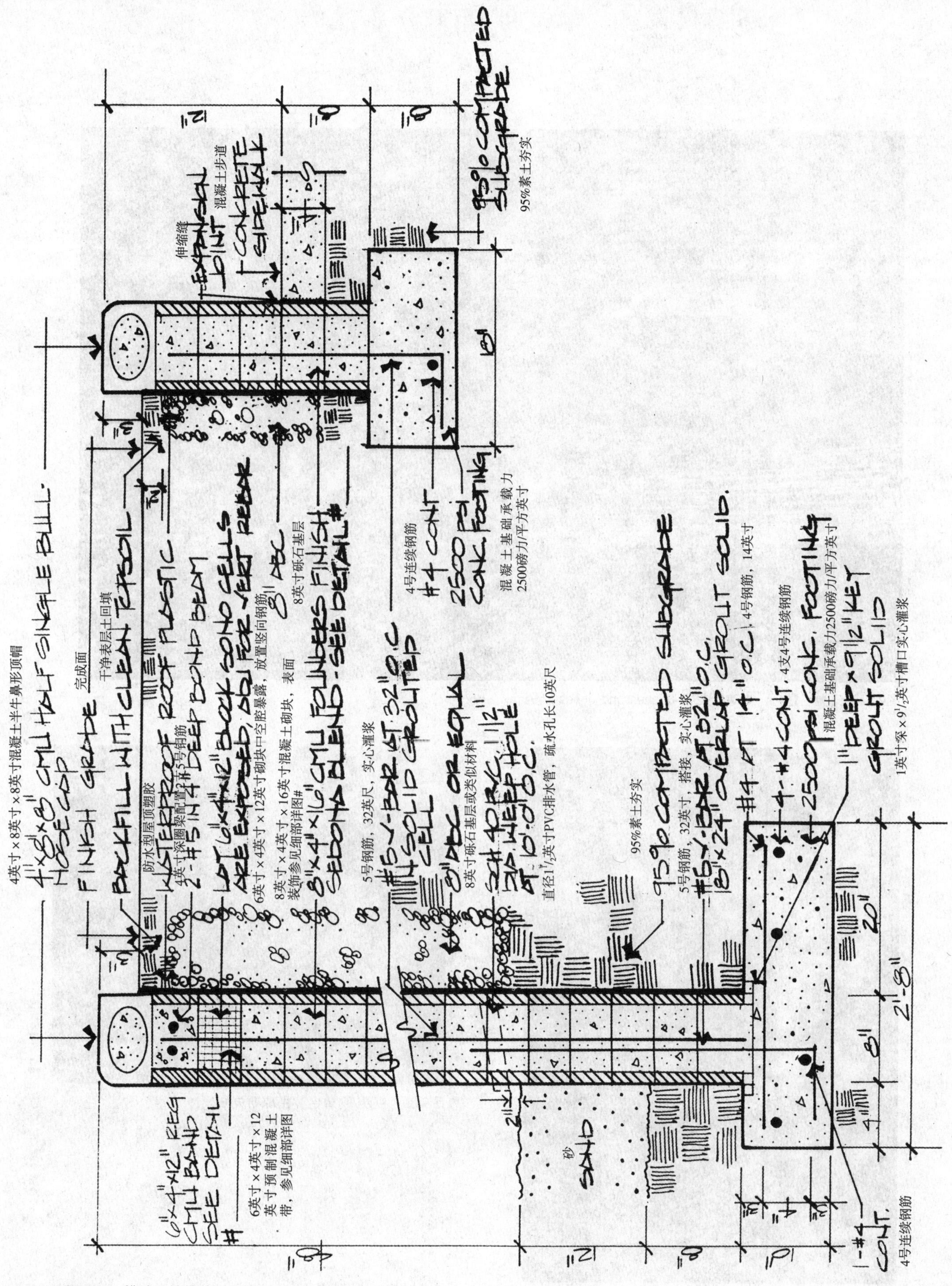

图9.36 排球场地植栽区细部详图，由科埃与万路设计

图9.37　日光浴露台，由琼斯夫妇（Jones and Jones）设计

图9.38　观测/眺望台，由琼斯夫妇设计

图9.39　观测/眺望台，由琼斯夫妇设计

图9.40　与图3.38眺望台相邻的野餐餐桌，由琼斯夫妇设计

图9.41　一个沙漠地区场地当中的野餐餐桌

图9.42　野餐餐桌，由卡瓦萨基·泰拉克尔·于诺设计联盟设计

图9.43　预制混凝土野餐餐桌

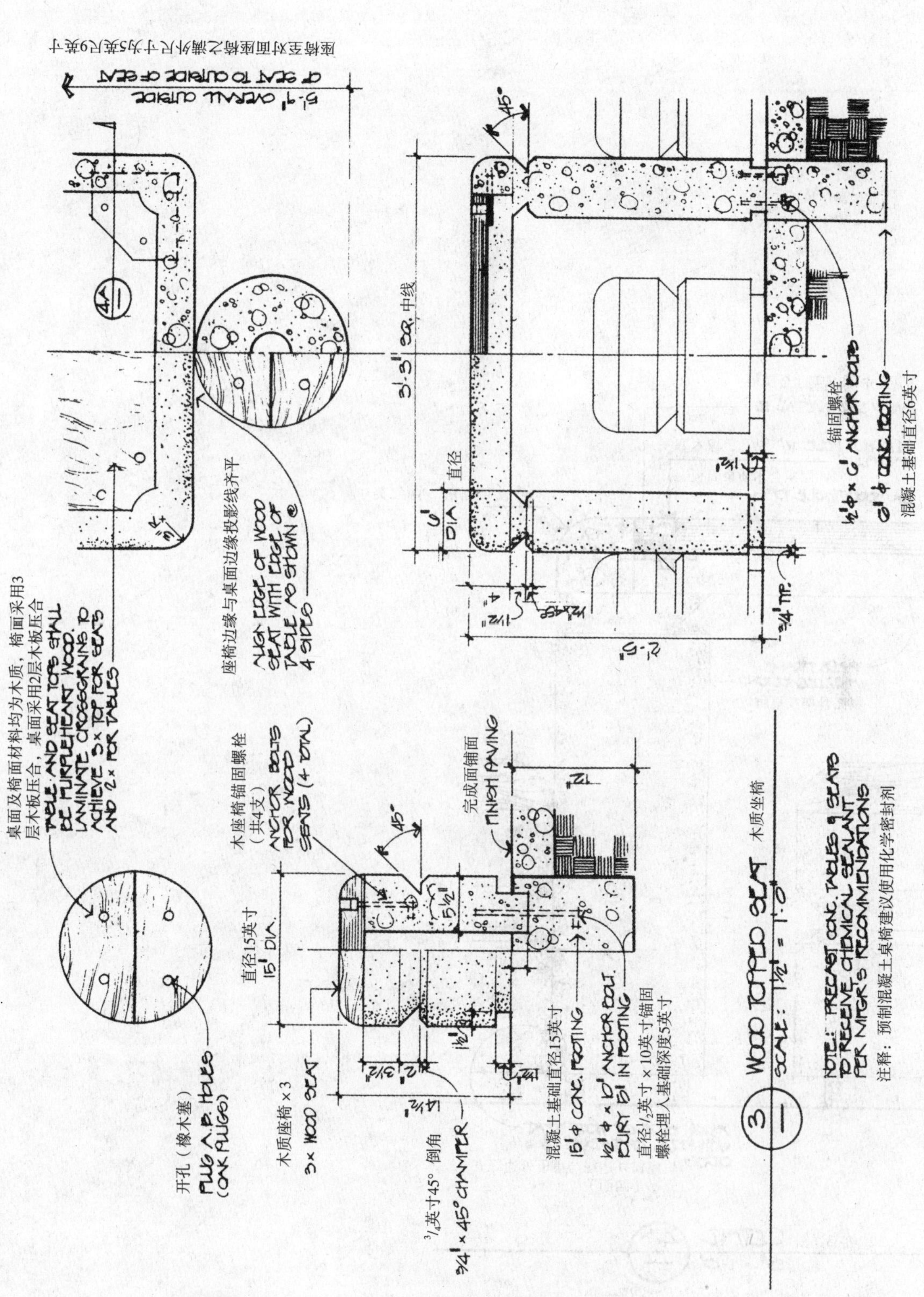

图9.44　图9.42细部详图，由卡瓦萨基·泰拉克尔·于诺设计联盟绘制

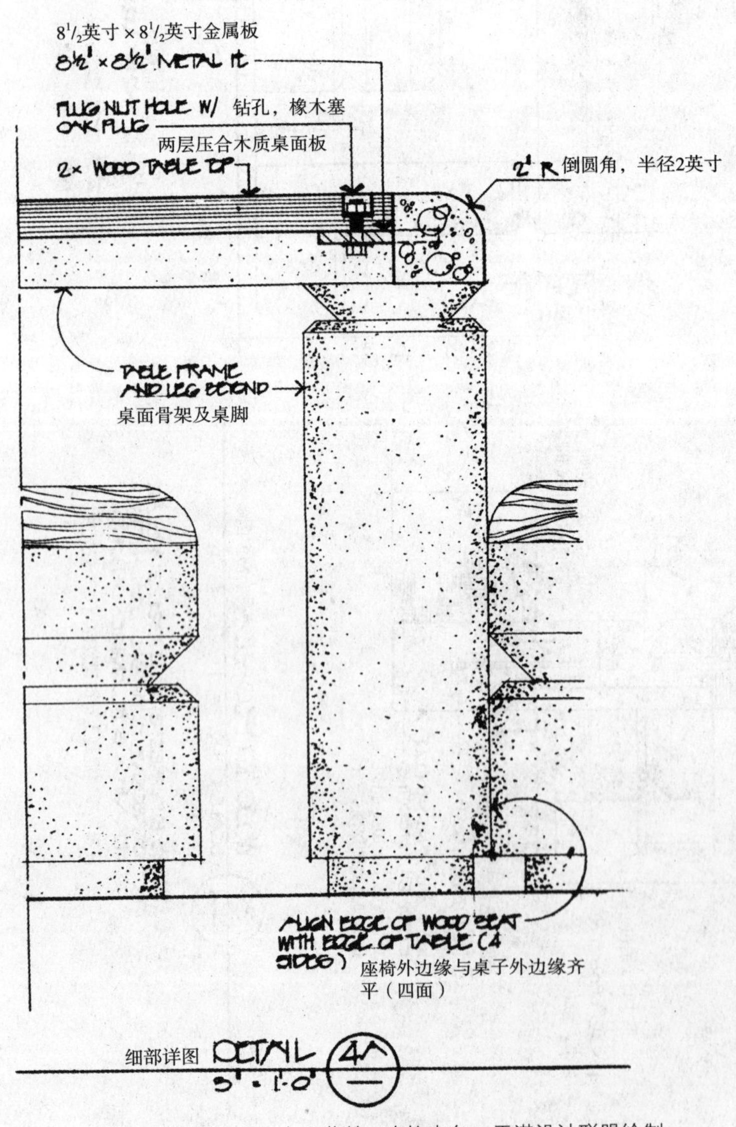

图9.45　图9.42细部详图，由卡瓦萨基·泰拉克尔·于诺设计联盟绘制

图9.46　工业园休息场地中的混凝土游戏桌椅

图9.47　环形的座椅以及灶坑，由科埃与万路设计

图9.48　圆形剧场以及叠层式的绿地

图9.49　一所大学校园中的圆形剧场、混凝土墙、叠层式的绿地以及跌水景观

图9.50　圆形剧场及其木质围墙和叠层式绿地，由扬·杰勒德·麦克尼尔设计

图9.51　圆形剧场及其木质围墙和叠层式绿地，由扬·杰勒德·麦克尼尔设计

图9.52　一个城市中心广场中的砖铺面圆形剧场

图9.53　河流沿岸混凝土阶梯式座椅

图9.54　一个市区中的圆形剧场，设置了砖木混合建造的阶梯式座椅

图9.55　混凝土铺面圆形剧场，设置有叠层式的绿地以及岩石砗水景观

图9.56　混凝土铺面表演舞台

图9.57　与一个沙漠野餐区相邻的混凝土铺面表演舞台

第十章 场地家具与设备

这一章节介绍的内容包括长椅、护柱、旗杆、标牌、小亭子、自行车支架、植栽穴、垃圾筒、树木箅栅与护栏以及车挡。通过很多专业性杂志的广告，以及供应商与制造商提供的产品目录，可以发现能够直接订购安装的现成产品种类相当丰富，并不一定需要进行专门的设计。但是，个性化设计还是具有它的吸引力，因为这样可以保证一个项目中各个元素在设计上的连贯性以及材料使用的统一性。在很多项目中，为特定场合专门设计的家具与设备不久就会被制造商取样，并且投入大批量的工业生产。

在设计过程中，认真研究材料，了解它们的耐久性以及在使用过程中的维护问题是十分必要的。设计师还需要了解人体工学，这样才能使设计出来的产品满足大多数人的舒适性要求。在炎热的天气中，设置遮阳设施会使就座区域比较舒适，但在寒冷的季节里，就座区域又应该确保有充足的阳光。除此之外，就座区还应该具备比较顺畅的排水功能，以便在暴雨过后能够尽快恢复使用。在一些个别地区，防风也是需要考虑的因素之一。

作为设计师，还应该估计到正在设计的区域中也许会有故意破坏公物的行为存在，因此在这样的环境中，应该选择那些比较容易维护的家具和材料。确保充足的照明是应该注意的另一个重要问题。此外，设计师们还需要了解当地政府部门制定的相关法规及限制，因为这些条件都可能会影响家具设施的布置与安装。在本章及结尾的参考资料中列举的设计图和细部详图为大家提供了一些家具设施的尺寸、设计方法以及安装需求方面的指导性建议。

辅助研究参考资料

Harris, C. W. and Dines, N. T. *Time-Saver Standards for Landscape Architecture.* New York: McGraw-Hill, 1988.

图10.1　花坛边沿的木质长椅

图10.2　用木材和混凝土制造的长椅，由卡瓦萨基·泰拉克尔·于诺设计联盟设计

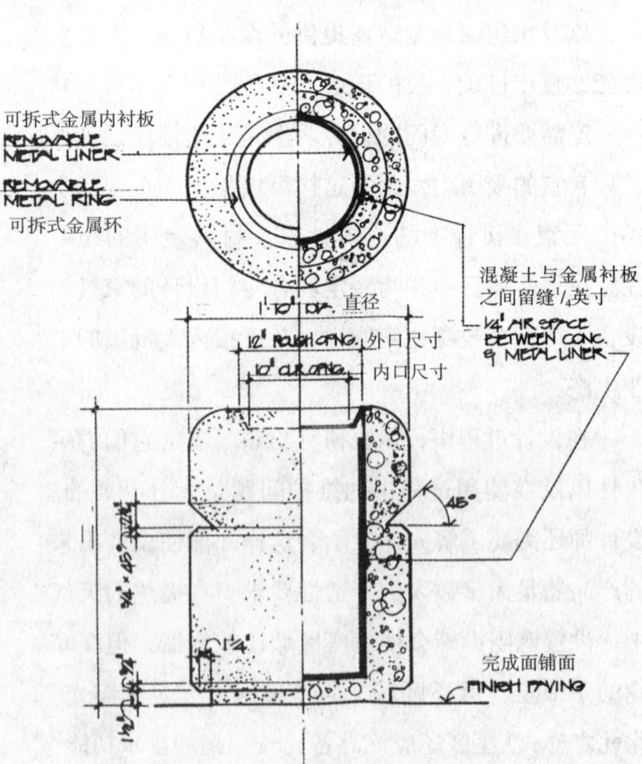

图10.3　图10.2中垃圾筒细部详图

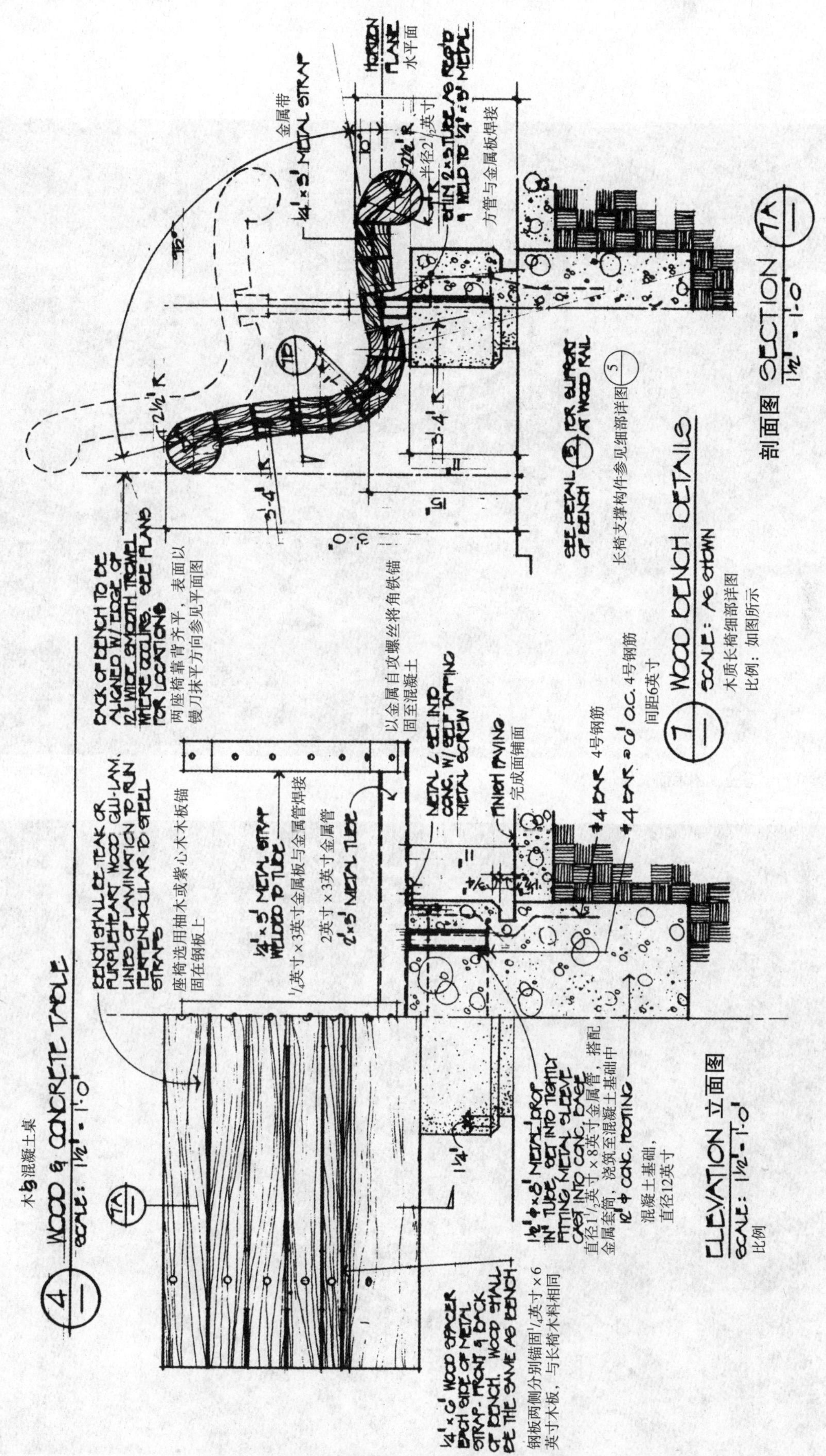

图10.4　图10.2中长椅细部详图，由卡瓦萨基·泰拉克尔·于诺设计联盟绘制

图10.5　坐落在石头基座上的木质长椅

图10.6　高速公路休息区的木质长椅，由亚利桑那州交通运输部门设计

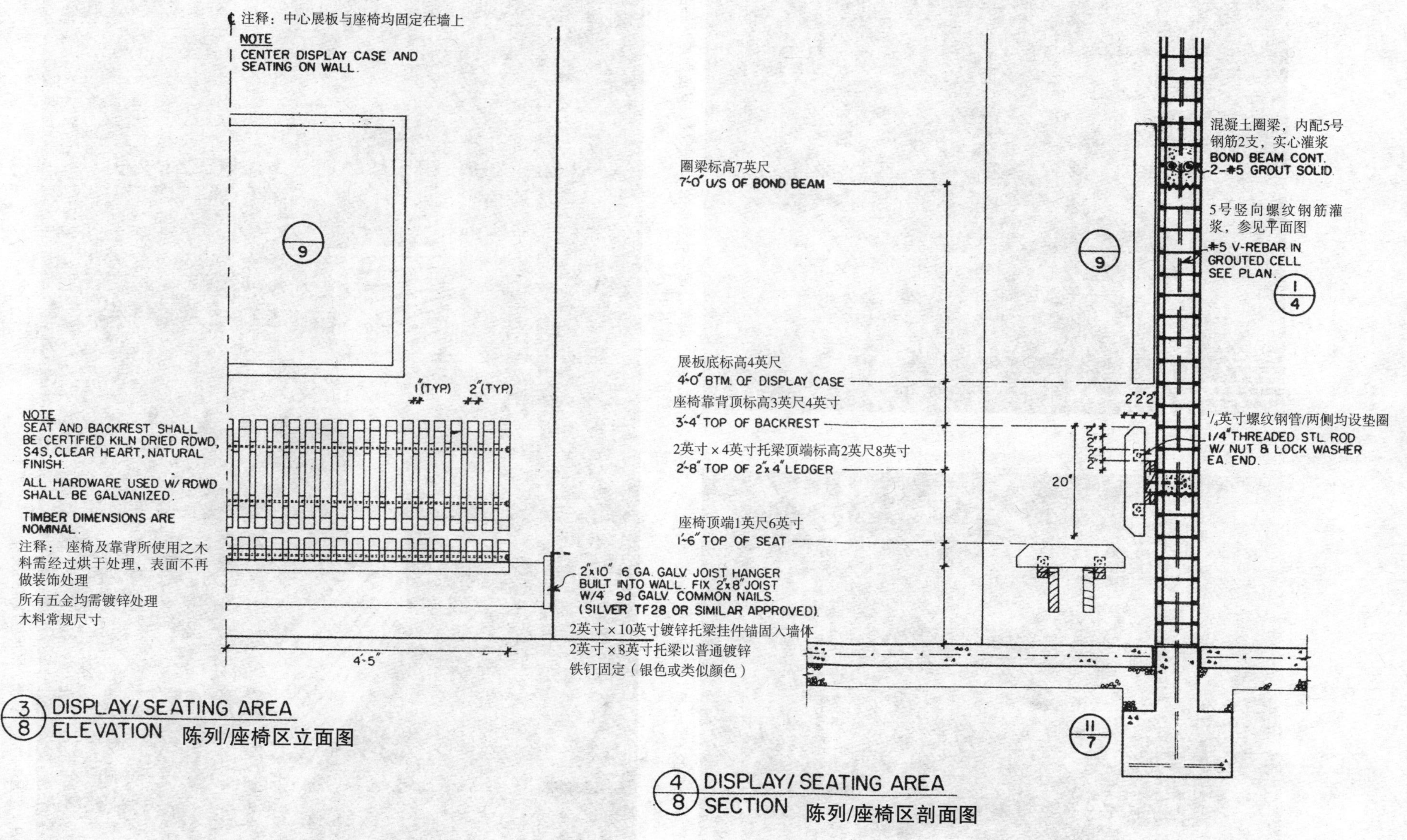

图10.7 图10.6之细部详图，由亚利桑那州交通运输部门设计

图10.8　城市中的木质长椅

图10.10　城市公园中曲线形的木质长椅，其造型与背后曲线形的砖墙相互呼应

图10.9　花园中的木质长椅，采用金属构件支撑

图10.11　城市公园中以木材和金属制造的长椅，由M·保罗·弗里贝格以及合作者设计

图10.12　城市公园中木质长椅，其端头采用彩色的金属构件作为支撑

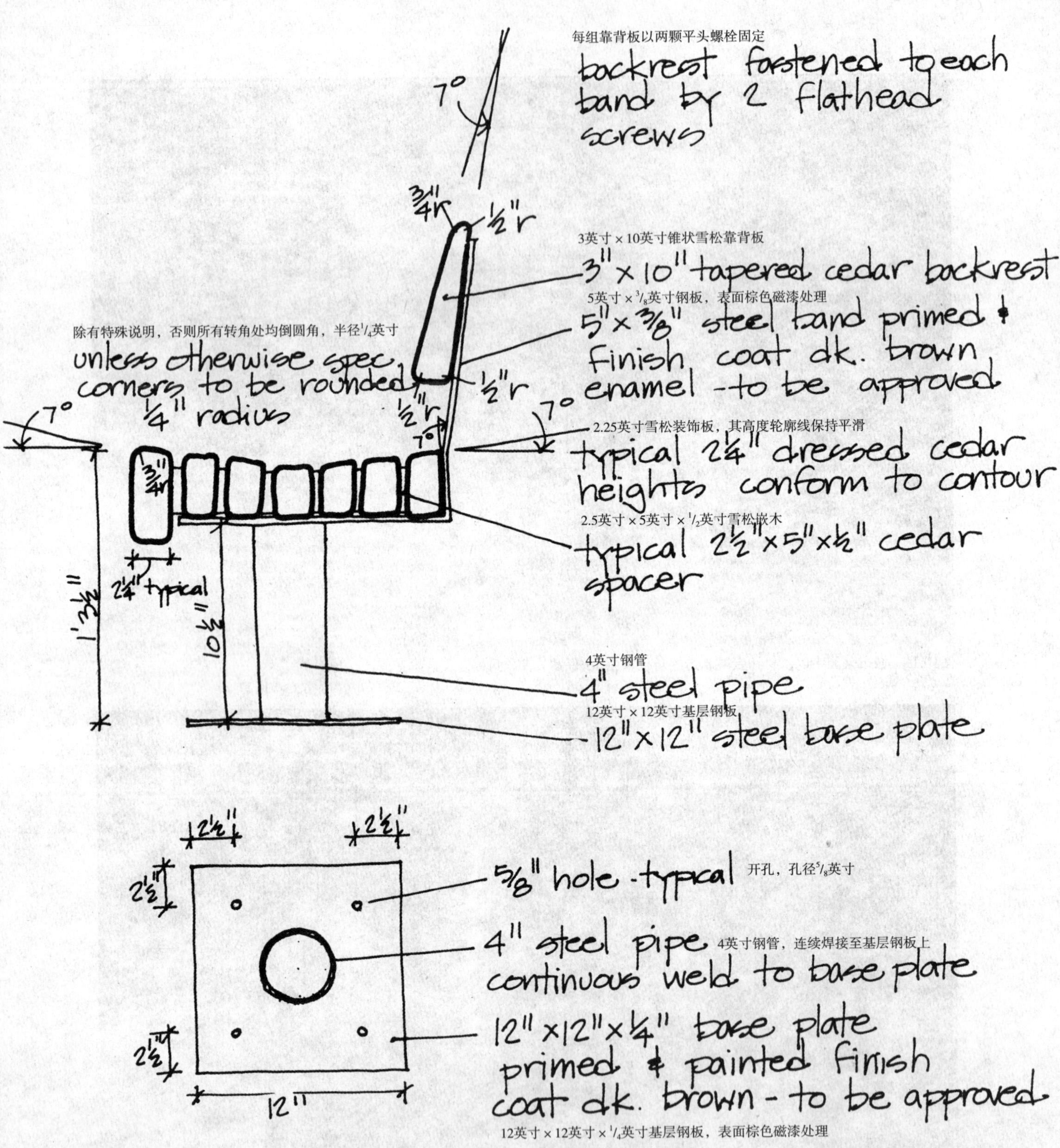

图10.13　长椅细部详图，由波斯特·巴克利·舒与耶尔尼根设计

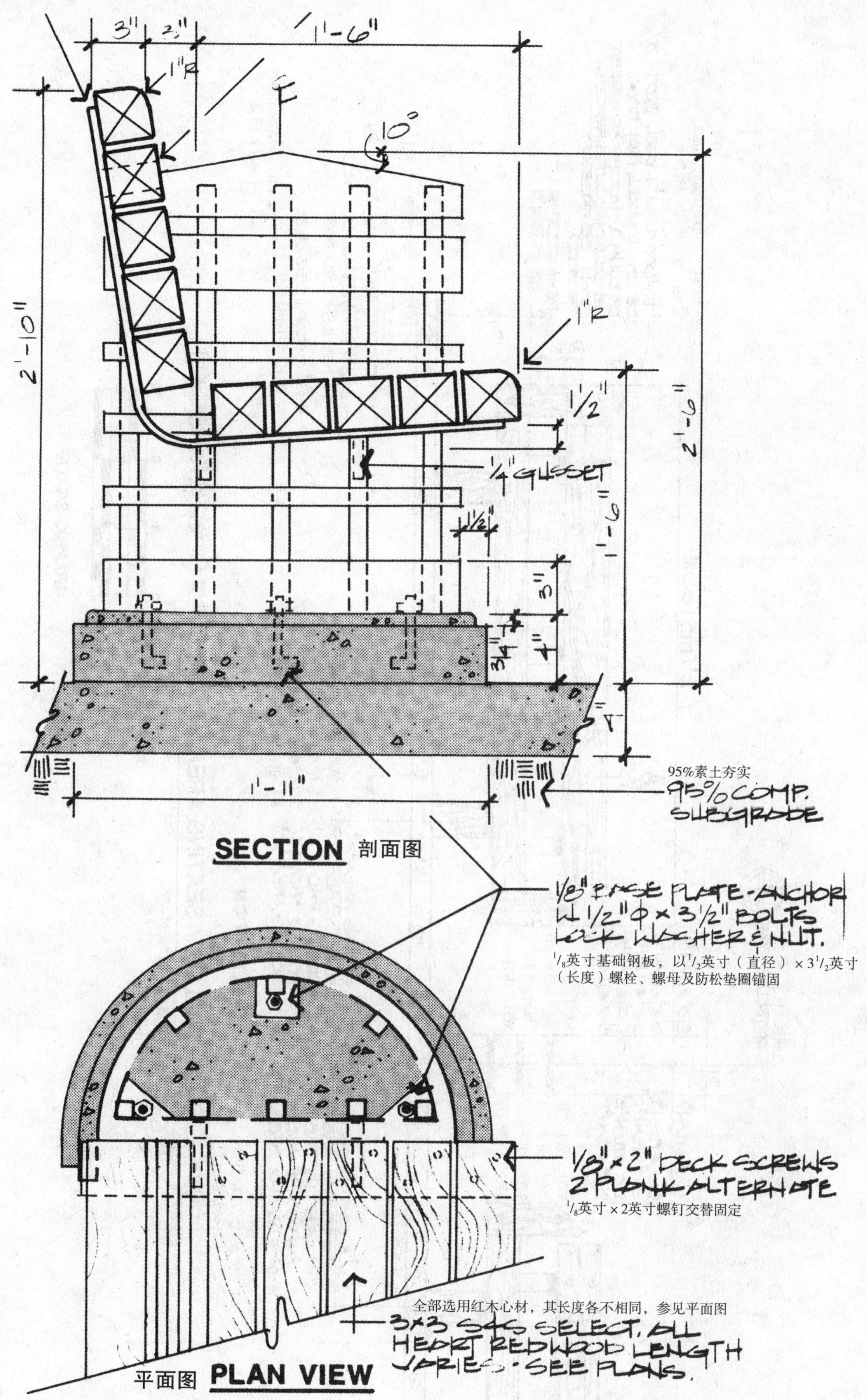

图10.14　长椅细部详图，由科埃与万路绘制

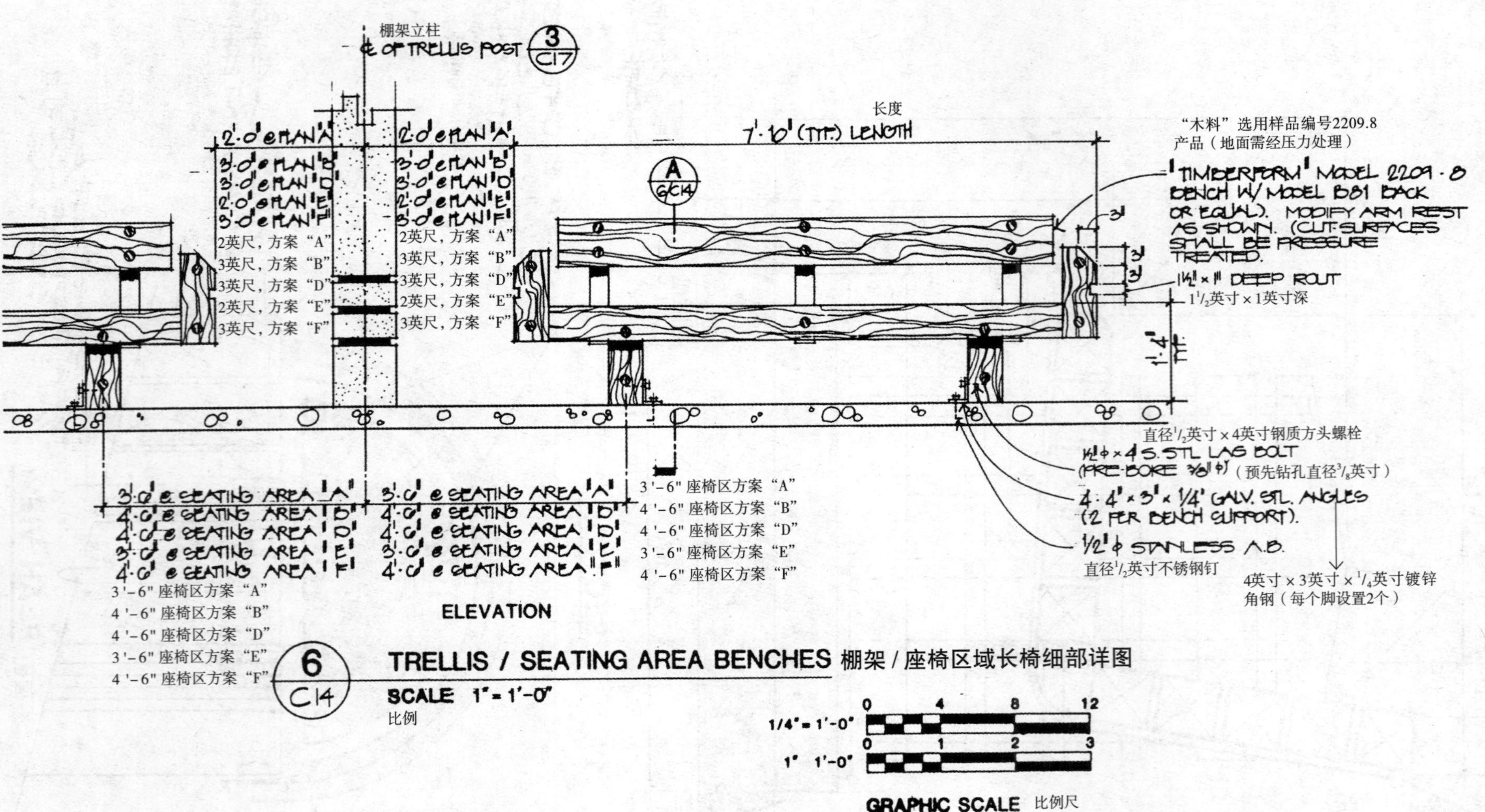

图10.15　图10.17长椅之细部详图，由卡瓦萨基·泰拉克尔·于诺+设计联盟设计

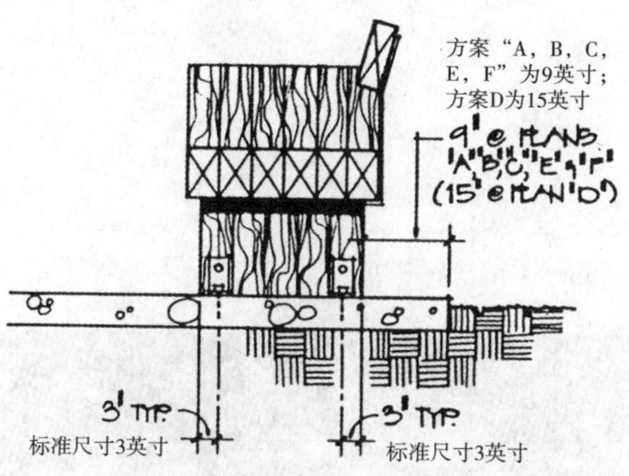

图10.16　图10.17之细部详图

图10.17　木质长椅，由卡瓦萨基·泰拉克尔·于诺+设计联盟设计

图10.18　一所公园中的木质长椅

图10.19　一个城市步行街中的木质长椅，由约翰逊夫妇与罗伊设计

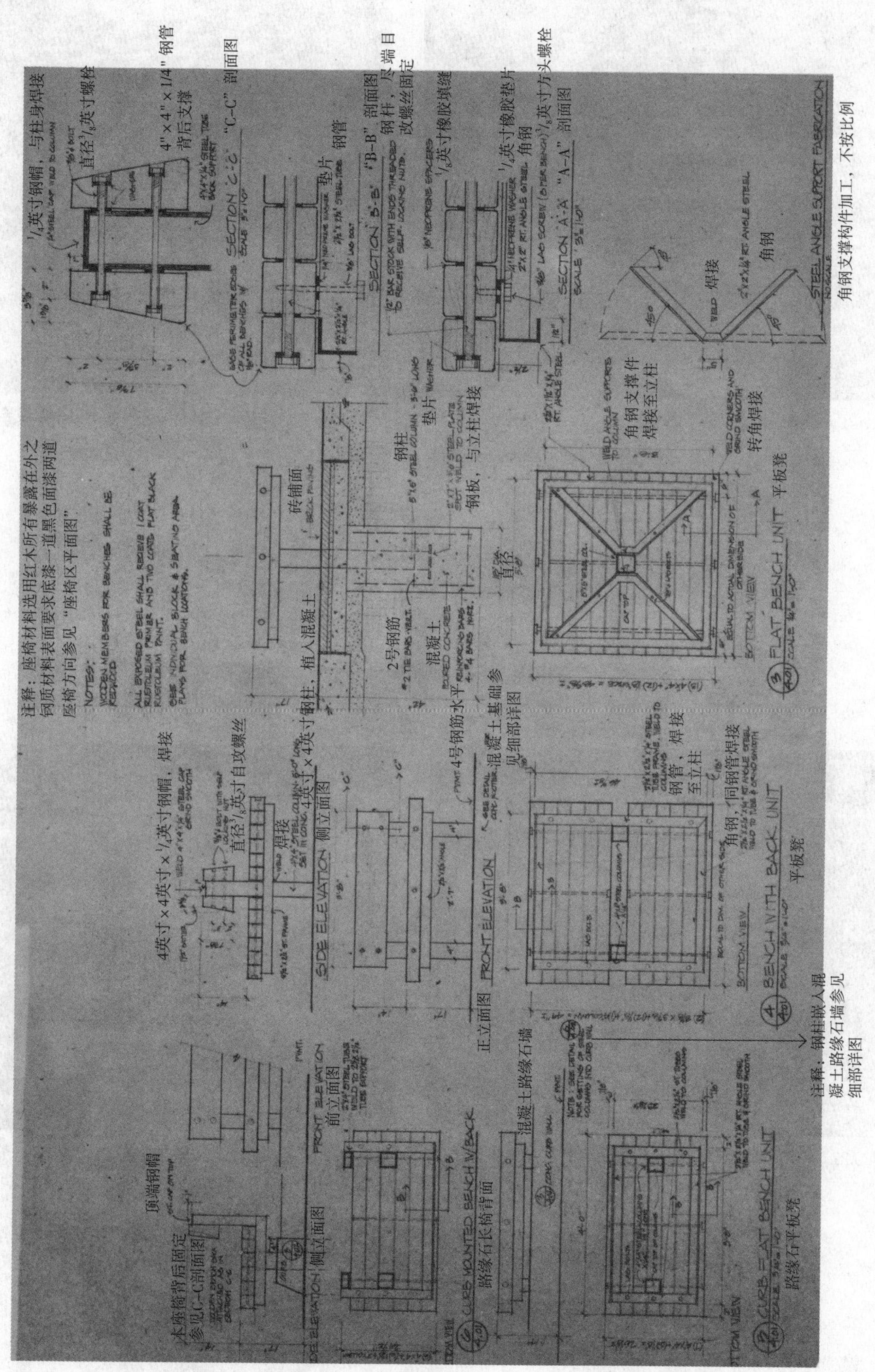

图10.20　图10.19之细部详图，由约翰逊夫妇与罗伊绘制

图10.21　柱脚式座椅，由萨萨基设计

图10.23　木质座椅，由M·保罗·弗里贝格以及合作者设计

图10.22　采用金属柱脚的木质座椅

图10.24　采用混凝土支撑结构的木质座椅

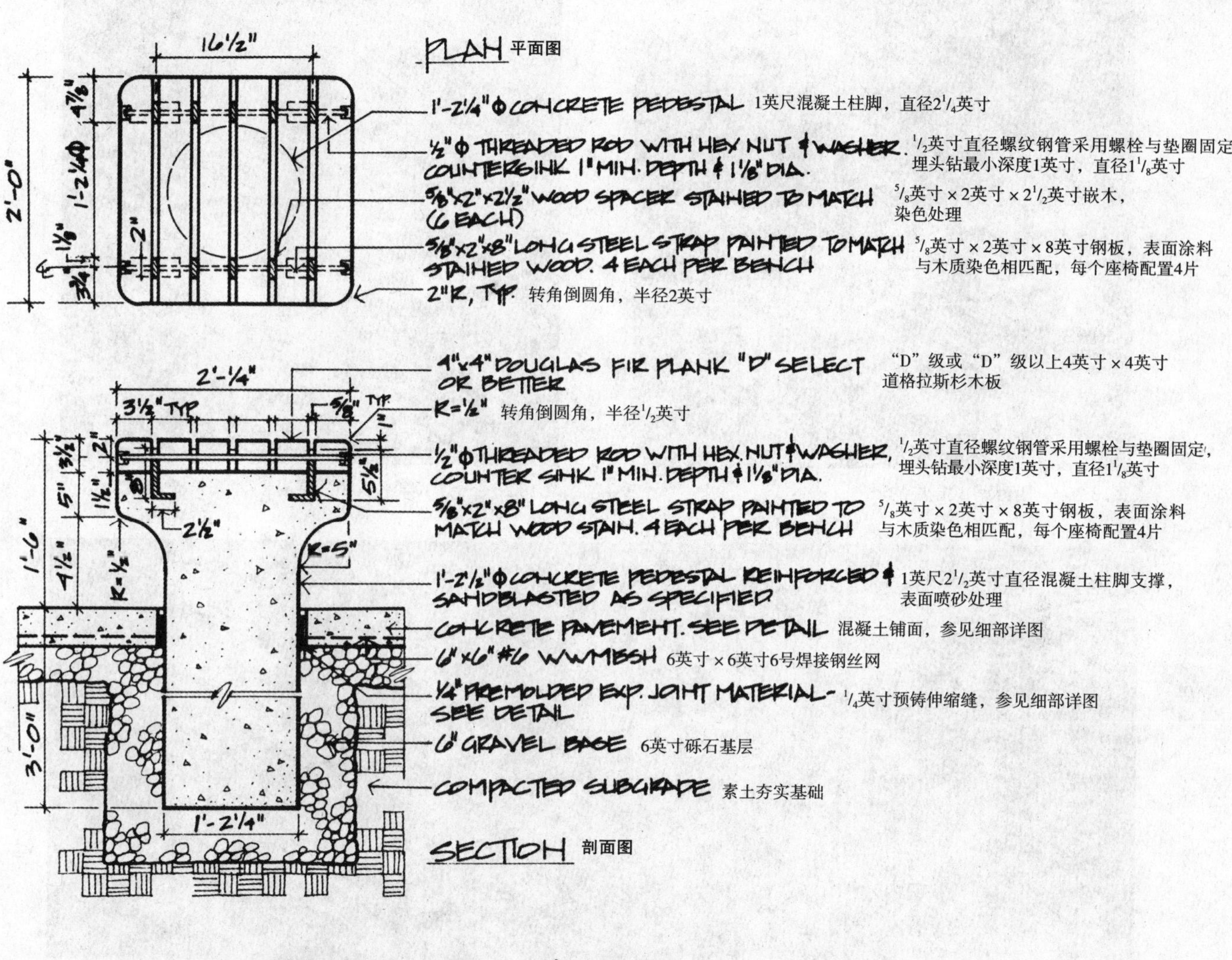

图10.25　座椅细部详图，由邦内尔及其合作者绘制

图10.26　一所大学校园中的长椅

图10.28　一所大学校园中的混凝土/金属长椅

图10.27　一座办公建筑入口处的座椅

图10.29　木质长椅采用混凝土支撑结构，由扬·杰勒德·麦克尼尔设计

图10.30　一所大学校园中的木质长椅，采用暴露骨料的粗质混凝土支撑

图10.31　木质长椅，亚历克斯·皮尔斯设计，埃德·达尔提供照片，并感谢西部木制品协会（参见图8.13之细部详图）

图10.32　坐落在混凝土墙体上面的木质长椅

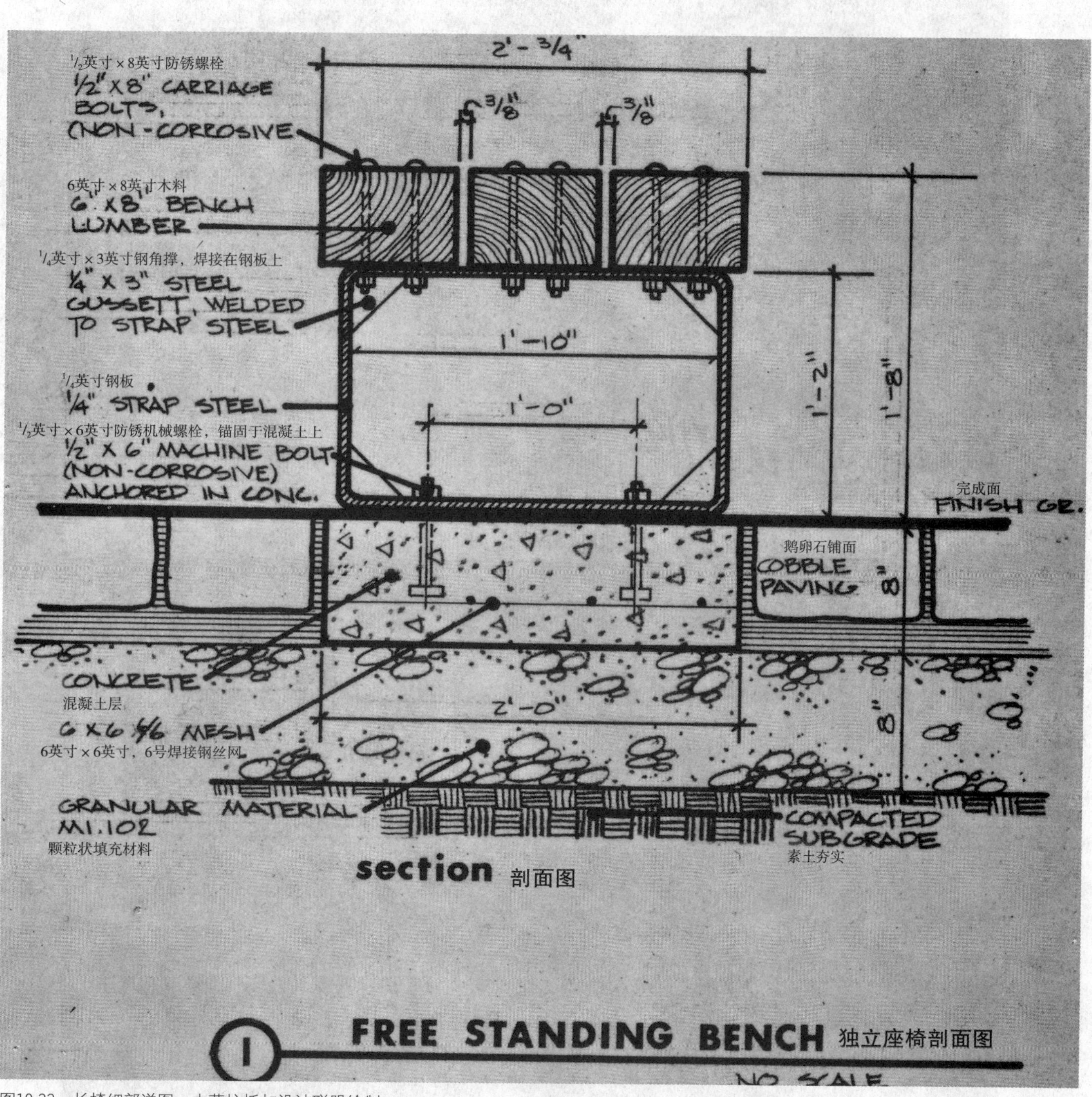

图10.33 长椅细部详图，由萨拉托加设计联盟绘制

图10.34　城市商业街锚固在砖墙上的木质座椅

图10.35　同图10.34，锚固在砖墙上的木质座椅

图10.36　在大学校园中，锚固在混凝土花坛边沿的预制混凝土座椅

图10.37　锚固在一面混凝土墙体上的木质座椅

图10.38　采用抛光花岗石支撑的木质座椅，由汉森·林德·迈耶设计

图10.39　雕刻水平装饰线的混凝土座椅，形成阴影的效果

图10.40　预制混凝土长椅

图10.41　一座银行入口处的抛光石材座椅

图10.42　一座办公建筑入口处的座椅

图10.43　商业中心区的砖石结构座椅

图10.44　混凝土、砖石以及灰泥粉刷装饰的座椅，由科埃与万路设计（参见图10.45及图10.46之细部详图）

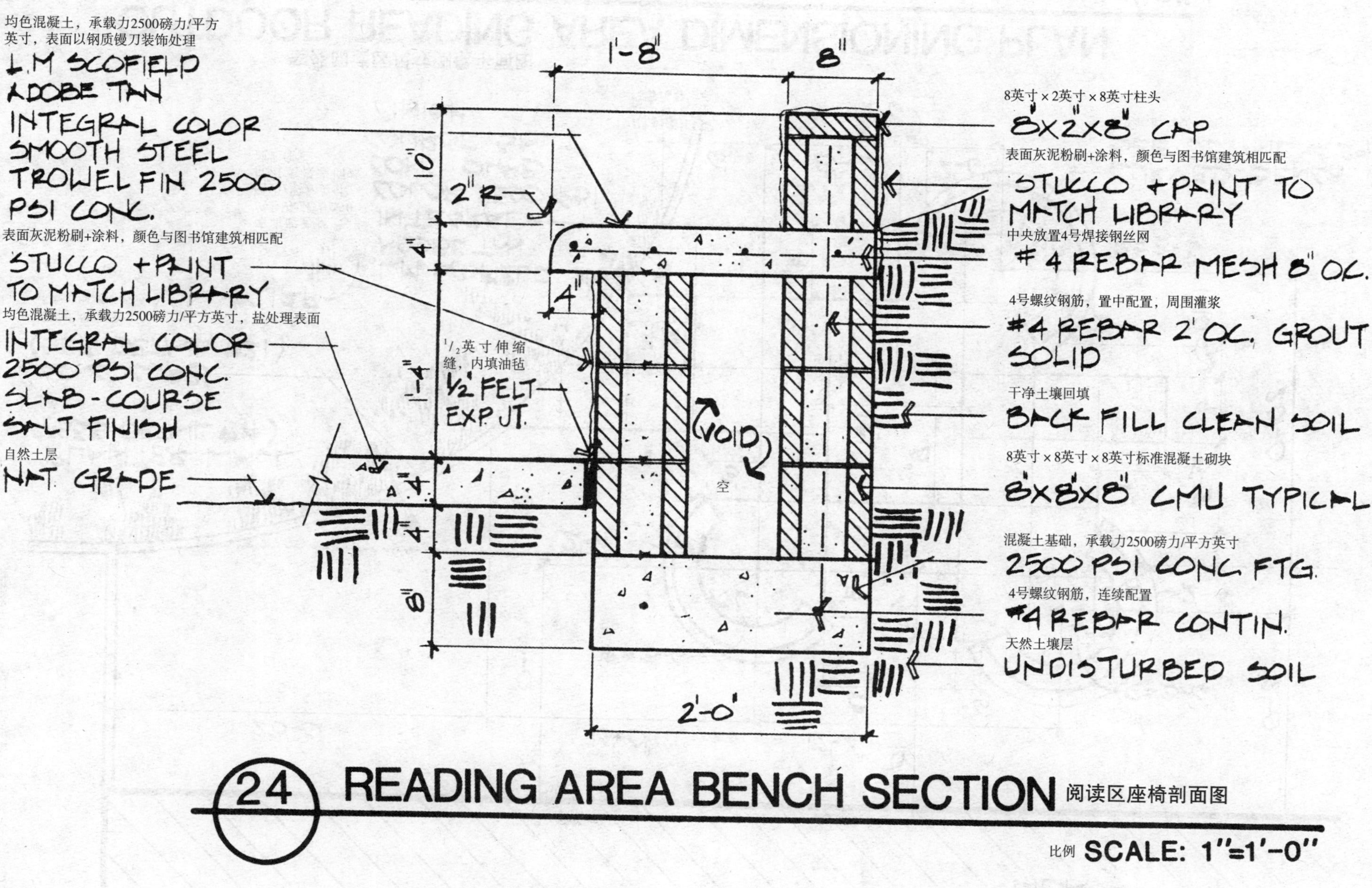

图10.45　图10.44之细部详图，由科埃与万路绘制

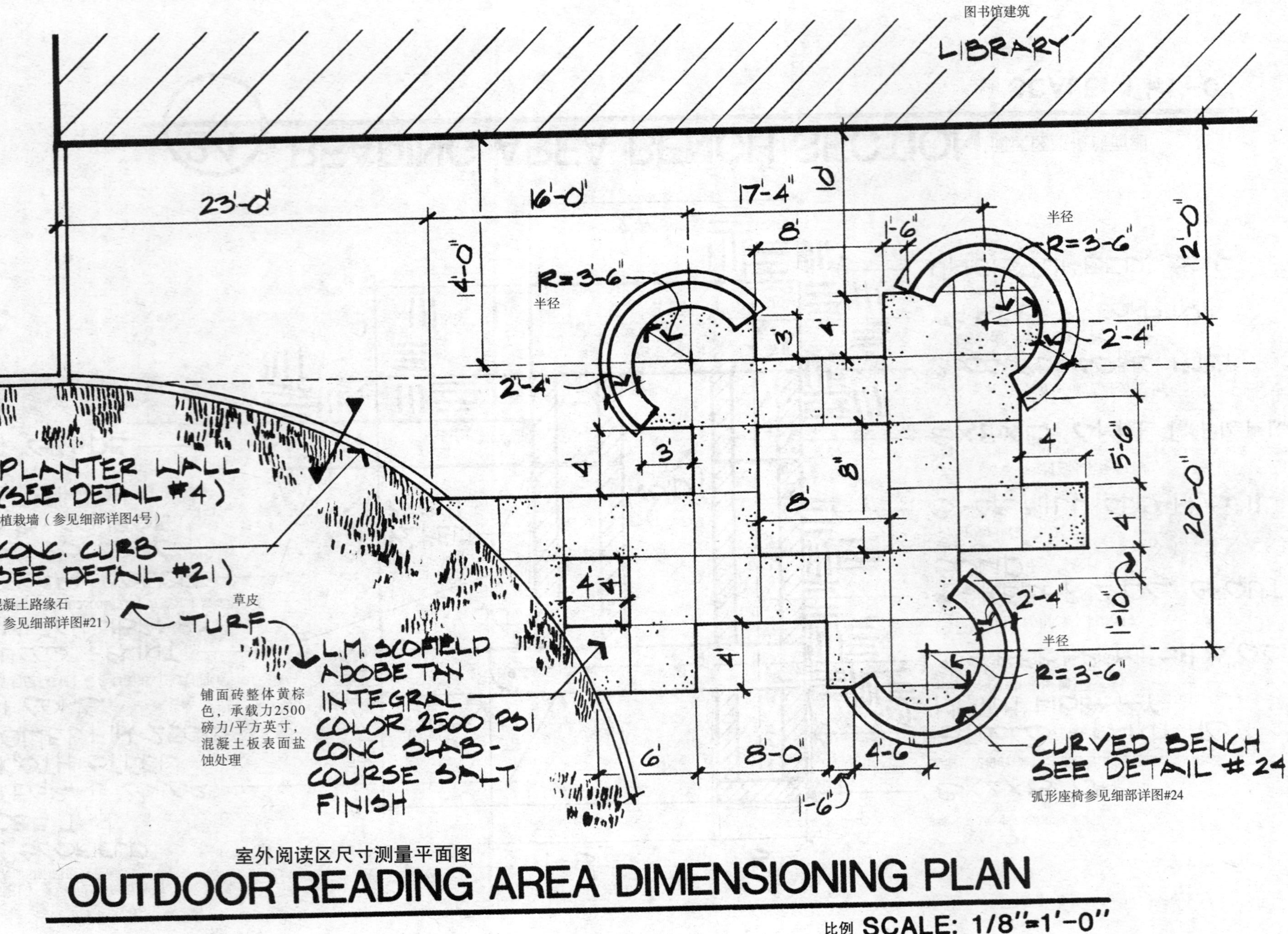

图10.46　图10.44之细部详图，由科埃与万路绘制

图10.47 抛光花岗石/混凝土座椅

图10.48 一座银行入口处的混凝土座椅，由维默尔·亚马达设计联盟设计，查尔斯·罗斯（Charles Ross）雕塑

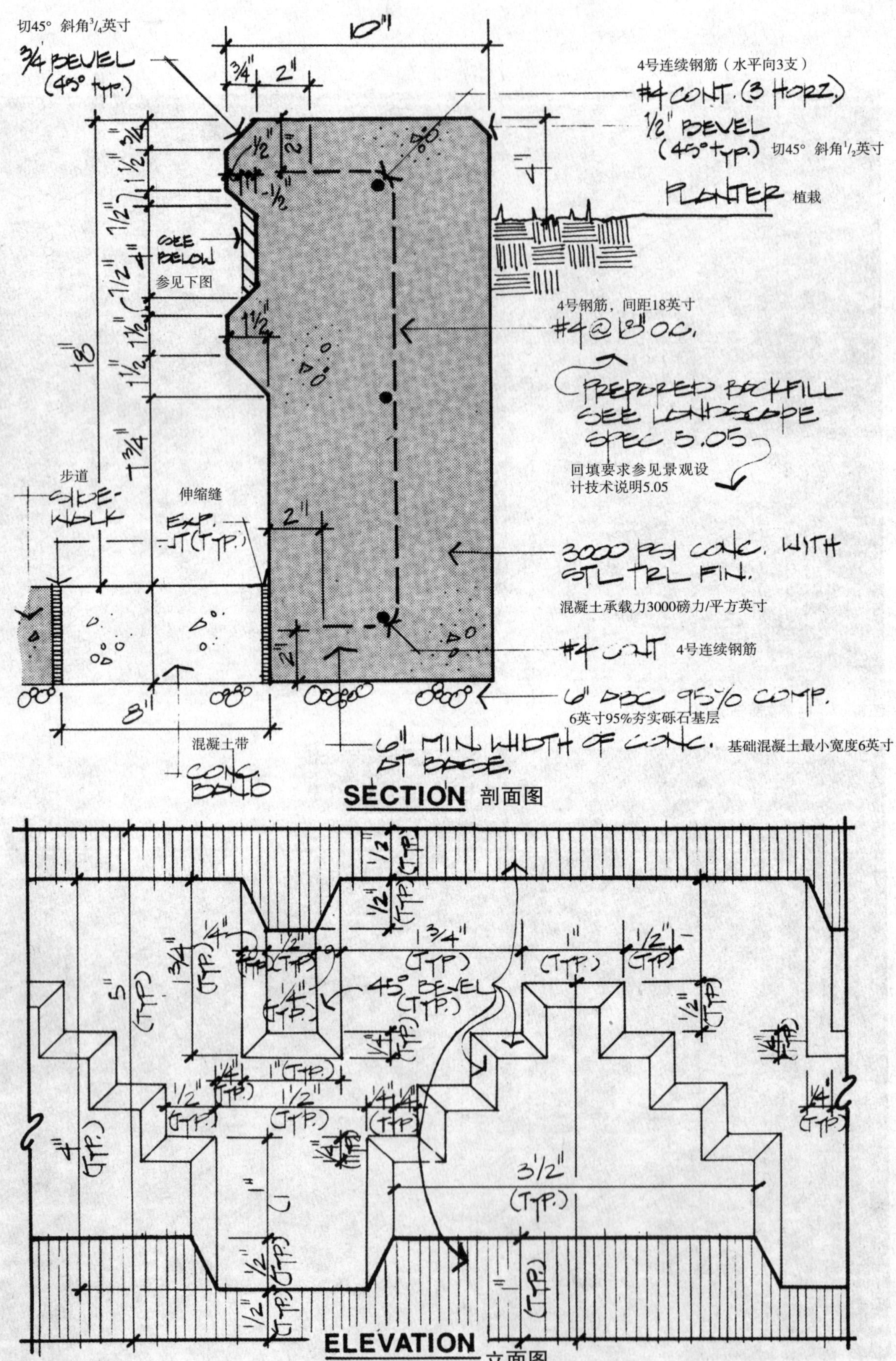

图10.49　座椅细部详图，由科埃与万路绘制

图10.50　一个城市公园中圆形砖砌花坛/座椅

图10.51　一个商业中心区以砖和混凝土材料砌筑的座椅

图10.52　混凝土护柱

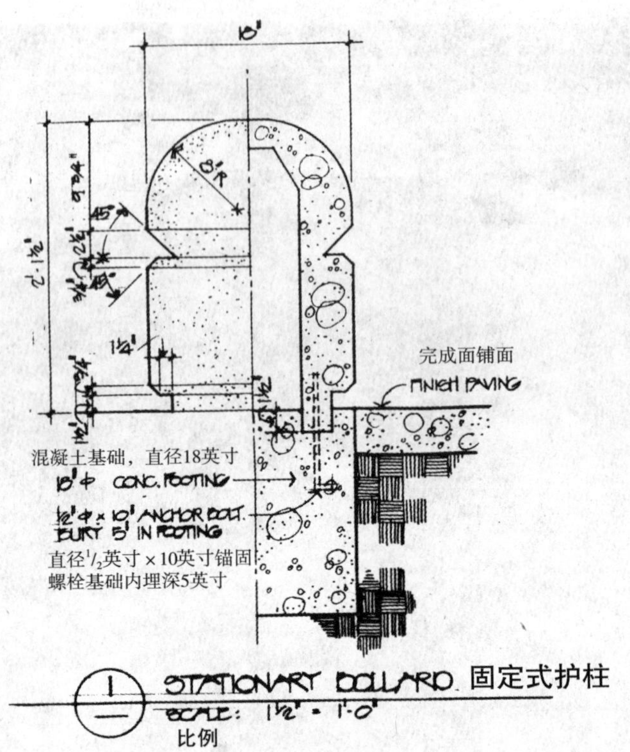

图10.53　混凝土护柱，由卡瓦萨基·泰拉克尔·于诺+设计联盟设计

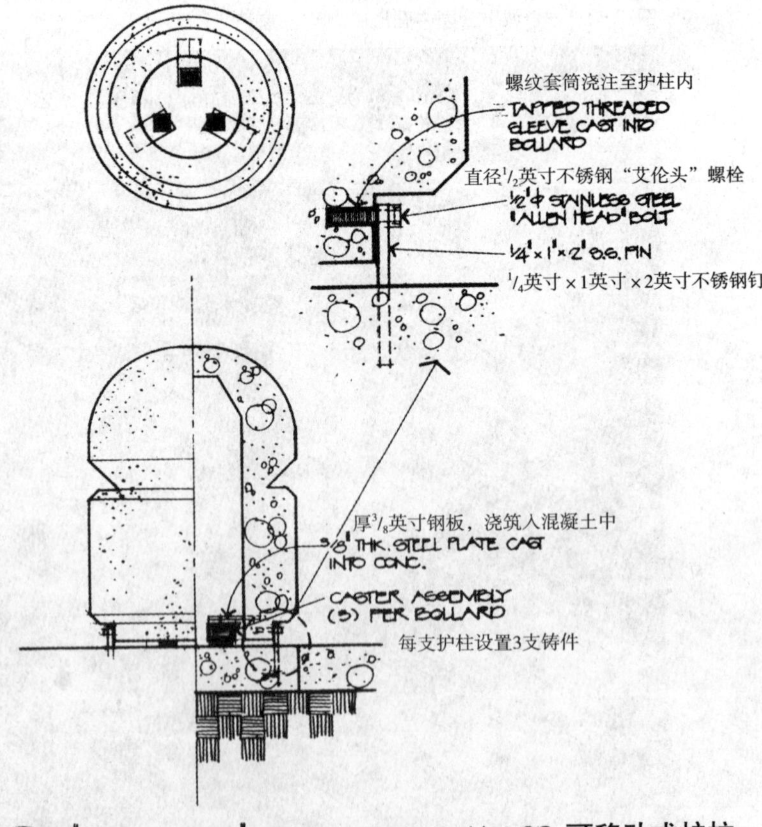

图10.54　图10.53之细部详图

图10.55　一所大学校园中的护柱

图10.57　一座办公建筑入口处兼作照明设备的混凝土护柱

图10.56　一座办公建筑入口处的护柱

图10.58　一个城市公园入口的混凝土护柱

图10.59 一座办公建筑入口处兼作照明设备的混凝土护柱

图10.61 一座办公建筑入口的混凝土护柱

图10.60 混凝土护柱，表面装饰暴露出骨料

图10.62 公共汽车站的护柱，柱身上有不锈钢带装饰

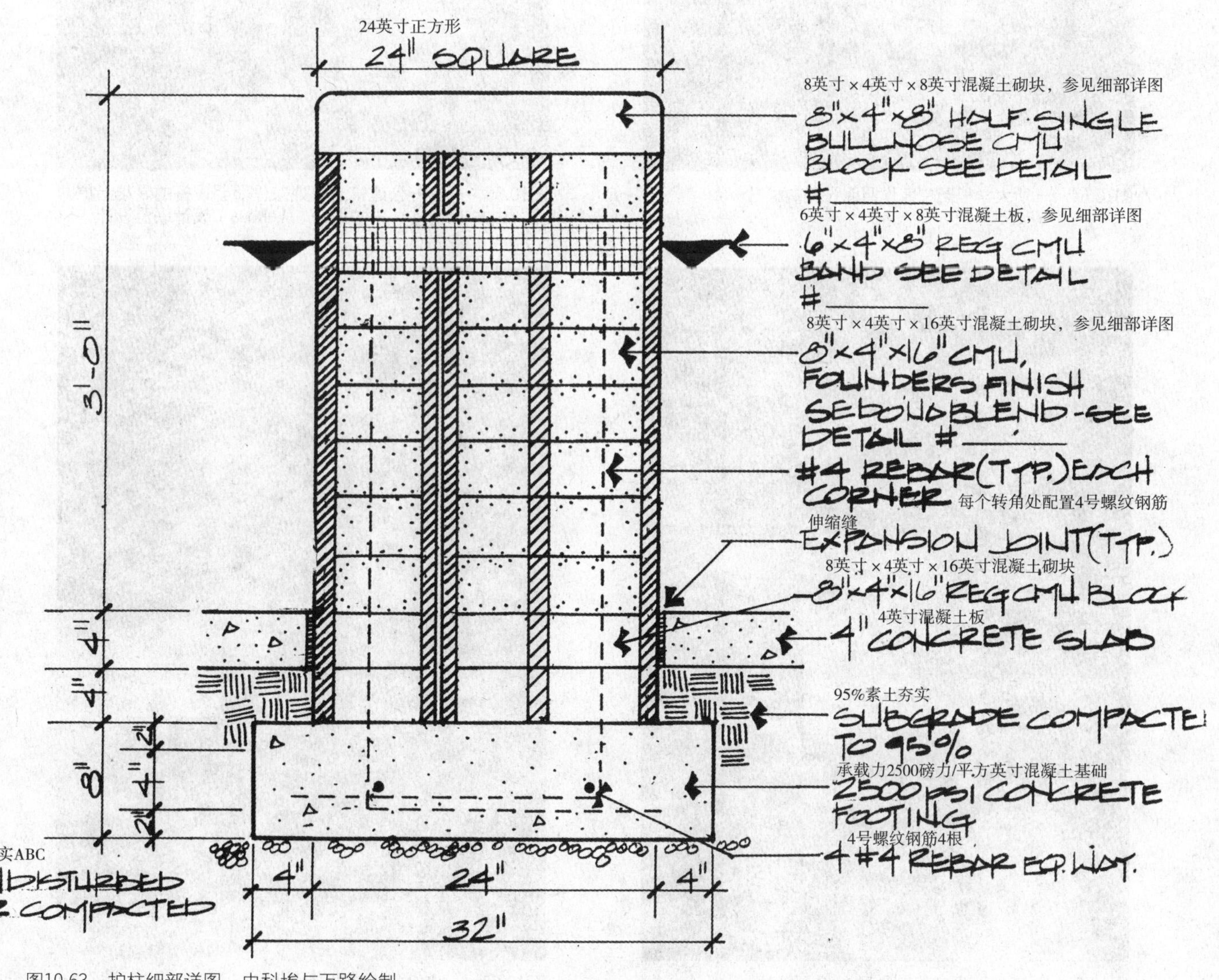

图10.63　护柱细部详图，由科埃与万路绘制

图10.64　一所大学校园中兼作照明设备的护柱

图10.66　一座办公建筑入口处兼作照明设备的混凝土护柱，由方（Fong）+拉罗卡（LaRoca）设计联盟设计

图10.65　一座大型酒店入口混凝土/金属护柱

图10.67　一座银行入口的砖砌护柱

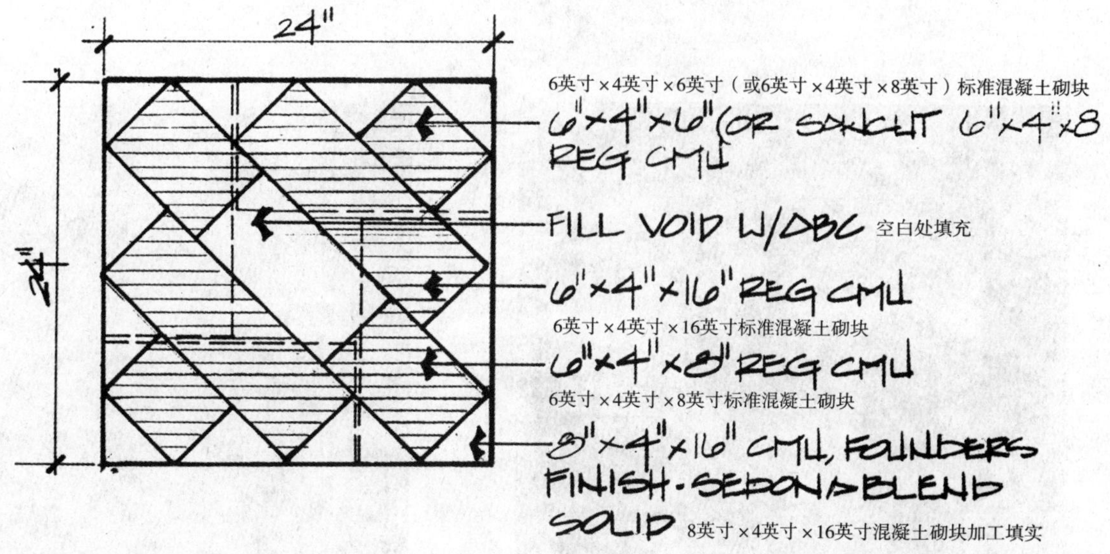

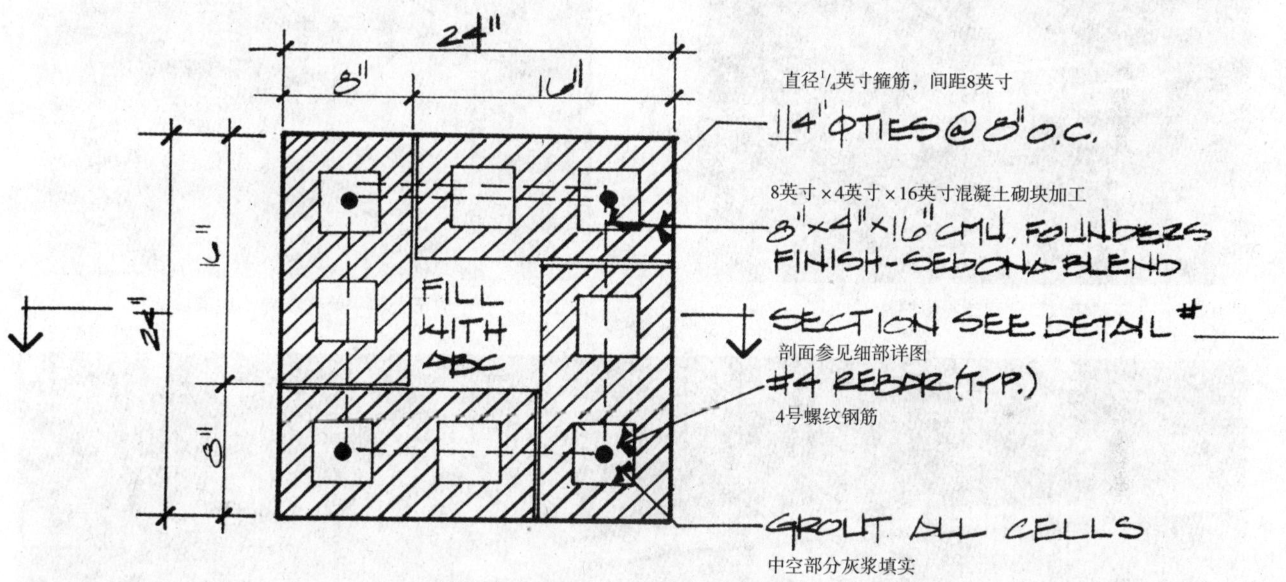

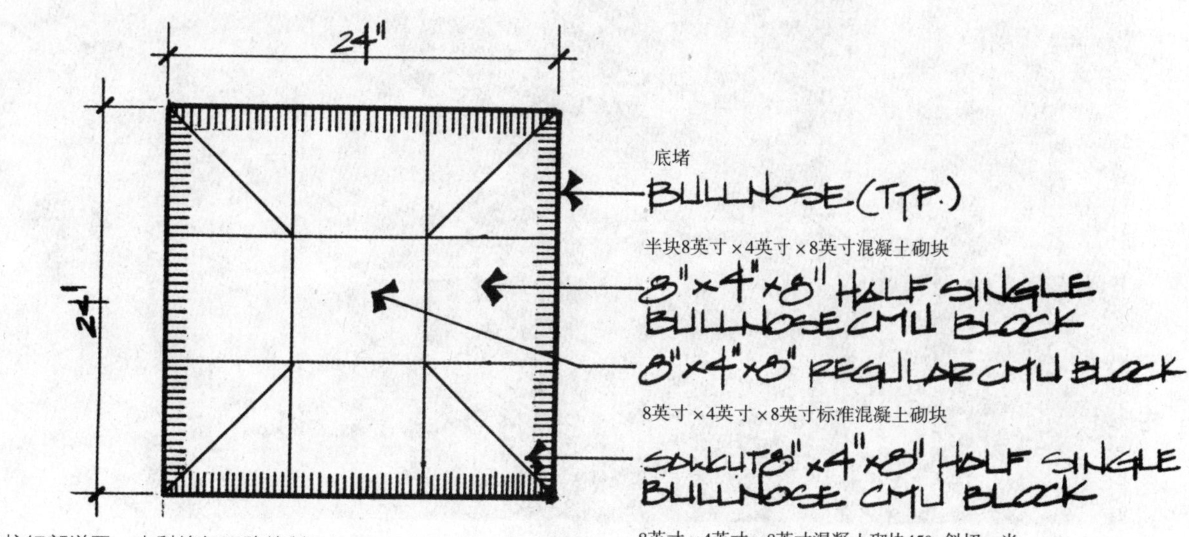

图10.68　护柱细部详图，由科埃与万路绘制

图10.69　一座酒店入口玻璃砖照明护柱

图10.71　一个城市公园中兼作座椅的玻璃砖护柱

图10.70　一座办公建筑入口玻璃砖照明护柱

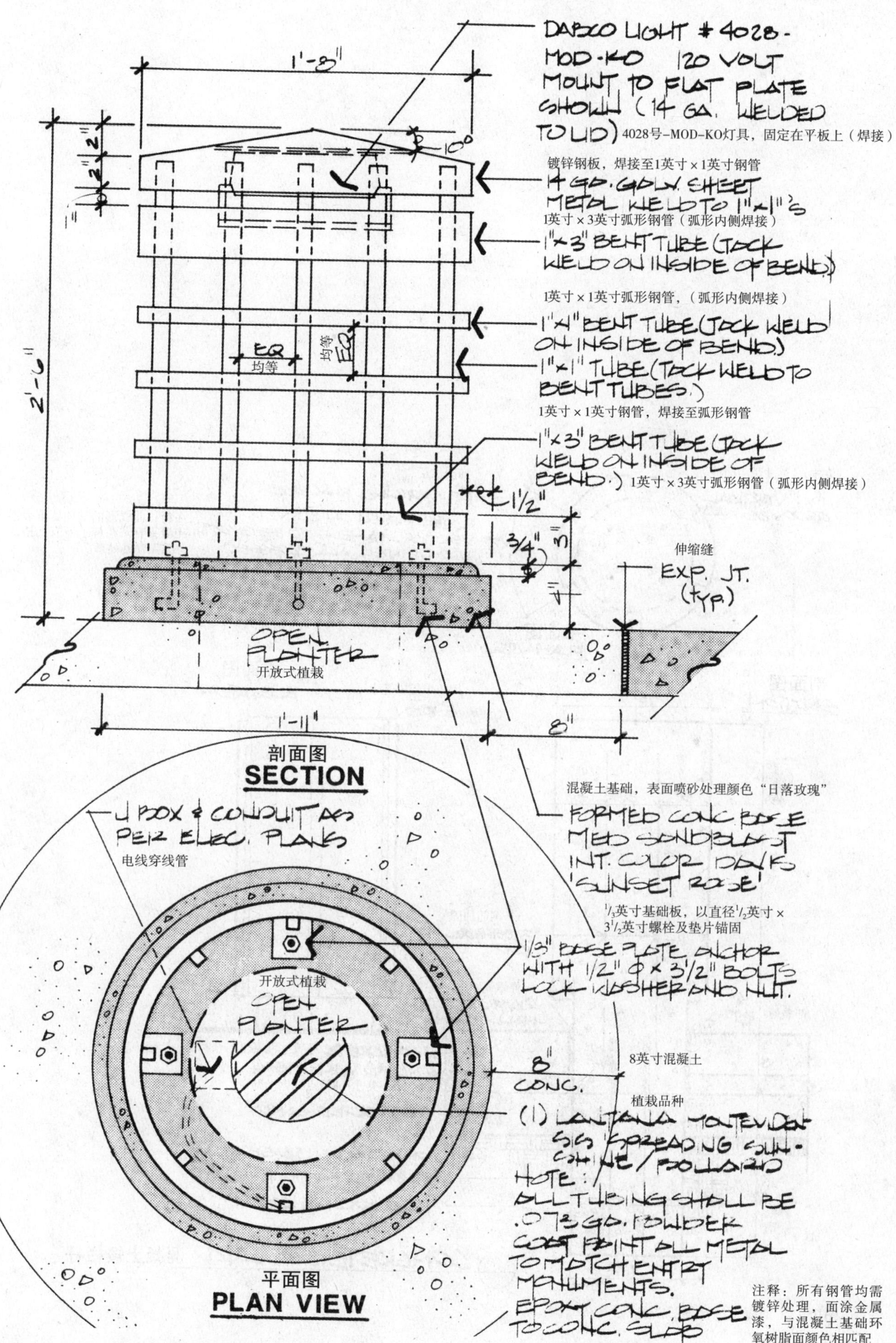

图10.72 护柱细部详图，由科埃与万路绘制

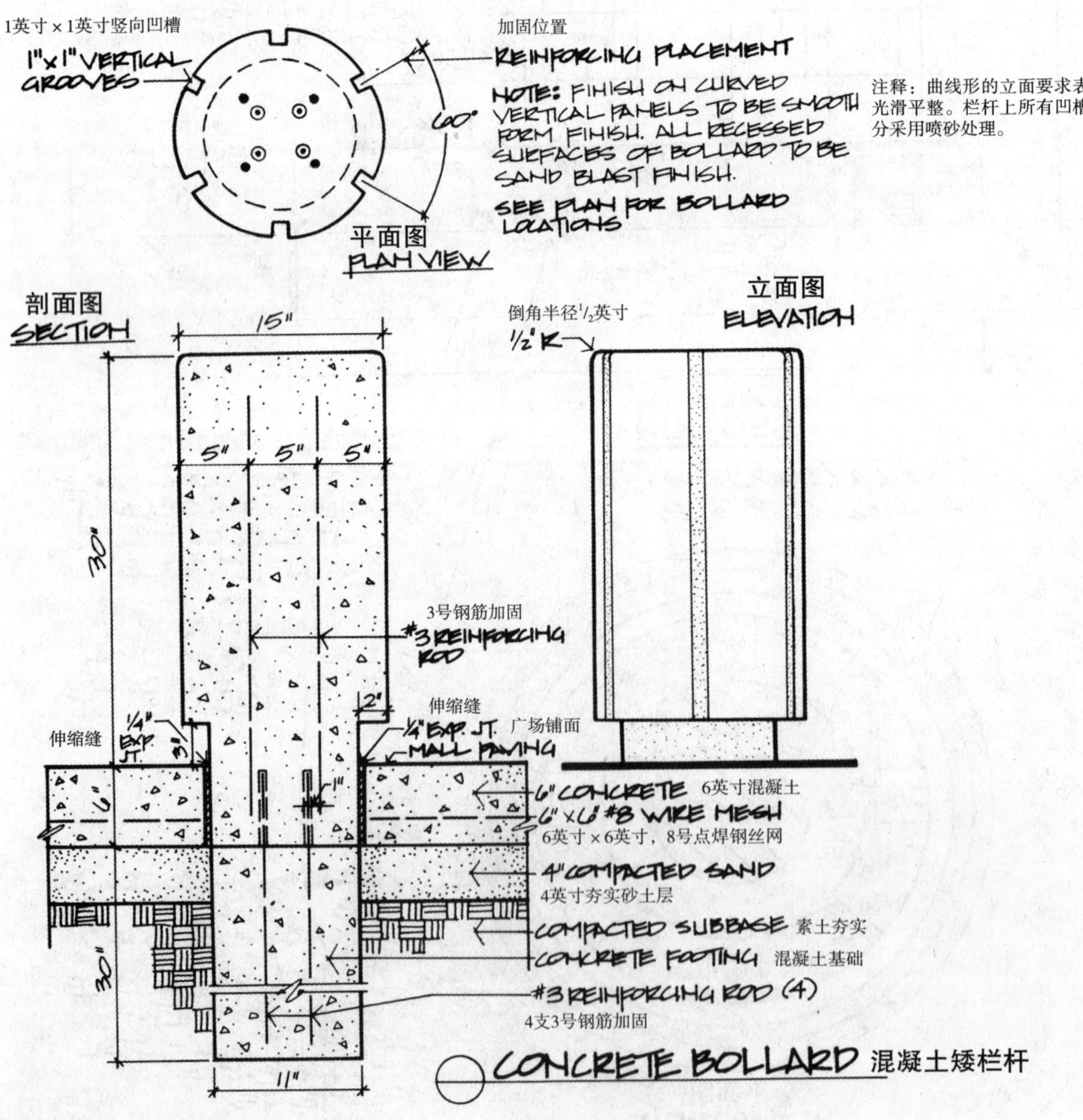

图10.73　混凝土护柱细部详图

图10.74　小亭子

图10.75　大学校园中的小亭子

图10.76　小亭子

图10.77　公共汽车站的小亭子，由阿卡恰设计小组设计

图10.78　一个城市公园中的小亭子，由邦内尔及其合作者设计，唐纳德·A·蒂尔（Donald A. Teal）提供照片

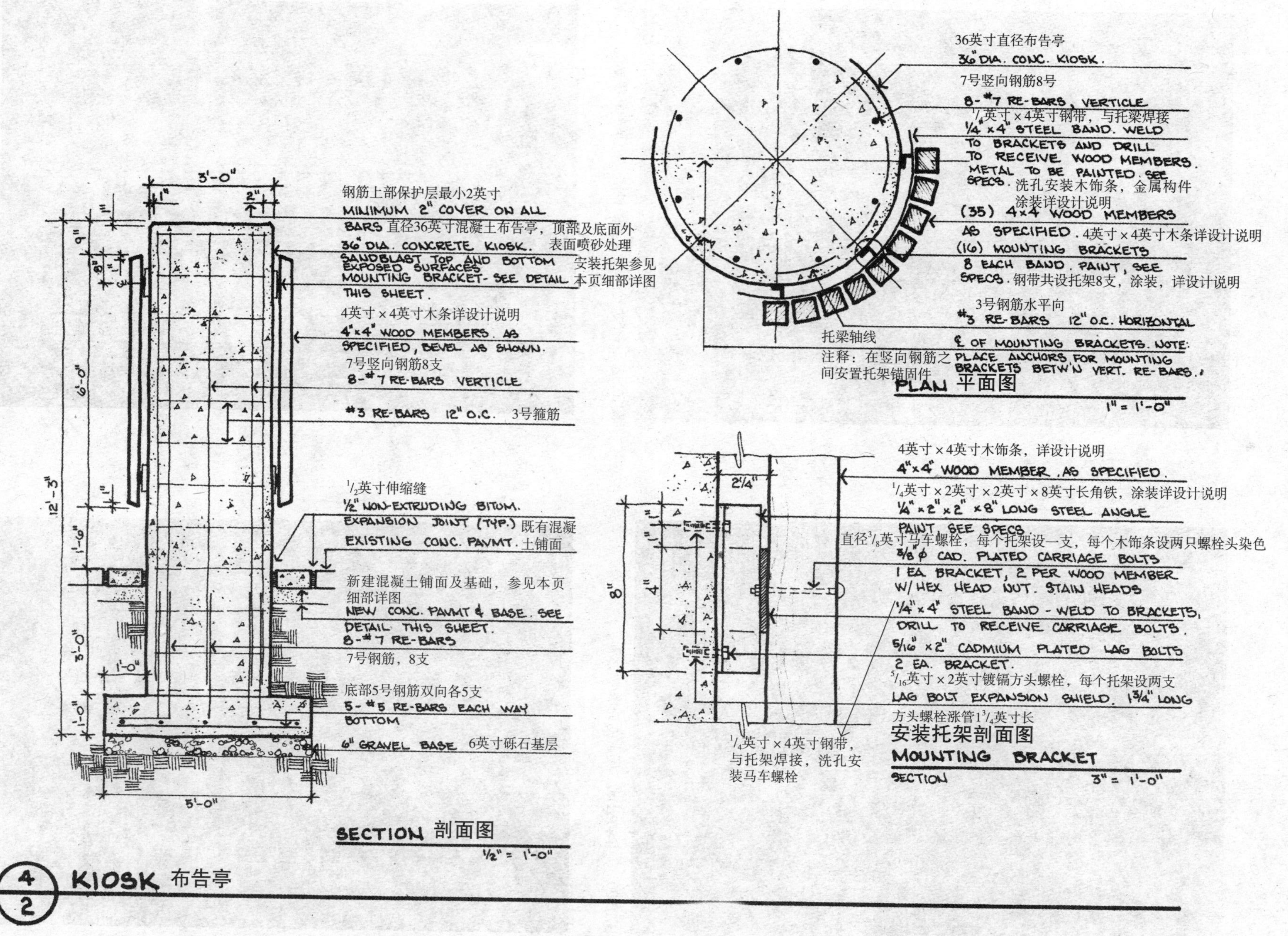

图10.79　图10.78之细部详图，由邦内尔及其合作者绘制

图10.80　一个办公区广场上的钟塔/喷水池

图10.81　位于一所大学中央标志性的钟塔

图10.82　一个办公区广场上的钟塔，小亭子和喷水池

图10.83　一所大学校园里的钟塔

图10.84　办公区庭院中的砖砌植栽穴，由波斯特·巴克利·舒与耶尔尼根设计

图10.86　办公区广场上的植栽穴

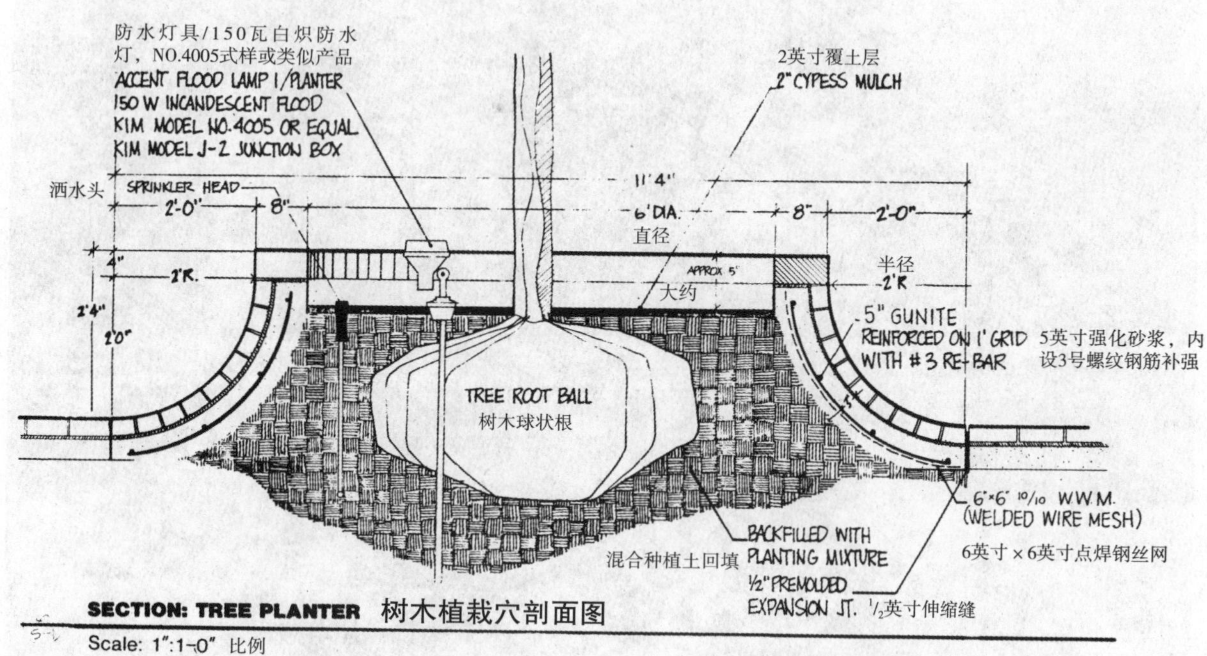

图10.85　图10.84之细部详图，由波斯特·巴克利·舒与耶尔尼根绘制

图10.87　商业中心区的植栽穴

图10.88　办公建筑入口处的几个植栽穴，由维默尔·亚马达设计联盟设计

图10.89　堤岸旁阶梯式就餐区的植栽穴，由弗赖伊+斯通（Fry+Stone）设计

图10.90　沿湖边布置的植栽穴，在水中形成清晰的倒影

图10.91　城市公园中的花坛，由劳伦斯·哈尔普林设计

图10.92　一座办公建筑入口处的花坛

图10.93　混凝土植栽穴

图10.95　围绕大学林荫路布置的混凝土植栽穴

图10.94　木质植栽穴及座椅形成城市中富有特色的街道景观，由迈里克・纽曼・达尔伯格设计

图10.96 围绕一座办公建筑周边布置的木质植栽穴

图10.98 一座办公建筑入口处的混凝土植栽穴

图10.97 一座办公建筑入口处的混凝土植栽穴

图10.99　树木箅栅，由詹姆斯·H·巴西特（James H. Bassett）设计

图10.101　办公区广场的金属树木箅栅

图10.100　树木箅栅和护栏，由萨萨基设计联盟设计

图10.102　金属护栏以及预制混凝土箅栅

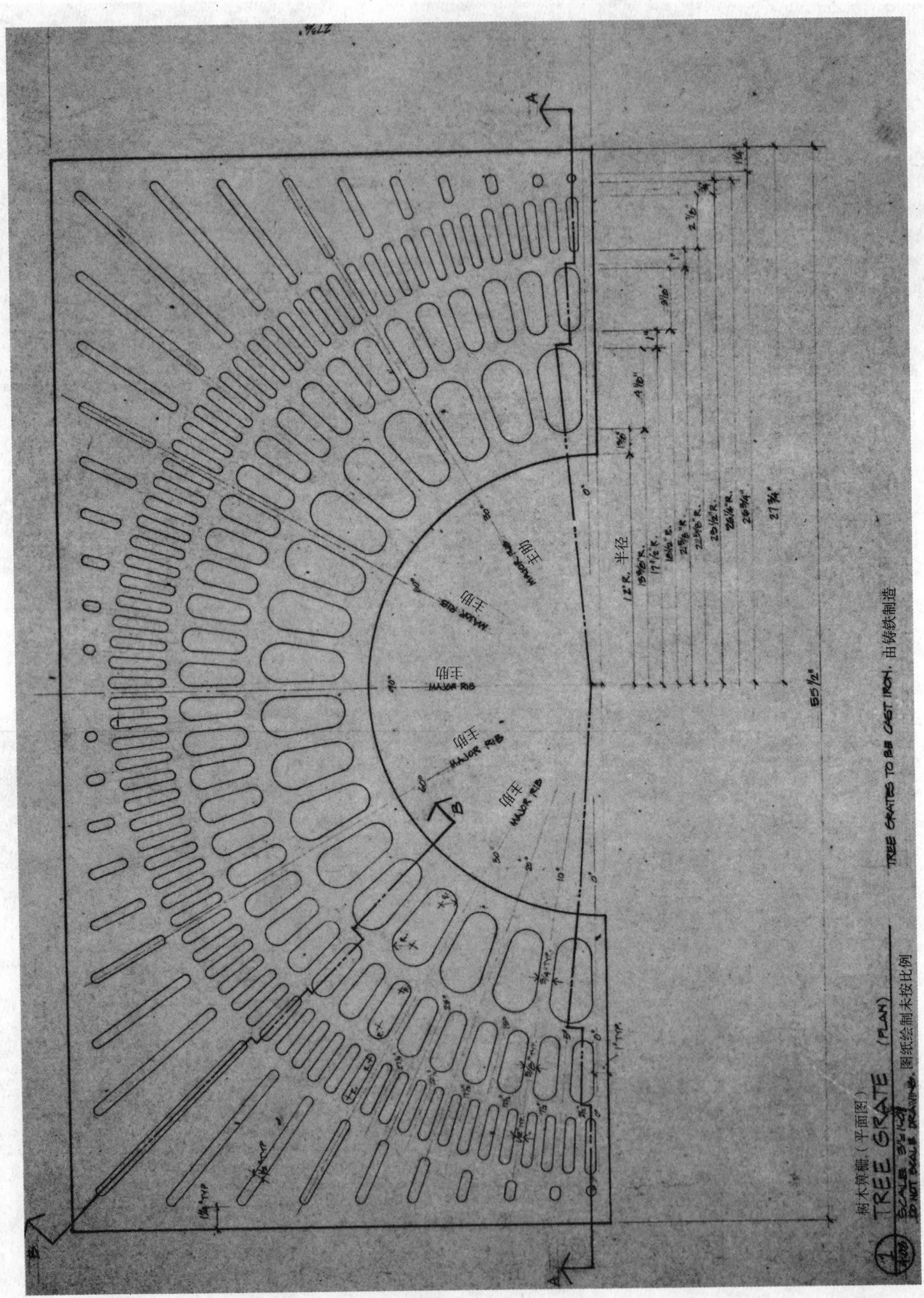

图10.103　树木箅栅细部详图，由约翰逊夫妇与罗伊绘制

图10.104 预制混凝土树木箅栅

图10.105 铸铁箅栅，其六边形造型与附近地砖形式相呼应

图10.106　金属树木箅栅

图10.107　金属树木箅栅

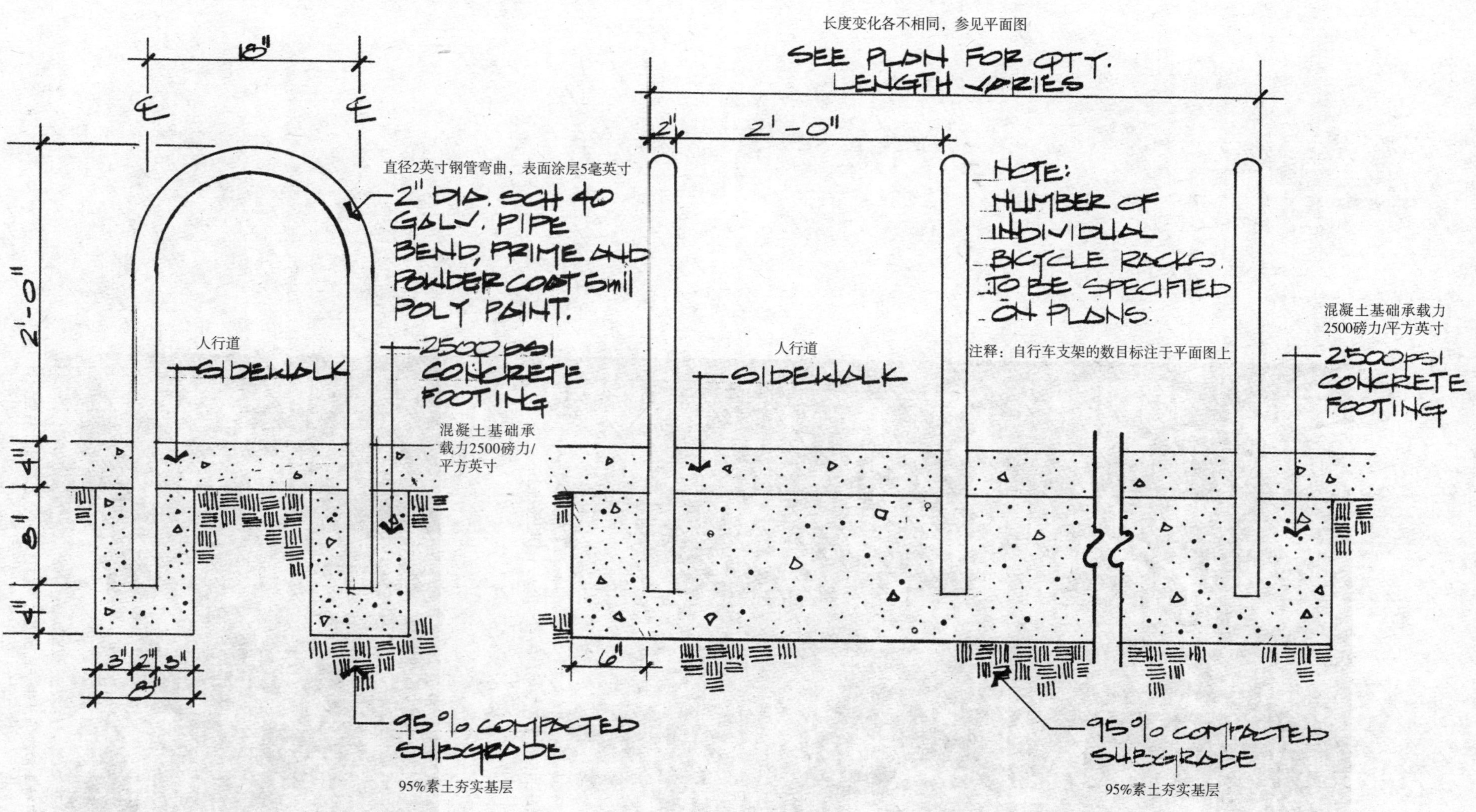

图10.108　自行车支架细部详图，由科埃与万路绘制

图10.109　车站的自行车停放场，由阿卡恰设计小组设计

图10.110　自行车停放场，由卡瓦萨基・泰拉克尔・于诺+ 设计联盟设计

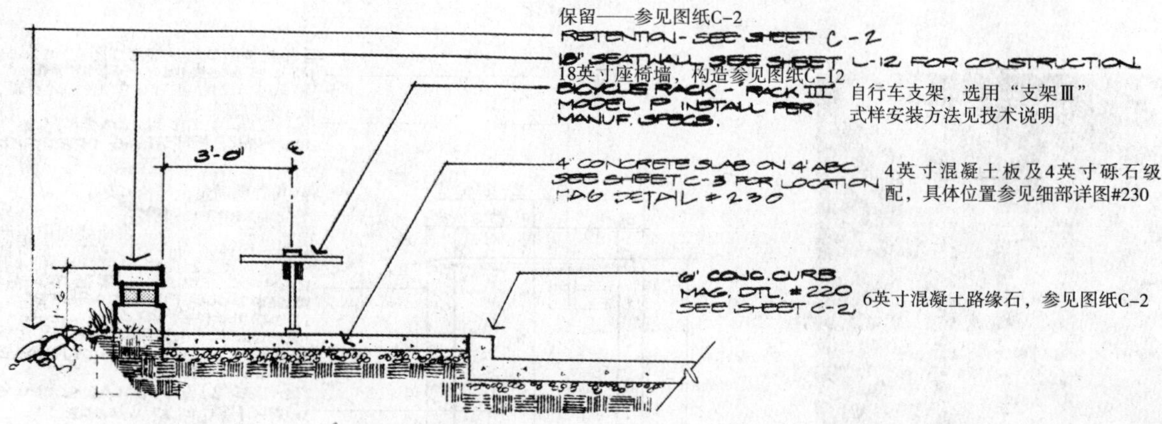

1/13 **BICYCLE PARKING SECTION 自行车停车场剖面图**

SCALE: 1/2"=1'-0" 比例

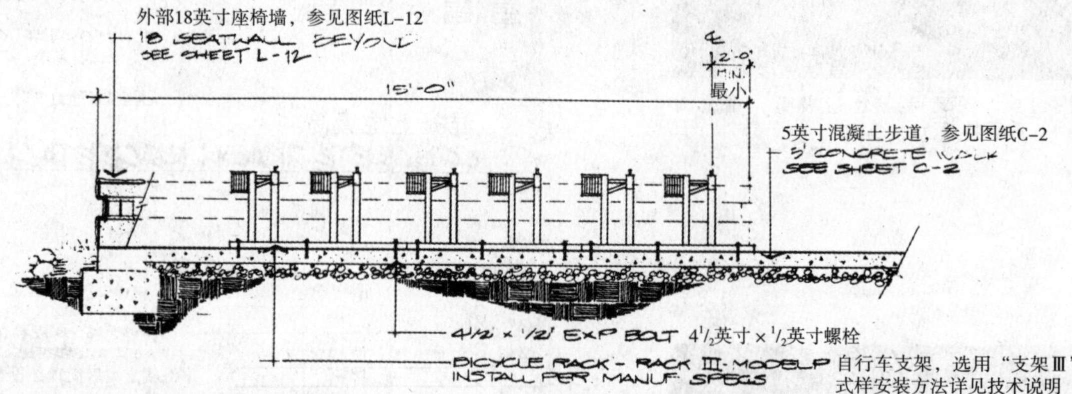

3/13 **BICYCLE PARKING ELEVATION 自行车停车场立面图**

SCALE 1/2"=1'-0" 比例

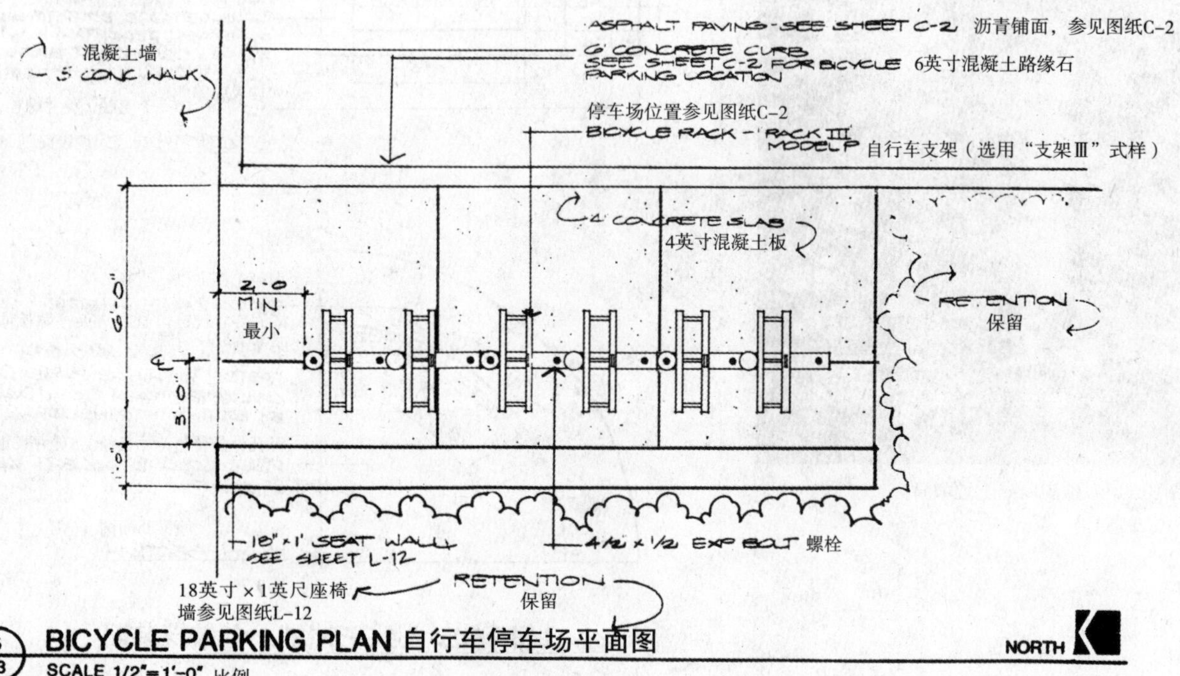

5/13 **BICYCLE PARKING PLAN 自行车停车场平面图**

SCALE 1/2"=1'-0" 比例

图10.111 图10.109自行车停车场细部详图，由阿卡恰设计小组绘制

图10.112　预制混凝土垃圾筒，由詹姆斯·H·巴西特设计

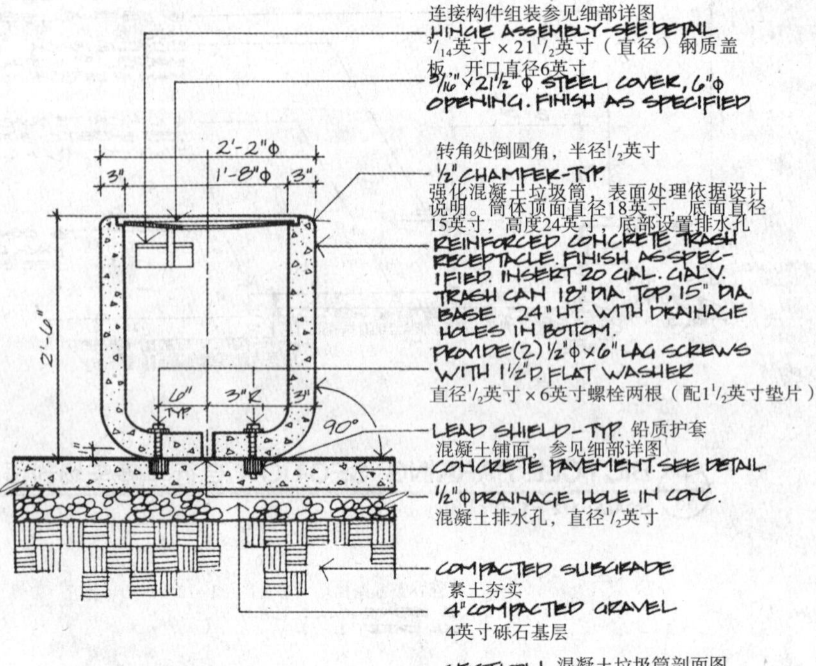

混凝土垃圾筒

CONCRETE TRASH RECEPTACLE

图10.113　预制混凝土垃圾筒

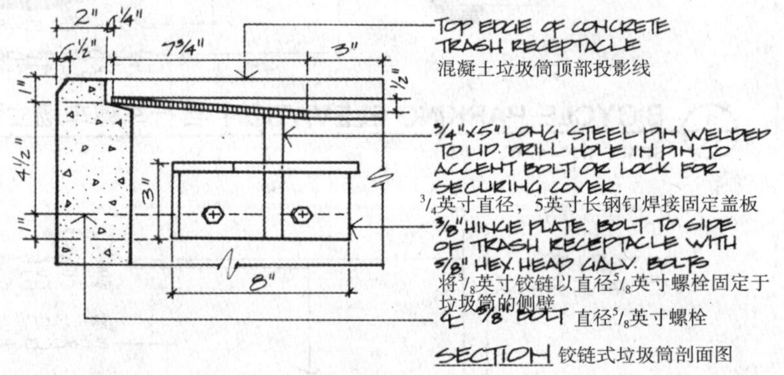

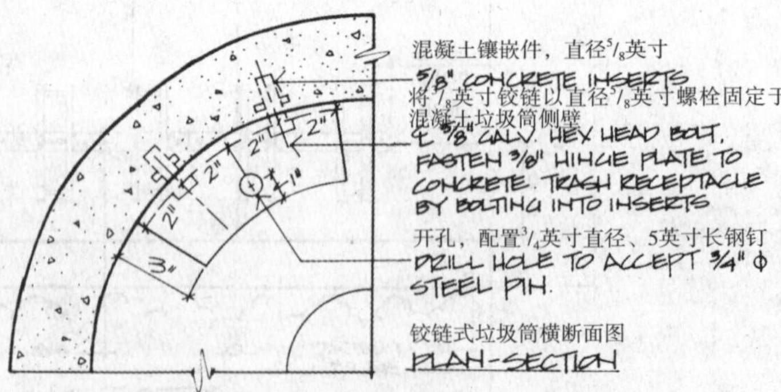

HINGE ASSEMBLY 铰链装配

图10.114　垃圾筒细部详图，由邦内尔及其合作者设计

图10.115　垃圾筒、树木箅栅、木质座椅、路灯以及地砖铺面，构成了这幅城市街景画面

图10.116　垃圾筒，由方 + 拉罗卡设计联盟设计

图10.117　垃圾筒，由阿卡恰师小组设计

图10.118　垃圾筒，由卡瓦萨基·泰拉克尔·于诺+ 设计联盟设计

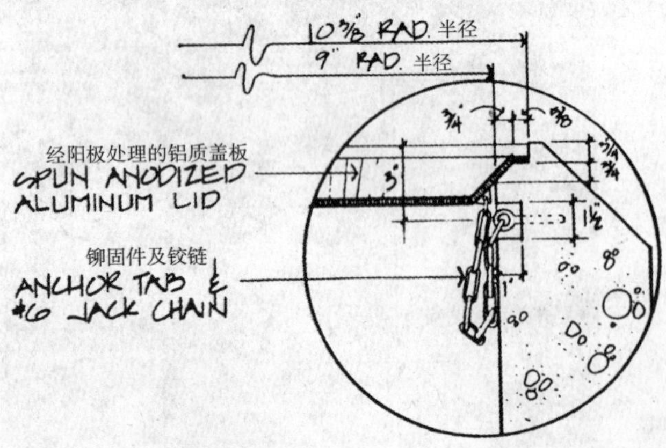

5
C19

LID AND CHAIN DETAIL 盖板及铰链细部详图

SCALE: 3" = 1'-0"

NOTE: OMIT LID, TAB AND JACK CHAIN AT PLANTER　注释：用作植栽穴时可省略顶盖及起重链条

图10.119　图10.118细部详图

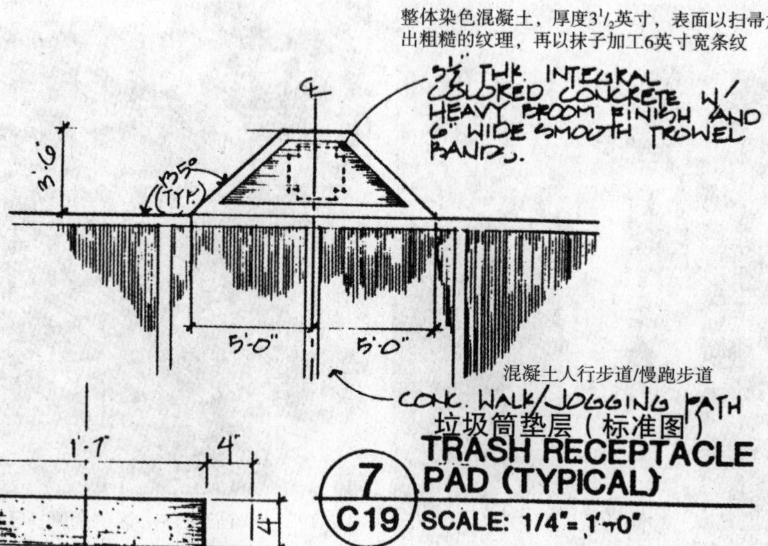

整体染色混凝土，厚度$3^1/_2$英寸，表面以扫帚加工出粗糙的纹理，再以抹子加工6英寸宽条纹

3½" THK. INTEGRAL COLORED CONCRETE W/ HEAVY BROOM FINISH AND 6" WIDE SMOOTH TROWEL BANDS.

3'-6"

135° (TYP.)

5'-0"

5'-0"

混凝土人行步道/慢跑步道

CONC. WALK/JOGGING PATH

垃圾筒垫层（标准图）

TRASH RECEPTACLE PAD (TYPICAL)

7 C19 SCALE: 1/4"=1'-0"

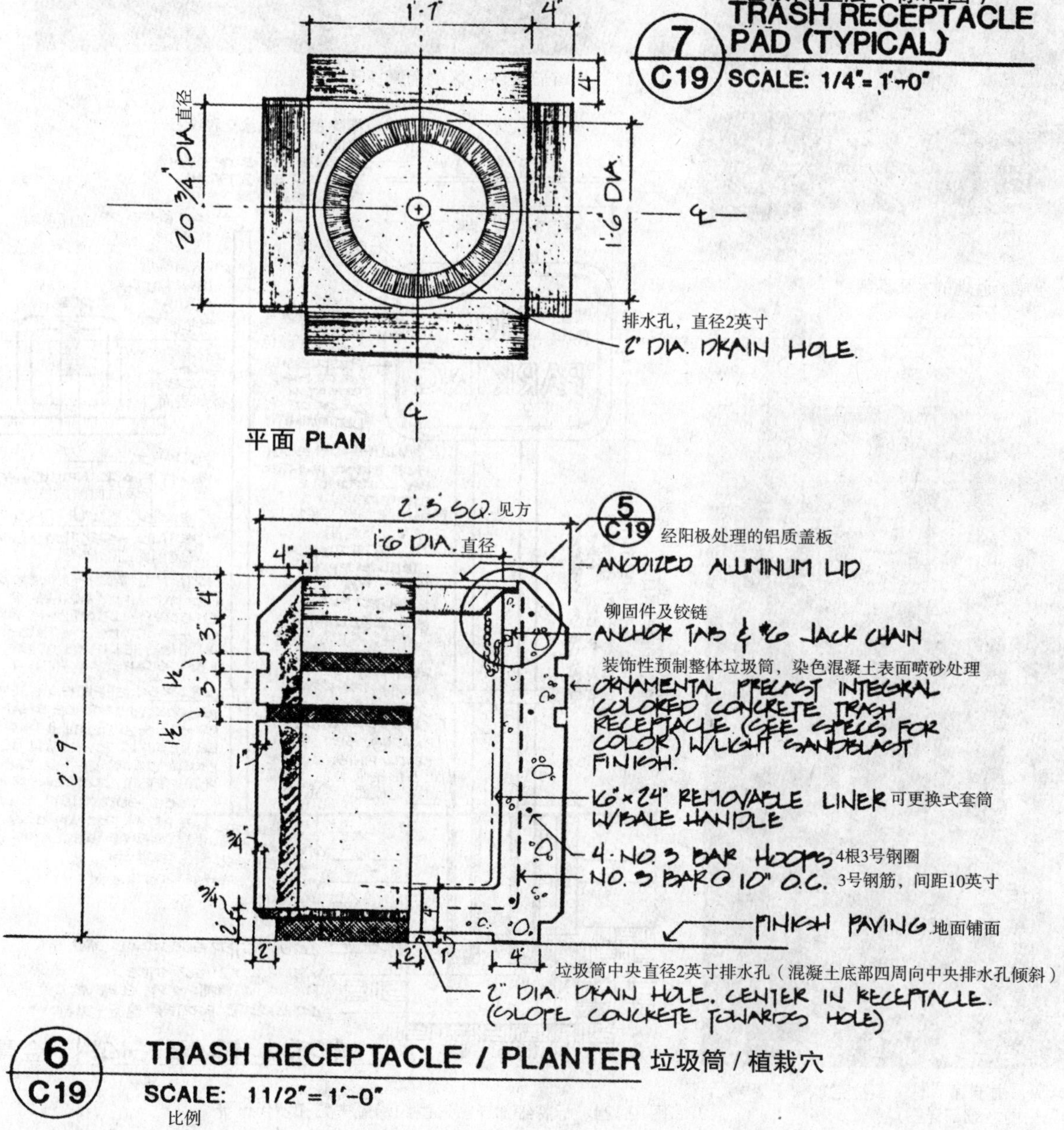

1'-7"

4"

4"

20 3/4" DIA.直径

1'-6" DIA.

排水孔，直径2英寸

2" DIA. DRAIN HOLE

平面 PLAN

2'-3" SQ.见方

5 C19

1'-6" DIA.直径

经阳极处理的铝质盖板

ANODIZED ALUMINUM LID

铆固件及铰链

ANCHOR TABS & #6 JACK CHAIN

装饰性预制整体垃圾筒，染色混凝土表面喷砂处理

ORNAMENTAL PRECAST INTEGRAL COLORED CONCRETE TRASH RECEPTACLE (SEE SPECS FOR COLOR) W/LIGHT SANDBLAST FINISH.

16"×24" REMOVABLE LINER W/BALE HANDLE 可更换式套筒

4-NO.3 BAR HOOPS 4根3号钢圈

NO.3 BARS@10" O.C. 3号钢筋，间距10英寸

FINISH PAVING 地面铺面

2'-9"

4" 3" 1½" 3" 1½" 1" ¾" ¾" 2" 2" 2" 1" 4"

垃圾筒中央直径2英寸排水孔（混凝土底部四周向中央排水孔倾斜）

2" DIA. DRAIN HOLE. CENTER IN RECEPTACLE. (SLOPE CONCRETE TOWARDS HOLE)

6 C19 TRASH RECEPTACLE / PLANTER 垃圾筒/植栽穴

SCALE: 11/2"=1'-0"

比例

图10.120 图10.118细部详图，由卡瓦萨基·泰拉克尔·于诺+ 设计联盟设计

图10.121　一个旅游胜地的木质标牌

图10.123　一个商业中心区的金属指示牌

图10.122　标牌，由卡瓦萨基・泰拉克尔・于诺+设计联盟设计(参见后两页细部详图)

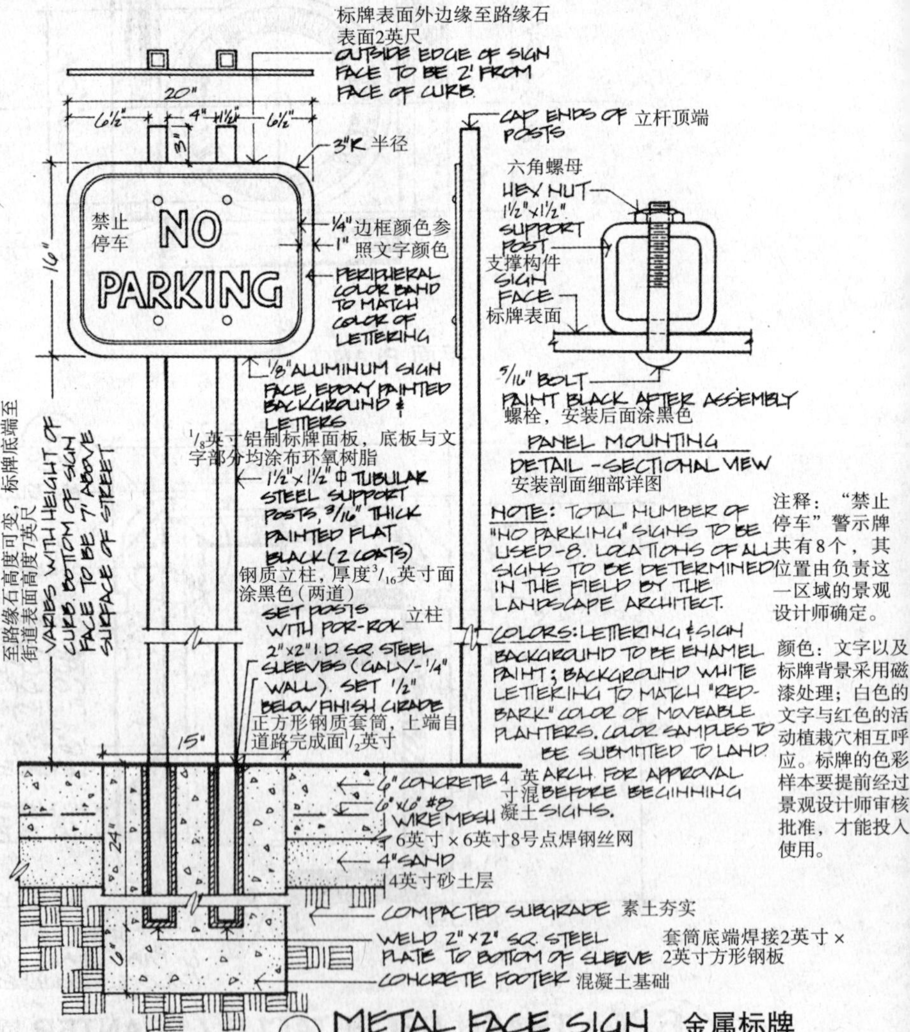

图10.124　标牌细部详图，由约翰逊夫妇和罗伊设计

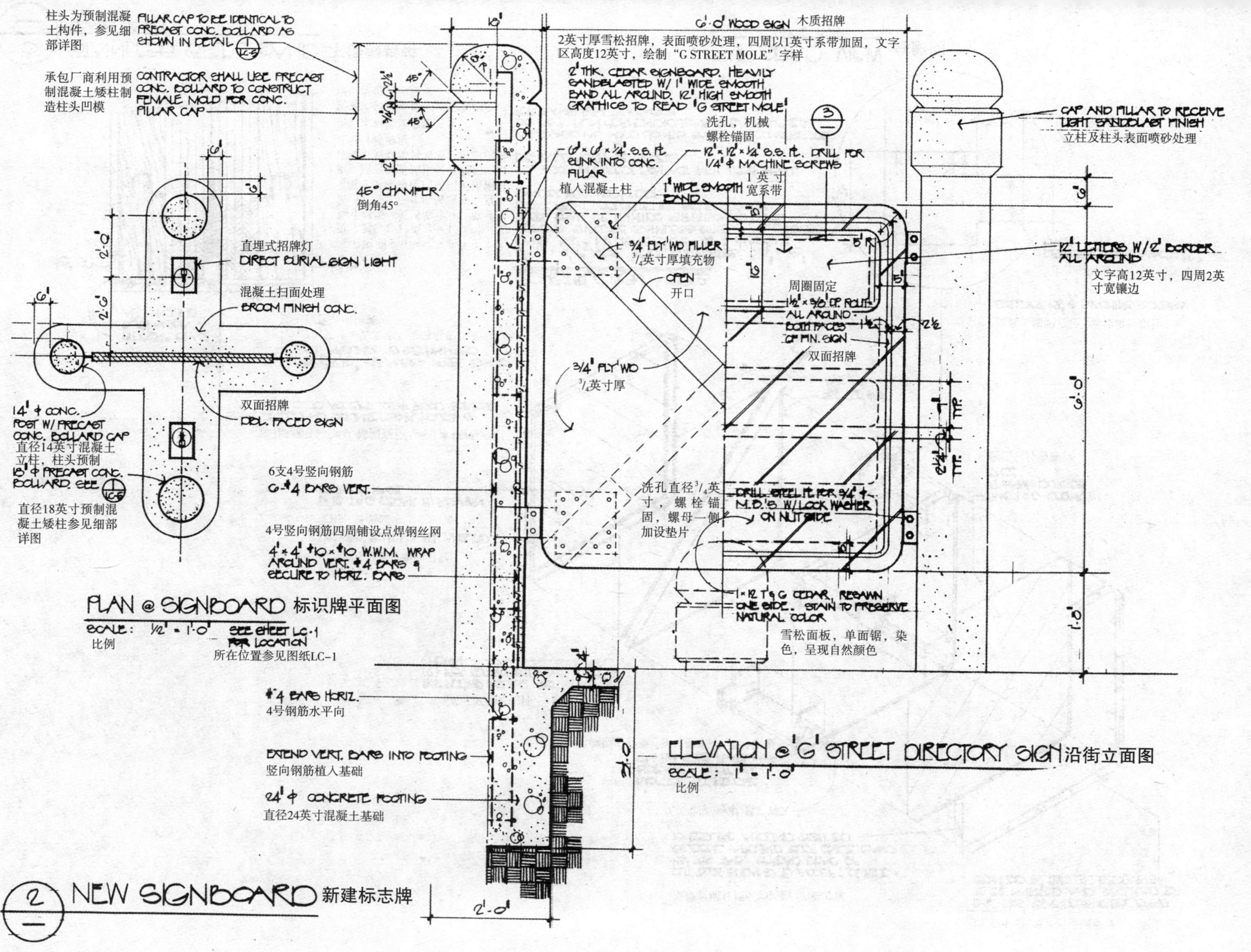

图10.125　图10.122细部详图，由卡瓦萨基·泰拉克尔·于诺+设计联盟设计

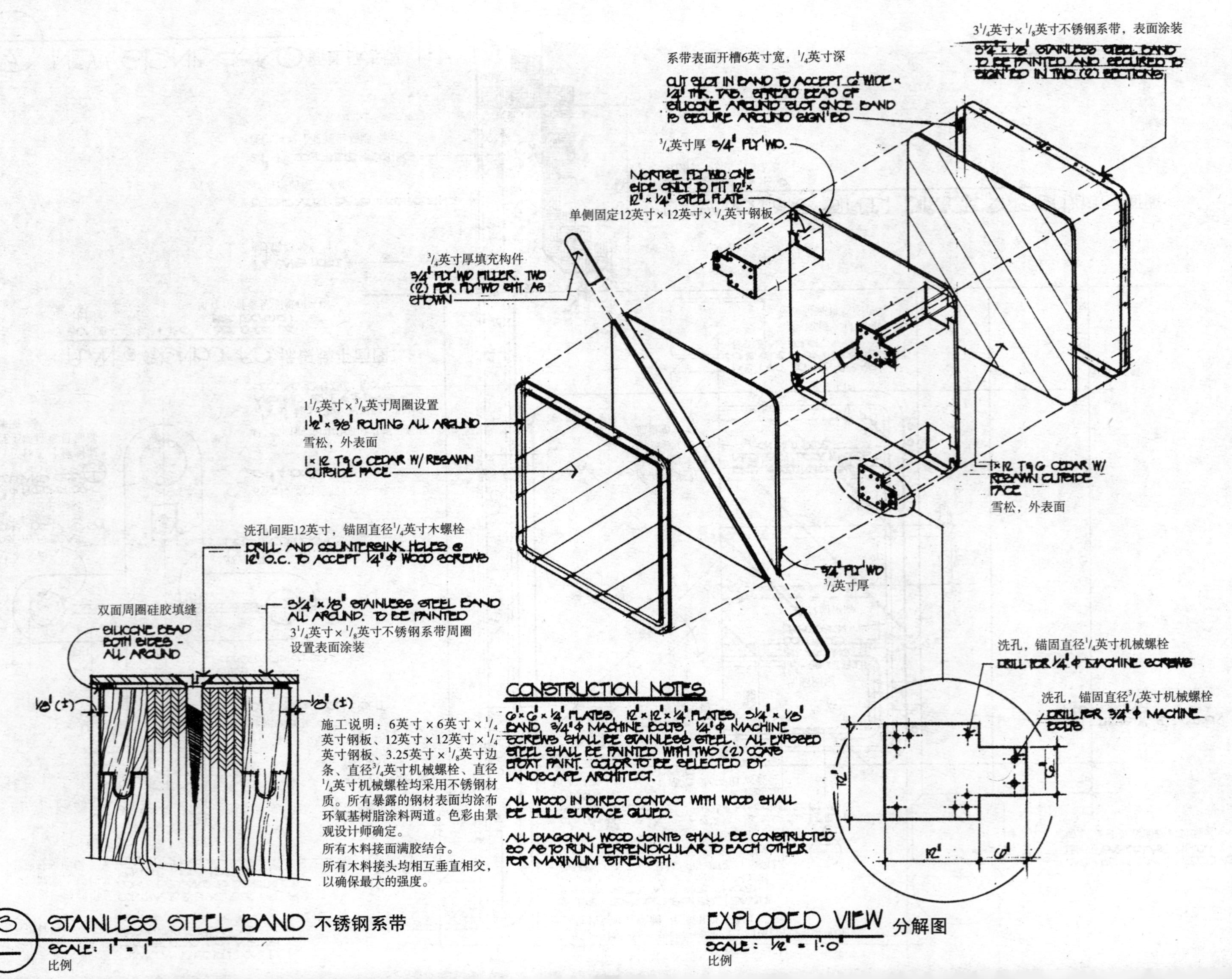

图10.126　图10.122细部详图，由卡瓦萨基·泰拉克尔·于诺+设计联盟设计

图10.127　一个公园入口处的标志性喷泉

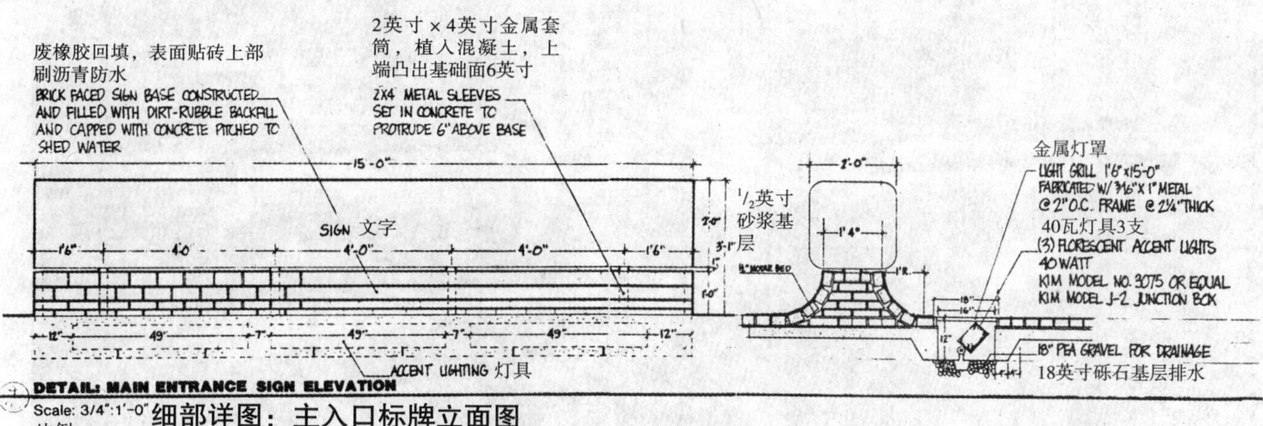

图10.128　标牌细部详图，由波斯特·巴克利·舒与耶尔尼根设计

图10.129　一个动物园的入口标牌

图10.131　一个住宅社区的入口标牌

图10.130　一个办公/商业综合社区的入口标牌

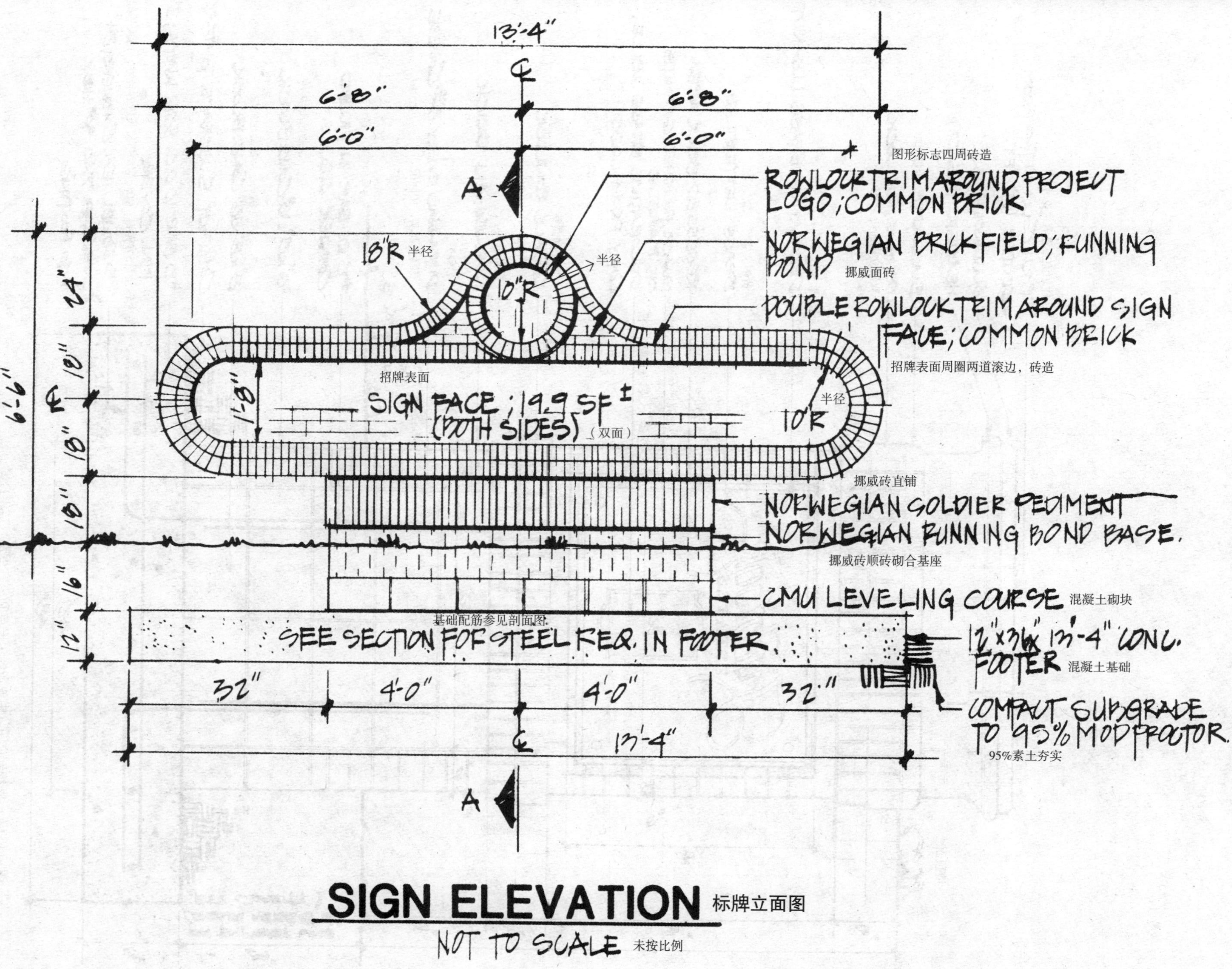

图10.132　标牌细部详图，由波斯特·巴克利·舒与耶尔尼根设计

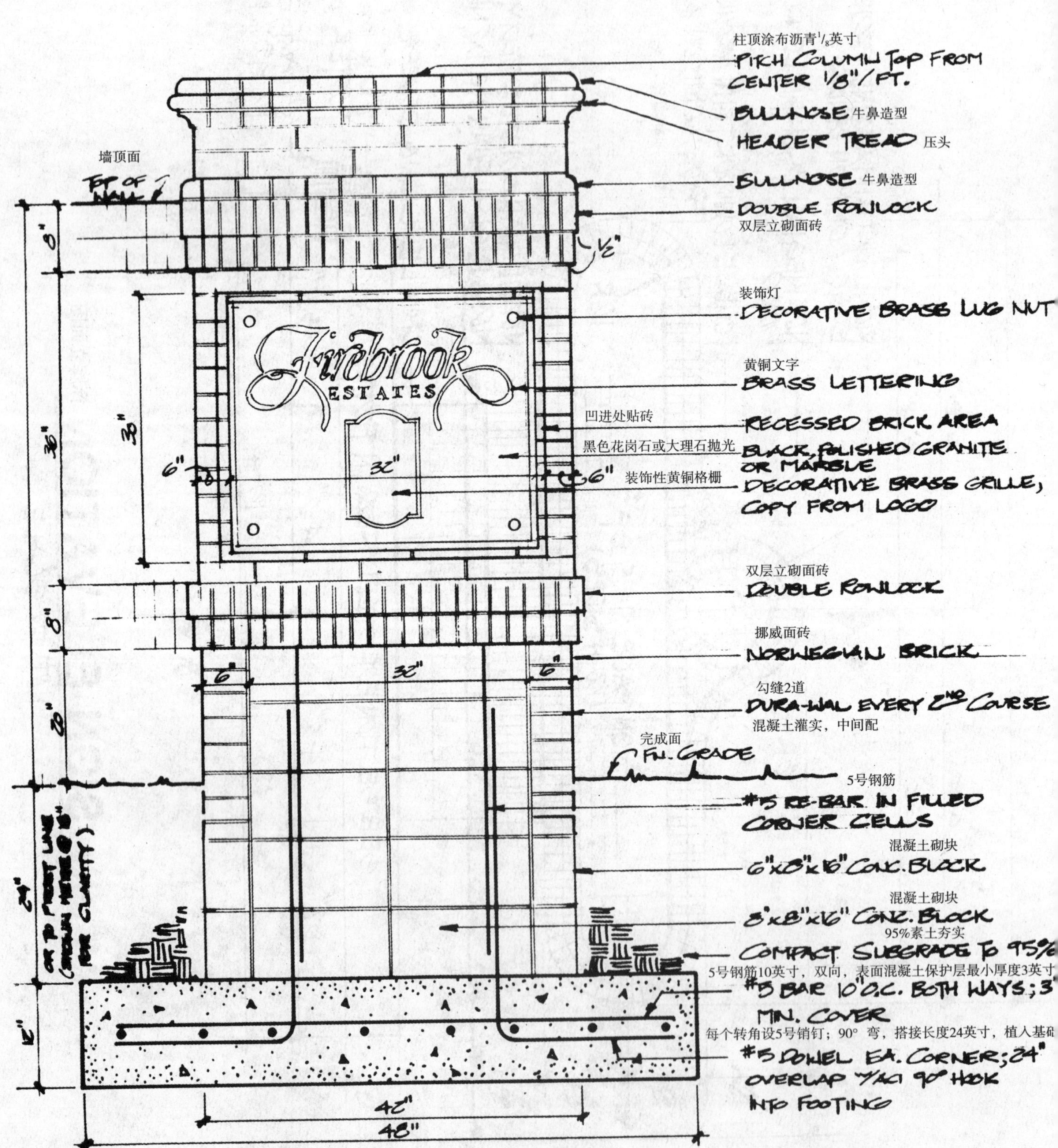

图10.133 标牌细部详图，由波斯特·巴克利·舒与耶尔尼根设计

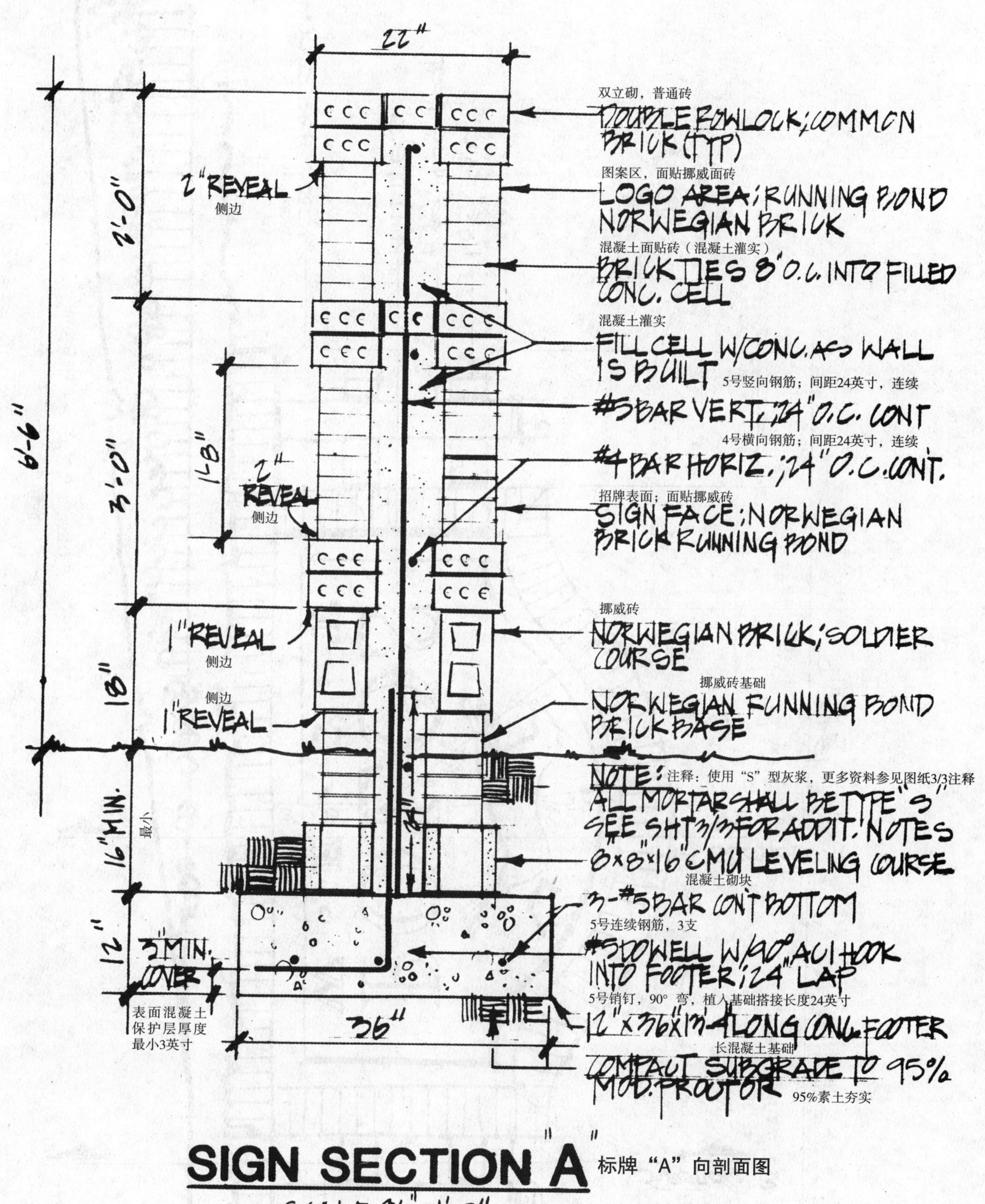

图10.134　标牌细部详图，由波斯特·巴克利·舒与耶尔尼根设计

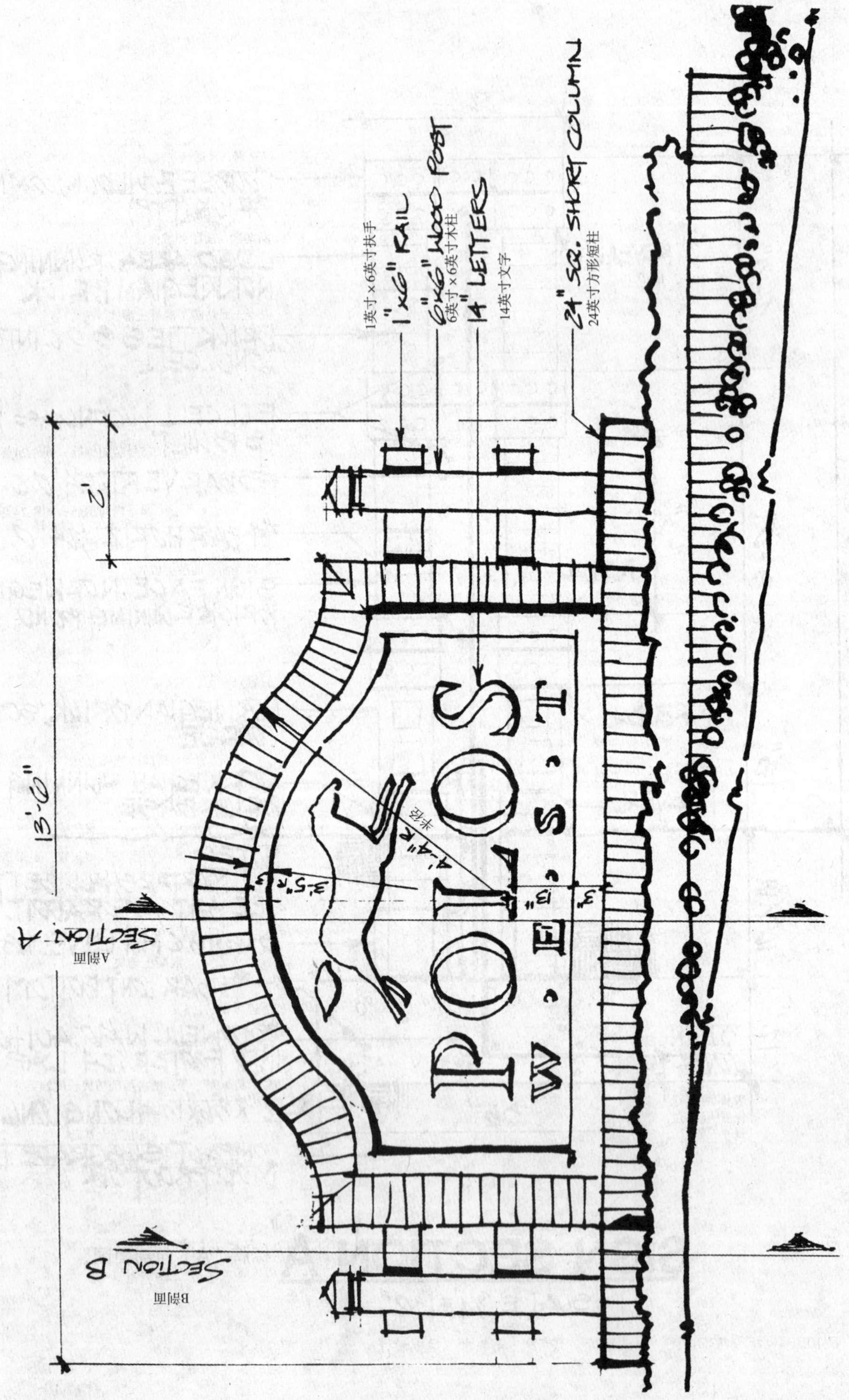

图10.135　标牌细部详图，由波斯特·巴克利·舒与耶尔尼根设计

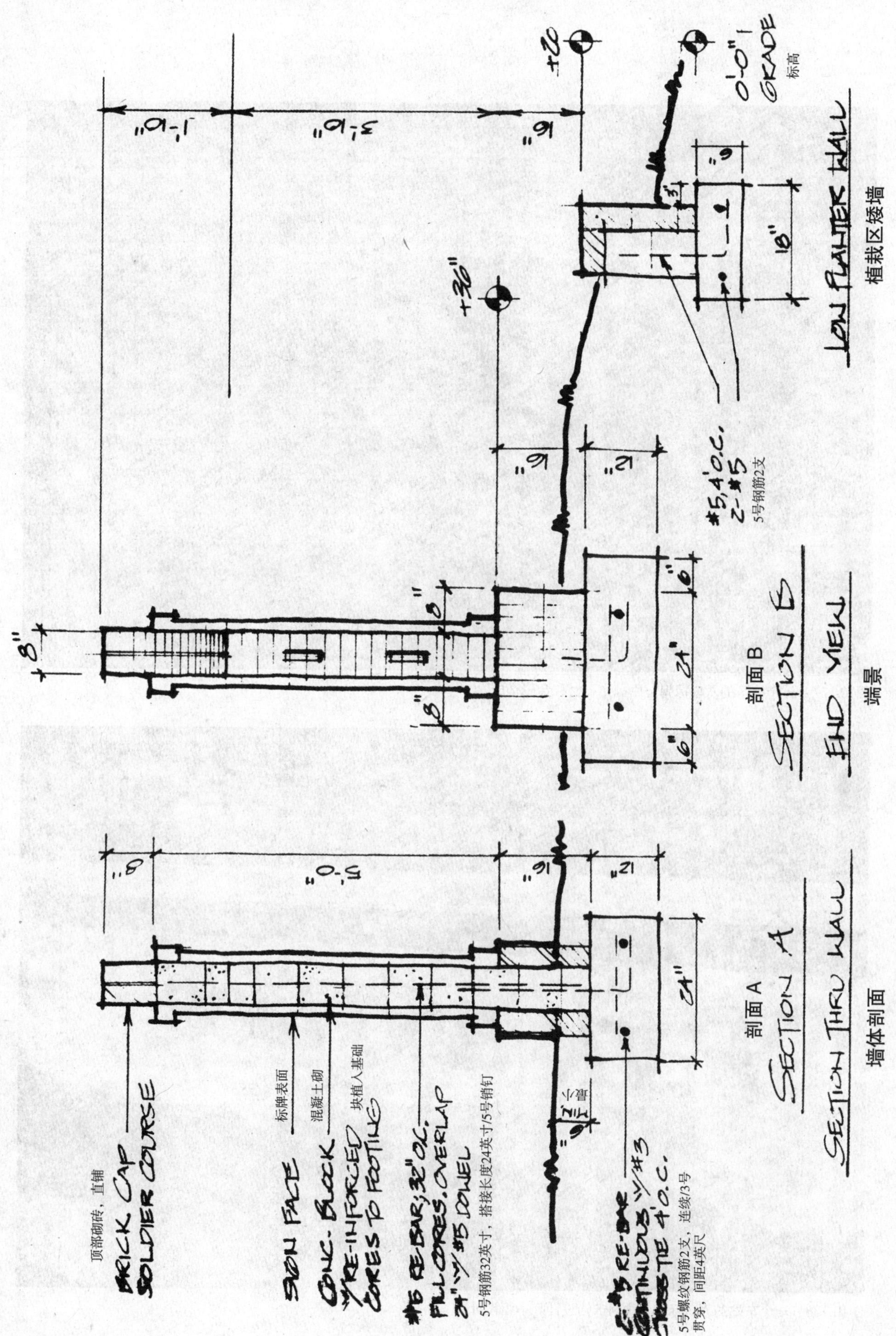

图10.136　标牌细部详图，由波斯特·巴克利·舒与耶尔尼根设计

图10.137　一个社区的入口标牌，由抛光石材和金属构成

图10.138　一个车站的入口标牌，由阿卡恰设计师小组设计

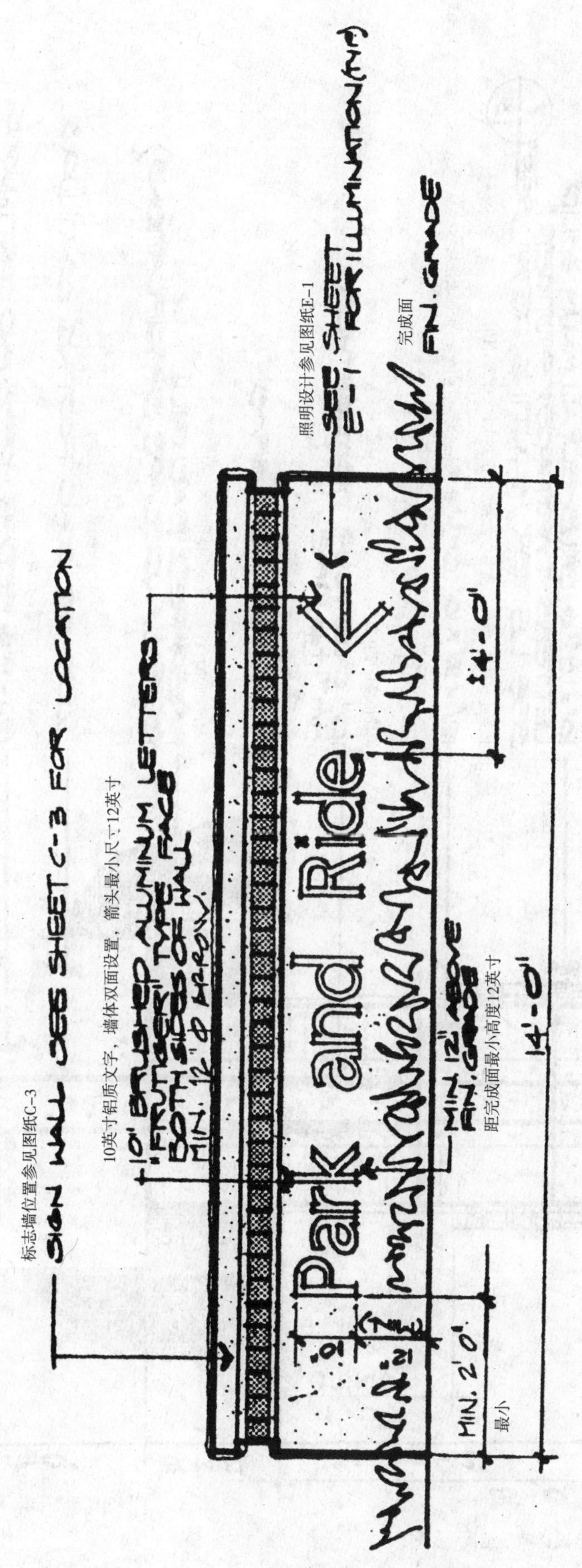

图10.139　图10.138细部详图，由阿卡恰设计师小组设计

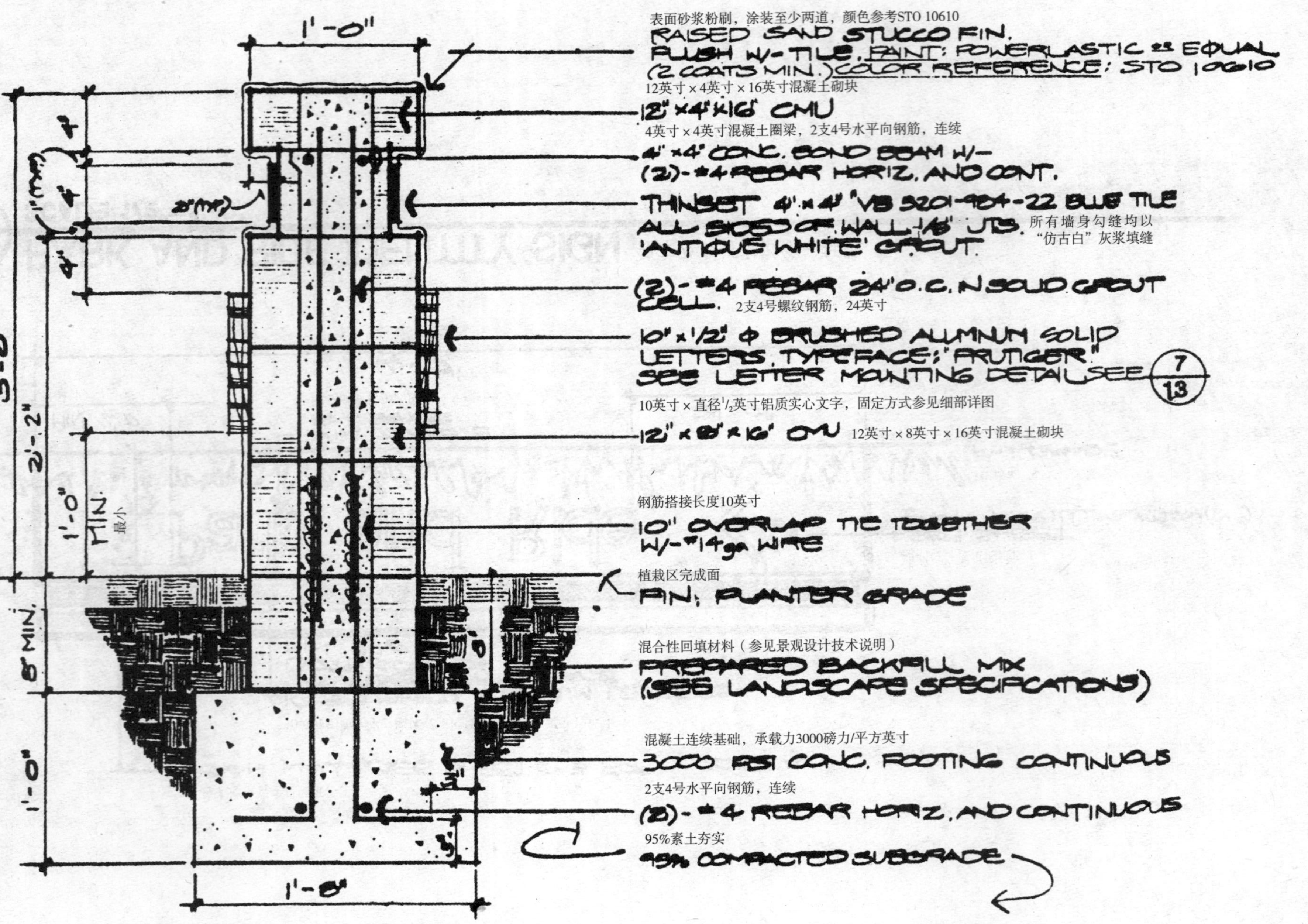

图10.140　图10.138细部详图，由阿卡恰设计师小组设计

图10.141　一个高档社区的入口标牌

图10.142　图10.141入口标牌的一部分

图10.143　一个公园的木质入口标牌，由费尔法克斯县公园管理部设计

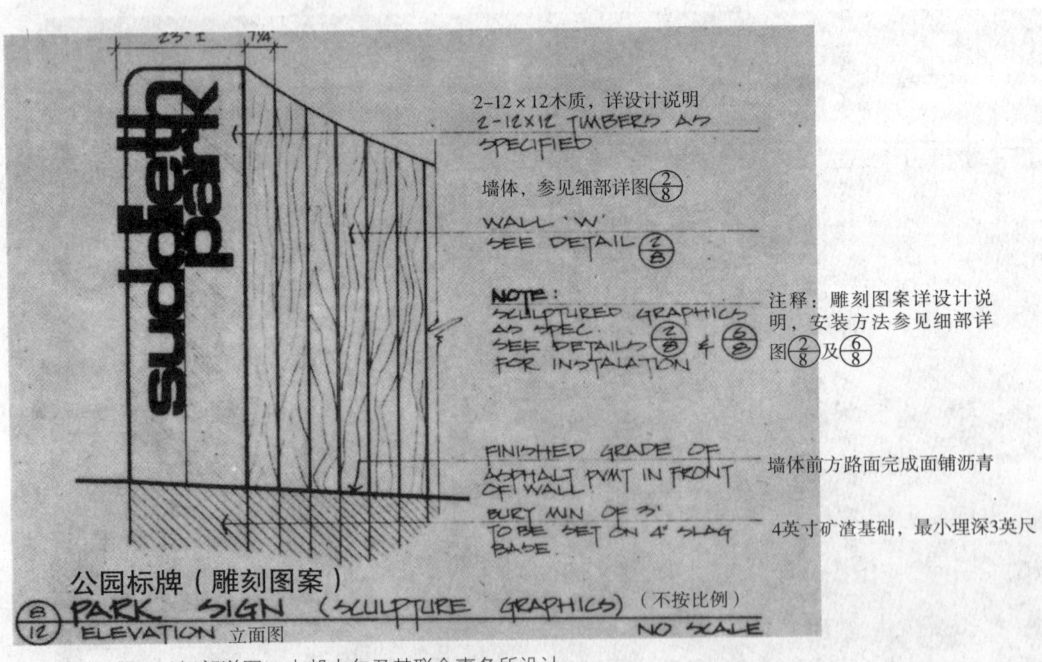

图10.144　图9.14细部详图，由邦内尔及其联合事务所设计

图10.145　一个运动场的饮水泉，由迈里克·纽曼与达尔伯格设计

图10.147　一个城市公园的饮水泉

图10.146　一个公园的饮水泉，由扬·杰勒德·麦克尼尔设计

图10.148　一个历史上著名的公园饮水泉

图10.149　一个车站的饮水泉，由阿卡恰设计师小组设计

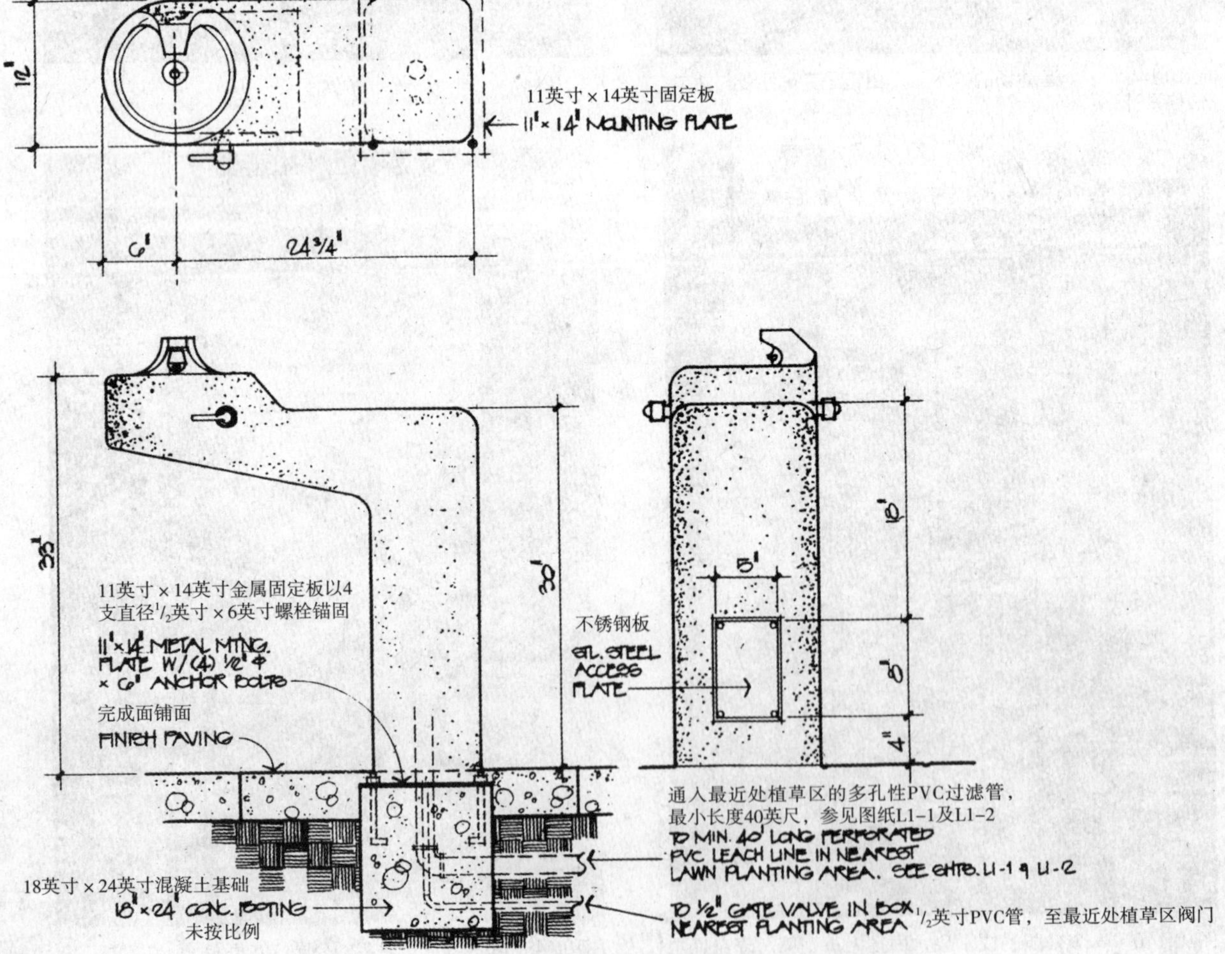

12"

11英寸×14英寸固定板

11"×14" MOUNTING PLATE

6"　24 3/4"

35"

30"

11英寸×14英寸金属固定板以4支直径1/2英寸×6英寸螺栓锚固

11"×14" METAL MTNG. PLATE W/(4) 1/2" Φ × 6" ANCHOR BOLTS

完成面铺面

FINISH PAVING

18英寸×24英寸混凝土基础

18"×24" CONC. FOOTING

未按比例

16"

5"

8"

4"

不锈钢板

STL. STEEL ACCESS PLATE

通入最近处植草区的多孔性PVC过滤管，最小长度40英尺，参见图纸L1-1及L1-2

TO MIN. 40' LONG PERFORATED PVC LEACH LINE IN NEAREST LAWN PLANTING AREA. SEE SHTS. L1-1 & L1-2

TO 1/2" GATE VALVE IN BOX NEAREST PLANTING AREA 1/2英寸PVC管，至最近处植草区阀门

图10.150　饮水泉细部详图，由卡瓦萨基·泰拉克尔·于诺+设计联盟设计

图10.151　一个旅游区的旗杆、路灯及座椅，由莫里斯・兰格尔（Maurice Wrangell）设计

图10.153　一个位于市民广场的旗杆

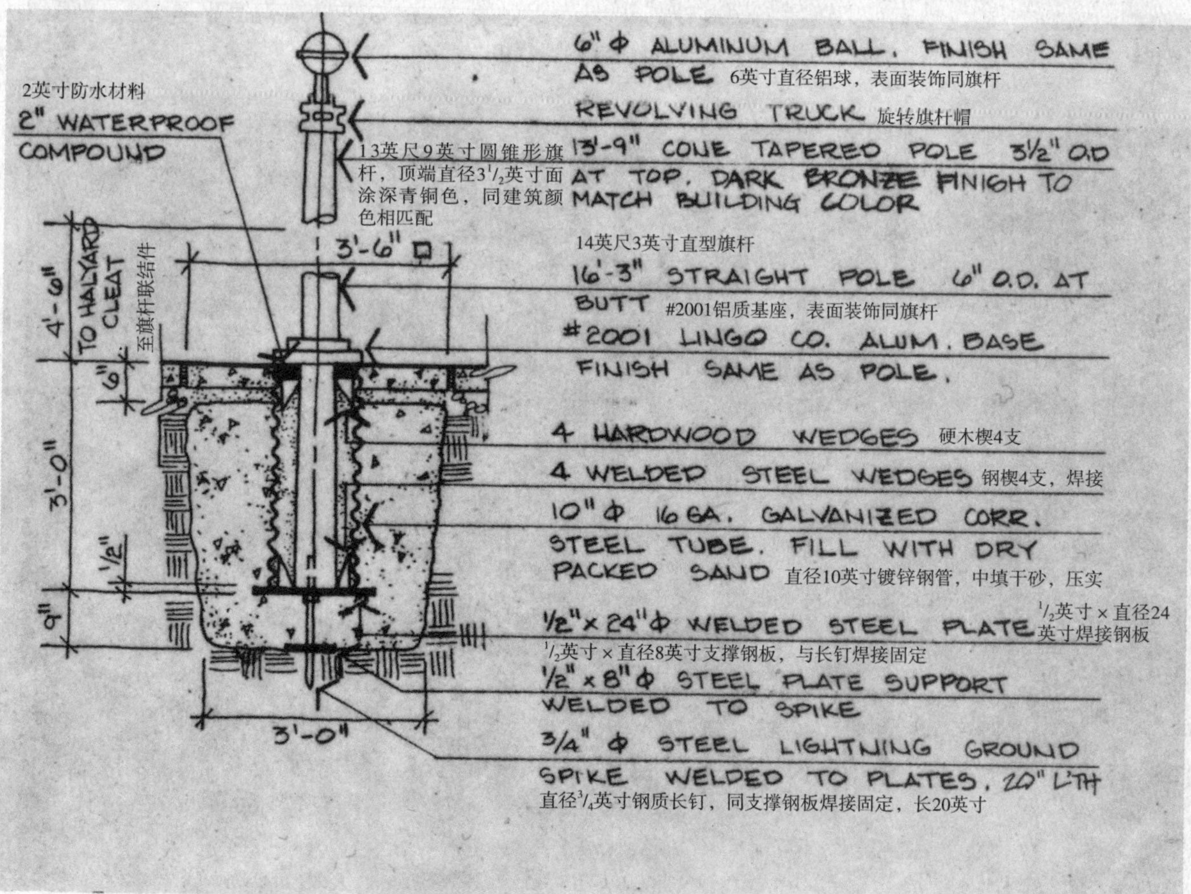

图10.152　旗杆细部详图，由邦内尔及其联合事务所设计

图10.154　一个城市公园的旗杆，形成临湖景观的焦点，由赫伯特·哈尔巴克设计

图10.155　一个大学校园中独特的日晷，基座及周围环境由H·杰伊·哈里斯（H. Jay Harris）设计

图10.156　一个商业中心的公用电话亭

图10.158　一个城市公园中的木雕，由M・保罗・弗里德伯格及其合作者设计

图10.157　沙漠炎热地区木质邮箱遮阳棚

图10.159　一个商业中心区的雕塑

图10.161　港口边缘，白色预制混凝土雕塑模拟帆船的造型，坐落在砖质基础上

图10.160　城市广场中，混凝土阶梯构成了这一组雕塑的平台

第十一章 水池与喷泉

水具有相当的艺术感染力。特别是流动的水，它无论在视觉还是听觉上的表现力都是十分强烈的。在一些具有特色的设计理念中，常常将水景作为景观的核心来处理。

将水景引入场地设计中并不是一个简单的问题。水的运用包含很多复杂的因素，设计师在设计之前一定要对这些因素进行一定的了解。建造水景所要耗费的并不仅仅是前期的预算成本，后期的维护费用同样也是不容忽略的。对池塘以及喷泉的日常维护包括清理污泥和树叶，这笔维护费用是与日俱增的。除此之外，池塘当中或结构、设备上藻类植物的生长，以及由铁和其他化学元素引起的褪色，也是需要考虑的问题。水是一种宝贵的资源，在绝大多数情况下都需要循环再利用，因此蒸发也会带来一定程度的经济损失。

干旱地区的水资源尤其珍贵，利用喷泉将水喷射到空气中这种做法是绝对不允许的。因此，在这些地区只能选择梯流一些蒸发作用比较微弱的水景形式。

严寒地区会出现冰冻现象，因此这些地区的池塘与喷泉在冬季一般都要将水排空。但是这样，池塘中的设施设备等都直接暴露在人们的眼前，这无疑也会带来视觉以及美观方面的问题。

在这一章节中，对游泳池的介绍是比较少的。由于国家有关健康条例的限制，游泳池设计是一种最复杂的水体设计，必须拥有强大的工程技术支持才能完成。除了一些小规模的自足式水体，绝大多数喷泉设施的建设都需要技术支持，在后面我们会进行详细的介绍。

对于水体运用的研究会涉及以下五个不同领域的概念：1. 艺术性；2. 功能性；3. 结构性；4. 机械设备；5. 电力。

艺术性

在自然界，水一般呈现静止和流动两种状态。静止的水存在于湖泊当中，而流动的水可能是跌落的瀑布、可能是喷射的泉水、可能是冲刷着岩石的山间湍流，也可能是缓缓流淌过河床的蜿蜒小溪。

在设计中，一些相同的效果可以彼此起到强化作用。静止的池水突出了池塘的宁静，池塘可以以天然的陶土建造成长方形。流动的水可以是跌落的梯流、小型喷泉、简单的水柱，或利用脉冲、吹风、起泡等方式以及几种方式混合作用的结果。

通过时间控制程序，在一定时间内（从几分钟到几个小时），可以使水景呈现出不同的艺术效果，若再配合灯光的辅助，就会营造出动人的夜景。

功能性

除了实现视觉以及听觉上的艺术效果，池塘、喷泉也许还要有其他功能。喷泉除了像上文描述那样展现其艺术性，它还可能是一个雕塑式的焦点。无论是自然界的水体，还是人工雕琢的水景，都能够营造出秀美的景观。自然湖泊还是鱼类及野生动物生存的家园，除此之外，暴风雨过后湖泊还能够缓和洪水的冲击，避免下流地区受到水灾的伤害。一些蓄水池还能够对环境起到降温调节的作用。

利用流水的声音还可以掩盖一些周围可能对人们造成干扰的噪声。

水也是人们休闲娱乐活动的工具。例如为孩子们以及成人提供的涉水池及戏水场（区别于游泳池）、划船、游艇等。

结构性

在很多不同的场地条件下都可以修建天然池塘，其中一种建造方法就是直接挖凿至地下水面形成池塘。这是一种最简单的建造方法，而且很容易保养，因为除了池塘边缘需要进行防腐处理外，几乎没有其他要求。为了防止池塘中的水变成死水，一般希望池塘中百分之五十面积的池水深度超过 6 英尺。假如天然地下水本身就有一定的流动性，那么就会缓解形成死水的问题。但是如果池塘普遍很浅，则一般利用漂浮喷射器来强制水体循环流动。在池塘周围种植草皮或使用石筑基础可以起到防腐的效果。

如果池塘修建在排水水道上，其水源来源于地表排水，那么还需要考虑其他一些问题。根据土壤的特性，需要对池塘的基底进行一定的处理，以免发生渗漏。在黏土地区，需要添加一些化学药剂将土壤颗粒黏结在一起，避免水资源的流失。另外还有一些其他解决方法，例如使用混凝土、沥青或塑料隔板，对池塘底部起到密封的作用。

水池、喷泉与池塘有所不同，它们或低于坡度线，或与坡度线齐平，或高于坡度线，有时还会出现综合上述三种形态的情况。修建水池和喷泉，现浇强化混凝土是最常使用的材料。混凝土是一种很常见的建筑材料，而且非常容易塑造成设计需要的造型。其他不常用到的材料包括金属、石材以及塑料。有一些材料可以与混凝土配合使用，例如砖、石、预制混凝土、水磨石以及瓷砖等。

当水池空置的情况下，直接暴露出水池内壁的素混凝土不免有碍美观，装饰一些其他材料，例如瓷砖，不仅可以增添色彩，还能够使表面变得光滑而易于清理。但是这种做法的造价是比较高的，另外一种相对便宜的做法是进行表面涂装。由于混凝土是一种多孔性材料，因此最好配合使用某种密封材料，以防发生渗漏。环氧树脂聚合物除了可以起到密封效果外，还能呈现出不同的色彩。使用黑色可以增加池水的深度感，同时加强反射效果，但是黑色比较容易污染，逐渐变得越来越灰。另外，蓝色是比较常用的颜色，这种颜色可以使水体更具魅力，但是在一些未经过设计的项目中，往往使用颜色过于明亮，给人矫揉造作的感觉。由于每个人的审美观不同，所以并不存在绝对的美。我们可以在水池的底部放置光滑的鹅卵石来模拟自然的情景。在放置的时候最好将鹅卵石固定在特定的位置上，而不要随意松散摆放。在表面使用环氧树脂密封剂有助于简化日常清理问题。

如果不需要人参与的情况下，必须对水进行氯化或电离与滤清。减少氯化或电离将有助于藻类生长；滤清将保持水的洁净并且减少维护问题。然而这两个项目都上，势必增加一次投资及事后的维护费用。

其他比较复杂的情况包括水在池体边缘上的流动。水一般倾向于沿着池体边缘流动，当遇到相临比较低的墙体时就顺势淌落下来，除非设置了防止水流跌落的挡水沿。在绝大多数案例中，现浇混凝土中都需要添加强化剂。强化剂的用量取决于建造物的尺度及复杂程度。大型工程中还需要设置伸缩缝。为了避免水从接缝处渗漏，可以使用乙烯基防水剂，并在接缝表面配合使用氨基甲醇乙酯密封剂。

池水深度的设定主要涉及安全性以及设备安装的需要。一些水池规定水深至少达到 18 英寸左右，这样才能确保水底灯具上方保留 2 英寸的水面。但是，如果设计需要池水只有 6 英寸深，那么一般在池底局部挖深放置设备，并在 6 英寸处加设金属箅子。深度超过 18 英寸的水池应该定义为游泳池，并接受有关安全部门的管理。这类水池周围需要加设 5 英尺的围篱，避免人们随意进入。这种围篱将住宅与水池分隔开来，并配有自动锁装置，这样，幼儿在没有成人陪伴的情况下就无法到达水池，从而有效避免了溺水事件的发生。

如果装饰性池塘中计划栽种水生植物，例如睡莲，那么池水深度至少要求 24 英寸。大多数水生植物需要生长在安静的水环境中。

机械特性

除了最常见的机械系统（喷射器），还包括管道、水泵、排水、水位控制器以及防溢流装置等，共同构成整体的机械系统。在复杂的系统中还包括过滤及氯化消毒系统。

很多制造商都销售独立式喷泉设备，这种设备只需要安装在水池当中，并与水下连接器相连提供动力便可工作，使用相当便捷。使用这种设备可以简化计算液压与配置管道、水泵、控制器等复杂的程序。尽管如此，设计师在设计的过程中还是需要考虑有关入水口以及水位控制问题，以便及时补充由挥发引起的水源消耗。必须要考虑的问题包括一个简单的排水系统（包括其附带的阀门）以及控制溢流的方法。溢流装置可以是一个放置在水池侧壁的检测盒，也可以是一个蘑菇形装置，放置在池壁边缘之上或水池中央，其中后一种方法是比较常用的。蘑菇形盖帽覆盖在竖直的溢流管顶端，可以避免落叶或小石子进入管道引起堵塞。如果希望配置尽量简化，只要将溢流管的底部移至池底就可以兼作排水管使用。在这种情况下，溢流管的位置应该尽量靠近水池边缘以方便操作使用。

水位控制器也有两种形式。一种形式是在池壁开一个凹口，并在其中放置一个简单的漂浮系统。当水位下降，浮子随之下降，水就会通过凹口自动注入。另一种形式采用电子水位控制探针，当水位下降到一定程度就会启动电子阀门开放注水。这两种情况下，水源都是通过常规入水口注入水池的。

由喷嘴射入空中的水将飞溅一个可观的距离，随后回落到与水池相连的表面。为了将远离水池的飞溅减到最少，水池的边缘应该成为一个整体，并与水的高度有关。在无风的情况下，将水射入空中10英尺的喷嘴需要一个直径不小于20英尺的水池。风是一个问题，将减少任一喷射高度，或增加水池的尺寸。水的通风明显减少某些飞溅问题。

电子系统特性

为了使池水流动起来，电力设施是必不可少的。即使是最简单的配置也至少需要一台水泵，并使其与电源相连接。大多数潜水式水泵都通过电缆与池中防水接线盒相连。由接线盒的底部引出一根导线至池塘外的安全区域，连接控制面板。断路器、接地故障断续器（GFI）以及计时控制器都安装在这个控制面板上。接地故障断续器可以避免由于意外电路故障造成的电力设备损坏。另外，通过这个控制面板还可以对池塘照明进行调节及计时，如果再添加一些程序还可以对灯光/喷射器的效果进行调节。电子水位控制与风力控制都可以通过这个控制面板进行调节。

风力控制器包含一个传感器，一般都安置在比较高的位置。当风力达到一定的强度，传感器感受到气流的影响，就会发出一种电子波来关闭水泵或开放电子闸门以降低水位，防止发生飞溅。

大型水池与喷泉使用的干式水泵比一般潜水式水泵体量要大，需要放置在池底的一个密闭空间当中。在这个小空间中还要容纳水池所有的设备，包括水泵、过滤器、阀门、氯化消毒器以及电子控制面板等。工作人员可以通过其顶部设置的人孔进入这个小控制室。大多数水泵及其他设备控制室都必须设置通风系统，不断向其内部输送新鲜空气，避免产生不良的气味以及过高的温度。

在很多不同风格与设计的案例中都配置了水下照明。其中一种方式是在水池/喷泉混凝土侧壁或底部开凿凹槽，并在其中安装灯具。另一种方式是将照明装置直接安装在池底，这种情况下要求池水深度不少于18英寸，才能使水面完全覆盖灯具，此外水也会对灯具起到冷却作用。为了达到良好的效果，在灯具的上方至少要求保留2英寸的水面。后面一种照明方式中，最好将灯具安装在喷泉的正下方，这样才能发挥出最大的照明效率。照明灯具可以选用很多种颜色以呈现出丰富多变的效果，但是应该注意不要过分杂乱而破坏了整体的和谐。过多种颜色的运用以及变换会给人类似马戏团的感觉，有失庄重。

注释：

如果您希望了解更多有关水池/喷泉的详细技术资

料，请参考下面参考文献中所列举的第一项资料。本章中涉及的大部分施工详图都由C·道格拉斯·奥兰德(C. Douglas Aurand)绘制[《水池与喷泉》第二版，1991年，范诺斯特兰·来因霍尔德出版社]，并经过授权使用。

图11.1　综合办公大楼庭院的玻璃砖喷泉

辅助研究参考资料

Aurand, C.D. *Fountains and Pools: Construction Guidelines and Specifications.* 2nd edition. New York: Van Nostrand Reinhold, 1991.

Harris, C. W. and Dines, N. T. *Time-Saver Standards for Landscape Architecture.* New York: McGraw-Hill, 1988.

图11.2　综合商业/办公大楼广场上的玻璃砖喷泉

图11.3　一栋办公建筑入口处铜雕喷泉中心和瀑布

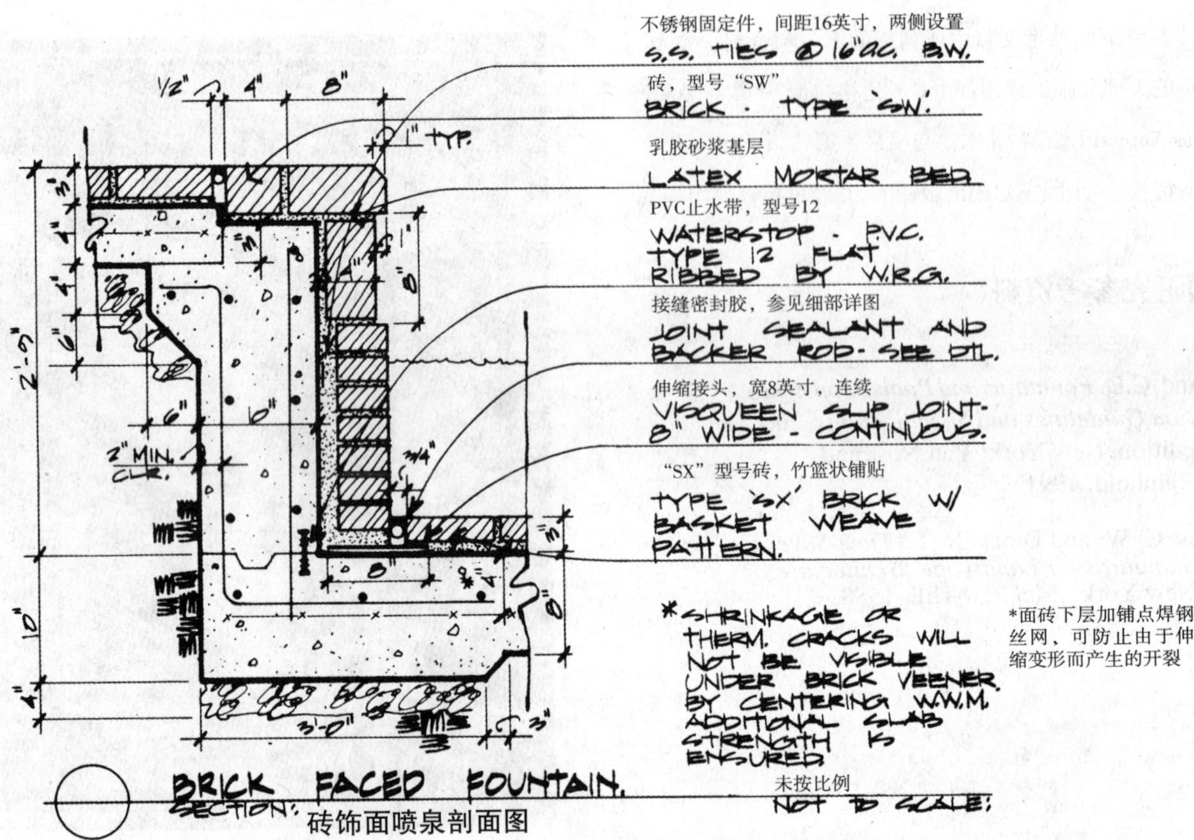

图11.4 砖饰面喷泉细部图，由C·道格拉斯·奥兰德（C. Douglas Aurand）绘制

图11.5 一个城市公园中的砖饰面喷水池

图11.6　一个旅店庭院中的石材装饰面喷水池

图11.8　一栋办公塔楼入口处的砖饰面喷泉

图11.7　一栋办公楼庭院中的喷泉，由方+拉罗卡设计联盟设计

图11.9　一家酒店入口处梯流式水景

图11.10　一个办公区广场上的梯流式水景

图11.11　在一座城市水景公园中的梯流式水景，整个空间中都充斥着流水及水声

图11.12　图11.11从另一个视角观看的景观

图11.13　大学校园中圆形剧场中央的喷泉

图11.15　一栋办公建筑庭院中的喷泉，由德威斯・伯顿（DeWeese Burton）设计联盟设计

图11.14　住宅区入口处角形喷泉

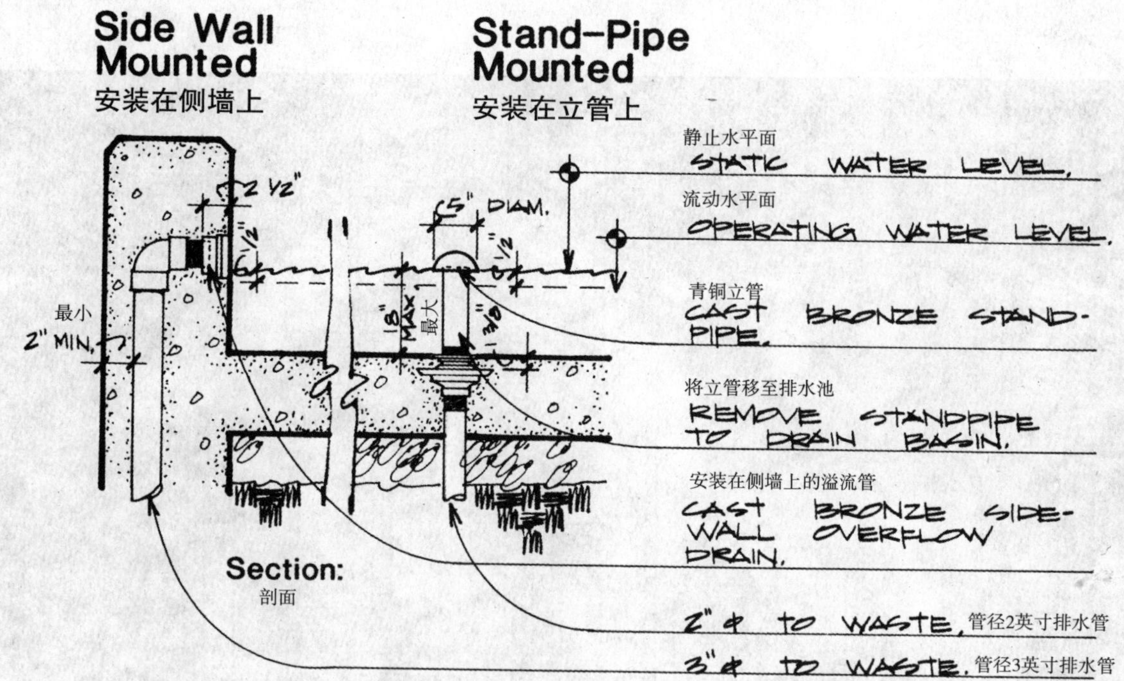

Types of Overflow Drains 防溢流排水管的种类

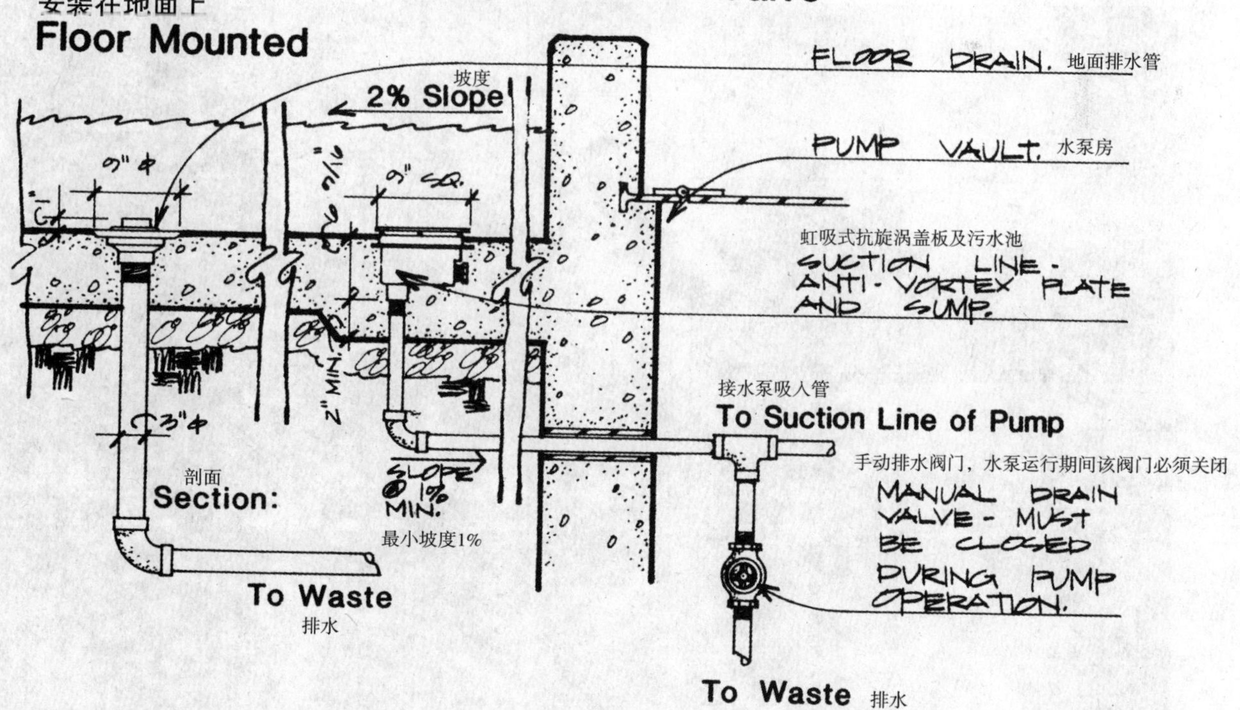

Types of Floor Drains 地面排水管的种类

图11.16　喷泉细部详图，由C·道格拉斯·奥兰德绘制

图11.17　一个城市公园中的雕塑式喷泉

图11.18　一个波光粼粼的宁静湖面上色彩鲜明的雕塑

图11.19　图11.18的局部特写

图11.20　一个城市水景公园中雕塑式喷泉

图11.21　图11.20的局部特写

图11.22　一个公园娱乐区的喷泉

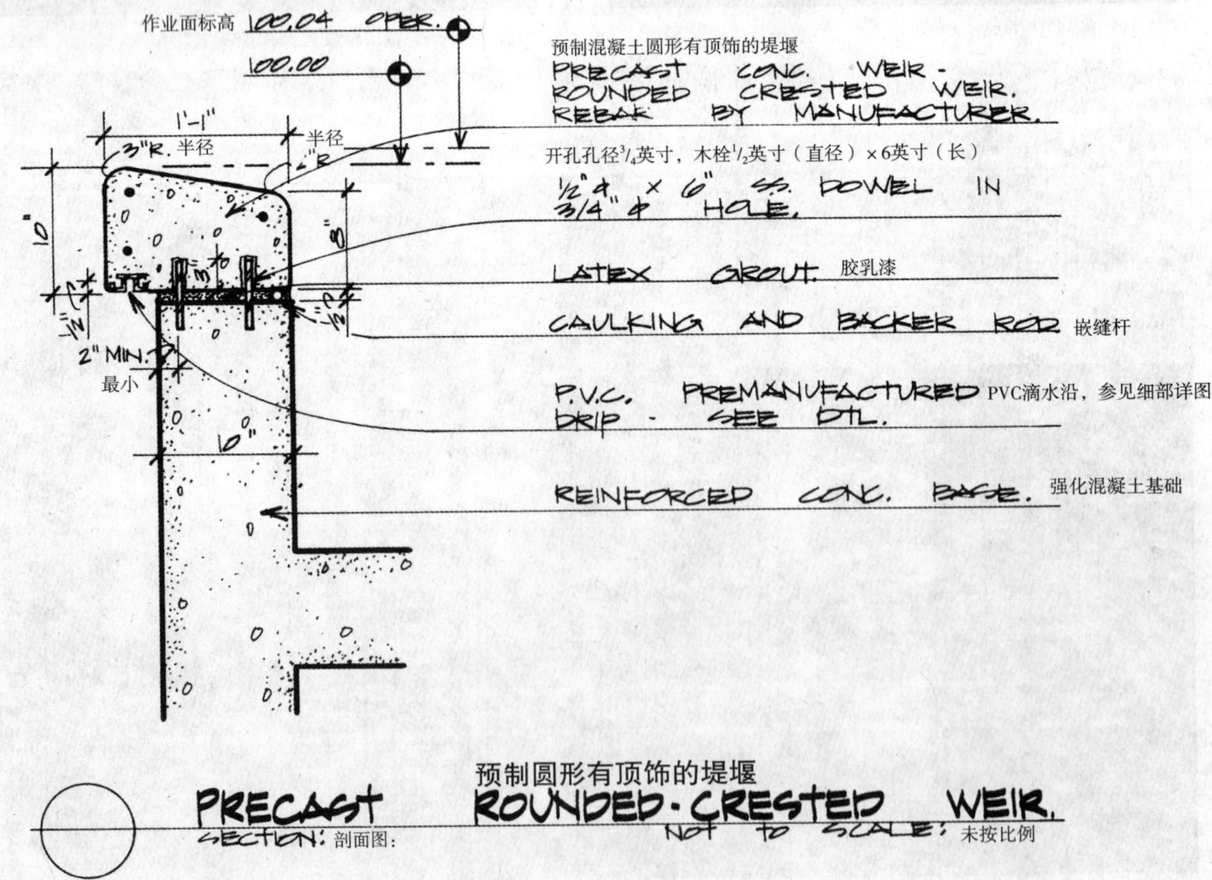

图11.23　预制堤堰细部详图，由C·道格拉斯·奥兰德绘制

图11.24　金属堤堰，瓷砖饰面喷泉

图11.25　大学校园中喷泉漫长的堤堰

图11.26　一个旅游胜地入口处的水幕墙

图11.28　一个办公区庭院的水幕墙

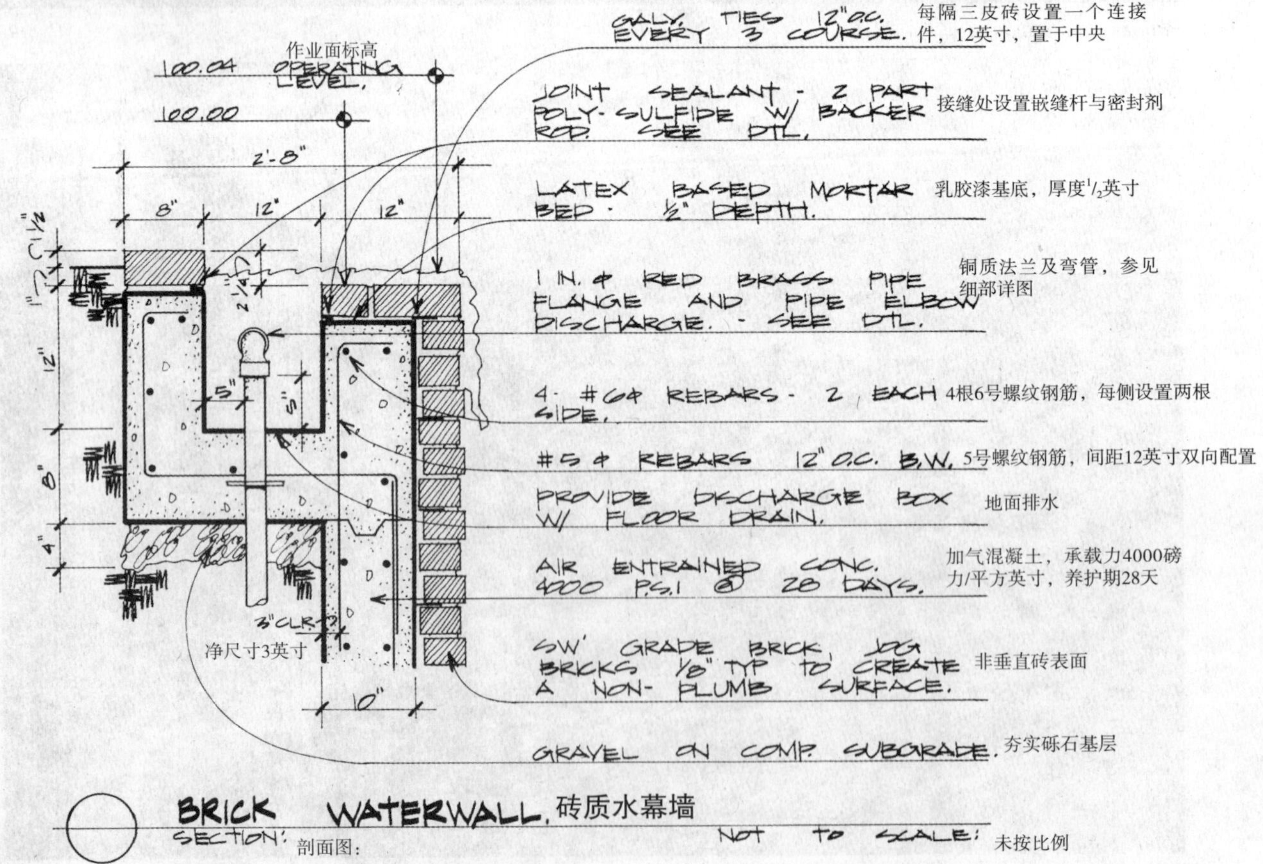

图11.27　水幕墙细部详图，由C・道格拉斯・奥兰德绘制

图11.29　一个城市水景公园中的水幕墙

图11.30　一个城市公园中的水幕墙，由劳伦斯·哈尔普林设计

图11.31　铺面材料与喷泉相得益彰，由萨萨基设计小组设计

图11.32　图11.31的局部特写，显示出蓄水池、灯具与其他设备是怎样通过格栅遮蔽起来的

图11.33　一个大学校园中的圆形喷泉，其中水是由四周流向中央的

图11.34　圆形喷泉，四周金属雕塑

图11.35　与一个住宅开发项目相邻的喷泉

图11.36　高尔夫球场俱乐部多层循环水喷泉

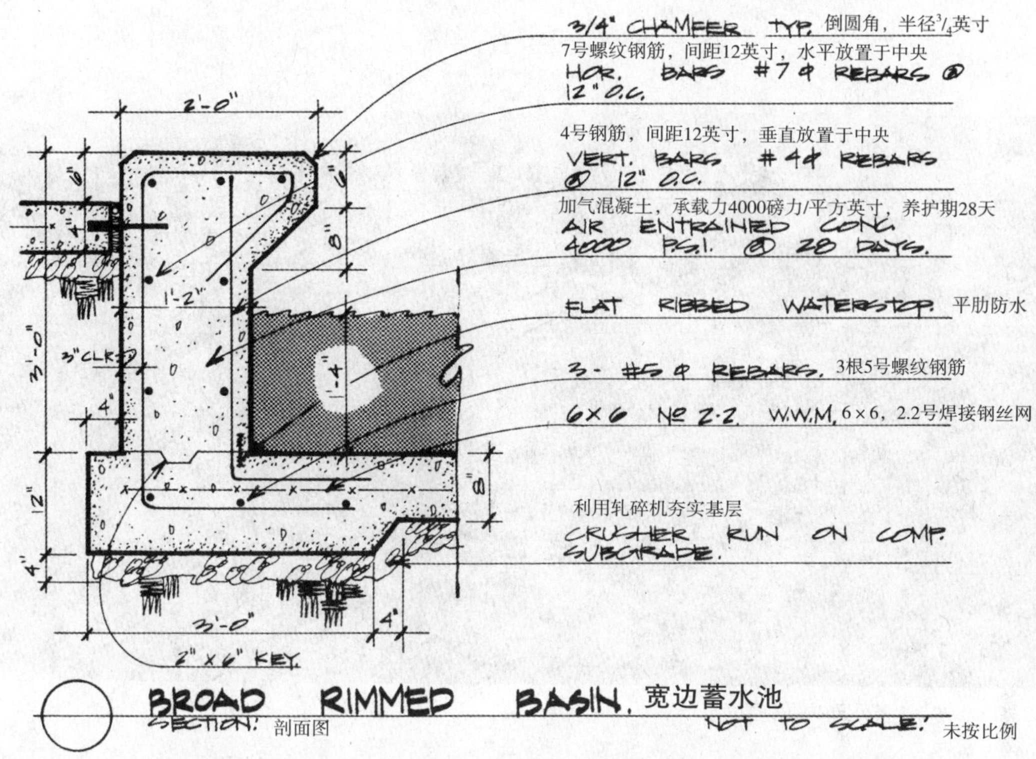

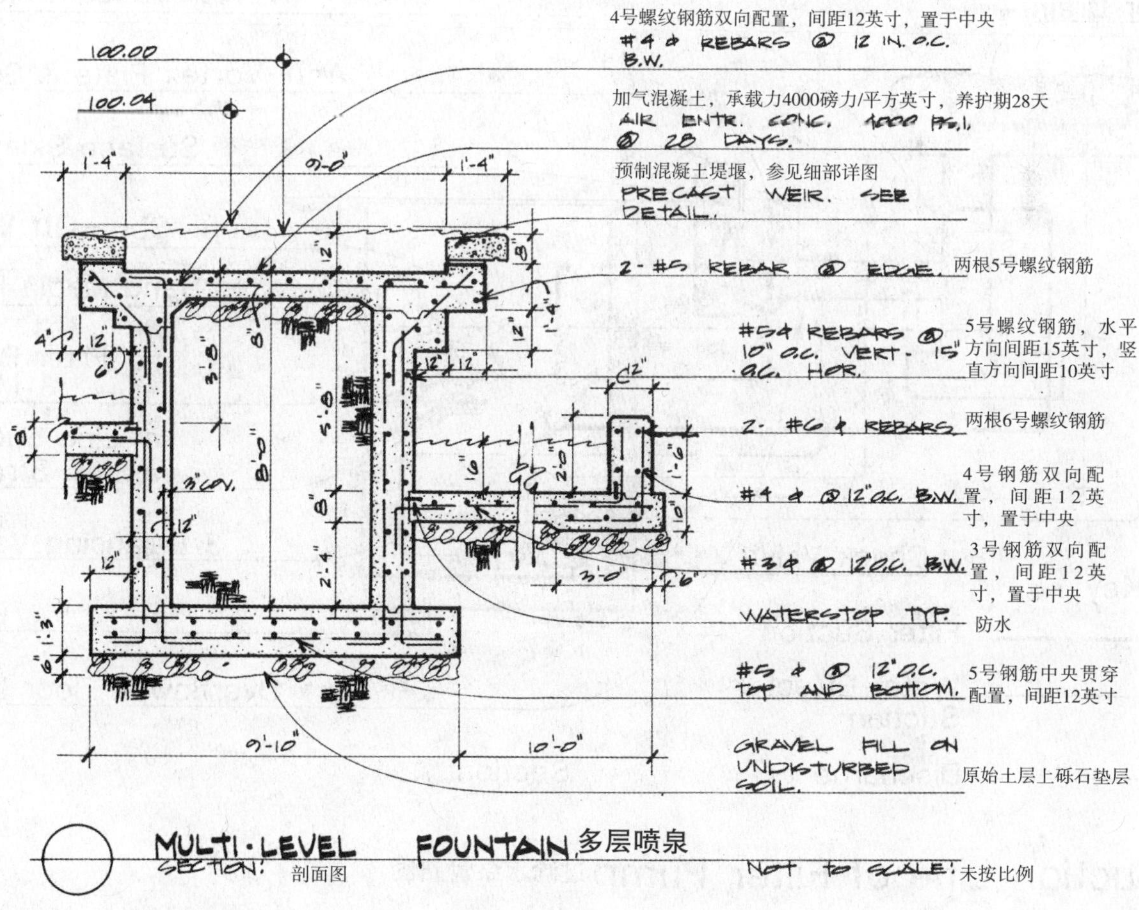

图11.37　喷泉细部详图，由C·道格拉斯·奥兰德绘制

图11.38　一个城市水景公园中的多层喷泉

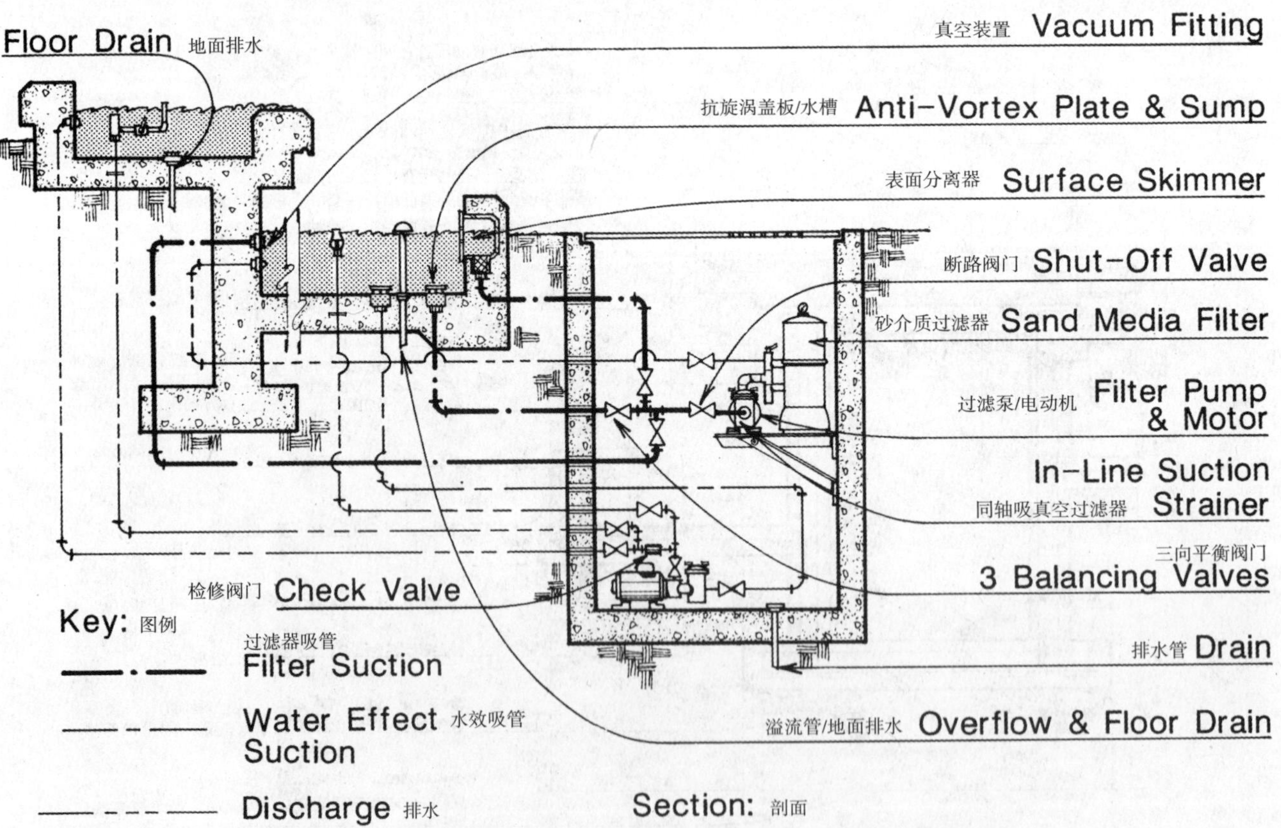

图11.39　喷泉细部详图，由C·道格拉斯·奥兰德绘制

图11.40　商业中心入口处的喷泉

图11.42　同图11.40地点商业中心高耸的喷泉

图11.41　一个旅游胜地酒店瓷砖饰面多层喷泉

图11.43　一个多层喷泉景观中的石质踏步板，由劳伦斯·哈尔普林设计

图11.45　一栋办公建筑三个喷泉中的一个，水中由小型喷射器形成的小气泡发出的声音，听起来好像山涧中的小溪流

图11.44　一个多层喷泉景观中的石质踏步板，同图11.43地点，由劳伦斯·哈尔普林设计

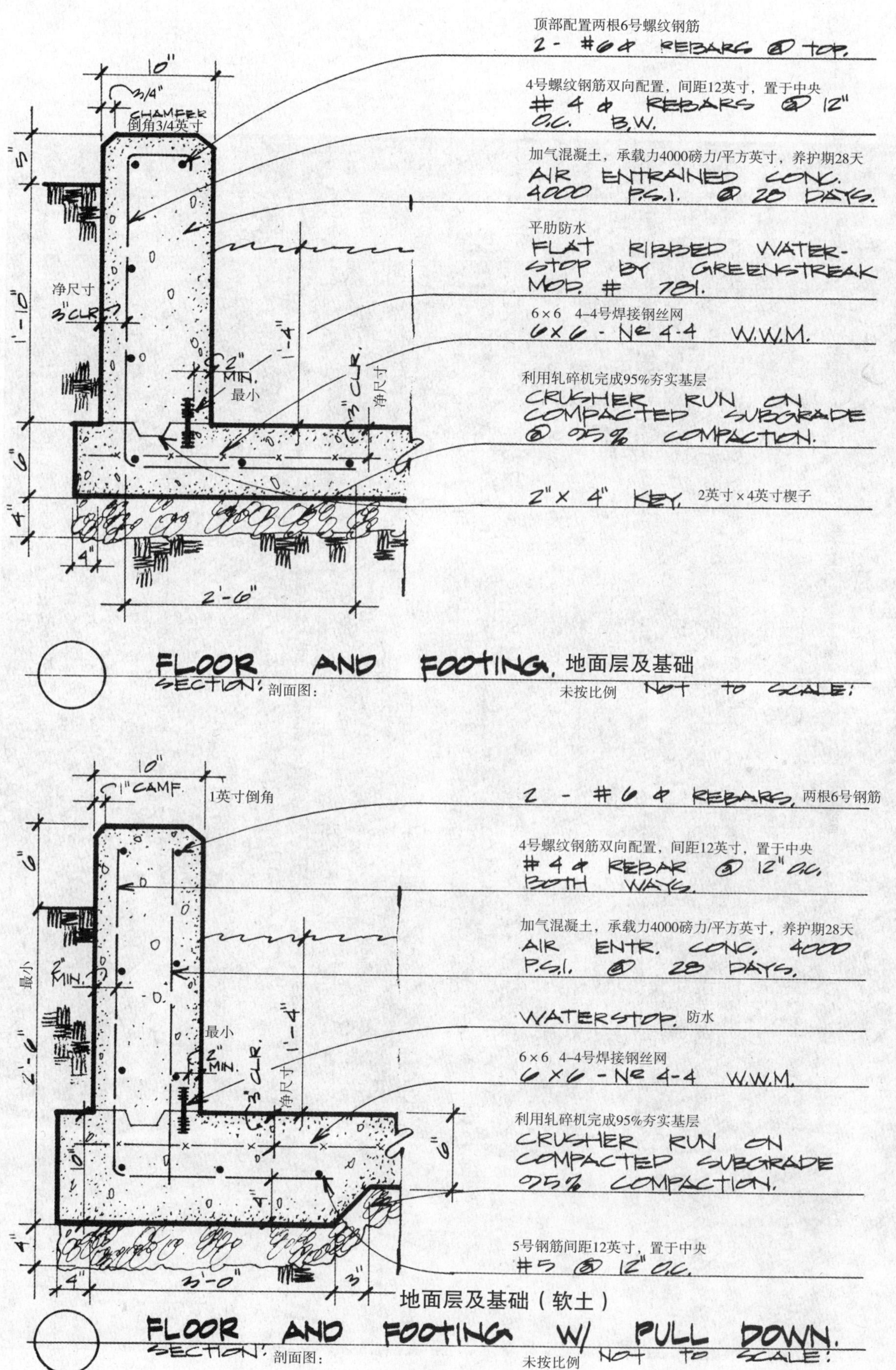

图11.46 喷泉细部详图，由C·道格拉斯·奥兰德绘制

图11.47　一栋综合办公大楼入口处的喷泉

图11.48　一所大学校园中直冲云霄的喷泉

图11.50　一座交响乐大厅前方由多个喷头组成的球形喷泉，每天清晨配以灯光形成景观的焦点

图11.49　大学校园湖面上的一组喷泉

图11.51 在一个旅游胜地的游泳池，水沿着每根玻璃钢柱子梯流下来

图11.52 这座喷泉的基座以白色瓷砖为基础，上面又装饰了彩色的黏土砖

图11.53 在一个城市公园中以玻璃钢建造的几组喷泉

图11.54 一座旅游区游泳池边缘的喷泉，其堤堰采用丙烯酸纤维制成

图11.55　一座酒店庭院中的喷泉

图11.56　一栋州立办公建筑庭院中的多层喷泉

图11.57　一座度假旅店入口处的喷泉

图11.58　市民广场中央的喷泉

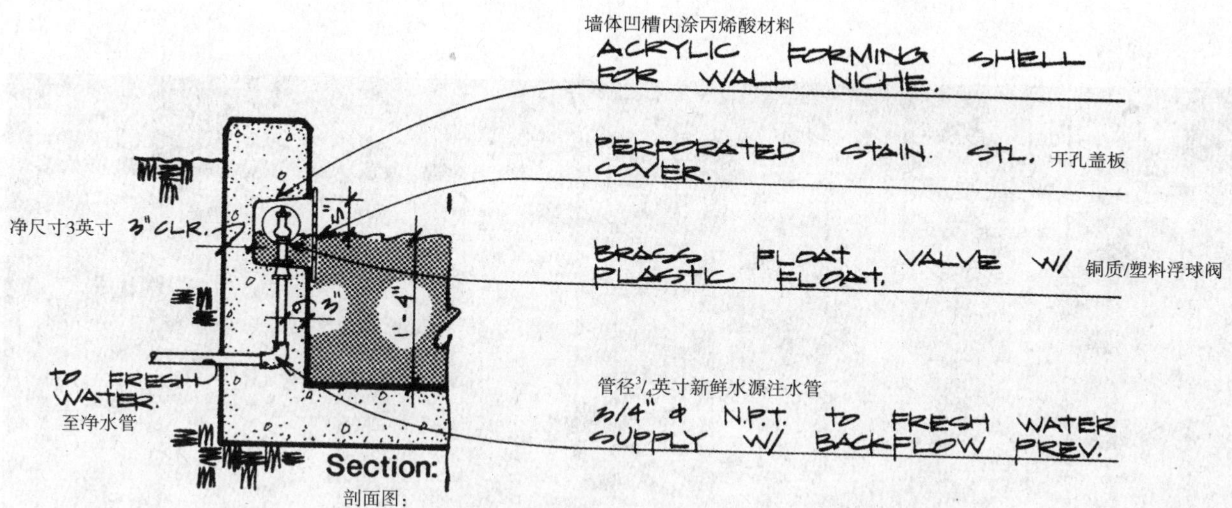

Float Valve Water Level Control 浮球阀水位控制

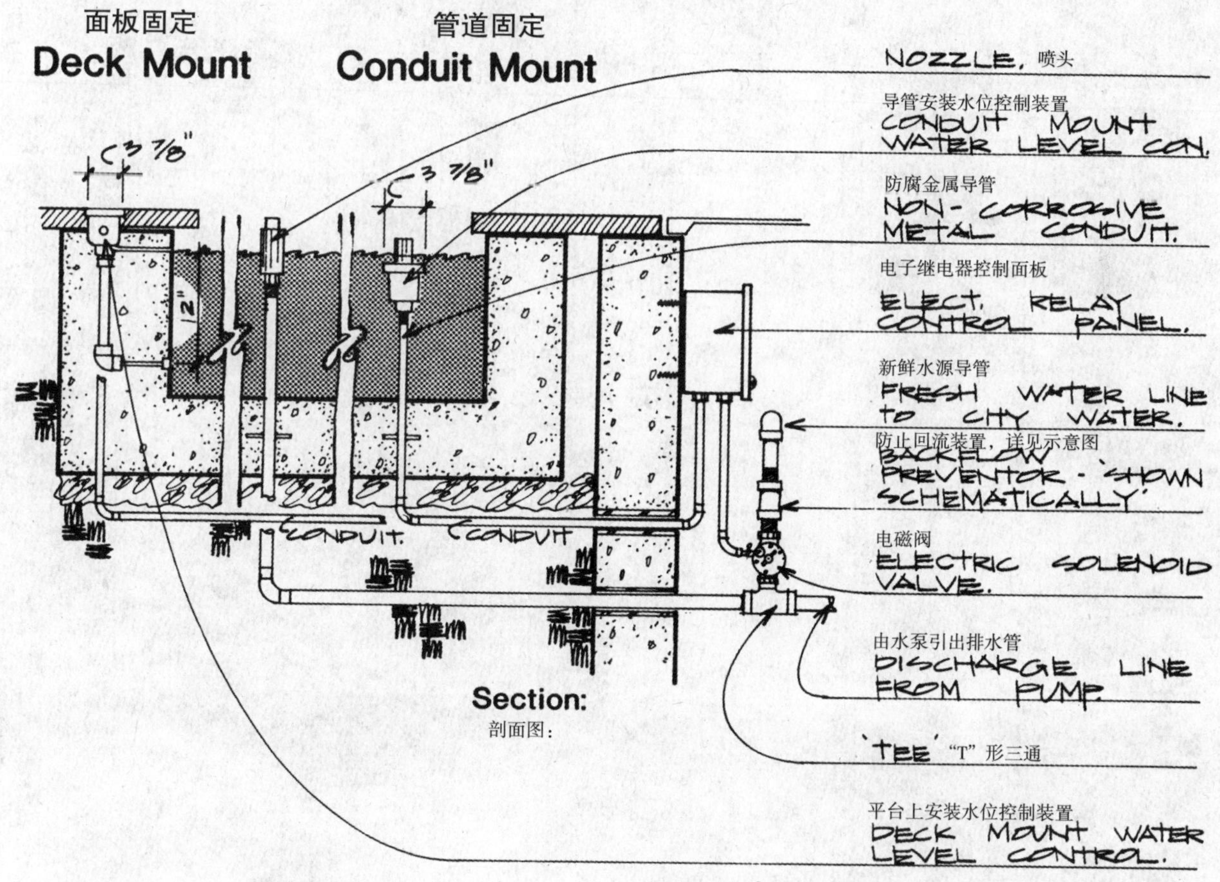

Probe Type Water Level Control 探针式水位控制

图11.59 喷泉细部详图，由C·道格拉斯·奥兰德绘制

图11.60　一栋综合办公大楼庭院中的多组喷头喷泉

图11.61 将喷头直接安装在广场地面上，而没有设置蓄水池

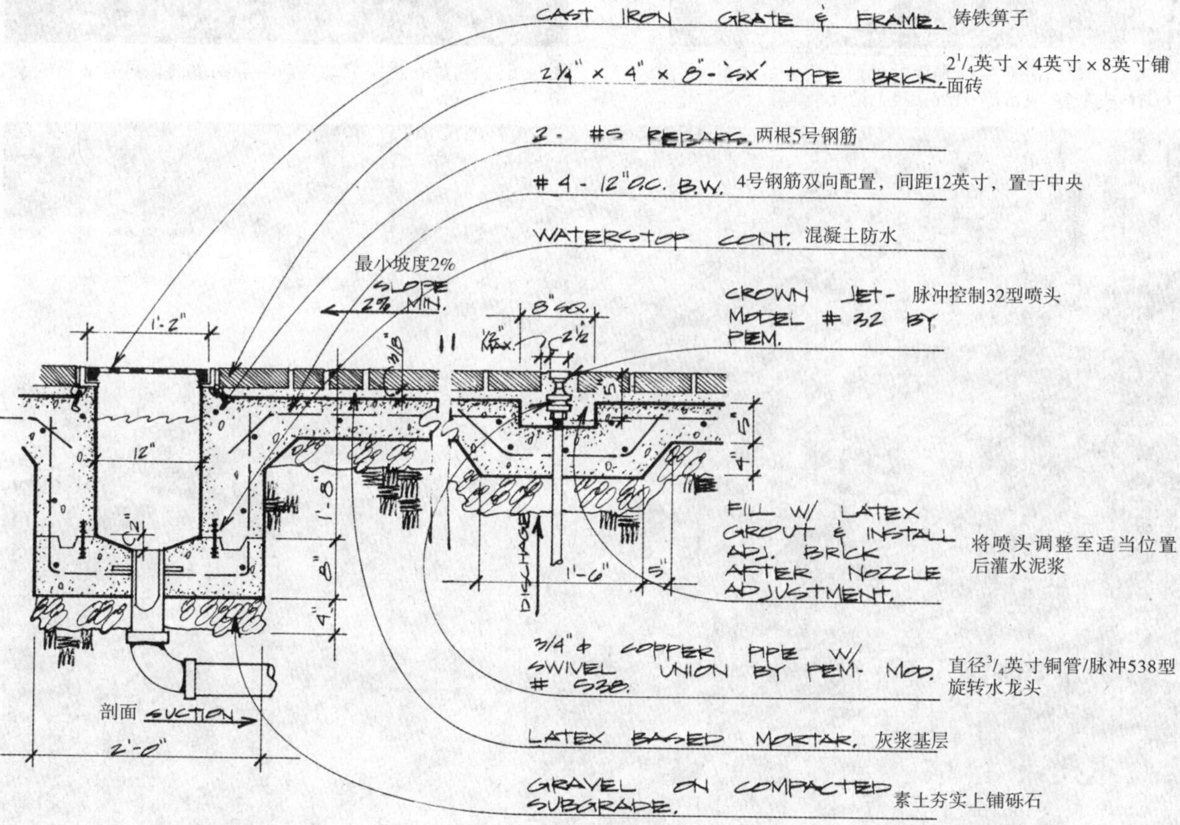

CAST IRON GRATE & FRAME. 铸铁箅子

2 1/4" × 4" × 8"-'SX' TYPE BRICK. 2 1/4英寸×4英寸×8英寸铺面砖

2-#5 REBARS. 两根5号钢筋

#4-12" O.C. B.W. 4号钢筋双向配置，间距12英寸，置于中央

WATERSTOP CONT. 混凝土防水

最小坡度2%
SLOPE 2% MIN.

CROWN JET- MODEL #32 BY PEM. 脉冲控制32型喷头

1'-2"
8" SQ.
1/2" MAX.
2 1/2"
12"
1'-8"
8"
4"
1'-6"
5"
DISCHARGE

FILL W/ LATEX GROUT & INSTALL ADJ. BRICK AFTER NOZZLE ADJUSTMENT. 将喷头调整至适当位置后灌水泥浆

3/4"φ COPPER PIPE W/ SWIVEL UNION BY PEM- MOD. # 538. 直径3/4英寸铜管/脉冲538型旋转水龙头

剖面 SUCTION

2'-0"

LATEX BASED MORTAR. 灰浆基层

GRAVEL ON COMPACTED SUBGRADE. 素土夯实上铺砾石

NOZZLE AT GRADE WITHOUT BASIN. 无蓄水池喷泉细部详图
SECTION: 剖面图 NOT TO SCALE. 未按比例

图11.62 图11.61细部详图，由C·道格拉斯·奥兰德绘制

图11.63　办公建筑庭院中，平静的湖面上竖立的雕塑，由拉里·茹科夫斯基（Larry Zukowski）设计小组设计

图11.65　清晨在水泵启动之前平静的水面，具有清晰的反射效果

图11.64　弗兰克·劳埃德·赖特设计的西塔里埃森住宅中波光粼粼的平静湖水

图11.66　办公建筑组群之中的池塘

图11.67　池塘的边缘采用喷浆处理，内衬塑性材料，修建之后注水而成

图11.68　池塘与瀑布，中央以巨石装饰，由维默尔·亚马达设计小组设计

图11.69　图11.68中的瀑布近景，由维默尔·亚马达设计小组设计

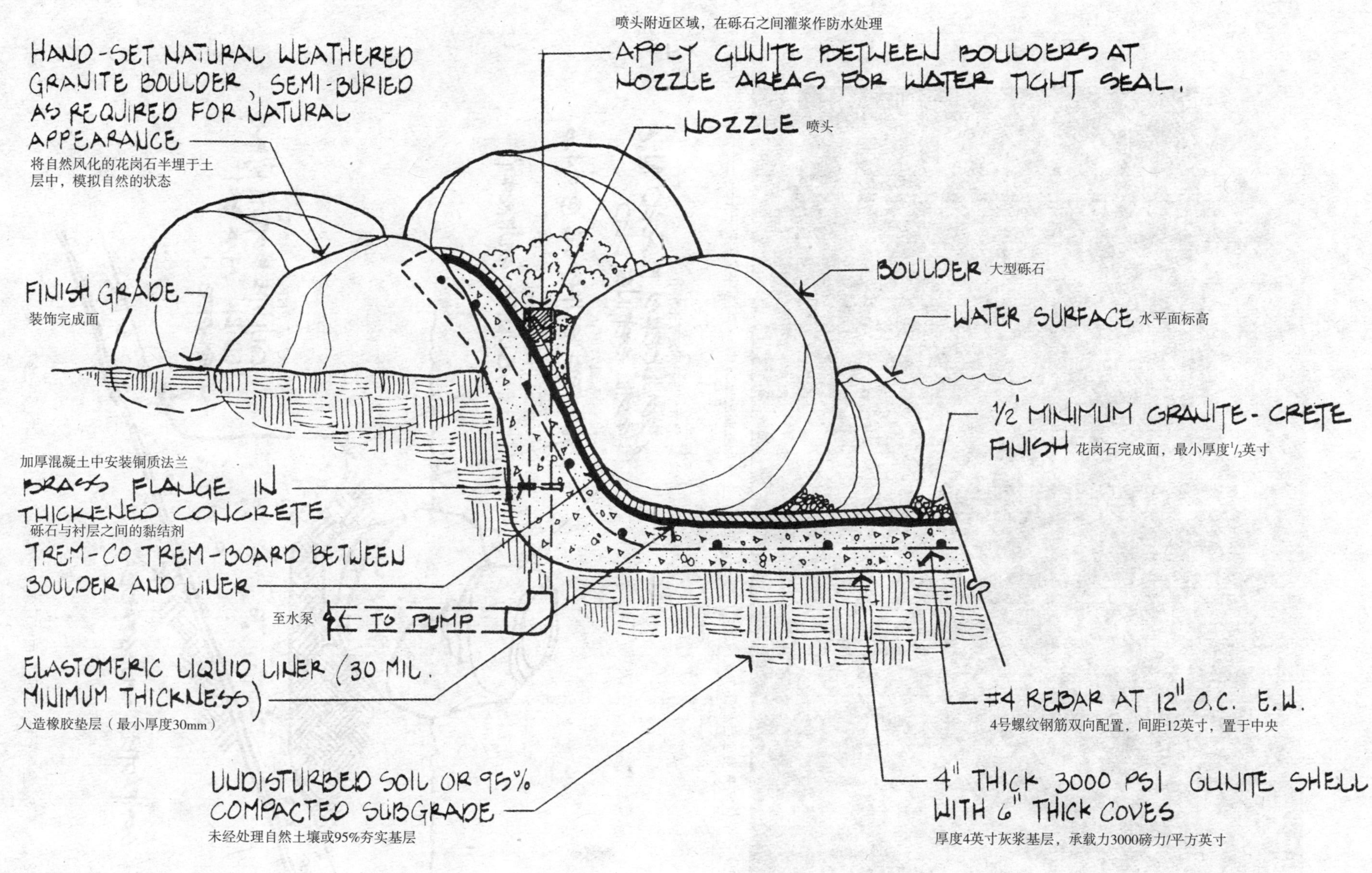

图11.70 池塘细部详图，由科埃与万路设计

图11.71　一个住宅开发项目和高尔夫球场中的瀑布，使用大型砾石及混凝土，由A・韦恩・史密斯设计

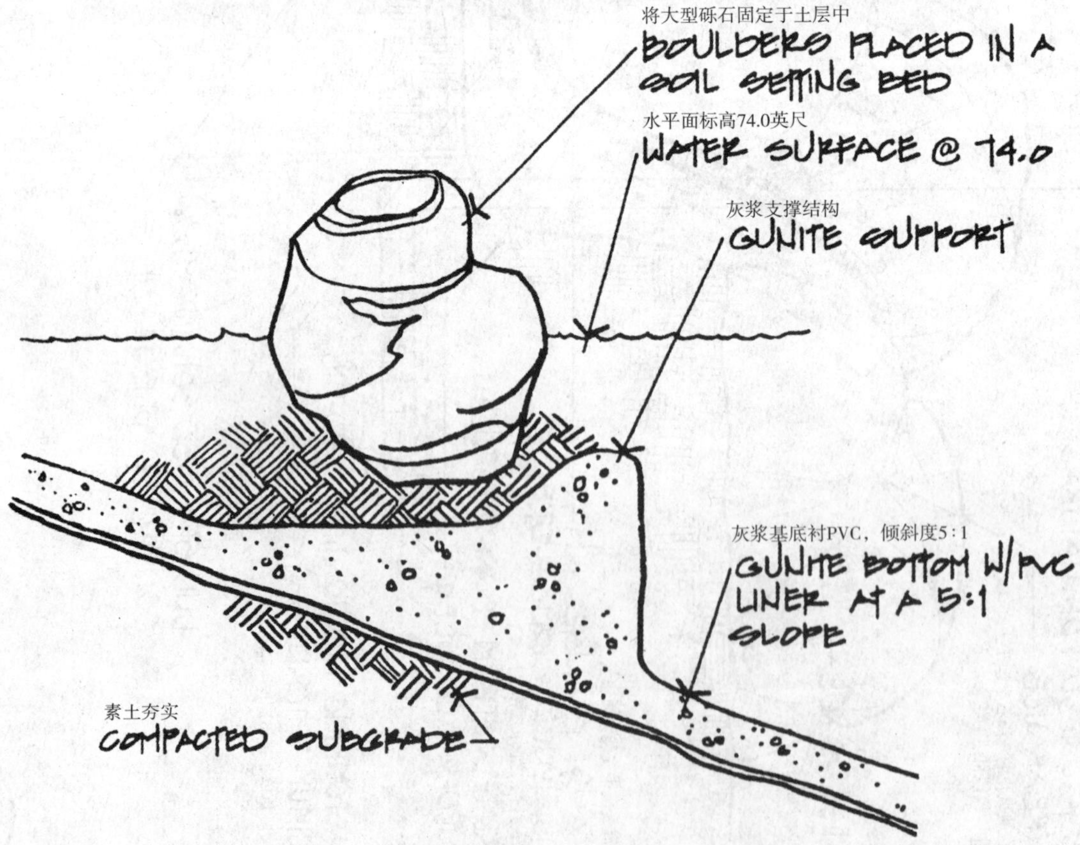

图11.72　池塘及大型砾石细部详图，由奥瓦尔・尼德尔斯・塔门与伯根多夫绘制

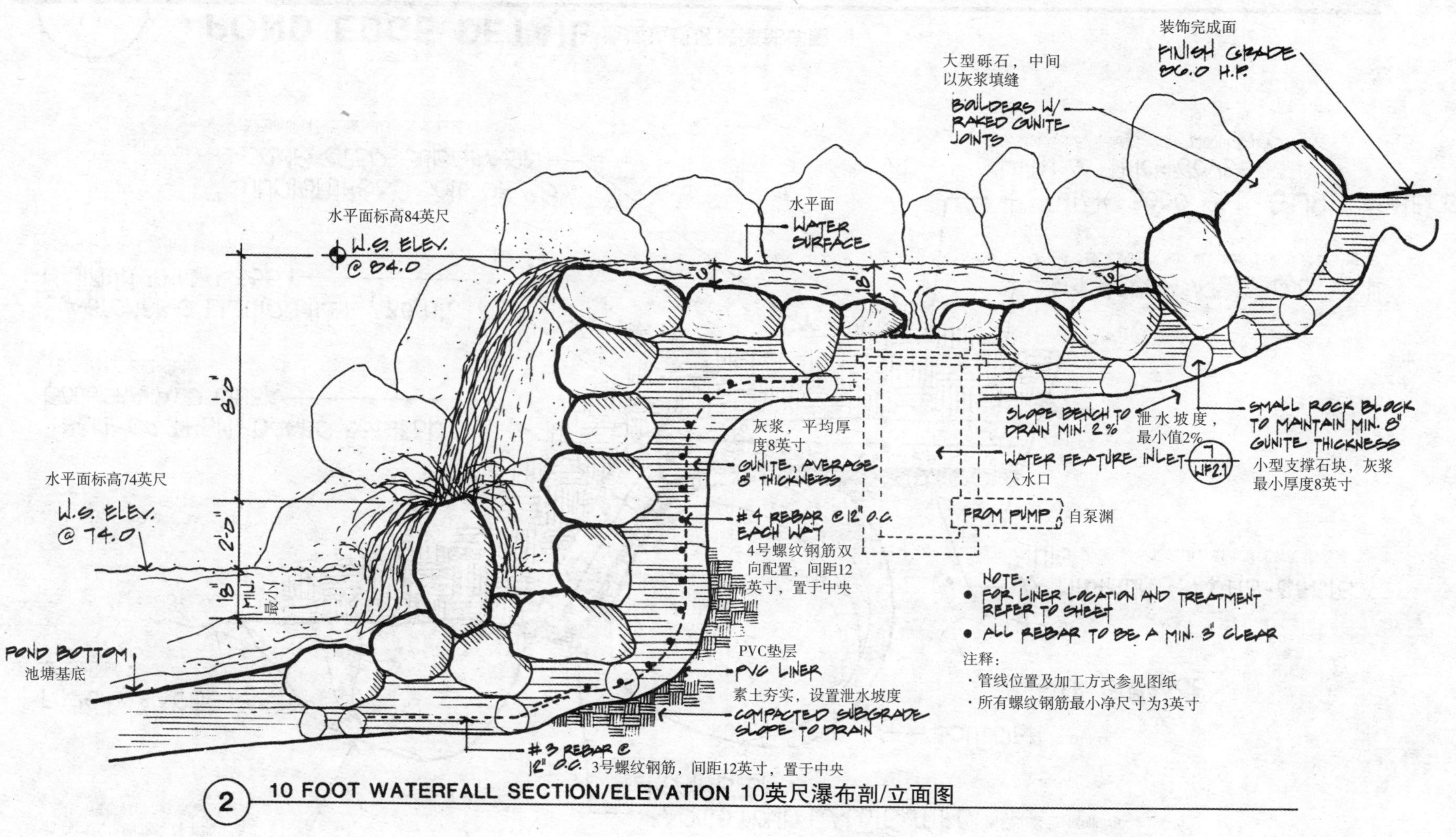

图11.73　瀑布细部详图，由奥瓦尔·尼德尔斯·塔门与伯根多夫绘制

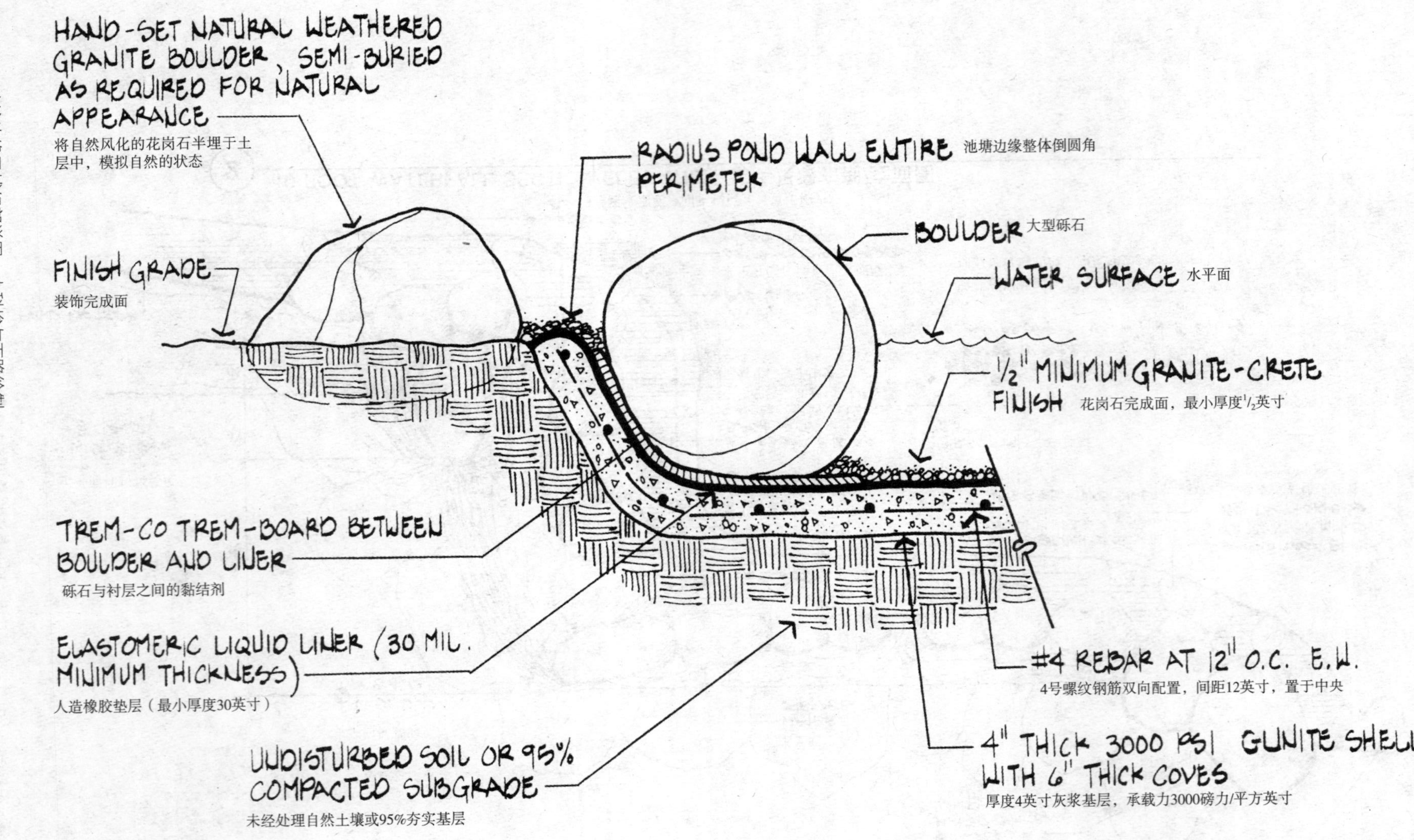

图11.74　池塘边缘区域细部详图，由科埃与万路绘制

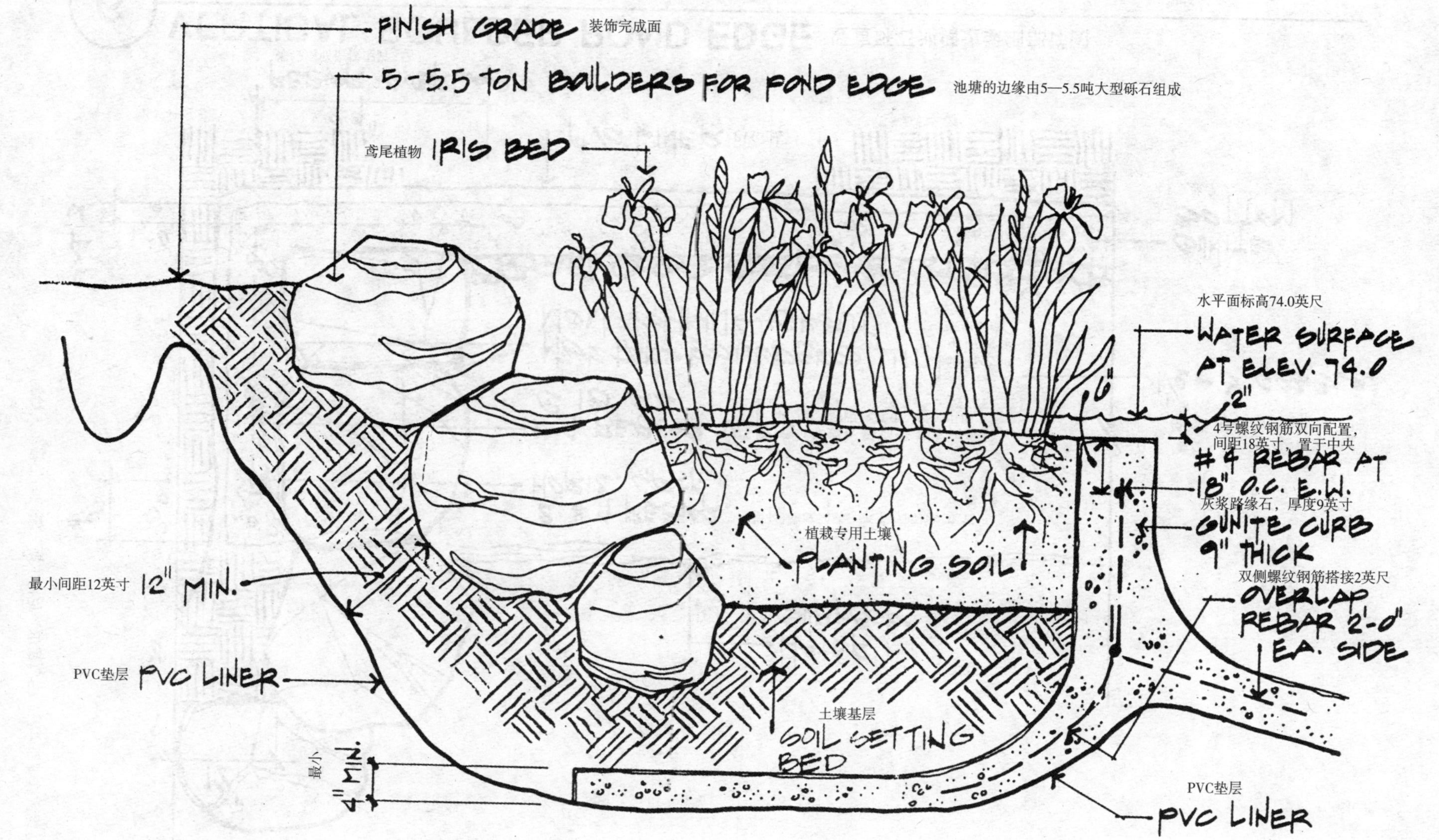

图11.75　池塘及大型砾石细部详图，由奥瓦尔・尼德尔斯・塔门与伯根多夫绘制

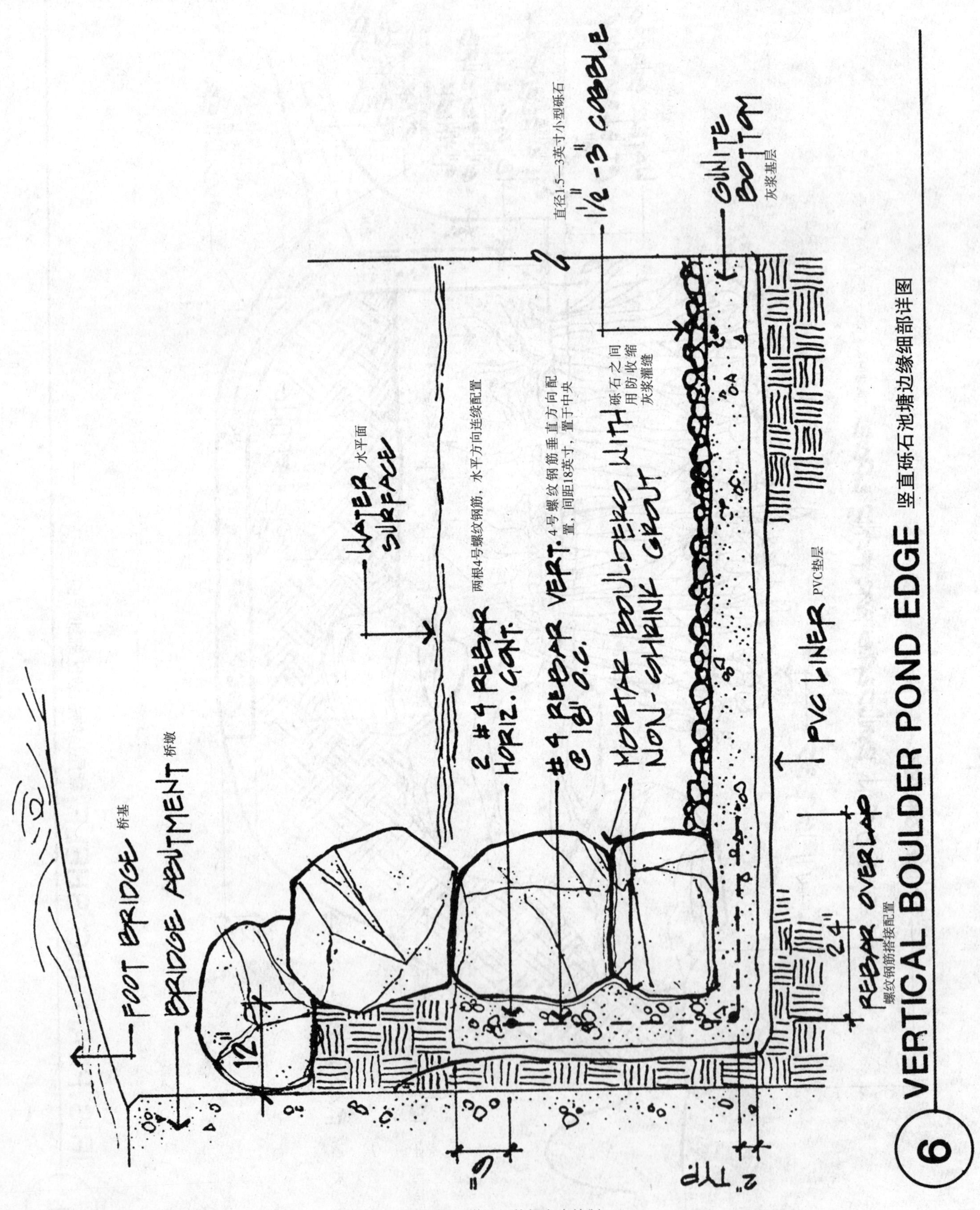

图11.76 池塘边缘区域细部详图，由奥瓦尔・尼德尔斯・塔门与伯根多夫绘制

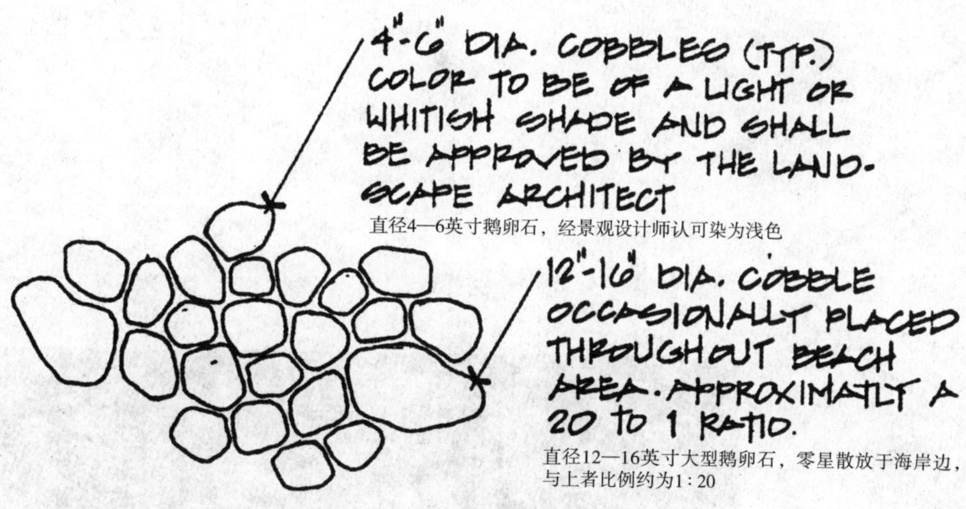

7 COBBLE BEACH LAYOUT 沙滩鹅卵石平面布局图

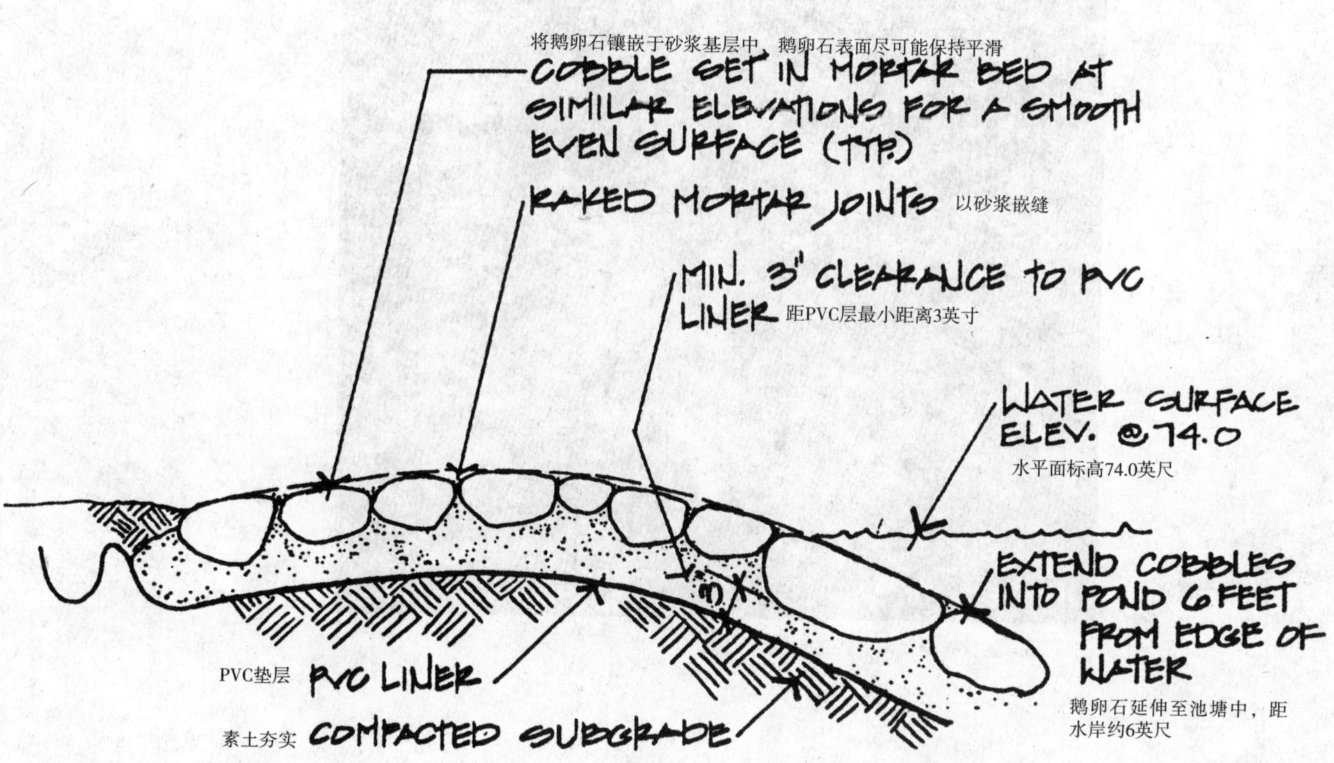

8 COBBLE BEACH DETAIL 沙滩鹅卵石细部详细图

图11.77 池塘边缘区域细部详图，由奥瓦尔·尼德尔斯·塔门与伯根多夫绘制

图11.78　生长着睡莲与鱼类的池塘

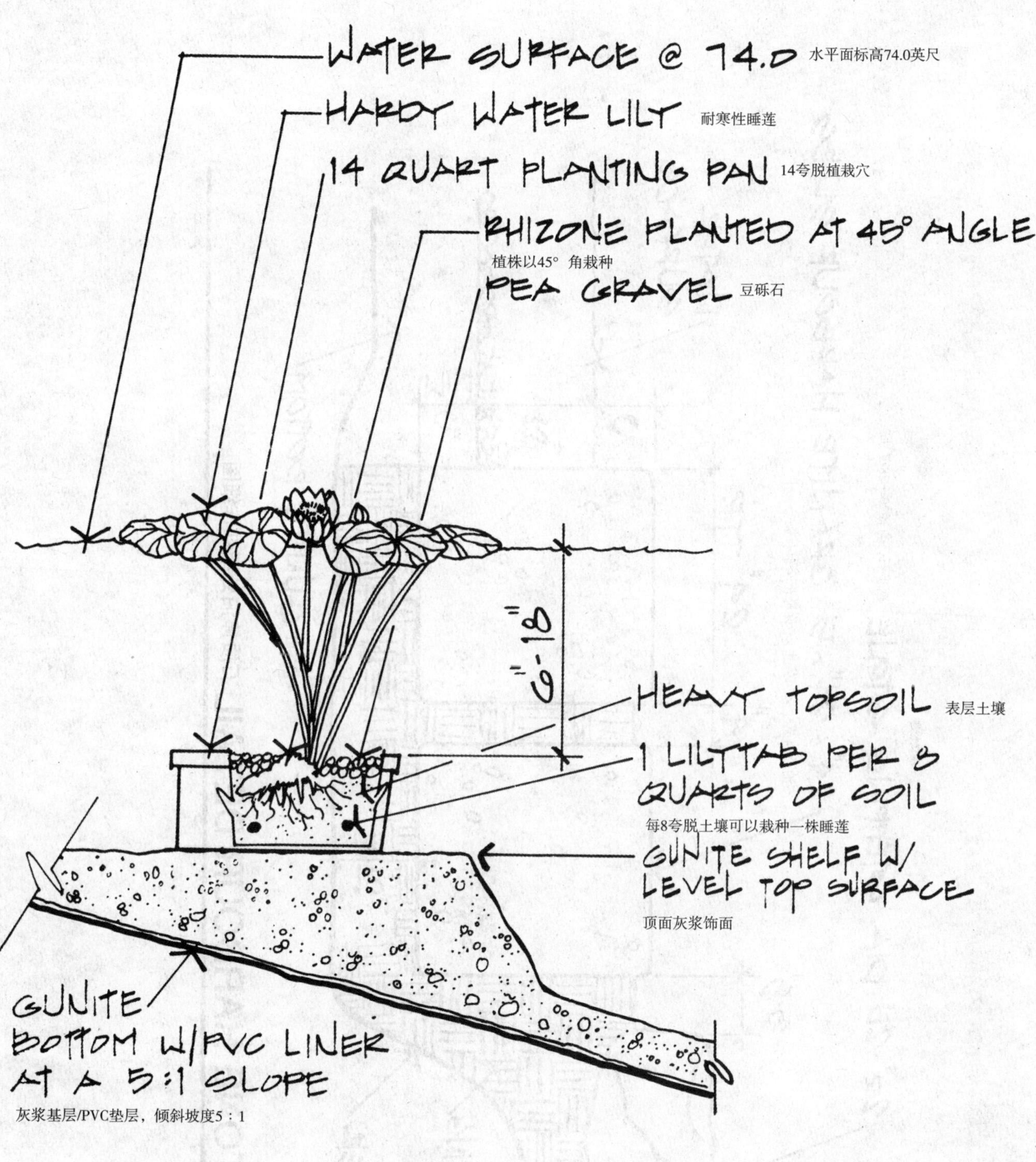

图11.79 睡莲种植细部详图

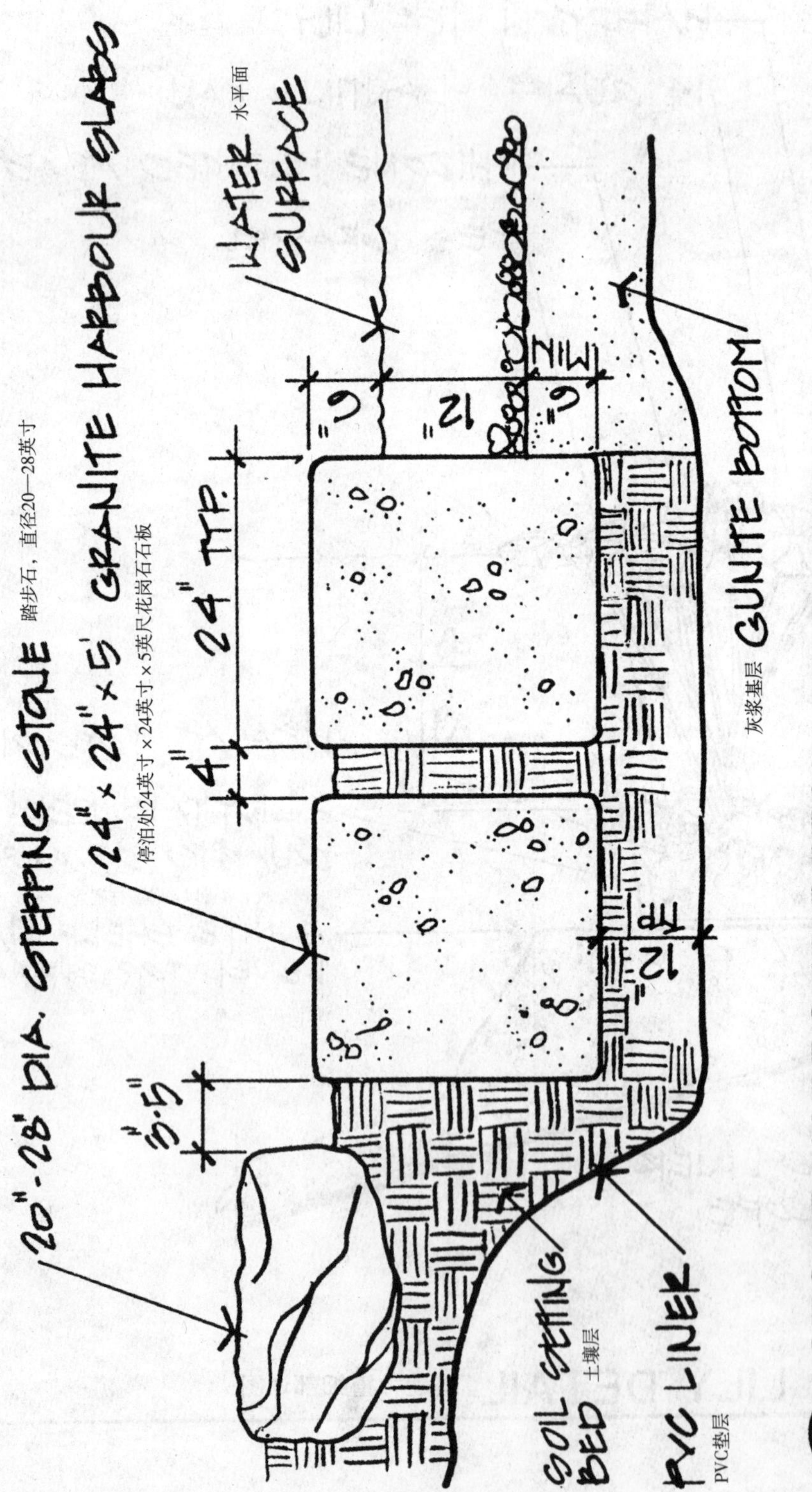

图11.80 踏步石细部详图，由奥瓦尔·尼德尔斯·塔门与伯根多夫绘制

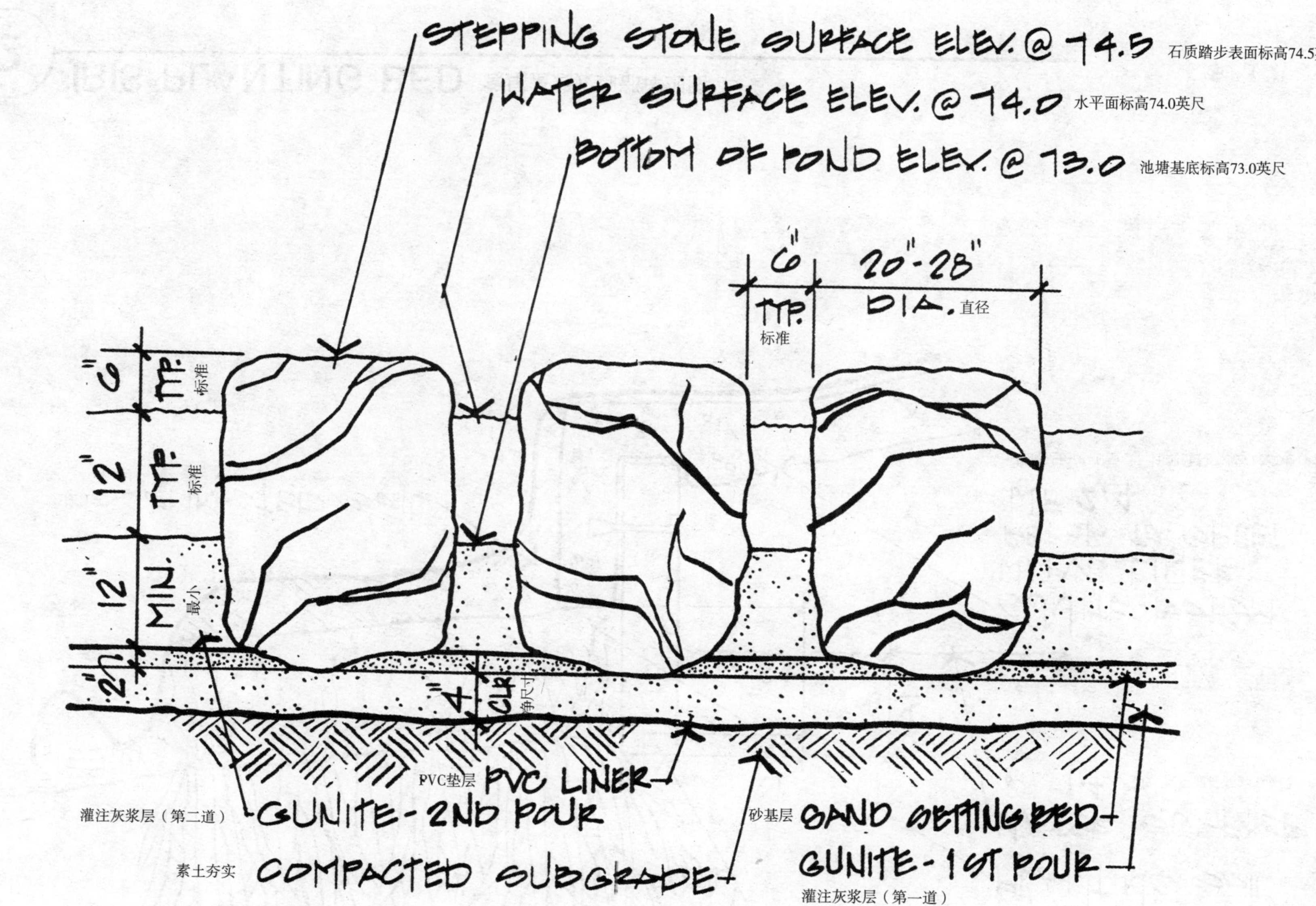

图11.81 踏步石细部详图，由奥瓦尔·尼德尔斯·塔门与伯根多夫绘制

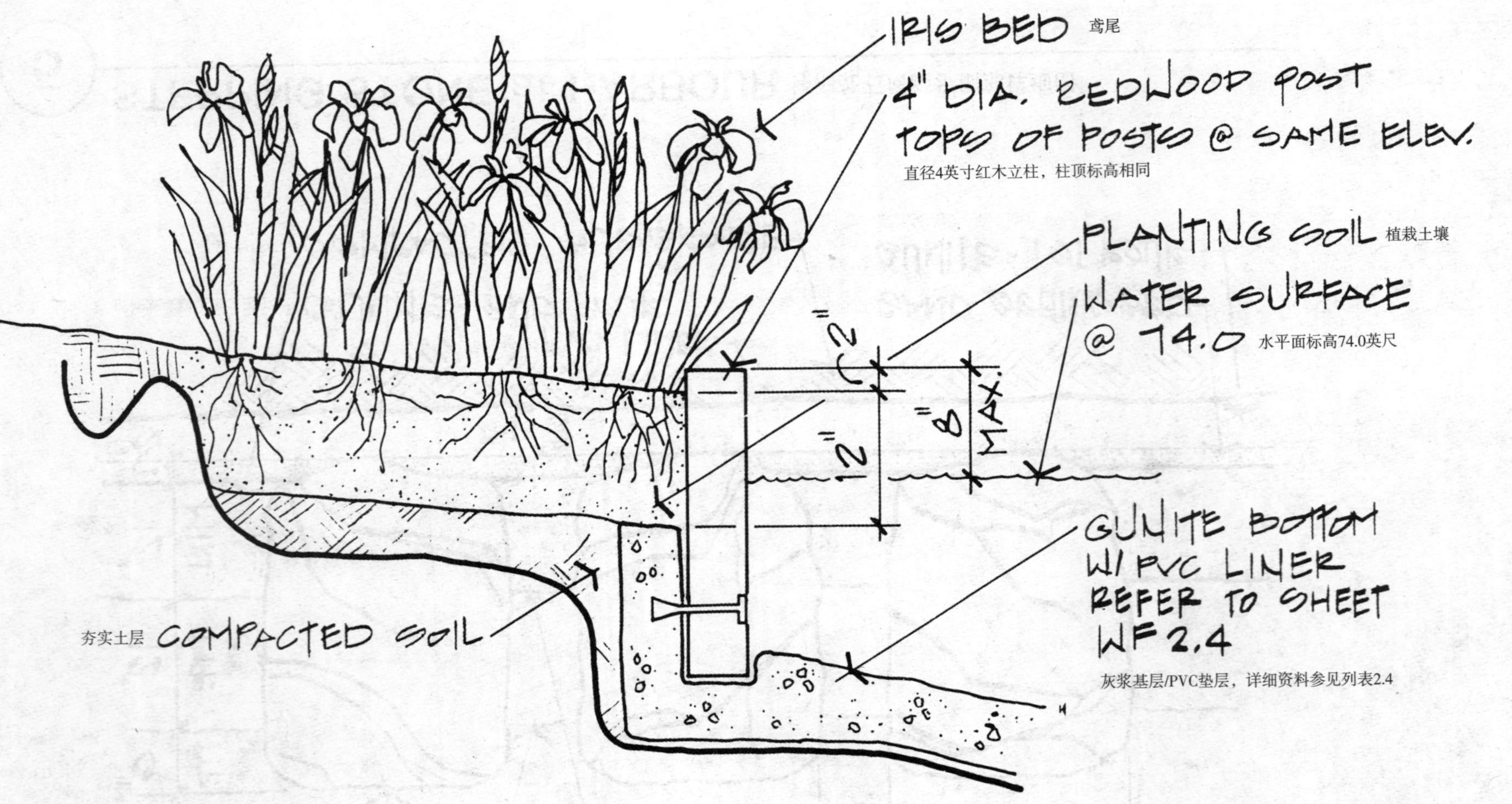

图11.82　池塘植物植栽细部详细图，由奥瓦尔·尼德尔斯·塔门与伯根多夫绘制

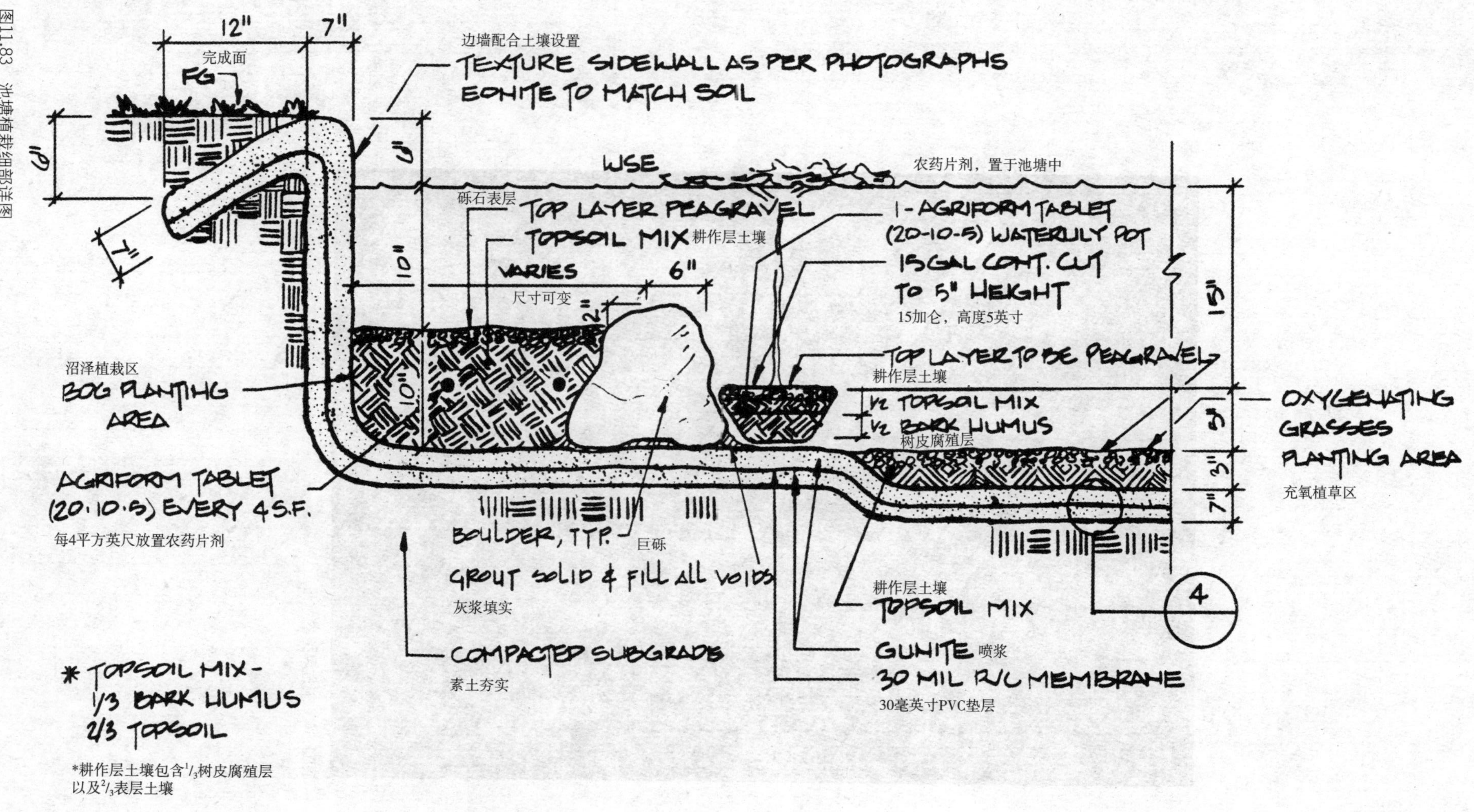

LILY POND PLANTING DETAILS 池塘植栽睡莲细部详细图

N.T.S. 未按比例

图11.83 池塘植栽细部详图

图11.84　东方风格的水景

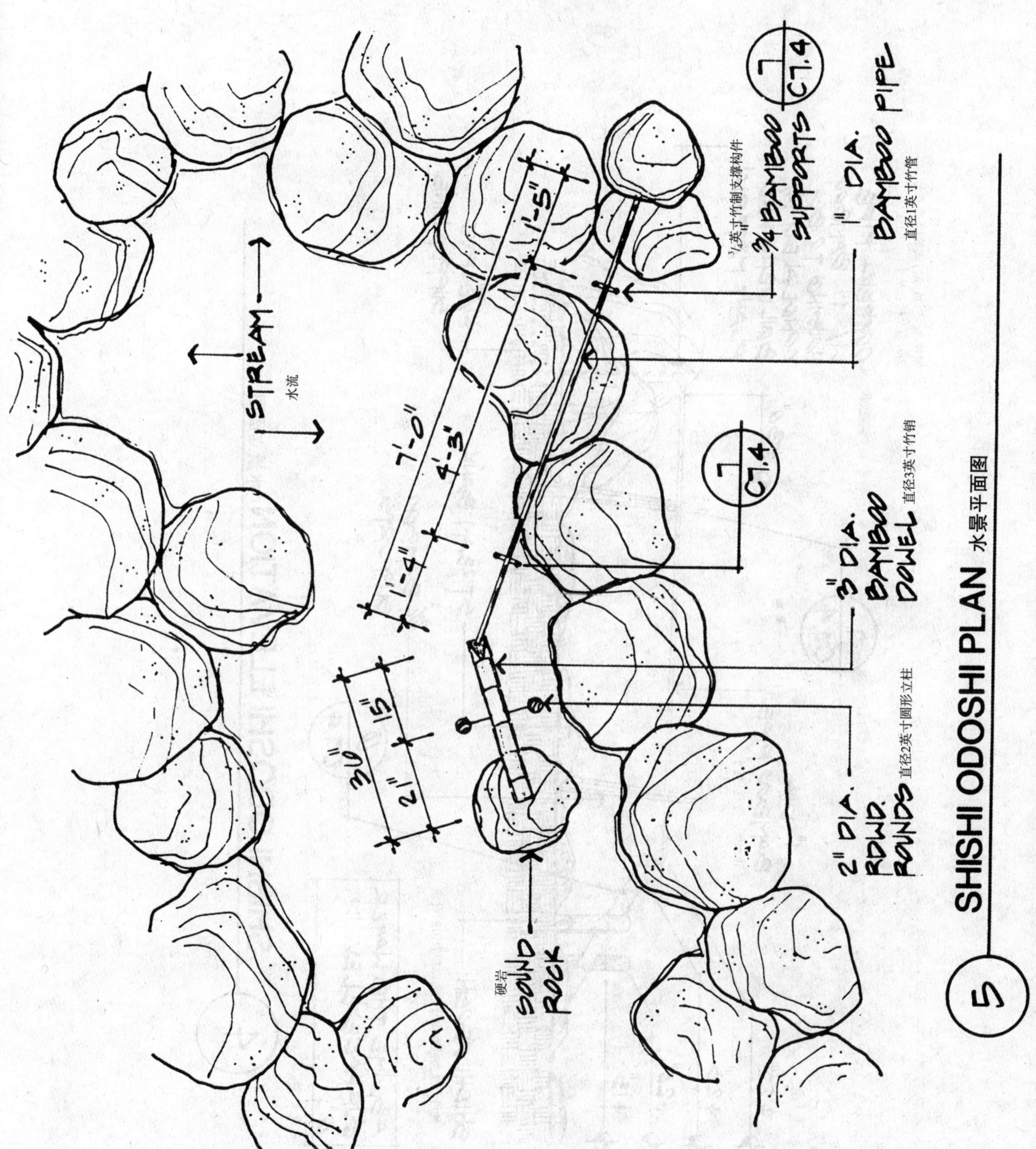

图11.85　东方风格水景平面图，由奥瓦尔・尼德尔斯・塔门与伯根多夫设计

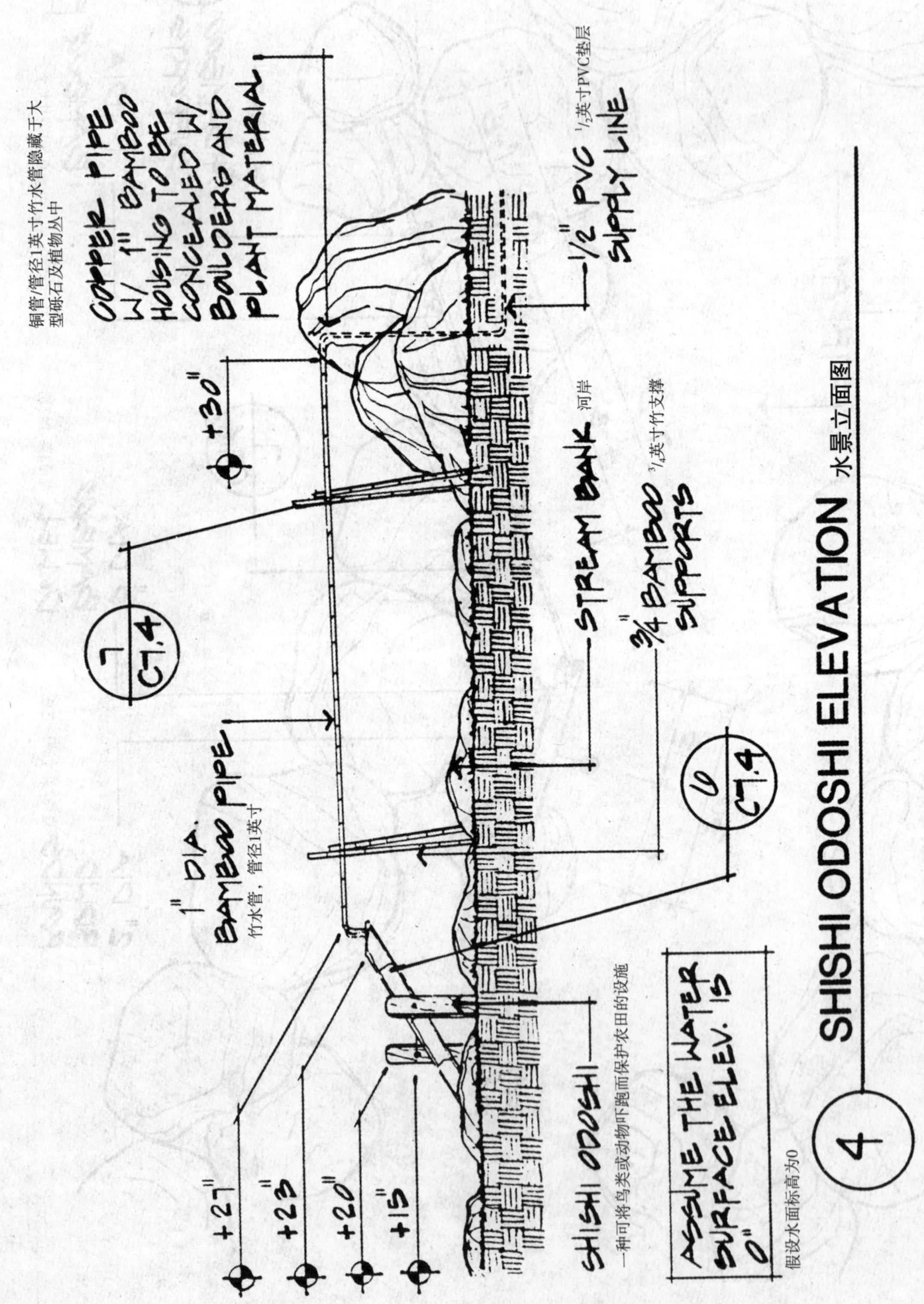

图11.86　东方风格水景细部详图，由奥瓦尔·尼德尔斯·塔门与伯根多夫绘制

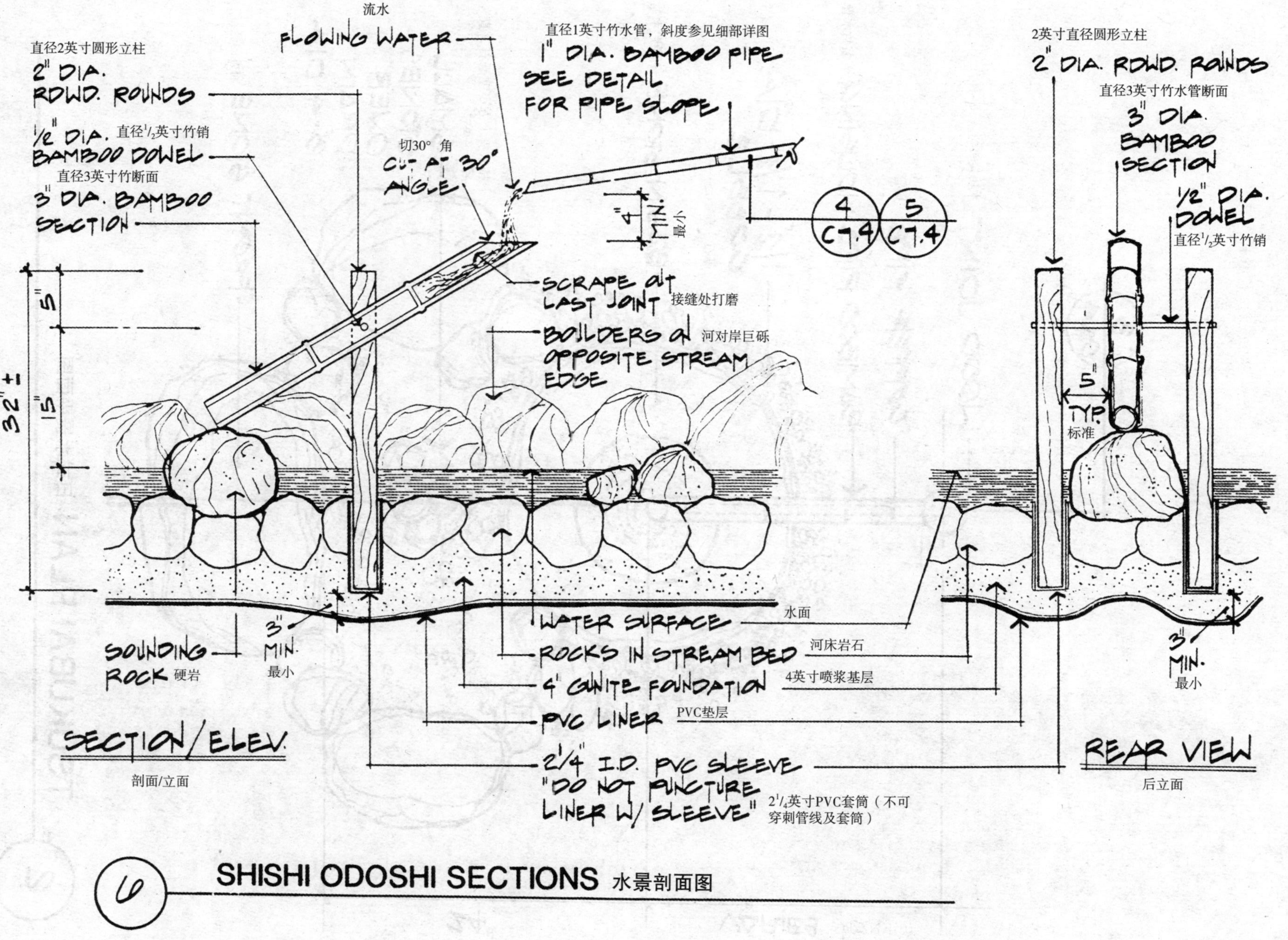

图11.87　东方风格水景细部详图，由奥瓦尔·尼德尔斯·塔门与伯根多夫绘制

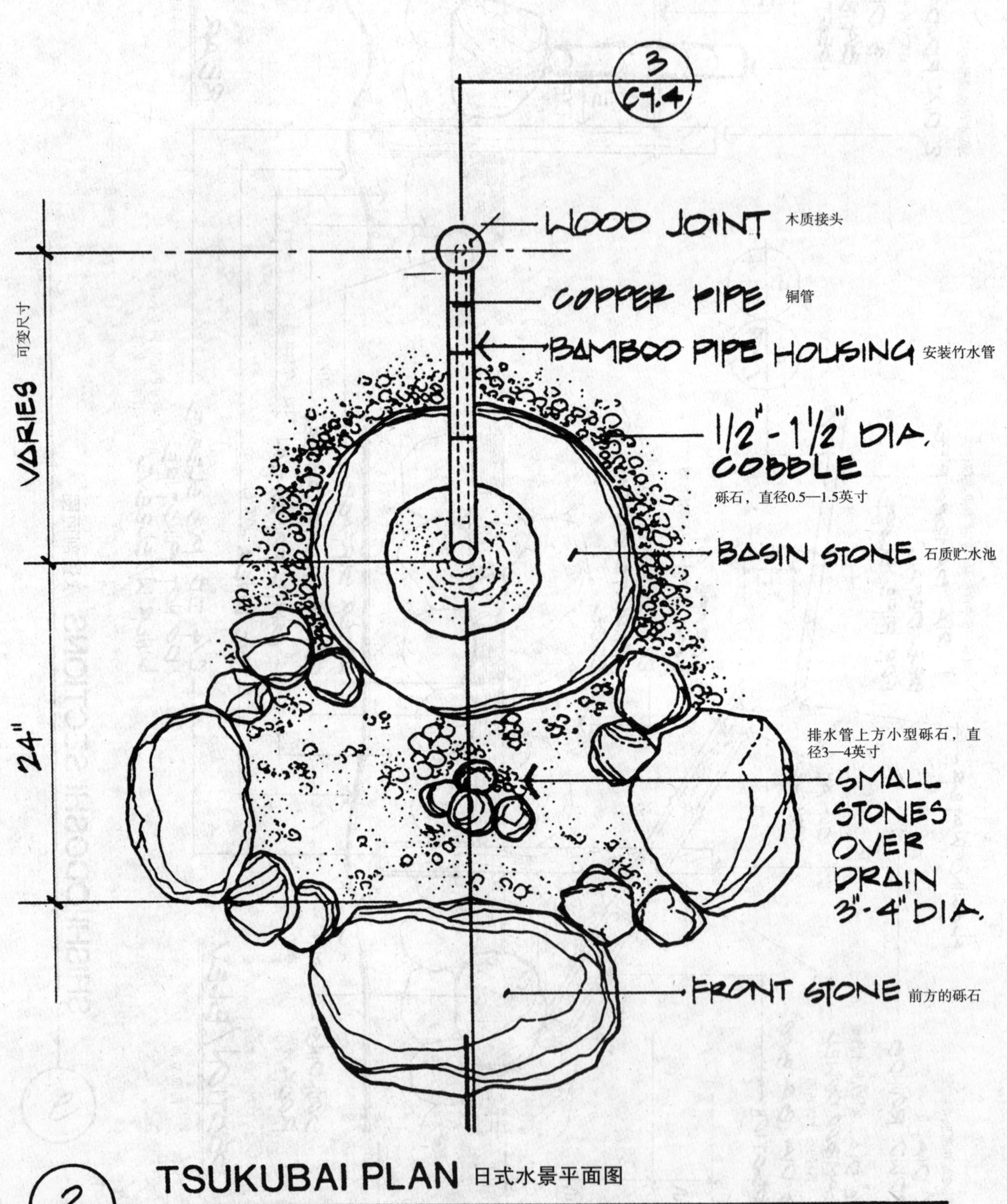

图11.88　东方风格水景平面图，由奥瓦尔·尼德尔斯·塔门与伯根多夫绘制

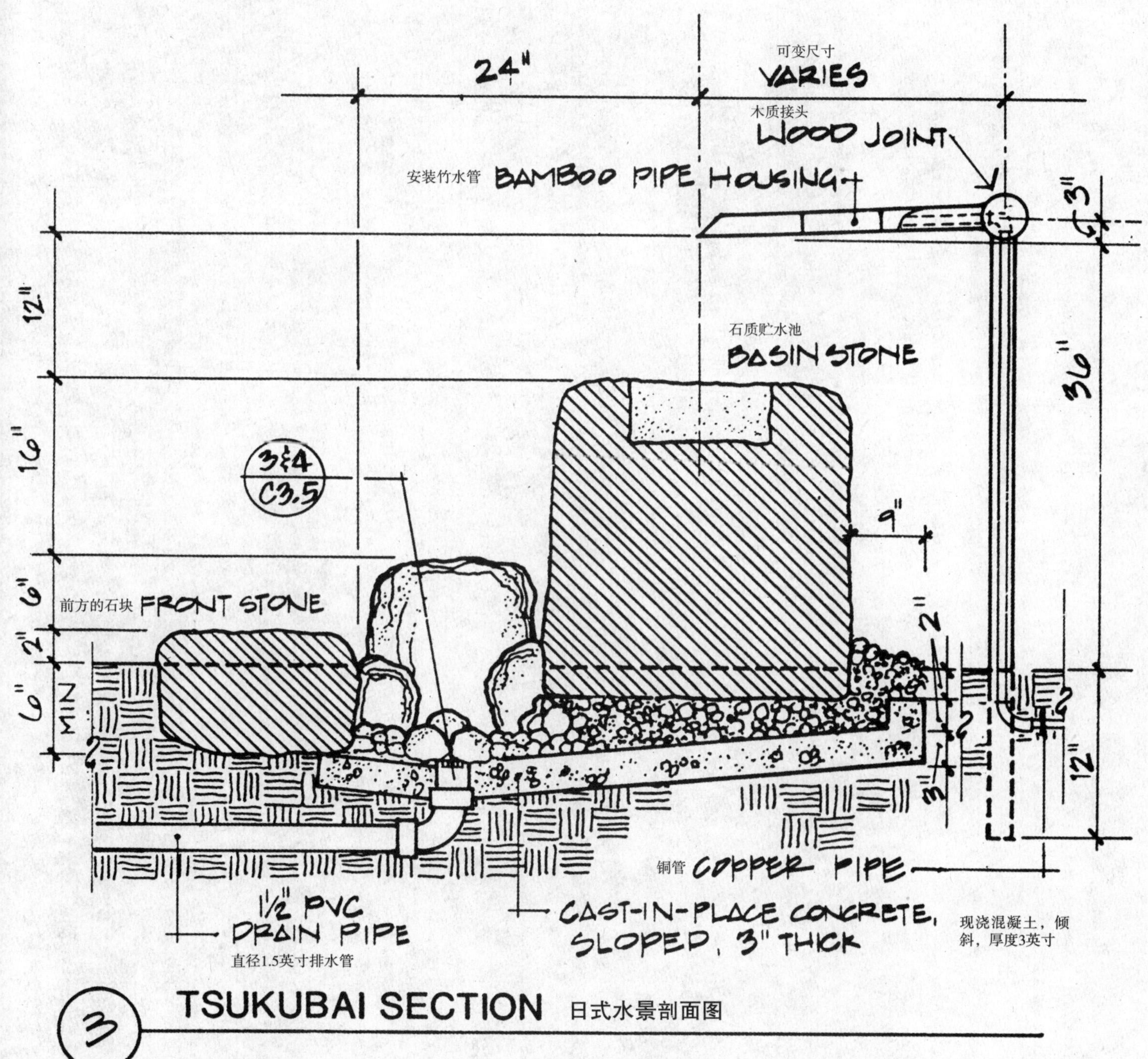

图11.89 东方风格水景细部详图，由奥瓦尔·尼德尔斯·塔门与伯根多夫绘制

第十二章 公用设施

由于大多数公用设施并不为人们所见，因此景观设计师对它们投入的兴趣可能远远比不上其他的项目，例如铺面、座椅、墙体、植栽穴等暴露在外界的设施。但是，公用设施的存在是有必要的，它们往往是决定场地功能是否完备的重要因素。有一些设施，例如人孔的盖板，经过精心设计可能与铺面融为一体，但是如果没有给予足够的重视，则可能会破坏整体的美观。

本章介绍的公用设施包括排水入水口、截流井、人孔、排水沟、旱井、路缘消防栓、路边岗亭、饮水泉、电话亭以及照明设施等。上述几乎所有设施都可以通过供应商提供的产品目录得到详细的介绍。在相当多的案例中，设计师从规划阶段就与供应商密切配合，从而设计出一些独特的新产品，这样既可以确保产品的适用性，又可以获得准确的报价。不同的供应商对产品也会有不同的建议，景观设计师可以将这些建议汇总起来，针对具体的案例选择适当的产品。本章对一些设施进行了举例说明，这些设备说明都汇总在施工图中。

在第三章中，我们介绍了公用管道和地下管道的尺寸及其所使用的材料。现在除了在城市中需要使用导线管道外，电话及动力公司一般都直接使用地下电缆来安装这些公用设施。

照明设施

要选择照明设施，设计师必须要了解照明效率的相关知识。传统的白炽灯泡消耗的电能是最多的，但是其售价却比其他种类的灯具便宜，例如高压钠灯。单纯灯具的售价与最终综合造价是两个不同的概念。具体精确的造价取决于当地当时的电费，而不断提高的电费说明选择节能型照明设施是一项正确的投资。国家照明委员会曾经公布了一组数据，用来比较几种不同种类的灯具。这组对比数据以流明（光通量单位）/ 瓦（电能单位）作为单位。白炽灯的照明效率为 15—24 流明 / 瓦，日光灯的照明效率为 63—100 流明 / 瓦，而高压钠灯的照明效率最高，可以达到 79—130 流明 / 瓦。白炽灯的使用寿命为 750—2500 小时，而日光灯的使用寿命可以达到 12000—20000 小时。因此，照明效率越高的灯具，其后期的维护费用越低。

白炽灯发射出来暖色的白光具有很好的表现力，它是场地照明最理想的选择。汞蒸气灯具有冷色的白光，它是比较适合用于植物照明的。高压钠灯的灯光是黄色的，它一般应用与道路与停车场的照明，但是不能作用于植物照明。

在第五版《照明工程学实用手册》中，列举了以下几个等级。这些等级的单位是英尺－烛光（fc），这是光照度的单位，指单位面积的光量。

- 室内娱乐性场地：20 fc
- 室内专业性场地：50 fc
- 室内展示、制图空间：100 fc
- 室外娱乐性场地：10 fc
- 室外竞技性场地：30 fc
- 停车场、入口道路：1—3 fc
- 普通游园及公园：0.5 fc
- 道路与阶梯：1 fc
- 背景、围篱、墙体、植物：2 fc
- 花坛、岩石：5 fc
- 重点植物照明：5 fc
- 大型公园景观中心：10 fc
- 小型公园景观中心：20 fc
- 林荫道：5—10 fc
- 建筑物外部照明，浅色调光源：5—15 fc
- 建筑物外部照明，中性色调光源：10—30 fc
- 建筑物外部照明，暗色调光源：20—50 fc

辅助研究参考资料

Harris, C. W. and Dines, N. T. *Time-Saver Standards for Landscape Architecture.* New York: McGraw-Hill, 1988.

Melby, Pete. *Simplified Irrigation Design.* New York: Van Nostrand Reinhold, 1988.

图12.1　照明设施，由卡瓦萨基・泰拉克尔・于诺+设计联盟设计

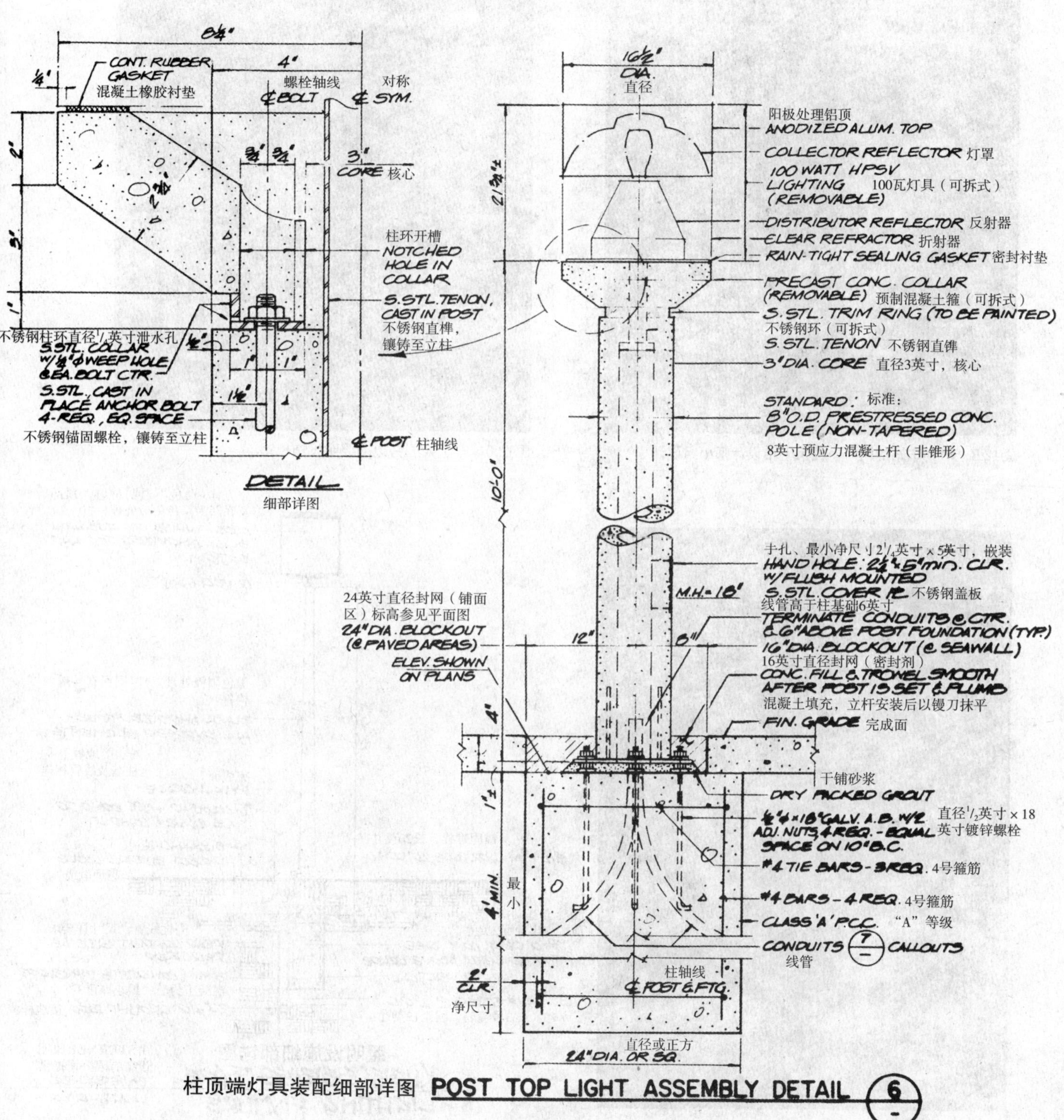

柱顶端灯具装配细部详图 **POST TOP LIGHT ASSEMBLY DETAIL** 6

图12.2 图12.1细部详图，由卡瓦萨基·泰拉克尔·于诺+设计联盟绘制

图12.3　一个车站的路灯，由阿卡恰设计师小组设计

图12.4　一栋办公建筑入口庭院的照明设施，由方+拉罗卡设计联盟设计

图12.5　一个公园旁边的照明设施

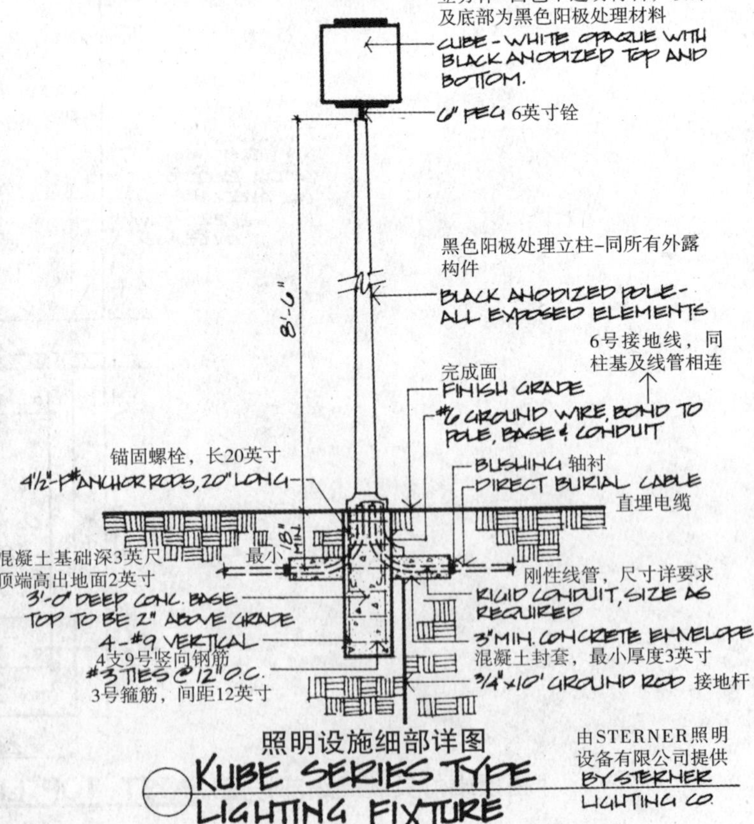

图12.6　照明设施细部详细图

图12.7　一个城市公园中的照明设施

图12.9　一个城市公园中的照明设施

图12.8　一个商业中心的照明设施

图12.10　一所办公建筑入口处的照明设施，由方 + 拉罗卡设计联盟设计

图12.11　一个高速公路站台的照明设施，由奥瓦尔·尼德尔斯·塔门与伯根多夫设计

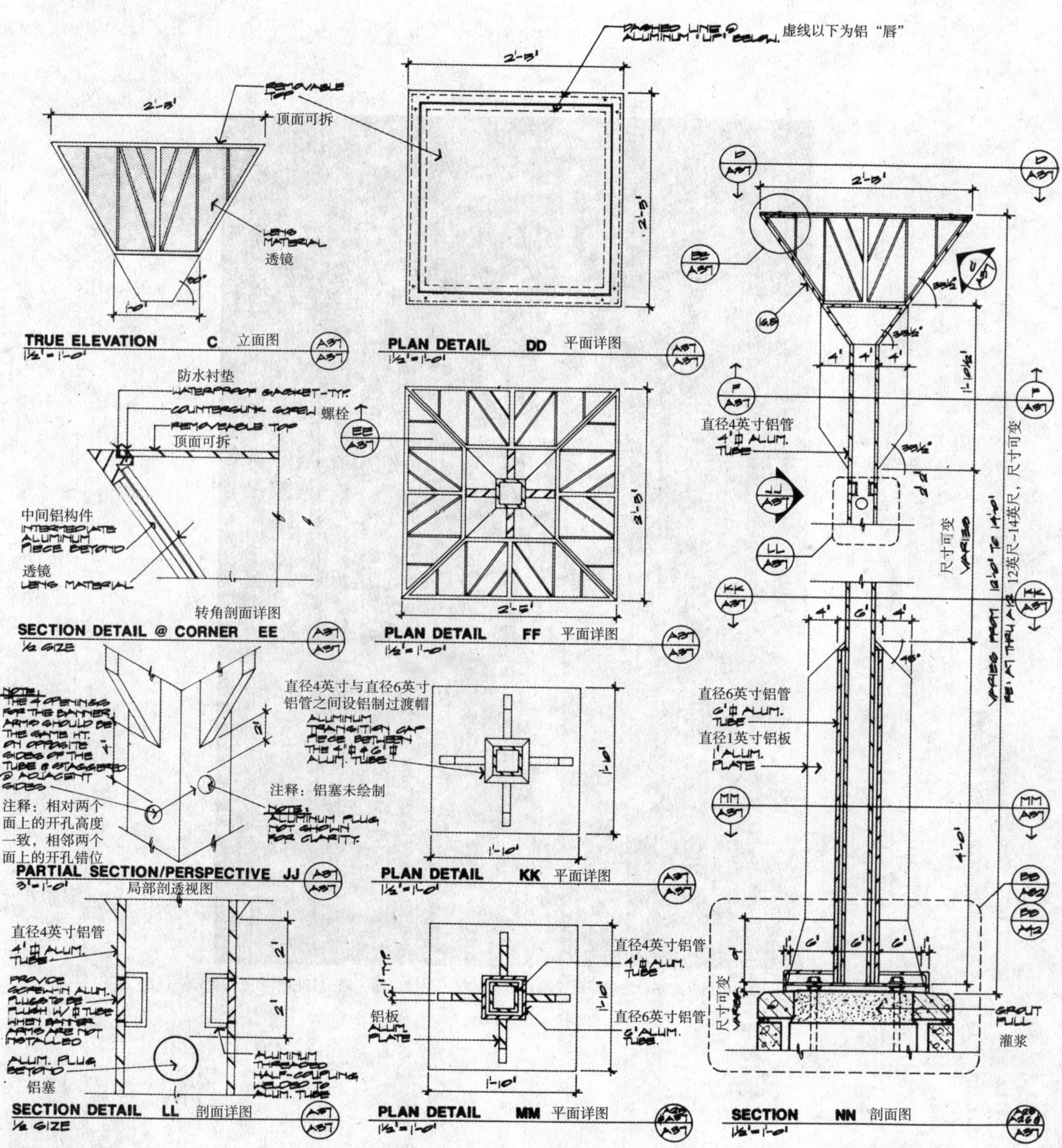

图12.12　图12.11细部详图，由奥瓦尔・尼德尔斯・塔门与伯根多夫绘制

图12.13　高速公路站台路中照明设施，由奥瓦尔·尼德尔斯·塔门与伯根多夫设计

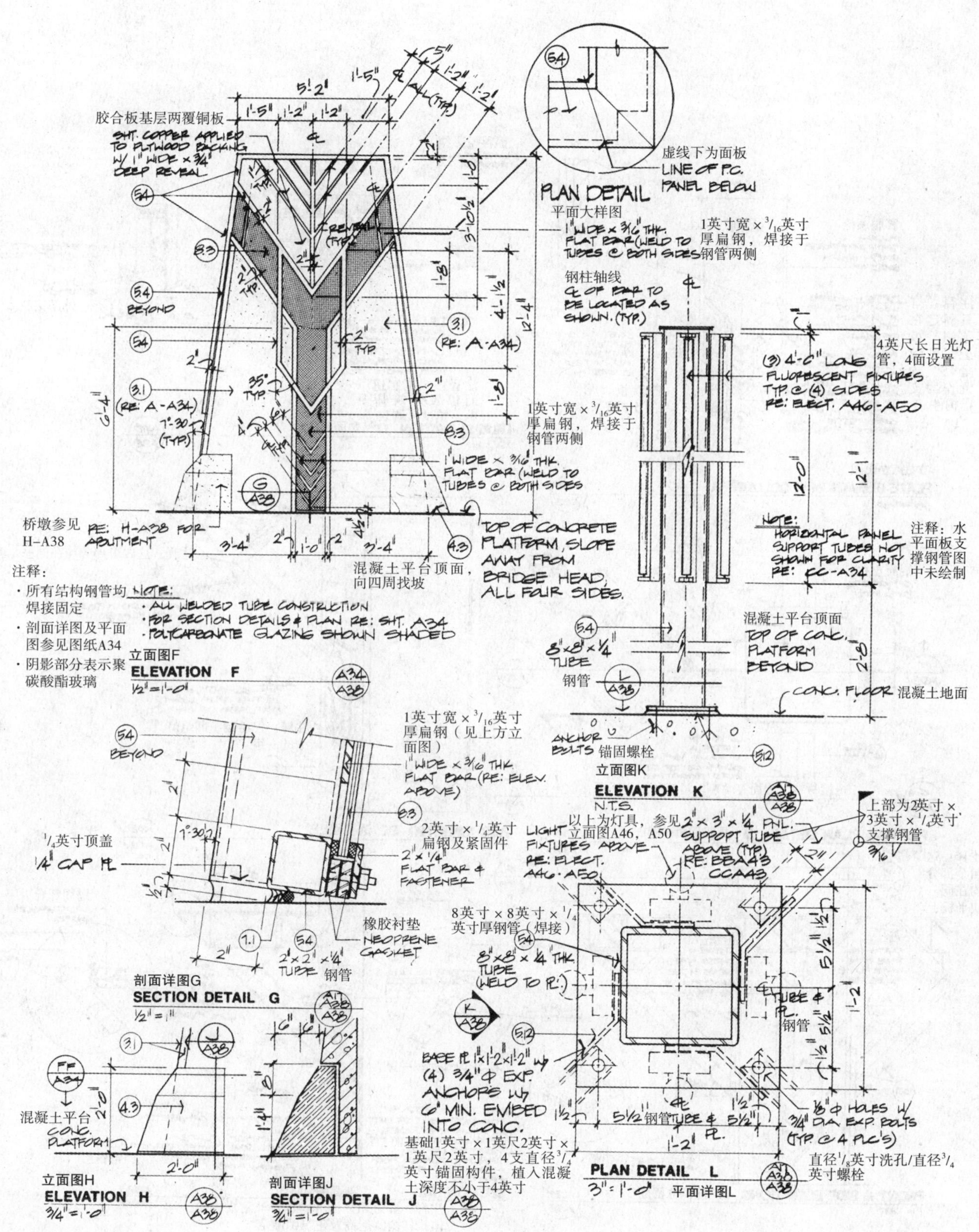

图12.14　图12.13细部详图，由奥瓦尔·尼德尔斯·塔门与伯根多夫绘制

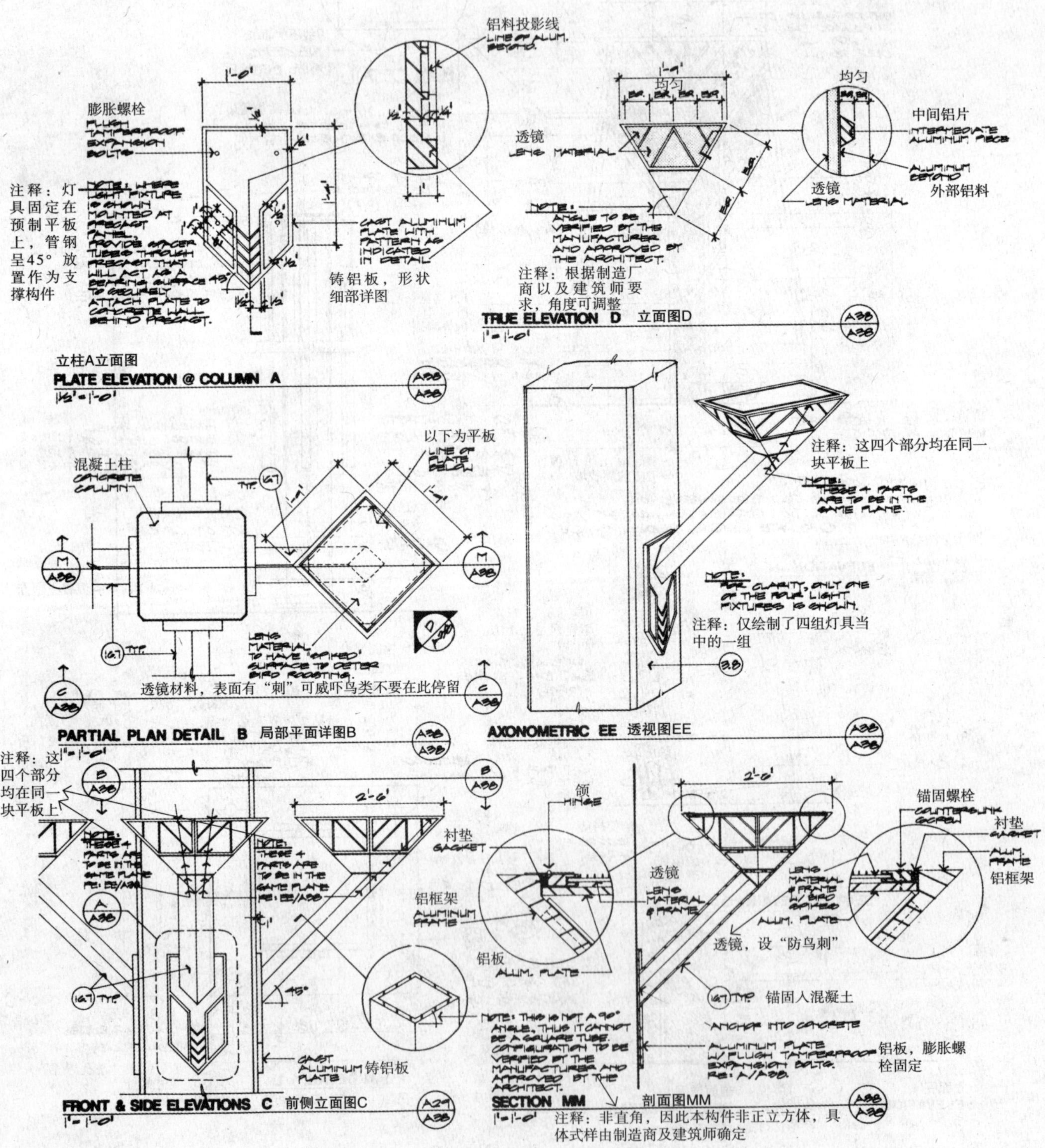

图12.15　图12.16细部详图，由奥瓦尔·尼德尔斯·塔门与伯根多夫绘制

图12.16　一个高速公路站台的照明设施，由奥瓦尔·尼德尔斯·塔门与伯根多夫设计

图12.17　木质立柱照明设施

图12.18　一栋办公建筑庭院中的照明设施

图12.19　度假酒店中沿路设置的照明设施

图12.20　大学校园中沿人行道设置的照明设施

图12.21　沿人行道设置的照明设施，由维默尔·亚马达设计联盟设计

图12.22　沿人行道设置的照明设施，由卡瓦萨基·泰拉克尔·于诺+设计联盟设计

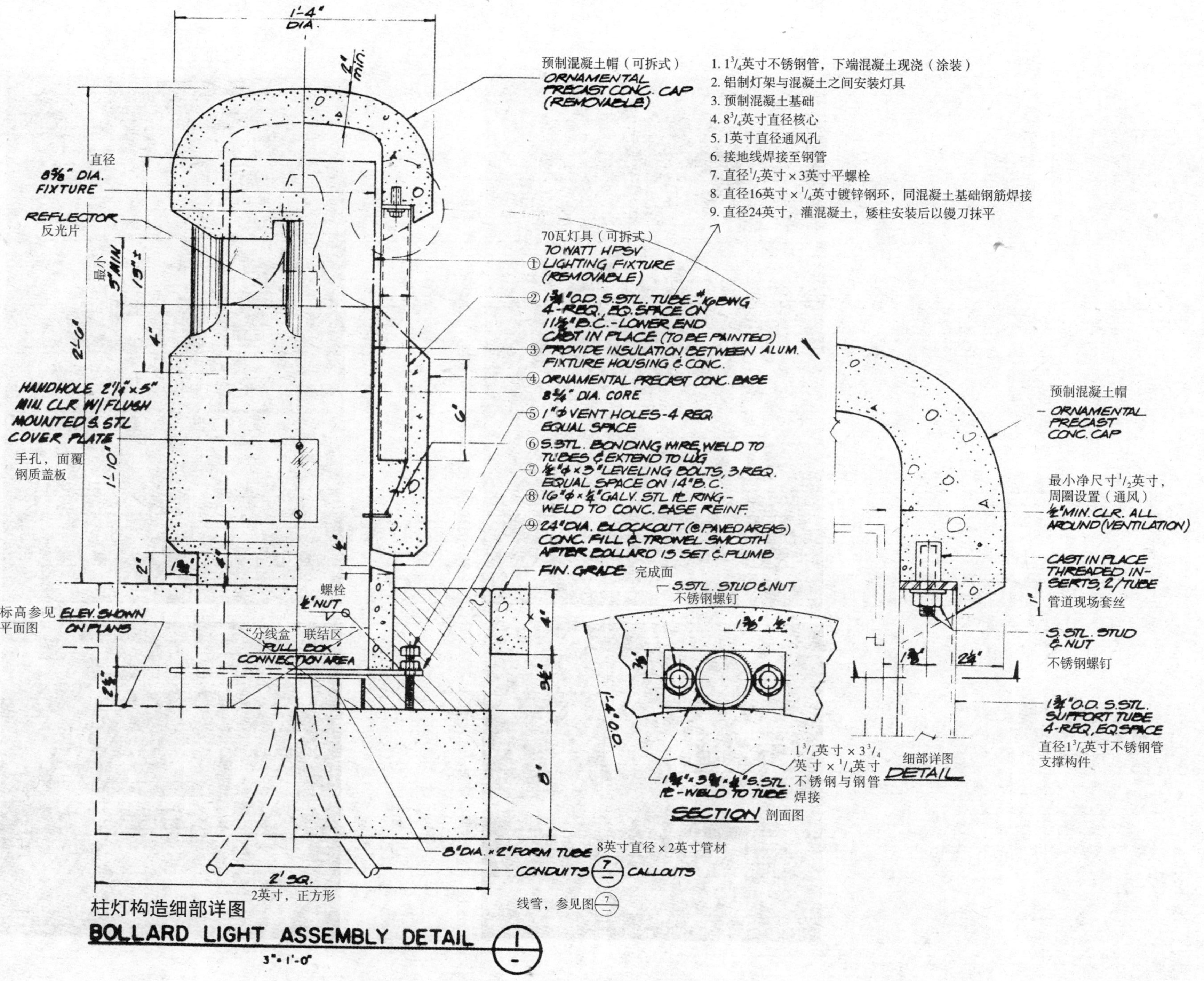

图12.23　图12.22细部详图，由卡瓦萨基·泰拉克尔·于诺+设计联盟绘制

图12.24　隐蔽式照明设施，由贝利设计联盟设计

图12.26　隐藏在花岗石罩中的照明设施，由萨萨基设计联盟设计

图12.25　由玻璃纤维遮蔽着的照明设施

图12.27　隐藏在裸露骨料的预制混凝土圆柱中的照明设施

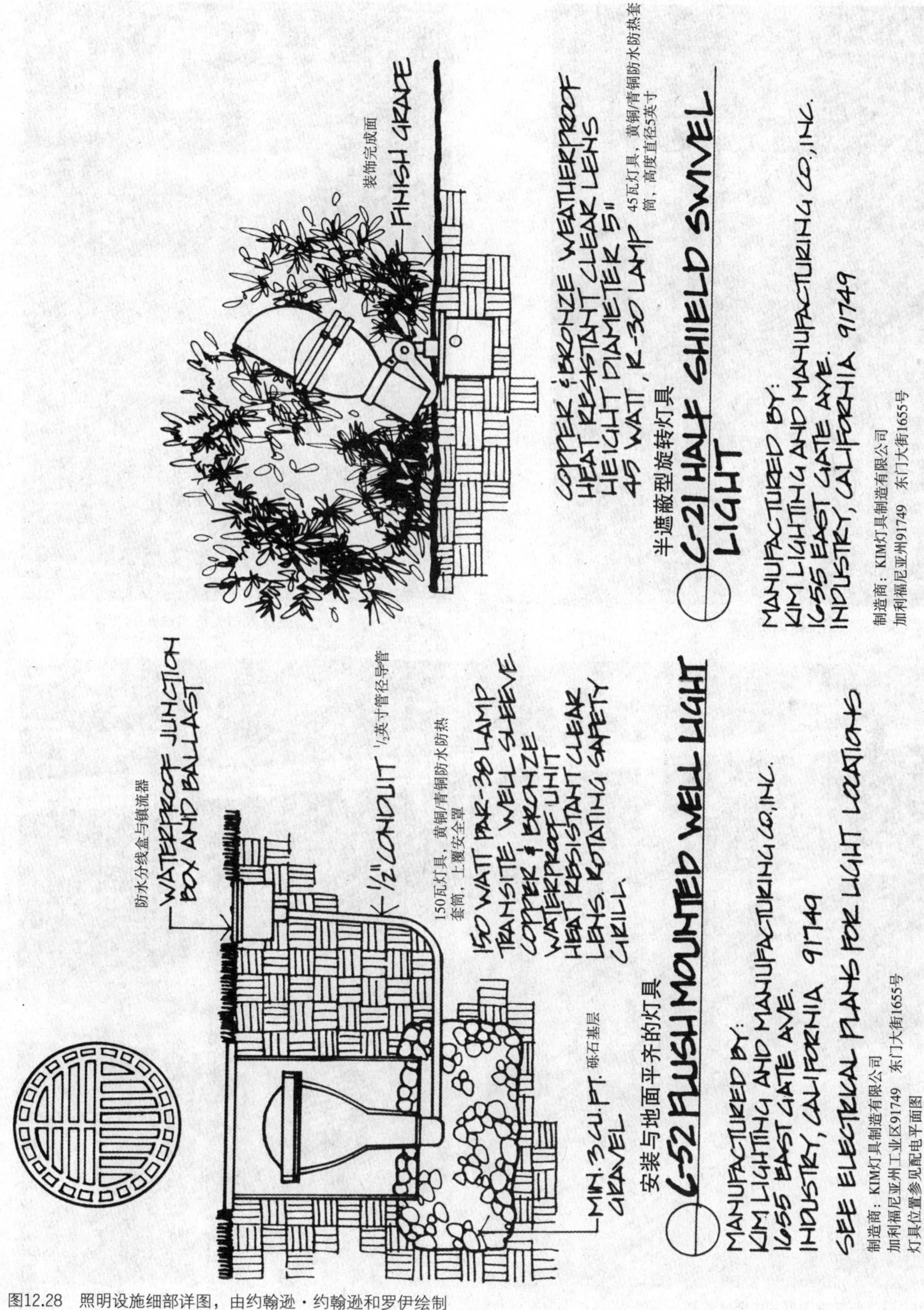

图12.28　照明设施细部详图，由约翰逊·约翰逊和罗伊绘制

图12.29 残疾人坡道上的照明设施

图12.31 沿一栋办公建筑入口人行道设置的灯具，由方+拉罗卡设计联盟设计

图12.30 沿人行坡道设置的内凹式灯具

图12.32　度假区游泳池中装配的水下照明，由爱德华·D·斯通设计联盟设计

图12.34　图12.32从另一个视角观看的景观

图12.33　岩石、瀑布与植物的照明

图12.35　黄铜下水道入口

图12.36　下水道入口

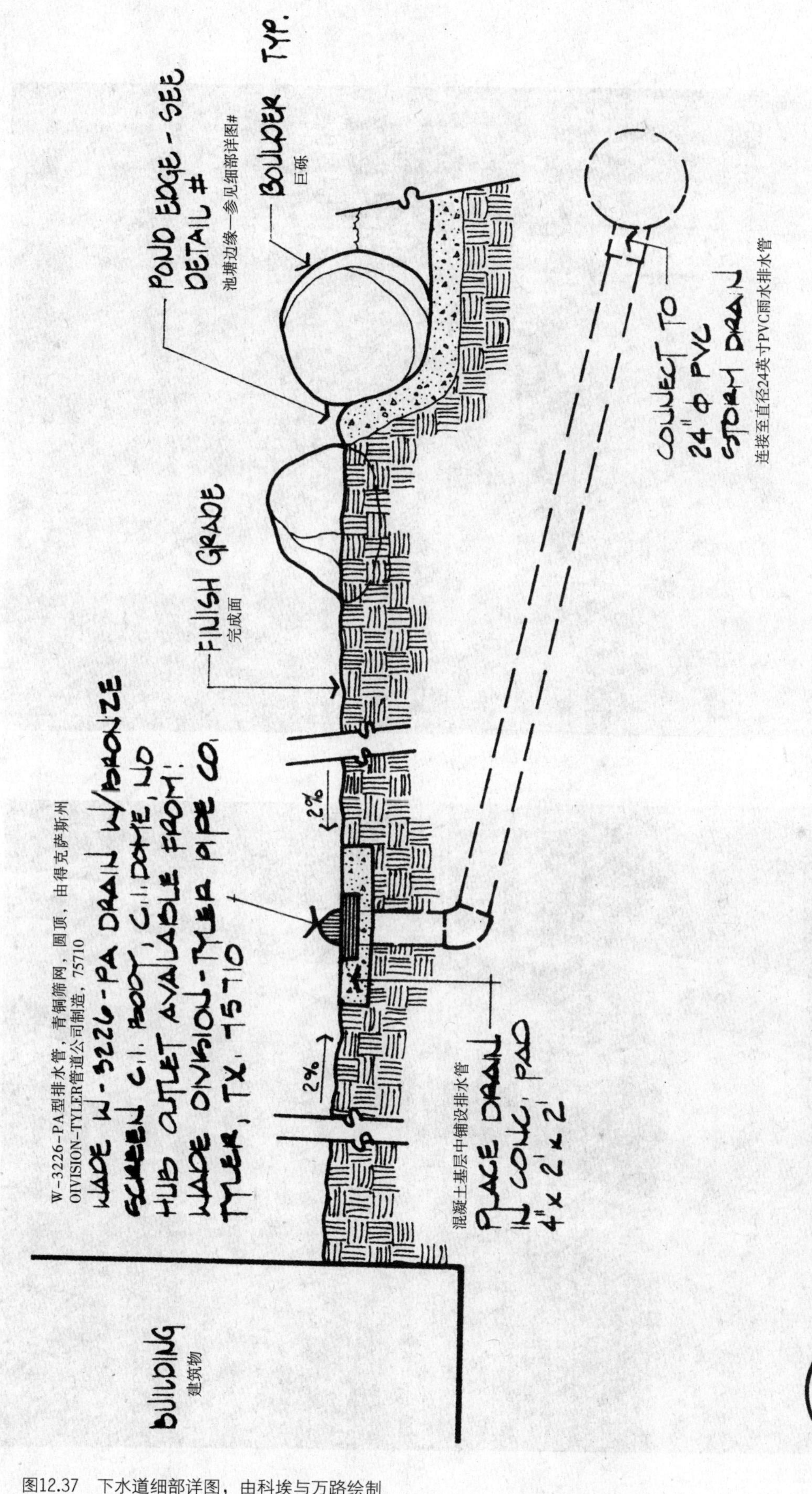

图12.37　下水道细部详图，由科埃与万路绘制

图12.38　石质盖板排水沟

图12.39　预制混凝土盖板排水沟

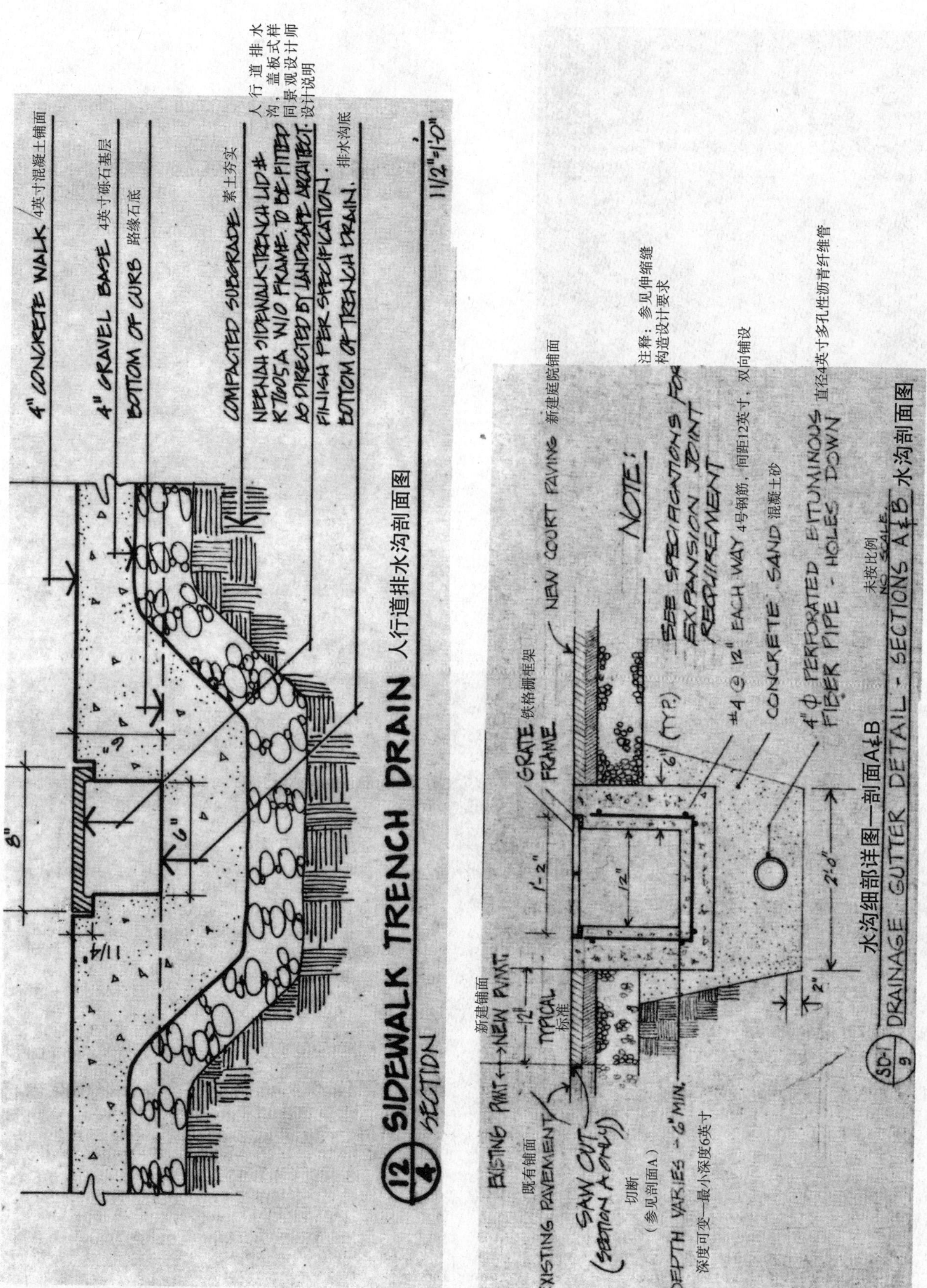

图12.40　排水沟细部详图，由邦内尔及其联合事务所绘制

图12.41　排水沟细部详图，由约翰逊夫妇和罗伊绘制

图12.42　排水沟

图12.43　预制混凝土活动式排水沟盖板

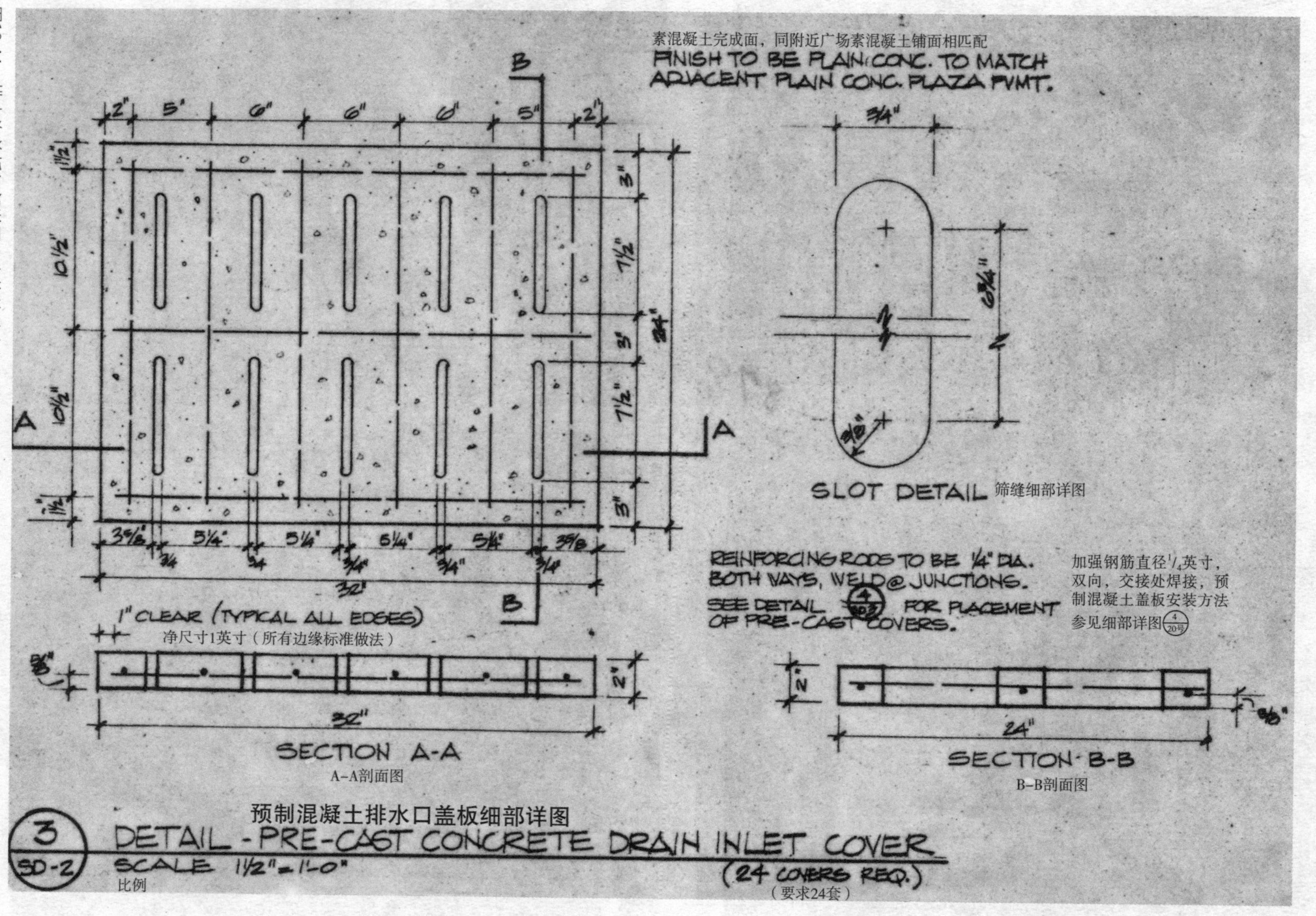

图12.44　排水沟盖板细部详图，由约翰逊夫妇和罗伊绘制

图12.45　金属下水道入口

图12.46　花岗石盖板排水沟

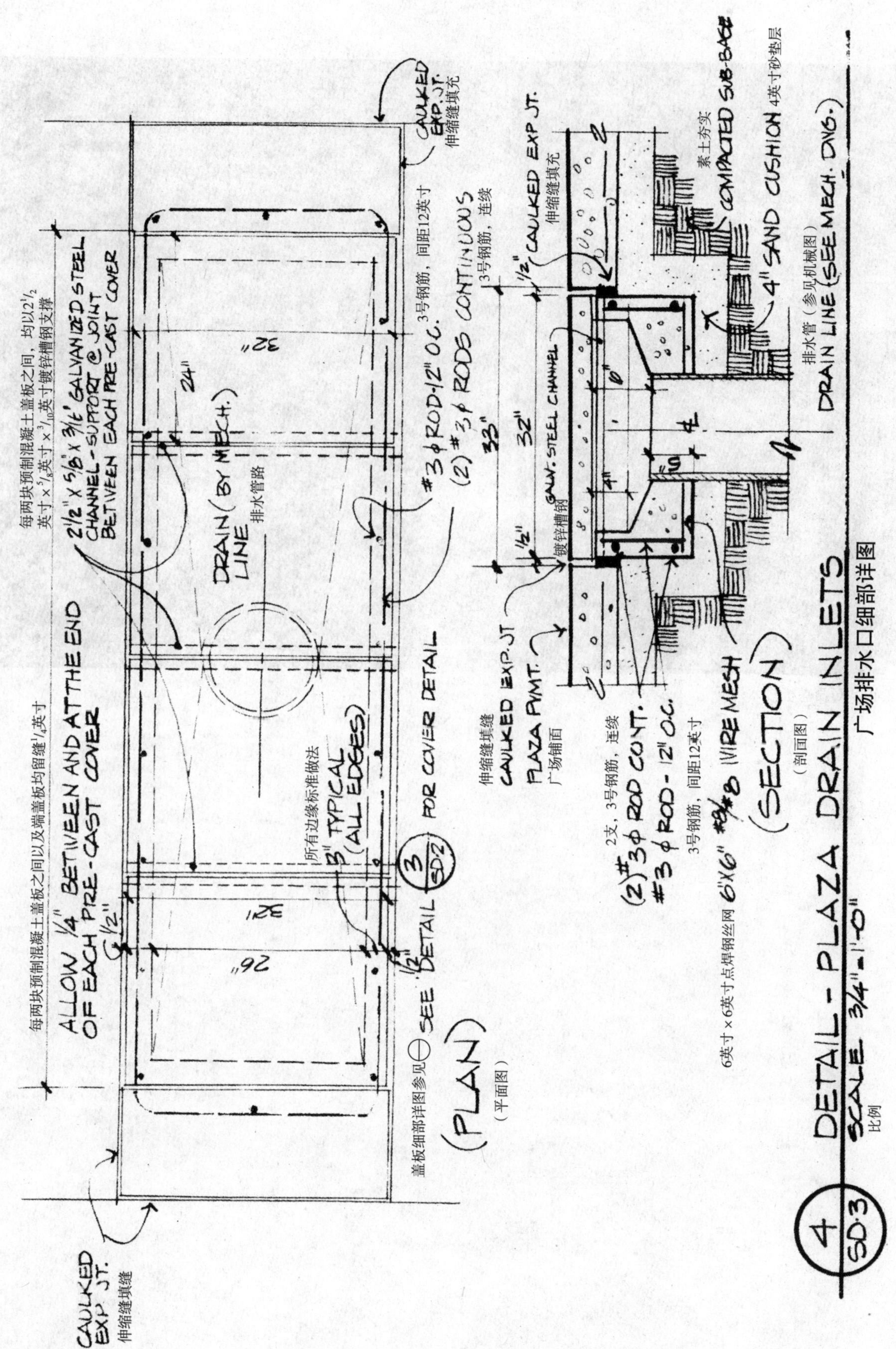

图12.47　下水道入口细部详图，由约翰逊夫妇和罗伊绘制

图12.48　石质盖板排水沟

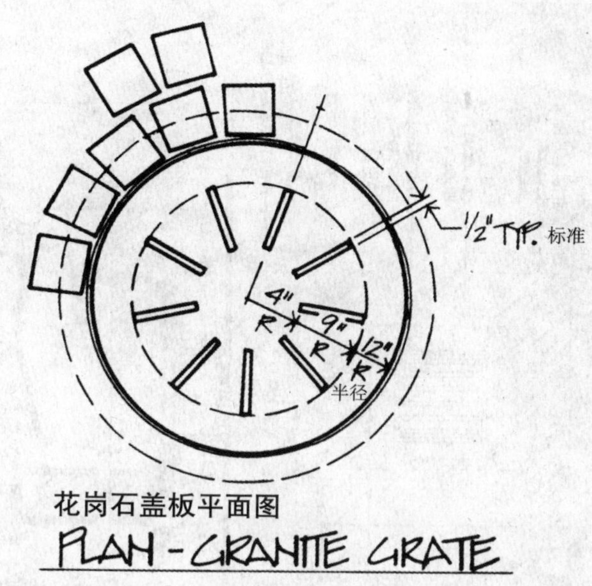

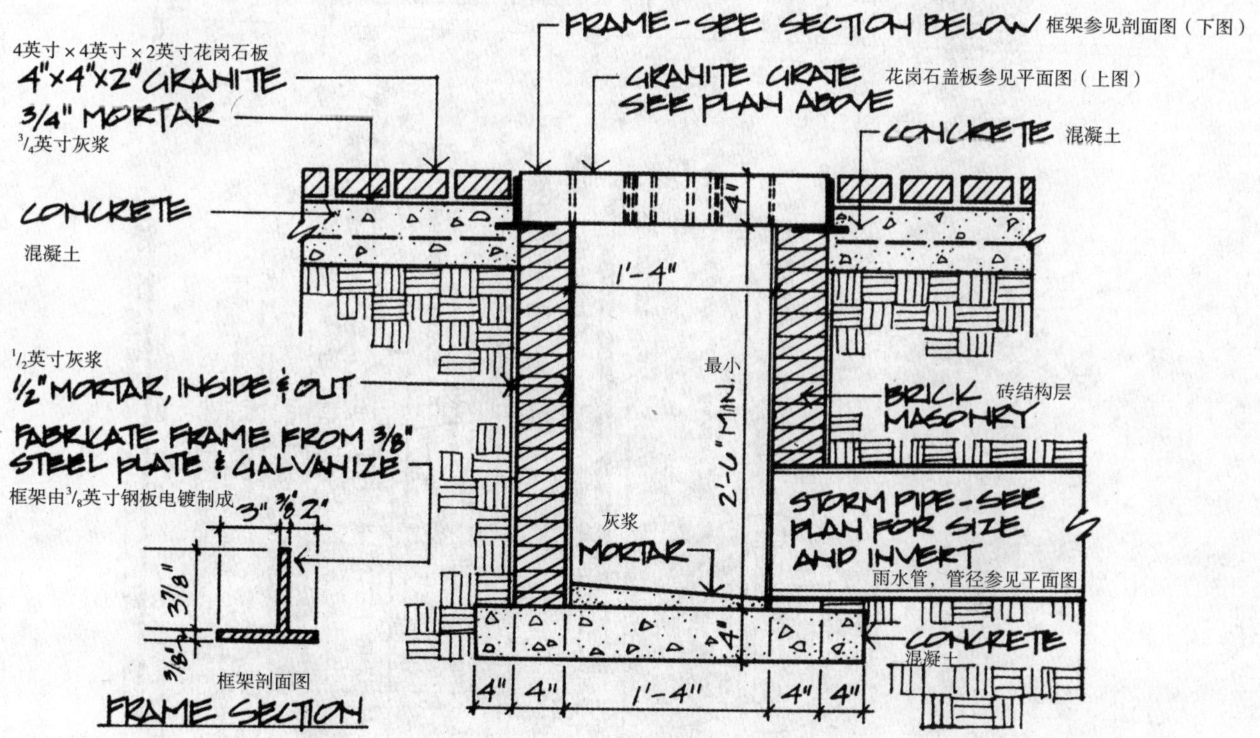

图12.49　下水道入口细部详图，由约翰逊夫妇和罗伊绘制

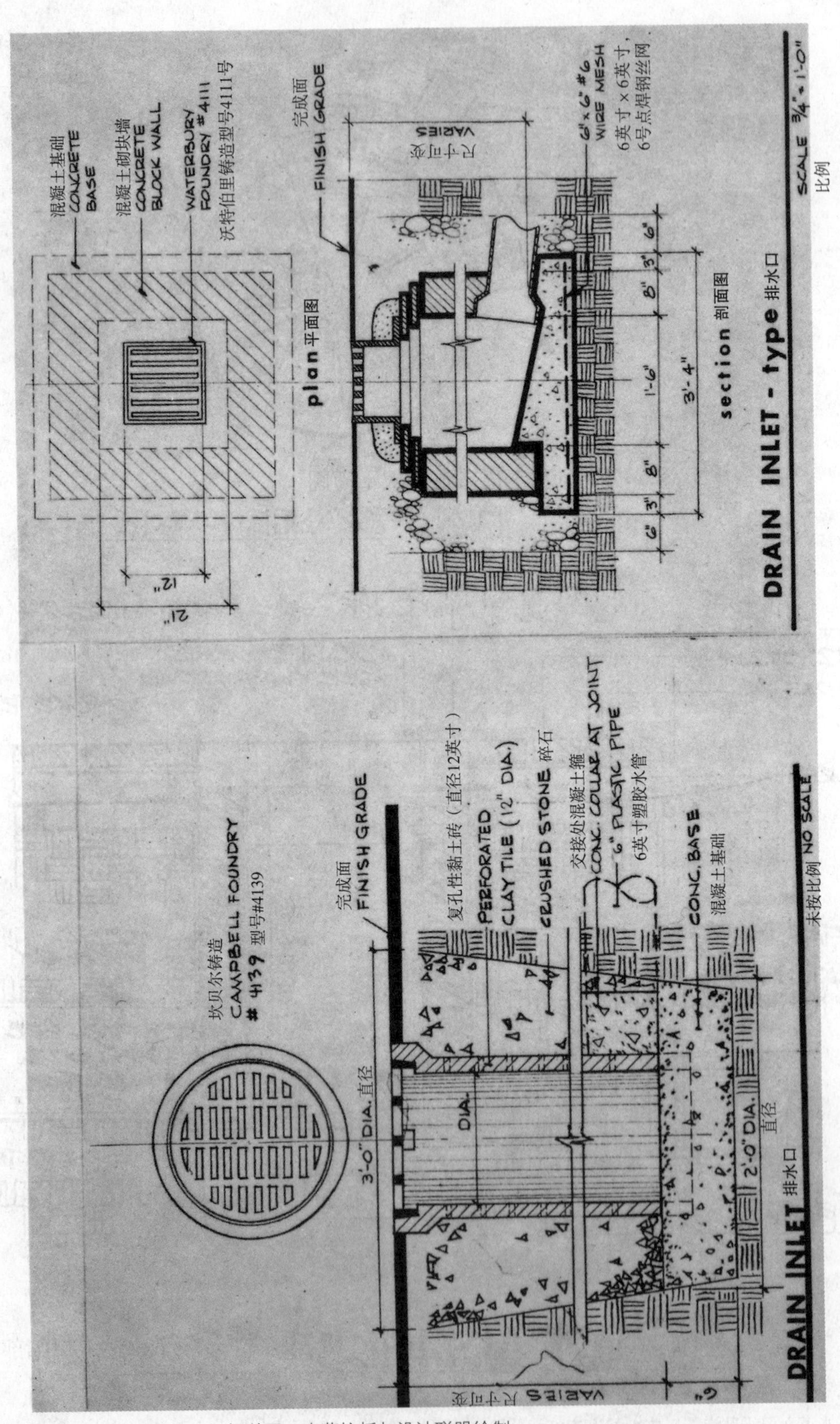

图12.50　下水道入口细部详图，由萨拉托加设计联盟绘制

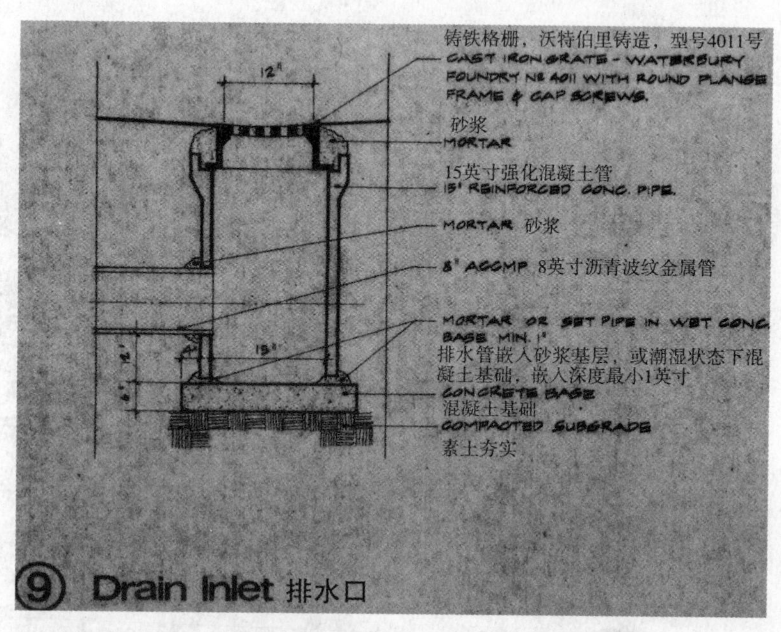

⑨ Drain Inlet 排水口

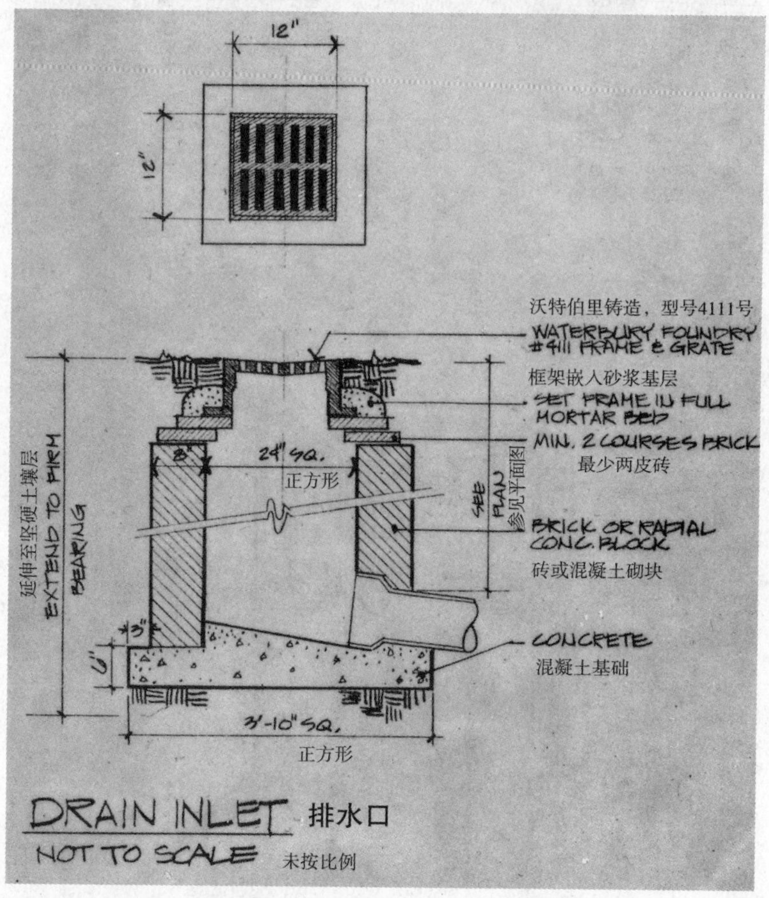

DRAIN INLET 排水口

NOT TO SCALE 未按比例

图12.51 下水道入口细部详图，由CR3建筑设计公司绘制

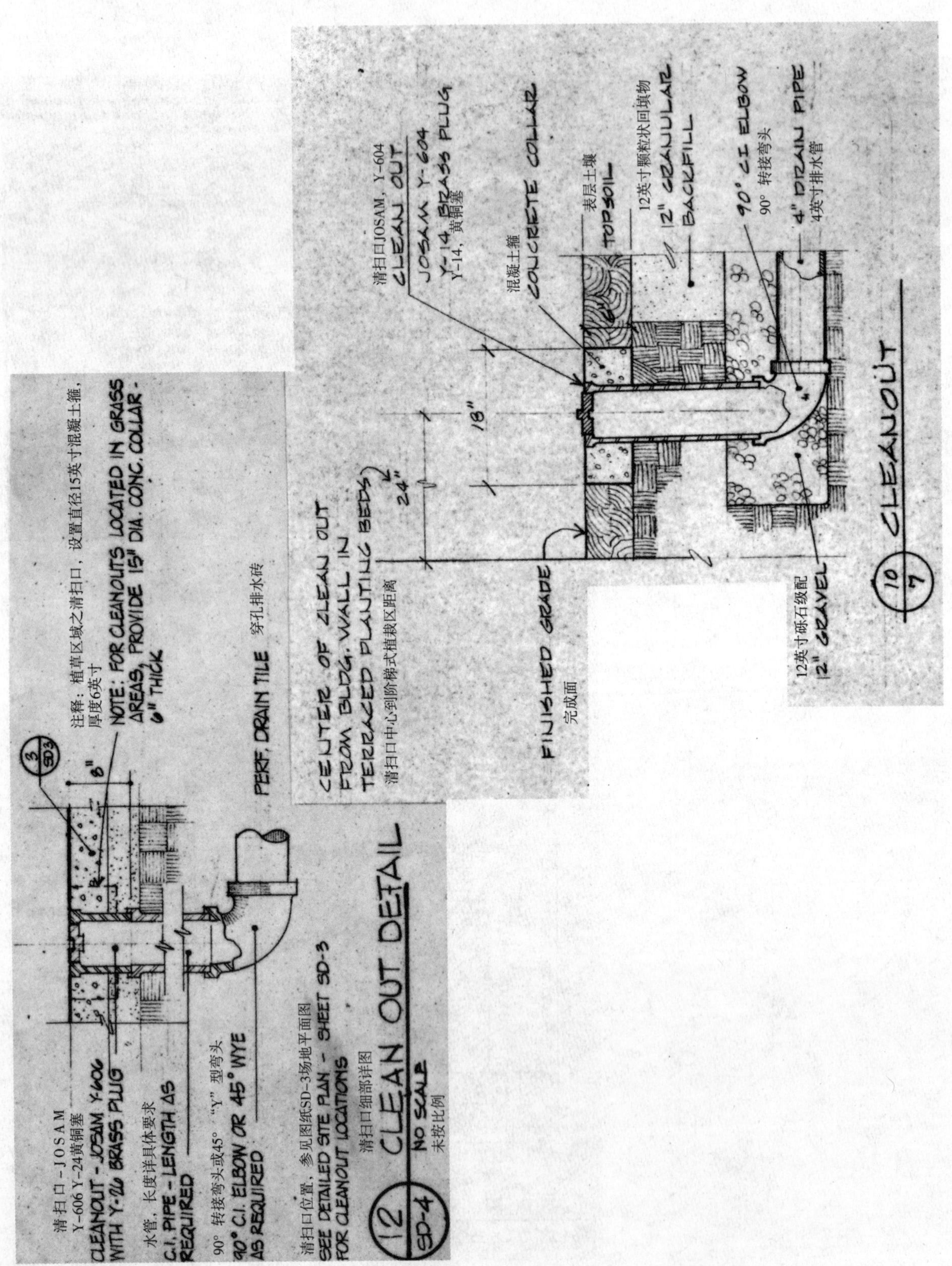

图12.52　清扫口细部详图，由约翰逊夫妇和罗伊绘制

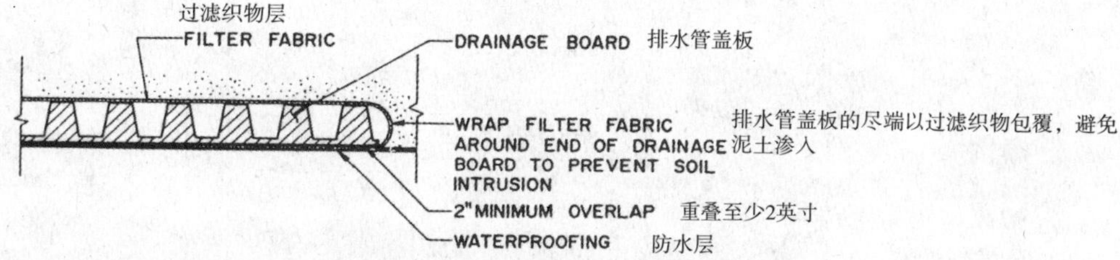

TYPICAL DETAIL – DRAINAGE BOARD END 排水管盖板尽端

NTS

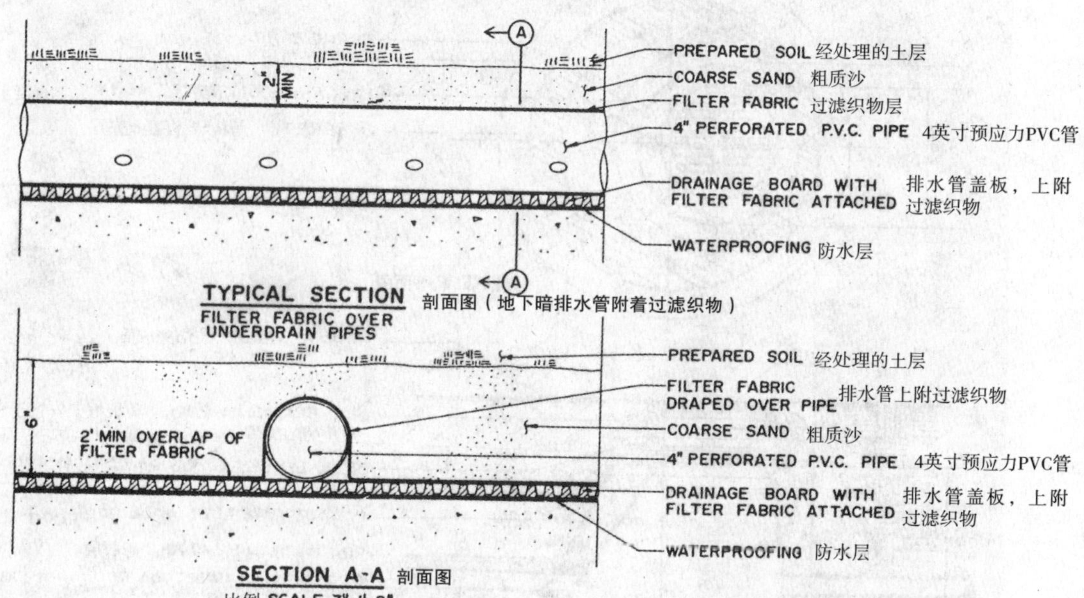

SECTION A-A 剖面图

比例 SCALE 3"=1'-0"

图12.53 屋顶排水及防水处理细部详图，由奥瓦尔·尼德尔斯·塔门与伯根多夫绘制

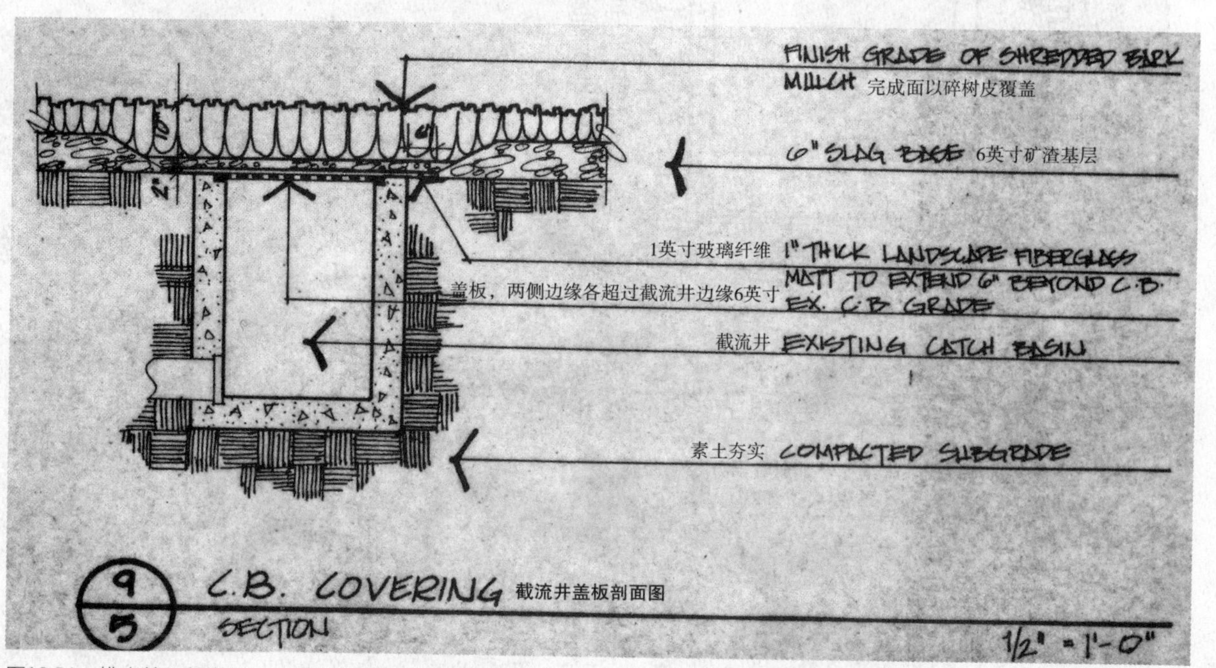

图12.54 排水管细部详图，由邦内尔及其联合事务所绘制

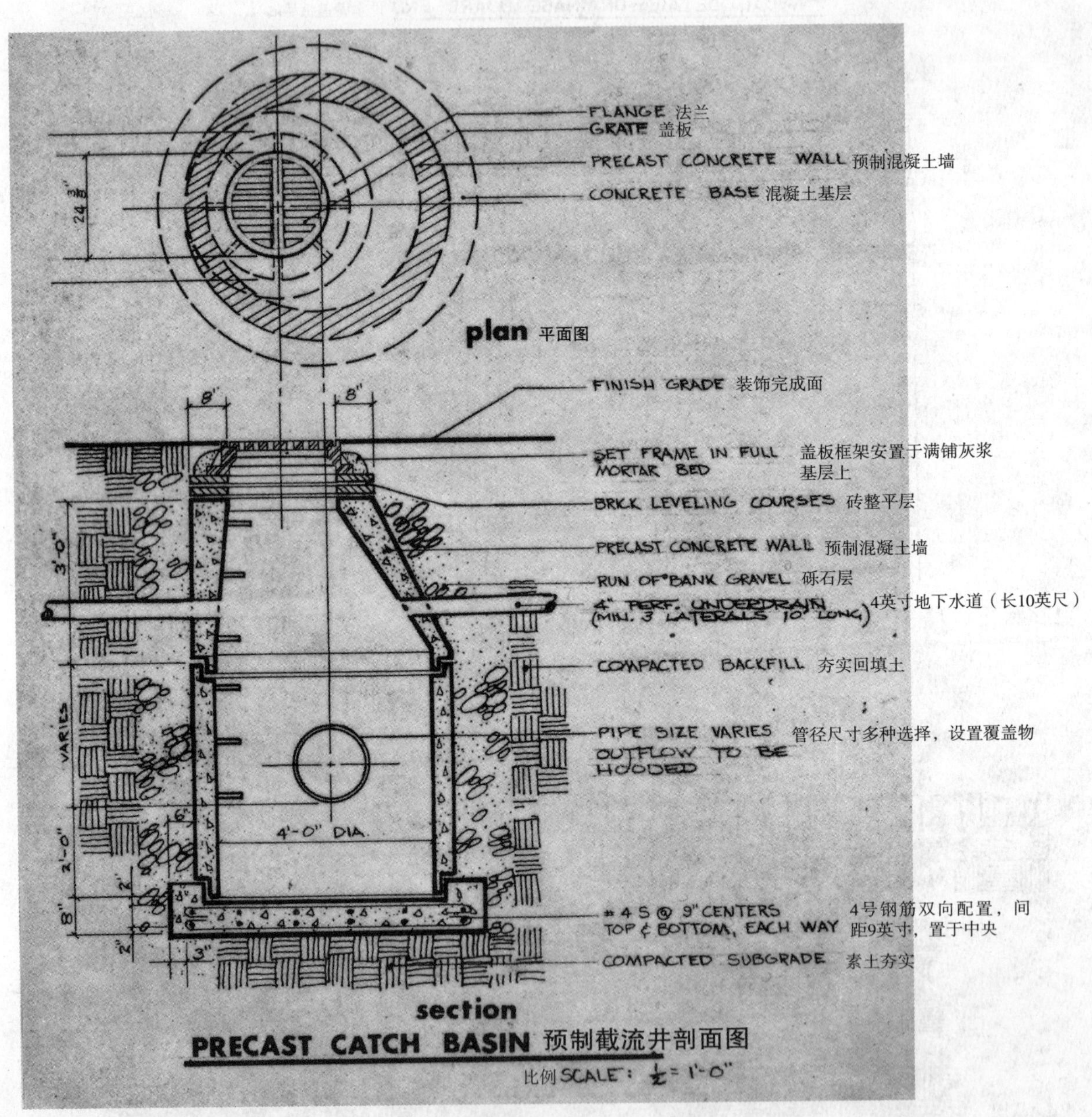

图12.55　截流井细部详图，由萨拉托加联合设计公司绘制

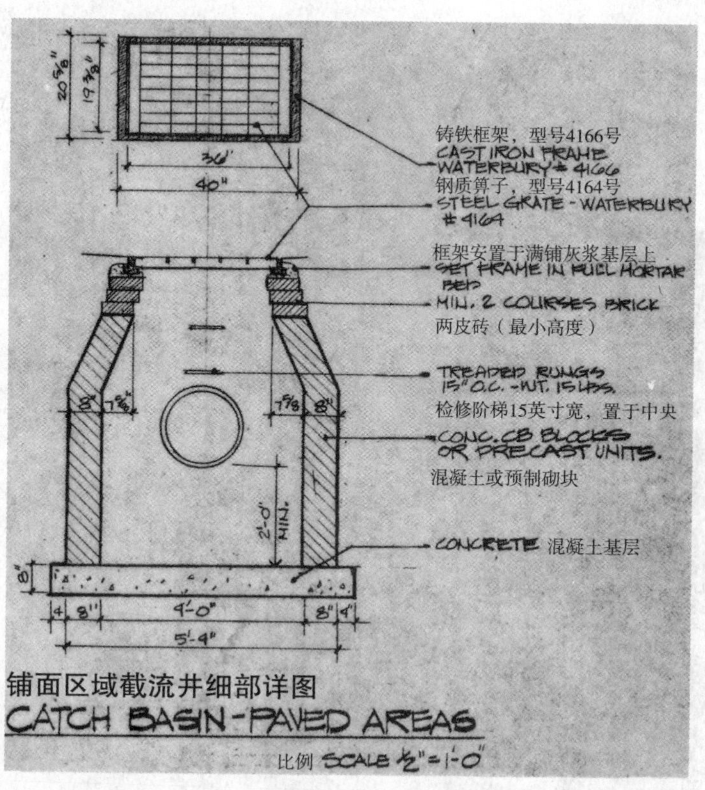

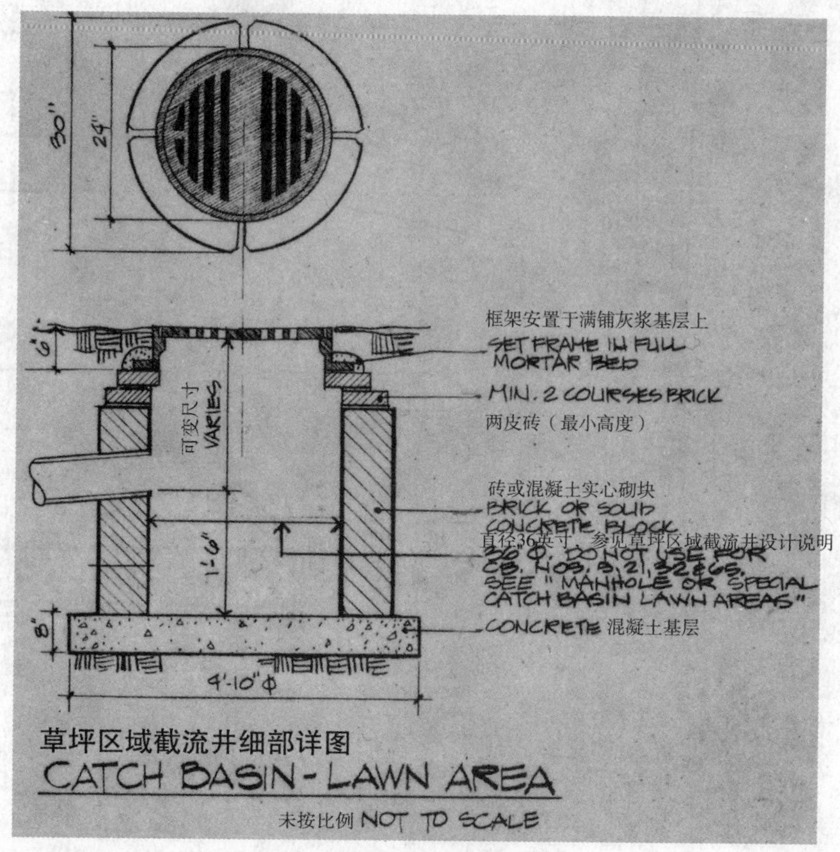

图12.56　截流井细部详图，由CR3建筑设计公司绘制

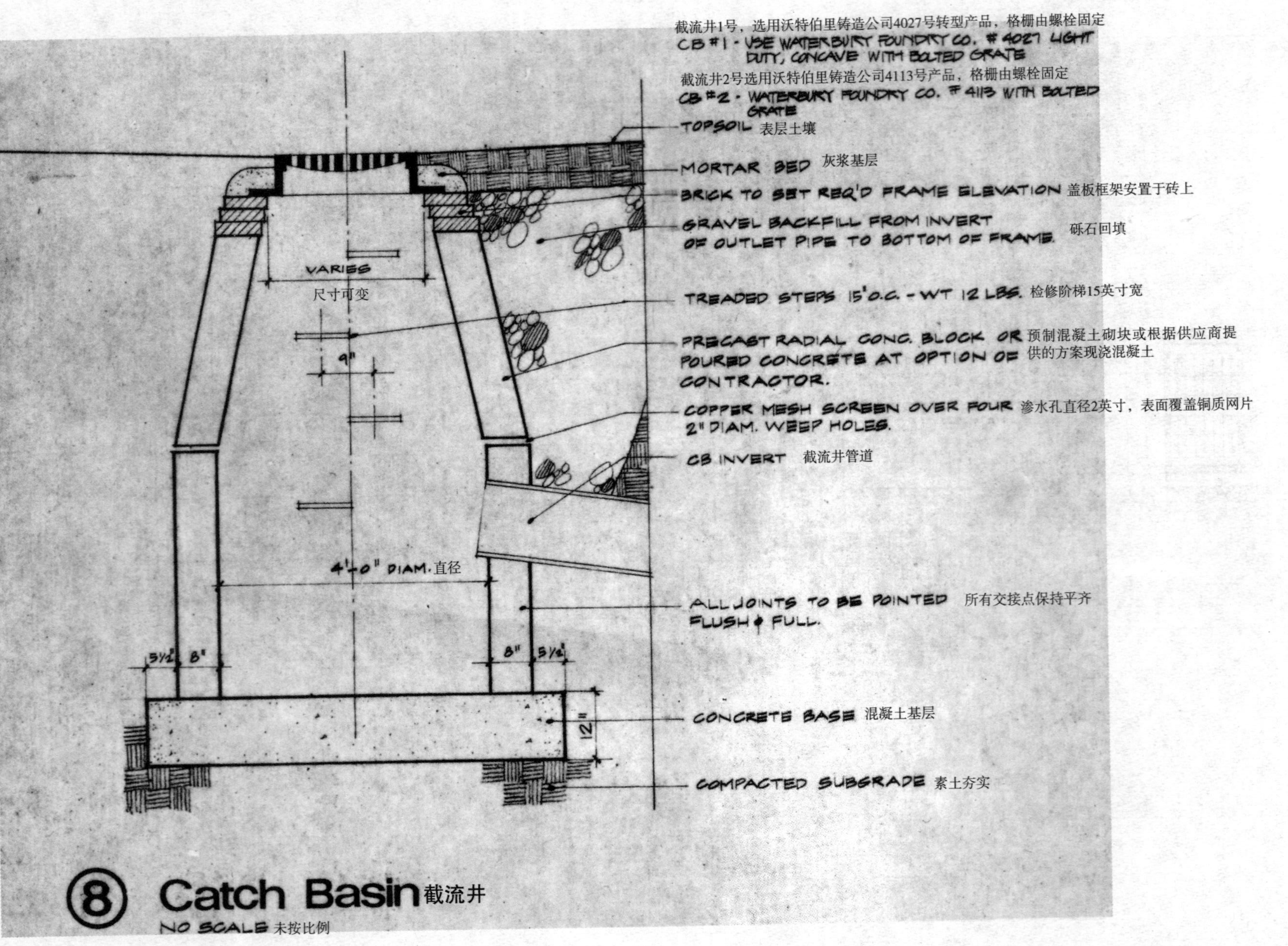

图12.57　截流井细部详图，由CR3建筑设计公司绘制

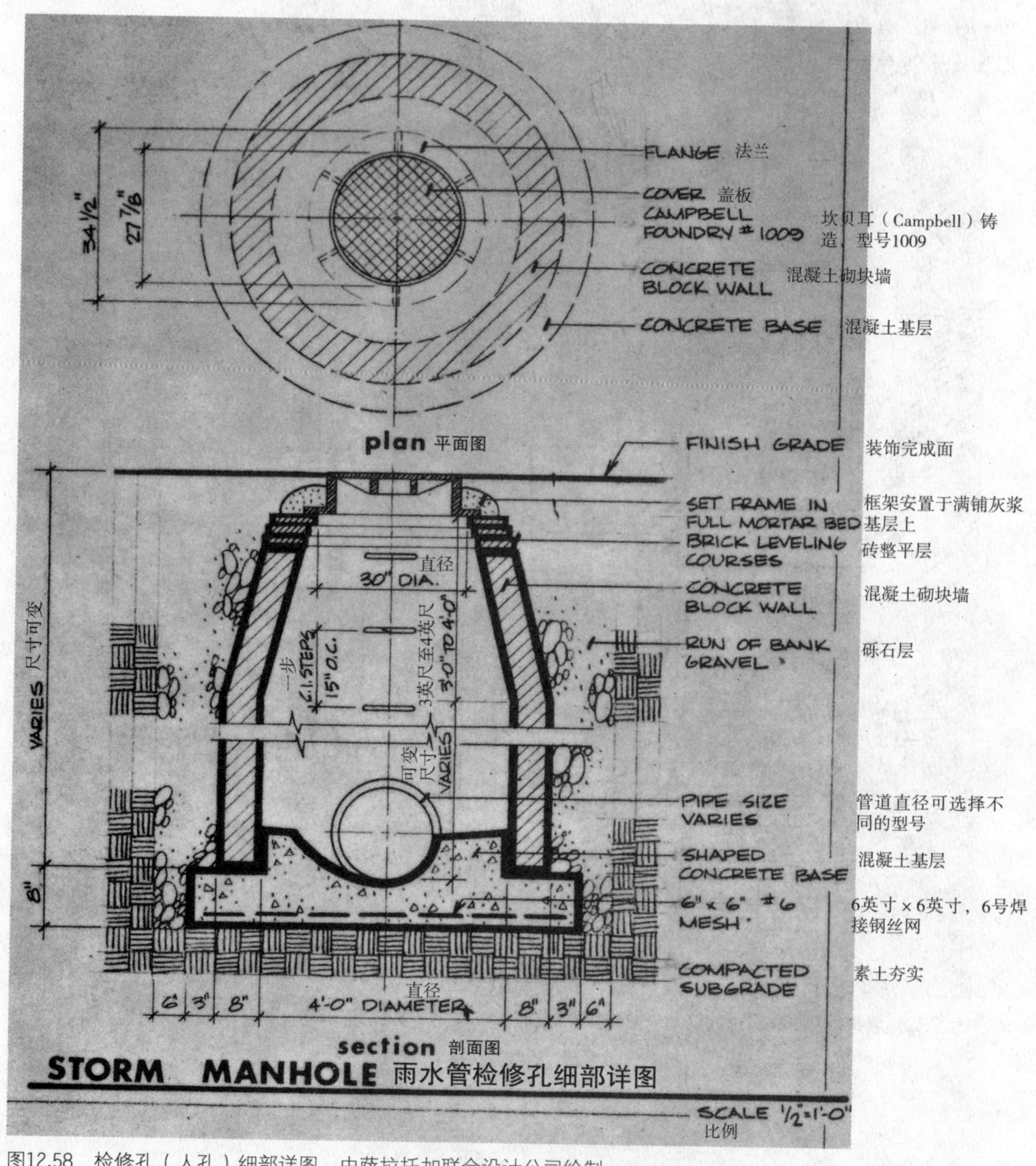

图12.58 检修孔（人孔）细部详图，由萨拉托加联合设计公司绘制

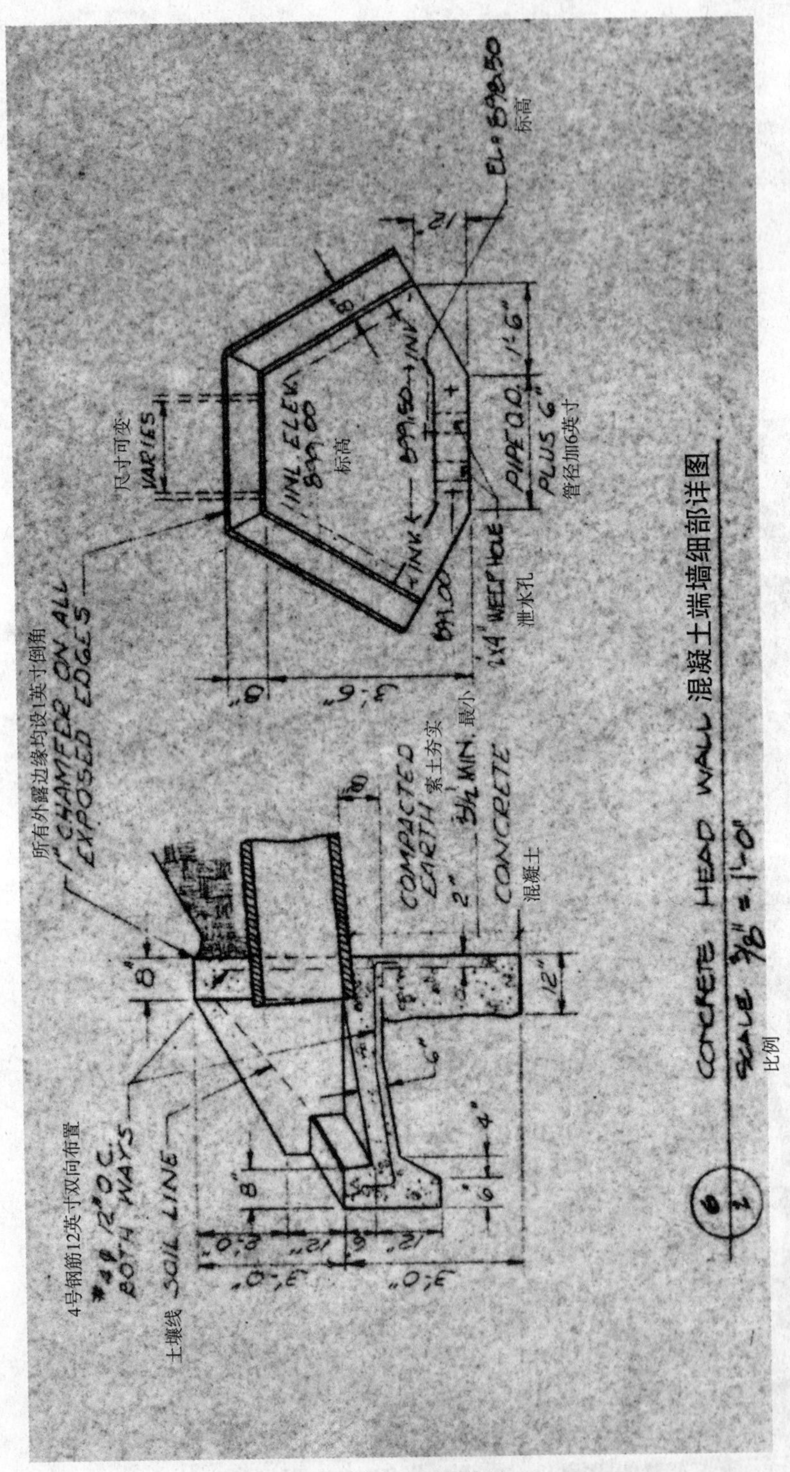

图12.59　墙头细部详图，由约翰逊夫妇和罗伊绘制

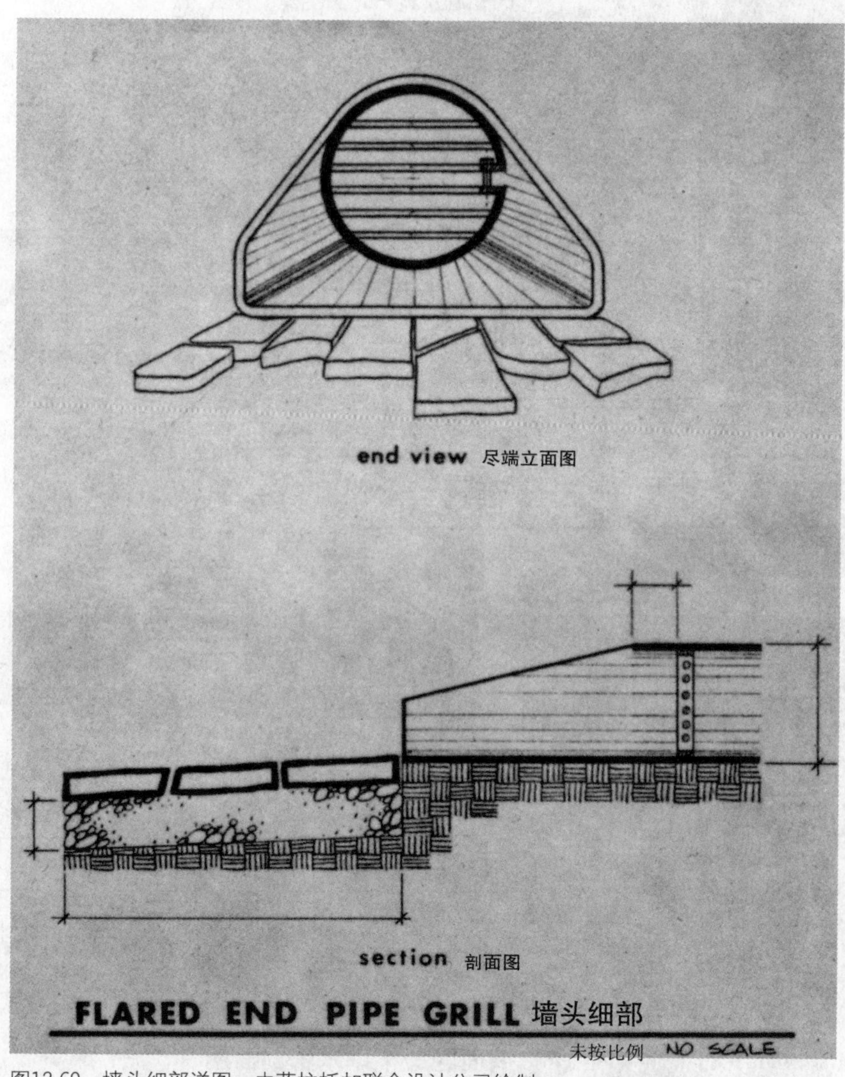

图12.60　墙头细部详图，由萨拉托加联合设计公司绘制

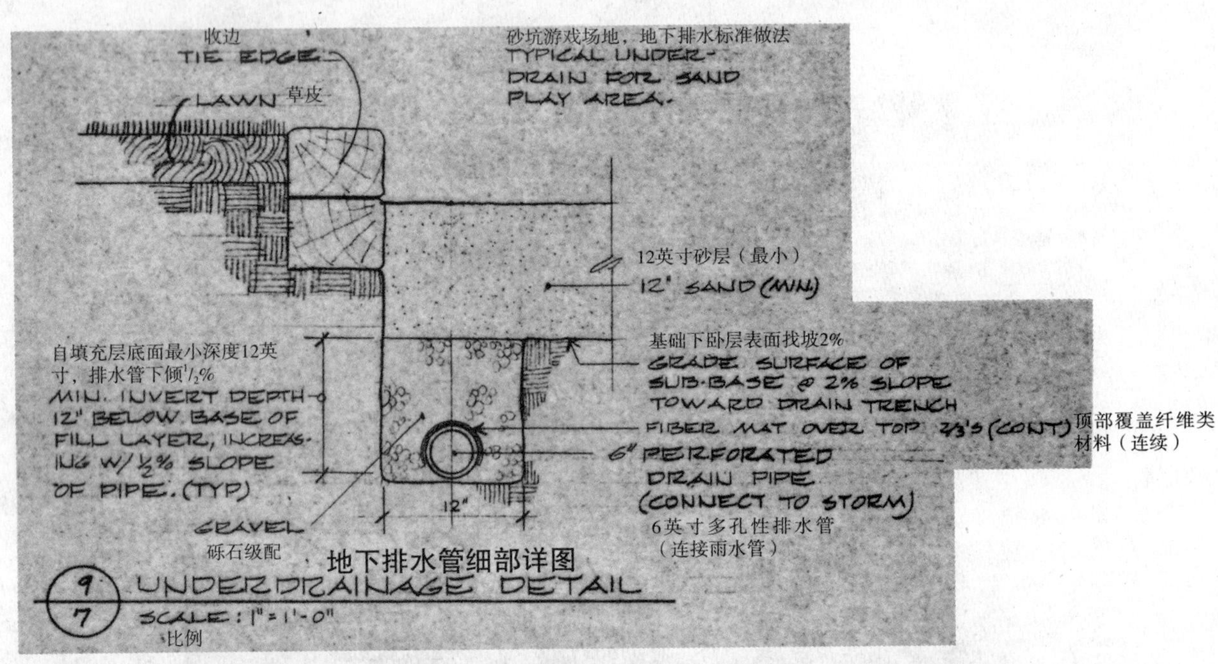

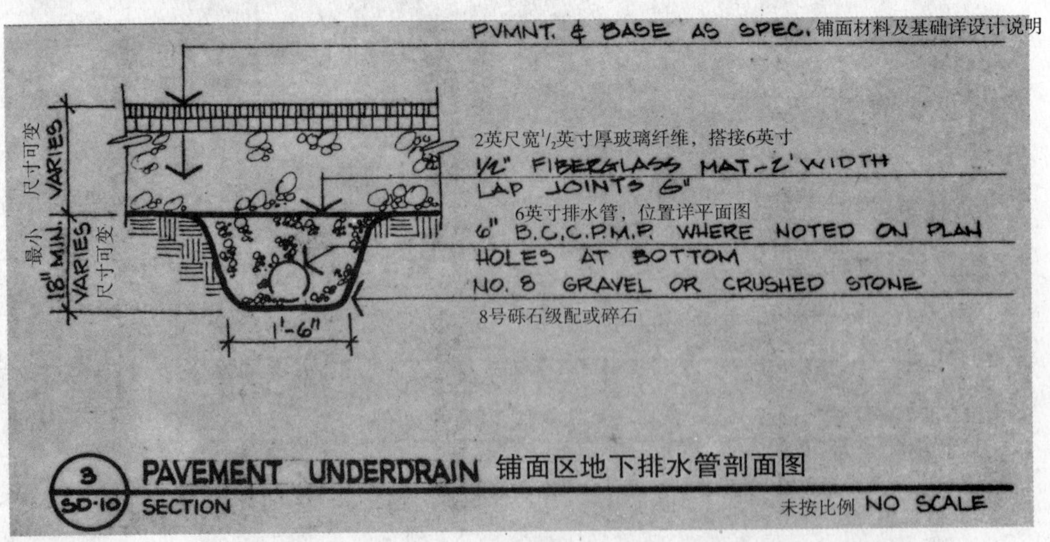

图12.61 地下排水管细部详图，上图由约翰逊夫妇和罗伊绘制，下图由邦内尔及其联合事务所绘制

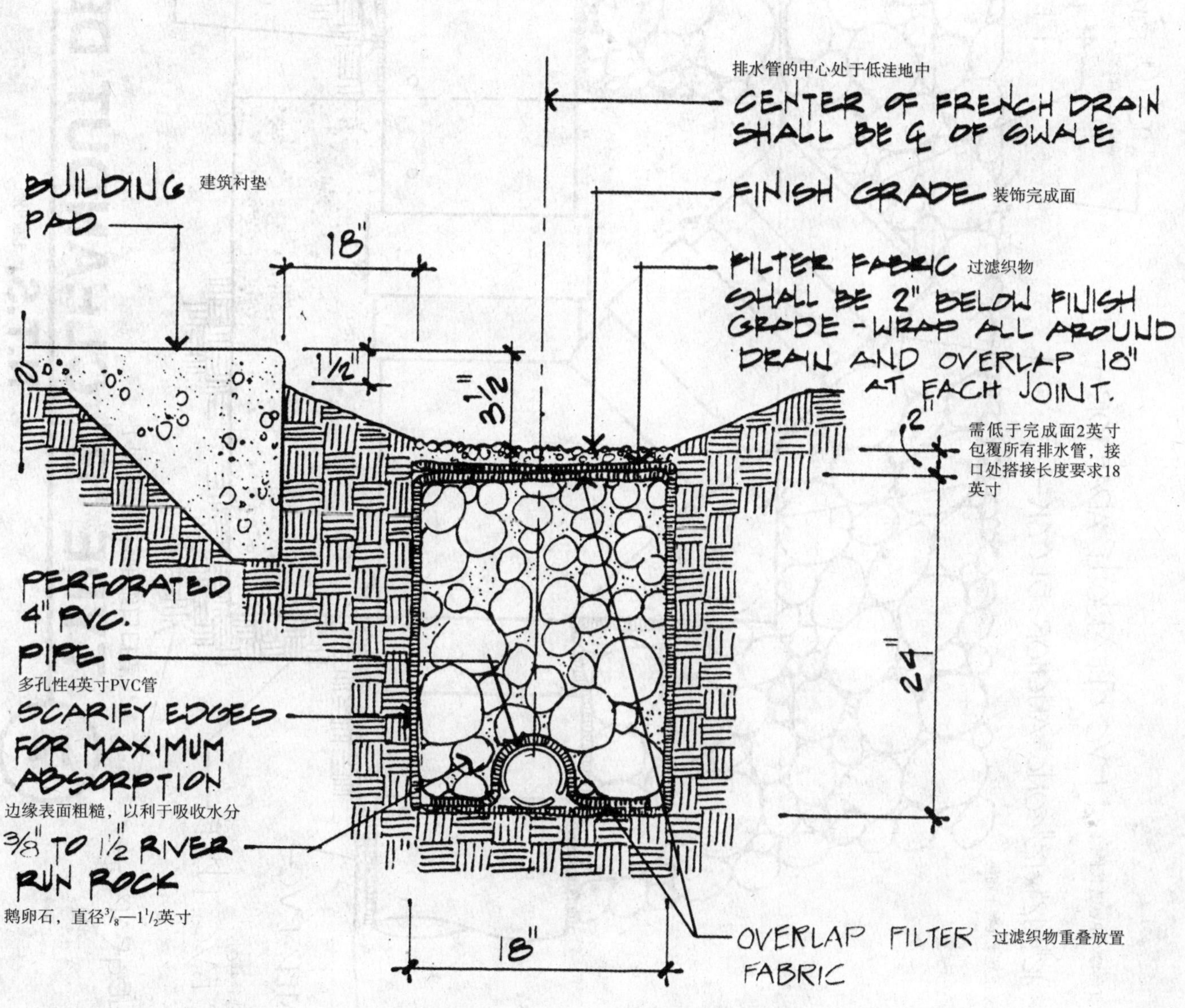

法式排水——“B”型

FRENCH DRAIN - TYPE “B”

2

N.T.S. 未按比例

图12.62　法式排水管细部详图，由奥瓦尔·尼德尔斯·塔门与伯根多夫绘制

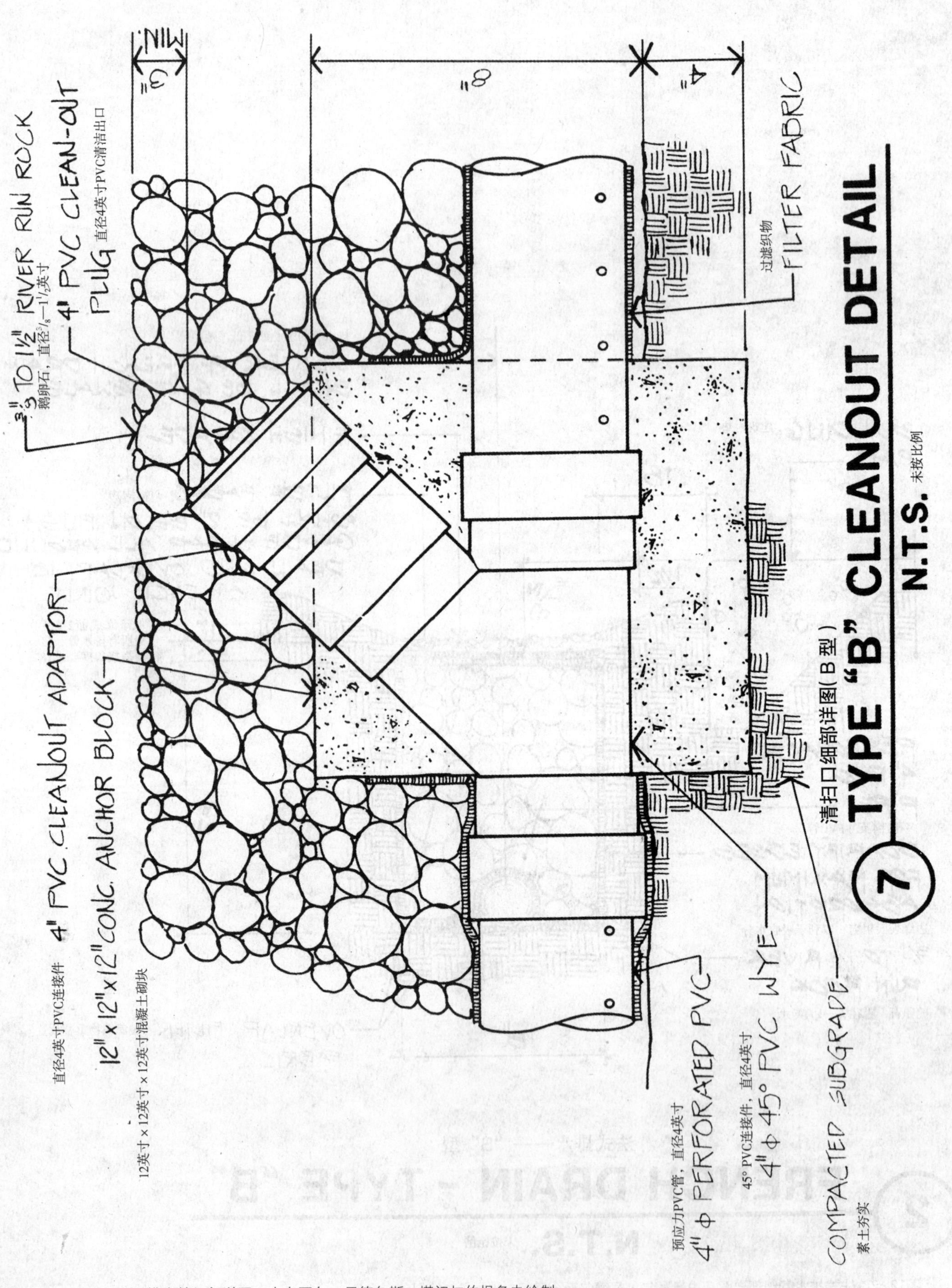

图12.63　排水管细部详图，由奥瓦尔·尼德尔斯·塔门与伯根多夫绘制

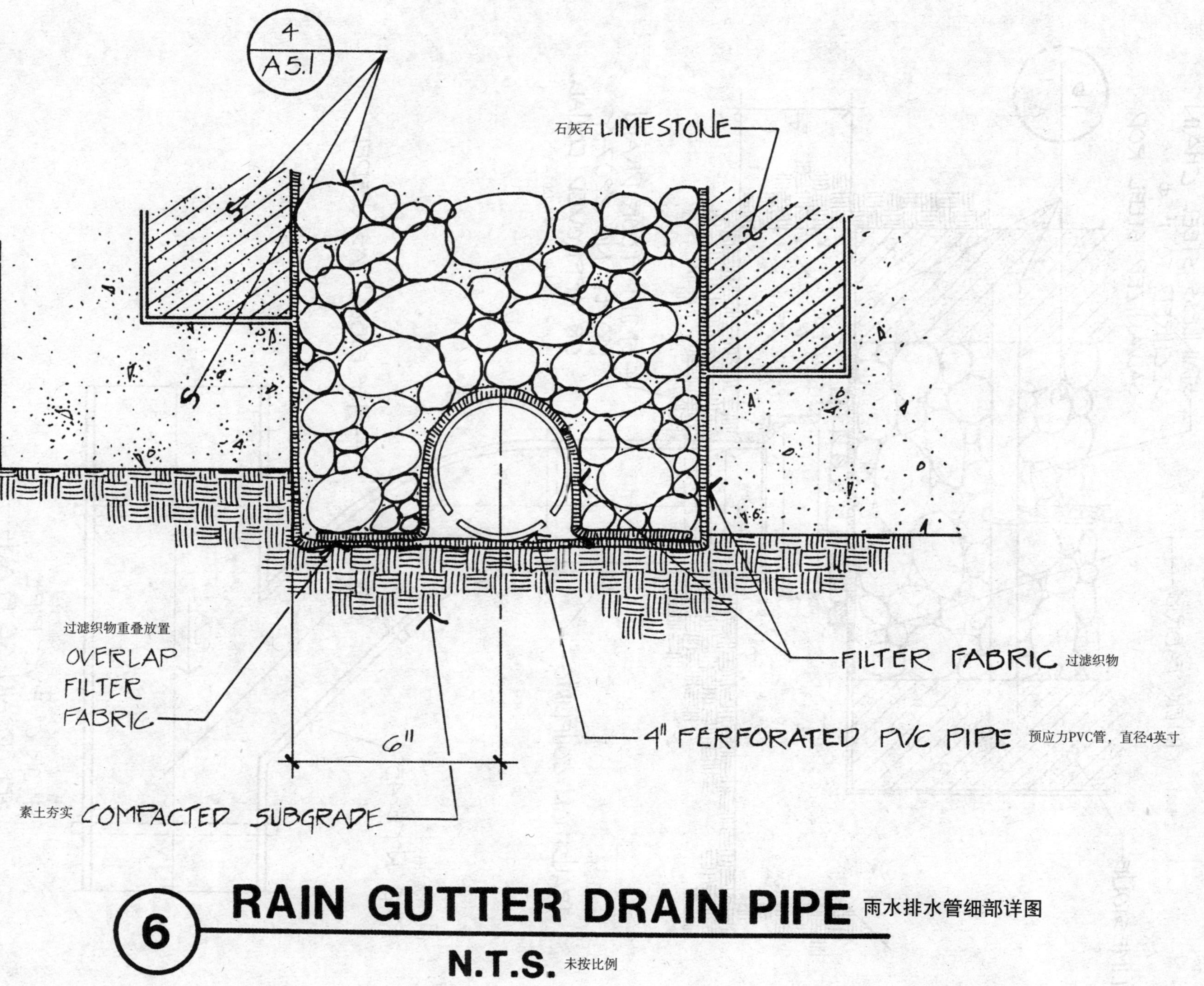

图12.64　排水管细部详图，由奥瓦尔·尼德尔斯·塔门与伯根多夫绘制

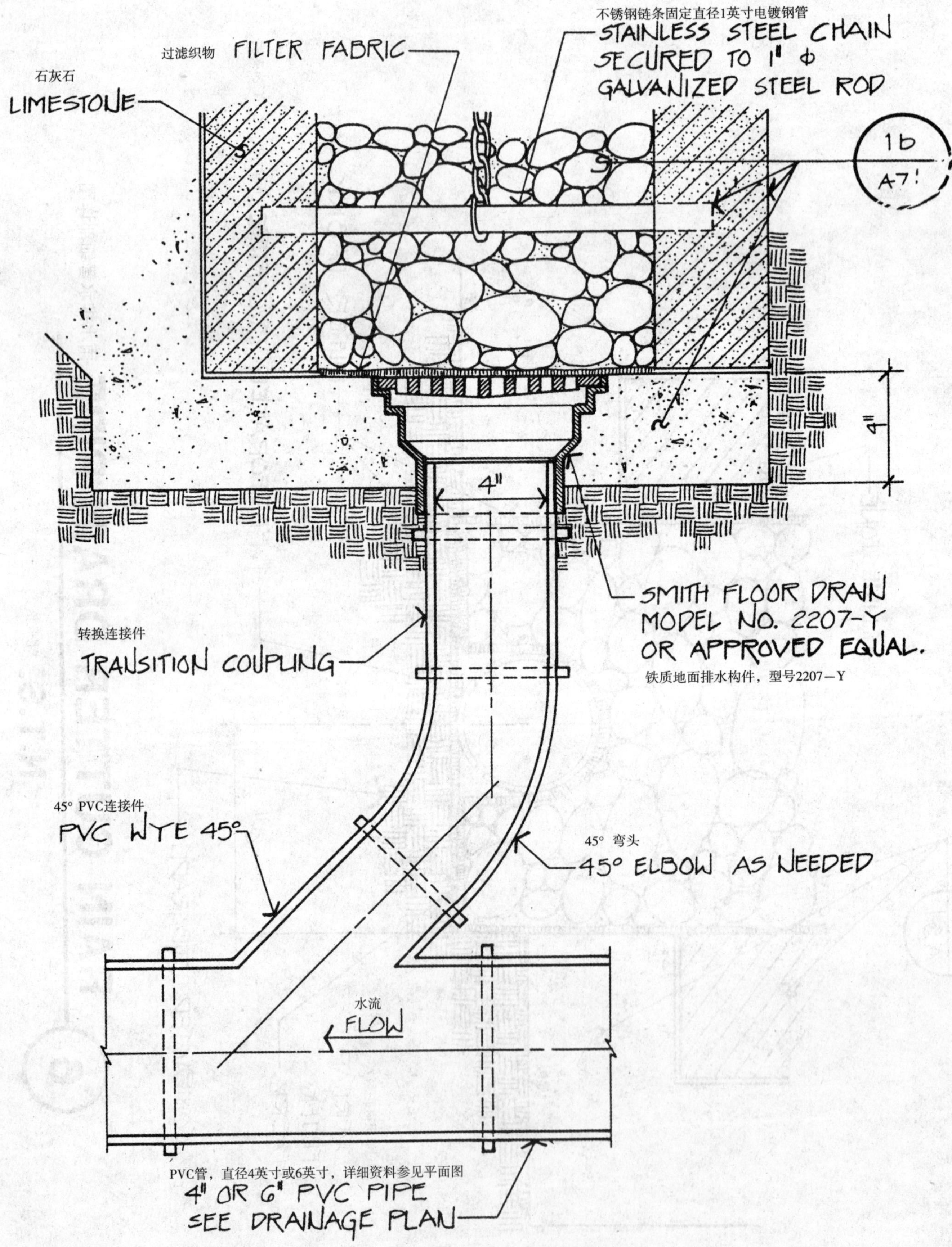

图12.65　排水管细部详图，由奥瓦尔·尼德尔斯·塔门与伯根多夫绘制

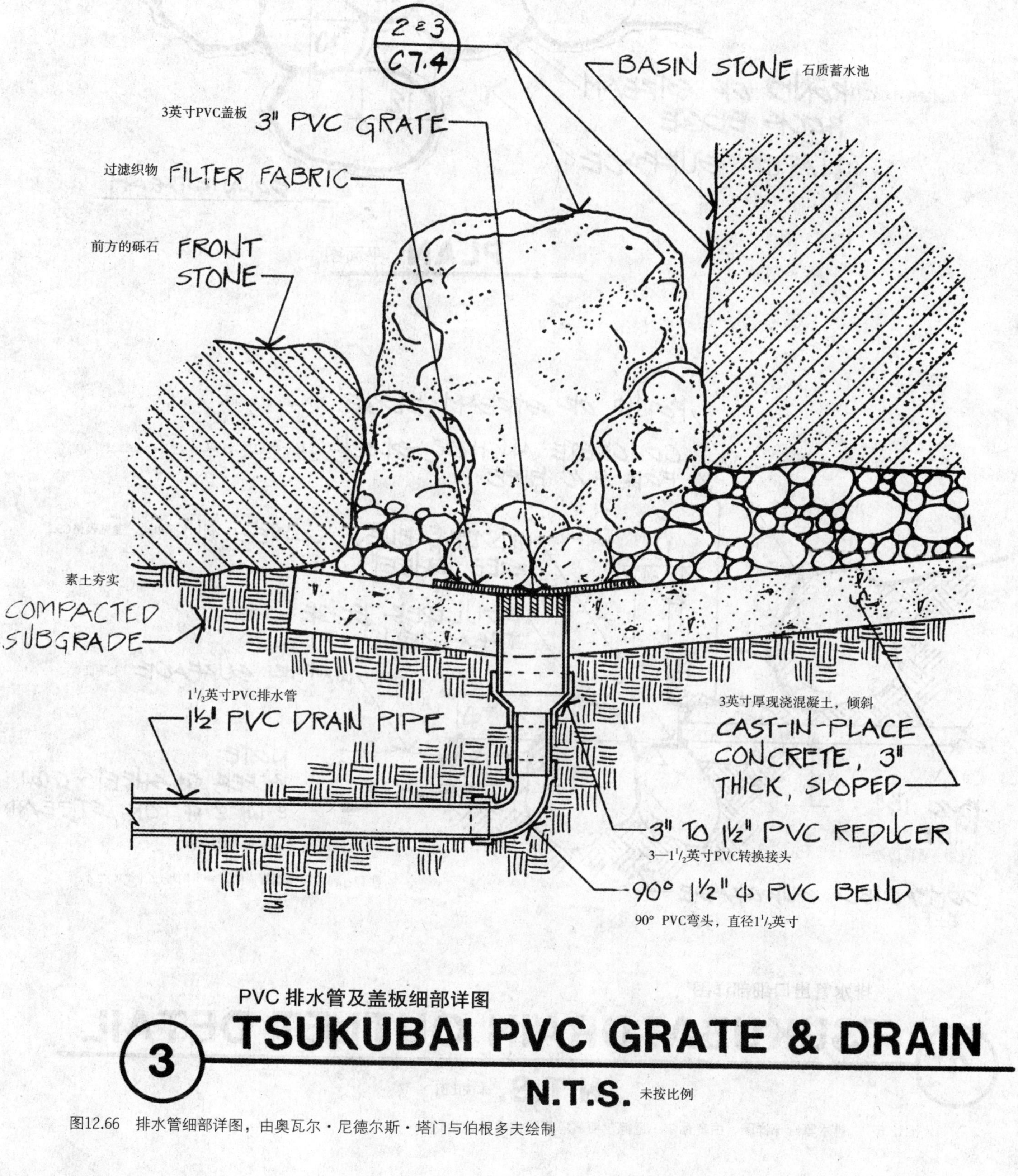

2 & 3
C7.4

BASIN STONE 石质蓄水池

3英寸PVC盖板 3" PVC GRATE

过滤织物 FILTER FABRIC

前方的砾石 FRONT STONE

素土夯实
COMPACTED SUBGRADE

$1^{1}/_{2}$英寸PVC排水管
1½" PVC DRAIN PIPE

3英寸厚现浇混凝土，倾斜
CAST-IN-PLACE CONCRETE, 3" THICK, SLOPED

3" TO 1½" PVC REDUCER
3—$1^{1}/_{2}$英寸PVC转换接头

90° 1½" Φ PVC BEND
90° PVC弯头，直径$1^{1}/_{2}$英寸

PVC 排水管及盖板细部详图

TSUKUBAI PVC GRATE & DRAIN

N.T.S. 未按比例

图12.66　排水管细部详图，由奥瓦尔・尼德尔斯・塔门与伯根多夫绘制

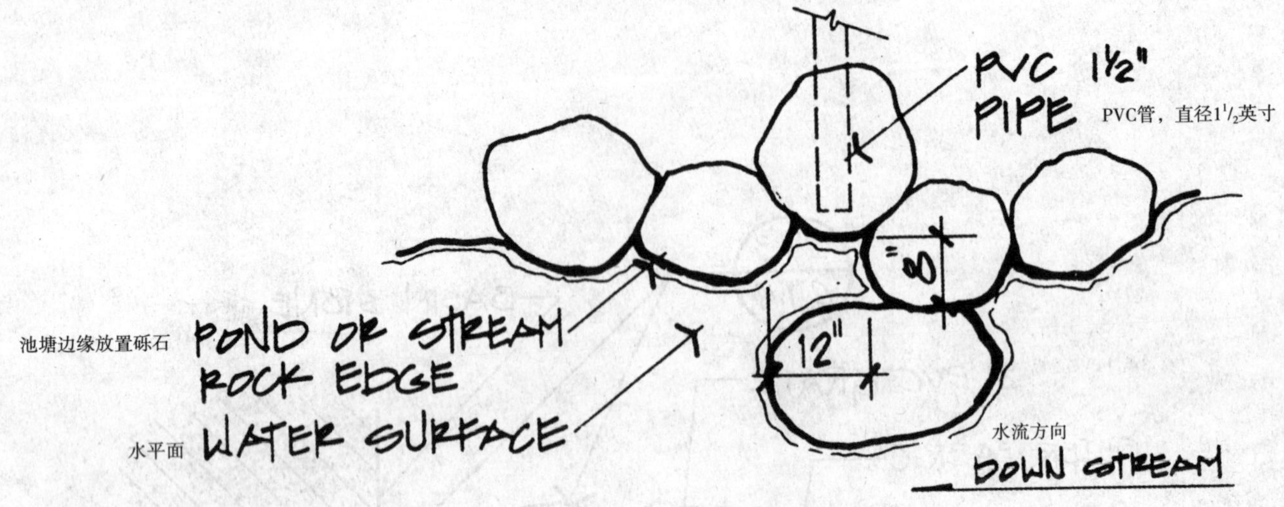

PLAN 平面图

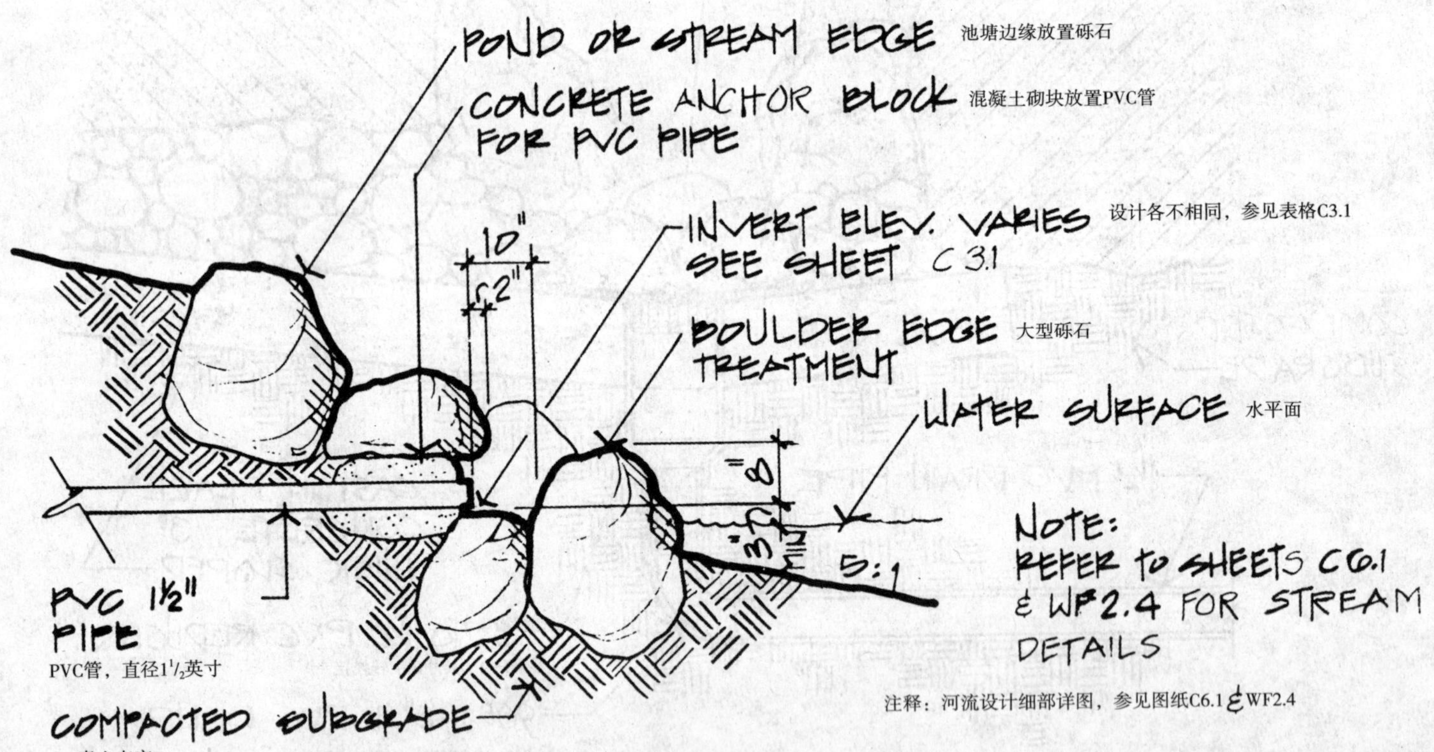

排水管出口细部详图

4 TSUKUBAI DRAIN OUTLET DETAIL

N.T.S. 未按比例

图12.67　排水管细部详图，由奥瓦尔·尼德尔斯·塔门与伯根多夫绘制

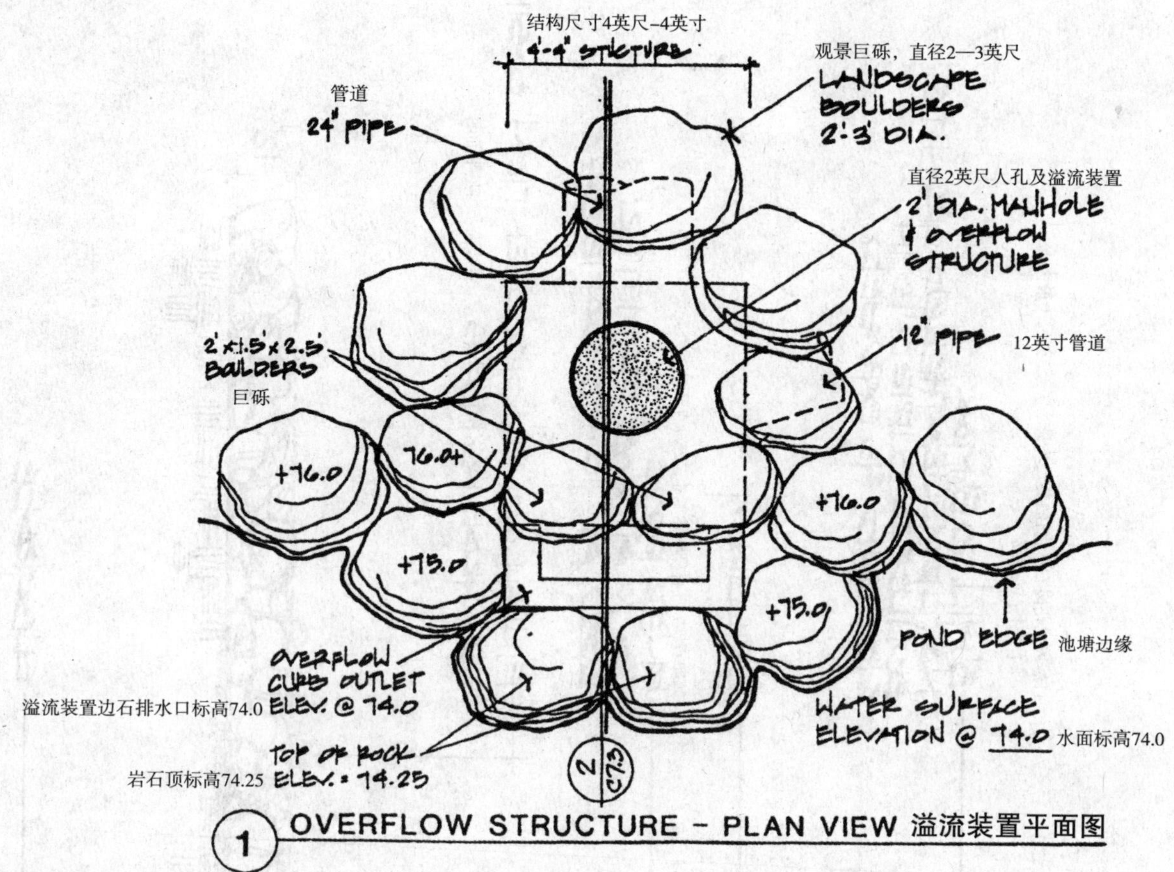

1 OVERFLOW STRUCTURE – PLAN VIEW 溢流装置平面图

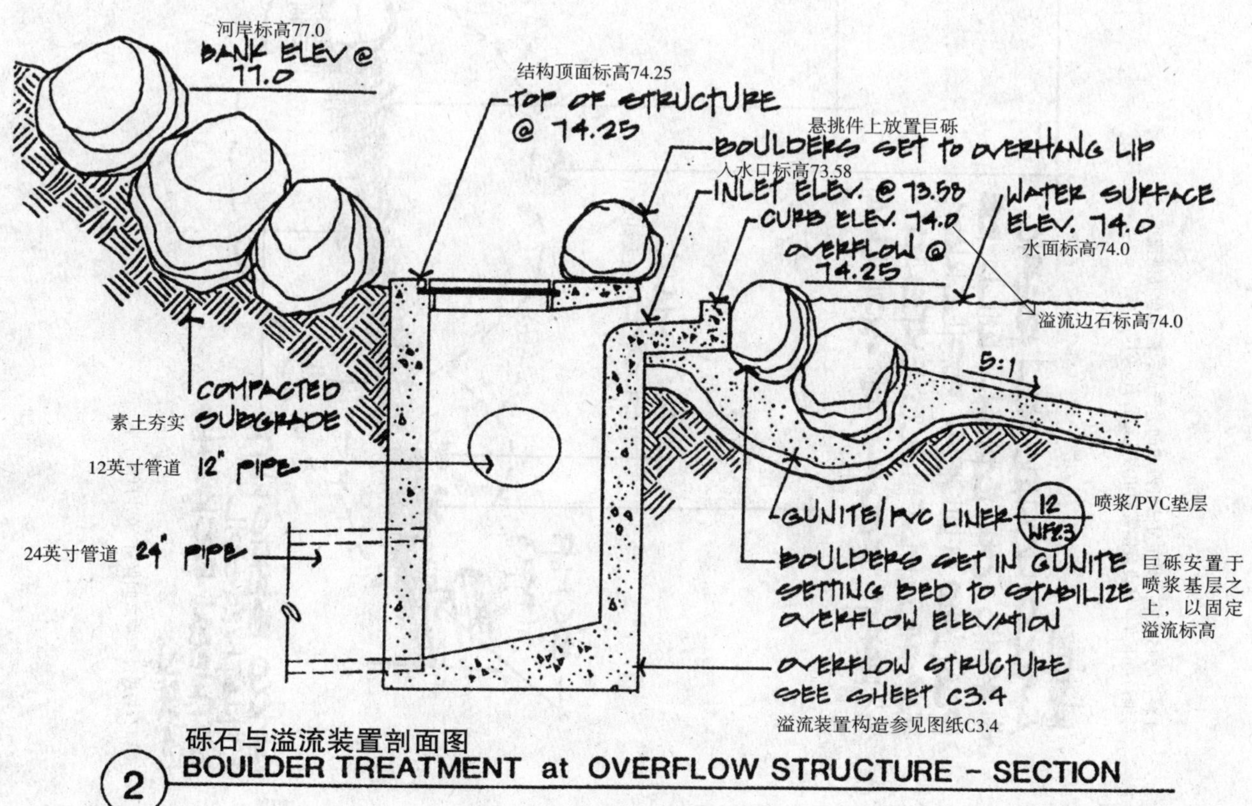

砾石与溢流装置剖面图

2 BOULDER TREATMENT at OVERFLOW STRUCTURE – SECTION

图12.68 排水管细部详图，由奥瓦尔·尼德尔斯·塔门与伯根多夫绘制

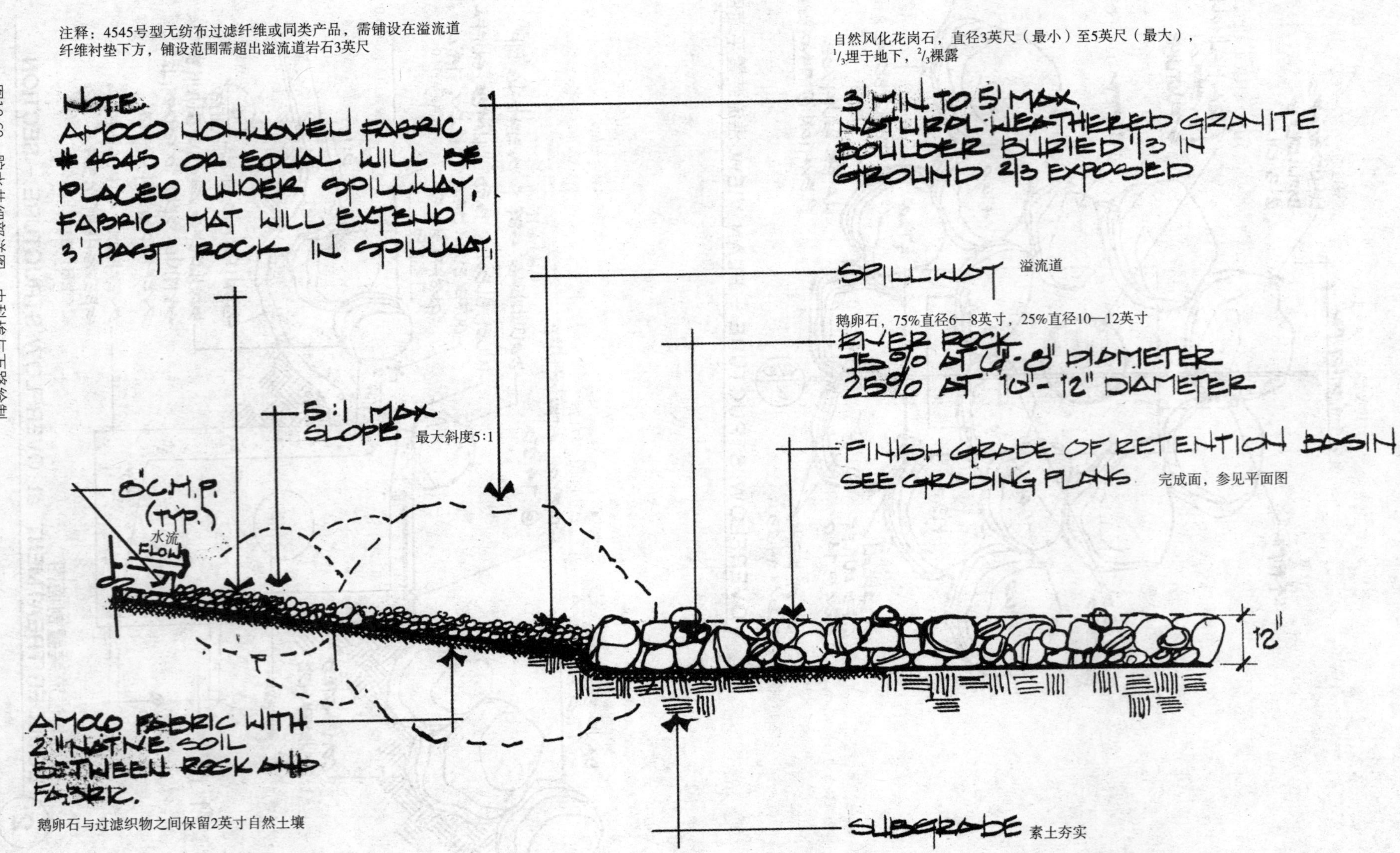

图12.69　贮水井细部详图，由科埃与万路绘制

图12.70　设置在人行道下面的排水沟

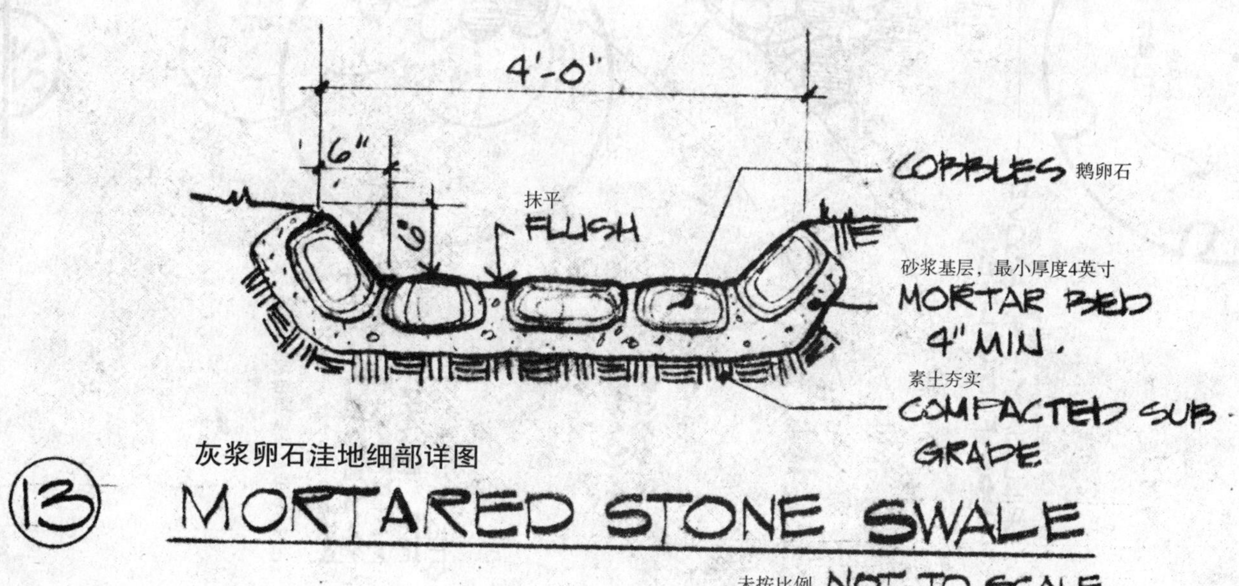

图12.71　低洼地细部详图，由CR3建筑设计公司绘制

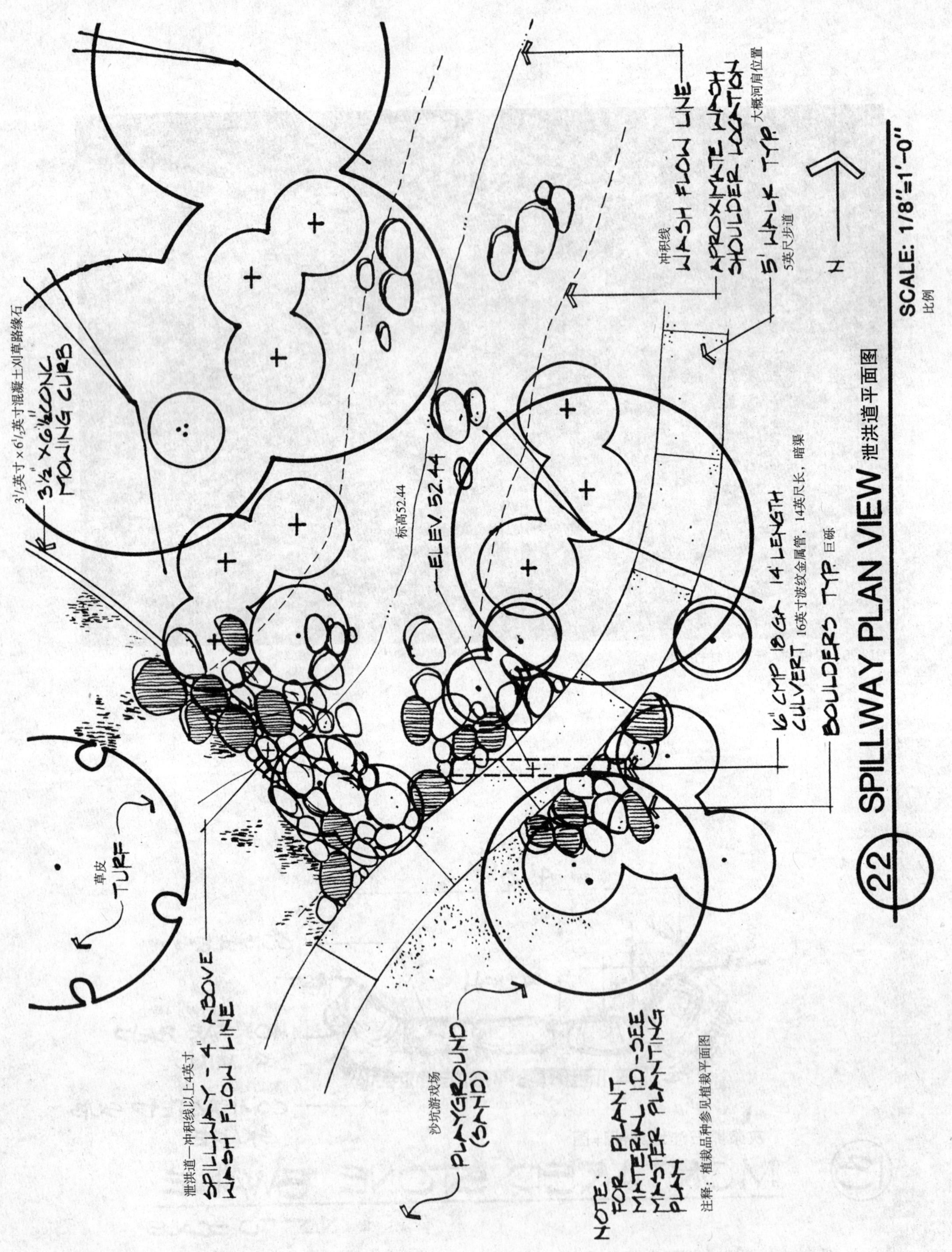

图12.72 排水管细部详图，由科埃与万路绘制

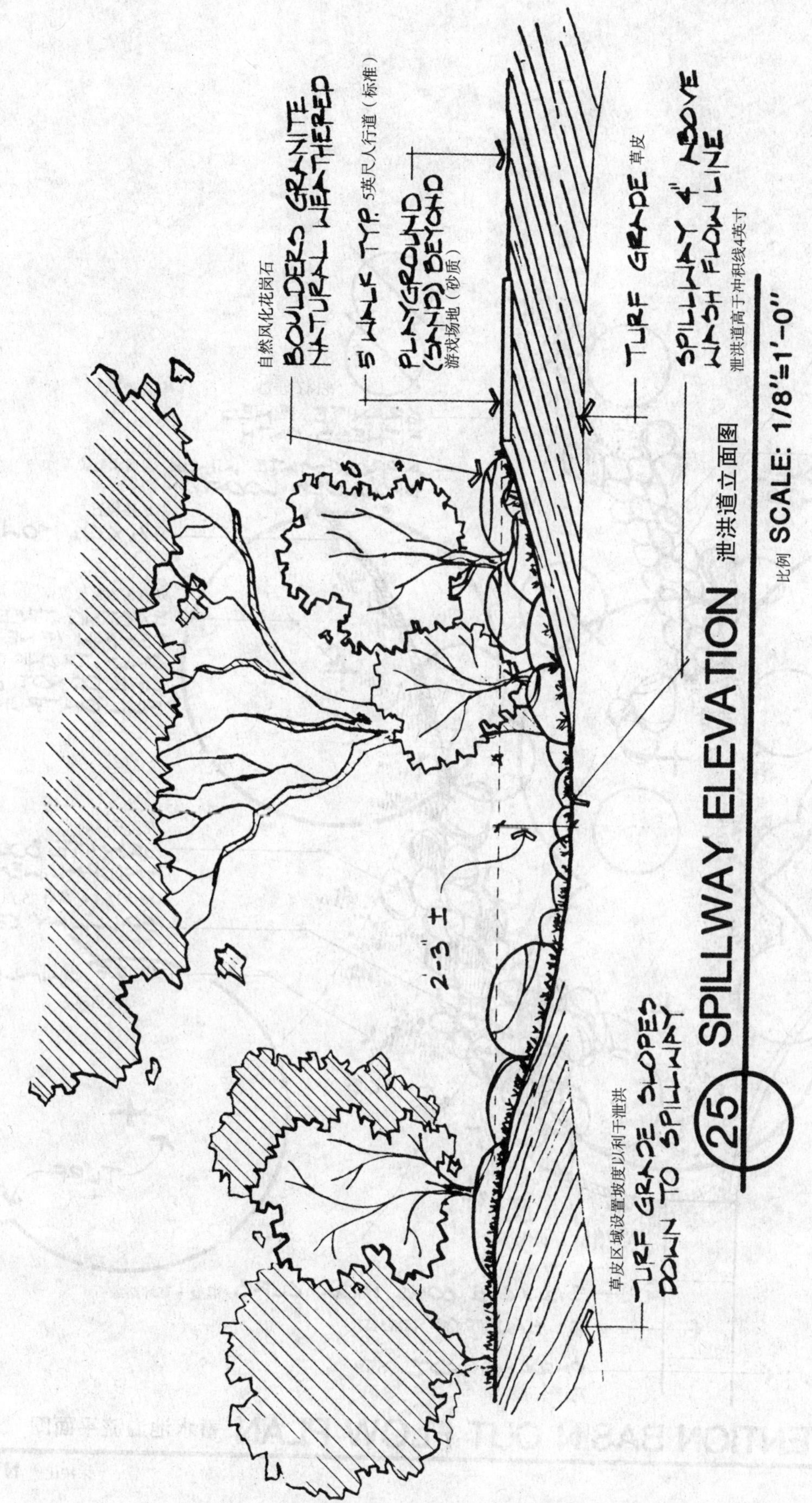

图12.73 排水管细部详图，由科埃与万路绘制

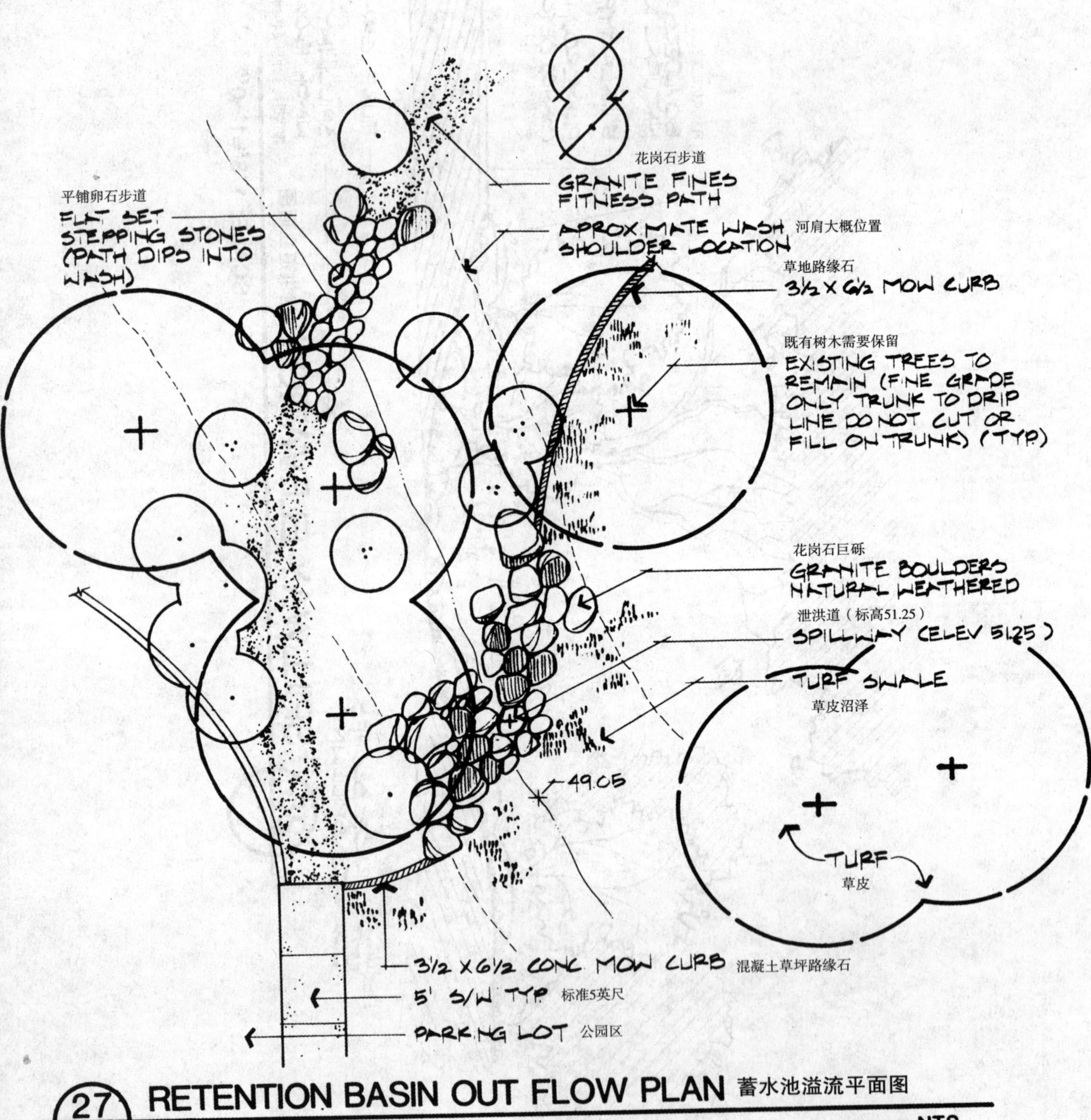

图12.74　蓄水池平面图，由科埃与万路绘制

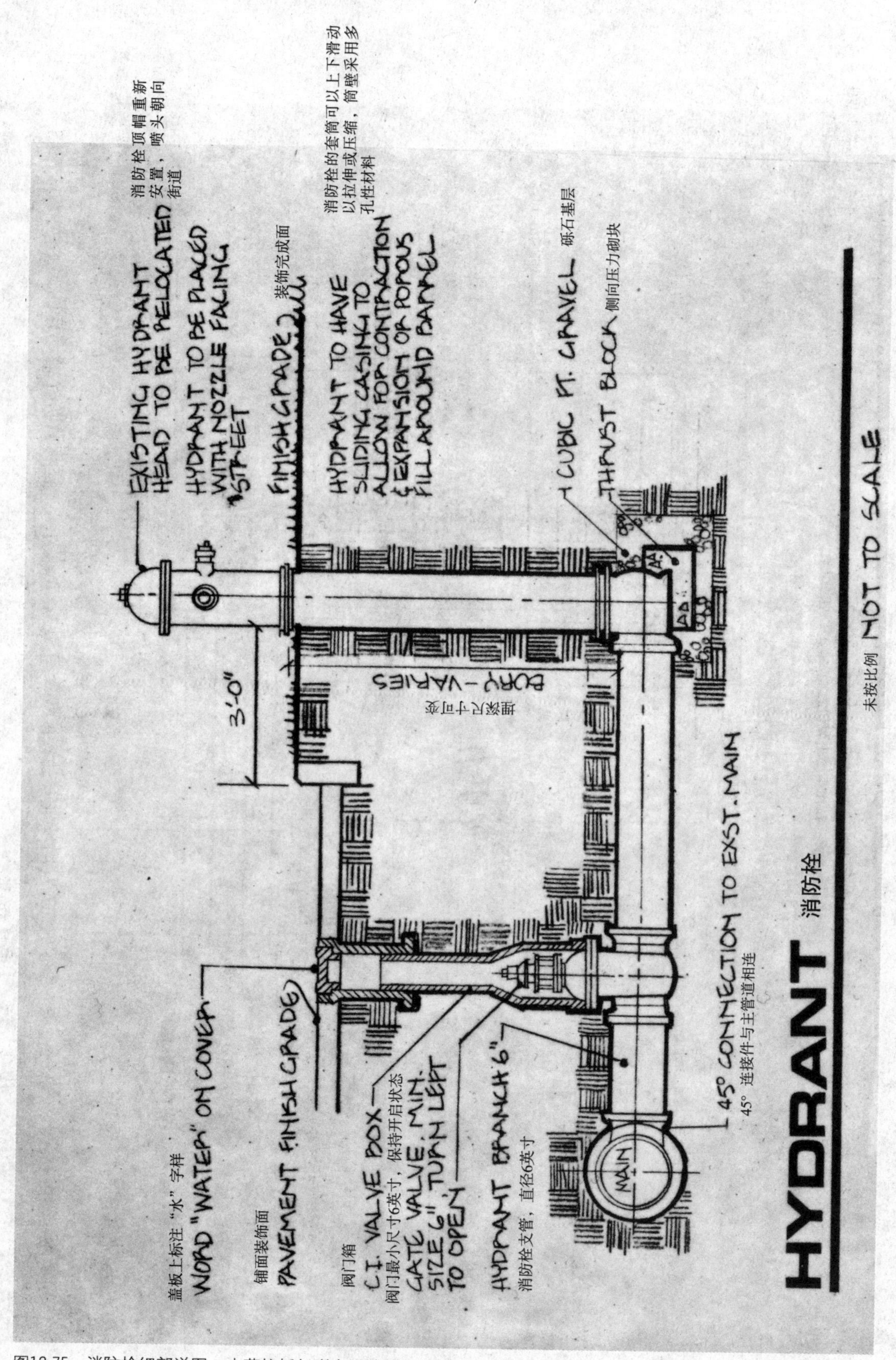

图12.75　消防栓细部详图，由萨拉托加联合设计公司绘制

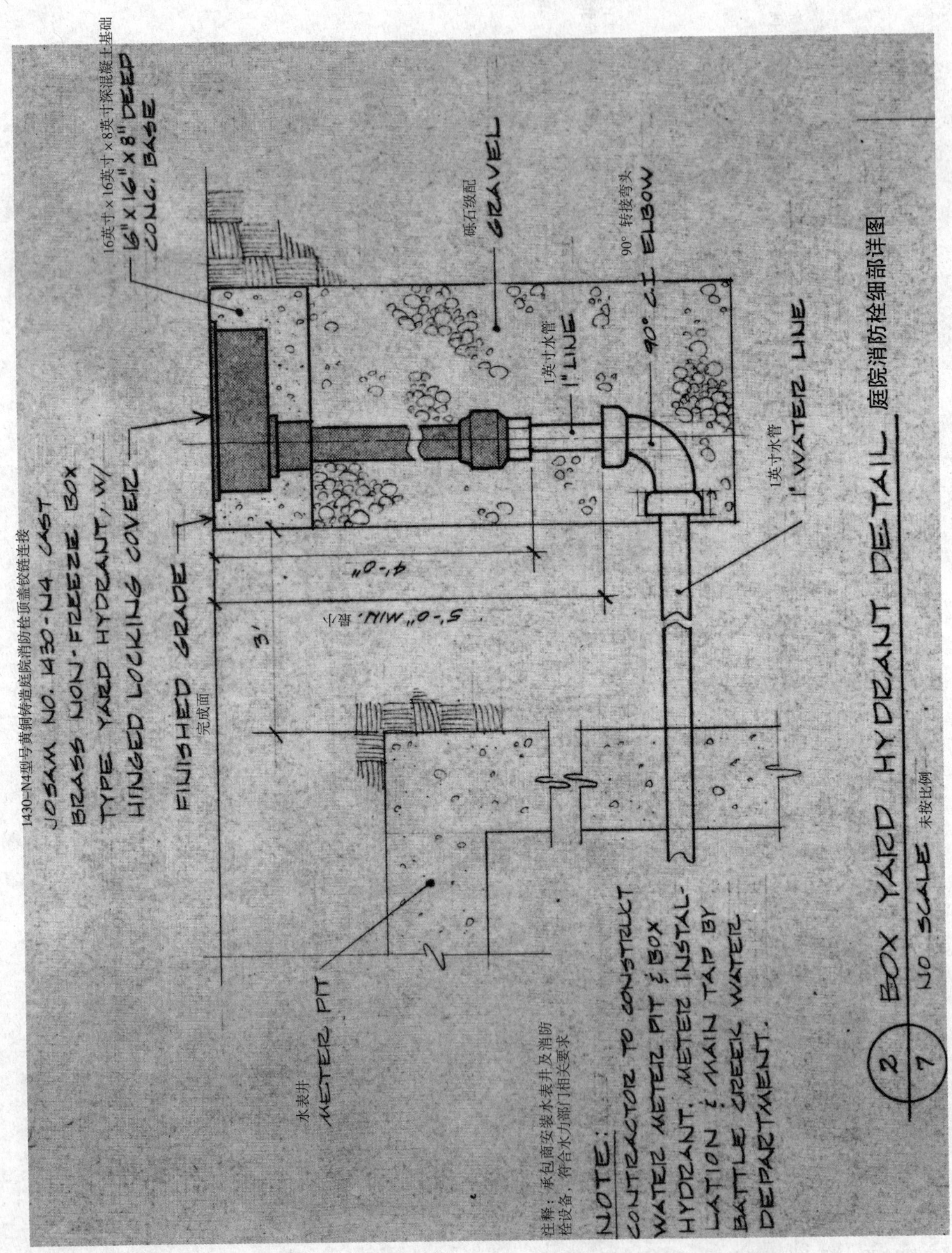

图12.76　庭院消防栓细部详图，由约翰逊夫妇和罗伊绘制

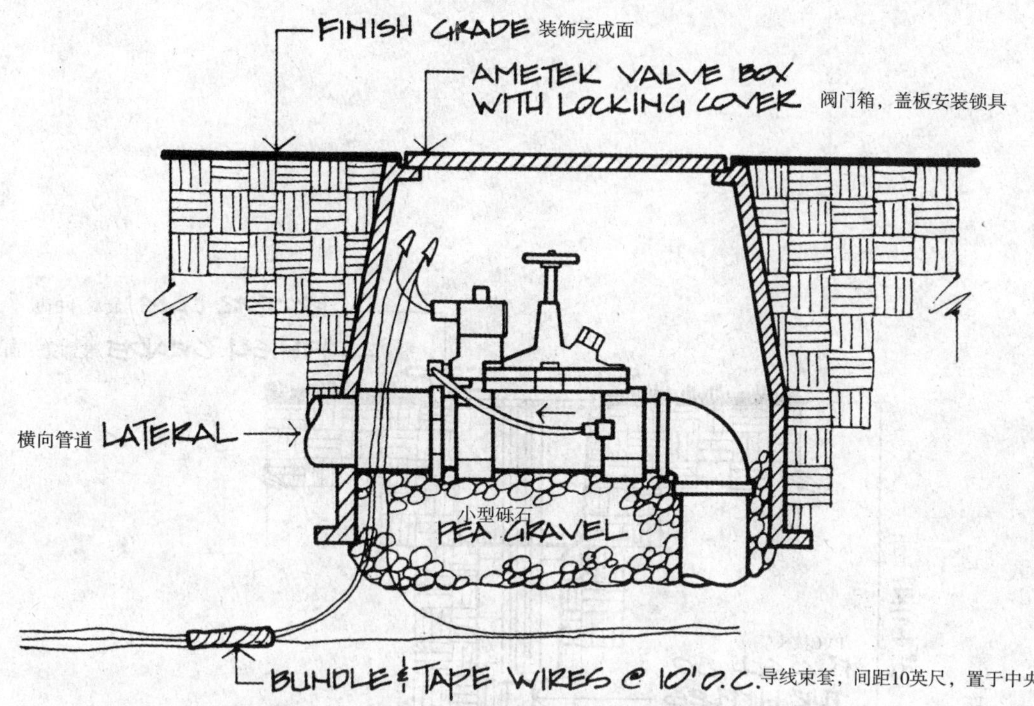

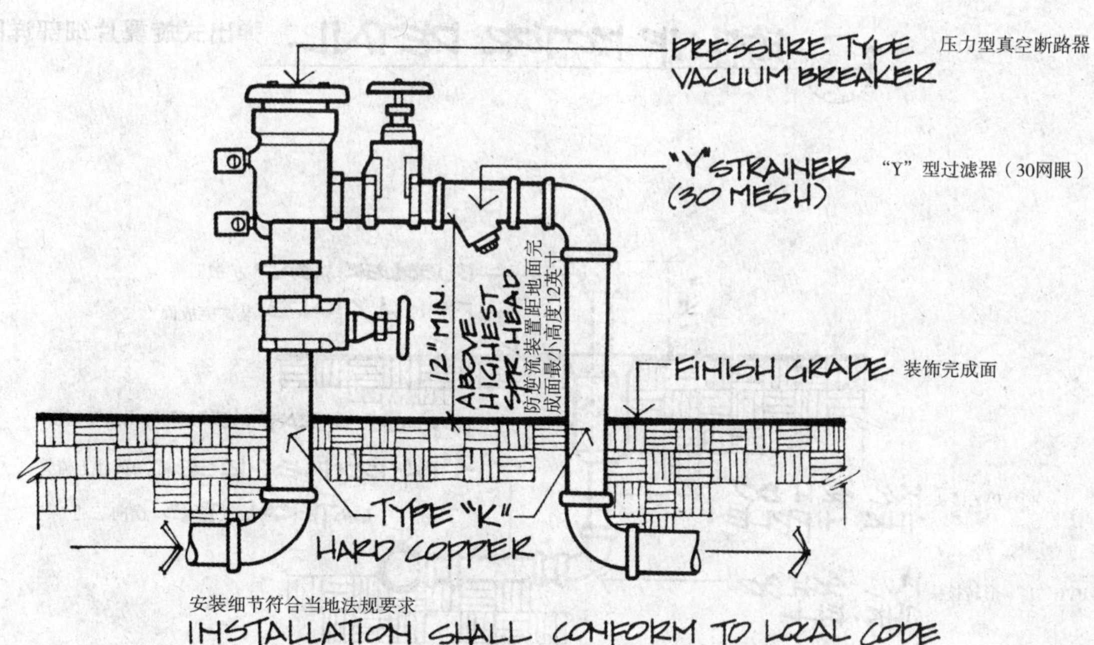

图12.77　灌溉系统细部详图

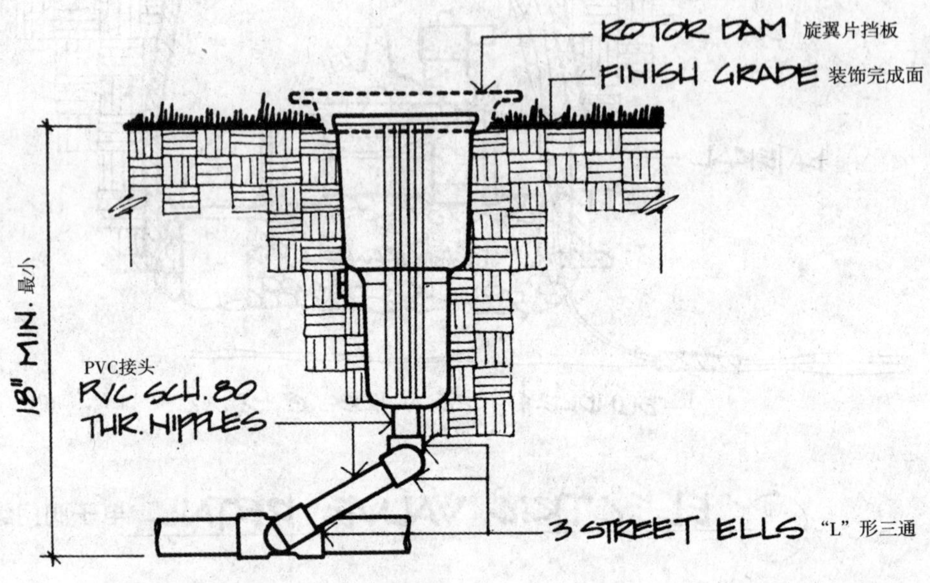

POP-UP ROTOR DETAIL 弹出式旋翼片细部详图

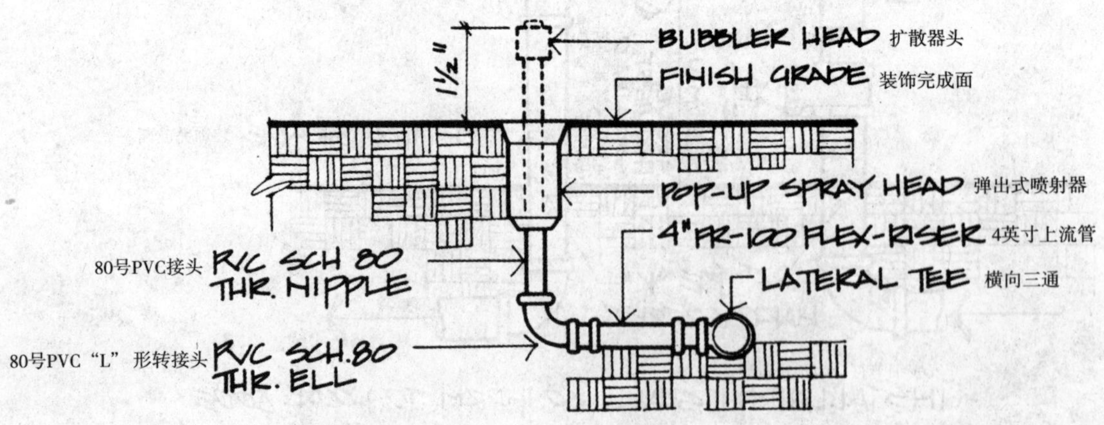

SPRAY & BUBBLER DETAIL 喷射 / 扩散器细部详图

图12.78　灌溉系统细部详图

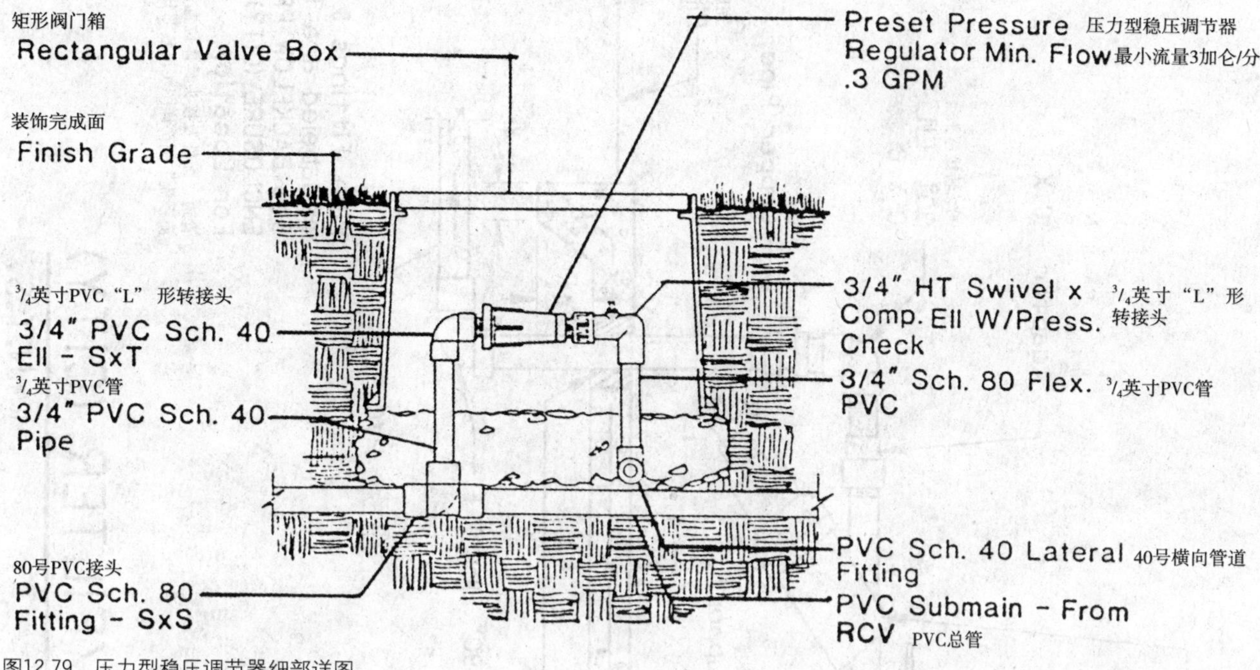

图12.79 压力型稳压调节器细部详图

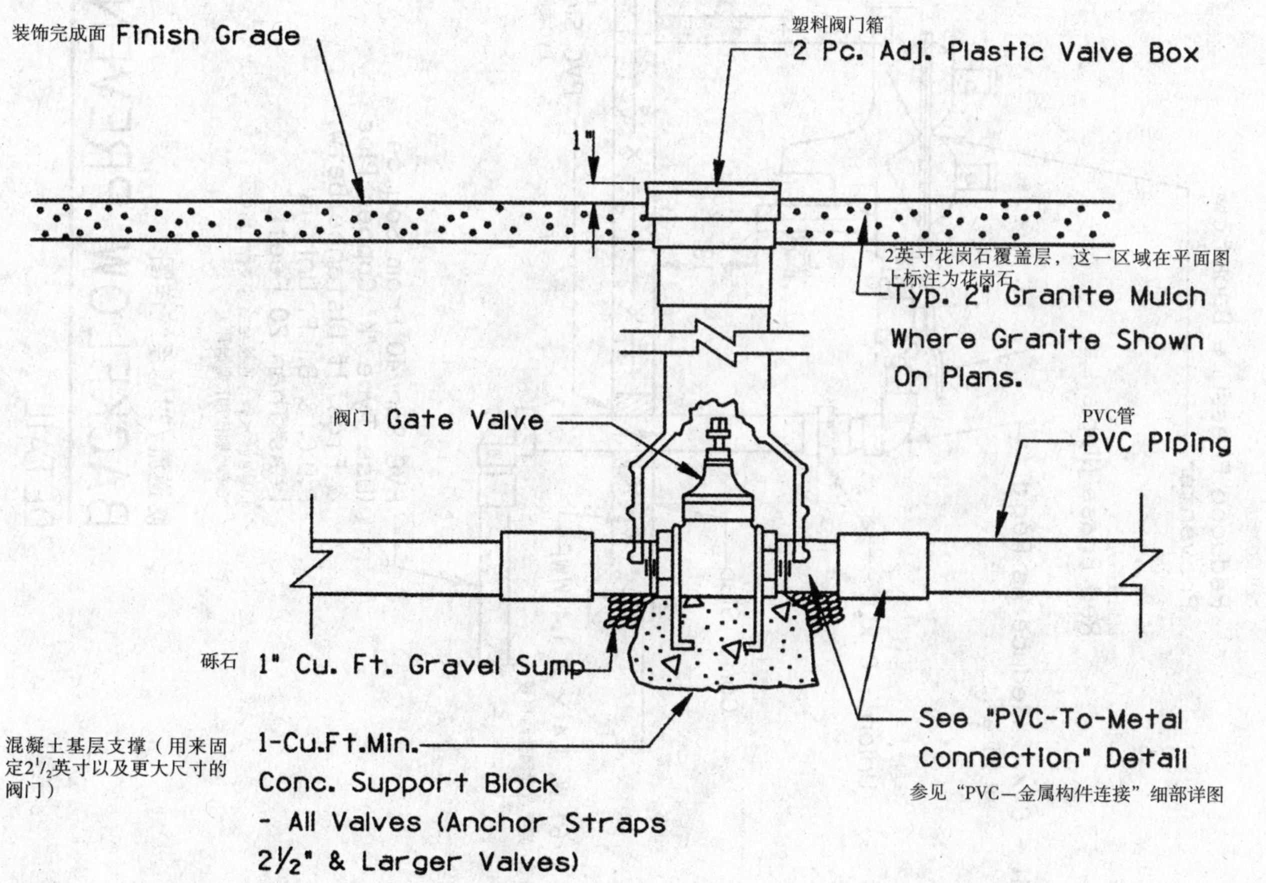

图12.80 阀门，CAD施工图由亚利桑那州运输部门绘制

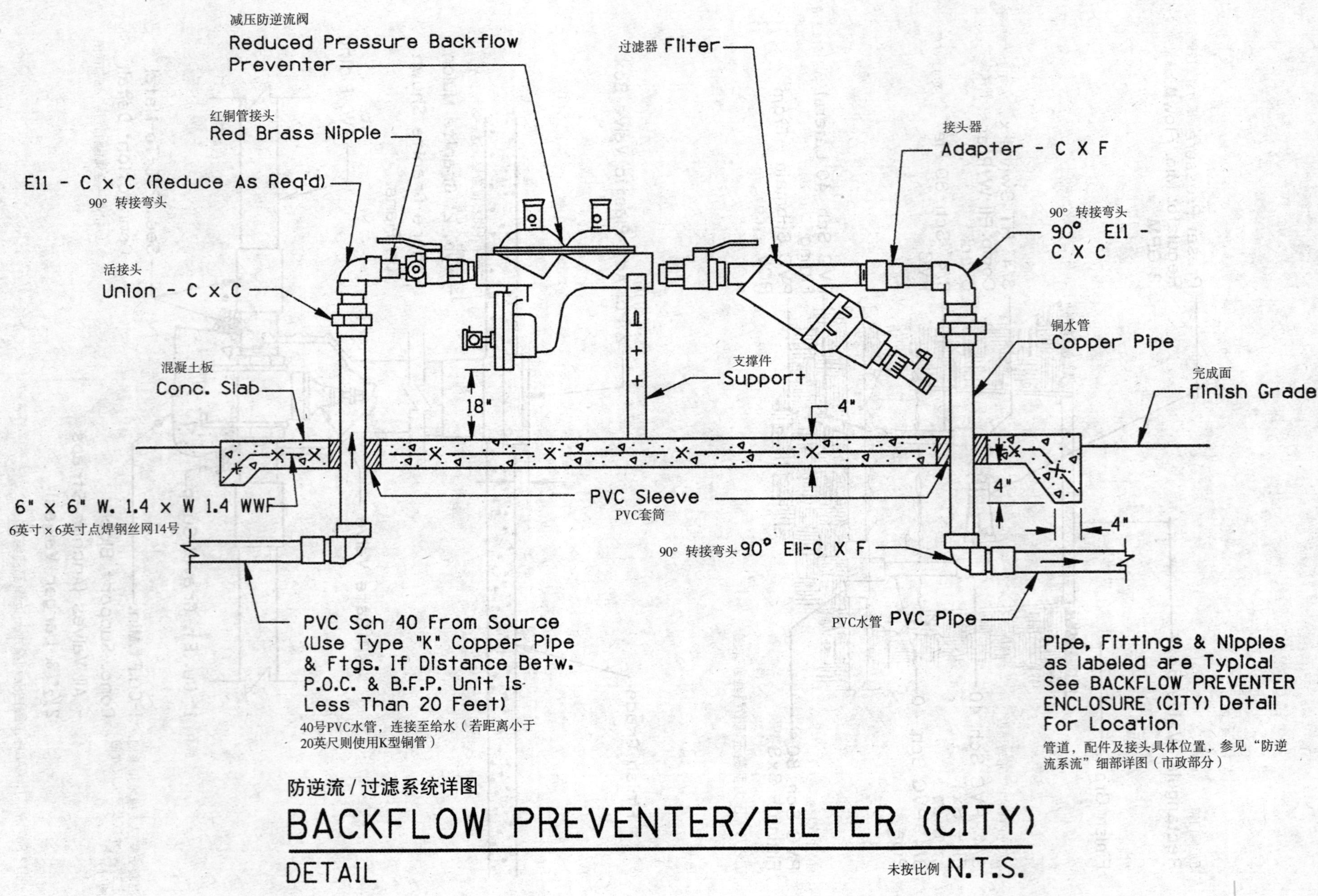

图12.81　草坪灌溉系统CAD细部详图，由亚利桑那州运输部门绘制

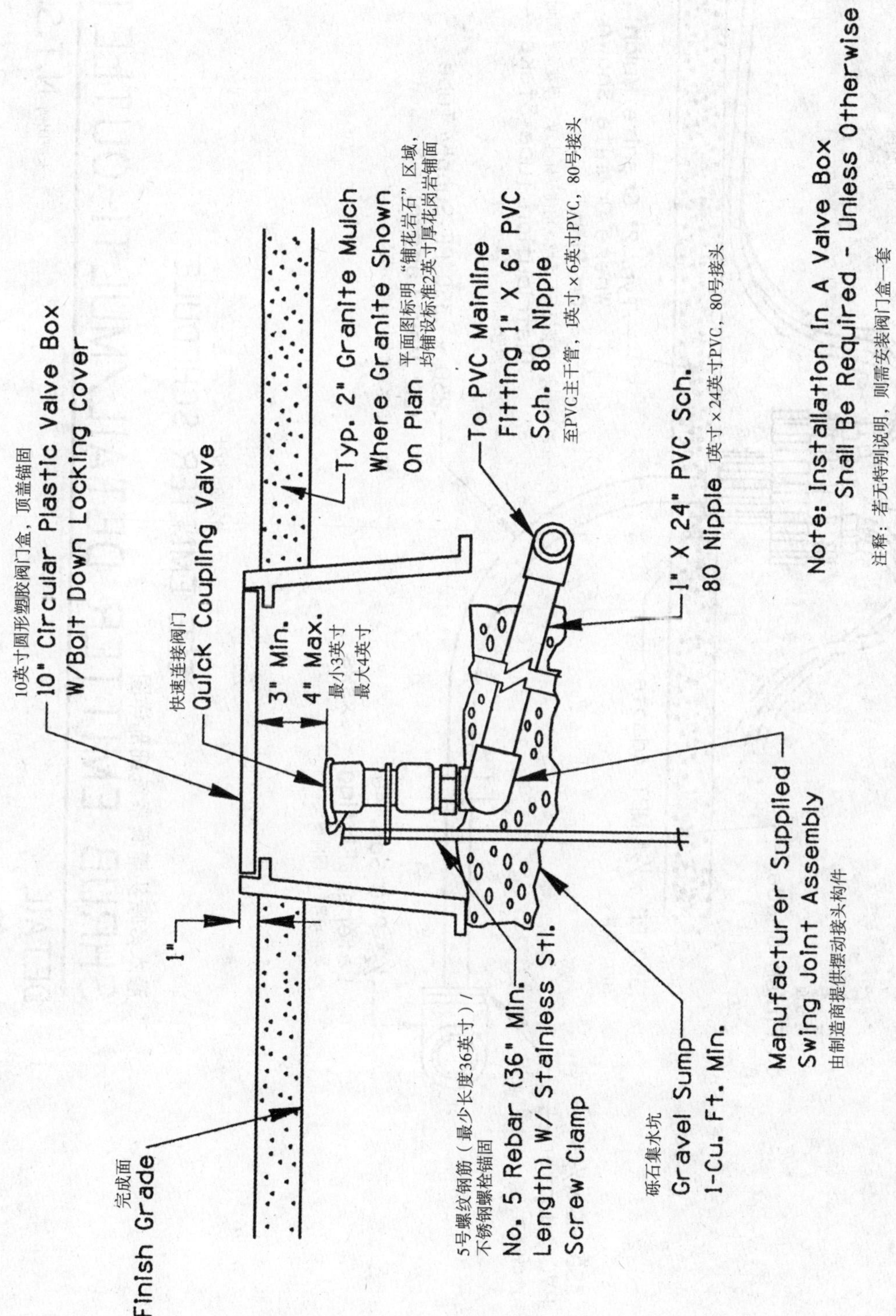

图12.82　草坪灌溉系统CAD细部详图，由亚利桑那州运输部门绘制

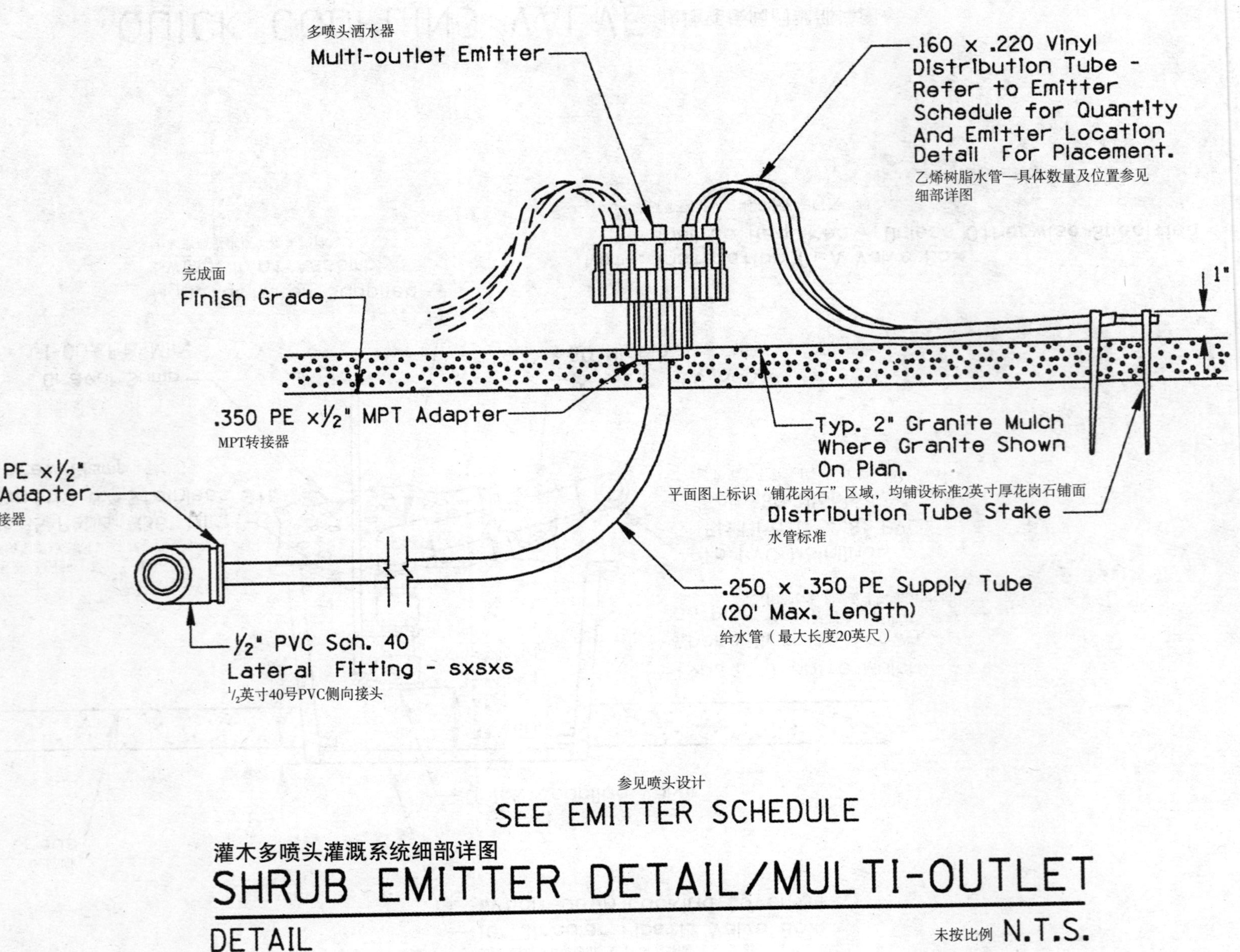

图12.83 草坪灌溉系统CAD细部详图，由亚利桑那州运输部门绘制

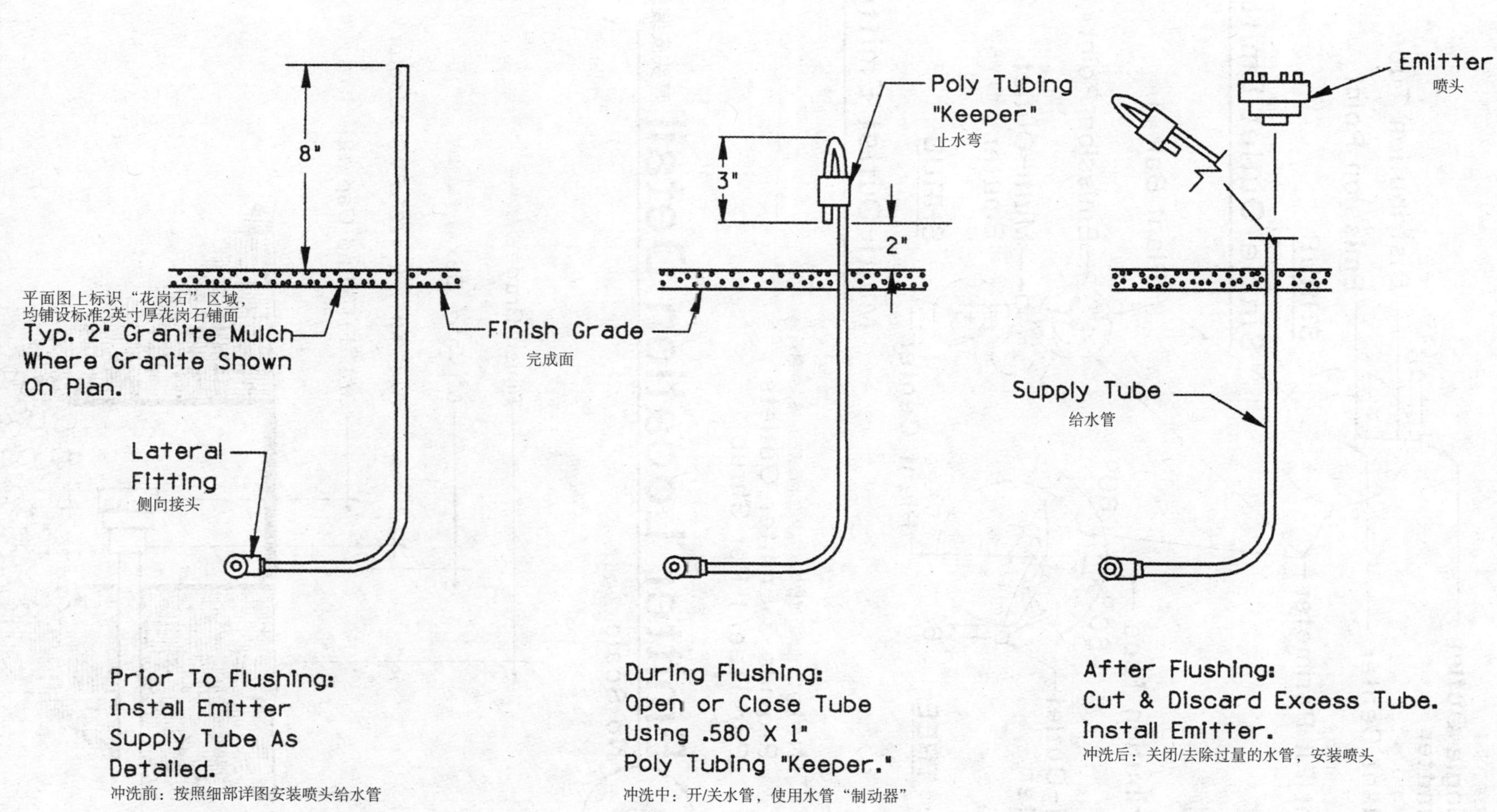

图12.84 草坪灌溉系统CAD细部详图，由亚利桑那州运输部门绘制

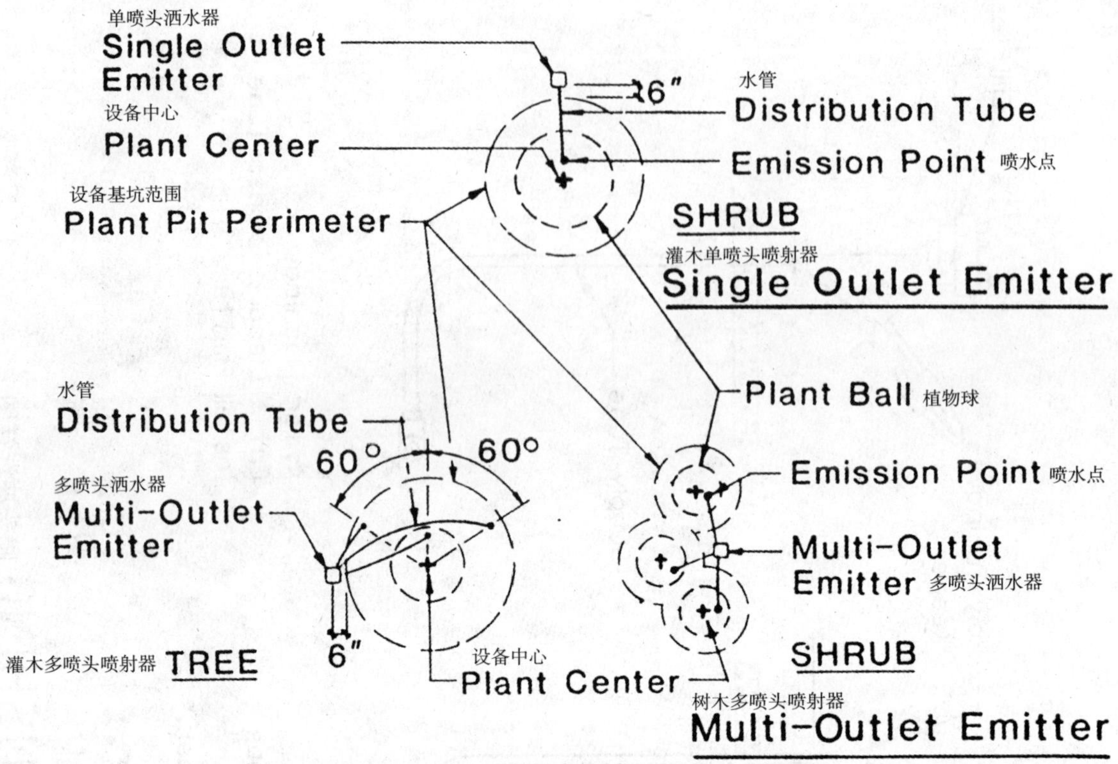

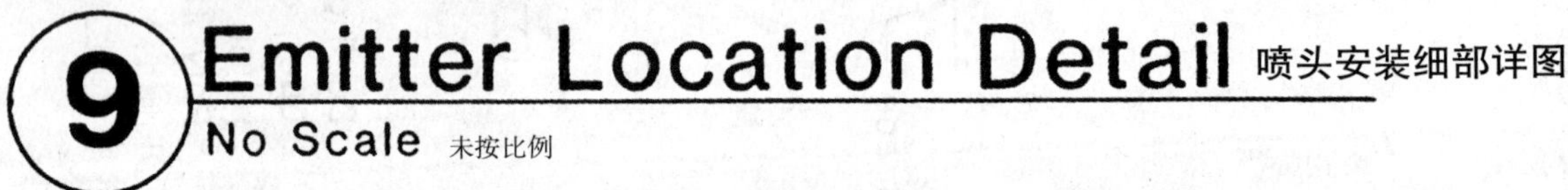

9 Emitter Location Detail 喷头安装细部详图

No Scale 未按比例

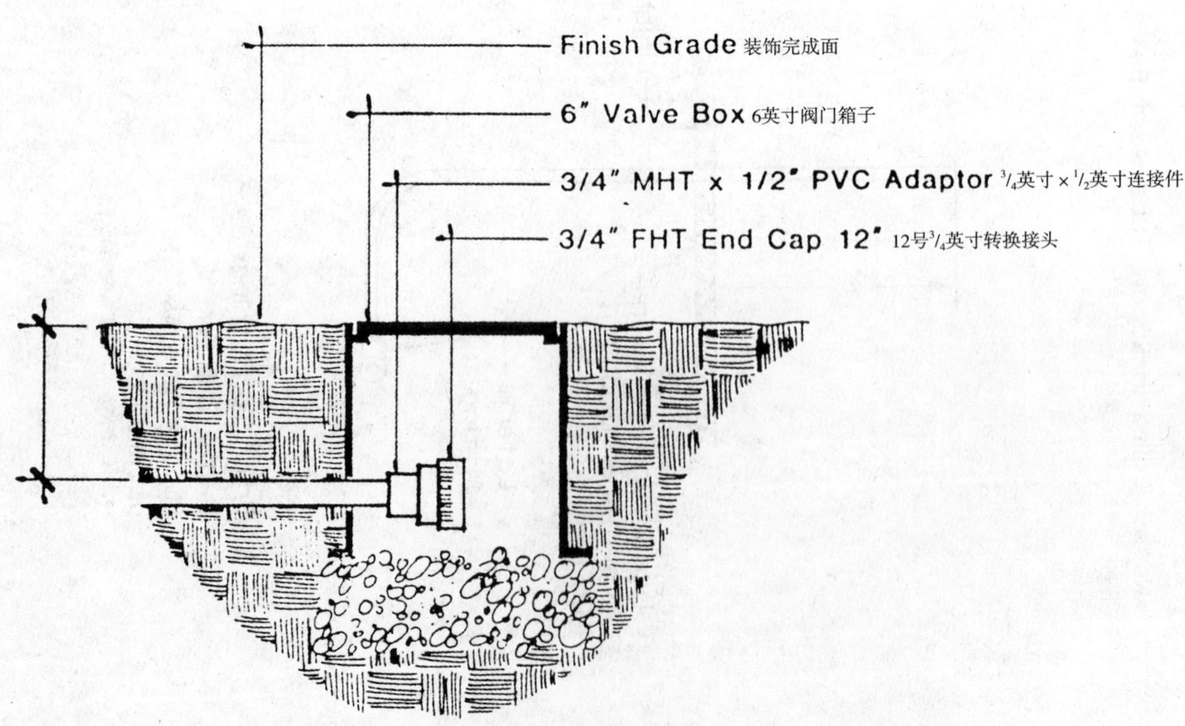

图12.85 灌溉喷头细部详图，由奥瓦尔·尼德尔斯·塔门与伯根多夫绘制

附　录

降雪厚度最大值分布图（英寸）

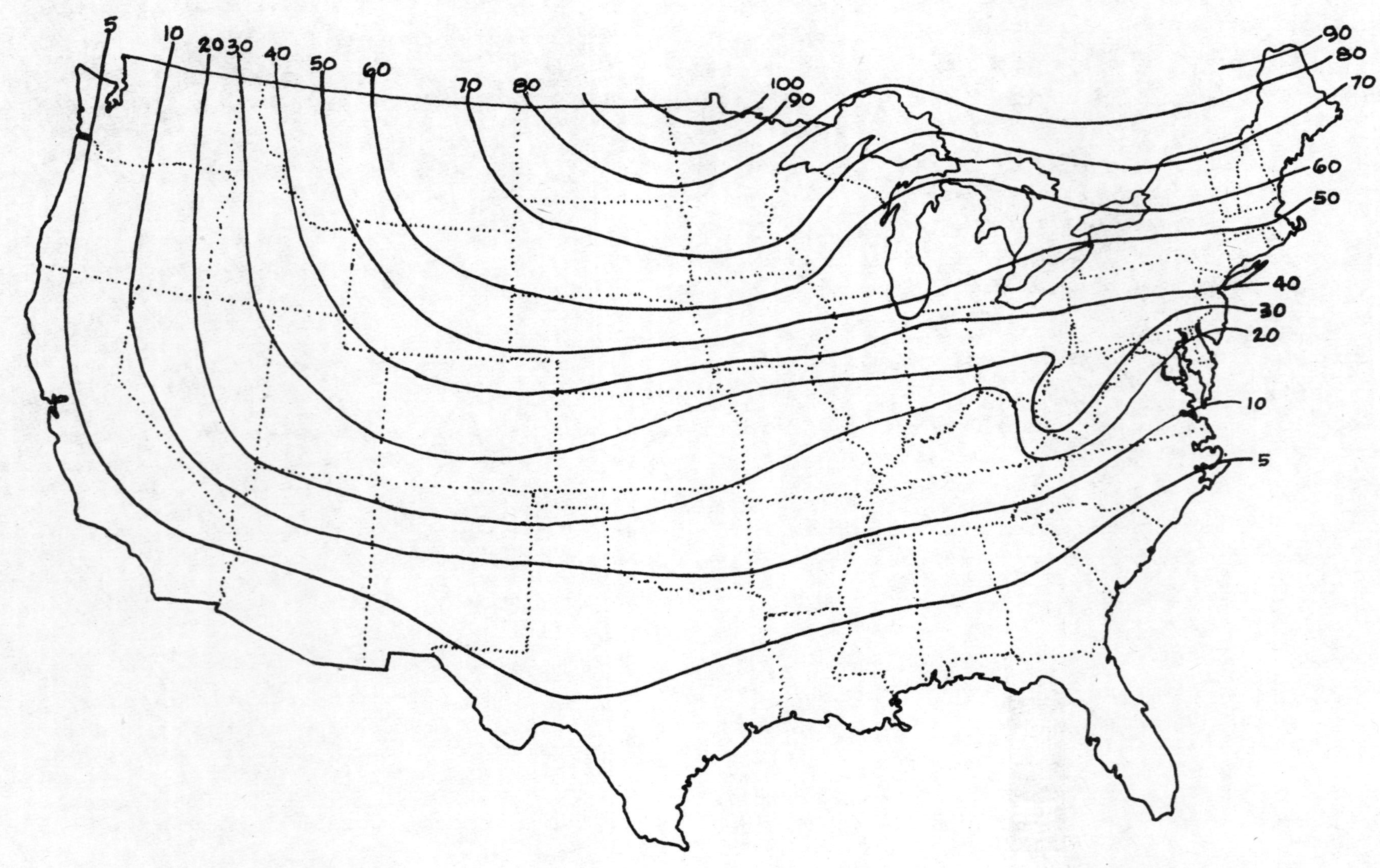

美国全国平均降雪厚度分布图（英寸）

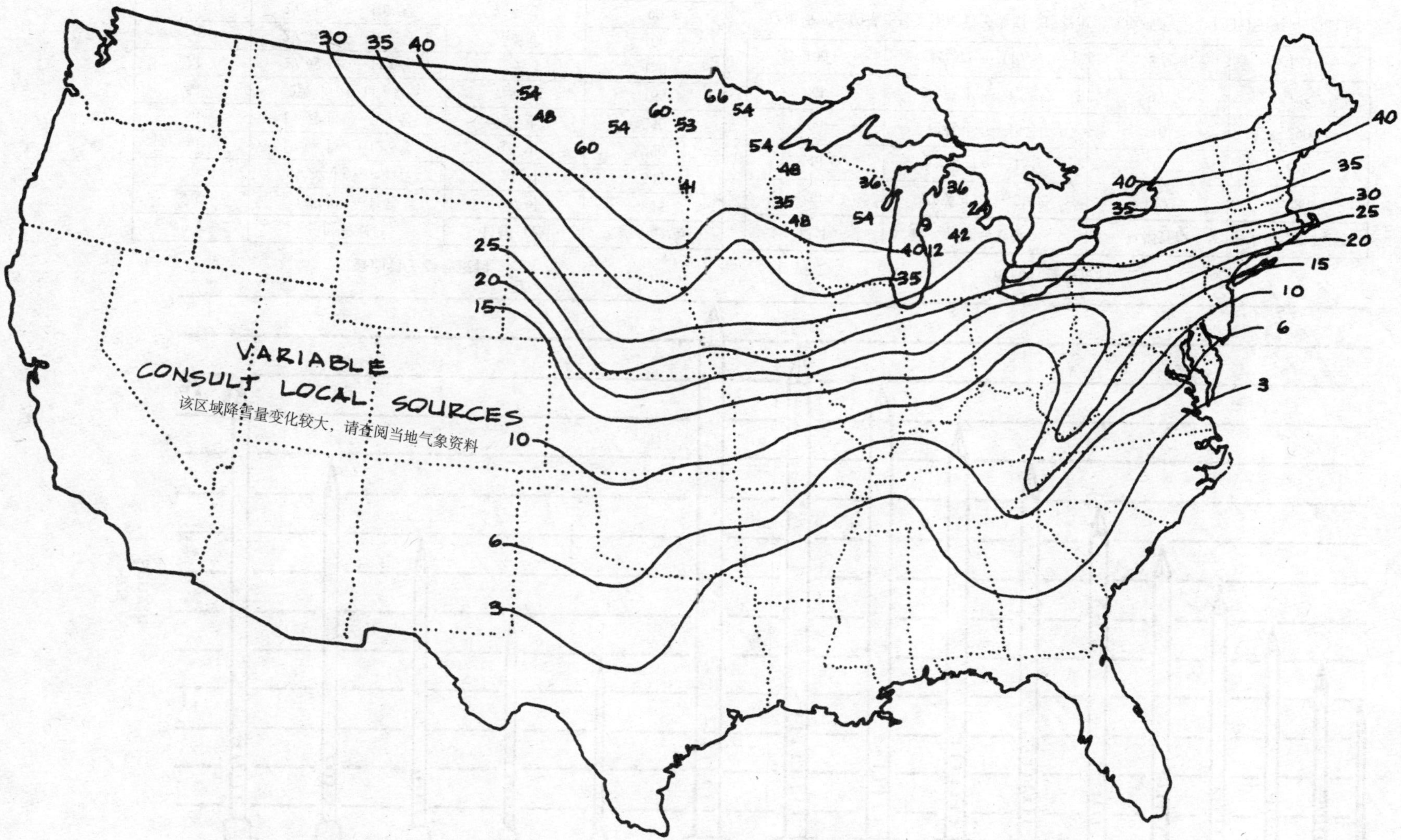

VARIABLE
CONSULT LOCAL SOURCES
该区域降雪量变化较大，请查阅当地气象资料

FAA AC150/5320-6A 9/68

钉子尺寸列表

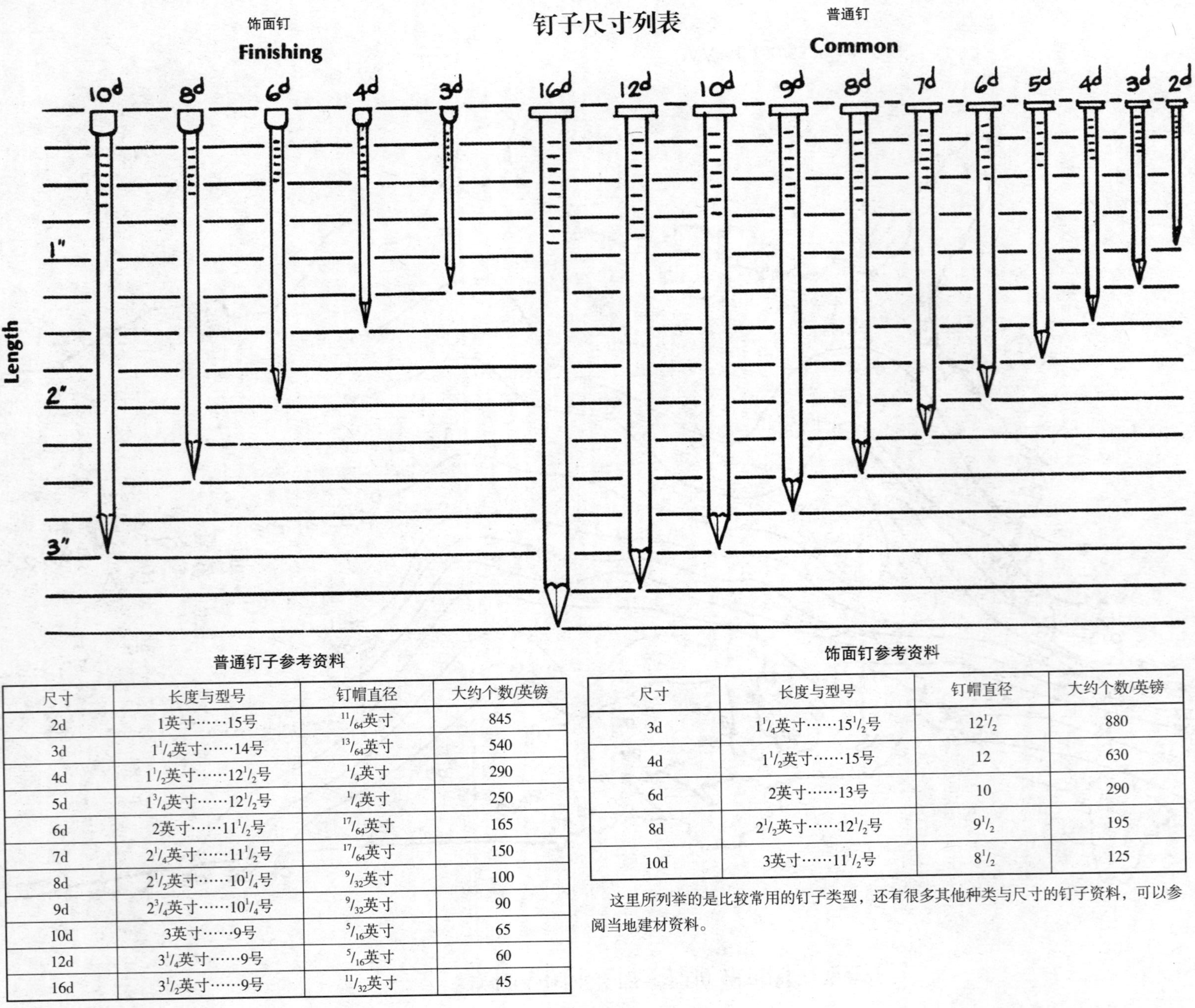

普通钉子参考资料

尺寸	长度与型号	钉帽直径	大约个数/英镑
2d	1英寸……15号	$\frac{11}{64}$英寸	845
3d	$1\frac{1}{4}$英寸……14号	$\frac{13}{64}$英寸	540
4d	$1\frac{1}{2}$英寸……$12\frac{1}{2}$号	$\frac{1}{4}$英寸	290
5d	$1\frac{3}{4}$英寸……$12\frac{1}{2}$号	$\frac{1}{4}$英寸	250
6d	2英寸……$11\frac{1}{2}$号	$\frac{17}{64}$英寸	165
7d	$2\frac{1}{4}$英寸……$11\frac{1}{2}$号	$\frac{17}{64}$英寸	150
8d	$2\frac{1}{2}$英寸……$10\frac{1}{4}$号	$\frac{9}{32}$英寸	100
9d	$2\frac{3}{4}$英寸……$10\frac{1}{4}$号	$\frac{9}{32}$英寸	90
10d	3英寸……9号	$\frac{5}{16}$英寸	65
12d	$3\frac{1}{4}$英寸……9号	$\frac{5}{16}$英寸	60
16d	$3\frac{1}{2}$英寸……9号	$\frac{11}{32}$英寸	45

饰面钉参考资料

尺寸	长度与型号	钉帽直径	大约个数/英镑
3d	$1\frac{1}{4}$英寸……$15\frac{1}{2}$号	$12\frac{1}{2}$	880
4d	$1\frac{1}{2}$英寸……15号	12	630
6d	2英寸……13号	10	290
8d	$2\frac{1}{2}$英寸……$12\frac{1}{2}$号	$9\frac{1}{2}$	195
10d	3英寸……$11\frac{1}{2}$号	$8\frac{1}{2}$	125

这里所列举的是比较常用的钉子类型，还有很多其他种类与尺寸的钉子资料，可以参阅当地建材资料。

木螺钉尺寸列表

钉身长度

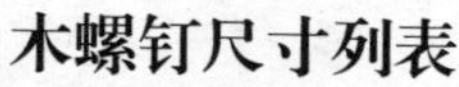

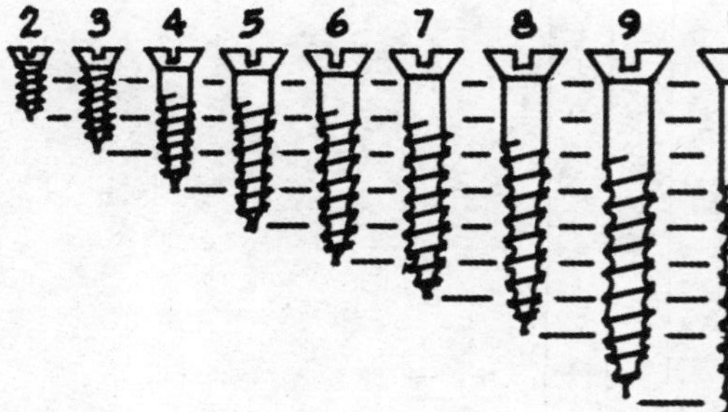

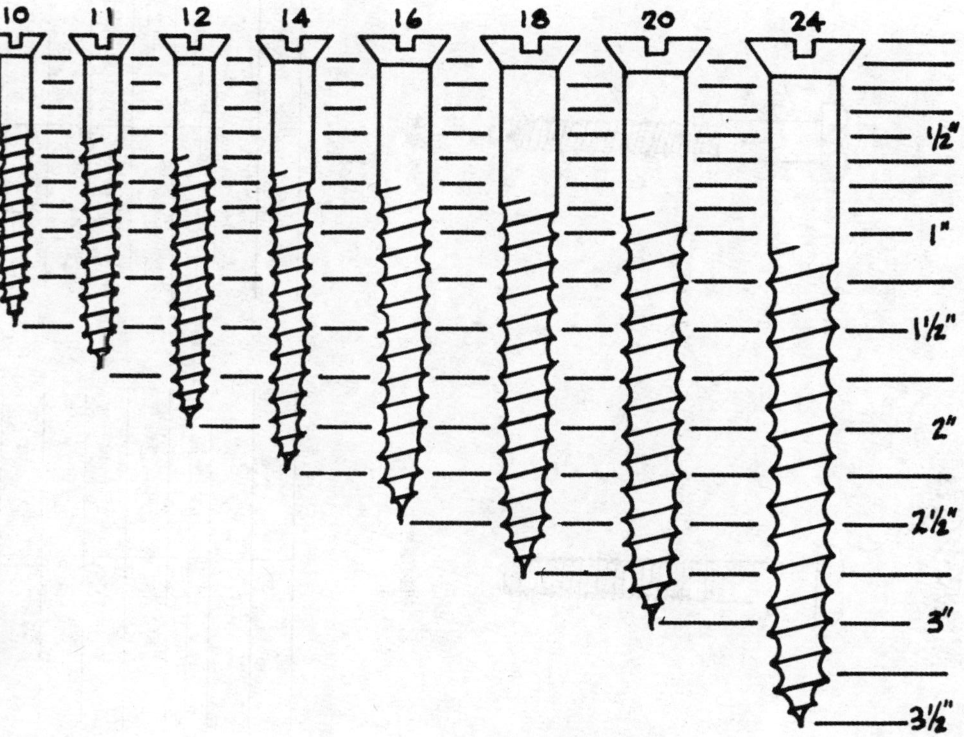

螺钉帽种类

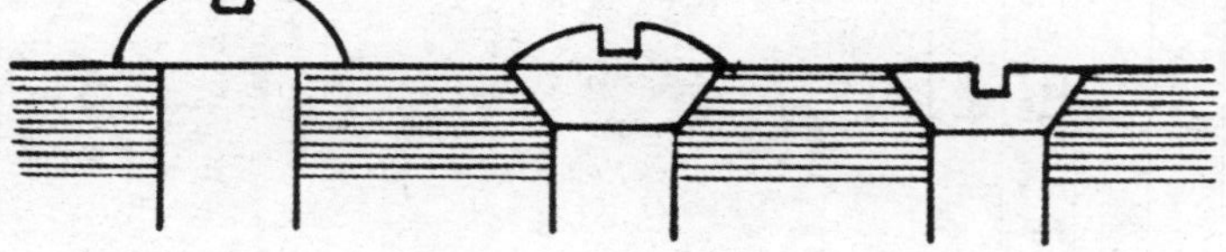

圆形　椭圆形　扁平形

螺钉长度递增模数：

1英寸以下螺钉以$^{1}/_{8}$英寸为模数递增；

$1^{1}/_{4}$—3英寸螺钉以$^{1}/_{4}$英寸为模数递增；

$3^{1}/_{2}$—5英寸螺钉以$^{1}/_{2}$英寸为模数递增。

木螺钉长度列表

型号	长度	型号	长度
2	$^{1}/_{4}$″ —$^{3}/_{4}$″	10	$^{1}/_{2}$″ —$3^{1}/_{2}$″
3	$^{1}/_{4}$″ —1″	11	$^{5}/_{8}$″ —$3^{1}/_{2}$″
4	$^{1}/_{4}$″ —$1^{1}/_{2}$″	12	$^{5}/_{8}$″ —4″
5	$^{3}/_{8}$″ —$1^{1}/_{2}$″	14	$^{3}/_{4}$″ —5″
6	$^{3}/_{8}$″ —$2^{1}/_{2}$″	16	1″ —5″
7	$^{3}/_{8}$″ —$2^{1}/_{2}$″	18	$1^{1}/_{4}$″ —5″
8	$^{3}/_{8}$″ —3″	20	$1^{1}/_{2}$″ —5″
9	$^{1}/_{2}$″ —3″	24	3″ —5″

螺栓尺寸列表

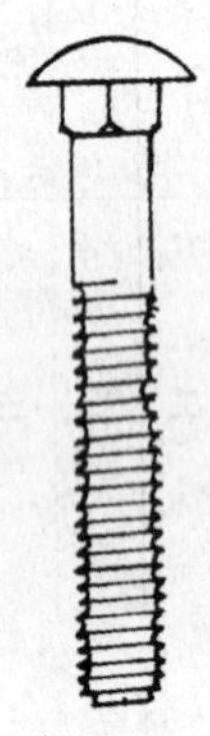

圆头螺栓

直径	长度
$^1/_4$″	$^3/_4$″ —8″
$^5/_{16}$″	$^3/_4$″ —8″
$^3/_8$″	$^3/_4$″ —12″
$^7/_{16}$″	1″ —12″
$^1/_2$″	1″ —20″
$^9/_{16}$″	1″ —20″
$^5/_8$″	1″ —20″
$^3/_4$″	1″ —20″

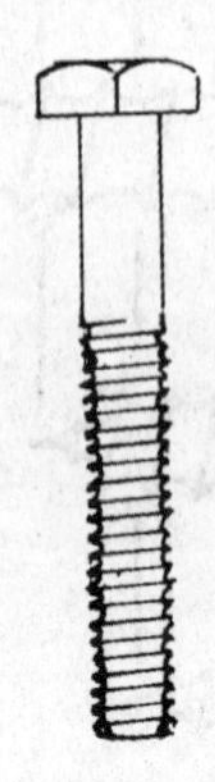

机械螺栓

直径	长度
$^1/_4$″	$^1/_2$″ —8″
$^5/_{16}$″	$^1/_2$″ —8″
$^3/_8$″	$^3/_4$″ —12″
$^7/_{16}$″	$^3/_4$″ —12″
$^1/_2$″	$^3/_4$″ —24″
$^9/_{16}$″	1″ —30″
$^5/_8$″	1″ —30″
$^3/_4$″	1″ —30″
$^7/_8$″	$^{11}/_2$″ —30″
1″	$^{11}/_2$″ —30″

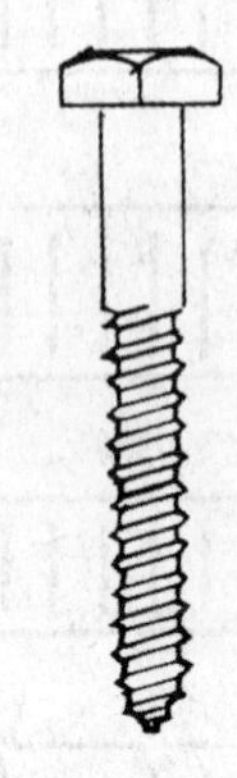

方头螺栓

直径	长度
$^1/_4$″	1″ —6″
$^5/_{16}$″	1″ —10″
$^3/_8$″	1″ —12″
$^7/_{16}$″	1″ —12″
$^1/_2$″	1″ —12″
$^5/_8$″	$1^1/_2$″ —16″
$^3/_4$″	$1^1/_2$″ —16″
$^7/_8$″	2″ —16″
1″	2″ —16″

螺栓长度递增模数：
长度6英寸以下螺栓以$^1/_4$英寸为模数递增；
长度6—8英寸螺钉以$^1/_2$英寸为模数递增；
长度超过8英寸螺钉以1英寸为模数递增。

装饰材料密度（约）列表

土壤类	磅/立方英尺
黏土，潮湿	110
黏土，干燥	63
砂/砾石，干燥疏松	90—105
砂/砾石，潮湿	118—120
表层土，干燥疏松	76
表层土，潮湿	96

石材类	磅/立方英尺
花岗石	175
石灰石/大理石	165
砂岩/硫酸铜（硬黏土）	147
板岩	175

混凝土	磅/立方英尺
添加石子，强化处理	150
添加石子，非强化处理	144
添加珍珠岩	35—50
添加蛭石	25—60

流体	磅/立方英尺
汽油	75
水，4℃	62.4
水，冰点	56

金属类	磅/立方英尺
铝，铸造	165
青铜，雕塑	509
铁，铸造	450
铁，精炼	485
铅	710
轧制型钢	490

木材类（含水率12%）	磅/立方英尺
桦木/红橡	44
雪松/西洋赤杉	23
美国黄杉	34
白橡	47
松树，南部	29—36
红木	28

砖石类（含灰浆）	磅/立方英尺
4英寸砖	35
4英寸石材/砾石	31
6英寸混凝土砌块	50
8英寸石材/砾石/砌块	58
12英寸石材/砾石/砌块	90

度量单位列表

英制单位（常衡制）		公制单位	
		质量	
1吨	=2000磅	1吨	=1000千克
1磅	=16盎司	1千克	=1000克
1盎司	=16微量（打兰）	1克	=1000毫克
1微量	=27.34格令		
		液体	
1加仑	=4夸脱	1升	=1000毫升
1夸脱	=2品脱		
1品脱	=16液量盎司		
		长度	
1英里	=5280英尺	1千米	=1000米
1浪	=40杆	1米	=100厘米
1杆	=$5^1/_2$码	1厘米	=10毫米
1码	=3英尺		
1英尺	=12英寸		
		面积	
1平方英里	=640英亩	1平方千米	=100公顷
1英亩	=43560平方英尺	1公顷	=10000平方米
1平方码	=9平方英尺		
1平方英尺	=144平方英寸		

度量单位换算

公制单位		英制单位	
		长度	
1米	=1.093码	1码	=0.9144米
1米	=3.281英尺	1英尺	=0.3048米
1米	=39.370英寸	1英寸	=0.0254米
		1英里	=1.609千米

度量单位换算（续）

公制单位		英制单位	
		面积	
1平方米	=1.196平方码	1平方码	=0.836平方米
1平方米	=10.764平方英尺	1平方英尺	=0.092平方米
1平方厘米	=0.155平方英寸	1平方英寸	=6.45平方厘米
1平方千米	=0.386平方英里	1平方英里	=2.590平方千米
1公顷	=2.471英亩	1英亩	=0.405公顷
		体积	
1立方米	=1.308立方码	1立方码	=0.764立方米
1立方米	=35.314立方英尺	1立方英尺	=0.082立方米
1立方厘米	=0.061立方英寸	1立方英寸	=16.387立方厘米
1立方米	=0.275层积（木材体积单位）	1层积	=3.624立方米
		容积	
1升	=1.056美制液量夸脱	1美制液量夸脱	=0.946升
1升	=0.880英制液量夸脱	1干量夸脱	=1.111升
1升	=0.908干量夸脱	1美制加仑	=3.785升
1升	=0.264美制加仑	1英制加仑	=4.543升
1升	=0.220英制加仑	1美制蒲式耳	=0.352百升
1百升	=2.837美制蒲式耳	1英制蒲式耳	=0.363百升
1百升	=2.75英制蒲式耳		
		质量	
1克	=15.432格令	1格令	=0.0648克
1克	=0.032金衡制盎司	1金衡制盎司	=31.103克
1克	=0.0352英国常衡制盎司	1英国常衡制盎司	=28.35克
1千克	=2.2046英国常衡制磅	1磅	=0.4536千克
1吨	=2204.62英国常衡制磅	1美吨（短吨）	=0.907吨
1克拉	=3.08英国常衡制格令		

度量单位换算

待换算单位	目标换算单位	乘以系数
面积		
英亩	平方英尺	43560
英亩	平方米	4046.8
平方厘米	平方英尺	0.00108
平方厘米	平方英寸	0.1550
平方英尺	平方厘米	929.03
平方英尺	平方英寸	144
平方英尺	平方米	0.0929
平方英尺	平方码	0.1111
平方英寸	平方厘米	6.4516
平方英寸	平方英尺	0.00694
平方英寸	平方米	0.000645
平方米	平方英尺	10.764
平方米	平方码	1.196
平方码	平方英尺	9
平方码	平方米	0.8361
能源及功率		
Btu（英热单位）	英尺–磅	778.2
Btu/分钟	马力	0.02358
英尺–磅	Btu	0.001285
英尺–磅	千克–米	0.13826
英尺–磅/分钟	马力	0.0000303
马力	Btu/分	42.41
马力	英尺–磅/分钟	33000
马力	英尺–磅/秒	550
马力	千瓦	0.7457
千克–米	英尺–磅	7.2330
流量		
立方英尺/秒	立方米/秒	0.02832
加仑/分钟	立方米/秒	0.0000631
加仑/分钟	立方米/小时	0.22716

度量单位换算（续）

待换算单位	目标换算单位	乘以系数
长度		
厘米	英寸	0.3937
厘米	码	0.01094
英尺	英寸	12.0
英尺	米	0.30481
英尺	码	0.333
英寸	厘米	2.540
英寸	英尺	0.08333
英寸	米	0.02540
英寸	毫米	25.400
英寸	码	0.2778
千米	英尺	3281
千米	英里（航海用语）	0.5336
千米	英里（法定）	0.6214
千米	码	1094
米	英尺	3.2809
米	码	1.0936
英里（法定）	英尺	5280
英里（法定）	公里	1.6093
英里（法定）	米	1609.34
英里（法定）	码	1760
英里（航海用语）	英尺	6080.2
英里（航海用语）	公里	1.8520
英里（航海用语）	米	1852.0
毫米	英寸	0.03937
杆	米	5.0292
码	厘米	91.44
码	英尺	3.0
码	英寸	36.0
码	米	0.9144
压力		
克/立方厘米（密度）	盎司/立方英寸（密度）	0.5780
千克力/平方厘米	磅力/平方英寸	14.223
千克力/平方米	磅力/平方英尺	0.2048
千克力/平方米	磅力/平方码	1.8433
千克/立方米（密度）	磅/立方英尺（密度）	0.06243
盎司/立方英寸（密度）	克/立方厘米（密度）	1.7300
磅/立方英尺（密度）	千克/立方米（密度）	16.019
磅力/平方英尺	千克力/平方米	4.8824
磅力/平方英寸	千克力/平方厘米	0.0703
磅力/平方码	千克力/平方米	0.5425

度量单位换算（续）

待换算单位	目标换算单位	乘以系数
速度		
英尺/分钟	米/秒	0.00508
英尺/秒	米/秒	0.3048
英寸/秒	米/秒	0.0254
千米/小时	米/秒	0.2778
海里	米/秒	0.5144
米/小时	米/秒	0.4470
米/分钟	米/秒	26.8224
体积		
立方厘米	立方英寸	0.06102
立方英尺	立方英寸	1728.0
立方英尺	立方米	0.0283
立方英尺	立方码	0.0370
立方英尺	加仑	7.481
立方英尺	升	28.32
立方英尺	夸脱	29.9222
立方英寸	立方厘米	16.39
立方英寸	立方英尺	0.0005787
立方英寸	立方米	0.00001639
立方英寸	升	0.0164
立方英寸	加仑	0.004329
立方英寸	夸脱	0.01732
立方米	立方英尺	35.31
立方米	立方英寸	61023
立方米	立方码	1.3087
立方码	立方英尺	27.0
立方码	立方米	0.7641
加仑	立方英尺	0.1337
加仑	立方英寸	231.0
加仑	立方米	0.003785
加仑	升	3.785
加仑	夸脱	4.0
升	立方英尺	0.03531
升	立方英寸	61.017
升	加仑	0.2642
升	品脱	2.1133
升	夸脱	1.057
升	立方米	0.0010
品脱	立方米	0.004732
品脱	升	0.4732
品脱	夸脱	0.50

度量单位换算（续）

待换算单位	目标换算单位	乘以系数
夸脱	立方英尺	0.03342
夸脱	立方英寸	57.75
夸脱	立方米	0.0009464
夸脱	加仑	0.25
夸脱	升	0.9464
夸脱	品脱	2.0
质量		
克	千克	0.001
克	盎司	0.03527
克	磅	0.002205
千克	盎司	35.274
千克	磅	2.2046
盎司	克	28.35
盎司	千克	0.02835
盎司	磅	0.0625
磅	克	453.6
磅	千克	0.4536
磅	盎司	16.0

英汉词汇对照

C

D

J

K

L

M

N

O

P